Die Verbrennungskraftmaschine

Herausgegeben von

Prof. Dr. Dr. h. c. **Hans List**
Graz

Band 6

Gemischbildung und Verbrennung im Ottomotor

1967
Springer-Verlag
Wien · New York

Gemischbildung und Verbrennung im Ottomotor

Von

Dr.-Ing. **Kurt Löhner**
o. Professor an der
Technischen Hochschule Braunschweig

und

Dr.-Ing. **Herbert Müller**
Wissenschaftlicher Rat und Professor an der
Technischen Hochschule Braunschweig

Mit 402 Textabbildungen

1967

Springer-Verlag

Wien · New York

ISBN-13: 978-3-7091-8180-5 e-ISBN-13: 978-3-7091-8179-9
DOI: 10.1007/978-3-7091-8179-9

Softcover reprint of the hardcover 1st edition 1967
Library of Congress Catalog Card Number 66—28999

Titel Nr. 9029

Vorwort

Es ist Aufgabe des Buches, die Vorgänge bei der Gemischbildung und Verbrennung des Ottomotors zu schildern und die zur Durchführung des Ottoverfahrens notwendigen Vorrichtungen zu beschreiben. In der von H. List herausgegebenen Buchreihe sind in anderen Bänden die thermodynamischen Grundlagen, die Kraft- und Schmierstoffe, die Bauelemente und Bauformen von Otto- und Dieselmotoren beschrieben. Die Verfasser können sich deshalb in diesem Buch auf die Behandlung der Gemischbildung und der dazu erforderlichen Einrichtungen, der Zünd- und Verbrennungsvorgänge mit den Brennräumen sowie der Abgaszusammensetzung beschränken.

Die klassische Theorie unterscheidet Ottomotoren und Dieselmotoren. Nach Meinung der Verfasser ist der Ottomotor eine Kolbenmaschine mit innerer Verbrennung, bei der dem Zylinder ein Gemisch aus Luft und Kraftstoff zugeführt wird, das bei Beginn der Verdichtung homogen ist, das verdichtet wird und in der Nähe des oberen Totpunktes durch Fremdzündung (in der Regel mit Hilfe eines elektrischen Funkens) zur Verbrennung gebracht wird. Die eingeleitete Verbrennung pflanzt sich über den Brennraum fort, wobei das Fortschreiten der Verbrennung nur von den physikalischen und chemischen Eigenschaften des Gemisches und den durch den Brennraum gegebenen Bedingungen (Strömungsvorgänge, Temperatureinflüsse) abhängt. Das Gemisch ist zunächst räumlich und zeitlich homogen. Unter dem Einfluß der während der Verdichtung steigenden Temperatur und durch Wandeinflüsse kann es chemischen Veränderungen unterliegen (Vorreaktionen) und dadurch inhomogen werden. Die Verdichtungsendtemperatur bleibt unterhalb der Zündtemperatur des Kraftstoffes.

Beim klassischen Dieselmotor wird reine Luft verdichtet; in der Nähe des oberen Totpunktes, wenn die Luft hohe Temperatur erreicht hat, wird flüssiger Kraftstoff in mehr oder weniger fein zerstäubter Form in den Brennraum eingespritzt. Die Temperatur der Luft liegt über der Zündtemperatur des Kraftstoffes, weshalb die Zündung beim klassischen Dieselmotor immer durch die heiße Luft bewirkt wird. Der Zünd- und Verbrennungsvorgang kann von außen durch den Ablauf und die Art der Einspritzung beeinflußt werden. Das Gemisch ist zeitlich und räumlich heterogen. Brennraumform und Luftströmungen spielen deshalb eine viel größere Rolle als beim Ottomotor.

Zwischen Otto- und Dieselmotor lassen sich viele Übergangsformen definieren, die man neuerdings unter der Bezeichnung Hybridmotor zusammenfaßt. Der entscheidende Unterschied zwischen dem Ottomotor und dem nächstverwandten Hybridmotor kann durch zwei Fragen geklärt werden:

1. Ist das Gemisch bei Verdichtungsbeginn homogen?
2. Wird das Gemisch durch eine fremde Zündquelle gezündet?

In diesem Buch wird nur über Ottomotoren berichtet, bei denen diese beiden Fragen mit Ja beantwortet werden können. Ein Motor mit Kraftstoffeinspritzung in den Brennraum und mit Funkenzündung ist dann als Ottomotor anzusehen, wenn die Einspritzung so früh und so gleichmäßig über den Brennraum erfolgt, daß zu Beginn der Verdichtung oder spätestens bei der Zündung, abgesehen von den Vorreaktionen, ein homogenes Gemisch vorhanden ist. Er gehört aber zu den Hybridmotoren, wenn man auch bei

Verwendung einer Funkenzündung durch die Art der Kraftstoffeinspritzung, z. B. eine geschichtete Ladung, also eine räumlich (oder zeitlich) inhomogene Mischung erzielen will.

Die in diesem Buch behandelten theoretischen Grundlagen des physikalischen und chemischen Ablaufes bei der Gemischbildung und Verbrennung im Ottomotor werden ebenso wie die Beispiele ausgeführter Anlagen so eingehend besprochen, daß dieses Buch für den Fachmann in Forschung, Entwicklung und Betrieb sowie auch für den Studenten höheren Semesters als wertvolle Hilfe dienen kann.

Für die Überlassung von Zeichnungen, Prospekten und Photos zur Darstellung der ausgeführten Anlagen möchten wir der Industrie unseren Dank aussprechen. Ebenfalls haben wir mehreren Mitarbeitern am Institut für Kolbenmaschinen für ihre Mithilfe zu danken, insbesondere Herrn Dipl.-Ing. G. KLINK und Herrn Dipl.-Ing. H. OETTING. Wir danken auch dem Springer-Verlag in Wien und seinen Mitarbeitern für das bereitwillige Eingehen auf unsere Wünsche, wodurch sich eine angenehme Zusammenarbeit ergab.

Braunschweig, im Februar 1967

K. Löhner und **H. Müller**

Inhaltsverzeichnis

A. Einleitung

Die Güte des Prozesses einer Verbrennungskraftmaschine wird durch Leistung und Wirkungsgrad hinreichend gekennzeichnet. Beim Ottomotor ist die Hubraumleistung mit 30 bis 60 PS/ltr für Serienmotoren, 40 bis 70 PS/ltr für Sportmotoren und bis über 200 PS/ltr für Rennmotoren sehr groß. Der effektive Wirkungsgrad liegt dabei zwischen 0,25 und 0,35. Wird jedoch berücksichtigt, daß der theoretische Gleichraumvergleichsprozeß für die üblichen Verdichtungsverhältnisse von 6 bis 12 nur Wirkungsgrade von 0,41 bis 0,52 ergibt und daß der mechanische Wirkungsgrad im Bereich von 0,82 bis 0,92 liegt, so zeigt sich nur noch eine geringe Möglichkeit, die Güte des Arbeitsprozesses im Ottomotor zu verbessern. Die Erhöhung von Wirkungsgrad und Hubraumleistung wird durch Steigerung des Verdichtungsverhältnisses, durch gute Kühlung und durch zweckmäßige Formgebung des Brennraumes sowie durch Verbesserung der Klopffestigkeit des Kraftstoffes erstrebt. Beim Ottomotor darf die Steigerung des Verdichtungsverhältnisses jedoch nicht so hoch getrieben werden, daß im Normalbetrieb mit üblichen Kraftstoffen Klopfen eintritt.

Die endgültige Einstellung der Einrichtungen, die den Ablauf der Gemischbildung und Verbrennung beeinflussen, wird in Prüfstands- und Fahrversuchen vorgenommen. Die Einstellmöglichkeiten am Vergaser bzw. an der Einspritzanlage sowie an der Zündanlage gestatten eine weitgehende Anpassung an die praktischen Erfordernisse. Zur Erreichung optimaler Verhältnisse wird eventuell eine Änderung des Ansaug- und Abgassystems oder der Brennraumform erforderlich sein.

Das Anwendungsgebiet des Ottoverfahrens umfaßt neben den Gasmaschinen alle Motoren für Leichtkraftstoffe. Vom Ottomotor wird das Gebiet kleinster Abmessungen, z. B. für Spielzeugmotoren, und höchster Drehzahlen, z. B. für Rennmotoren, betriebssicher beherrscht. Der Betriebsbereich wird durch die Vollastlinie begrenzt. Die bei Vollast erreichbaren Mitteldrücke werden hauptsächlich durch die konstruktive Ausführung der Gaswechselorgane und damit durch die erreichbare Füllung mit Frischladung bestimmt. Durch Zündeinstellung und Kraftstoffmenge ist nur eine begrenzte Änderung der Lage und des Verlaufes der Vollastlinie möglich. Durch Lage und Verlauf der Vollastlinie ist gleichfalls die zweckmäßige Höchstdrehzahl des Motors festgelegt, da für den praktischen Fahrbetrieb nur eine geringfügige Überschreitung der Drehzahl höchster Leistung notwendig ist. Die minimale Drehzahl liegt dort, wo durch Gemischbildung und Verbrennung gerade noch ein einwandfreier Betrieb möglich ist. Ein Sonderfall ist der Leerlauf, d. h. die minimale Drehzahl ohne Belastung. Da dieser Betriebspunkt der Ausgangspunkt des Fahrbetriebes ist, muß er so gewählt werden, daß die Ansprüche eines einwandfreien Überganges auf Teillast erfüllt sind. Diese Leerlaufdrehzahl liegt oft sogar höher, als die unter Belastung im Fahrbetrieb mögliche minimale Drehzahl.

Die Aufgabe einer zweckmäßigen Gemischbildung ist es, dafür zu sorgen, daß alle Betriebspunkte mit einer einwandfreien Verbrennung beherrscht werden. Wesentlichen Anteil an einem einwandfreien Motorbetrieb hat aber auch die konstruktive Ausführung derjenigen Einzelteile, die die Gemischbildung und Verbrennung beeinflussen. Neben der ständigen Verbesserung der konstruktiven Ausführung dieser Einzelteile sind insbesondere auf thermodynamischem Gebiet zahlreiche Untersuchungen angestellt worden. Auch die physikalischen und chemischen Vorgänge bei Gemischbildung, Zündung und Verbrennung sowie die Zusammensetzung der Abgase sind in vielen Veröffentlichungen behandelt worden. Dabei darf keineswegs übersehen werden, daß die dynamischen Vorgänge der Gemischbildung und der Verbrennung im Versuch nur schwer erfaßbar sind, so daß über viele Einzelprobleme die Auffassungen in der Literatur noch nicht übereinstimmen.

Das Zusammenwirken der physikalischen und chemischen Vorgänge ist einer Berechnung nur schwer zugänglich. Der Einfluß der Gemischaufbereitung und der Verdampfung, der Wärmeübergang während der Verdichtung, die Vorgänge beim Einsetzen der Verbrennung, der Ablauf der Verbrennung und der Wärmeaustausch zwischen Gas und Wand während der Verbrennung und Expansion beeinflussen den Gesamtablauf des Arbeitsprozesses und können nur durch Aufteilung und getrenntes Studium der einzelnen Vorgänge geklärt werden.

Die Behandlung des Stoffes wird am günstigsten in der Weise durchgeführt, daß der Weg der Verbrennungsluft vom Ansaugfilter bis zum Schalldämpfer verfolgt wird und dabei die einzelnen Abschnitte der Gemischbildung, der Zündung und der Verbrennung beschrieben werden. Besonders deutlich wird diese Reihenfolge z. B. bei der Behandlung der Vorreaktionen, die bereits während der Verdichtung vor der Zündung eintreten und deshalb als erster Teilabschnitt bei der Verbrennung behandelt werden, obwohl sie große Bedeutung für die möglicherweise zum Schluß der Verbrennung auftretenden Selbstzündungsvorgänge haben.

Der theoretischen Behandlung des Stoffes sind zwei Kapitel vorangestellt, die eine knappe Zusammenfassung der Eigenschaften von Luft und Kraftstoff bringen, soweit wie sie für die weiteren Kapitel notwendig sind. Für die im zweiten Teil des Buches besprochenen Ausführungsarten von Vergasern, Kraftstoffeinspritzanlagen, Saugleitungen und Brennraumformen sind typische Beispiele gewählt worden, an denen Aufgaben und Funktionen im Hinblick auf die Gemischbildung und Verbrennung deutlich werden. So ist es möglich, aus den Konstruktionen das Grundsätzliche herauszuarbeiten und daraus im Vergleich die Folgerungen zu ziehen. Im dritten Teil wird das Verhalten eines ausgeführten Ottomotors mit Vergaser an Hand von zahlreichen Meßwerten im gesamten Kennfeld beschrieben.

B. Physikalische und chemische Grundlagen

I. Luft

Die in den Zylinder gebrachte Sauerstoffmenge ist für die erzielbare Arbeit des Motors entscheidend. Die Verbrennungsvorgänge werden durch die Zusammensetzung des frischen Gemisches beeinflußt. Dabei spielt bei kleinen Mitteldrücken der Gehalt an Abgas eine große Rolle.

1. Zusammensetzung der Luft

Die Zusammensetzung der trockenen atmosphärischen Luft ist in Tabelle 1 wiedergegeben.

Tabelle 1. *Zusammensetzung der trockenen atmosphärischen Luft* [196]

Stickstoff N_2	78,03 Vol.%	75,47 Gew.%
Sauerstoff O_2	20,99 Vol.%	23,20 Gew.%
Argon Ar	0,933 Vol.%	1,28 Gew.%
Kohlendioxid CO_2	0,03 Vol.%	0,046 Gew.%
Wasserstoff H_2	0,01 Vol.%	0,001 Gew.%
Neon Ne	0,0018 Vol.%	0,0012 Gew.%
Helium He	0,0005 Vol.%	0,00007 Gew.%
Krypton Kr	0,0001 Vol.%	0,0003 Gew.%
Xenon X	0,000009 Vol.%	0,00004 Gew.%

Die Luft enthält in stark wechselnden Mengen Wasserdampf. Die obere Grenze ist durch den Sattdampfdruck gegeben, der von der Temperatur abhängig ist. In Deutschland liegt die relative Feuchtigkeit meist zwischen 30 und 100%.

2. Bezugszustände für Leistungsvergleiche

Druck und Temperatur der Luft wechseln zeitlich und örtlich sehr stark. Um Vergleichsmöglichkeiten zu haben, wurden Bezugszustände vereinbart. Der INA-Zustand (Internationale Norm-Atmosphäre) wird mit 760 Torr = 1,0332 kp/cm² und 15 °C in Meereshöhe definiert. Die Änderung von Druck, Temperatur und Dichte mit der Höhe über dem Meeresspiegel gibt Tabelle 2 wieder.

Tabelle 2. *Veränderung des Druckes, der Temperatur und der Dichte der Luft mit der Höhe nach dem INA-Zustand* [53]

Höhe m	Druck at	Temperatur °C	Dichte kg/m³
−200	1,0580	16,30	1,2492
−100	1,0455	15,65	1,2373
0	1,0332	15,00	1,2255
100	1,0211	14,35	1,2138
200	1,0090	13,70	1,2021
500	0,9734	11,75	1,1677
1000	0,9164	8,50	1,1121
1500	0,8625	5,25	1,0583
2000	0,8106	2,04	1,0068
3000	0,7148	− 4,50	0,9094
4000	0,6284	−11,00	0,8194
6000	0,4810	−24,00	0,6598
8000	0,3629	−37,00	0,5252
10000	0,2694	−50,00	0,4124

Für die Umrechnung von Leistungen der Verbrennungsmotoren auf Normalwerte werden in den einzelnen Ländern für einzelne Motorengruppen verschiedene Normalzustände für Druck, Temperatur und Feuchtigkeit der Luft zugrunde gelegt. Für Industriemotoren, Schiffsmotoren und Arbeitsmaschinen ist für Deutschland als Bezugszustand 736 Torr und 20 °C bei einer relativen Luftfeuchtigkeit von 60% festgelegt [54]. Für Kraftfahrzeugmotoren gelten 760 Torr und 20 °C. Die Luftfeuchtigkeit wird nicht berücksichtigt [55].

Die britische Norm 649: 1949 legt einen Druck von 749 Torr, eine Temperatur von 85 °F = 29,4 °C und eine relative Luftfeuchtigkeit von 50% fest [54].

Die Norm der Vereinigten Staaten von Amerika bestimmt folgende Werte [55]: Barometerstand 29,38 in. Hg = 746,3 Torr entsprechend einer Höhe von 500 ft = 150 m, Temperatur 85 °F = 29,4 °C, trockener Barometerstand 29,00 in. Hg = 736,6 Torr, trokkene Luftdichte 0,0705 lb/cu ft = 1,129 kg/m³.

3. Gleichungen zur Umrechnung auf den Bezugszustand

Die Umrechnung der effektiven Leistung eines Ottomotors von einem Luftzustand auf einen anderen hängt von vielen Faktoren ab. Die indizierte Leistung ist ausreichend genau direkt proportional zum Luftdruck. Bei Erhöhung der Temperatur nimmt die Füllung ab, in erster Näherung proportional zur absoluten Temperatur. Da aber die Strömungsgeschwindigkeit von der absoluten Temperatur abhängig ist, werden die Druckverluste und damit die Unterdrücke im Zylinder etwas kleiner sein. Das frische Gemisch erwärmt sich an den Wandungen des Zylinders; bei höherer Ansaugtemperatur fällt die Temperaturdifferenz etwas ab, weshalb die Wärmeübertragung an das frische Gemisch kleiner wird, und die Temperaturzunahme abnimmt. Die indizierte Leistung fällt also mit wachsender Temperatur weniger stark ab als der absoluten Temperatur entspricht.

Der Wasserdampfgehalt verändert die indizierte Leistung mit dem Faktor

$$\frac{p - \varphi \cdot p_s}{p},$$

wobei p der Gesamtdruck, p_s der Sattdampfdruck und φ die relative Feuchtigkeit ist.

Bei großen Abweichungen des Luftzustandes vom Normalwert muß die mechanische Reibung berücksichtigt werden. Die mechanische Reibung ist in erster Linie von den Massenkräften abhängig und nur wenig von den Gaskräften. Die Reibungskräfte können also in einen großen Anteil, der nur von der Drehzahl, und in einen kleinen Anteil, der von den Gaskräften abhängig ist, aufgeteilt werden. Unter Berücksichtigung aller Faktoren, ausgenommen die Feuchtigkeit, ergibt sich die Gleichung [201]

$$N_e = \frac{N_{e0}}{\eta_{m0}} \cdot \frac{p}{p_0}\left[\left(\frac{T_0}{T}\right)^n - (1-\eta_{m0})\cdot\left(1 - \frac{N_{rm}}{N_{r0}} + \frac{N_{rm}}{N_{r0}} \cdot \frac{p_0}{p}\right)\right],$$

wobei N_{e0} die effektive Leistung beim Bezugszustand p_0 und T_0 ist, η_{m0} der mechanische Wirkungsgrad bei der Leistung am Bezugszustand, N_{r0} die Reibungsleistung beim Bezugszustand und N_{rm} die Reibungsleistung bei dem augenblicklichen atmosphärischen Zustand. Der Wert für N_{rm}/N_{r0} liegt zwischen 2/3 und 1. Man setzt ihn häufig gleich 1 und erhält dann die einfachere Umrechnungsformel

$$N_e = N_{e0} + \frac{N_{e0}}{\eta_{m0}}\left[\frac{p}{p_0} \cdot \left(\frac{T_0}{T}\right)^n - 1\right].$$

Der Exponent n für die Temperatur hängt stark von der Temperatur der Wandungen ab. Er liegt bei luftgekühlten Ottomotoren bei 0,65 und bei wassergekühlten Motoren bei 0,9 [201]. Man kann vermuten, daß die Werte bei gut gekühlten Motoren nahe bei 1 liegen und bei Motoren mit hohen Wandungstemperaturen sich dem Wert 0,5 nähern.

Für stationäre Motoren wird in Deutschland eine Umrechnungsformel verwendet, die aus den obigen Gleichungen abgeleitet ist, aber noch zusätzlich den Einfluß der Feuchtigkeit berücksichtigt [54]:

$$N_e = N_{e0} \cdot \alpha$$

wobei

$$\alpha = K + 0{,}7 \cdot (K-1) \cdot \left(\frac{1}{\eta_{m0}} - 1\right)$$

und

$$K = \frac{N_i}{N_{i0}} = \left(\frac{T_0}{T}\right)^{0{,}75} \cdot \frac{p - \varphi \cdot p_s}{p_0 - \varphi_0 \cdot p_{s0}}$$

sind.

Der Index 0 gilt für den Bezugszustand, d. h. η_{m0} ist der mechanische Wirkungsgrad bei Vollast am Bezugszustand (etwa 0,70 bis 0,85).

Es sind mehrere vereinfachte Umrechnungsformeln im Gebrauch. Für kleinere Temperatur- und Druckunterschiede setzt man bei Automobilmotoren häufig

$$N_e = N_{e0} \cdot \frac{p}{p_0}\left(\frac{T_0}{T}\right)^{0{,}5}.$$

Für andere Motoren, auch Flugmotoren, nimmt man [201]

$$N_e = N_{e0} \cdot \frac{p}{p_0}\left(\frac{227 + T_0}{227 + T}\right)$$

$$N_e = N_{e0} \cdot \left(\frac{\varrho}{\varrho_0}\right)^{1{,}28}$$

$$N_e = N_{e0} \cdot \left[\frac{\varrho}{\varrho_0} - \frac{1 - \varrho/\varrho_0}{7{,}55}\right].$$

4. Anreicherung der Luft mit Sauerstoff

Durch Sauerstoffzufuhr kann die Leistung eines Motors erhöht werden. Sauerstoff kann in gasförmigem Zustand der Luft beigemischt werden. Wenn die Temperatur des Sauerstoffes gleich der Lufttemperatur ist, steigt der Sauerstoffgehalt im Verhältnis der Volumen. Ein Beimischungsverhältnis

von 100%	ergibt	$1{,}00/0{,}21$	$= 4{,}76$faches Sauerstoffvolumen
von 50%	,,	$0{,}5 + 0{,}5/0{,}21$	$= 2{,}88$,, ,,
von 20%	,,	$0{,}8 + 0{,}2/0{,}21$	$= 1{,}75$,, ,,
von 10%	,,	$0{,}9 + 0{,}1/0{,}21$	$= 1{,}37$,, ,,

Wird der Luft flüssiger Sauerstoff beigemischt, dann wird durch die Abkühlung auch die Füllung vergrößert und zusätzlich Leistung gewonnen.

Bei Verwendung von Sauerstoffträgern läßt sich die Leistung ebenfalls steigern. Bei deutschen Höhenflugzeugen wurde im Krieg mit gutem Erfolg Stickoxidul N_2O (Lachgas) zugeführt. Die Molekularmasse beträgt 44,016. Die Dichte ist mit 1,978 kg/Nm³ 1,53mal so groß wie die von Luft. Die Siedetemperatur ist $-88{,}7\,°C$ bei 760 Torr, der kritische Zustand bei 36,5 °C und 54416 Torr [48]. Es kann in Hochdruckbehältern in flüssiger Form mitgeführt werden. Bei der Beimischung zur Luft kommt an Stelle von 1 Teil Luft 1 Teil N_2O, also nach Zerfall 1 Teil N_2 und $^1/_2$ Teil O_2. Der Zerfall erfolgt erst bei der Verdichtung und Verbrennung unter geringer Wärmeentwicklung. Man erhält bei der Beimischung zur Luft ohne Berücksichtigung der Verdampfungswärme

bei 100% N_2O:	2,5	faches Sauerstoffvolumen
bei 50% N_2O:	1,75	,, ,,
bei 20% N_2O:	1,30	,, ,,
bei 10% N_2O:	1,15	,, ,,

5. Einfluß von Abgasgehalt und Aufladung

Der Abgasgehalt der Ladung ist schon bei normalem Lauf von Bedeutung, insbesondere aber beim gedrosselten Betrieb und bei Leerlauf. Hoher Abgasgehalt verringert den Sauerstoffanteil im Zylinder und damit die Leistung. Es werden aber auch die Verbrennungsvorgänge stark beeinflußt. Einerseits wird die Gemischtemperatur durch die Abgase heraufgesetzt, andererseits die Konzentration des Sauerstoffes und des Kraftstoffdampfes herabgesetzt. Die Vorreaktionen werden beeinflußt. Die Abgase setzen sich aus 2- und 3atomigen Gasen zusammen. Sie haben also eine andere spezifische Wärme als die Luft. Zur Herabsetzung der Klopfneigung kann man der Ansaugluft kalte Abgase beimischen. Das ergibt aber Verminderung der Leistung und Erhöhung des Verbrauches.

Durch Aufladen mit Hilfe von Ladern kann der Druck vor dem Ventil vergrößert werden und damit die Leistung bis auf ein Mehrfaches erhöht werden. Durch Rückkühlung der Laderluft auf die Umgebungstemperatur kann dabei ein weiterer Leistungsgewinn erreicht werden. Auch durch Ausnutzung des Druckstoßes von Schwingungen in der Saugleitung kann die Leistung eines Motors erhöht werden.

II. Kraftstoff

1. Allgemeine Anforderungen an die Kraftstoffe

Im Ottomotor soll bei Beginn der Verdichtung ein homogenes gasförmiges Gemisch vorhanden sein. Der Kraftstoff, der der Luft beigemischt wird, muß also entweder gasförmig sein, oder er muß so leicht flüchtig sein, daß er bei etwa stöchiometrischer Mischung mit Luft bei normaler oder wenig erhöhter Temperatur verdampfen kann. Der Teildruck des Kraftstoffdampfes liegt bei den bei Standardmischungen üblichen Größen der Kohlenwasserstoffmoleküle unter 2% des Gesamtdruckes, so daß diese Forderung durch einzelne Kohlenwasserstoffe mit Siedetemperaturen bis zu 150°C erfüllt werden kann. Bei Gemischen kann bei 20°C auch vollkommene oder fast vollkommene Verdampfung eintreten, wenn ein geringer Prozentsatz von Kohlenwasserstoffen bis zu Siedetemperaturen von 180°C vorhanden ist. Bei flüssigen Kraftstoffen entsteht im Augenblick der Gemischbildung, d. h. der Vermischung von Kraftstoff und Luft, ein Nebel, bei dem mehr oder weniger feine Tropfen in der Luft schweben. Eine rasche Verdunstung dieser Tropfen ist erwünscht. Manchmal wird hierzu Luftvorwärmung angewandt, meist aber begnügt man sich mit einer Erwärmung der Wandungen, um die die Wandung berührenden Tropfen zu verdampfen.

Das entstandene homogene Gemisch wird bei der Verdichtung erwärmt. Die in ihm enthaltenen Kraftstoffdämpfe werden dabei überhitzt. Das Gemisch wird durch einen elektrischen Funken gezündet und wird dann mit einer von der Drehzahl abhängigen Flammengeschwindigkeit weiterbrennen. Da der Druck im Zylinder und damit auch die Temperatur im unverbrannten Gemisch mit zunehmendem Fortschreiten der Flamme ansteigen, wächst auch die Flammengeschwindigkeit. Diese soll aber eine von der Drehzahl abhängige obere Grenze nicht überschreiten, weil sonst ein harter Gang des Motors auftritt.

Die obere und untere Zündgrenze (Mischungsgrenze) des Gemisches soll ausreichend sein. Die Selbstzündtemperatur des Gemisches muß weit über der Verdichtungsendtemperatur liegen und soll möglichst auch noch etwas über der Temperatur sein, die der zuletzt verbrennende Anteil des Gemisches infolge seiner adiabaten Kompression erreicht. In Grenzfällen, z. B. bei hoher Drehzahl, ist ein geringes kurzzeitiges Überschreiten der Selbstzündtemperatur zulässig.

2. Chemische Zusammensetzung und Eigenschaften der Kraftstoffe

Die für den Ottomotor in Frage kommenden Kraftstoffe können in gasförmiger oder flüssiger Form vorkommen. Bei ersteren unterscheidet man Permanentgase, die nur bei tiefen Temperaturen verflüssigt werden können (Methan CH_4, Äthan C_2H_6, Äthylen C_2H_4), und Flüssiggase, die bei normalen Temperaturen und mäßigen Drücken schon flüssig werden (Propan C_3H_8, Butan C_4H_{10}). Motoren für Gichtgas, Leuchtgas und Generatorgas sowie die Eigenschaften dieser Gase sind im Band „Gasmaschinen" behandelt.

Der chemischen Zusammensetzung nach handelt es sich bei den Kraftstoffen für Ottomotoren hauptsächlich um Kohlenwasserstoffe, daneben um Alkohole und Diäthyläther. Die Kohlenwasserstoffe stammen vorwiegend aus Erdölquellen. Bei der Verkokung der Kohle werden kleinere Mengen an Kohlenwasserstoffen erzeugt. Die Gase stammen aus Gasquellen oder fallen bei der Verkokung von Kohle, bei der Krackung und beim Reformieren von Erdöl an. Das aus den Erdölquellen gewonnene Erdöl wird destilliert. Ein Teil der Destillationsprodukte wird durch Kracken und Reformieren in andere Verbindungen umgewandelt, die sich für die Verwendung im Ottomotor besser eignen. Aus schweren

Kohlenwasserstoffen werden leichtere hergestellt und klopffreudige Verbindungen werden in klopffestere übergeführt.

Die Kohlenwasserstoffe sind organische Verbindungen, die nach der Bindung der Atome im Molekül in Gruppen mit unterschiedlichen Eigenschaften eingeteilt werden.

Die Normalparaffine, C_nH_{2n+2}, auch aliphatische oder gesättigte Kohlenwasserstoffe genannt, haben den höchstmöglichen Gehalt an Wasserstoff. Die Bindung der Kohlenstoffatome der Normalparaffine ist kettenförmig. Die Zahl der Kohlenstoffatome beginnt mit 1 und erreicht sehr hohe Werte; Abb. 1 zeigt das Bindungsschema für Methan CH_4 und für n-Heptan C_7H_{16}. Die Bindung der Atome im Molekül ist bei wenig C-Atomen stark; bei langen Ketten wird sie aber schwach. Die Zündtemperatur der ersten Verbindungen ist hoch und die Klopffestigkeit sehr gut. Die Klopffestigkeit nimmt aber mit der Zahl der C-Atome schnell ab und ist bei n-Heptan C_7H_{16} schon so schlecht, daß man diesen Stoff bei den Oktanzahlbestimmungen als stark klopfende Komponente mit der Oktanzahl 0 gewählt hat, Abb. 2. Bei 16 C-Atomen, Cetan (Hexadecan) $C_{16}H_{34}$, ist schon eine so große Zündneigung vorhanden, daß Cetan bei der Bestimmung der Zündneigung der Dieselkraftstoffe (Cetanzahl) als zündfreudiger Kraftstoff verwendet wird.

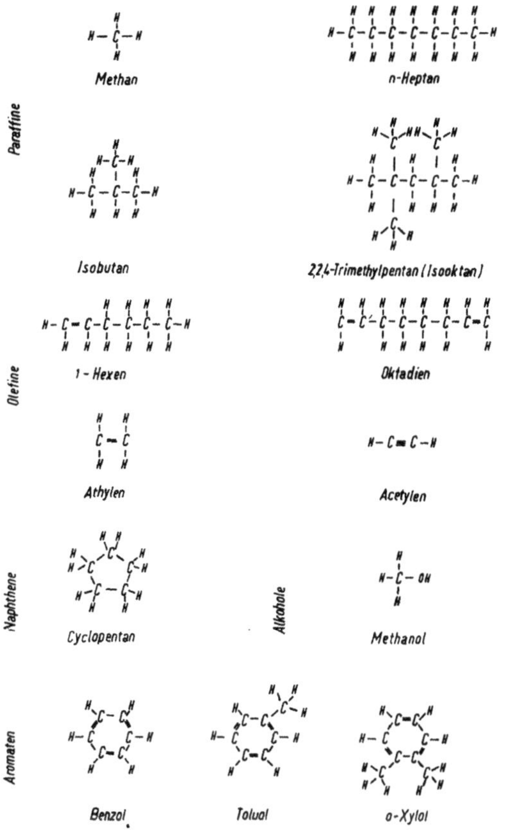

Abb. 1. Bindungsschema von Paraffinen, Olefinen, Naphthenen, Alkohol und Aromaten

Bei atmosphärischen Temperaturen und Drücken sind die Normalparaffine Methan CH_4, Äthan C_2H_6, Propan C_3H_8 und Butan C_4H_{10} gasförmig, die weiteren wie Pentan C_5H_{12}, Hexan C_6H_{14} usw. flüssig; oberhalb von Cetan $C_{16}H_{34}$ sind sie in reinem Zustand fest.

Die Isoparaffine haben dieselbe Formel C_nH_{2n+2}, aber andere Bindung, nämlich verzweigte Kohlenstoffketten. Da die Kettenlänge bei gleicher Kohlenstoffzahl kleiner ist, ist die Zündneigung geringer und die Klopffestigkeit erheblich höher. Als Beispiel sind in Abb. 1 das Flüssiggas Isobutan C_4H_{10} als niedrigstes Isoparaffin, sowie Isooktan C_8H_{18}, von dem etwa 50 Formen möglich sind, angegeben. Das für die Bestimmung der Oktanzahl benutzte Isooktan ist das 2,2,4-Trimethylpentan, Abb. 1.

Die Olefine sind ungesättigte Verbindungen, die Doppelbindungen zwischen einzelnen Kohlenstoffatomen haben. Die Monoolefine C_nH_{2n} haben eine Doppelbindung, die Diolefine C_nH_{2n-2} haben 2 Doppelbindungen, usw. Die meisten Olefine haben geradlinige Kohlenstoffketten. Verzweigungen sind seltener. Abb. 1 zeigt das Hexen C_6H_{12}, auch α-Hexylen genannt, ein Monoolefin, und das Oktadien C_8H_{14}, ein Diolefin. Durch die Doppelbindung wird die Kohlenstoffkette widerstandsfähiger und der Wasserstoffanteil geringer. Obwohl die Zündtemperatur nicht größer ist, ist die Klopffestigkeit höher als beim Normalparaffin, aber nicht so hoch wie bei den Isoparaffinen. Doppelbindungen kommen schon bei 2 Kohlenstoffatomen vor. Neben Äthan C_2H_6 sind Äthylen C_2H_4 und Acetylen C_2H_2 vorhanden, Abb. 1. Das Acetylen reagiert sehr leicht und hat eine sehr niedrige Zündtemperatur.

Die Naphthene C_2H_{2n}, auch Cycloparaffine genannt, sind wasserstoffgesättigte Verbindungen, deren Kohlenstoffatome ringförmig angeordnet sind. Die Zündneigung ist klein und die Klopffestigkeit höher im Vergleich mit den entsprechenden Paraffinen. Als Beispiel ist in Abb. 1 Cyclopentan angegeben.

Die Aromaten C_nH_{2n-6} haben 6 ringförmig angeordnete Kohlenstoffatome, wobei eine Doppelbindung mit einer Einfachbindung abwechselt. Sie sind also nicht mit Wasserstoff abgesättigt. Durch die Doppelbindung aber wird die Zündneigung sehr gering. Die Zündtemperatur liegt höher als bei den anderen Kohlenwasserstoffen und auch die Klopf-

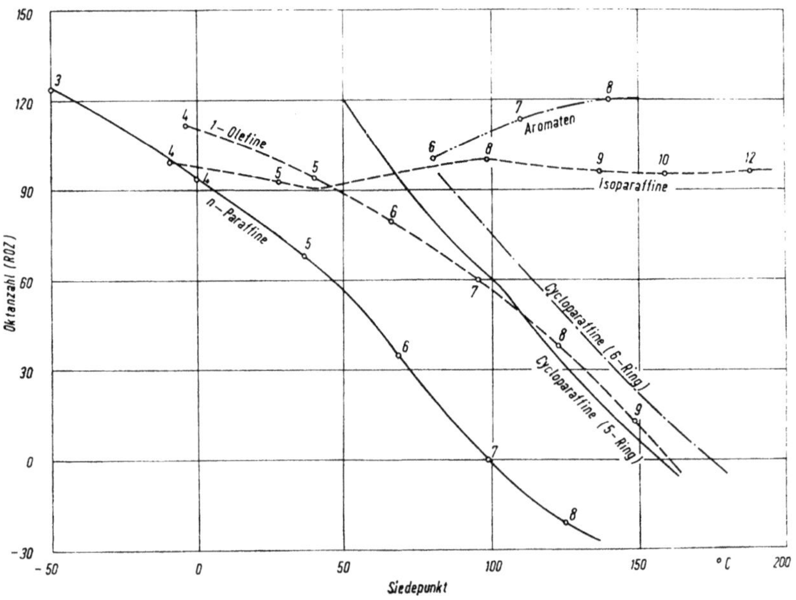

Abb. 2. Klopffestigkeit und Siedelage von Kohlenwasserstoffen [169]

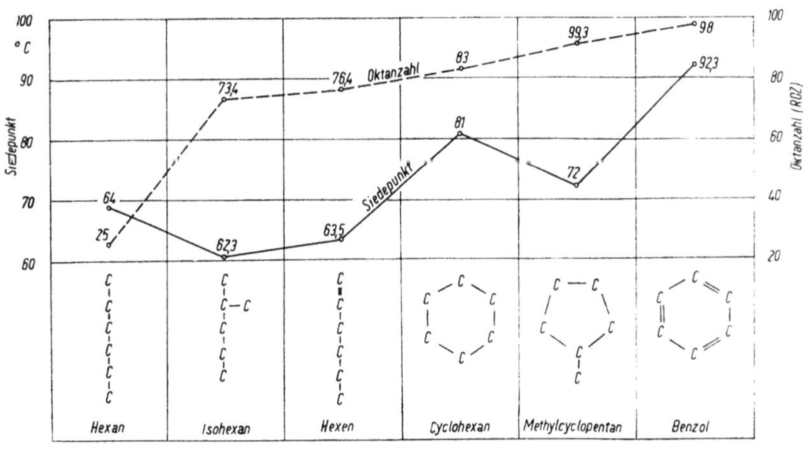

Abb. 3. Siedepunkt und Oktanzahl für Kraftstoffe mit unterschiedlichem Bindungsschema bei gleicher C-Zahl [138]

[Siedepunkt 69 statt 64; Oktanzahl 91,3 statt 99,3]

festigkeit ist sehr hoch. Einzelne Wasserstoffatome des Grundstoffes Benzol C_6H_6 können durch Methylgruppen CH_3 ersetzt werden. Es entstehen das Toluol C_7H_8 und das Xylol C_8H_{10}, Abb. 1 und andere. Diese Verbindungen sind ebenfalls sehr klopffest.

In Abb. 2 ist zusammenfassend die Oktanzahl als Maß für die Klopffestigkeit über der Siedetemperatur für verschieden große Moleküle angegeben. Während mit steigender C-Zahl die Siedetemperatur bei allen Kohlenwasserstoffen ansteigt, zeigt die Klopfneigung je nach Bindungsart ein unterschiedliches Verhalten. Da die Zahl der Isomeren mit steigendem Molekulargewicht stark ansteigt, müßte der Verlauf für die Isoparaffine eigentlich durch einen sich mit höherer C-Zahl erweiternden Bereich dargestellt werden.

Um zu zeigen, wie vielfältig die Verbindungsmöglichkeiten der Kohlenwasserstoffe und wie groß die sich daraus ergebenden Unterschiede in den Eigenschaften sind, sind für Verbindungen mit 6 Kohlenstoffatomen im Molekül die Siedetemperaturen und Klopffestigkeiten in Abb. 3 angegeben.

Die Alkohole spielen neben den Kohlenwasserstoffen beim Ottomotor mitunter eine Rolle. Sie enthalten neben Kohlenstoff und Wasserstoff noch ein Sauerstoffatom im Molekül oder besser gesagt, eine OH-Gruppe. Die niedrigste Verbindung ist das Methanol CH_3OH, Abb. 1. Bei der nächsten ist die Methylgruppe durch eine Äthylgruppe ersetzt, C_2H_5OH, Äthanol. Methanol ist giftig. Die Zündneigung dieser beiden Alkohole ist gering und die Klopffestigkeit hoch. Dazu kommt die große Verdampfungswärme, die die Gemischtemperatur herabsetzt und damit die Klopffestigkeit weiterhin günstig beeinflußt. Der Heizwert des Alkoholes ist geringer als der der Kohlenwasserstoffe. Außer diesen beiden häufig vorkommenden Alkoholen gibt es noch zahlreiche höhere Alkohole, z. B. Propanol C_3H_7OH, Heptanol $C_7H_{15}OH$, die aber nur als Zusätze mitunter verwendet werden, z. B. um das Vereisen des Vergasers zu verhindern.

Diäthyläther ist gelegentlich für Sonderzwecke bzw. als Zusatz (beim Anlassen) verwendet worden. Neben Kohlenstoff und Wasserstoff enthalten Äther ein Sauerstoffatom im Molekül; dabei sind rechts und links vom Sauerstoff Methyl-, Äthyl-, Propyl- usw. Gruppen angeordnet. Dimethyläther $CH_3 \cdot O \cdot CH_3$ und Methyläthyläther $CH_3 \cdot O \cdot C_2H_5$ sind Gase, die weiteren Verbindungen, z. B. Dipropyläther $C_3H_7 \cdot O \cdot C_3H_7$ und Dibutyläther $C_4H_9 \cdot O \cdot C_4H_9$ sind flüssig. Diäthyläther verdampft bei niedrigen Temperaturen. Seine Zündneigung ist groß.

3. Kraftstoffzusätze

Zusätze zum Kraftstoff zur Erzielung bestimmter Wirkungen werden oft angewandt, z. B. zur Erhöhung der Klopffestigkeit, zur Vermeidung der Vereisung des Vergasers, u. a.

Als wichtigstes Antiklopfmittel wird Bleitetraäthyl $Pb(C_2H_5)_4$ benutzt. Diese mit Kraftstoff mischbare farblose Flüssigkeit besteht zu 64,06 Gewichtsprozenten aus Blei und ist sehr giftig. Die Dichte beträgt 1,65 g/cm³, die Molekularmasse 323,5. Der Siedepunkt für 760 Torr liegt bei 200 °C, der Dampfdruck ist bei 15 °C 0,167 Torr und bei 50 °C 2,10 Torr. Der Schmelzpunkt ist — 130,2 °C [80].

Bleitetraäthyl zerfällt schon teilweise unterhalb des Siedepunktes. Bei der Verbrennung entsteht aus den 4 Äthylgruppen Wasserdampf und Kohlendioxid, das Blei verbrennt zu Bleioxid. Dieses hat einen Schmelzpunkt von etwa 900 °C und verdampft erst bei sehr hohen Temperaturen. Um eine Ablagerung des Bleioxides im Motor zu verhindern, mischt man dem Bleitetraäthyl Brom- und Chlorverbindungen bei, 1,2-Äthylendibromid $Br_2C_2H_4$ und 1,2-Äthylendichlorid $Cl_2C_2H_4$. Das Bleioxid wird zu Blei-(II)-bromid bzw. Blei-(II)-chlorid umgewandelt, deren Verdampfungstemperatur bei etwa 800 °C liegt. Die Dämpfe dieser Bleiverbindungen strömen dann mit dem Abgas aus dem Zylinder. Die Klopffestigkeit selbst wird durch die Brom- und Chlorverbindungen nicht beeinflußt.

Bleitetramethyl $Pb(CH_3)_4$ hat eine analoge Wirkung wie das Bleitetraäthyl. Die Dichte beträgt bei 20 °C 1,995 g/cm³, die Molekularmasse 267,4, der Bleigehalt 77,5 Gew.%. Der Schmelzpunkt liegt bei — 30,3 °C, der Siedepunkt für 760 Torr bei 110 °C, der Dampfdruck bei 15 °C ist 17,50 Torr und bei 50 °C 100 Torr [80].

Bei ungleicher Gemischverteilung werden die Zylinder nicht nur quantitative, sondern auch qualitative Unterschiede aufweisen, d. h. sie werden mit den leichten und schweren Fraktionen des Kraftstoffes ungleich beliefert. Dabei kommt Bleitetraäthyl wegen seines hohen Siedepunktes in die Zylinder, die die schwereren Fraktionen erhalten. Früher war das erwünscht, weil die schwereren Fraktionen die weniger klopffesten waren. Neuerdings aber sind bei Reformierungsprozessen auch die schweren Fraktionen gut klopffest, weshalb eine gleichmäßige Verteilung des Bleizusatzes erwünscht ist.

Mischungen aus Bleitetraäthyl und -methyl können diesen Ansprüchen gerecht werden. Anstelle der Mischungen können auch Verbindungen treten, bei denen an das Bleiatom

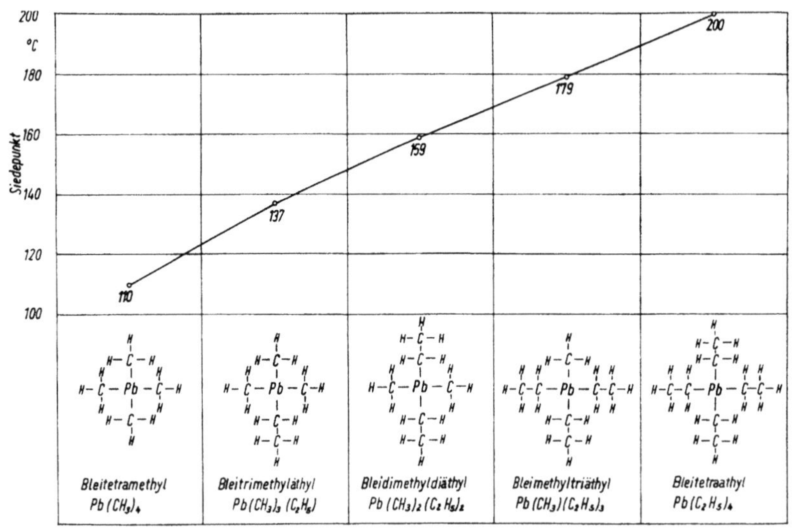

Abb. 4. Siedepunkt und Bindungsschema für Bleiverbindungen [80]

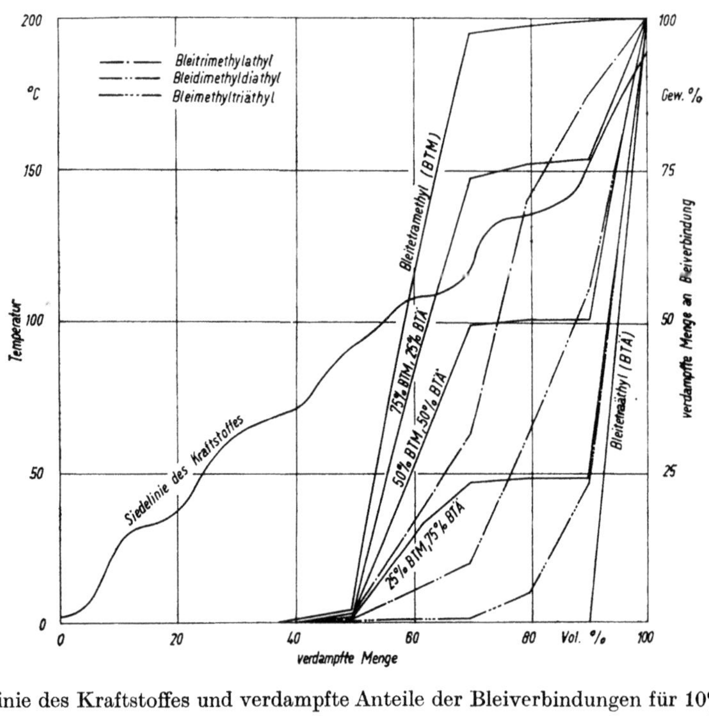

Abb. 5. Siedelinie des Kraftstoffes und verdampfte Anteile der Bleiverbindungen für 10%-Schritte [80]

abwechselnd Äthyl- und Methylgruppen gebunden sind, Abb. 4. In Abb. 5 ist der Siedeverlauf eines Kraftstoffes aufgezeichnet. Dazu sind auf der rechten Seite über den verdampften Volumenanteilen des Kraftstoffes die verdampften Massenanteile der Bleiverbindungen aufgetragen. Man sieht, daß das Bleitetraäthyl erst sehr spät verdampft, während das Bleitetramethyl schon verdampft ist, wenn zwischen 50 und 70% des Kraftstoffes verdampft sind. Der Unterschied zwischen physikalischen Mischungen von Bleitetramethyl und -äthyl und den in Abb. 4 erwähnten chemischen Verbindungen ist ebenfalls zu erkennen. Der Unterschied in der Straßenoktanzahl zwischen beiden Mischungsarten ist nicht bedeutend.

Eisenpentacarbonyl $Fe(CO)_5$ ergibt ebenfalls eine Erhöhung der Klopffestigkeit. Es siedet bei 103 °C. Seine Dichte ist 1,45 g/cm³. Es ist nicht giftig. Da es im Motor zu Kohlendioxid und Eisenoxid verbrennt, befinden sich im Abgas kleinste feste Teilchen von rotem Eisenoxid. Diese werden zwar zum größten Teil mit dem Abgas ausgeblasen; es kommen jedoch noch Teilchen mit der Wand und den Zündkerzen in Berührung, wo sie nach längerer Laufzeit Störungen hervorrufen können. Andere Stoffe, z. B. Anilin, sind in Ausnahmefällen gelegentlich auch zur Erhöhung der Klopffestigkeit verwendet worden.

Alkohol mit Wasser wird z. B. bei Hochleistungsflugmotoren beim Start getrennt vom Kraftstoff eingespritzt. Man setzt durch die Verdampfungswärme des Wasser-Alkoholgemisches die Ansaugtemperatur und die Verdichtungsendtemperatur herab, macht das Gemisch reicher, erhöht den Anteil des inerten Gases und erreicht dadurch eine erhöhte Klopffestigkeit des verdichteten Gemisches. Ein Teil der Verdampfungswärme wird auch zur Abkühlung der Brennraumwände verbraucht.

Verunreinigungen und unerwünschte Stoffe können im Kraftstoff vorhanden sein. Sie werden bei der Herstellung des Kraftstoffes nach Möglichkeit entfernt. Unerwünscht ist der Schwefel, der im Kraftstoff für Ottomotoren bis auf Reste unterhalb von 0,1 Gew.% entfernt sein soll.

4. Heizwert der Kraftstoffe

Die bei vollkommener Verbrennung freiwerdende Wärme der Kohlenwasserstoffverbindungen ist in der Regel um so größer, je größer der Wasserstoffanteil ist. Der Heizwert der Kohlenwasserstoffe unterscheidet sich aber vom Heizwert der Elementaranteile bei einigen Verbindungen in erheblichem Maße. Die Bildungswärme der Kohlenwasserstoffverbindungen ist teils positiv, teils negativ und nimmt in einigen Fällen große Beträge an. Zu unterscheiden ist zwischen dem unteren und dem oberen Heizwert; letzterer ist um die Verdampfungswärme des in den Abgasen enthaltenen Wassers größer. Von praktischer Bedeutung ist nur der untere Heizwert.

Die Heizwerte sind aus Tabelle 3, Seite 16, ersichtlich. Der Einfluß der Bildungswärme ist in Abb. 6 dargestellt, in dem das Verhältnis der Heizwerte der Kohlenwasserstoffe zum Heizwert der Elementarstoffe über dem Verhältnis der Kohlenstoffatome zu den Wasserstoffatomen aufgetragen ist. Die Heizwerte der wasserstoffreichen Verbindungen sind zwar höher als die der wasserstoffarmen Verbindungen, durch ihre teilweise große Bildungswärme geht aber wieder ein Teil des Heizwertes verloren.

5. Gemischheizwert und Wirkungsgrad

Unter Zugrundelegung eines bestimmten Verhältnisses von Luft zu Kraftstoff, z. B. des stöchiometrischen Verhältnisses, kann man den Heizwert eines Gemisches, bestehend aus Luft und Kraftstoffdampf, errechnen. Voraussetzung ist dabei, daß der Kraftstoff wirklich in Dampfform vorliegt. Dieses ist bei Raumtemperatur für reine Kohlenwasserstoffe bis zu n-Oktan der Fall und bei wenig erhöhter Temperatur auch für die im üblichen Kraftstoffgemisch enthaltenen kleinen Anteile der schwersiedenden Verbindungen. In Abb. 7 sind die Dampfdrücke von den in Frage kommenden Kohlenwasserstoffen wiedergegeben.

Der Sauerstoffbedarf eines Wasserstoffmoleküles ist halb so groß wie der eines Kohlenstoffatomes. Wenn man eine vollständige Verbrennung mit 1 Nm³ Luft vornimmt, so werden bei Verbrennung von Wasserstoff 1086 kcal, bei Verbrennung von Kohlenstoff 879 kcal frei, d. h. das Verhältnis der freiwerdenden Wärme hat den Wert 1086 : 879 = 1,24. Bezogen auf die Heizwerte der Elementarbestandteile müssen also die wasserstoffreichen Kohlenwasserstoffe die größeren Heizwerte je Nm³ Luft haben. Durch die Bildungswärme ergeben sich hier allerdings erhebliche Korrekturen, vgl. Abb. 6.

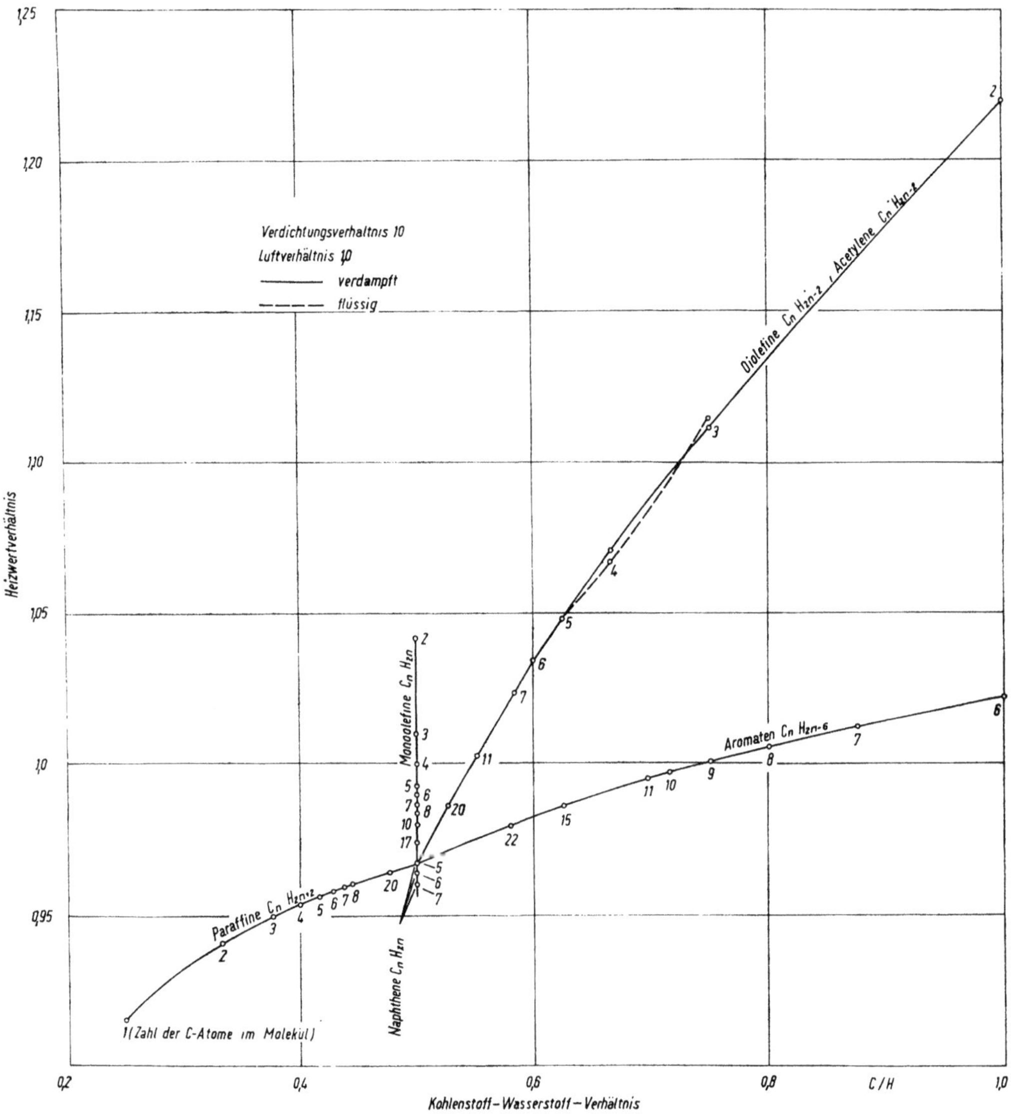

Abb. 6. Heizwertverhältnis für verschiedene Kohlenwasserstoffe [203]

Im Ottomotor interessieren Mitteldruck und Kraftstoffverbrauch. Außer von Heizwert und Gemischheizwert hängen diese Größen aber noch vom Wirkungsgrad des Kreisprozesses ab. Für einen idealen Ottomotor sind in Abb. 8 die Wirkungsgrade aufgetragen, wobei ein Verdichtungsverhältnis von 10 und ein Luftverhältnis von 1 zugrunde gelegt ist ohne Rücksicht darauf, daß gewisse Stoffe bei der wirklichen Maschine unter diesen Bedingungen Schwierigkeiten bereiten könnten. Alle Dissoziationsvorgänge sind berücksichtigt. Die Untersuchung zeigt, daß die Verbrennungsendtemperatur für alle C/H-Verhältnisse bei gleichbleibendem Heizwertverhältnis nach Abb. 6 unter dem Einfluß der Dissoziation nahezu gleich bleibt und vorwiegend eine Funktion von diesem Heizwertverhältnis ist, während die isentrope Expansionsarbeit mit einer Zunahme des C/H-Ver-

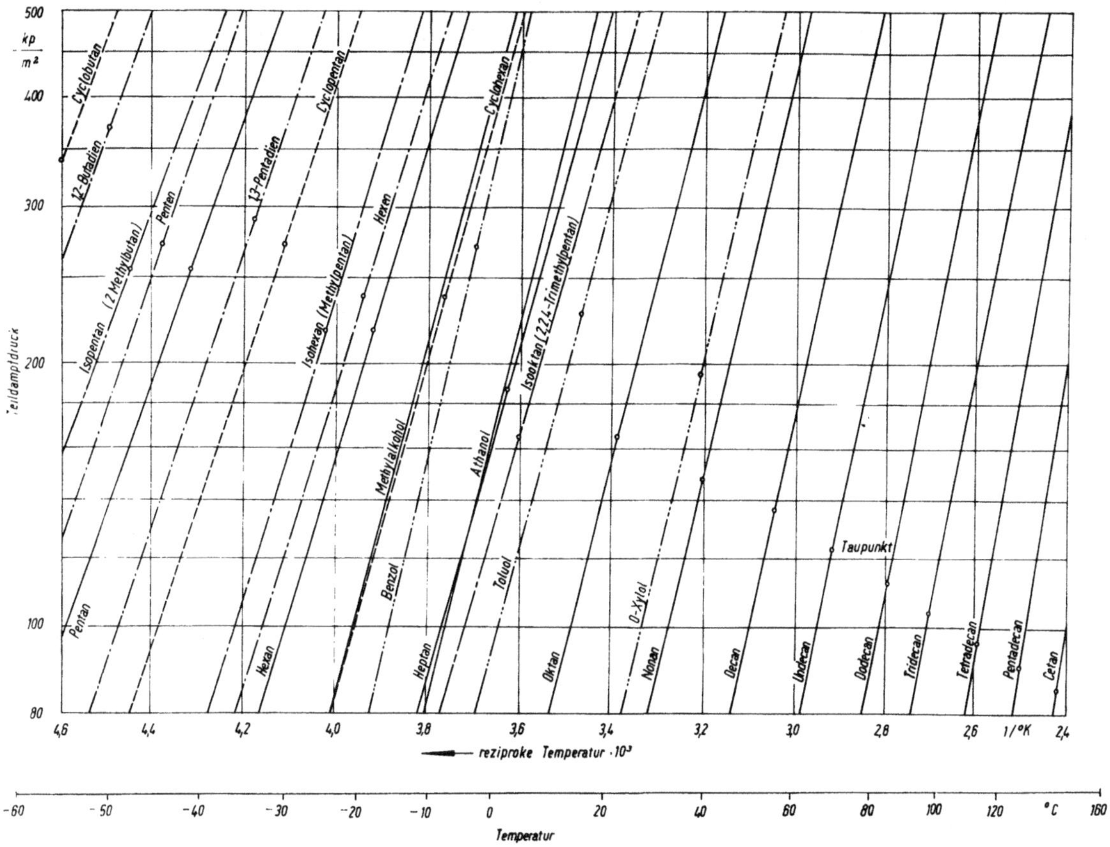

Abb. 7. Dampfdrücke für verschiedene Kohlenwasserstoffe bei einem absoluten Druck von 1 at

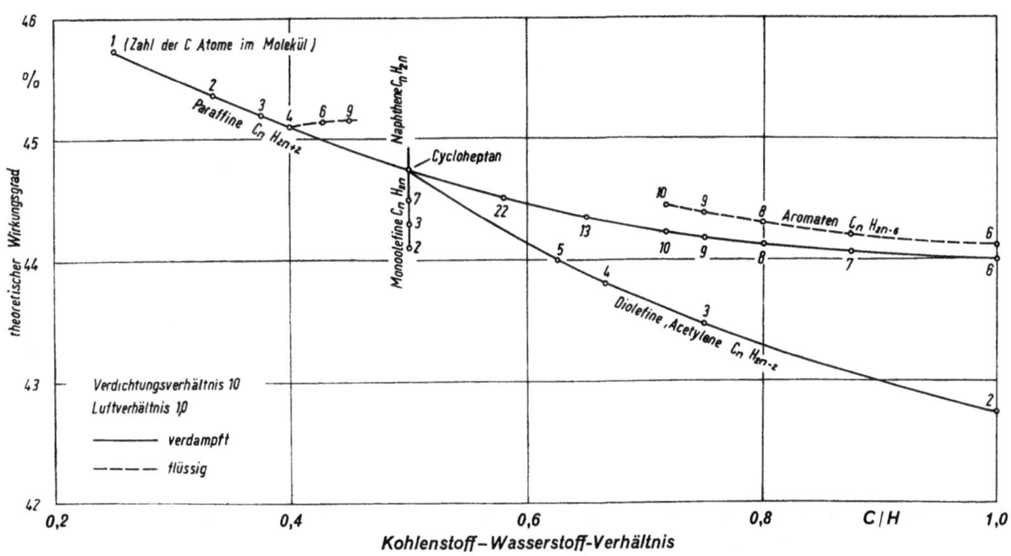

Abb. 8. Theoretischer Wirkungsgrad für verschiedene Kohlenwasserstoffe [203]

hältnisses abnimmt. Diese zwei Einflüsse wirken sich auf den Wirkungsgrad und den Mitteldruck eines idealen Motors aus. Für die Auftragung in Abb. 8 sind chemische

Gleichgewichtszustände der verbrannten Gase während der Expansion zugrunde gelegt. Die Unterschiede im Wirkungsgrad sind zwischen den Acetylenen und Diolefinen einerseits und den leichten Paraffinen andererseits groß, nämlich zwischen 42,7 und 45,8%; für die im Ottomotor mit flüssigen Kraftstoffen in Frage kommenden Stoffe liegt der Unterschied jedoch nur zwischen 44,0 und 45,2%.

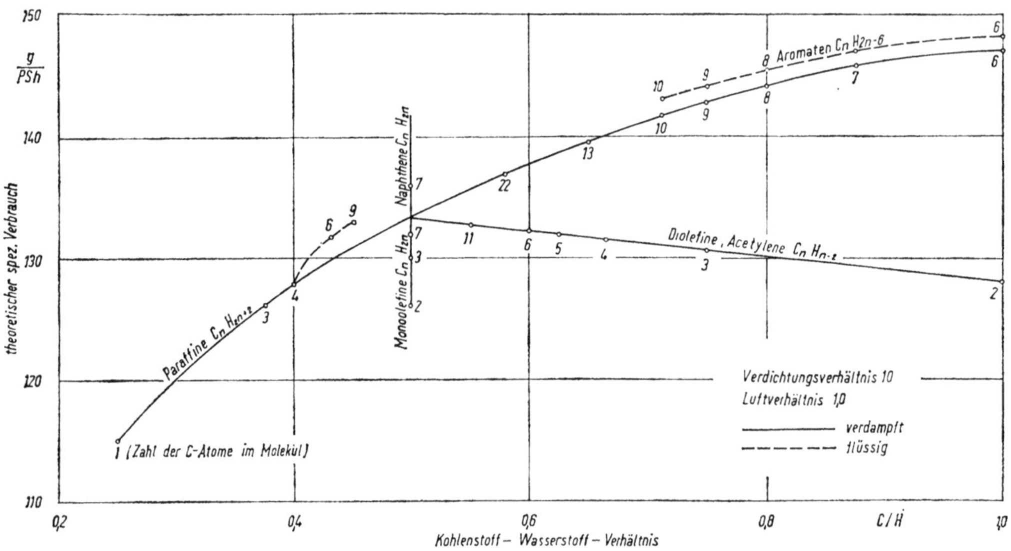

Abb. 9. Theoretischer spezifischer Kraftstoffverbrauch für verschiedene Kohlenwasserstoffe [203]

Aus dem thermischen Wirkungsgrad des idealen Motors und dem Heizwert der Kraftstoffe ergibt sich der spezifische Kraftstoffverbrauch, Abb. 9. Die Unterschiede sind erheblich. Der größte Verbrauch bei Benzol liegt 27% höher als der kleinste bei Methan. Bei den in den Kraftstoffen enthaltenen Komponenten beträgt der Unterschied bis zu 12%. In jedem Fall geben die wasserstoffreicheren Verbindungen geringeren Verbrauch, ausgenommen die für den Ottomotor nicht geeigneten Acetylene und Diolefine.

6. Änderung der Molekülzahl während der Verbrennung (Molverhältnis)

Leistung und Verbrauch des Ottomotors werden durch die infolge der Verbrennung eintretende Änderung der Anzahl der Moleküle beeinflußt. Zum Beispiel werden bei der Verbrennung von gasförmigem Wasserstoff in einem Motor aus 2 Molekülen Wasserstoff und 1 Molekül Sauerstoff 2 Moleküle Wasserdampf. Aus einem Molekül festen Kohlenstoffes, der praktisch keinen Raum einnimmt, und einem Molekül Sauerstoff ergibt sich ein Molekül CO_2. Im ersten Fall sind aus 3 Molekülen 2 geworden, im zweiten Fall ist die Zahl der gasförmigen Moleküle unverändert geblieben.

Wenn nun der Wasserstoff in einem großen Kohlenwasserstoffmolekül gebunden ist, wird sich bei seiner Verbrennung zu H_2O die Zahl der Moleküle vergrößern und damit bei unveränderlichem Brennraum der Druck oder bei konstantem Druck der Raum, den das verbrannte Gas einnimmt. Abb. 10 zeigt für das Kohlenstoff-Wasserstoff-Verhältnis der Kohlenwasserstoffe das Verhältnis der Molzahl nach der Verbrennung zu der vor der Verbrennung bei stöchiometrischer Mischung unter Berücksichtigung des in der Luft enthaltenen Anteiles an Stickstoff.

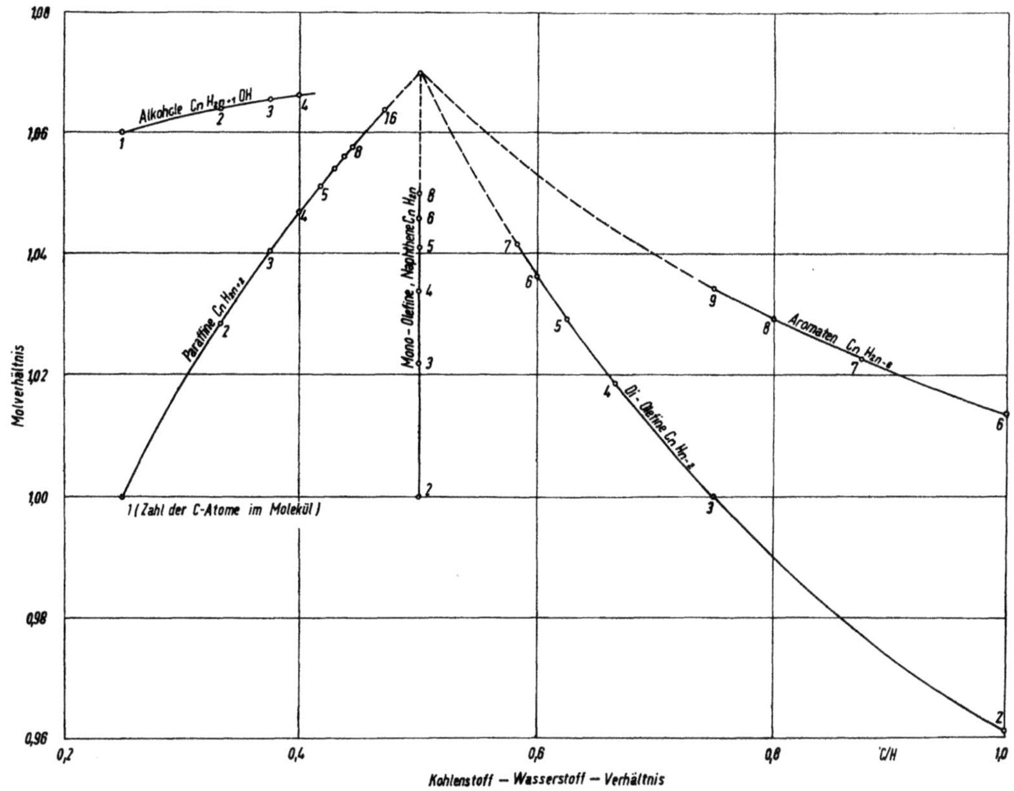

Abb. 10. Molverhältnis für verschiedene Kohlenwasserstoffe bei Verbrennung mit Luft

7. Stoffwerte für Kohlenwasserstoffe

In Tabelle 3, S. 16, ist eine Übersicht gegeben über die Eigenschaften der gebräuchlichsten Kohlenwasserstoffe, die aus verschiedenen Quellen zusammengestellt wurden. Der untere Heizwert in Spalte 2 [14, 15] wurde von kcal/kmol auf kcal/kg umgerechnet. Die spezifische Masse in Spalte 4 ist für flüssige Stoffe bei 20 °C und 760 Torr angegeben, bzw. bei Sättigungsdruck, wenn dieser kleiner ist [230]. Die Siedetemperaturen in Spalte 5 gelten für 760 Torr [230], ebenfalls die Verdampfungswärme in Spalte 6 [230]. Die spezifische Wärmekapazität in Spalte 7 ist für Flüssigkeiten bei 20 °C und 760 Torr angegeben, bei Siedetemperaturen unter 20 °C ist die spezifische Wärmekapazität der Dämpfe bei 25 °C angegeben. Diese Werte sind durch * gekennzeichnet [230].

Die Flammengeschwindigkeiten in Spalte 8 sind im horizontalen Rohr gemessen [10]. Der Teildruck in Spalte 9 ist für stöchiometrisches Gemisch angegeben. In Spalte 10 und 11 sind die Zündgrenzen für 20 °C und 760 Torr zusammengestellt [43]. Für die in Spalte 12 eingetragenen Zündtemperaturen waren Zündverzugszeiten um 60 Sekunden zugelassen [10]. In Spalte 13 ist die Research-Oktanzahl und in Spalte 14 die Motor-Oktanzahl angegeben [102].

Abweichend von den angegebenen Literaturstellen deutet eine Hochzahl 1 auf [14, 15], Hochzahl 2 auf [162], Hochzahl 3 auf [10], Hochzahl 4 auf [212].

Tabelle 3. *Stoffwerte*

			1 Stöchiom. Mischung kg Luft/kg Kraft	2 unterer Heizwert kcal/kg	3 Gemisch-Heizwert kcal/Nm³	4 spezif. Masse kg/dm³	5 Siede-temperatur °C
n-Paraffine	CH_4	Methan	17,24	11950	809	--	−162
	C_2H_6	Äthan	16,12	11350	857	0,326	−89
	C_3H_8	Propan	15,68	11080	875	0,501	−42
	C_4H_{10}	Butan	15,46	10900	881	0,579	−0,5
	C_5H_{12}	Pentan	15,34	10750	882	0,626	36
	C_6H_{14}	Hexan	15,24	10690	886	0,659	69
	C_7H_{16}	Heptan	15,17	10650	890	0,684	98
	C_8H_{18}	Oktan	15,13	10620	890	0,703	126
	C_9H_{20}	Nonan	15,09	10590	890	0,718	150
	$C_{10}H_{22}$	Decan	15,06	10575	890	0,730	173
	$C_{16}H_{34}$	Cetan	14,95	10500	900	0,773	287
i-Paraffine	C_4H_{10}	Isobutan	15,46	10890	880	0,557	−12
	C_5H_{12}	Isopentan	15,34	10730	880	0,620	28
	C_6H_{14}	Isohexan	15,24	10660	885	0,653	60
	C_7H_{16}	Isoheptan	15,17	10630	890	0,679[1]	90
	C_8H_{18}	Isooktan	15,13	10600	890	0,692[1]	99
Aromaten	C_6H_6	Benzol	13,26	9620	910	0,879	80
	C_7H_8	Toluol	13,48	9730	910	0,868	111
	C_8H_{10}	o-Xylol	13,66	9780	905	0,879	144
Naphtene	C_5H_{10}	Cyclopentan	14,77	10470	890	0,745	49
	C_6H_{12}	Cyclohexan	14,77	10380	885	0,779	81
	C_5H_8	Cyclopenten	14,19	10310	910	0,770	46
	C_6H_{10}	Cyclohexen	14,30	10290	910	0,811	83
Mono-Olefine	C_2H_4	Äthylen	14,77	11270	920	—	−104
	C_3H_6	Propylen	14,77	10940	915	0,550	−48
	C_4H_8	1-Buten	14,77	10830	915	0,592	−6
	C_5H_{10}	1-Penten	14,77	10760	915	0,642	30
	C_6H_{12}	1-Hexen	14,77	10710	915	0,674	64
Di-Olefine	C_2H_2	Acetylen	13,26	11530	1035	–	−84
	C_3H_4	Propadien	13,79	11080	985	—	−35
	C_4H_6	Butadien	14,05	10900	965	0,652	18
	C_5H_8	Pentadien	14,19	10550	930	0,621	45
Alkohole	CH_3OH	Methanol	6,46	4650	815	0,792	65
	C_2H_5OH	Äthanol	8,96	6400	860	0,789	78

8. Siedelinien von Kraftstoffgemischen

Der normale Tankstellenkraftstoff setzt sich aus zahlreichen Komponenten von Kohlenwasserstoffen zusammen. Er läßt sich durch Verwendung geeigneter Fraktionieraufsätze destillieren, wobei die Mengen der einzelnen Kohlenwasserstoffkomponenten sehr genau zum Vorschein kommen, Abb. 11. Bei sehr umfangreichen Fraktioniereinrichtungen läßt sich die wahre Siedepunkt-Kurve in eine treppenförmige Linie auflösen, wobei jeder Stufe ein Stoff entspricht. Wegen des großen Aufwandes an Zeit und Apparaturen begnügt man sich meist mit der dargestellten wahren Siedepunkt-Kurve.

Bekannter ist die Engler-Kurve, die man beim Destillieren nach Engler-Ubbelohde oder nach der ASTM-Destillation erhält. Es werden genormte Apparaturen verwendet. Bei dieser Destillation wird der verdampfte Anteil immer sofort aus der Blase abgeführt. Es werden demzufolge zuerst die leichten Bestandteile mit geringen Anteilen an schweren Kohlenwasserstoffen übergeleitet, und es bleiben schwerere Bestandteile in der Flüssig-

verschiedener Kohlenwasserstoffe

6	7	8	9	10	11	12	13	14
Verdampfungswärme	spezif. Wärme	größte Flammengeschw.	Teildruck b. stöch. Mischung	untere Mischungszündgrenze	obere Mischungszündgrenze	Zündtemperat.	Research-Oktan-Zahl	Motor-Oktan-Zahl
kcal/kg	kcal/kg grd	cm/s	%	—	—	°C	—	—
122	0,532*	33,8	9,48	0,631	1,79	630	—	—
117	0,419*	40,1	5,64	0,451	1,88	472	112	101
102	0,399*	39,0	4,03	0,424	1,83	504	111	97
92	0,406*	37,9	3,13	0,368	1,65	430	94	89
85	0,543	38,5	2,55	0,326	1,70	285	62	62
80	0,532	38,5	2,17	0,289	1,82	260	25	26
76	0,525	38,6	1,88	0,280	1,57	247	0	0
72	0,522	—	1,65	0,275	1,65	240	— 18*	— 16*
69	0,520	—	1,48	—	1,85	235	—	—
66	0,519	—	1,34	0,248	1,68	231	—	—
54	0,495[2]	—	0,85	—	—	235	— 67*	—138*
88	0,398*	34,9	3,13	0,372	1,74	476	100	98
82	0,541	36,6	2,55	0,335	1,82	426	92	90
77	0,532	36,8	2,17	0,268[3]	1,67[3]	309	73[4]	73[4]
83[1]	0,523[1]	—	1,88	—	—	—	42	46
74[1]	0,488[1]	34,6	1,65	0,278[3]	2,09[3]	447	100	100
94	0,413	40,7	2,72	0,383	1,94	592	98*	115
85	0,410	—	2,28	0,340	1,63	570	120	104
83	0,414	—	1,96	0,326	1,96	500	120*	100
94	0,430	37,4	2,72	—	—	385	101	85
86	0,497	38,6	2,38	0,298	1,83	270	83	77
97	0,425	45,5	2,91	—	—	—	—	—
89	0,428	40,1	2,40	—	—	—	—	—
125	0,437*	68,2	6,56	0,205	2,12	491	97	76
105	0,430*	—	4,47	0,470	1,99	556	102	85
96	0,543	43,3	3,40	0,366	2,12	443	98	80
75	0,530	42,5	2,72	0,312	1,82	298	91	77
—	0,503[2]	42,1	2,38	0,267[3]	2,00[3]	271	76[4]	63[4]
198	0,403*	142,0	7,77	0,097	3,11	—	—	—
—	0,352*	—	5,08	—	—	—	—	—
108[2]	0,354*	—	3,69	—	—	—	—	—
—	—	52,0	2,91	—	—	—	—	—
263	0,596	57,2	12,28	0,341	1,68	470	—	—
202	0,572	—	6,58	—	1,53	—	—	—

keit, wobei dann in der späteren Phase auch im Dampf vorwiegend schwere Anteile vorhanden sind. Da der Rückfluß durch den kühleren Hals des Destillationskolbens gering ist, entspricht das Ergebnis einer Differentialverdampfung. Es findet offensichtlich eine sehr unvollkommene Trennung der einzelnen Kohlenwasserstoffe statt, und man kann kein genaues Bild über die Zusammensetzung oder über den wahren Siedeverlauf erhalten.

Als drittes ist die Gleichgewichts-Verdampfungskurve, Flash-Kurve, zu nennen. Bei dieser wird der Kraftstoff in einem Rohr kontinuierlich erhitzt und in ein Gefäß geleitet, in dem zwischen Flüssigkeit und Dampf ein Austausch von Molekülen eintreten kann, bis ein Gleichgewichtszustand erreicht ist. Dampf und Flüssigkeit werden getrennt abgeführt. Das Gefäß wird auf gleichbleibendem Druck und gleichbleibender Temperatur gehalten. Im Gegensatz zur Differentialverdampfung bleiben also bei der Gleichgewichtsverdampfung die leichten Moleküle im Dampf zusammen mit den schweren Molekülen. Die Molekülgeschwindigkeit der leichten Kohlenwasserstoffe ist größer als diejenige der schweren Kohlenwasserstoffe, und zwar umgekehrt proportional zur Wurzel aus dem

Molekulargewicht. In der Flüssigkeit werden aber durch Zusammenstöße von leichten und schweren Molekülen die leichten Moleküle abgebremst und die schweren Moleküle beschleunigt. Aus diesem Grunde werden im Dampf mehr schwere Moleküle vorhanden sein, weil durch die erhöhte Molekülgeschwindigkeit der schweren Anteile mehr schwere Moleküle aus der Flüssigkeit gestoßen werden. Die Gleichgewichts-Verdampfungskurve verläuft deshalb flacher als die Differentialverdampfungs-Kurve, hat etwa dieselben mittleren Werte, beginnt aber bei höherer Temperatur und endet bei niedrigerer Temperatur.

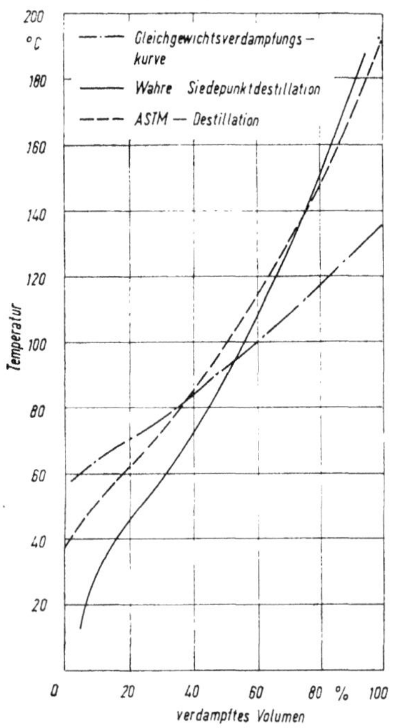

Abb. 11. Siedelinien für normalen Tankstellenkraftstoff [138]

III. Gemischbildung

Bei freisaugenden Motoren wird die Luft im allgemeinen durch ein Filter angesaugt, welches meist direkt vor dem Vergaser angebracht ist, bei Einspritzmotoren direkt vor der Saugleitung. Bei Zweitaktmotoren wird teilweise zwischen Filter und Vergaser bzw. Saugleitung ein längeres Rohr als Zwischenstück benutzt, um bessere Abstimmung des Gaswechsels zu erzielen. Durch den im Filter entstehenden Unterdruck und durch seine Dämpfungseigenschaften werden die Kraftstofförderung im Vergaser und die Ausbildung von Schwingungen in der Saugleitung beeinflußt. Auf die Gemischbildung hat das Filter jedoch keinen wesentlichen Einfluß.

Die Gemischbildung beginnt mit der Zuführung einer dosierten Kraftstoffmenge zu der vom Motor angesaugten Luftmenge. Diese Kraftstoffmenge wird entweder vom Vergaser oder von der Einspritzanlage in die Saugleitung, vor die Einlaßventile der Einzelzylinder oder direkt in die Zylinder geliefert. Das Problem der Zumessung des Kraftstoffes entsprechend dem gewünschten Luftverhältnis wird von der konstruktiven Ausführung des Vergasers oder der Einspritzanlage gelöst. Für die Gemischbildung ist wichtig, wie der in die Luft gegebene Kraftstoff in ihr verteilt und verdampft wird. Zur Klärung der einzelnen Phasen müssen der Vergaser- und der Einspritzbetrieb getrennt behandelt werden.

Bei idealer Gemischbildung würde zur Versorgung der Zylinder mit Frischladung ein homogenes Kraftstoff-Luft-Gemisch geliefert werden, in dem sich auch der Kraftstoff in gasförmigem Zustand befindet. Dabei muß beachtet werden, daß eine Zündung und Verbrennung nur innerhalb bestimmter Mischungsverhältnisse erfolgen kann. Die Zündgrenzen geben die zulässigen Abweichungen vom stöchiometrischen Mischungsverhältnis an, innerhalb derer eine Zündung des Gemisches unter motorischen Bedingungen, d. h. hoher Temperatur, hohem Druck und kurzer Zeit, noch möglich ist. Daher ist es notwendig, daß beim Ottomotor mit Vergaser oder mit Kraftstoffeinspritzung stets in allen Zylindern ein Gemisch hergestellt wird, das innerhalb dieses Bereiches der Mischungsverhältnisse liegt. Aus praktischen Gründen wird nicht der ganze Bereich des Mischungsverhältnisses innerhalb der Zündgrenzen benutzt, insbesondere nicht der überreiche. Die angewandten Mischungsverhältnisse liegen vielmehr in der Nähe der stöchiometrischen Zusammensetzung. Das stöchiometrische Mischungsverhältnis ergibt sich aus den Verbrennungsgleichungen und der Elementaranalyse des jeweiligen Kraftstoffes. Es gibt an, wieviel Luft zur vollständigen Verbrennung eines Kraftstoffes benötigt wird. Da der Kraftstoff in der Zusammensetzung schwankt, liegt auch das stöchiometrische Mischungsverhältnis nicht fest. Es beträgt bei üblichen Kraftstoffmischungen etwa 14 bis 16 kg Luft/kg Kraftstoff. Für Butan liegt es bei 15,6, für Hexadecan bei 15,0, für Benzol bei 13,0 und für Äthanol bei 9,0.

Das Mischungsverhältnis ist von Einfluß auf Leistung, Verbrauch und erforderliche Zündeinstellung. Im allgemeinen arbeiten Ottomotoren bei Vollast mit Kraftstoffüberschuß, da die ungleiche Gemischverteilung auf die einzelnen Zylinder sonst einen Leistungsabfall des gesamten Motors und ungenügende Elastizität verursachen würde. Dadurch geht mit den Abgasen ein erheblicher Teil der Kraftstoffenergie verloren. Die beste Leistung von Ottomotoren liegt bei einem Luftverhältnis von 0,95 bei Einzylinder-

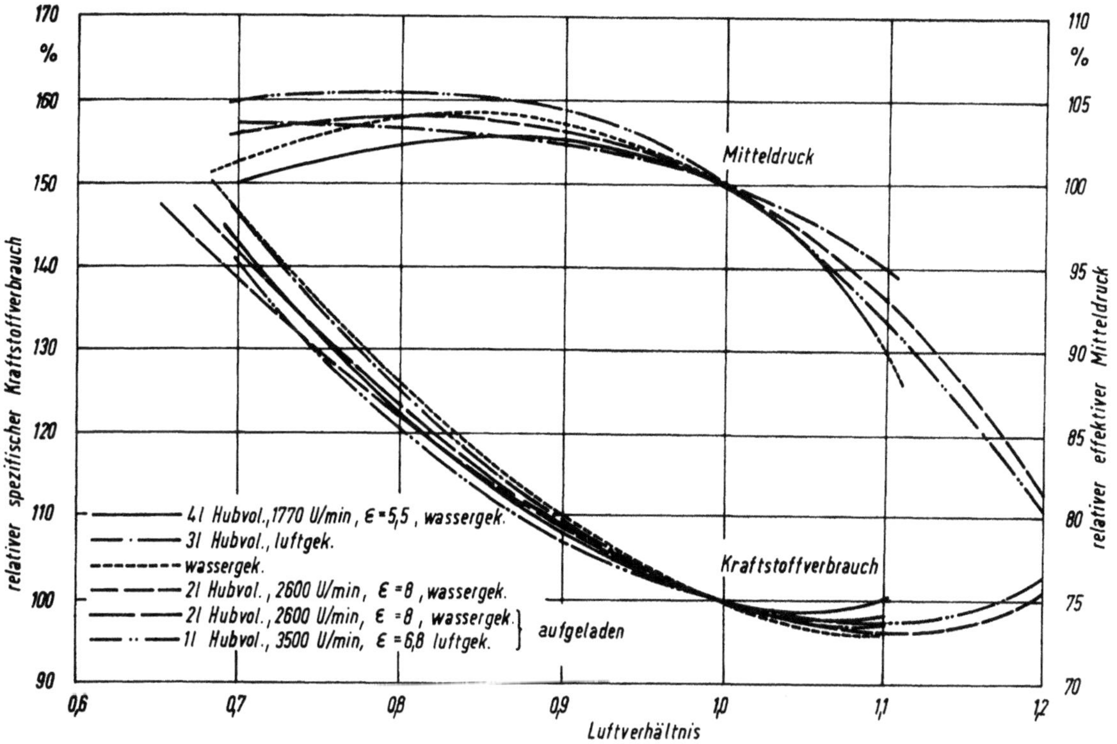

Abb. 12. Abhängigkeit des Mitteldruckes und des spezifischen Kraftstoffverbrauches vom Luftverhältnis für verschiedene Ottomotoren [201]

motoren, bei 0,85 bis 0,90 bei Mehrzylindermotoren je nach Gleichmäßigkeit der Gemischverteilung. Der wirtschaftlichste Betrieb, d. h. der geringste spezifische Verbrauch wird bei Luftverhältnissen von 1,05 bis 1,15 erreicht, Abb. 12. Die größte Flammengeschwindigkeit liegt bei einem Luftverhältnis von etwa 0,8, sie fällt mit weiterem Kraftstoffüberschuß sehr schnell ab, weniger schnell mit Luftzunahme. Die Gemischzusammensetzung ist auch von großem Einfluß auf die Motortemperatur. Bei fetten Gemischen unterstützt der Kraftstoff durch seine Verdampfungswärme und durch die wegen geringerer Flammengeschwindigkeit niedrigere Verbrennungstemperatur wirksam die Motorkühlung.

Bei dem Betrieb eines Verbrennungsmotors macht sich ein falsches Mischungsverhältnis im Fahrverhalten deutlich bemerkbar. In erster Linie leiden die Übergänge, d. h. das Verhalten bei Beschleunigung, sowohl bei zu fettem als auch zu magerem Gemisch. Der Motor läuft unregelmäßig. Meist ist bei zu magerem Gemisch ein Patschen im Vergaser oder bei zu fettem Gemisch ein Nachbrennen im Auspuff festzustellen. Ein elastischer Gang des Motors setzt gute Gemischbildung und Verbrennung voraus, die beide von einer gleichmäßigen Gesamtsiedekurve des Kraftstoffes abhängen. Von besonderer Wichtigkeit für einwandfreien Motorbetrieb ist auch die mengenmäßige Verteilung der verschieden hoch siedenden Anteile des Kraftstoffes über den ganzen Siedebereich. Abb. 13 gibt einen Überblick über die Bedeutung der einzelnen Siedebereiche für den Motorbetrieb.

Die Art der Gemischaufbereitung beeinflußt wesentlich die Güte und den Ablauf der Verbrennung. Infolge der verhältnismäßig niedrigen Siedegrenze und der langen Zeit, die während des Saug- und des Verdichtungshubes für die Wärmeaufnahme zur Verfügung steht, ist der Kraftstoff bei der Zündung eventuell mit Ausnahme von geringen Mengen schwersiedender Bestandteile, die sich an kalten Zylinderwandungen niederschlagen können, vollständig verdampft. Auch der zeitliche Ablauf der Zuteilung des Kraftstoffes ist beim Ottomotor von untergeordneter Bedeutung, da hierzu ebenfalls verhältnismäßig viel Zeit zur Verfügung steht, nämlich der ganze Saug- und Verdichtungshub beim Vergasermotor oder ein großer Teil des Saug- bzw. des Verdichtungshubes beim Einspritzmotor. Am einfachsten und besten lassen sich Gase und solche flüssigen Kraftstoffe mit Luft mischen, die bei der Mischungstemperatur vollständig verdampfen. Schwersiedende Kraftstoffe müssen zur raschen Verbrennung im flüssigen Zustand fein zerstäubt werden oder sie erfordern hohe Luftvorwärmung. Die Gemischbildung wird durch Zerstäuben und teilweises Verdampfen im Vergaser eingeleitet und dann in der Saugleitung bis in den Zylinder hinein fortgesetzt. Auch bei Einzylindermotoren werden Rohrleitungen zwischen Vergaser und Zylinder benutzt, da oft keine Möglichkeit besteht, den Vergaser direkt an den Zylinder zu bringen, oder da eine Aufladung durch die Trägheit der Gassäule in der Rohrleitung angestrebt wird.

Anforderungen	Kraftstoff-Fraktion Anfang 10–30%	 Mitte 50–70%	 Ende 90%
Kaltstart	× × × ×	– – – – –	– – – – –
Verdampf.-Verlust	× × × ×	– – – – –	– – – – –
Dampfblasen	× × × ×	· · · · · ·	– – – – –
Warmstart	× × × ×	· · · · · ·	– – – – –
Leerlauf (warm)	× × × ×	· · · · · ·	– – – – –
Vergaser-Vereisung	· · · · · ·	× × × ×	– – – – –
Anwärmzeit	– – – – –	× × × ×	· · · · · ·
Beschleunigung	– – – – –	× × × ×	· · · · · ·
Heizwert	– – – – –	– – – – –	× × × ×
Ölverdünnung	– – – – –	– – – – –	× × × ×
Ablagerungen	– – – – –	– – – – –	× × × ×

× wichtig · weniger wichtig – unwichtig

Abb. 13. Bedeutung der Siedebereiche des Kraftstoffes für den Motorbetrieb [229]

Das effektive Luftverhältnis im Brennraum ist nicht immer das gleiche, welches von den Kraftstoff- und Luftmessungen als zeitlicher Mittelwert erhalten wird. Wenn der Kraftstoff in Tropfenform geliefert wird, ist es nicht möglich, dieselbe Wärme wie von einem vollständig verdampften Kraftstoff-Luft-Gemisch bei gleichem Luftverhältnis zu erhalten.

Der Kraftstoff muß auch gleichmäßig in der ganzen Ladung verteilt werden. Die Mischungscharakteristik und die Turbulenz an dem Ort der Zündung werden den Zündverzug und die Flammenfortschreitung beeinflussen. Unregelmäßigkeiten in der Kraftstoffverteilung auf die Ansaugluft im Vergaser, die durch Druckschwankungen während des Ansaugvorganges hervorgerufen werden, wirken sich auf die Gleichmäßigkeit der Durchmischung innerhalb des Zylinders kaum aus, da beim Einströmen durch das Einlaßventil noch einmal eine kräftige Durchwirbelung stattfindet. Die Schwierigkeiten der Gemischbildung im Vergasermotor liegen vielmehr bei der Erzielung einer unveränderlichen Gemischzusammensetzung für alle Drehzahlen und Belastungen und für alle Zustände der Außenluft sowie in der gleichmäßigen Verteilung des Kraftstoffes auf alle Zylinder bei Mehrzylindermotoren.

Jede ungleichmäßige Gemischverteilung bedeutet einen Leistungs- oder Kraftstoffverlust, da nicht alle Zylinder im optimalen Betriebspunkt arbeiten. Die ungleichmäßige Belieferung der einzelnen Zylinder äußert sich in Unterschieden der Ladungsmenge, der Gemischzusammensetzung und der Kraftstoffzusammensetzung. Die Verschiedenheit der Ladungsmenge hat neben unterschiedlicher Kühlung der Zylinder ihre Ursache darin, daß infolge von Schwingungsvorgängen in der Saugleitung verschieden große Druckgefälle für das Einströmen des Gemisches bei den einzelnen Zylindern zur Verfügung stehen und infolge von Schwingungsvorgängen in der Auslaßleitung verschieden große Restgasmengen in den Zylindern zurückbleiben. Unterschiede in der Gemischzusammensetzung treten auf, da Luft und Kraftstoffdampf rascher beschleunigt und verzögert werden als die Kraftstofftropfen, so daß bei den Geschwindigkeits- und Richtungsänderungen während des Strömens durch die Saugleitungen eine Entmischung eintritt, die bei ungleichmäßiger Saugfolge aus einem Saugarm zu großen Unterschieden im Luftverhältnis der benachbarten Zylinder führt. Die Kraftstoffzusammensetzung wird ungleich, da die einzelnen Kraftstoffbestandteile verschieden weit verdampft sind. Die ungleiche Kraftstoffzusammensetzung ist bei unterschiedlicher Klopffestigkeit der verschieden siedenden Kraftstoffanteile von Bedeutung.

Eine gleich große Ladungsmenge in den einzelnen Zylindern läßt sich mit Hilfe der Ansaug- und Auspuffsammelleitungen durch besonderes Abstimmen der einzelnen Leitungen mit den Ventilsteuerzeiten erreichen. Die Gleichmäßigkeit der Gemischzusammensetzung wird durch gutes Verdampfen und durch Verwirbelung, d. h. durch Aufheizen des Gemisches und durch steigende Strömungsgeschwindigkeit zum Ventil hin sowie durch gleichwertige Rohrleitungen unter besonderer Berücksichtigung der Saugfolge gefördert. Durch Aufheizen und kleine Leitungsquerschnitte wird jedoch der Liefergrad herabgesetzt. Die Auswirkungen der ungleichen Kraftstoffzusammensetzung können nur durch zweckmäßige Auswahl der Kraftstoffe und der klopfhindernden Zusatzmittel behoben werden.

Neuerdings werden außer bei Flugmotoren auch in zunehmendem Maße bei Fahrzeug-Ottomotoren Kraftstoffeinspritzanlagen benutzt, wobei in Ausnahmefällen in die Saugleitung, meistens vor die Einlaßventile oder direkt in die Zylinder gespritzt wird. Beim Ottomotor mit Kraftstoffeinspritzung bestehen die Schwierigkeiten der ungleichen Kraftstoffverteilung auf die einzelnen Zylinder nicht im gleichen Maß wie bei Vergasermotoren. Unterschiede in der Luftladungsmenge bleiben jedoch bestehen.

Vielfach wird zwischen äußerer und innerer Gemischbildung unterschieden. Bei äußerer Gemischbildung wird das zündfähige Gemisch außerhalb des Brennraumes durch den Vergaser oder durch Einspritzung in die Saugleitung gebildet. Bei innerer Gemischbildung wird der Kraftstoff direkt in den Zylinder gespritzt. Besondere Bedeutung wird der direkten Kraftstoffeinspritzung in den Zylinder durch die stets wiederkehrenden Versuche mit geschichteter Ladung beigemessen. Man geht dabei vom Ottomotor zum Hybridmotor über. Wenn ein reicheres Gemisch in der unmittelbaren Nähe der Zündkerze erreicht würde, könnte das Mischungsverhältnis im anderen Teil des Brennraumes erheblich herabgesetzt werden, da für die Zündung nur das reiche Gemisch maßgebend ist. Hat die Flamme erst einmal eine bestimmte Größe erreicht, wird auch der ärmere Teil der Mischung im Brennraum durchbrennen. Die zulässige Abmagerung der Gesamtladung des Zylinders soll dabei bis zu einem Luftverhältnis von 1,6 möglich sein. Neben der Vermeidung unverbrannter Abgasbestandteile wäre ein größerer thermischer Wirkungsgrad erreichbar. Die Versuche mit geschichteter Ladung waren bis jetzt auf Versuchsmotoren beschränkt. Die Gemischschichtung ist bei Vergaserbetrieb nur in geringem Maße durchführbar.

Eine gute Verteilung des Gemisches auf die einzelnen Zylinder ist bei Verwendung von Einzelvergasern im gleichen Maße möglich wie bei Kraftstoffeinspritzung, so daß darin entscheidende Vorteile nicht festzustellen sind. Mit modernen Vergasern wird bei gleicher Leistung etwa derselbe Verbrauch erzielt wie bei Einspritzung. Auch der erreichbare Mindestverbrauch ist nicht sehr viel verschieden, sofern man von der Möglichkeit der Gemischschichtung absieht, da mit gut ausgebildeten Vergasern ebenso wie bei Einspritzung der Betrieb des Motors mit geringem Luftüberschuß möglich ist. Ein Vorteil des Vergasermotors liegt darin, daß etwa 360 °KW für die Gemischbildung zur Verfügung stehen, bei direkter Einspritzung in den Zylinder jedoch nur 140 bis 300 °KW.

1. Gemischbildung im Vergaser

Im Ottomotor wird das Kraftstoff-Luft-Gemisch üblicherweise in dem vor der Saugleitung des Motors angebrachten Vergaser hergestellt. Die einfachste Ausführung eines Vergasers besteht aus einem Schwimmergehäuse mit Schwimmer und einer damit verbundenen Kraftstoffleitung, die annähernd im engsten Querschnitt einer venturidüsenähnlichen Verengung der Saugleitung etwa in gleicher Höhe wie der Kraftstoffspiegel im Schwimmergehäuse endigt und in die zur Kalibrierung eine Düse eingebaut ist, Abb. 227, S. 166. Der Schwimmer hat die Aufgabe, den Kraftstoffzufluß zu regeln. Zur Förderung des Kraftstoffes durch die kalibrierten Düsen wird der im Lufttrichter erzeugte Unterdruck benutzt. Die Beschleunigung der Luft in dieser düsenähnlichen Verengung des Vergasers bedingt einen Druckverlust, der sich in einer Verminderung der Motorleistung auswirkt.

Die Dichte des Kraftstoffes kann unabhängig vom Förderdruck angesetzt werden. Zur Kraftstoffzumessung können kurze Düsen gewählt werden, bei denen der Widerstand nur von der Durchflußgeschwindigkeit und dem Durchflußbeiwert abhängt oder lange Düsen, bei denen neben den Ein- und Ausströmvorgängen der Reibungswiderstand von Bedeutung ist, vgl. S. 167. Durch die Gestalt der Kraftstoffdüse kann die geförderte Kraftstoffmenge geringfügig beeinflußt werden.

Die Strömung der Luft durch den Lufttrichter erfolgt entsprechend den Gasgesetzen. Die Durchflußzahl α hängt von der Gestalt des Lufttrichters und den Verengungen durch die eingebauten Kraftstoffrohre ab, vgl. S. 167.

Beim Beschleunigen des Motors, also beim plötzlichen Öffnen des Drosselorganes, wird das Gemisch arm, weil das Beschleunigen der Kraftstoffsäule Zeit erfordert. Um beim motorischen Betrieb gute Übergänge zu erzielen, gibt man deshalb mit Hilfe einer Beschleunigerpumpe zusätzlichen Kraftstoff in die Saugleitung. Außerdem sind bei längerem Betrieb mit nahezu geschlossener Drosselklappe die Saugleitungswandungen trocken, während sich beim Öffnen der Drosselklappe Kraftstoff an den Wänden niederschlägt.

Im Vergaser erfolgt die Verteilung des Kraftstoffes auf die Luft dadurch, daß der eintretende Kraftstoff in dem mit hoher Geschwindigkeit an der Kraftstoffdüse vorbeiströmenden Luftstrom zerstäubt wird. Die Feinheit der Tropfen hängt von der Luftgeschwindigkeit und von der Form der Düse sowie von den Eigenschaften des Kraftstoffes, hauptsächlich der Viskosität und der Oberflächenspannung, ab. Der Zerstäubungsvorgang, insbesondere bei kleinen Luftgeschwindigkeiten, läßt sich dadurch verbessern, daß man dem Kraftstoff in den zum Lufttrichter führenden Rohren Luft beimischt und dadurch den Kraftstoff zerschäumt. Durch Erwärmen des Kraftstoffes können Oberflächenspannung und Viskosität herabgesetzt werden, wodurch sich eine weitere Verbesserung der Zerstäubung ergibt.

Man kann von den einfachen Zerstäubungseinrichtungen des Vergasers nicht erwarten, daß nur Kraftstofftropfen annähernd gleicher Größe im Luftstrom entstehen. Auf die Tropfen unterschiedlicher Größe wirken Luftkräfte, die von der Relativgeschwindigkeit und der Tropfengröße abhängen. Da die Luftkräfte mit dem Quadrat und die Masse mit der dritten Potenz des Tropfendurchmessers wachsen, ist die Beschleunigung umgekehrt proportional zu den linearen Abmessungen des Tropfens. Nach kurzer Zeit hat daher der kleine Tropfen eine größere Geschwindigkeit erreicht und einen längeren Weg zurückgelegt als der große Tropfen.

Die physikalischen Eigenschaften, die bei dem Zerstäubungsvorgang eine Rolle spielen, sind Dichte, Oberflächenspannung und innere Reibung des Kraftstoffes. Von der Dichte hängen alle dynamischen Vorgänge ab, die Oberflächenspannung hält die Flüssigkeit zusammen und die innere Reibung sucht, Verschiebungen innerhalb der Flüssigkeit zu hindern.

In Abb. 14 bis 16 ist die Zerstäubung von Alkohol bei verschiedenen Luftgeschwindigkeiten für eine Belichtungsdauer von $7 \cdot 10^{-8}$ sec wiedergegeben. Der Zerstäubungsvorgang verläuft nicht stationär, so daß kurz aufeinanderfolgende Aufnahmen verschiedene Bilder zeigen. Meist löst sich eine größere Flüssigkeitsmenge von der Austrittsdüse ab und zerreißt kurz darauf im Luftstrom. Daneben lösen sich andauernd kleinere Teile ab. Bei Betrachtung des Vorganges im Vergaser gewinnt man deutlich den Eindruck eines periodischen Austretens und Abreißens der Flüssigkeit. Abb. 17 zeigt die Verteilung der Tropfen in Abhängigkeit vom Tropfendurchmesser bei verschiedenen Luftgeschwindigkeiten. Diese Kurven zeigen, daß die im Motor auftretenden größten Tropfendurchmesser so klein sind, daß sie mit dem vom Motor angesaugten Luftstrom sicher in den Zylinder befördert werden, ihre Sinkgeschwindigkeit in Luft um mehrere Zehnerpotenzen kleiner als die Luftgeschwindigkeit im Saugsystem ist.

In üblichen Vergasern wird die Luft auf einer Strecke von etwa 20 mm auf das Zwei- bis Dreifache ihrer durchschnittlichen Strömungsgeschwindigkeit beschleunigt und auf einer Strecke von etwa 50 bis 80 mm wieder auf die ursprüngliche Geschwindigkeit abgebremst. Von einem turbulenten Luftstrom dieser Art, dessen Geschwindigkeit sich örtlich stark ändert, wird der Kraftstoff aus den Öffnungen herausgesaugt, mitgerissen und wie die Versuche zeigen auf einer Strecke von etwa 10 bis 20 mm zerteilt.

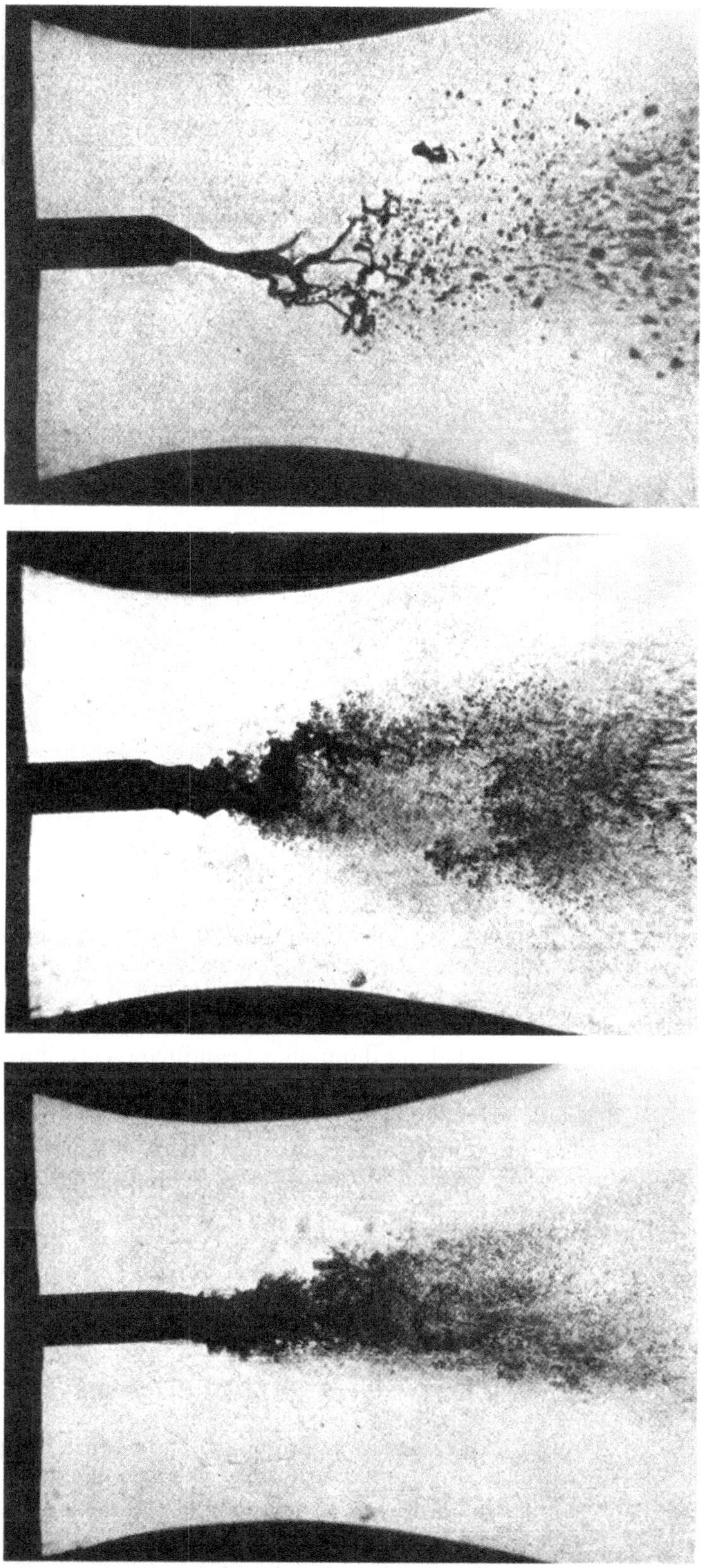

Abb. 14—16. Zerstäubung von Alkohol bei Austritt aus einer Düse im Lufttrichter [193]
14 Luftgeschwindigkeit 28,4 m/s 15 Luftgeschwindigkeit 55,0 m/s 16 Luftgeschwindigkeit 100,0 m/s

Dabei ist für die Güte der Zerstäubung in erster Linie die Geschwindigkeit des Teiles des Luftstromes, in dem die Zerstäubung stattfindet, maßgebend. Deshalb ist hinter der Kraftstoffaustrittsstelle zunächst hohe Luftgeschwindigkeit erwünscht. Von Vorteil ist dabei, von der Kraftstoffaustrittsdüse an den Luftquerschnitt auf einige Zentimeter Länge konstant zu halten. Abb. 18 zeigt drei unterschiedliche Lufttrichterformen, von denen die Ausführung I besser ist als II und III. Von den beiden Formen II und III wird hinsichtlich der Zerstäubung II besser sein, da die Strömung an der scharfen Kante abreißt, wodurch bis zur Mischung mit dem Totwasser hinter der Kante die Geschwindigkeit des engsten Querschnittes erhalten bleibt. Der Lufttrichter II hat gegenüber III und I den Nachteil, daß der Druckverlust bei seiner Durchströmung höher ist.

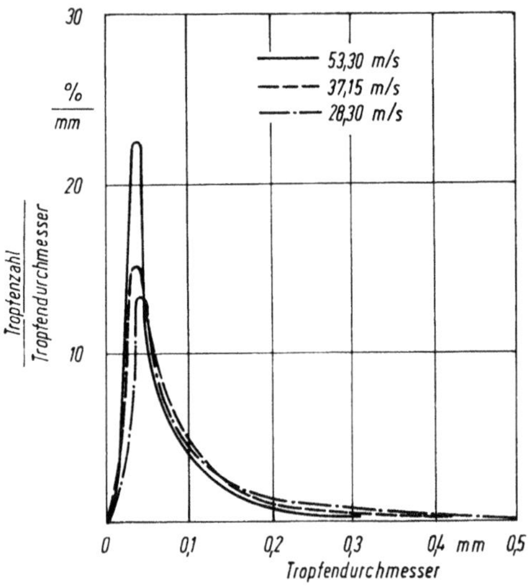

Abb. 17. Tropfenverteilungskurven für verschiedene Luftgeschwindigkeiten [193]

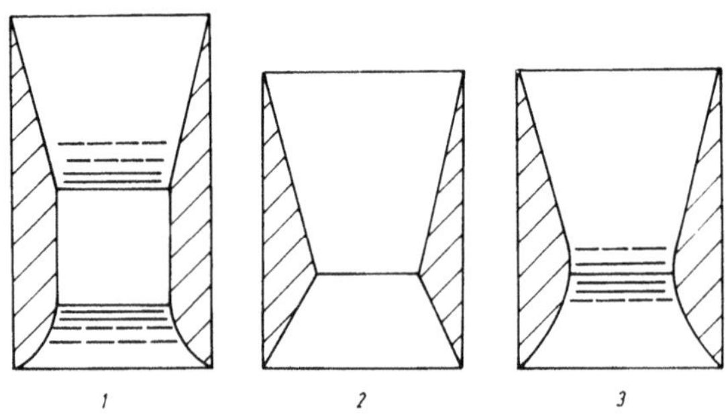

Abb. 18. Verschiedene Lufttrichterformen [193]

Bei Benutzung von Vergasern steht zur vollständigen Gemischbildung eine verhältnismäßig lange Zeit zur Verfügung, da die Zuteilung des Kraftstoffes im Vergaser insbesondere bei einer Saugleitung für mehrere Zylinder zum Teil schon während des Ansaugens des Nachbarzylinders erfolgt. Auf dem Wege durch die Saugleitung in den Zylinder, während des Saughubes im Zylinder und während der Verdichtung erfolgt durch die Luftbewegung und Wirbelung dann eine gründliche Verteilung und Verdampfung des Kraftstoffes. Im Vergaser selbst erfolgt weder eine ausreichende Verdampfung noch eine zufriedenstellende Zerstäubung. Die Zerstäubung und vor allem die Verdampfung des Kraftstoffes sind von Druck und Temperatur abhängig, so daß bei manchen Betriebszuständen flüssiger Kraftstoff ausfällt und unkontrolliert an den Wänden entlangfließt, so daß eine ungleichmäßige Verteilung des Gemisches auf die Zylinder entstehen kann. Da die Zündgrenze bei armem Gemisch bald erreicht ist, muß besonders bei einfach gebauten Vergasern im Mittel reicheres Gemisch eingestellt werden als bei guter Verteilung notwendig wäre.

2. Kraftstoffverdampfung

a) Kraftstoffverdampfung aus einer ruhenden Kraftstoffoberfläche

Obwohl die Gemischbildung und damit auch die Kraftstoffverdampfung beim Motorbetrieb vorwiegend während der Strömung von Luft und Kraftstofftropfen stattfindet, sollen zunächst die Vorgänge bei der Verdampfung aus einer ruhenden Kraftstoffoberfläche betrachtet werden.

Bei der Untersuchung der Neigung eines Kraftstoffes zur Dampfblasenbildung in einer Apparatur, welche bei einem Volumen von 25 cm³ eine Kraftstoffoberfläche von 57 cm² als Verdampfungsfläche ermöglichte [99], wurden vier Arten von Ausscheidungen über der Kraftstoffoberfläche beobachtet:

1. Verdunsten. Bei entsprechend großer freier Kraftstoffoberfläche und unbegrenzt großem Luftvolumen darüber tritt ohne Absaugung der Dämpfe ein stündlicher Kraftstoffverlust von 0,1 bis 0,3% auf. Die Verdunstung kann bis zum vollständigen Verschwinden des Kraftstoffes fortgesetzt werden.

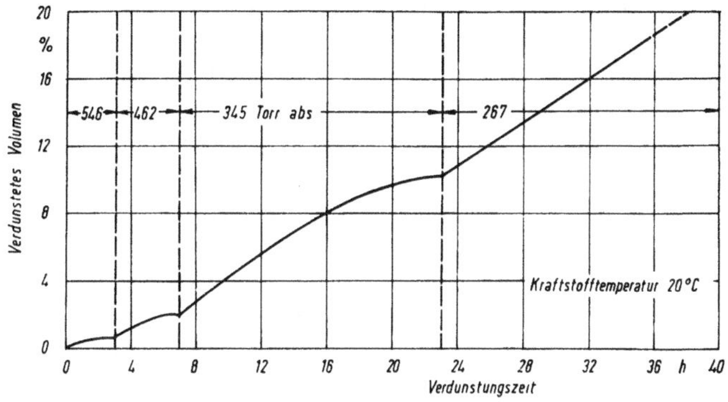

Abb. 19. Verdunstetes Kraftstoffvolumen abhängig von Zeit und Druck [99]

2. Eine rasche Verdunstung. Bei großer Oberfläche und Absaugung der entstehenden Kraftstoffdämpfe tritt bei ständigem Durchmischen des Kraftstoffes ein Kraftstoffverlust von etwa 0,5 bis 0,8% in der Stunde auf.

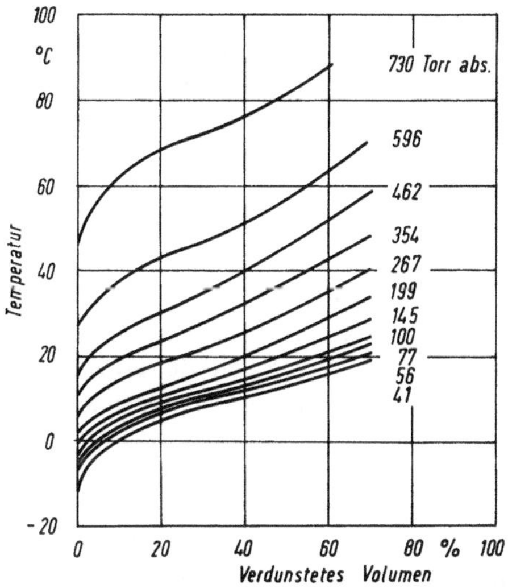

Abb. 20. Verdunstetes Kraftstoffvolumen abhängig von Druck und Temperatur, gleicher Kraftstoff wie in Abb. 19 [99]

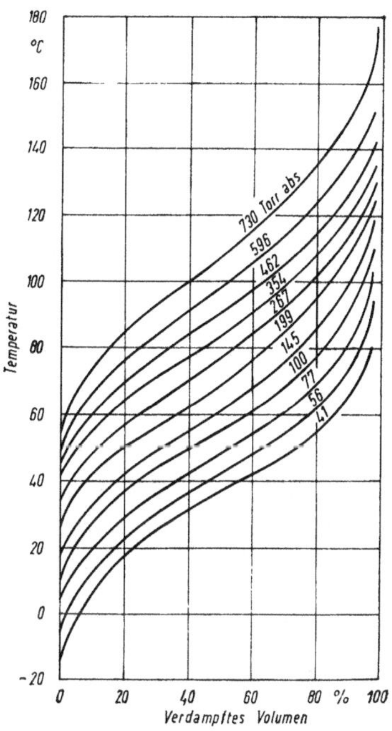

Abb. 21. Siedeverlauf bei verschiedenen Drücken, gleicher Kraftstoff wie in Abb. 19 und 20 [99]

3. Verdampfung. Dabei beträgt der Kraftstoffverlust bei großer Oberfläche 15 bis 20% je Minute. Es treten sichtbares Brodeln und Blasenbildung auf, die nach dem Ausdampfen der entsprechenden Fraktion aufhören.

4. Die Ausscheidung im Kraftstoff gelöster Gase.

In Abb. 19 ist das verdunstete Kraftstoffvolumen in Abhängigkeit von der Zeit für verschiedene Drücke dargestellt. Dabei wurde der Kraftstoff in regelmäßigen Abständen gut durchmischt. In Abb. 20 ist das Ergebnis mehrerer Versuche zusammengetragen;

Abb. 21 zeigt den Siedeverlauf (ähnlich der ASTM-Kurve) des verwendeten Kraftstoffes für verschiedene Drücke. Zu den in Abb. 19 bis 21 angegebenen Drücken können die Höhenangaben der Normalatmosphäre berechnet werden, vgl. S. 3. Dieser Zusammenhang ist für Flugmotoren von Interesse.

Die Kennzeichnung der Flüchtigkeit eines Kraftstoffes erfolgt mit Hilfe der Siedekurve, welche die in Abhängigkeit von der Temperatur verdampfte Kraftstoffmenge angibt, wobei die Siedekurve je nach dem gewählten Verfahren einen anderen Verlauf nimmt, vgl. S. 18. Bei Ottomotorenkraftstoffen liegt die Siedekurve im Temperaturbereich von etwa 40 bis 200 °C. Je höher sie liegt, um so langsamer erfolgt die Verdampfung und um so ungünstiger gestaltet sich die Gemischbildung im Ottomotor.

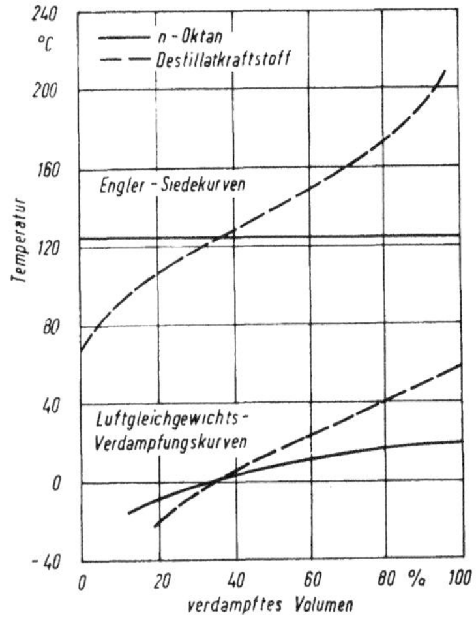

Abb. 22. Engler (ASTM)- und Luft-Gleichgewichts-Verdampfungskurve für stöchiometrische Mischung von n-Oktan und von einem Kraftstoffgemisch [149]

In Abb. 22 sind die Engler- und die Luft-Gleichgewichts-Verdampfungskurven einer Kraftstoffmischung und eines reinen Kohlenwasserstoffes (n-Oktan) aufgetragen. Die Luft-Gleichgewichts-Verdampfungskurven wurden unter Zusatz einer 15fachen Gewichtsmenge an Luft aufgenommen. Die Temperatur, bei der gleiche Mengen verdampfen, ist für die Luft-Gleichgewichts-Verdampfungskurve bedeutend niedriger als für die Engler-Kurve. Dieser Temperaturunterschied nimmt mit steigender Verdampfungstemperatur im allgemeinen ab. Wählt man höhere Luftverhältnisse, so verschiebt sich die Luft-Gleichgewichts-Verdampfungskurve nach niedrigeren Temperaturen. Die Kurven verlaufen jedoch nicht parallel zueinander.

In einem Gemisch aus Kraftstofftropfen und Luft findet an der Oberfläche der Kraftstofftropfen eine Verdampfung statt. Bei genügend langer Zeit wird durch den Molekülaustausch zwischen Dampf und Flüssigkeit ein Gleichgewichtszustand erreicht. Leider steht aber im Vergaser keine ausreichend lange Zeit zur Erzielung der Gleichgewichtsverdampfung zur Verfügung, und es tritt ein Niederschlagen von flüssigem Kraftstoff an den Wandungen der Saugleitung hinter dem Vergaser ein. Es fließt dann ein Luftstrom über einen Kraftstoffilm hinweg, wobei die aus der Flüssigkeit austretenden Kraftstoffmoleküle vom Luftstrom mitgerissen werden.

Die Verdampfung müßte in diesem Falle derjenigen bei der Engler-(ASTM)-Destillation entsprechen. Nun ist aber zu berücksichtigen, daß der über die Oberfläche des Kraftstoffilmes fließende Luftstrom nur einen sehr kleinen Partialdampfdruck der Kohlenwasserstoffe enthält. Es können deshalb mehr und schwerere Moleküle aus der Flüssigkeit austreten als bei der entsprechenden Temperatur der Engler-Destillation, bei welcher der Gesamtdruck von 1 ata durch den Dampf der Kohlenwasserstoffe hervorgerufen wird. Entscheidend werden also die Vorgänge in der turbulenten Grenzschicht der Luft über dem Kraftstoffilm sein und der in dieser herrschende Partialdampfdruck. Die Verdampfung des Kraftstoffilmes kann also bei niedrigeren Temperaturen stattfinden als der Engler-Kurve entspricht. Dies gilt auch dann, wenn der Kraftstoff über geheizte Stellen hinter dem Vergaser hinwegströmt und dabei Wärme aufnimmt, so daß der Kraftstoff dabei auf eine höhere Temperatur als die Luft kommt. Die Verdampfungswärme muß dann von der Heizung aufgebracht werden, ebenso die Wärme zur Erhöhung der Temperatur der Flüssigkeit. Die Vorgänge im und hinter dem Vergaser werden noch etwas komplizierter, wenn man berücksichtigt, daß zur Zerstäubung des Kraftstoffes Luftmengen in die Kraftstoffleitungen eingeführt werden, welche jedoch zu klein sind, um schon eine Verdampfung zu fördern.

b) Berechnung des Gleichgewichtszustandes im Vergaser

Da die im Ottomotor benutzten Kraftstoffe ein Gemisch aus Kohlenwasserstoffen mit unterschiedlichem Kettenaufbau und unterschiedlicher Molekülgröße sind, ist ihre Verdampfungsfähigkeit nicht durch einen einzelnen Kennwert zu beschreiben.

Die rechnerische Bestimmung des Gleichgewichtszustandes ist möglich, wenn zwischen Temperatur und Druck einerseits und Partialdruck sowie verdampfter Menge andererseits berechenbare Beziehungen bestehen. Bei einem reinen Kohlenwasserstoff als Kraftstoff sind diese Beziehungen einfach. Der Zusammenhang zwischen Temperatur und Druck ist durch die Dampfspannungskurve festgelegt und unabhängig vom Anteil des verdampften Kraftstoffes. Den Zusammenhang zwischen Partialdruck und verdampfter Kraftstoffmenge im Gemisch stellt das Dalton'sche Gesetz her, nach dem der Gesamtdruck eines Gasgemisches gleich der Summe der Drücke ist, die jedes Gas bei gleicher Temperatur und gleichem Rauminhalt für sich allein haben würde. Es ist also leicht, bei gegebener Temperatur den größtmöglichen Dampfdruck aus der Dampfspannungskurve zu bestimmen und die zugehörige größte Menge des verdampften Kraftstoffes aus dem Dalton'schen Gesetz und somit den Gleichgewichtszustand zu berechnen.

Bei einem Gemisch von Kohlenwasserstoffen, wie es im Kraftstoff vorliegt, ist der Zusammenhang zwischen Temperatur und Druck nicht mehr so einfach, wie bei einem einzigen Kohlenwasserstoff. Die zu gegebenem Druck gehörige Temperatur ist nicht mehr unabhängig von dem Anteil der verdampften Menge. Schon der Verlauf der Siedekurve eines solchen Kraftstoffes zeigt, daß bei gegebenem Druck zu jedem Anteil des verdampften Kraftstoffes eine andere Siedetemperatur gehört. Die Dampfspannungskurve muß demnach von dem Anteil des verdampften Kraftstoffes abhängen, so daß für jeden Teil eine eigene Dampfspannungskurve besteht. Der Druck, unter dem der verdampfte Anteil der gesamten Kraftstoffmenge steht, kann bei gegebener Temperatur als Höchstwert nur denjenigen erreichen, der sich aus der Dampfspannungskurve, die für gerade diesen Anteil verdampften Kraftstoffes gilt, ergibt. Wenn dieser Druck durch fortschreitende Verdunstung erreicht wird, tritt Gleichgewicht ein.

Die Bestimmung der Temperaturen, des Gehaltes an Kraftstoffdampf und -nebel sowie an Wasserdampf und -nebel (bzw. Eis) im Vergaser ist unter Benutzung einiger Vereinfachungen möglich [94]. Da es sich im allgemeinen um kleine Mengen Kraftstoff unter 2 Vol.% und Wasser handelt, die in der Luft enthalten sind, wird die bei Dampf-Luft-Gemischen übliche Bezeichnungsweise benutzt. Unter der Annahme, daß die Enthalpie im Vergaser konstant bleibt, d. h., daß die Druckänderungen im Vergaser durch reine Drosselung hervorgerufen werden, muß die zur Verdampfung des Kraftstoffes benötigte Wärme aus den Enthalpien von zugeführter Luft und Kraftstoff entnommen werden.

Dann gilt die Gleichung:

$$i = i_L + i_K + i_W,$$

wobei

$i_L = c_{pL} \cdot t$ die Enthalpie der Luft,

$i_K = x_{Kd}\,(c_{pKd} \cdot t + r_K) + x_{Kf} \cdot c_{pKf} \cdot t$ die Enthalpie des Kraftstoffes und

$i_W = x_{Wd}\,(c_{pWd} \cdot t + r_W) + x_{Wf} \cdot c_{pwf} \cdot t$ die Enthalpie des in der Luft enthaltenen Wassers sind.

Für Temperaturen unter 0 °C ist bei dem Wassergehalt sinngemäß einzusetzen:

$$i_W = x_{Wd}\,(c_{pWd} \cdot t + r_W) + x_{We}\,(c_{pWe} \cdot t - s_W)$$

mit $x_{We} = x_w - x_{wd}$ als dem Gehalt an Eis.

Dabei beziehen sich die Indices d auf dampfförmigen, f auf flüssigen und e auf festen Zustand.

c) i, x-Diagramme für Gemische aus Luft, Wasser und Kraftstoff

Es ist am zweckmäßigsten, die Verhältnisse in einem i, x-Diagramm darzustellen. In Abb. 23 ist ein solches Diagramm für trockene Gemische von Luft und Heptan angegeben. Als Bezugstemperatur, bei der die Enthalpie der reinen, trockenen Luft $i_L = 0$

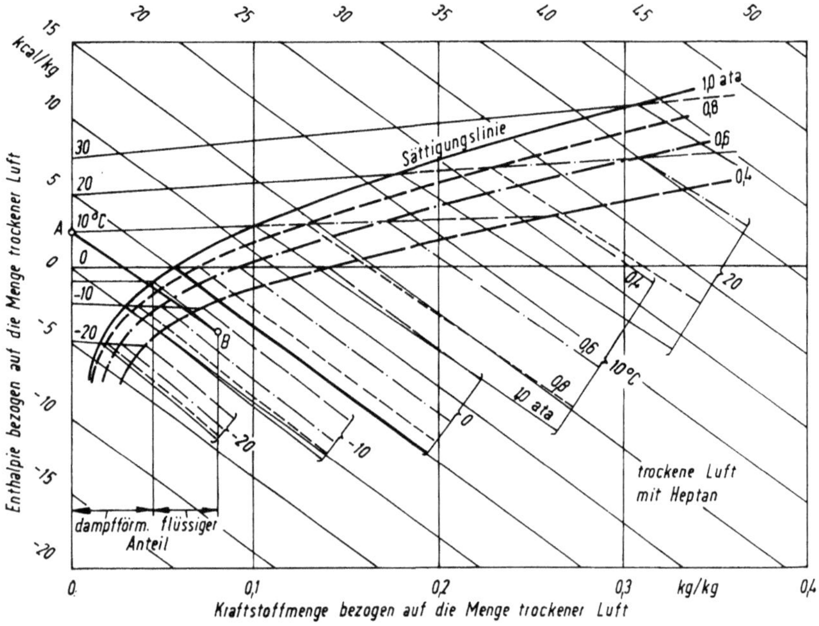

Abb. 23. i, x-Diagramm für eine Mischung aus trockener Luft und Heptan [94]

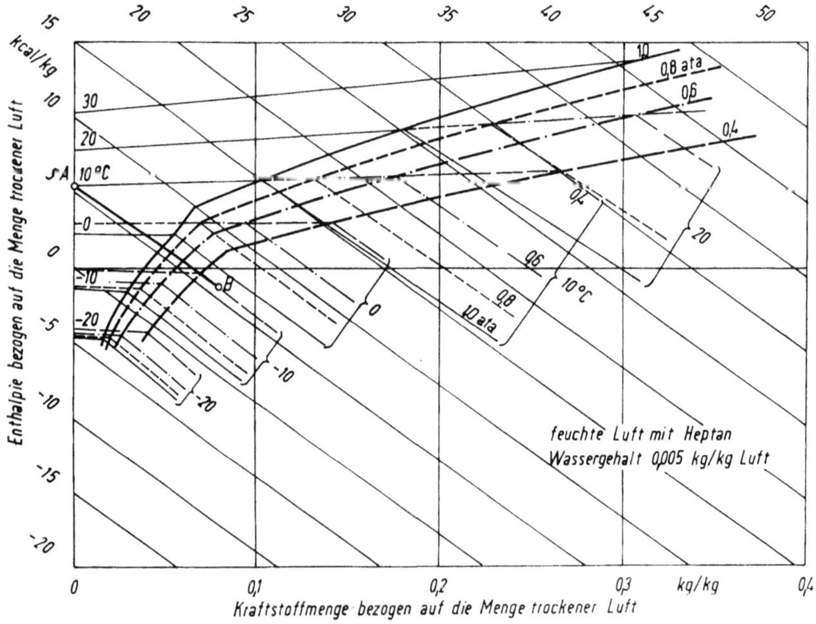

Abb. 24. i, x-Diagramm für feuchte Luft mit Heptan [94]

sein soll, ist wie üblich $t = 0\,^\circ\mathrm{C}$ gewählt. Die Linien gleicher Enthalpie sind so gelegt worden, daß die $0\,^\circ\mathrm{C}$-Isotherme im Dampfgebiet mit der x-Achse zusammenfällt. Die Sättigungslinie verschiebt sich bei niedrigeren Gesamtdrücken zu höheren Kraftstoffgehalten hin. Die Zugabe einer Kraftstoffmenge läßt sich durch eine Gerade darstellen. Der Anfangspunkt A ist durch die Temperatur der trockenen Luft gegeben. Die Richtung der Geraden ergibt sich aus dem Enthalpiezuwachs, der durch die Kraftstoffzugabe verursacht wird.

$$\Delta i / \Delta x_K = c_{pK} \cdot t_A$$

Der Endpunkt B der Mischungsgeraden ist durch die zugesetzte Kraftstoffmenge Δx_K bestimmt. Die Temperatur t_B und die Anteile an dampfförmigem und flüssigem Kraftstoff $x_{KdB} + x_{KfB} = x_{KB}$ lassen sich dann unter Beachtung des bei B vorhandenen Gesamtdruckes p_B sofort ablesen (in Abb. 23 für $p_B = 1$ at gezeichnet).

In einem räumlichen Diagramm für die Enthalpie über dem Wasser- und Kraftstoffgehalt der Luft wird die Darstellung unübersichtlich. Deshalb wird als Beispiel in Abb. 24 das i, x-Diagramm für feuchte Luft mit $x_W = 0{,}005$ kg Wasser/kg Luft und Heptan angegeben. Der Einfluß des Wasserdampfes auf das i, x-Diagramm ist gering. Erst unterhalb der Taulinie des Wassers werden die Abstände zwischen den Isothermen größer, das bedeutet, daß die Abkühlung bei der Verdampfung des Kraftstoffes durch die Anwesenheit von kondensierendem Wasser verringert wird.

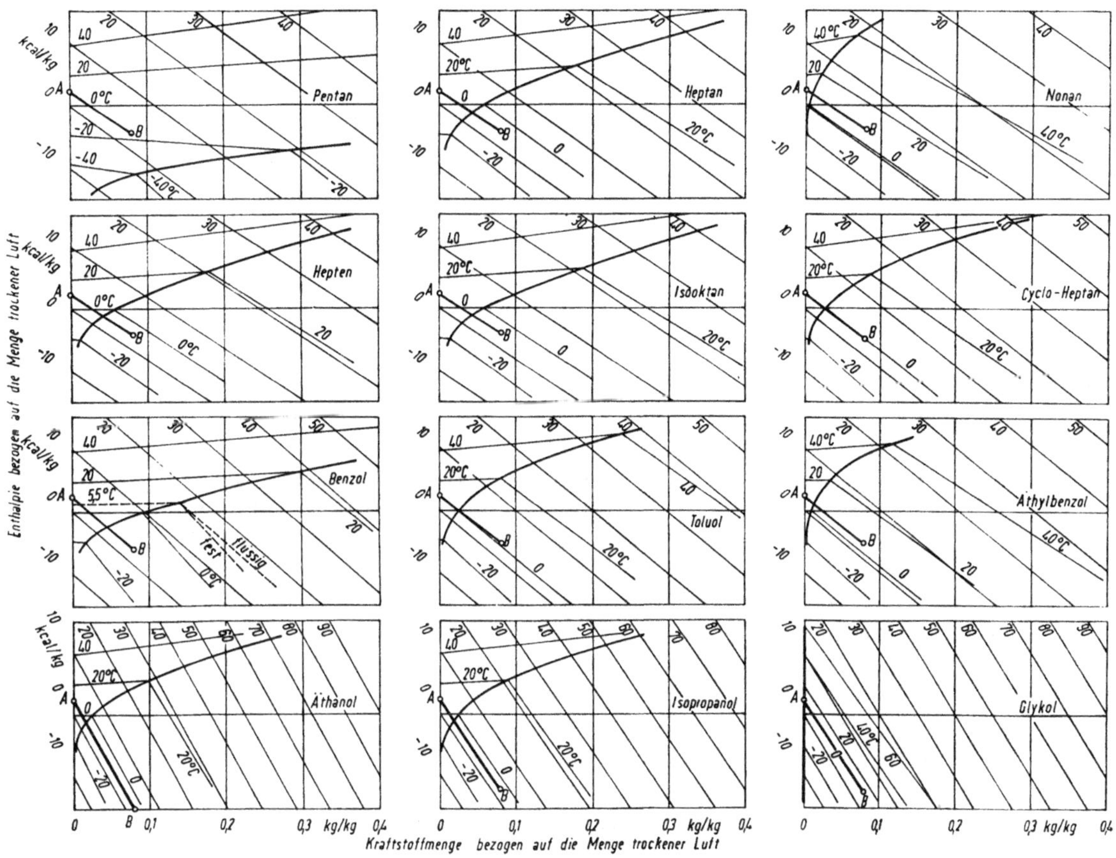

Abb. 25. i, x-Diagramme für 12 reine Kohlenwasserstoffe für einen absoluten Gesamtdruck von 1 at [94]

Da die üblichen Kraftstoffe Gemische der verschiedensten Kohlenwasserstoffe sind, nämlich von Paraffinen, Isoparaffinen, Cycloparaffinen, Aromaten, Olefinen und in einigen Fällen Alkoholen, sind die i, x-Diagramme für diese trockenen Luft-Kraftstoff-Gemische in Abb. 25 aufgetragen. Für Vergleiche ist in jedes der Diagramme die Zustandsänderung bei Zusatz von 0,08 kg Kraftstoff zu 1 kg trockener Luft von $+10\,°C$ eingezeichnet.

Es kann gesagt werden, daß der Einfluß des Siedepunktes bzw. der Dampfdrücke auf die Abkühlung des Gemisches am größten ist, weil bei den im Vergaser vorhandenen Gemischen bei normalen Temperaturen ein großer Teil des Kraftstoffes noch in flüssiger Form vorhanden ist. Der Einfluß der Verdampfungswärme wird zum Teil dadurch ausgeglichen, daß bei größerer Verdampfungswärme stets ein kleineres Molekulargewicht vorhanden ist.

Bisher waren nur einzelne Kraftstoffkomponenten betrachtet worden. Im allgemeinen ist von handelsüblichen Kraftstoffen nicht einmal bekannt, aus welchen Kohlenwasserstoffen sie sich zusammensetzen. Man kennt in den meisten Fällen nur die Siedekennlinie.

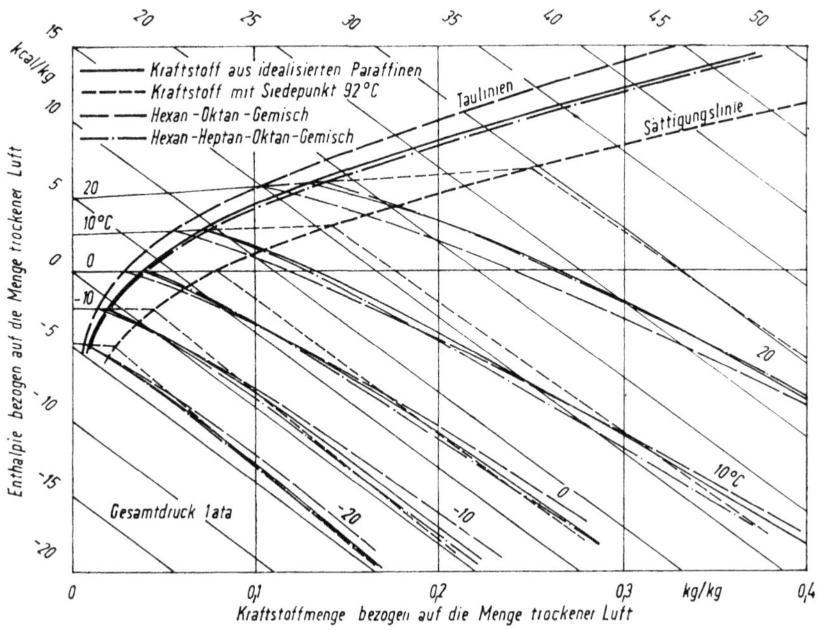

Abb. 26. *i*, *x*-Diagramm für trockene Luft für verschiedene Kraftstoffmischungen [94]

Da aber der Siedepunkt oder die Siedekennlinie den wesentlichsten Einfluß auf die Abkühlung im Vergaser hat, wird unter Zugrundelegung von mittleren Werten für spezifische Wärmen und Verdampfungswärmen das *i*, *x*-Diagramm für einen handelsüblichen Kraftstoff entworfen.

In erster Näherung wird der Kraftstoff durch ein ideales Gemisch von Hexan und Oktan ersetzt. Das *i*, *x*-Diagramm in Abb. 26 ist den früher gezeichneten Diagrammen ähnlich. Die hier an Stelle der Sättigungslinie bei Kraftstoffgemischen auftretende „Taulinie" liegt jedoch bei kleineren Kraftstoffgehalten. Die Isothermen knicken an der „Taulinie" nicht so scharf ab, wie sie es an der Sättigungslinie taten, und sie gehen erst allmählich in die Richtung der Isothermen für unendlich großen Flüssigkeitszusatz über. Ersetzt man den zu untersuchenden Kraftstoff, z. B. durch ein Gemisch von Hexan, Heptan und Oktan, so ist die Annäherung an den willkürlichen Kraftstoff besser. Um eine möglichst gute Annäherung zu erzielen, wird der Kraftstoff aus einer unendlich großen Anzahl von idealen „Paraffinen" zusammengesetzt, deren Siedepunkte auf der Gleichgewichtssiedekennlinie liegen. Zum Vergleich ist in Abb. 26 das *i*, *x*-Diagramm für ein Paraffin mit einem Siedepunkt von 92 °C eingetragen worden.

Bei der Bestimmung der im Vergaser auftretenden Temperaturen ist darauf zu achten, daß bei der Aufstellung des Diagrammes das Erreichen des Gleichgewichtszustandes im Vergaser vorausgesetzt war. Außerdem war angenommen worden, daß der Vergaser wärmedicht sein sollte. Die wahren Vergasertemperaturen liegen also etwas höher als die ermittelten. Denkt man sich nun den Kraftstoff um so viel in seinem Siedeverhalten verändert, daß durch den betrachteten Zustandspunkt die Isotherme der gemessenen Temperatur läuft, so kann man dann aus der Lage der Sättigungslinie ermitteln, wie groß die tatsächlich verdampfte Kraftstoffmenge ist. Bei der Benutzung der i, x-Diagramme ist zu beachten, daß sie mit konstanten spezifischen Wärmen und konstanten Verdampfungswärmen aufgestellt wurden.

d) Einfluß des Verlaufes der Siedekennlinie auf den Motorbetrieb

In Abb. 13, vgl. S. 20, wurden Beziehungen zwischen einigen Punkten der Siedekurve und dem praktischen Verhalten im Motor angegeben. Ergänzend ist dazu festzustellen, daß die Temperatur, bei der 10% des alkoholfreien Kraftstoffes einschließlich des Destillationsverlustes überdestilliert sind, ein gutes Kennzeichen für die Starteigenschaften des Kraftstoffes abgibt. Sofort nach dem Start sollen nämlich alle Zylinder eine genügende Menge zündungsfähigen Kraftstoff-Luft-Gemisches trotz der ungleichen Verteilung auf die einzelnen Zylinder erhalten. Der 10%-Punkt der Kraftstoffsiedekurve muß bei einer so niedrigen Temperatur liegen, daß ein zündfähiges Kraftstoff-Luft-Gemisch entsteht, d.h. der Partialdruck der Kraftstoffdämpfe muß bei der gegebenen Starttemperatur mindestens der unteren Zündgrenze entsprechen. In der Praxis wird jedoch der Dampfdruck höher liegen müssen, weil das an den Wänden haftende kalte Schmieröl im Motor stark dampfdruckerniedrigend wirkt, wenn Flüssigkeit auf diese trifft.

Tabelle 4. *Höchstwerte für den 10%-Punkt der ASTM-Siedekurve zur Ermöglichung eines leichten Motorstartes in Abhängigkeit vom Luftverhältnis* [70]

ASTM-10%-Punkt °C	Grenztemperatur für leichten Start in °C bei den Luftverhältnissen		
	0,04	0,07	0,13
10	−59	−51	−39
20	−52	−44	−32
30	−45	−38	−26
40	−38	−31	−19
50	−31	−25	−13
60	−24	−18	− 6
70	−17	−11	+ 1
80	−10	− 5	+ 7
90	− 3	+ 2	+14
100	+ 4	+ 8	+20

In Tabelle 4 sind die Temperaturen angegeben, bei denen in Abhängigkeit vom Luftverhältnis und der Temperatur des 10%-Punktes ein leichtes Starten gerade noch möglich ist. Wegen der niedrigen Drehzahlen und der dadurch bedingten geringen Gasgeschwindigkeit setzen sich die flüssig gebliebenen Anteile an den Wänden ab. Auch die bis in den Brennraum gelangten und dort niedergeschlagenen Mengen werden trotz der höheren Gastemperatur während des Verdichtungshubes nicht mehr in wesentlichem Umfang zur Verdampfung kommen, weil die kalten Motorwände ihnen die zugeführte Wärme zu einem Teil entziehen. Es ist deshalb verständlich, daß auch beim Einspritzen des Kraftstoffes in den Brennraum während des Saughubes das Anlassen nicht viel besser ist als bei Kraftstoffzuteilung in die Saugleitung.

Ein günstigeres Anlaßverhalten ist jedoch zu erwarten, wenn der Kraftstoff erst gegen Ende des Verdichtungshubes zugeführt wird. Die Temperaturerhöhung, die sich auch in ungünstigen Fällen beim Verdichten ergeben wird, bewirkt nämlich bei praktisch allen in Frage kommenden Kohlenwasserstoffen eine so erhebliche Steigerung des Sättigungsdampfdruckes, daß diese die gleichzeitige Erhöhung des Gesamtdruckes im allgemeinen um ein Vielfaches überwiegt. Es kann also ein wesentlich größeres Verhältnis von Kraftstoffpartialdruck zu Gesamtdruck erzielt werden. So haben Anlaßversuche bei tiefen Temperaturen [189] gezeigt, daß bei Einspritzung des Kraftstoffes am Verdichtungsende eine um etwa 30 grd niedrigere Grenztemperatur für das Anspringen erreicht wurde als beim Einspritzen in den Zylinder während des Saughubes. Der Einspritzzeitpunkt lag am zweckmäßigsten 5 bis 20 °KW vor dem Zündzeitpunkt.

Während für ein leichtes Starten ein niedriger 10%-Siedepunkt erwünscht ist, wird dadurch die Gefahr der Vergaservereisung und der Dampfblasenbildung um so größer

(Abb. 13, S. 20). Eine Steigerung des Dampfdruckes bringt auch eine Steigerung des Verdunstungsverlustes im Kraftstofftank und im Vergaser, wenn diese mit der Außenluft in Verbindung stehen. Auch der weitere Verlauf der Siedekennlinie ist für den Motorbetrieb von wesentlicher Bedeutung. Beim plötzlichen Beschleunigen wird der an den Saugleitungswänden entlang fließende Kraftstoffanteil nicht genügend rasch beschleunigt, so daß der Motor kurzzeitig ein zu armes Gemisch erhält. Bei einem Kraftstoff mit niedriger mittlerer Siedelage wird beim plötzlichen Öffnen der Drosselklappe ein größerer Anteil dieses Kraftstoffilmes verdampfen. Deshalb wird zur Kennzeichnung des Beschleunigungsvermögens der 75%-Punkt der Siedekurve benutzt. Die bei den höchsten Temperaturen übergehenden Kraftstoffanteile, der Siedeschwanz, werden allgemein für die Schmierölverdünnung verantwortlich gemacht.

Tabelle 5. *Verdampfungswärme, stöchiometrisches Mischungsverhältnis und Abkühlung durch Verdampfung für verschiedene Kohlenwasserstoffe* [178]

Kraftstoff	Verdampfungswärme kcal/kg	stöchiom. Mischungsverhältnis kg Luft / kg Kraftstoff	Abkühlung durch Verdampfung grd
Paraffine			
Hexan	86,66	15,2	21,0
Heptan	73,90	15,1	18,0
Oktan	71,12	15,05	16,1
Nonan	—	15,0	—
Decan	60,00	15,0	11,2
Aromaten			
Benzol	95,56	13,2	26,0
Toluol	83,90	13,4	22,5
Xylol	80,56	13,6	21,5
Naphthene			
Cyclohexan	86,66	14,7	21,5
Methylcyclohexan	76,67	14,7	19,0
Dimethylcyclohexan	73,90	14,7	18,0
Olefine			
Hepten	≈ 92,23	14,7	23,0
Dekylen	—	14,7	—
Alkohole			
Äthanol	220,53	8,95	82,7
Methanol	284,47	6,44	140,0
Verschiedene			
Diäthyläther	87,78	11,14	27,5
Schwefelkohlenstoff	85,01	9,35	31,0
Acetylen	Gas	13,2	—
Kohlenmonoxid	Gas	2,45	—
Wasserstoff	Gas	34,3	—

Die letzte Spalte ist unter der Annahme berechnet, daß die spezifische Wärme des Kraftstoffes überall konstant 0,5 kcal/kg grd ist.

e) Einfluß der Verdampfung auf Kraftstoffvolumen und Vergasertemperaturen

Die Leistung des Motors wird durch das Volumen, das der verdampfte Kraftstoff innerhalb des Zylinders einnimmt, beeinflußt. Der Partialdruck des Dampfes in der Mischung ist sehr gering, infolgedessen kann der Kraftstoffdampf bei der Betrachtung des Volumenverhältnisses von Luft zu Kraftstoff als Gas betrachtet werden. Das Volumenverhältnis Luft zu gasförmigem Kraftstoff beträgt bei Butan 31,5 : 1, bei Dodecan 89,0 : 1, bei Oktan 60,0 : 1, was ungefähr als Mittelwert der üblichen Kraftstoffe betrachtet werden kann. Aus den Partialdampfdrücken, Abb. 7, S. 13, läßt sich auch herleiten, bei welcher Temperatur der Taupunkt des Kraftstoffdampfes erreicht wird. Der Partialdampfdruck von Oktan ist bei stöchiometrischer Mischung 0,0165 kp/cm^2. Dazu gehört eine Sättigungstemperatur von 21 °C. Die üblichen Kohlenwasserstoffe können also im Ottomotor bei den üblichen Temperaturen zum größten Teil verdampft sein. Die Zeit, die im Vergaser und in der Saugleitung zur Verfügung steht, reicht aber nur zur Verdampfung eines Teiles des Kraftstoffes aus, der Rest wird an die Wand der Saugleitung kommen und an dieser entlang zu den Zylindern fließen. Eine völlige Verdampfung wird erst am Einlaßventil stattfinden, das eine wesentlich höhere Temperatur hat.

Durch die Verdampfung des Kraftstoffes sinkt die Temperatur des Gemisches ab, da die dazu notwendige Wärme zu einem Teil der Luft entzogen wird. Bei Kraftstoffen mit besonders hoher Verdampfungswärme, wie z. B. Alkohol wirkt sich das in einer merklichen Erniedrigung der Gemischtemperatur aus. In Tabelle 5 sind Werte für die Erniedrigung der Gemischtemperatur infolge Verdampfung des angesaugten Kraftstoffes angegeben. Die Erniedrigung der Gemischtemperatur macht sich außer durch die Erhöhung des volumetrischen Wirkungsgrades auch durch Verbesserung des Klopfverhaltens günstig bemerkbar.

Die für Rekordzwecke vielfach verwendeten Alkohol-Kraftstoffe mit hoher Verdampfungswärme verbieten sich im normalen Betrieb wegen der mangelnden Kältebeständigkeit. Ein ebenfalls zur inneren Motorkühlung sehr reich gewähltes Mischungsverhältnis, die Überfettung, bleibt wegen der Kraftstoffvergeudung auf die Überlastzustände bei Flugmotoren für Start und Steigflug beschränkt.

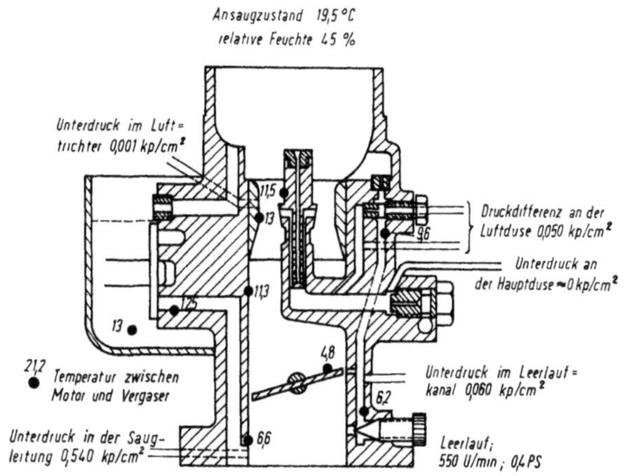

Abb. 27. Temperaturen und Unterdrücke im Vergaser bei Leerlauf, 550 U/min [137]

Die Messung der Gemischtemperatur ist sehr schwierig, weil sich an den Meßelementen leicht unkontrollierbar Flüssigkeitsteilchen niederschlagen können und durch ihre Verdampfungswärme eine Verfälschung durch Herabsetzung der Temperatur herbeiführen. In Abb. 27 bis 29 sind Wandtemperaturen an einem Vergaser für drei verschiedene Betriebszustände angegeben. Abb. 27 zeigt die Temperaturen und Unterdrücke im Vergaser bei Leerlauf. Die Verdampfung des Kraftstoffes ist sehr stark, denn im Leerlaufkanal und an der Drosselklappe ist die Temperatur etwa 13 grd niedriger als vor dem Vergaser. Bei völliger Verdampfung müßte eine Temperaturherabsetzung von 24 grd eintreten. Auch bei niedriger Teillast, Abb. 28, ist eine Herabsetzung der Temperatur von etwa 14 grd vorhanden. Bei höherer Last, Abb. 29, ist die Verdampfung noch intensiver, und es ergibt sich eine Temperaturherabsetzung von etwa 18 grd. Die niedrigste Temperatur herrscht an der Drosselklappe, an der auch bei Teillast die Strömungsgeschwindigkeit am höchsten ist.

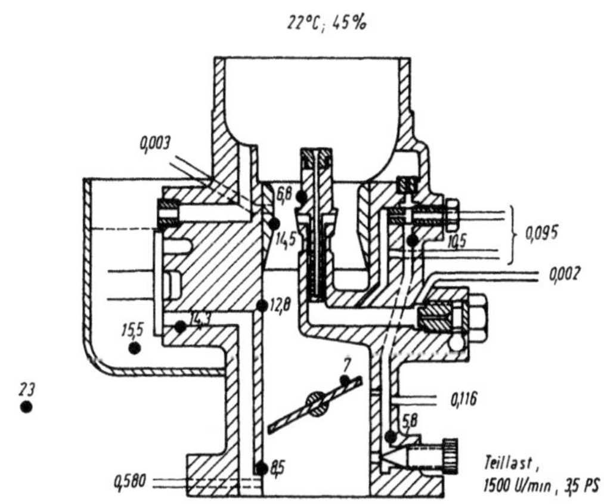

Abb. 28. Temperaturen und Unterdrücke im Vergaser bei geringer Teillast, 1500 U/min, 3,5 PS [137]

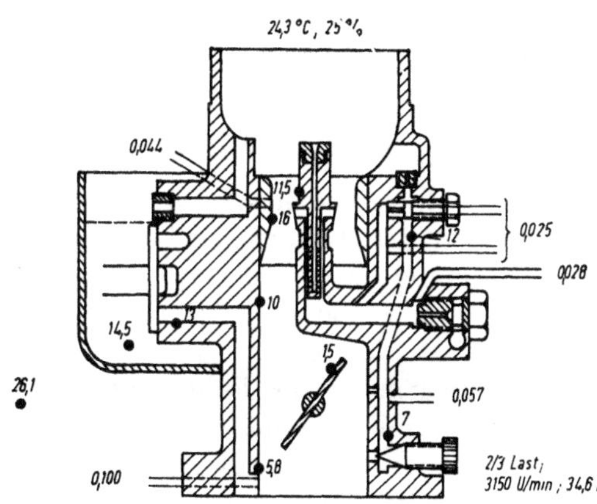

Abb. 29. Temperaturen und Unterdrücke im Vergaser bei hoher Teillast 3150 U/min, 34,6 PS [137]

Auch beim Ottomotor mit Einspritzung muß die Verdampfung und Mischung vor dem Zündzeitpunkt beendet sein. In Abb. 30 ist für Kraftstoffe mit einheitlicher Verdampfungswärme die für Verdampfung bei dem jeweiligen Druck erforderliche Lufttemperatur aufgetragen und dazu angegeben, von welchem Verdichtungsverhältnis an die Lufttemperatur im Zylinder so weit oberhalb der Verdampfungstemperatur bei den entsprechenden Drücken liegt, daß schnelle Verdampfung möglich ist. Abb. 30 zeigt die Schnittpunkte der Verdichtungslinie für Luft mit den Siedekurven von Hexan bis Dodecan. Bei Einspritzung in die Luft des Zylinders und bei längerer Verweilzeit sind niedrigere Temperaturen für vollständige Verdampfung notwendig, weil dann nur die Partialdampfdrücke erforderlich sind, s. Abb. 7, S. 13.

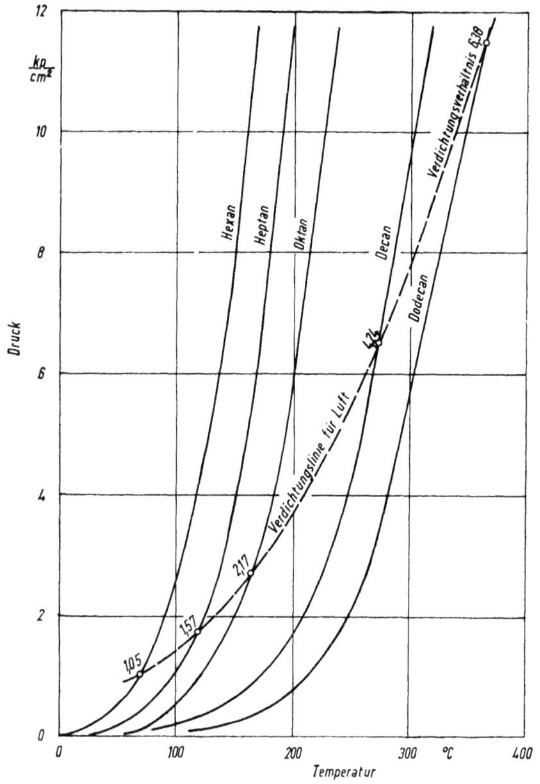

Abb. 30. Siedekurven in Abhängigkeit von Druck und Temperatur [135]

3. Vergaservereisung

Es wird häufig beobachtet, daß Fahrzeugmotoren bei kühlem und feuchtem Wetter im Leerlauf stehenbleiben. Die Ursache dafür ist oft eine Eisbildung an der Drosselklappe und im Leerlaufgemischkanal des Vergasers. Weiterhin tritt bei ungünstigen Witterungsverhältnissen eine Eisbildung am Kraftstoffaustritt des Hauptdüsensystems und im Lufttrichter auf, die zu erhöhtem Kraftstoffverbrauch und verringerter Leistung führt. Zu einem Problem von erheblicher Bedeutung wurde diese Erscheinung durch das Zusammentreffen von neueren Entwicklungen kraftstoff- und fahrzeugtechnischer Art, nämlich höhere Flüchtigkeit des Kraftstoffes und verbreitete Einführung der automatischen Kupplung, wodurch die Gefahr und die Schwierigkeiten durch die Vergaservereisung erhöht wurden.

a) Einflüsse auf Vergaservereisung

In Abb. 13, S. 20, waren die wesentlichen Anforderungen an die Ottomotorenkraftstoffe in ihrer Abhängigkeit zur Siedelage angeführt durch die Zuordnung zu den Siedebereichen 10 bis 30, 50 bis 70 und zum 90%-Punkt. Daraus ist ersichtlich, daß die Anteile in dem Bereich von 50 bis 70% für die Anwärmzeit und die Beschleunigung sowie für die Vergaservereisung wichtig sind. Man kann also den Anteil an leichtflüchtigen Bestandteilen nicht einfach verringern, wenn man nicht gleichzeitig die Startschnelligkeit, die durch die Kürze der Anwärmzeit bestimmt wird, verschlechtern will.

Die Eisbildung ist von der Außentemperatur, der Luftfeuchte, dem Kraftstoff, der Bauart des Motors und von der Fahrweise abhängig. So haben Versuche gezeigt, daß nach dem Öffnen des Kühlwasserthermostaten fast immer dem Vergaser so viel warme Luft durch Erwärmung des Fahrtwindes im Kühler zugeführt wird, daß die Vereisungserscheinungen damit beendet sind. Die schnellere oder langsamere Erwärmung des Kühlwassers hängt aber bei sonst gleichen Umgebungsbedingungen von der Fahrweise ab. Mit der Vereisung treten Abweichungen vom normalen Betriebszustand auf, die zu überfettem oder zu magerem Gemisch führen können und dann durch die Verdampfungswärme der geänderten Kraftstoffmenge die Vergasertemperaturen beeinflussen. Bei Versuchen mit einigen reinen Kohlenwasserstoffen [140] zeigte sich jedoch, daß die Abhängigkeit vom Siedepunkt wesentlich größer ist als von der Verdampfungswärme. Es ist also möglich, bei der Beurteilung der Vereisungseigenschaften eines Kraftstoffes die Verdampfungswärme zu vernachlässigen.

b) Grund für die Eisbildung

Die Entstehung der Eisbildung im Vergaser wird aus dessen Funktion verständlich. Der Vergaser hat die Aufgabe, der angesaugten Verbrennungsluft die gewünschte Menge Kraftstoff in möglichst fein zerteilter Form, im Idealfall als Kraftstoffdampf, zuzuführen und mit der Luft zu vermischen. Dazu wird im Vergaser ein Unterdruck erzeugt, mit dessen Hilfe der Kraftstoff gefördert und durch Düsen versprüht wird. Durch die im Vergaser gesteigerte Geschwindigkeit der Luft und durch die Verdampfung des Kraftstoffes tritt eine Abkühlung des Vergasers und der Verbrennungsluft ein, wobei der Einfluß der Kraftstoffverdampfung auf die Abkühlung des Vergasers überwiegt. Das wird besonders im Teillastbereich der Fall sein, wenn die Luftgeschwindigkeit im Lufttrichter gering ist und die Abkühlung durch die Verdampfung des Kraftstoffes gleich groß bleibt. Die Abkühlung der Luft wäre für den Betrieb des Motors günstig, wenn dadurch nur die Füllung vergrößert würde. Die Luft enthält aber stets Wasserdampf oder sogar Wassertropfen in Form von Nebel.

Bei der Abkühlung kann die Sättigungsgrenze für den Wasserdampf unterschritten werden. Je nach der Endtemperatur werden sich dann Wassertropfen oder Eiskristalle im Gemisch bilden. Die Eisbildung kann auch mehr der Rauhreifbildung ähneln, wenn Teile des Vergasers unter den Gefrierpunkt abgekühlt werden. Nun stört aber eine geringfügige Eisbildung im Vergaser noch nicht. Erst wenn der Niederschlag eine bestimmte Menge überschreitet, treten Störungen im Motorbetrieb auf. Der Motor beschleunigt schlecht, läuft unrund und kommt ganz zum Stillstand. Im praktischen Fahrbetrieb treten diese Schwierigkeiten vornehmlich bei Beginn der Fahrt auf, wenn etwa von Leerlauf auf mittlere Drehzahlen bei Halblast beschleunigt werden soll oder wenn nach kurzem Fahrbetrieb Leerlauf notwendig wird.

c) Ort und Folgen der Eisbildung

Die Eisbildung tritt dabei an den Stellen zuerst auf, an denen eine starke Abkühlung der Vergaserwandungen erfolgt. Dies sind der Mischrohrträger, der durch die schon im Mischrohr beginnende Verdampfung und durch das Versprühen des Hauptkraftstoffes sehr stark abgekühlt wird, weiterhin die Drosselklappe, welcher durch die hier auftreffenden und verdunstenden Kraftstofftropfen Wärme entzogen wird, und der Leerlaufgemischkanal, in dem die durch die Leerlaufdüse fließende Kraftstoffmenge mit Luft vermischt und zum Teil verdampft wird.

Durch Eisbildung am Mischrohrträger kann der Querschnitt des Lufttrichters merklich verengt werden. Der für die Kraftstofförderung wirksame Unterdruck steigt an und das Gemisch wird zu fett. Dabei stört vor allem der erhöhte Kraftstoffverbrauch. In Extremfällen kann aber auch der Lufttrichter so weit zuwachsen, daß die Leistung des Motors abfällt und der Motor schließlich ganz stehenbleibt. Die Eisbildung an der Drosselklappe verengt den im Leerlauf vorhandenen Durchtrittsquerschnitt für die Leerlaufluft. Der Motor bleibt stehen, wenn er nach kurzer Belastung in den Leerlauf zurückgenommen wird. Dies stört vor allem im Stadtverkehr, da der Motor beim Halten an Straßenkreuzungen oder sogar beim Schalten stehenbleibt. Die Eisbildung im Leerlaufgemischkanal führt zu unruhigem Teillastlauf des Motors und zum Stehenbleiben im Leerlauf, weil sich die Austrittsöffnungen für das Leerlaufgemisch verstopfen.

d) Temperaturen des Vergasers

Zu beachten ist, daß dem Vergaser von außen her vor allem durch Konvektion von der am Vergaser vorbeistreichenden Ventilatorluft Wärme zugeführt wird. Weiterhin kann durch Strahlung von dem meist in der Nähe liegenden Auspuffkrümmer eine größere Wärme übertragen werden. Dagegen wird durch Wärmeleitung kaum Wärme zum Vergaser gelangen, weil zwischen Motor und Vergaser im allgemeinen ein Isolierflansch angebracht ist. Die von der Umgebung an den Vergaser übertragene Wärme ist so groß, daß sie bei einer genaueren Rechnung nicht vernachlässigt werden kann.

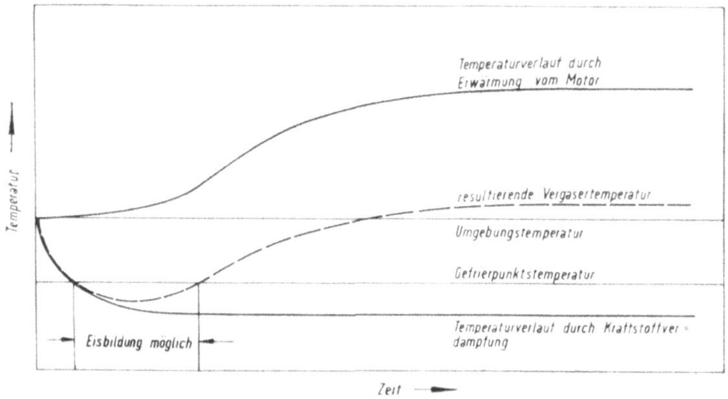

Abb. 31. Schematische Darstellung des Verlaufes der Vergasertemperaturen in Abhängigkeit von der Laufzeit des Motors [141]

Die Temperaturen ändern sich, wie in Abb. 31 aufgetragen, mit der Laufzeit des Motors. Die Eisbildung im Vergaser ist nur in der Zeit möglich, in der die Temperaturen wenigstens an den für den Eisansatz in Frage kommenden Stellen, nämlich der Drosselklappe, dem Lufttrichter mit Mischrohrträger und im Leerlaufgemischkanal unter den Nullpunkt sinken. Je kürzer diese kritische Zeitspanne ist, desto weniger Eis wird sich im Vergaser bilden. Die Temperaturen im Innern eines Vergasers sind aus Abb. 27 bis 29, S. 33, zu ersehen. Die Eintrittstemperaturen verringern sich am Mischrohrträger, erreichen ihre tiefsten Werte an der Drosselklappe und steigen danach wieder an.

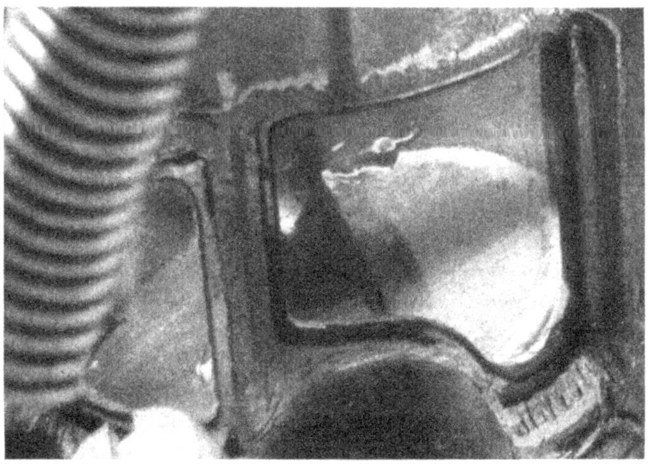

Abb. 32. Eisansatz am Rande der Drosselklappe bei einer Lufttemperatur von 5°C und einer relativen Feuchte von 65% etwa 1 Minute nach Start des Motors [140]

e) Beobachtung der Eisbildung

Die Eisbildung im Vergaser ist durch direkte Beobachtung z. B. durch den Lufttrichter bei abgenommenem Luftfilter oder am Prüfstand durch ein in den Vergaser eingebautes Fenster feststellbar. Außerdem kann man die durch die Eisbildung verursachten Störungen — z. B. das Stehenbleiben des Motors im Leerlauf, Druckänderungen im Leerlaufgemischkanal, erhöhten Kraftstoffverbrauch und Leistungsabfall des Motors — beobachten und daraus auf das Vorhandensein der Eisbildung schließen.

Die Vereisung der Drosselklappe ist in ihren Einzelphasen in Abb. 32 bis 35 durch ein Fenster im Vergaser aufgenommen. In Abb. 32 ist etwa 1 Minute nach Start des Motors der Beginn des Eisansatzes am Rande der Drosselklappe zu erkennen, in Abb. 33 hat die Vereisung nach 2 Minuten große Teile der Drosselklappe erfaßt, in Abb. 34 ist nach 4 Minuten die Vereisung so stark, daß der Motor bei Einstellen des Leerlaufes (Schließen der Drosselklappe) stehenbleibt. Abb. 35 zeigt die nach dem Stehenbleiben sogleich geöffnete Drosselklappe: man kann erkennen, daß die Eisschicht etwa die Dicke der Drosselklappe hat.

In Abb. 36 sind die gemessenen Unterdrücke und Temperaturen bei einem Vereisungsvorgang mit Stehenbleiben des Motors im Leerlauf aufgetragen. Dabei treten mit dem Beginn der Eisbildung Verschiebungen der Temperaturen auf, die durch Veränderungen der Strömungs- und Kraftstofförderverhältnisse hervorgerufen werden. Der Temperaturabfall geht sehr schnell vor sich. Schon nach etwa 1,5 Minuten sind die Beharrungstemperaturen nahezu erreicht. Während des Leerlaufes tritt jedesmal ein Ansteigen der Temperaturen ein, welches sich durch die dann geringeren verdampften Kraftstoffmengen erklären läßt. Die Unterdrücke werden durch geringen Eisansatz noch nicht beeinflußt. Kurz bevor der Motor im Leerlauf stehenbleibt, kann jedoch häufig ein Druckabfall im Leerlaufgemischkanal beobachtet werden. Dies läßt darauf schließen, daß außer der Eisbildung an der Drosselklappe auch die Ausgleichsbohrungen oder die Öffnung an der Gemischregulierschraube durch Eisbildung verengt werden.

Abb. 33. Fortschreitende Vereisung etwa 2 Minuten nach Start des Motors [140]

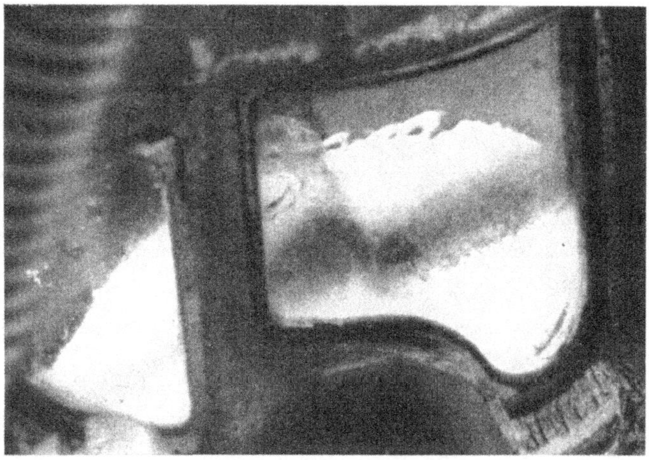

Abb. 34. Stark vereiste Drosselklappe etwa 4 Minuten nach Start des Motors, Stehenbleiben des Motors im Leerlauf [140]

Abb. 35. Geöffnete Drosselklappe kurz nach dem Stehenbleiben des Motors [140]

Neben der Leerlaufvereisung als dem häufigsten Fall gibt es aber auch noch eine Vereisung bei Teillast und bei Vollast. Abb. 37 zeigt eine Vereisung bei Vollast. Der Mischrohrträger besitzt einen ausgebildeten Eiskragen, welcher ähnlich wie die flächig ausgebildete Eisdecke auf der Drosselklappe die Tendenz hat, immer weiter zu wachsen und dadurch den Querschnitt zu verengen.

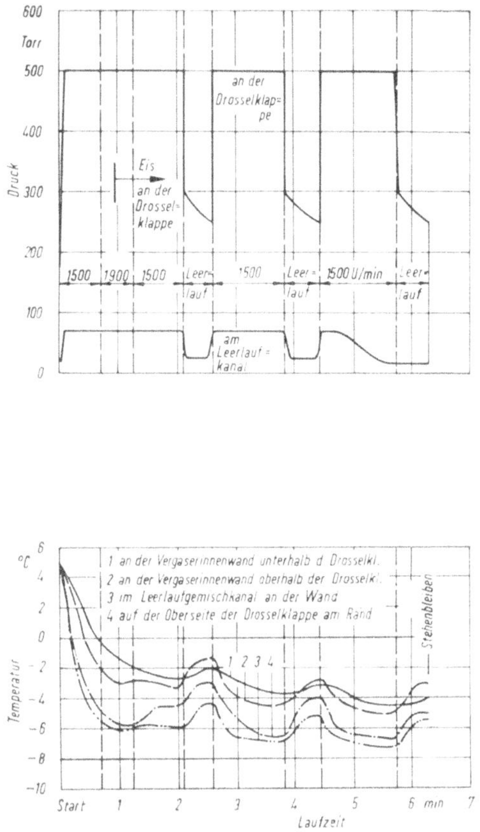

Abb. 36. Temperaturen und Drücke am Vergaser bei Eisbildung 1 Minute nach Start des Motors [140]

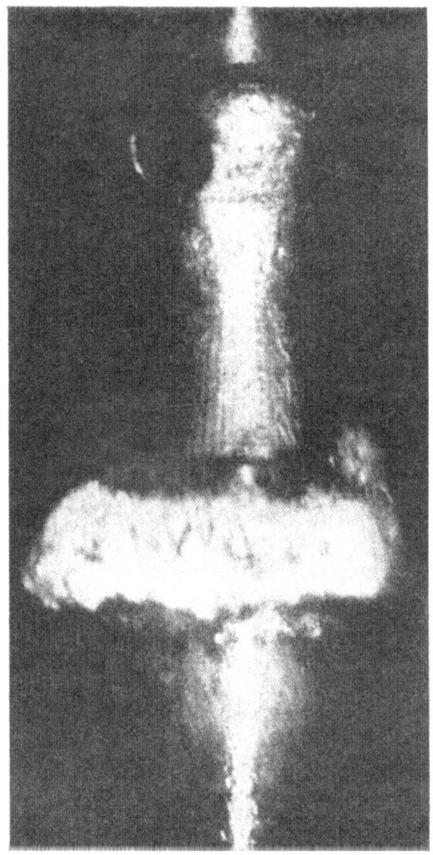

Abb. 37. Bei Vollast vereister Mischrohrträger [184]

f) Vereisungskennzahl zur Beurteilung von Kraftstoffen

Zur Kennzeichnung der Vereisungseigenschaften wird eine Vereisungskennzahl benutzt [140], die in dem Diagramm mit den Bereichen 0 bis 100% relativer Feuchte und — 5 bis + 15 °C Lufttemperatur das Flächenverhältnis des störungsfreien Betriebes, nicht schraffierter Bereich in Abb. 39, zu dem gesamten Betriebsbereich angibt. Für verschiedene Kraftstoffe wurde das durch Eisbildung an der Drosselklappe und im Leerlaufkanal verursachte Stehenbleiben des Motors im Leerlauf beobachtet und in solchen Diagrammen aufgetragen. Bei diesen Versuchen wird der Motor 10 Sekunden im Leerlauf bei 500 U/min gefahren, dann auf 1500 U/min bei Viertellast beschleunigt, dort 50 Sekunden gefahren und dann wieder Leerlauf eingestellt. Wenn der Motor einen dreimaligen derartigen Wechsel ohne Störungen durchläuft, wird der Versuch mit verschärften Temperatur- bzw. Feuchtebedingungen wiederholt, bis durch viele Betriebspunkte mit Stehenbleiben des Motors die Grenzlinie der Störfläche bekannt ist. Abb. 38 zeigt einige Störflächen von untersuchten handelsüblichen Normal- bzw. Superkraftstoffen ohne Vereisungsschutz. Die Begrenzungskurve für den Kraftstoff mit der kleinsten Störfläche, gekennzeichnet durch die Extrempunkte A, B, C und die Begrenzungskurve des Kraftstoffes mit der größten Störfläche und den Extrempunkten A_1, B_1, C_1 bilden die innere und äußere Umgrenzung einer Fläche, in der sämtliche Grenzkurven der untersuchten Kraftstoffe verlaufen.

In Abb. 39 sind Vereisungsdiagramme für Kraftstoffe mit Zusätzen aufgetragen. Ein handelsüblicher Kraftstoff (I) beginnt bei einer relativen Feuchtigkeit von etwa 45% Eis

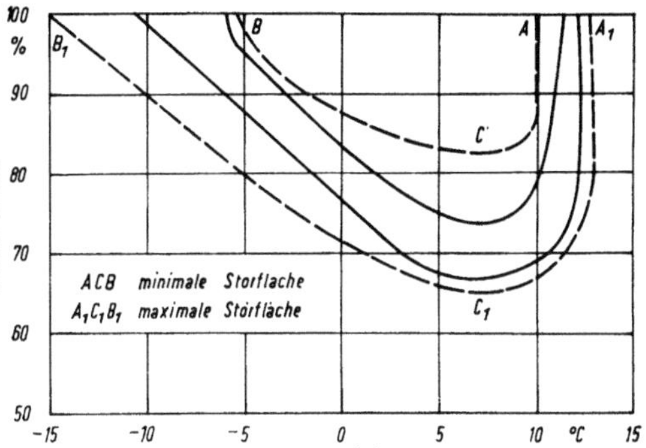

Abb. 38. Minimale und maximale Vereisungsstörflächen von 18 Kraftstoffen. Die Störflächen von 4 Kraftstoffen sind als Beispiel eingezeichnet [247]

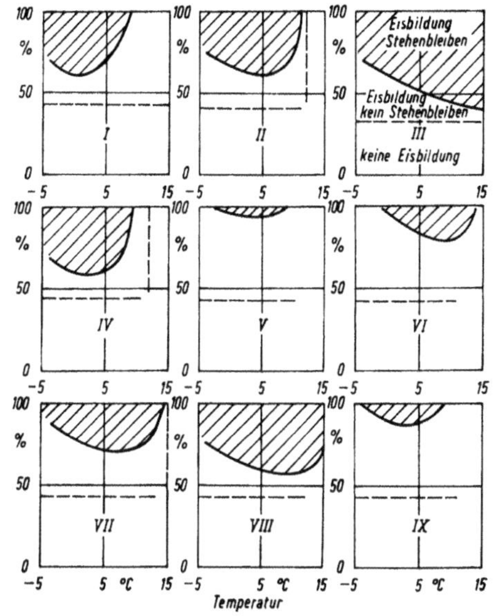

Abb. 39. Vereisungskennlinien von Kraftstoffen mit Zusätzen [140]

an der Drosselklappe zu bilden, der Motor bleibt jedoch erst ab 60% relativer Feuchte infolge Eisbildung stehen. Kraftstoffe mit größeren Anteilen an leicht siedenden Stoffen (II und III) zeigen einen größeren Störbereich. Eine Beimengung von 36% Benzol (IV) wirkt sich kaum aus, dagegen zeigt eine Beimengung von 2% Alkohol eine Verbesserung. Dabei wirkt Isopropanol (V) besser als Methanol (VI) und Äthanol (VII). Ein Zusatz von Aceton verschlechtert das Vereisungsverhalten des Kraftstoffes (VIII). Ein Additive gegen Vereisung, Kerofluid PGM, wirkt sich schon bei kleinen Zusatzmengen (0,5%) sehr stark vereisungsmindernd aus (IX).

g) Maßnahmen gegen Vergaservereisung

Abschließend sollen einige Maßnahmen gegen die Vergaservereisung angeführt werden. Es bestehen grundsätzlich die Möglichkeiten, die Eisbildung zu verhindern oder schon vorhandene Eisansätze durch Kraftstoffzusätze aufzulösen, dem Vergaser Wärme zuzuführen oder die Kraftstoffversprühung und -verdampfung hinter die Drosselklappe zu verlegen, damit dem Vergaser nicht zuviel Wärme entzogen wird. Die Kraftstoffzusätze umfassen oberflächenaktive Stoffe, welche die Eigenschaft haben, die Oberflächenspannung zu verringern, wodurch an der Drosselklappe bzw. an dem Mischrohrträger eine Oberfläche geschaffen wird, die es dem Eis schwer oder gar unmöglich macht zu haften, sowie Stoffe, die den Gefrierpunkt erniedrigen, z. B. Alkohole, Glykole und sonstige. Es genügt jedoch nicht, daß ein Zusatzmittel eine gute vereisungshindernde Wirkung hat. Es wird zusätzlich verlangt, daß niedrige Anwendungskonzentrationen genügen und daß hervorragende Löslichkeit und gleichbleibende Wirksamkeit trotz längerer Lagerzeit bestehen.

Auf welche Art dem Vergaser Wärme zugeleitet wird, ist gleichgültig, wenn die Wärme nur groß genug ist und an die richtige Stelle gelangt. Die Wärme kann sowohl der ganzen als auch nur einem Teil der Ansaugluft oder aber auch durch eine Beheizung des

Vergasergehäuses zugeführt werden. Die Aufwärmung der gesamten Ansaugluft geschieht in den meisten Kraftfahrzeugen durch den Kühler. Da aber das warme Kühlwasser erst nach 5 bis 10 Minuten Laufzeit des Motors durch den Kühler strömt, saugt man bei einigen Fahrzeugtypen die Verbrennungsluft in unmittelbarer Nähe des Auspuffs ab, der sehr schnell warm wird. Bei einigen Ausführungen wird nur ein Teil der Ansaugluft vorgewärmt und diese warme Luft durch besondere Leitungen so in den Vergaser gebracht, daß die für Eisbildung kritischen Stellen erwärmt werden. Weiterhin sind Versuche angestellt worden, die Drosselklappe oder andere Vergaserteile mit Auspuffgasen oder elektrisch zu beheizen bzw. eine Erwärmung in der Nähe des Leerlaufkanales mit Wasser vorzunehmen. Diese Versuche sind aber an der zu starken Verschmutzung der Beheizungskanäle bzw. an der notwendigen elektrischen Heizleistung gescheitert. Jede Wärmezufuhr zur Verhinderung der Eisbildung bringt jedoch am Vergaser eine Vergrößerung der Gefahr der Dampfblasenbildung. Deshalb darf die Wärme nur dann zugeführt werden, wenn sie nötig ist.

Es ist auch möglich, den Kraftstoff im Vergaser weniger zu zerstäuben oder überhaupt erst hinter der Drosselklappe zuzuführen, so daß die Verdampfung erst hinter dem Vergaser erfolgt. Dann wird dem Vergaser keine Wärme mehr entzogen. Bei schlechter Zerstäubung erfüllt er aber seine wichtigste Funktion nicht mehr, nämlich die intensive Vermischung von Kraftstoff und Verbrennungsluft. Die Kraftstoffzufuhr hinter der Drosselklappe wird bei sogenannten Einspritzvergasern durchgeführt, die bei Flugmotoren verwendet werden. Dabei bekommt der Vergaser selbst mehr die Aufgabe eines Steuerorganes, welches die Kraftstoffbeimengung steuert. Derartige Einrichtungen kann man schon mehr zu den Einspritzanlagen zählen. Sie benötigen im allgemeinen eine Pumpe, die den Kraftstoff unter Druck einspritzt, weil der Unterdruck im Lufttrichter jetzt nur noch zur Steuerung und nicht mehr zur Förderung benutzt wird. Der Einspritzvergaser wird komplizierter und teurer, so daß wichtige Vorteile des Vergasers wegfallen.

4. Gemischbildung und Gemischverteilung in der Saugleitung

Der im Vergaser in Form von Tropfen, teils mit Luft durchsetzt, aus kalibrierten Düsen durch Unterdruck angesaugte Kraftstoff wird vom Luftstrom beschleunigt und in Richtung zum Zylinder mitgerissen. Auf dem ersten Teil des Weges im Vergaser wird eine sehr unvollkommene Mischung vorhanden sein, es wird z. B. nur der Kern des Luftstromes oder bei im Vergaser seitlich liegender Düse die entsprechende Randpartie mit Kraftstoff angereichert. Abb. 40 zeigt, daß eine anfängliche Relativgeschwindigkeit von 70 m/s bereits nach 100 mm Weg auf 10 m/s und weniger für die im Vergaser auftretenden Tropfengrößen gesunken ist, so daß eine intensive Zerstäubung dann nicht mehr eintritt. Auf dem weiteren Weg bis zum Einlaßventil kann die Vermischung intensiver werden oder es kann auch eine Entmischung eintreten. Bei einer Saugleitung ohne große Richtungsänderung wird die Mischung infolge der Turbulenz der Strömung besser werden. Bei niedrigen Partialdampfdrücken wird sogar eine weitere Verdampfung des Kraftstoffes eintreten. Eine Entmischung kann dadurch eintreten, daß bei den Geschwindigkeits- und Richtungsänderungen innerhalb der Saugleitung Luft und feiner Kraftstoffnebel bzw. Kraftstoffdampf rascher beschleunigt und verzögert werden als weniger fein verteilte Kraftstofftropfen. Diese Tropfen können dann auf dem Weg zu den Zylindern an der Wand der Saugleitung hängenbleiben, insbesondere, wenn diese Wandung rauh ist, Gratbildung aufweist oder strömungstechnisch ungünstig ausgebildet ist.

Beim Einzylindermotor gelangt ein Gemisch in den Zylinder, das sich aus Füllungsgrad und Kraftstoffmenge errechnet, ohne daß irgendeine Trennung zwischen leichten und schweren Bestandteilen auftritt. Im Mehrzylindermotor dagegen können sowohl das Mischungsverhältnis als auch die Kraftstoffzusammensetzung in den einzelnen Zylindern unterschiedlich sein. Gute Zerstäubung trägt zur Verdampfung in der Saugleitung und zur Vermeidung von Kraftstoffniederschlag an den Saugleitungswänden wesentlich bei und führt damit zu einer gleichmäßigeren Verteilung des Kraftstoffes auf die einzelnen Zylinder. Die nicht verdampften Kraftstofftropfen werden insbesondere bei Krümmungen der Saugleitung an die Wandung geschleudert und durch die Reibung der vorbeifließenden Luft dem Einlaßventil zuströmen.

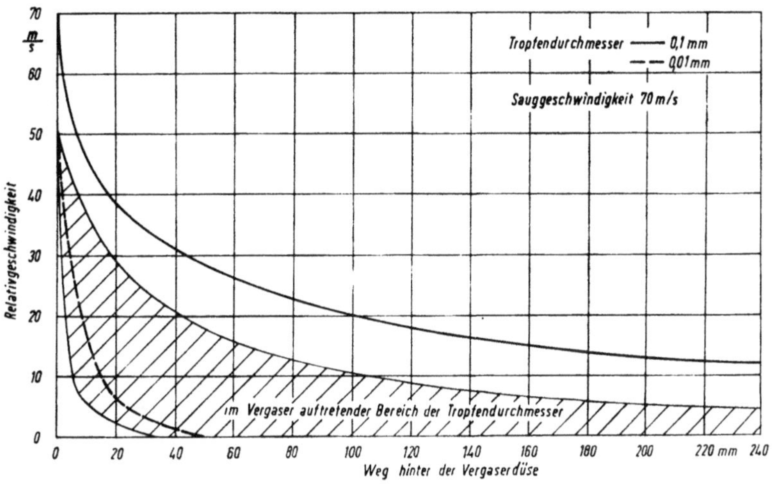

Abb. 40. Relativgeschwindigkeit zwischen Kraftstofftropfen und Luft, abhängig vom Weg hinter Vergaserdüse bei 70 m/s Sauggeschwindigkeit [6]

Der erreichbare Mitteldruck, die Wirtschaftlichkeit und die Klopfneigung sind vom Luftverhältnis abhängig, Abb. 12, S. 19. Bei Mehrzylindermotoren ist es bei ungleichmäßiger Gemischverteilung nur möglich, einen oder zwei Zylinder auf das günstigste Luftverhältnis einzustellen, während die übrigen Zylinder ungünstiger arbeiten. Wegen der ungleichen Gemischverteilung sind bei Mehrzylindermotoren die Höchstwerte des indizierten Mitteldruckes oder des indizierten Wirkungsgrades niedriger als die entsprechenden Werte bei Einzylindermotoren, Abb. 58, S. 50. Das ideale Ansaugsystem sollte den einzelnen Zylindern eines Mehrzylindermotors sowohl gleiche Luft- als auch gleiche Kraftstoffmenge gleicher Zusammensetzung liefern.

a) Richtlinien zur Erreichung gleichen Liefergrades

Man erhält gleichen Liefergrad der einzelnen Zylinder, wenn gleichartige Ansaugbedingungen für alle Zylinder vorhanden sind. Das ist möglich, wenn alle Zylinder durch gleich lange und gleich geformte Rohre aus einem so großen Behälter ansaugen, daß darin Druckschwankungen merkbarer Größe nicht entstehen können, oder wenn alle Zylinder durch Rohre gleicher Länge und gleichen Strömungswiderstandes unmittelbar mit einem gemeinsamen Einfluß (Filter, Vergaser, Lader) verbunden sind. Solche Ansaugsysteme sind meist aus Platzgründen nicht ausführbar und wegen der Anforderung, die der Transport des hinter dem Vergaser flüssig bleibenden Kraftstoffes durch das Rohr stellt, auch nicht zweckmäßig. Es ist vielmehr notwendig, verhältnismäßig enge Rohrteile von den Ansaugströmen mehrerer Zylinder durchströmen zu lassen. Auch solche vereinfachten Rohrsysteme können der Forderung nach gleichmäßiger Ladungsverteilung entsprechen, wenn für jeden Zylinder annähernd gleiche Ansaugverhältnisse geschaffen werden. Voraussetzung ist dafür neben gleich langen Saugwegen und gleichem Strömungswiderstand im wesentlichen gleicher zeitlicher Saugabstand der durch das gemeinsame Rohr saugenden Zylinder. Der Vierzylinder-Reihenmotor käme mit nur einem Vergaser gut aus, wenn gleicher Saugabstand benachbarter Zylinder vorläge.

Abb. 41 zeigt die beiden fast allgemein benutzten Saugrohrformen für Vierzylindermotoren. Besondere Schwierigkeiten für eine gute Füllung erwachsen bei mehrzylindrigen Motoren daraus, daß die Saugzeiten sich teilweise überdecken. Die Überdeckung ist bereits beim Vierzylindermotor vorhanden und besonders groß, wenn man mit Rücksicht auf hohe Drehzahl die Einlaßventile erheblich vor dem Totpunkt öffnen und spät schließen läßt. Starkes Überdecken liegt in jedem Fall bei Sechszylinder- und mehr noch bei Achtzylindermotoren bei Verwendung nur eines Vergasers vor. Abb. 41 zeigt die bekanntesten Saugrohrformen für Sechszylindermotoren. Bei den Formen a bis e ist nur ein Vergaser vorgesehen. Zwei, Abb. 41f und 41g, oder seltener drei, Abb. 41h, Vergaser werden benutzt, wenn besonders hohe Literleistung verlangt wird. Bei einer Ausführung mit je einem Vergaser für die Zylinder 1, 2, 3 und 4, 5, 6 können sich die Saugzeiten nicht überdecken. Der Fall h ergibt die einfachste Gemischführung und zweifellos beste Zylinderfüllung, ist allerdings an drei Vergaser gebunden, von denen jeder zwei benachbarte Zylinder speist, deren Zündabstand ungleich ist, womit schlechte Gemischverteilung eintritt. Genaues Abstimmen der einzelnen Vergaser aufeinander ist in jedem Falle unerläßlich.

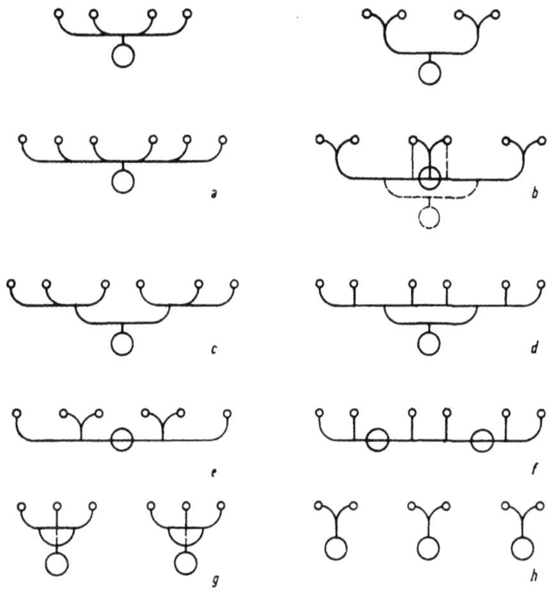

Abb. 41. Saugleitungsformen für Vier- und Sechszylindermotoren [211]

b) Richtlinien zur Erreichung gleicher Gemischverteilung

Die vorher aufgestellten Richtlinien für die Ausbildung des Ansaugsystems garantieren nur eine gleichmäßige Füllung des Zylinders mit Verbrennungsluft. Die Aufgabe, dem Zylinder ein homogenes Gemisch zuzuführen und das Mischungsverhältnis in allen Zylindern gleich zu machen, ist damit noch nicht erfüllt. Diese Aufgabe ist bei gasförmigem Kraftstoff leichter als bei flüssigem Kraftstoff zu erfüllen. Zum Teil wird mit Vorheizung eine Verbesserung der Gemischverteilung erreicht. Bei ungenügender Größe oder zu niedriger Temperatur der Heizstelle fließt ein Teil des Kraftstoffes an der Saugleitung entlang, aber meist nicht gleichmäßig über den Rohrquerschnitt verteilt, sondern in einzelnen Rinnen. Dieser Kraftstoff erwärmt sich im Ventilstutzen und wird dort meist ganz verdampfen, wobei nunmehr wieder der Partialdampfdruck des Kraftstoffes in der Grenzschicht der Luft über dem Kraftstoffilm von Bedeutung ist. Bei Wasserkühlung kann man mit 75 °C Oberflächentemperatur der Wand rechnen. Bei Luftkühlung steigt die Temperatur längs dieser Wand von außen nach innen von etwa 80 °C auf etwa 170 °C.

Der Saugvorgang verursacht durch das Pulsieren der Gemischgeschwindigkeit erschwerende Umstände: der vergaste Teil des Kraftstoffes wird rascher beschleunigt oder verzögert als der flüssig schwebende Teil. Dieser Anteil des Gemisches gelangt daher nicht in einer dem leichtflüchtigen Anteil entsprechenden Menge in den Zylinder, bleibt in einer Tasche oder an einer Krümmung liegen und wird später eingeführt oder gelangt in einen anderen Zylinder; bei Umkehr des Gasflusses beim Wechsel des ansaugenden Zylinders kann ebenfalls ein Ausscheiden eintreten. Ferner unterliegt die mit Kraftstoff gesättigte Luft fortwährenden Druckschwankungen, wodurch die Rückkondensation des Kraftstoffes begünstigt wird. Eine Verbesserung dieser Verhältnisse kann zwar durch gute Gemischvorwärmung und hohe Einlaßgeschwindigkeit erzielt werden, die hohen Mitteldrücke neuzeitlicher Motoren sind aber nur mit großen Einlaßquerschnitten und möglichst geringer Gemischvorwärmung zu erzielen.

Die Geschwindigkeit des Kraftstoffilmes entlang der Saugleitungswand hängt vom Druckverlauf ab, der dem Rohrinneren durch die Strömung des gasförmigen Ladungsanteiles aufgeprägt wird. An Stellen, die von Gebieten höheren Druckes umgeben sind, wird die Flüssigkeitshaut zu relativ dicken Belägen aufgestaut. Die in der Saugleitung jeweils befindliche Flüssigkeitsmenge hängt von Druck und Temperatur des Gemisches in der Saugleitung, von der Wandtemperatur und von den Verdampfungseigenschaften des Kraftstoffes ab. Bei geringer Belastung des Motors und damit infolge der Drosselregelung geringen Drücken in der Saugleitung sind die Verdampfungsverhältnisse günstig, die Saugleitungsinnenfläche ist entweder trocken oder nur mit einer dünnen Flüssigkeitshaut bedeckt. Bei hoher Belastung des Motors ist infolge der geöffneten Drosselklappe der Druck in der Saugleitung hoch, die Verdampfungsverhältnisse sind ungünstig, und es tritt eine verhältnismäßig starke Flüssigkeitshaut auf. Beim Öffnen der Drosselklappe muß daher zusätzlich Kraftstoff in die Saugleitung gebracht werden, um einen stärkeren Flüssigkeitsfilm in der Saugleitung aufbauen zu können, ohne daß das Luftverhältnis im Zylinder zu sehr vergrößert wird. Beim umgekehrten Vorgang, dem Schließen der Drosselklappe, also Verkleinern der Belastung, wird der flüssige Kraftstoff, der in der Saugleitung gespeichert ist, ganz oder teilweise verdampft. Er gelangt in den Zylinder, vermindert das Luftverhältnis und geht zum größten Teil unvollständig verbrannt in den Auspuff. Der größte Teil des Unterschiedes zwischen dem bei großer und kleiner Belastung in der Saugleitung gespeicherten Kraftstoffes geht daher bei einer Belastungserniedrigung für die Energieumsetzung verloren und erhöht den Verbrauch des Motors. Dieser Unterschied ist daher möglichst klein zu halten, und die Saugleitung deshalb so zu entwerfen, daß eine möglichst geringe Flüssigkeitshaut auftritt. Dieses wird erreicht durch eine kleine Innenoberfläche der Saugleitung, starken Druckabfall in Strömungsrichtung und Vermeidung von Stellen, die allseitig von Gebieten höheren Druckes umgeben sind. Solche Stellen sind z. B. die Innenseite von Krümmungen oder gleichbleibende Querschnitte nach Rohrerweiterungen. Um eine gleichmäßige Verteilung des flüssigen Kraftstoffanteiles auf die einzelnen Zylinder zu erzielen, sind vor allem Verzweigungen unter Berücksichtigung der Strömung der Flüssigkeitshaut auszubilden.

c) Abhängigkeit der Gemischverteilung von Drehzahl, Belastung und Saugfolge

Ergebnisse aus Untersuchungen der Gemischverteilung an modernen Motoren [58, 59] zeigen, daß beträchtliche Unterschiede zwischen den einzelnen Zylindern auftreten. Das aus der Abgasanalyse ermittelte Luftverhältnis der Einzelzylinder ist für verschiedene Betriebszustände in Abb. 42 bis 45 dargestellt. Bei einer Drosselklappenstellung von 90° ist die Drosselklappe voll geöffnet. Eine Umkehrung der Saugfolge vom Serienzustand 1-3-4-2 auf 1-2-4-3 bewirkt eine Umkehrung der Gemischverteilung. Während bei der ursprünglichen Saugfolge die beiden Zylinder 2 und 3 ein fetteres Gemisch erhielten als 1 und 4, war bei der Saugfolge 1-2-4-3 das Gemisch der Zylinder 1 und 4 fetter. Der Unterschied von Zylinder 1 gegen 4 und 2 gegen 3 dürfte auf eine geringfügige Unsymmetrie des Ansaugsystemes, die sowohl in der Saugleitung selbst als auch im Vergaser liegen kann, zurückzuführen sein. Da also eine Umkehrung der Saugfolge eine Umkehrung der Gemischverteilung bewirkt, liegt die Hauptursache der ungleichen Gemischverteilung auf die einzelnen Zylinder in der Saugfolge.

Die Liefergradunterschiede bei verschiedenen Betriebszuständen und Saugfolgen sind in Abb. 46 bis 49 zu sehen. Da jeweils die Zylinder 1-2 und 3-4 aus einem Saugleitungsarm ansaugen, diese Zylinder in der Saugfolge aber unmittelbar hintereinander liegen, muß

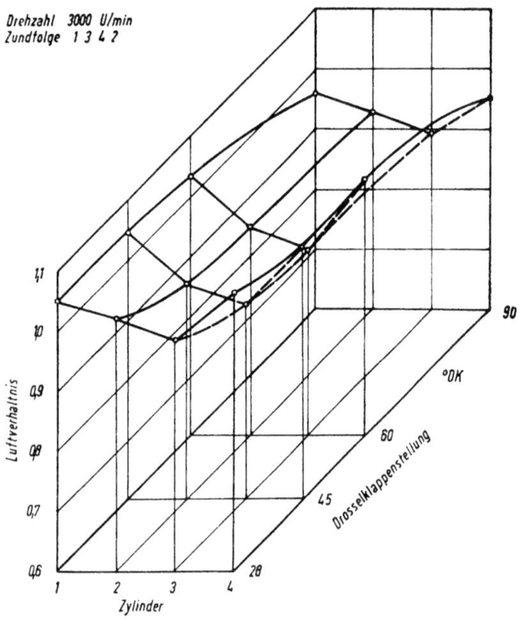

Abb. 42. Luftverhältnis der Einzelzylinder bei verschiedenen Drosselklappenstellungen [58]

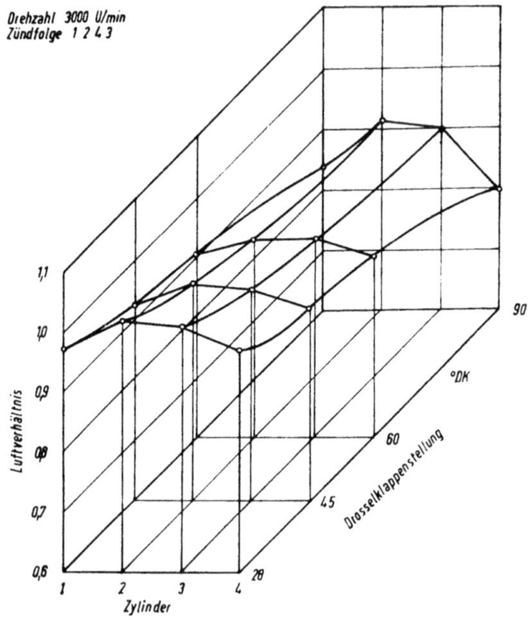

Abb. 43. Luftverhältnis der Einzelzylinder bei verschiedenen Drosselklappenstellungen [58]

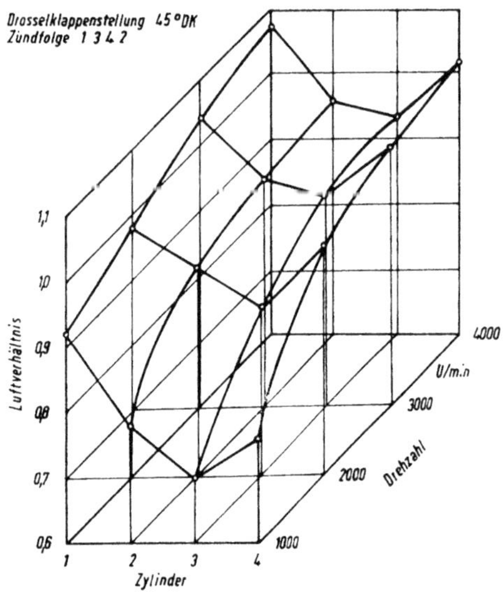

Abb. 44. Luftverhältnis der Einzelzylinder bei verschiedenen Drehzahlen [58]

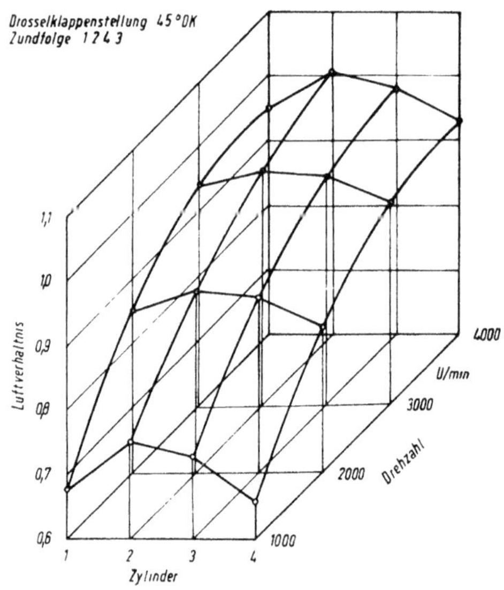

Abb. 45. Luftverhältnis der Einzelzylinder bei verschiedenen Drehzahlen [58]

immer einer der Zylinder eines Saugleitungsarmes zu Beginn seines Saughubes die Gassäule umlenken, die in Richtung auf den anderen Saugleitungsarm in Bewegung ist. Deshalb haben bei der Saugfolge 1-3-4-2 die beiden äußeren Zylinder 1 und 4 günstigere Ansaugverhältnisse und einen besseren Liefergrad als die Zylinder 2 und 3. Bei der Saugfolge

1-2-4-3 erreichen die Zylinder 2 und 3 den günstigeren Liefergrad. Insgesamt sind die Unterschiede im Liefergrad nicht sehr bedeutend und nicht so groß wie die der Luftverhältnisse.

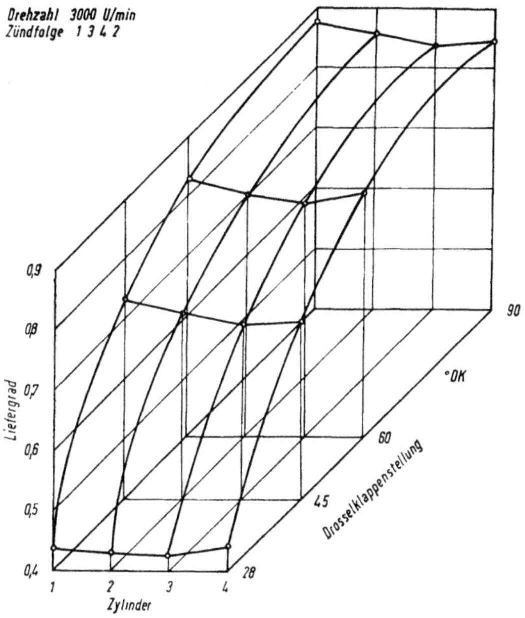

Abb. 46. Liefergrad der Einzelzylinder bei verschiedenen Drosselklappenstellungen [59]

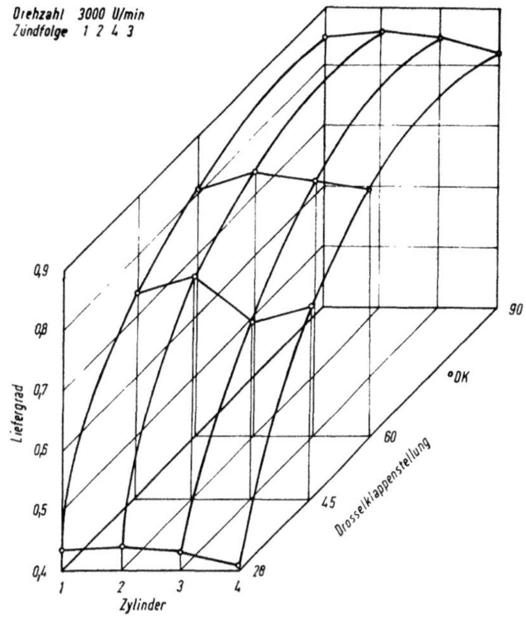

Abb. 47. Liefergrad der Einzelzylinder bei verschiedenen Drosselklappenstellungen [59]

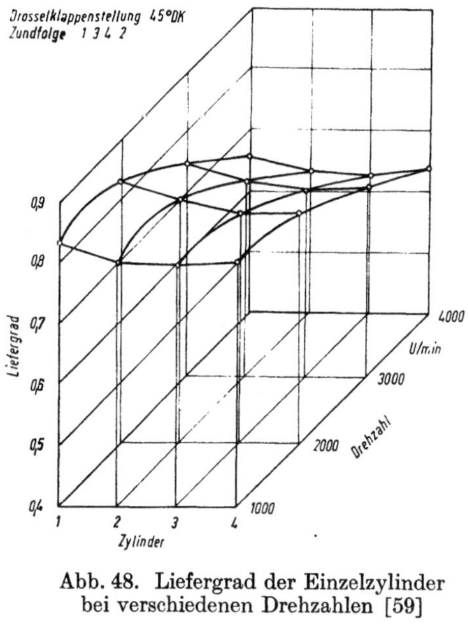

Abb. 48. Liefergrad der Einzelzylinder bei verschiedenen Drehzahlen [59]

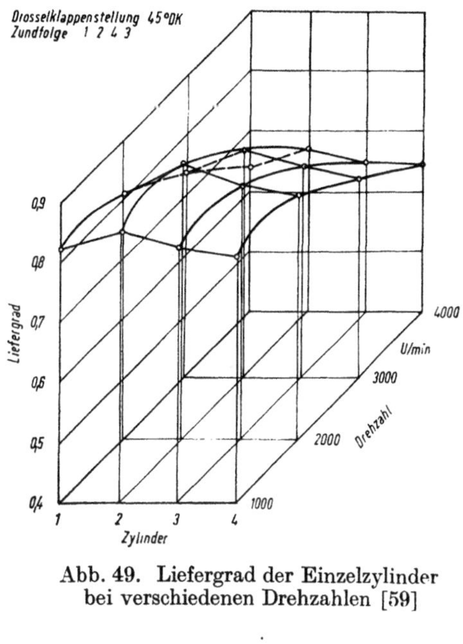

Abb. 49. Liefergrad der Einzelzylinder bei verschiedenen Drehzahlen [59]

d) Einfluß der Lage der Drosselklappe und der Hauptdüse auf die Gemischverteilung

Den Einfluß einer Änderung der Achsenstellung der Drosselklappe auf die Kraftstoffverteilung in der Saugleitung bei verschiedener Belastung und Drehzahl zeigt Abb. 50. Die Ausgangsstellung, die parallel zur Motorlängsachse ist, ist in den Diagrammen mit

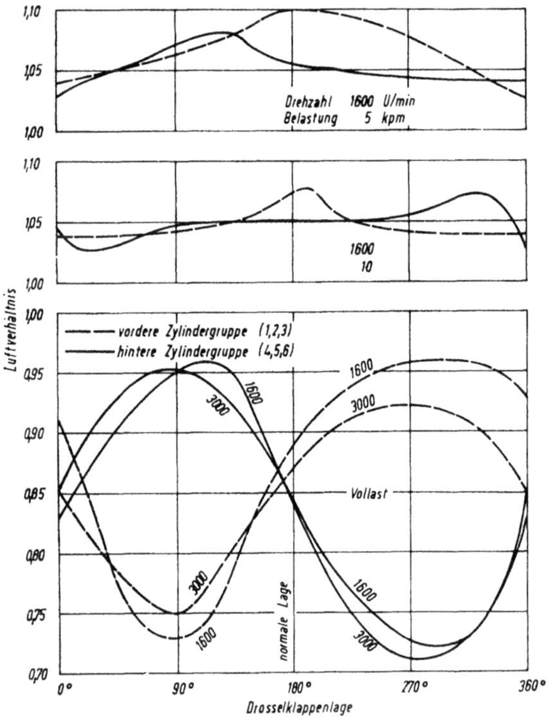

Abb. 50
Einfluß der Drosselklappenlage auf das Luftverhältnis für verschiedene Belastungen und Drehzahlen [158]

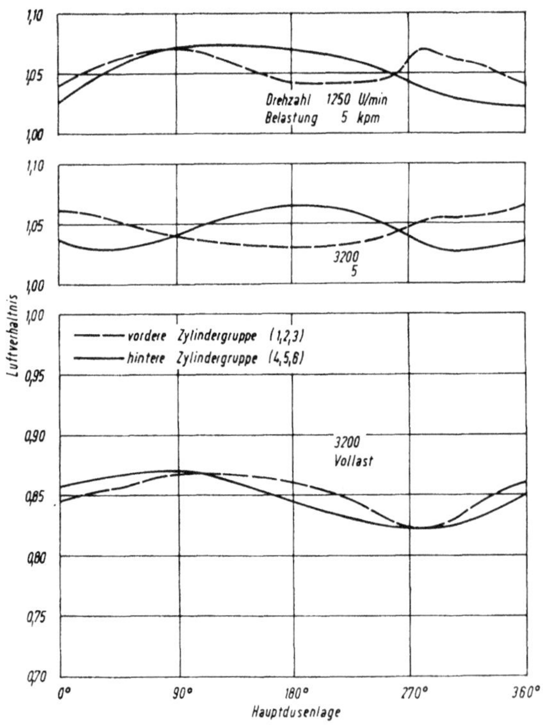

Abb. 51
Einfluß der Hauptdüsenlage auf das Luftverhältnis für verschiedene Belastungen und Drehzahlen [158]

180° bezeichnet. Die größte Veränderung in der Gemischverteilung tritt bei Vollast auf. Der Kurvenverlauf bei Vollast ändert sich dabei mit der Drehzahl nur wenig. Auf das Luftverhältnis bezogen treten Unterschiede zwischen den Saugleitungsarmen bis zu 0,24 auf. Die normale Lage des Vergasers fällt dabei in einen günstigen Bereich. Für alle Drehzahlen ergibt eine Verdrehung der Drosselklappenachse im entgegengesetzten Sinne des Uhrzeigers um 150 bis 45° bei niedriger Belastung, um 10° bei Vollast die beste Verteilung, d.h. mit zunehmender Belastung rückt der Punkt mit annähernd gleichem Gemisch in allen Zylindern immer näher an die Normalstellung heran. Die Gemische der Zylinder 1, 2, 3 bzw. 4, 5, 6 sind auch bei beliebig verdrehtem Vergaser von fast gleicher Zusammensetzung. Größere Abweichungen als 0,015 im Luftverhältnis sind nicht vorhanden. Ebenso ist der Gehalt an Kohlenwasserstoffen im Abgas etwa konstant sowie seine Verteilung bei den einzelnen Belastungen und Drehzahlen, so daß die Kohlenwasserstoffwerte bei normaler Vergaserstellung im wesentlichen für alle Drosselklappenachsenstellungen zutreffen. Das spricht dafür, daß die für die unverbrannten Kohlenwasserstoffe maßgebenden Vorgänge erst im Zylinder stattfinden.

Der Einfluß der Hauptdüsenlage auf die Gemischverteilung ist aus Abb. 51 zu erkennen: Bei symmetrischer Ausbildung des Vergaserschaftes liegen bei unveränderter Drosselklappenstellung die günstigsten Stellungen der Hauptdüse bei 90 bzw. 270°. Bei senkrechter Lage der Hauptdüse zur Drosselklappenachse, die parallel zur Kurbelwelle steht, wird die beste Gemischverteilung auf die einzelnen Zylinder erreicht.

e) Einfluß des Kraftstoffilmes auf die Gemischverteilung

Bei Untersuchungen an Saugleitungen von zwei Sechszylinder-Motoren wurde das Luftverhältnis in Abhängigkeit von der Drehzahl in den einzelnen Zylindern bestimmt [158] und im Gegensatz zu neueren Messungen [58, 59] festgestellt, daß die ungleichmäßige Gemischverteilung im wesentlichen auf den in flüssiger Form sich im Ansaugsystem bewegenden Kraftstoffanteil zurückzuführen ist und daß an kopf- und seitengesteuerten Motoren eine ähnliche Gemischverteilung auf die einzelnen Zylinder vorliegt. Nach Erfahrungen mit Gasmotoren wird gleichmäßige Gemischverteilung bei Mehrzylinder-Vergasermotoren durch bessere Verteilung und Verdampfung des flüssig vom Gemischstrom mitgeführten Kraftstoffes zu erwarten sein. Nur durch völlig symmetrische Ausbildung und Ausführung des Vergasers und symmetrische Lage der Drosselklappe und der Saugleitungsarme kann der kurz hinter dem Vergaser bis zu 40% der gesamten Kraftstoffmenge betragende flüssige Anteil gleichmäßig verteilt werden.

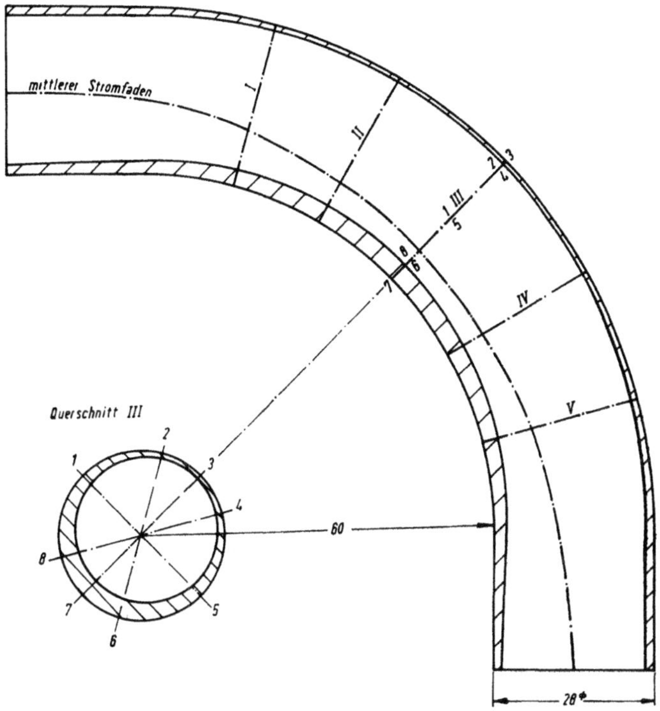

Abb. 52. Verdünnung der Flüssigkeitshaut an der Krümmer-Außenseite infolge Druckanstieges, Verdickung an der Innenseite infolge Druckabfalles. Lage der Druckmeßstellen I bis V und 1 bis 8 für Abb. 53 [158]

f) Einfluß des Druckes in der Saugleitung auf die Ausbildung des Kraftstoffilmes

Die aus dem Vergaser austretende Mischung aus Kraftstoffdampf-Luft-Gemisch und Kraftstofftropfen prallt auf den Saugleitungsboden. Dabei tritt eine Entmischung dadurch ein, daß die Kraftstofftropfen an der Rohrwand haften bleiben. Es bildet sich ein Kraftstoff-film, der sich auf der Rohrwand ausbreitet und durch die Reibung des Gasstromes sowie das Druckgefälle im Rohr fortbewegt wird, während das Rohrinnere im wesentlichen vom Gasstrom ausgefüllt ist. Bei Strömung in einem Krümmer wird der Druck außen größer und innen kleiner. Dabei ist die Geschwindigkeit an der Unterdruckseite, d. h. am inneren Krümmungsradius, größer als an der Außenseite. Der mittlere Stromfaden wird, wie in Abb. 52 gezeichnet, von der Symmetrieachse weg nach innen abweichen. Durch das nach innen auftretende Druckgefälle wird die Stärke der Flüssigkeitsschicht an der Krümmerinnenseite größer als an der Außenseite. Von den

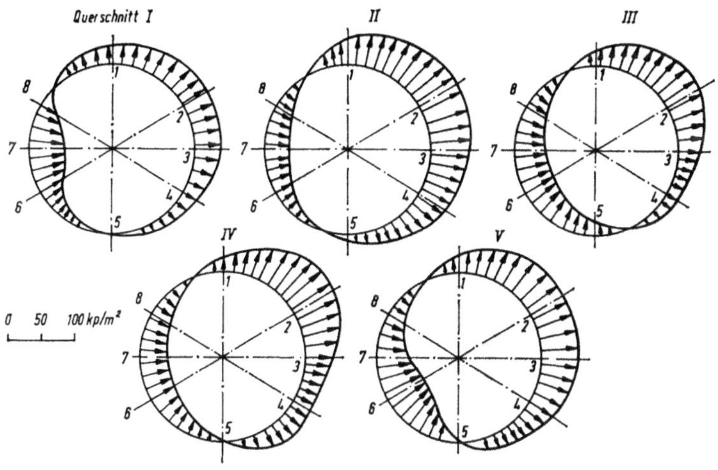

Abb. 53. Druckverteilung in den einzelnen Querschnitten (vgl. Abb. 52) eines Viertelkreiskrümmers. Der im geraden Rohr gemessene Druck wurde als mittlerer Druck gewählt [158]

Stellen hohen Druckes wird die Flüssigkeit weggedrückt und fließt zu den Stellen niedrigen Druckes. Die durch die Strömung bewirkte Druckänderung bei einem Viertelkreiskrümmer gegenüber der Druckverteilung im geraden Rohr ist in Abb. 53 für die in Abb. 52 eingetragenen Meßstellen an 8 Punkten des Umfanges für 5 benachbarte Querschnitte in Polarkoordinaten dargestellt. Für den Zusammenhang zwischen Druckverteilung und Strömungsbahn sowie Strömungsgeschwindigkeit bei pulsierender Strömung zeigt Abb. 54 die Druckverteilung in der ganzen Saugleitung in Polarkoordinaten. Die Stellen mit den größten Unterdrücken in den einzelnen Querschnitten zeigen den gleichen Verlauf wie die Strombahnen des flüssigen Kraftstoffes in der Saugleitung, da sich dieser an den Stellen niedrigen Druckes sammelt.

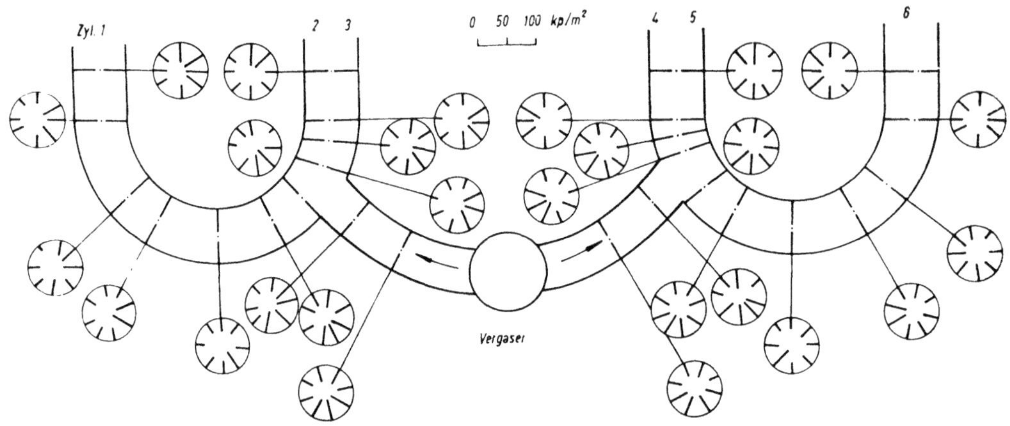

Abb. 54. Druckverteilung an der Saugleitungswand [158]

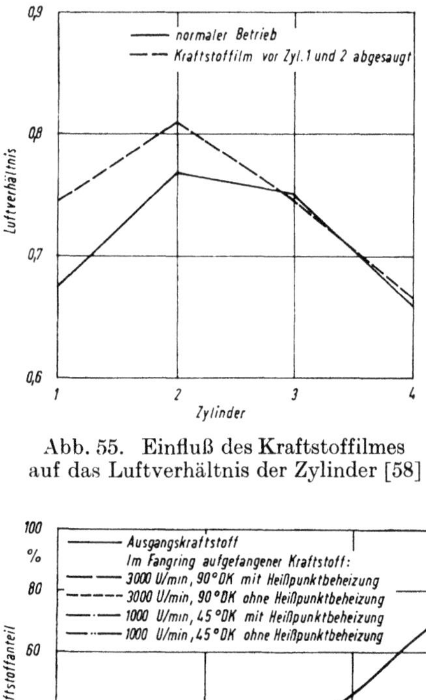

Abb. 55. Einfluß des Kraftstoffilmes auf das Luftverhältnis der Zylinder [58]

Daß der Kraftstoffilm nicht die Hauptursache der Ungleichförmigkeit der Verteilung ist, geht aus Abb. 55 hervor. Die ausgezogene Kurve gibt darin die Gemischverteilung im normalen Betriebszustand bei einer Saugfolge 1-2-4-3 wieder. Nach Einbau eines Fangringes im Saugleitungsarm zu den Zylindern 1 und 2, dessen Fangbühne sich über den ganzen Umfang erstreckte, ergab sich die gestrichelte Kurve. Das Gemisch in den Zylindern 1 und 2 ist durch die Absaugung des Kraftstoffilmes zwar ärmer geworden, die Ungleichförmigkeit der Gemischverteilung zwischen Zylinder 1 und 2 ist aber nicht beseitigt worden. In Abb. 56 sind die Siedekurven des Ausgangskraftstoffes und der bei verschiedenen Betriebszuständen im Fangring aufgefangenen Kraftstoffkomponenten dargestellt. Aus diesen Kurven erkennt man, daß im Kraftstoffilm nur die höher siedenden Anteile des Kraftstoffes enthalten sind. Je höher das Temperatur-

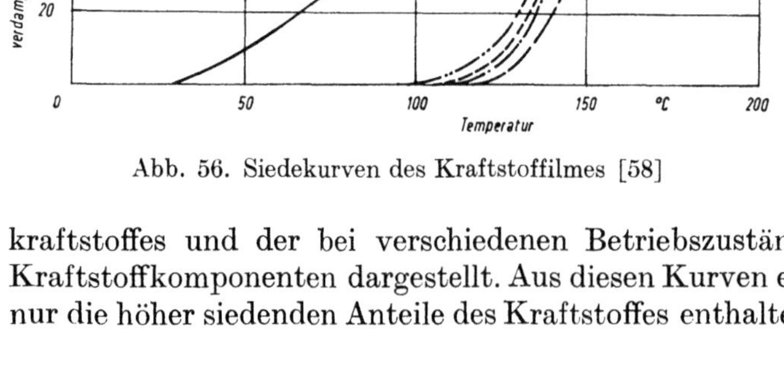

Abb. 56. Siedekurven des Kraftstoffilmes [58]

niveau der Saugleitung liegt, um so höher liegt der Siedebeginn und um so steiler verlaufen die Siedekurven. Aus diesem Bild, im Vergleich mit S. 26, ist auch zu ersehen, wie hoch das Temperaturniveau des Kraftstoffilmes sein müßte, um eine restlose Verdampfung des gesamten Filmes zu erreichen. Eine Heißpunktbeheizung, welche den Kraftstoff an der Wand so stark erhitzt, ist aber nicht mehr sinnvoll. Der Einfluß auf die Gemischtemperatur würde dann zu groß werden und der Kraftstoffilm hat, wie vorher gezeigt, für die Gemischverteilung nicht die große Bedeutung.

g) Einfluß der Kraftstofftropfen auf die Gemischverteilung

Als Hauptursache der ungleichen Kraftstoffverteilung auf die einzelnen Zylinder kommen die Kraftstofftropfen im Gemischstrom in Frage. Bei einem Vierzylinder-Motor mit nur einem Vergaser und der Saugfolge 1-3-4-2 saugt der Zylinder 1 aus dem Saugleitungsarm 1-2 an. Nach Schließen des Einlaßventiles von Zylinder 1 kommt die Gemischsäule in dem Saugleitungsarm 1-2 zum Stehen, da jetzt die Zylinder 3 und 4 ansaugen. Die Kraftstofftropfen im Gemischstrom fliegen jedoch wegen ihrer größeren Massenträgheit auch nach Schluß des Einlaßventiles 1 noch in Richtung auf dieses Ventil hin weiter und prallen dort bzw. an den heißen Stellen in seiner Nähe auf. Dort verdampfen sie schnell und bilden ein sehr fettes Gemisch, das von Zylinder 2 angesaugt wird. Entsprechend saugt in der Gruppe 3-4 der Zylinder 3 fetteres Gemisch an als der Zylinder 4. Der Kraftstoffilm verdampft natürlich in gleicher Weise wie die Tropfen, sobald er in Ventilnähe gelangt, allerdings ist seine Strömungsgeschwindigkeit erheblich kleiner und es wird daher weniger Kraftstoff aus dem Film als aus den Tropfen an der Verdampfung vor den Ventilen teilnehmen. Eine Gemischanreicherung durch die Kraftstoffhaut ist dadurch möglich, daß die Saugleitung mit dem daraufliegenden Kraftstoffilm wie ein Oberflächenvergaser wirkt. Der Kraftstoff verdampft fortlaufend, also auch während der stehenden Gemischsäule. Daraus folgt dann eine zusätzliche Anreicherung des Gemisches mit Kraftstoffdampf, welche dem Zylinder zugute kommt, welcher nach einer Ruheperiode zunächst aus dem Saugleitungsarm wieder ansaugt.

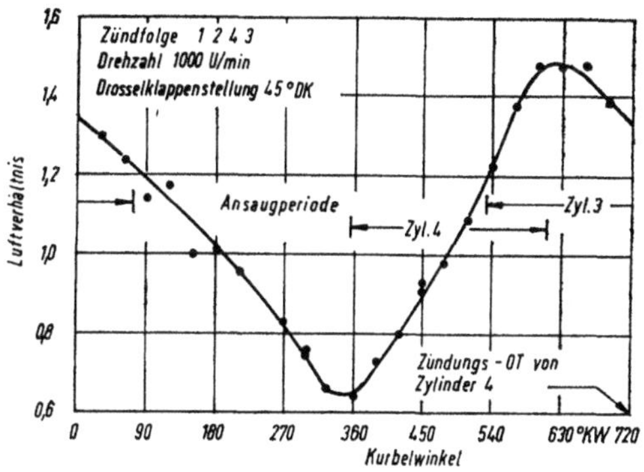

Abb. 57. Luftverhältnis des gasförmigen Gemisches unmittelbar vor den Einlaßventilen 3 und 4 in Abhängigkeit vom Kurbelwinkel [59]

In Abb. 57 ist gezeigt, wie bei einer Saugfolge 1-2-4-3 erwartungsgemäß im Saugleitungsarm 3-4 nach Abschluß des Einlaßventiles 3 das gasförmige Gemisch mit Kraftstoffdampf angereichert wird. Diese Gemischanreicherung ist die Folge der fortlaufenden Verdampfung der Kraftstofftropfen im Gemisch und der Kraftstoffhaut von den als Oberflächenvergaser wirkenden Saugleitungswandungen. Der Zylinder 4 saugt nun zunächst dieses reiche Gemisch ab. Das gasförmige Gemisch wird immer ärmer und erreicht schließlich das Minimum an verdampftem Kraftstoff im Saugtakt von Zylinder 3. Der Unterschied im Luftverhältnis zwischen den Zylindern 3 und 4 ist allerdings nicht so groß wie der zwischen den hier betrachteten rein gasförmigen Gemischen, die sie ansaugen, da beim Saugtakt von Zylinder 3 ein größerer Anteil des Kraftstoffes in Tropfenform mit in den Zylinder gelangen wird als beim Saugtakt von Zylinder 4.

h) Einfluß der qualitativen Verteilung der Kraftstoffkomponenten auf die Oktanzahl

Aus Abb. 58 geht zwar hervor, daß die durch eine gleichmäßige Gemischverteilung erreichte Verbesserung des Mitteldruckes und des Verbrauches nicht sehr bedeutend ist. Wesentlicher ist aber, daß alle Zylinder gleich nahe an der Klopfgrenze arbeiten können.

Zu beachten ist dabei, daß die Kraftstoffe auch qualitativ ungleichmäßig verteilt werden [61]. Die Zylinder, welche das fettere Gemisch bekommen, erhalten bei Kraftstoffen mit Bleitetraäthyl auch die größeren Bleianteile. Dadurch treten zwischen den Zylindern

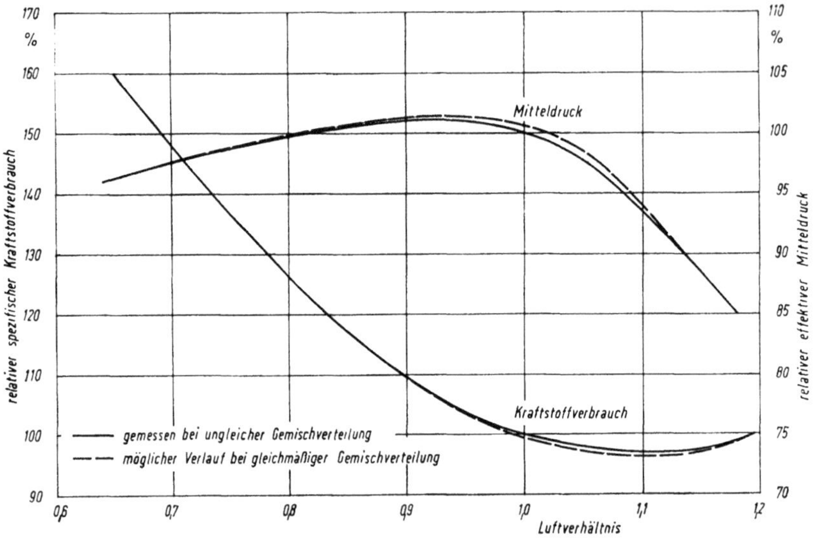

Abb. 58. Mitteldruck und Kraftstoffverbrauch des Gesamtmotors, abhängig vom Luftverhältnis [58]

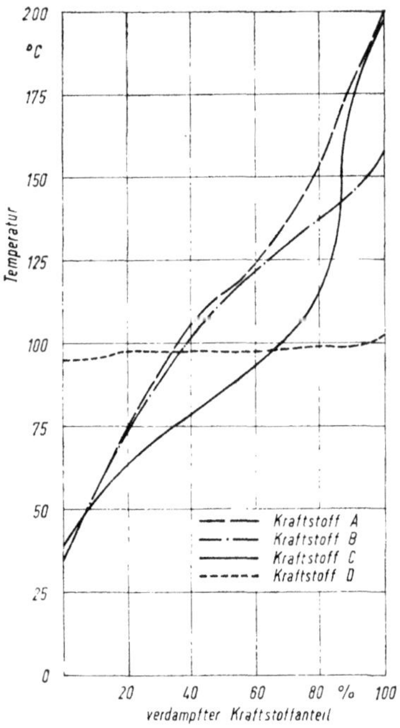

Abb. 59. Siedekennlinien für vier Kraftstoffe [57]

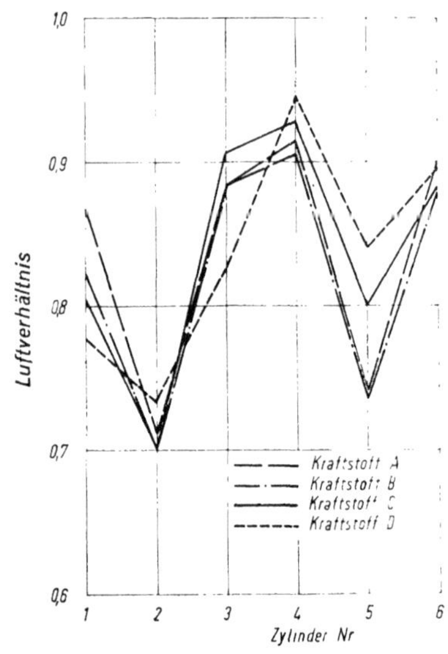

Abb. 60. Einfluß der unterschiedlichen Siedekennlinien nach Abb. 59 auf die Unterschiede im Luftverhältnis der einzelnen Zylinder [57]

Unterschiede in den Oktanzahlen auf. Um den Einfluß der Kraftstoffart auf die quantitative und die qualitative Verteilung festzustellen, wurden 4 Kraftstoffe (3 davon als Mischungen reiner Kohlenwasserstoffe) mit unterschiedlichen Siedekennlinien nach Abb. 59 benutzt. Abb. 60 zeigt, daß dieser unterschiedliche Siedeverlauf in der Kraftstoffflüchtigkeit nur einen kleinen Einfluß auf die Verteilung hat. Die Kohlenwasserstoffe der Kraftstoffmischungen verteilten sich auf die einzelnen Zylinder wie in Abb. 61 aufgetragen. Bei einer gleichmäßigen Verteilung sollte jeder Zylinder 16,66% jeder Komponente erhalten. Ein Vergleich von Abb. 61 mit Abb. 60 zeigt für den Kraftstoff A, daß Zylinder 2 reich ist durch einen großen Überschuß von schweren Komponenten, während Zylinder 5 reich ist durch einen Überschuß an allen Komponenten. Ähnlich wird das arme Gemisch des Zylinders 4 aus dem ganzen Kraftstoff gebildet, während es bei Zylinder 1 zum größten Teil aus einem Mangel an schweren Anteilen herrührt. Daraus folgt, daß die schwereren unverdampften Anteile des Kraftstoffes, die die Zylinder entweder in der Kraftstoff-Luft-

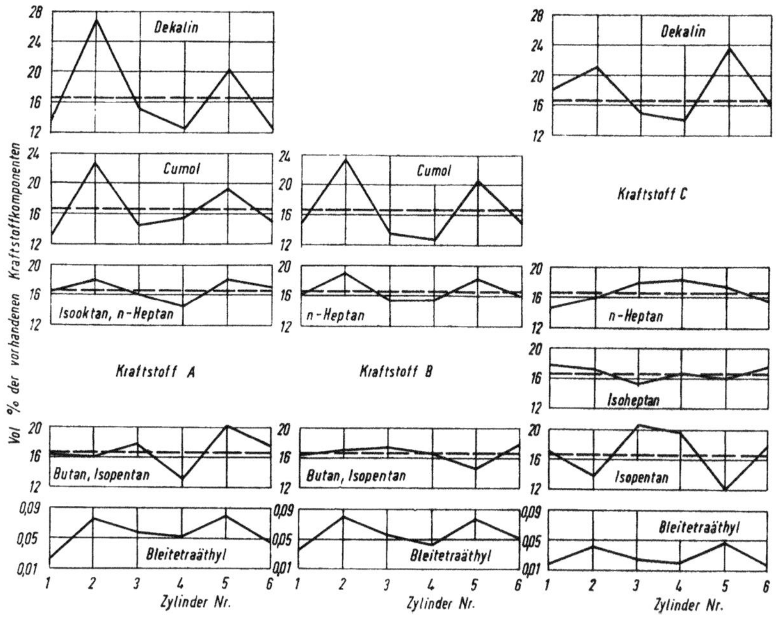

Abb. 61. Einfluß der Flüchtigkeit auf die Verteilung der Kraftstoffkomponenten [57]

Mischung als Tropfen oder entlang den Wänden des Einlaßkanales als Kraftstoffilm erreichen, besonders ungleich verteilt werden, daß aber auch die leichteren Anteile des Kraftstoffes, welche verdampft und anscheinend nicht gründlich mit der Luft gemischt sind, ungleich auf die Zylinder verteilt werden.

In Abb. 62 ist die Oktanzahl für jeden Zylinder aufgetragen worden und zwar für den Kraftstoff C nach Abb. 59 einmal mit und zum anderen ohne Gehalt an Bleitetraäthyl. Der bleifreie Kraftstoff zeigt sehr unterschiedliche Oktanzahlen in den einzelnen Zylindern. Bei dem Vergleich des bleifreien Kraftstoffes in Zylinder 4 und 5 kann festgestellt werden, daß beide dieselbe Konzentration von Isoheptan und n-Heptan enthalten. Zylinder 4 zeigt jedoch einen Überschuß an Isopentan und einen Mangel an Dekalin, wodurch die Oktanzahl dieses Kraftstoffes ansteigt. Zylinder 5 erhält dagegen ein Übermaß an Dekalin und einen Mangel an Isopentan und damit eine geringere Oktanzahl. Die Zugabe von Bleitetraäthyl zum Kraftstoff reduziert die Differenz der Oktanzahl zwischen den leichten und schweren Fraktionen, weil es wie das hochsiedende Dekalin verteilt wird. Der Kraftstoff in Zylinder 4, welcher nur 10% Dekalin enthielt, enthielt 0,2‰ Bleitetraäthyl, während der Kraftstoff in Zylinder 5, welcher 24% Dekalin enthielt, 0,47‰ Bleitetraäthyl enthielt. Dieser Unterschied in der Bleitetraäthylverteilung wirkt sich stärker auf die Oktanzahlen aus als die Unterschiede in reinen Kraftstoffen. Die nahezu gleiche Verteilung der Oktanzahl in den einzelnen Zylindern hängt bei dem gebleiten Kraftstoff mit dem ausgleichenden Zusammenwirken von Bleitetraäthyl und Dekalin zusammen.

Besonderer Einfluß wird auch von der Verteilung des Zusatzmittels erwartet, welches beigegeben wird, damit das Blei als Blei(II)-bromid oder Blei(II)-chlorid mit dem Abgas aus dem Motor ausscheidet. So hat z. B. 1,2-Äthylendibromid mit 130 °C einen niedrigeren Siedepunkt als Bleitetraäthyl mit etwa 200 °C [61]. Es wird deshalb die Tendenz haben, sich anders auf die Zylinder zu verteilen als Bleitetraäthyl, wodurch unterschiedliche Ablagerungen in den Brennräumen der einzelnen Zylinder auftreten.

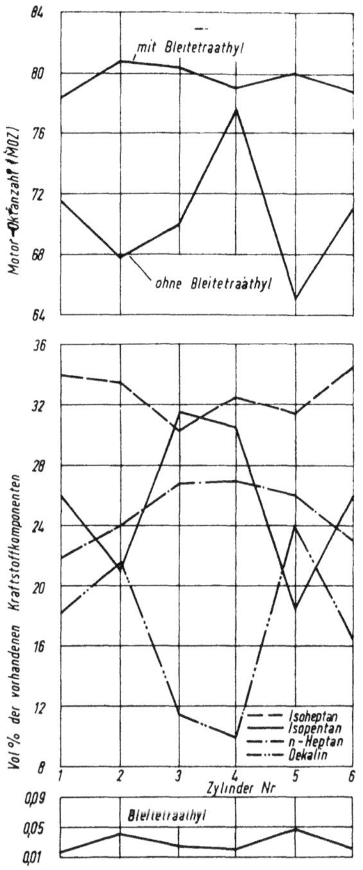

Abb. 62. Oktanzahl und Zusammensetzung der Mischungen der einzelnen Zylinder mit und ohne Gehalt an Bleitetraäthyl im Kraftstoff [57]

	Ausführungsart	mittleres Luftverhältnis	Streubreite des Luftverhältnisses
1		1,11	0,45
2	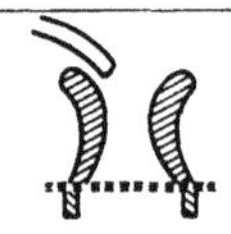	1,15	0,34
3	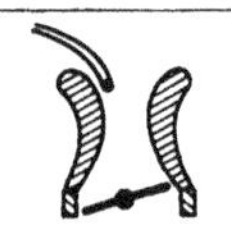	1,11	0,11
4	Zusätzliches Mischungsvolumen vor dem Lufttrichter	1,11	0,08
5	Zusätzliches Mischungsvolumen vor dem Lufttrichter und Einlaßwirbel	1,15	0,02
6	Normale Vergaserausführung mit flüssigem Kraftstoff	1,18	0,16

Abb. 63. Einfluß der Mischungsgüte auf die Gemischverteilung von gasförmigem Kraftstoff [248]

i) Gemischverteilung bei gasförmigem Kraftstoff

Der Einfluß der Verdampfung und Mischung wurde in Versuchen mit Propan festgestellt. Abb. 63 zeigt die Ergebnisse. Zuerst wurde Propan in den Luftstrom am Eintritt der Venturidüse eingeführt. Das Ende des Rohres wurde abwärts auf die Drosselklappe gerichtet. Wenn man diese Ergebnisse vergleicht mit denen, welche mit einem normalen Vergaser mit flüssigem Kraftstoff gefahren wurden, ist man überrascht, daß bei Propan das Streuband im Luft-Verhältnis von 0,16 auf 0,45 steigt. Wie in Abb. 63 zu sehen ist, wurde durch Einbau von engmaschigen Sieben an Stelle der Drosselklappe nur eine leichte Verbesserung erreicht. Durch Verengen des Zuführungsrohres für Propan und durch Steigern des Zuführungsdruckes auf den 40fachen Wert, sowie durch Drehen der Einblasrichtung um 80° auf die Wand des Venturirohres wurde eine Verbesserung der Kraftstoffverteilung erreicht. Jedoch ist die Kraftstoffverteilung nicht viel besser als bei einem üblichen Vergaser mit flüssigem Kraftstoff. In einem weiteren Versuch wurde ein langer

Schlauch am Vergasereintritt angebracht und bereits am Anfang des Schlauches Propan in den Luftstrom eingeführt. Diese Anordnung gab ein zusätzliches Volumen und zusätzliche Zeit zur Mischung, wodurch eine etwa 50%ige Reduktion der Streuung gegenüber dem Standardvergaser erreicht wurde. Die Kombinierung dieser Ausführung mit einem Luftwirbel und einem gegenüber der Ausführungsart 1, 2 und 4 auf den 15fachen Wert gesteigerten Einspritzdruck des Propans gab eine praktisch gleichmäßige Kraftstoffverteilung. Die Streuweite im Luftverhältnis wurde auf 0,02 reduziert. Die Ergebnisse dieser Versuche zeigen wiederum die Bedeutung einer guten Mischung von Kraftstoff und Luft, da Verdampfung allein keine gute Mischung mit sich bringt.

j) Eintritt des Kraftstoffilmes in den Zylinder

Im Anschluß an die Untersuchungen der Verteilung in der Saugleitung tritt die Frage auf, wie der an der Wand bis zum Ventil fließende Kraftstoff in den Zylinder gelangt. Für die rechtzeitige Verdampfung des flüssigen Kraftstoffes ist sowohl die Lage der Ventilkammer als auch die Anordnung und Ausbildung des Einlaßventiles von Einfluß. Je nach der Ausführung des Ventilsitzes in der Wand und dem Winkel des Ventilsitzes werden größere oder kleinere Teile der Flüssigkeit durch das einströmende Gemisch in den Zylinderraum gerissen. Auch im Zylinder kann dann ein Teil des Kraftstoffes an der Wand haften bleiben und sich unter dem Einfluß der Schleppkraft der Gasströme und der Druckverteilung im Zylinder längs der Wand bewegen. Anzustreben ist eine Ausführung des Ventilsitzes, bei welcher der größte Teil des Kraftstoffes abgespritzt wird, da die Verdampfung von Tropfen im freien Gemischstrom wesentlich rascher erfolgt als die Verdampfung einer Kraftstoffhaut an der kalten Wand, um so auch bei kaltem Motor eine genügende Luftverteilung des Kraftstoffes zu erreichen. Bei betriebswarmem Motor liegen die Wandtemperaturen in der Ventilkammer, insbesondere aber die Temperatur des Ventiles und des Ventilsitzes selbst genügend hoch, um einen in den Zylinder strömenden Kraftstoffilm zu verdampfen.

5. Gemischvorwärmung

Da die Saugleitung meist zwischen Vergaser und Ventil mehrfach gekrümmt und vielfach auch noch verzweigt werden muß, sind Hilfsmittel notwendig, um eine Entmischung des Luft-Kraftstoff-Gemisches oder gar ein Ausfallen von Kraftstoff an die Wand zu verhindern. Diese Hilfsmittel zielen darauf hin, den Kraftstoff sobald wie möglich zu verdampfen. Dazu soll jedoch nur eine möglichst geringe Wärme dem Gemisch zugeführt werden, um keine zu große Füllungsverschlechterung zu erhalten. Diese Forderung läßt es wünschenswert erscheinen, nur den Kraftstoff zu erwärmen und diesen verdampften Kraftstoff mit der Luft zu mischen.

a) Kraftstofferwärmung in geheizter Einspritzdüse

Versuche über den Einfluß einer Kraftstoffaufheizung mit Hilfe einer veränderlich heizbaren Einspritzdüse führen zunächst zu der Feststellung, daß für einen klopffreien Motorbetrieb eine bestimmte Verdampfertemperatur nicht überschritten werden darf [228]. In Abb. 64 sind Ergebnisse über den Einfluß dieser Kraftstoffverdampfung auf das Betriebsverhalten des Motors zusammengestellt. Einer verdampften Kraftstoffmenge von 15% entspricht eine Temperatur des abgespritzten Kraftstoffes von 80 °C, von 50% etwa 110 °C. Bei allen Einspritzmengen erkennt man zunächst eine Mitteldrucksteigerung mit zunehmender Aufheizung, bei starker Aufheizung tritt aber wieder Abnahme ein. Mit größer werdendem Dampfanteil ist bald die Klopfgrenze des Motors erreicht, die sich sowohl mit wachsender Drehzahl als auch mit wachsender Einspritzmenge, d.h. mit verringertem Luftverhältnis zu höheren verdampften Kraftstoffanteilen verschiebt. Versuche mit Einspritzung verschiedener Kraftstoffe zeigen, daß sich der an der Klopfgrenze zulässige Dampfanteil bei Verwendung klopffester Kraftstoffe vergrößert, da die geringere chemische Zündwilligkeit dieser Kraftstoffe eine stärkere physikalische Voraufbereitung erlaubt.

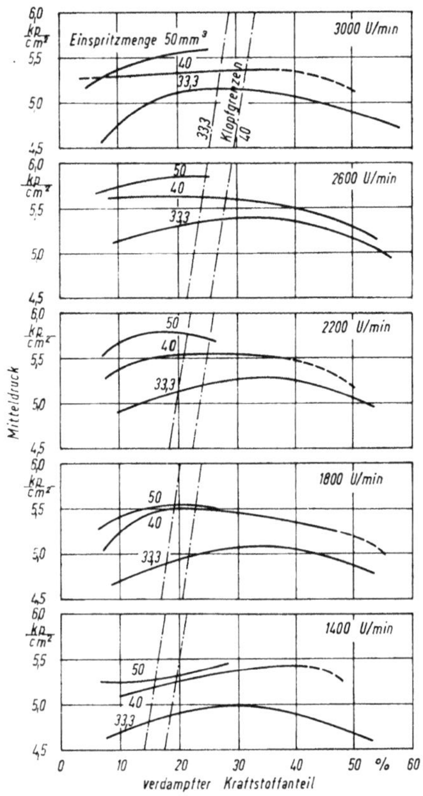

Abb. 64. Einfluß der verdampften Kraftstoffmenge auf Mitteldruck und Klopfgrenze bei Heißeinspritzung von Kraftstoff [228]

b) Vorwärmung des Luft-Kraftstoff-Gemisches

Da die Kraftstoffvorverdampfung wegen des ungünstigen Einflusses auf das Klopfverhalten des Motors nicht zu empfehlen ist, werden meist Luft- oder Gemischvorwärmung angewendet. Bei der Luftvorwärmung wird die Luft vor Eintritt in den Vergaser erwärmt, während bei Gemischvorwärmung die Saugleitungen hinter dem Vergaser beheizt werden.

Das Gemisch in der Saugleitung besteht aus Luft und Kraftstoffdampf sowie flüssigem Kraftstoff in Form schwebender Tropfen und in Form von Wandniederschlag. Die Luft und der dampfförmige Kraftstoff sind für den Transport gut geeignet, so daß sie gleichmäßig auf die Zylinder verteilt werden können. Der flüssige Kraftstoff dagegen kann nur dann gleichmäßig verteilt werden, wenn die Zerstäubung so fein ist, daß die Tropfen an Umlenkungen nicht an die Wand geschleudert werden, und wenn die Tropfen so gleichmäßig auf den Querschnitt verteilt sind, daß auf eine bestimmte Luftmenge eine gleiche entsprechende Menge flüssigen Kraftstoffes trifft. Während die Feinheit der Zerstäubung im wesentlichen vom Vergaser selbst abhängt, wird die Menge des verdampften Kraftstoffes hauptsächlich von der Stärke und der Art der Vorwärmung beeinflußt. Die Ausführung des Vorwärmers beeinflußt auch noch die Verteilung des flüssigen Kraftstoffes, da es nicht gleichgültig ist, ob der Kraftstoff im Kern der Strömung oder in der Nähe der Wand verdampft. Auch die Abweichung der zu einem bestimmten Gemischzustand gehörigen Temperatur von derjenigen Temperatur, die nach der Verdampfungswärme des Kraftstoffes theoretisch als niedrigste erreicht werden kann, hängt von der Vorwärmung ab. Durch Vorwärmung beliebiger Art kann man nun zwar die Verdampfung des flüssigen Kraftstoffes und damit die Gemischverteilung günstig beeinflussen, muß aber eine der höheren Ansaugtemperatur entsprechende geringere Füllung in Kauf nehmen. Man wird also durch Luft- oder Gemischvorwärmung zwar den Wirkungsgrad verbessern können, die effektive Nutzleistung wird aber kleiner werden. Es wird deshalb angestrebt, den Kraftstoff möglichst vollständig zu verdampfen, ohne das Gemisch sehr zu erwärmen.

c) Kraftstoffverdampfung durch abgasbeheizten Heißpunkt

Gute Wirkung zeigt die Anwendung eines Heißpunktes in der Saugleitung. Dabei genügt es nicht, diesen Punkt an die tiefste Stelle der Saugleitung zu legen, da der an den Saugleitungswänden niedergeschlagene Kraftstoff als Rinnsal nicht an dieser tiefsten Stelle entlangfließt, vielmehr sogar bei unterschiedlichen Betriebszuständen seine Lage ändert, s. Abb. 67 und 68. Es ist zweckmäßig, den Heißpunkt an den Vergaserausgang zu legen, dadurch scheiden sich dort die noch flüssigen Teilchen durch Aufprall aus und werden frühzeitig verdampft. Die Verdampfungsfläche befindet sich meist an einer Verzweigung der Saugleitung, an der hohe Strömungsgeschwindigkeit der Luft und starke Turbulenz herrschen. Es wird also ein starker Strom frischer Luft über den Kraftstoffilm fließen.

Man sollte nur so viel Wärme zuführen, wie zur Verdampfung des im Vergaser nicht verdampften und nicht ganz fein zerstäubten Kraftstoffes notwendig ist. Auf die Gesamtgemischmenge bezogen kommt man mit einer Wärme aus, die einer Temperaturerhöhung

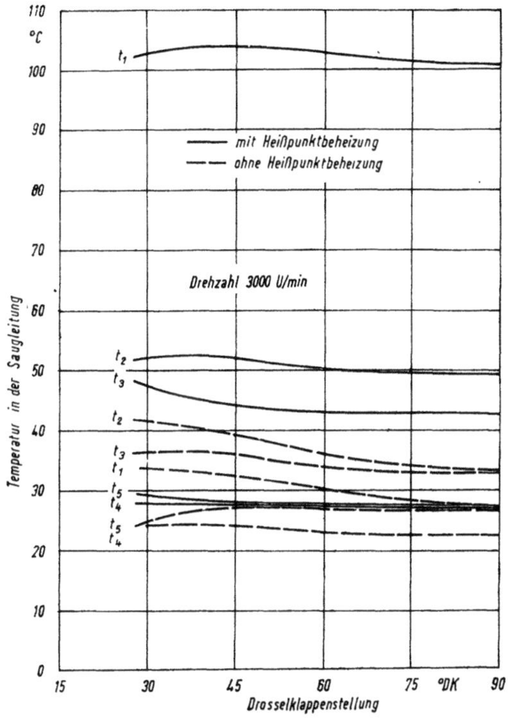

Abb. 65. Temperaturverlauf in der Saugleitung bei verschiedenen Drosselklappenstellungen mit und ohne Heißpunktbeheizung [58]

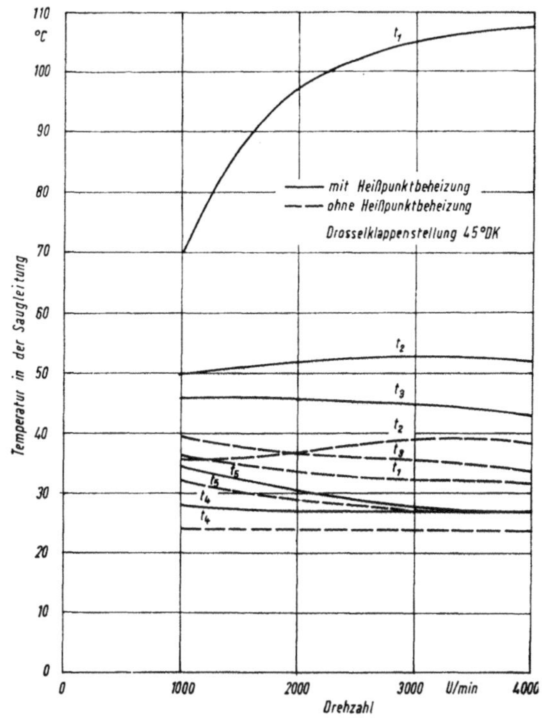

Abb. 66. Temperaturverlauf in der Saugleitung bei verschiedenen Drehzahlen mit und ohne Heißpunktbeheizung [58]

des Gemisches von 10 bis 15 grd entspricht. Die heiße Stelle muß so angeordnet sein, daß die Luft selbst nicht erwärmt wird. Bei sehr kalter Luft wäre es möglich, daß der Kraftstoffdampf in der Luft wieder kondensiert. In der zur Verfügung stehenden kurzen Zeit können sich aber nur feinste Nebeltropfen bilden, die in der Luft schwebend bleiben und auch in Krümmungen mitgetragen werden, ohne auszufallen. Vor dem Einlaßventil oder im Zylinder findet dann eine rasche Verdampfung dieser feinsten Tropfen statt. Die Gefahr, daß die Wand der Saugleitung durch sie befeuchtet wird, ist gering.

Die Fläche, auf der die Verdampfung des Kraftstoffes stattfinden soll, beträgt etwa 50 cm². Die für die Erwärmung und Verdampfung erforderliche Wärme liegt bei 500 bis 1000 kcal/h, woraus sich eine Wärmebelastung von 100000 bis 200000 kcal/m²h ergibt. Bei dieser hohen Wärmebelastung und der kleinen Wärmeleitfähigkeit des Kraftstoffes muß die Oberflächentemperatur der Verdampfungsfläche nahe an der Verdampfungstemperatur des höchstsiedenden Kraftstoffanteiles beim Gesamtdruck in der Saugleitung liegen. Der Partialdampfdruck kann also an dieser Stelle nur noch untergeordnete Bedeutung haben. Es kommt demzufolge bei einer so kleinen Fläche in erster Linie Erwärmung durch Abgas in Frage. Der Heißpunkt wird durch die Auspuffgase bis zu einer Temperatur von 100 bis 200 °C erhitzt. Da die Heizfläche nur relativ klein ist, wird trotz der intensiven Beheizung das Gemisch nur wenig erwärmt, so daß der damit verbundene Leistungsverlust tragbar ist. Auspuffseitig wird diese Saugleitungsbeheizung meist durch eine Klappe gesteuert, die durch eine Bimetallfeder betätigt wird und die den Abgasstrom bei übermäßiger Erwärmung direkt in die Auspuffsammelleitung führt.

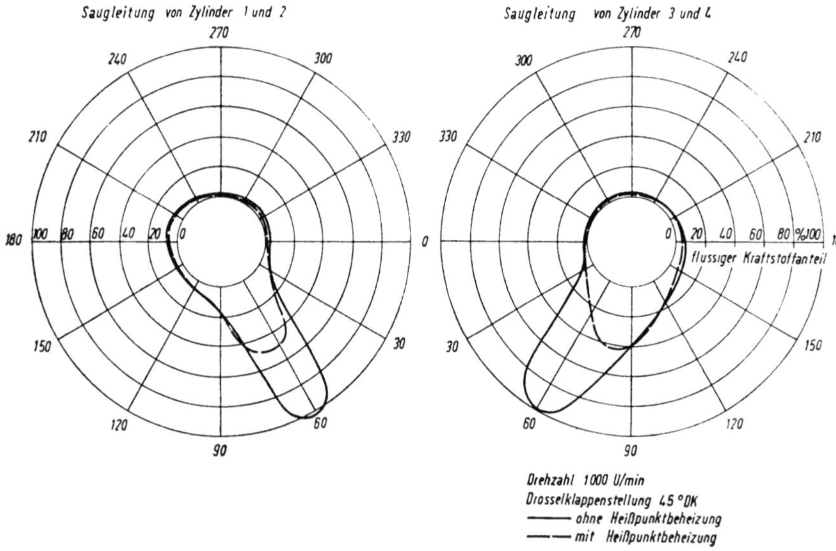

Abb. 67. Kraftstoff-Filmverteilung am Saugleitungsumfang mit und ohne Heißpunktbeheizung [58]

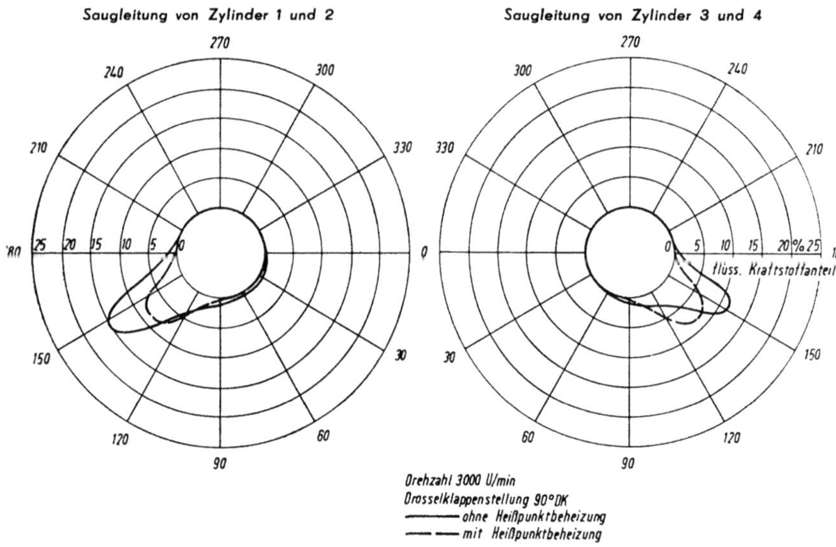

Abb. 68. Kraftstoff-Filmverteilung am Saugleitungsumfang mit und ohne Heißpunktbeheizung [58]

Die Wirksamkeit einer solchen Heißpunktbeheizung geht aus Abb. 65 und 66 hervor. Die Temperatur t_1 ist am Heißpunkt in der kleinen abgasbeheizten Wanne gemessen worden und liegt schon erheblich höher als die Temperaturen t_2 und t_3 des Kraftstoffilmes am Rand der Saugleitung auf $^1/_3$ und $^2/_3$ des Weges vom Heißpunkt zum Zylinderkopf. Die Temperatur des im wassergekühlten Fangring aufgefangenen Kraftstoffes ist mit t_4 bezeichnet worden. Ein Maß für die angesaugte Gemischmenge ist t_5, die Temperatur des Kraftstoff-Luft-Gemisches unmittelbar vor Eintritt in den Zylinder. Durch Anordnung einer Heißpunktbeheizung ist eine erhebliche Temperatursteigerung der Kraftstoffhaut

(t_1, t_2, t_3) gegenüber der nicht beheizten Saugleitung festzustellen. Die Gemischtemperatur t_5 wird davon aber nur wenig betroffen, und zwar um so weniger, je größer Drehzahl bzw. Drosselklappenöffnung und damit die angesaugte Gemischmenge sind.

Die aus der Heißpunktbeheizung resultierende verbesserte Verdampfung des Kraftstoffilmes wird aus Abb. 67 und 68 deutlich. Die Menge des als Film vorhandenen Kraftstoffes ist dabei als Anteil der Menge aufgetragen, die bei homogener Kraftstoffverteilung im Gemisch durch den zugehörigen Kreisausschnitt strömen würde. Wie die Verteilung zeigt, sammelt sich der Kraftstoffilm in einem ausgeprägten Rinnsal an der Wand. Daher kann z. B. in Abb. 67 für den Saugleitungsarm von Zylinder 1 und 2 bei dem mit 60 bezeichneten Querschnitt mehr Kraftstoff als Film auftreten, als in diesem Querschnitt bei homogener Verteilung vorhanden wäre. Ein Vergleich von Abb. 67 mit Abb. 68 zeigt den Einfluß des Betriebszustandes auf die Größe der als Film auftretenden Kraftstoffmenge und auf die Lage des Rinnsales in der Saugleitung.

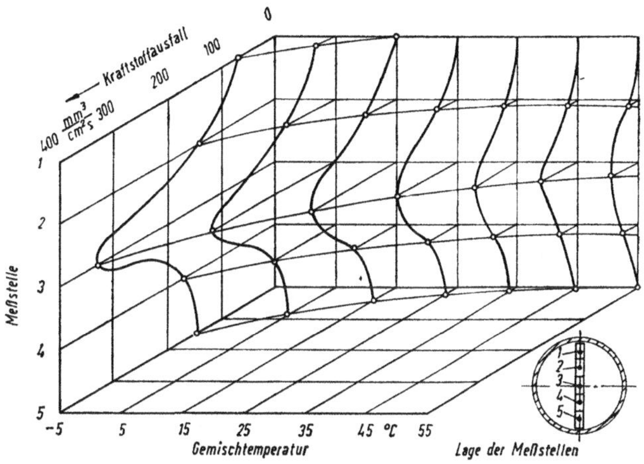

Abb. 69. Verteilung des Kraftstoffausfalles bei Gemischvorwärmung längs des senkrechten Saugleitungsdurchmessers [5]

d) Gemisch- und Luftvorwärmung

Ist keine Möglichkeit gegeben, eine Heißpunktheizung durchzuführen, muß entweder die Saugleitung auf einer größeren Länge oder die angesaugte Luftmenge erwärmt werden. Bei Erwärmung durch Kühlwasser ist die höchsterreichbare Temperatur der Wandung innen etwa 70 °C. Sie liegt also noch unter der mittleren Siedetemperatur des Kraftstoffes. Man muß deshalb zur Erreichung vollkommener Verdampfung eine große Erwärmungsfläche schaffen. Über die Filmoberfläche hinweg muß die Luft strömen, so daß in der Grenzschicht eine Zone niedrigen Partialdampfdruckes entsteht. Auch bei niedrigen Lufttemperaturen können dann neben den sofort verdampfenden leichten Anteilen Moleküle der schwer verdampfbaren Kohlenwasserstoffe aus der Filmoberfläche austreten. Bei genügender Länge der beheizten Fläche kann eine völlige Verdampfung eintreten.

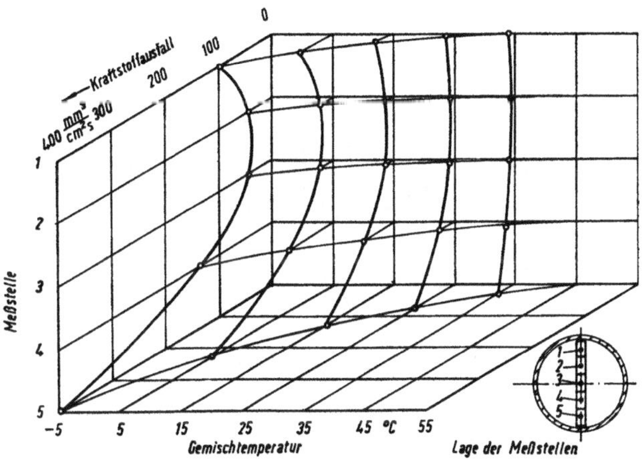

Abb. 70. Verteilung des Kraftstoffausfalles bei Luftvorwärmung längs des senkrechten Saugleitungsdurchmessers [5]

Abb. 69 zeigt, daß bei Gemischvorwärmung an der Saugleitungswand nach Verschwinden des Wandausfalles bei weiterer Steigerung der Heizung wohl der in Wandnähe befindliche flüssige Kraftstoff verdampft wird, daß aber in der Mitte des Saugstromes ein Kern von tropfenreicher Luft zurückbleibt, der auch bei sehr starker Heizung nicht verschwindet. Im Gegensatz dazu wird bei Luftvorwärmung, Abb. 70, der flüssige Kraftstoffanteil gleichmäßiger verdampft. Die Bildung eines Kernes, wie er bei Gemischvorwärmung auftritt, unterbleibt. Bei Luftvorwärmung ist dieses Ergebnis zu erwarten, da der Luftstrom an allen Stellen des Querschnittes dieselbe Temperatur hat. Nur der an der Wand entlangfließende Kraftstoff ist der Heizwirkung weniger ausgesetzt als bei Heißpunkt- oder Wandvorwärmung, so daß ein Wandausfall auch dann noch vorhanden ist, wenn die Gemischtemperatur Werte angenommen hat, bei denen bei Wandvorwärmung der Wandausfall längst verschwunden wäre.

e) Temperaturverteilung an der Saugleitung

Für die Auslegung einer Heizeinrichtung ist die Temperaturverteilung an den vom Kraftstoffilm benetzten Saugleitungswandungen bei verschiedenen Belastungen und Drehzahlen von Bedeutung. Bei der Beurteilung der Temperaturen ist dabei zu beachten,

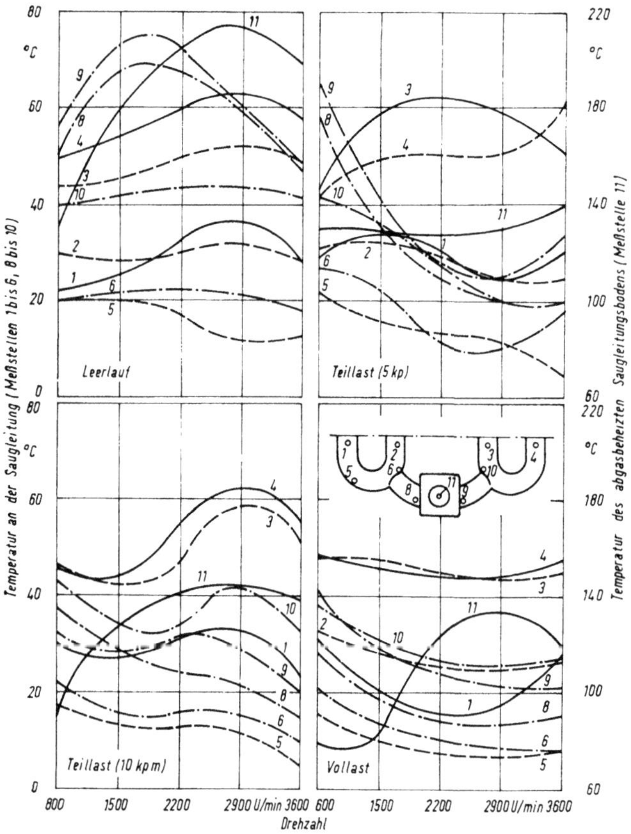

Abb. 71. Temperaturverteilung längs der Saugleitungswand für verschiedene Belastungen und Drehzahlen [158] [Teillast (5 kpm)]

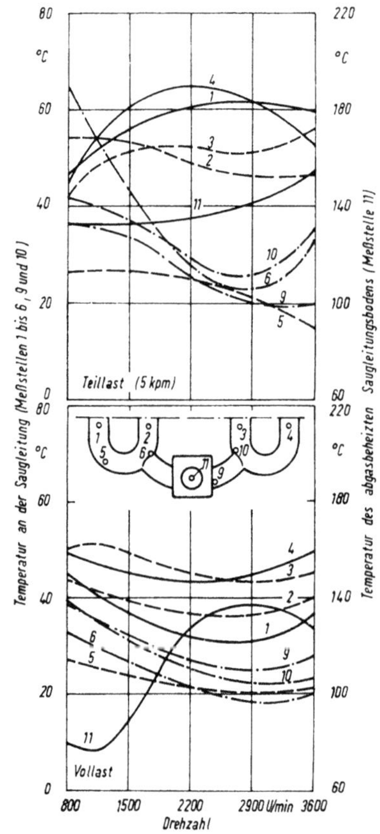

Abb. 72. Temperaturverteilung längs der Saugleitungswand bei abgestelltem Lüfter in Abhängigkeit von der Drehzahl und der Belastung [158]

daß neben der Beheizung durch den Heißpunkt eine nicht unerhebliche Wärme durch Strahlung vom Auspuff übertragen wird, weshalb mit zunehmender Belastung des Motors die Temperaturen an den Meßstellen 3 und 4 über der bei Meßstelle 11 am Heißpunkt liegen, Abb. 71. Die Temperaturverteilung an der Rohrwand ist bei Motoren mit Lüfter und nicht abgeschirmter Saugleitung an der vorderen Saugleitungshälfte wesentlich tiefer als an der rückwärtigen Hälfte, und zwar bei allen Belastungen und Drehzahlen. Der Unterschied nimmt mit der Entfernung von Saugleitungsmitte etwas zu. Erklärlich sind die an den vorderen Meßstellen auftretenden tieferen Temperaturen durch die vom Lüfter erzeugte Luftströmung, z. B. Meßstellen 1 und 2 gegenüber 3 und 4. Bei Versuchen mit abgestelltem Lüfter zeigte sich, daß die Temperaturverteilung wesentlich symmetrischer geworden ist, wie ein Vergleich von Abb. 71 mit 72 zeigt. Erwähnenswert ist die geringe Einwirkung des Lüfterwindes auf die abgekehrte Saugleitungshälfte und auf den Saugleitungsboden. Die dort angebrachten Meßstellen zeigten nur etwas höhere Temperaturen an als beim Versuch mit angetriebenem Lüfter. Dieser ungünstige Einfluß des Lüfterwindes, der beim Fahrzeug durch die Erwärmung der Luft im Kühler abgeschwächt wird, kann durch ausreichende Abschirmung der vorderen Saugleitungshälfte beseitigt werden.

f) Vergleich von Heißpunktbeheizung, Gemisch- und Luftvorwärmung

Untersucht man bei gleichen angesaugten Luftströmen und konstantem Unterdruck den Einfluß der Heizart auf die flüssige Kraftstoffmenge und auf die Gemischtemperatur, so ergibt sich Abb. 73. Dabei wurde die Wärme dem Gemisch durch Vorwärmung der Ansaugluft, durch flächenförmige und durch punktförmige Heizung des Leitungssystemes zugeführt. Bei stationärer Strömung und unter Verwendung des normalen Vergasers beträgt der flüssig mitgeführte Anteil bei unbeheiztem Rohr über 50% der Gesamtmenge. Bei Heiztemperaturen, die den im Motorbetrieb auftretenden entsprechen, wurden bei allen drei Heizarten noch unverdampfte Kraftstoffmengen festgestellt, die 15 bis 40% der Gesamtmenge je nach Heizart ausmachten.

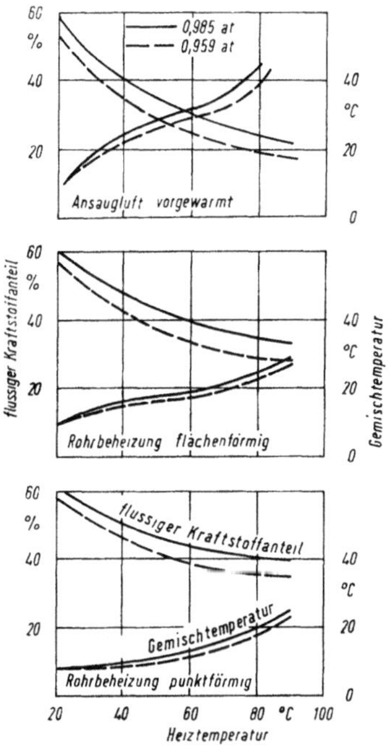

Abb. 73. Einfluß der Heiztemperatur und Heizart auf die Menge des unverdampften Kraftstoffes und die Gemischtemperatur für zwei Ansaugdrücke bei stationärer Strömung [158]

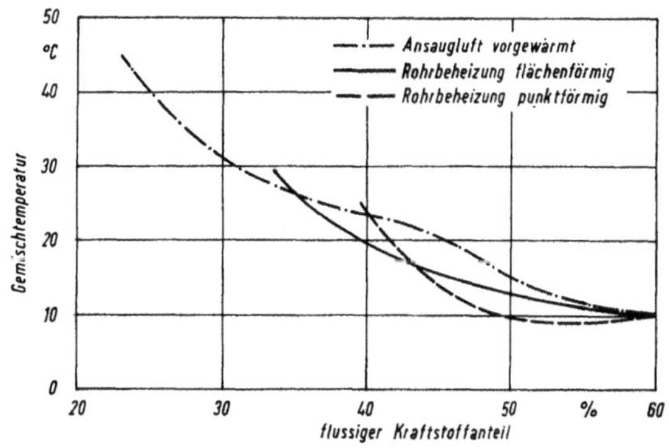

Abb. 74. Einfluß der Heizart auf die Menge des flüssigen Kraftstoffes [158]

Den Zusammenhang zwischen der Gemischtemperatur und der Menge des unverdampften Kraftstoffes zeigt die aus Abb. 73 gezeichnete Abb. 74, welche Aussagen über die praktische Brauchbarkeit der einzelnen Heizarten beim Motorbetrieb gestattet. Nach oben begrenzt ist die Beheizung durch die Forderung nach gutem Liefergrad. Als Maß für den Liefergrad kann die Gemischtemperatur und als beste Vorwärmung diejenige gelten, die beim Erreichen einer noch zulässigen Gemischtemperatur den geringsten Anteil an flüssigem Kraftstoff in der Saugleitung aufweist. Dies ist nach Abb. 74 für Gemischtemperaturen über 25 °C die Luftvorwärmung, während bei niedrigen Gemischtemperaturen bis 15 °C durch die Bodenbeheizung (Punktbeheizung) und dazwischen durch Beheizen der Leitung am meisten verdampft wird. Dann werden jedoch, wie Abb. 74 zeigt, noch erhebliche Kraftstoffmengen flüssig mitgeführt. Die zunehmende Verdampfung bei größerem Unterdruck in Abb. 73 erklärt sich durch die Erhöhung der Verdampfungsgeschwindigkeit infolge Vergrößerung des Unterschiedes zwischen dem Teildruck des Kraftstoffdampfes in der Saugleitung und seinem Sättigungsdruck.

Zur völligen Verdampfung des Kraftstoffes und damit zur besten Verteilung sind Temperaturen des Gemisches zwischen 30 und 75 °C notwendig. Die Zahlen schwanken je nach der Art der Vorwärmung, der Flüchtigkeit des verwendeten Kraftstoffes und den Betriebsbedingungen des Motors. Trotz des damit verbundenen Leistungsverlustes gibt es Fälle, bei denen man auf eine völlige Verdampfung nicht verzichten kann. Dies ist z. B. dann der Fall, wenn der Motor auf größte Sparsamkeit im Verbrauch gebracht werden soll, da die zur Erzielung sparsamsten Verbrauches verwendeten armen Gemische nur bei gleichmäßiger Verteilung sicher entzündet werden können.

Im Winter und Sommer treten bei Vollast- und Teillastbetrieb so große Unterschiede in der Gemischtemperatur auf, daß die Wärmezufuhr der Heizstelle gesteuert werden muß, wenn man unnötiges Heizen im Sommer oder bei Vollast und zu geringes Heizen im Winter oder bei Teillast vermeiden will.

6. Kraftstoffeinspritzung

a) Ort und Art der Kraftstoffeinspritzung

Die Aufgaben des Vergasers, nämlich Kraftstoffzumessung zur Luft und Zerstäubung des Kraftstoffes, können auch durch Pumpe und Düse gelöst werden. Dabei gibt es drei Möglichkeiten, nämlich die Einspritzung in die gemeinsame Saugleitung der Zylinder an Stelle des Vergasers, die Einspritzung vor die Einlaßventile und die Einspritzung in die Zylinder. Bei Motoren mit Lader kann man den Kraftstoff auch mit Hilfe von Pumpe und Düse vor den Lader spritzen, wobei man infolge der Abkühlung der Ansaugluft durch die Verdampfung des Kraftstoffes eine Herabsetzung der Temperatur des Ladegemisches erreicht und damit bei Schleuderladern eine Erhöhung des Druckverhältnisses am Lader. Neben dem Ort der Einspritzung ist die Art der Einspritzung eine weitere Unterscheidungsmöglichkeit: man kann kontinuierlich oder entsprechend der Zündfolge des Motors intermittierend einspritzen. Kontinuierlich arbeitende Systeme kommen allerdings nur für die Kraftstoffzuteilung im Saugsystem in Frage.

Bei der Kraftstoffeinspritzung in den Ottomotor steht normalerweise sowohl bei der Zylinder- als auch bei der Saugleitungseinspritzung eine genügend lange Zeit für den Gemischbildungsvorgang zur Verfügung. Hinzu kommt die schnelle Verdampfbarkeit der Leichtkraftstoffe. Dennoch muß die Bildung eines homogenen Gemisches noch von den Luftbewegungen unterstützt werden, auch wenn der Strahl gut zerstäubt ist.

b) Vor- und Nachteile der Kraftstoffeinspritzung bei der Gemischbildung

Die Anwendung der Kraftstoffeinspritzung an Stelle eines Vergasers bringt für die Gemischbildung sowohl Verbesserungen als auch Nachteile mit sich. Zunächst fallen mit der Kraftstoffeinspritzung die bei der Vergaservereisung besprochenen Probleme fort. Durch größere Saugleitungsquerschnitte und durch vollständigen Fortfall der Beheizung der Saugleitung steigt die Füllung des Zylinders. Bei direkter Kraftstoffeinspritzung in den Zylinder wird durch die Verdampfung des Kraftstoffes eine Innenkühlung bewirkt, die sich in einer Herabsetzung der Glühzündungsförderung durch Bauteile mit hoher Temperatur auswirkt. Außerdem kann bei geschlossener Drosselklappe für Talfahrt oder beim Verzögern aus größeren Geschwindigkeiten heraus die Kraftstofförderung oberhalb des Leerlaufes abgestellt werden, wodurch ein geringerer Kraftstoffverbrauch und eine Herabsetzung der nicht vollständig verbrannten Abgasbestandteile erreicht werden. Bei Zweitaktmotoren mit symmetrischer Auslaßsteuerung und bei Viertaktmotoren mit Aufladung und großer Ventilüberschneidung entfallen bei Zylindereinspritzung die Kraftstoffspülverluste, da der Einspritzzeitpunkt nach Schluß des Auslasses gewählt werden kann. Gute Kraftstoffdosierung und feinste Kraftstoffzerstäubung können im gesamten Betriebsbereich des Motors auch bei niedrigen Drehzahlen erreicht werden. Dadurch kann besonders im Teillastgebiet das Gemisch sehr stark abgemagert werden, ohne Zündaussetzer zur Folge zu haben. Bei Kraftstoffeinspritzung in den Zylinder besteht außerdem die Möglichkeit, eine Gemischschichtung zu erreichen (Hybridmotor). Dadurch ist im Teillastgebiet eine Senkung des Kraftstoffverbrauches möglich, weil nur an der Zündkerze ein gut zündfähiges Gemisch angelagert werden muß, der übrige Brennraum aber mit einem über die Grenze der Zündfähigkeit hinaus abgemagerten Gemisch gefüllt sein kann.

Ein Nachteil der Einspritzung ist die im Vergleich zum Vergaser stärkere Abhängigkeit des Mischungsverhältnisses vom Atmosphärenzustand, so daß im allgemeinen nicht auf eine Regelung in Abhängigkeit von Lufttemperatur und -druck verzichtet werden kann. Der Betrieb von Kraftfahrzeugen erfolgt in Europa in Höhen von 0 bis 3 km, also bei einem Luftdruck von 1,03 bis 0,71 at und in einem Temperaturbereich von 250 bis 320 °K. Der örtliche Luftdruck schwankt durch meteorologische Einflüsse bedingt um etwa $\pm 6\%$. Dabei liegt die wirkliche Sauglufttemperatur oft erheblich höher als die Außentemperatur. Meistens ist auch eine Regelung in Abhängigkeit von der Kühlmitteltemperatur erforderlich [93].

Über die beim Vergasermotor vorliegenden Schwierigkeiten hinaus besteht für den Einspritzmotor ein thermisches Problem an der Einspritzpumpe, die so angeordnet sein muß, daß sie keine hohen Temperaturen annimmt. Bereits ab 40 °C tritt die Gefahr der Dampfblasenbildung auf. Bei warmer Witterung oder direkter Sonnenbestrahlung können derartige Temperaturen schon ohne Wärmezufuhr von der Motorseite auftreten. Kritisch wird der bei heißgefahrenem Motor und stehendem Fahrzeug einsetzende Temperaturausgleich zwischen Motorgehäuse und angeflanschter Einspritzpumpe. Durch wärmeisolierende Zwischenlagen und durch Anordnung der Pumpe im Fahrtwind kann diesen Schwierigkeiten nur bedingt begegnet werden. Vielfach wird darüber hinaus eine Durchlaufkühlung angewendet, wobei die Kraftstoffpumpe mehr fördert als die Düse verbraucht, so daß ein ständiger Umlauf des Kraftstoffvorrates stattfindet. Auch durch Anordnung einer Förderpumpe mit Überdrücken von 0,1 bis 0,2 at kann der Dampfblasenbildung entgegengearbeitet werden. In diesem Zusammenhang ist auch vorgeschlagen worden, den gesamten Kraftstoffbehälter unter Überdruck zu setzen.

c) Auflösung des Kraftstoffstrahles

Im Augenblick der Zündung soll im ganzen Brennraum ein homogenes Gemisch vorhanden sein, für das verhältnismäßig enge Grenzen in bezug auf die Zusammensetzung gegeben sind. Die Gemischaufbereitung besteht bei der Einspritzung aus der mechanischen Zerstäubung und Verteilung sowie aus der Verdampfung des Kraftstoffes. Diese Vorgänge spielen sich zeitlich nacheinander ab. Während für die Zerstäubung in erster Linie Düsenkonstruktion und Einspritzdruck entscheidend sind, werden die Verteilung des Kraftstoffes und der Ablauf der Verdampfung weitgehend durch die Spritzrichtung und den Strahlwinkel bestimmt. Der Zerfall des Kraftstoffstrahles in Tropfen ist ein stufenweiser Vorgang, der in seinen einzelnen Stadien und in seinem gesamten Ablauf sehr verwickelt ist. Der aus einer Düse kontinuierlich austretende Strahl ist dabei der Untersuchung noch eher zugänglich als der intermittierende, weil sich bei diesem noch Druckschwingungen überlagern, die durch die wechselnde Ausströmgeschwindigkeit hervorgerufen werden [128].

Die Auflösung eines Strahles erfolgt über das Zerwellen und Zertropfen zum Zerstäuben. Dabei ist der Flüssigkeitsstrahl von einem dichten Kegel fein zerstäubter Tropfen eingehüllt. Während Größe und Form der Düse nur die Aufspaltung des Strahles einleiten, wird die Zerstäubung des Strahles durch die Ausströmgeschwindigkeit und den Gegendruck verursacht, wobei die Gründlichkeit der Zerstäubung mit der Ausströmgeschwindigkeit und dem Gegendruck wächst, außerdem aber von Lufttemperatur, Kraftstofftemperatur und Kraftstoffart abhängt. Wenn sich auch bei Strahlaufnahmen im Vakuum, besonders an der Strahlspitze, beginnende Zerstäubung beobachten läßt, so nimmt der Einspritzstrahl des Motors erst unter dem Einfluß der Luftreibung bei steigendem Gegendruck seine eigentümliche Zerstäubungsform an. Beim intermittierenden Strahl haben die zuerst aus der Düse austretenden Kraftstoffteilchen infolge der anfangs starken Drosselung am Sitz nur eine geringe kinetische Energie. Sie erreichen deshalb mit ihrer niedrigen Geschwindigkeit bis zur völligen Abbremsung durch die Luftreibung nur eine geringe Eindringtiefe. Der mit zunehmendem Düsenquerschnitt nachströmende Kraftstoff überholt die zuerst ausgetretenen Teilchen, schiebt sie entweder vor sich her, was zu einer Kernverdichtung führt, oder drückt sie nach außen, so daß sich ein Strahlmantel bildet. Mit zunehmender Relativgeschwindigkeit zwischen Kraftstoff und Luft sowie mit zunehmender Luftdichte wachsen die dynamischen Luftkräfte an. Sie führen zu einer welligen Oberfläche des Strahles, wodurch Teile des Strahles abgerissen werden und sich zu einzelnen Tropfen unterschiedlicher Größe zusammenziehen. Aus Strahlaufnahmen ist mit steigendem Gegendruck eine Verstärkung dieser Wellenbildung sowohl innerhalb als auch in der Oberfläche des Strahles festzustellen.

Der Strahlauflösung entgegen wirken die Kraftstoffviskosität und die Oberflächenspannung. Die Fortpflanzung von Druckschwingungen innerhalb des Strahles sowie die Wellenbildung als Folge der Luftkräfte werden gedämpft. Die Oberflächenspannung bewirkt jedoch ebenfalls, daß sich ein abgesplittertes Strahlteilchen zum Körper kleinster Oberfläche, zum kugeligen Tropfen, zusammenzieht. Große Tropfen werden weiter durch die Luftkräfte in kleinere Tropfen zerteilt. Mit steigender Kraftstoff- und Lufttemperatur nehmen Viskosität und Oberflächenspannung ab, was zu verbesserter Zerstäubung führt.

d) Anforderungen an die Einspritzdüse

Die Öffnungsdrücke der Düsen sind verhältnismäßig niedrig. Für die Zylindereinspritzung betragen sie 10 bis 50 atü, für Saugleitungseinspritzung 1 bis 15 atü. Allgemein werden nach außen öffnende Nadeldüsen verwendet, die an der Düsennadel keine abdichtende Führung benötigen und somit auch keine Leckleitungen. Bei der Zylindereinspritzung werden an die Düse die Forderungen gestellt, daß der Strahl nicht infolge zu großer Eindringtiefe an die Zylinderwand trifft und dann unvollständig verbrannte Kohlenwasserstoffe und Schmierölverdünnung hervorruft und daß die Düse der Wärmeübertragung bei der Verbrennung standhält. Bei Saugleitungseinspritzung müssen Strahlform und -richtung so gewählt sein, daß vom Strahl möglichst wenig Teile gegen die Saugleitungswand treffen, vor allem nur gegen warme Wände, weil sich dadurch im Fahrbetrieb Übergangsschwierigkeiten einstellen können.

e) Einfluß der Motortemperatur und des atmosphärischen Zustandes auf die Einspritzmenge

Bei kaltem Motor ist die angesaugte Luftmasse größer als bei warmem, so daß entsprechend der vergrößerten Luftmenge auch die Kraftstoffmenge bei kaltem Motor vergrößert werden muß. Weiterhin ist zu berücksichtigen, daß sich bei kaltem Motor ein Teil des Kraftstoffes an den Wänden niederschlägt, nicht rasch genug verdampft, sich nicht mit der Luft mischt und aus diesem Grunde nicht an der Verbrennung teilnimmt. Dies erfordert eine Erhöhung der Kraftstoffzufuhr.

Während sich Kaltstart und Leerlaufbedingungen im wesentlichen nur versuchsmäßig erfassen lassen, ist der Einfluß des Atmosphärendruckes p und der Ansaugtemperatur T durch den Faktor p/T^n gegeben. Der Exponent n ist ein Erfahrungswert und beträgt bei wassergekühlten Motoren etwa 0,9, bei luftgekühlten etwa 0,7.

f) Möglichkeiten der Leistungssteigerung durch Einspritzung

Bei Viertaktmotoren ist die ohne jede motorseitige Änderung mit Einspritzung gegenüber Vergaser erreichbare Verbesserung verhältnismäßig gering, da im wesentlichen nur die Ladung infolge besserer Ausnutzung der Verdampfungswärme kühler bleibt. Dadurch ergibt sich bei Vollast, insbesondere bei hoher Drehzahl, eine bessere Füllung und entsprechend dem in Abb. 75 gestrichelten Kurvenverlauf eine bessere Leistung. Der Hauptvorteil der Einspritzung ergibt sich jedoch daraus, daß der Saugleitung die Aufgabe

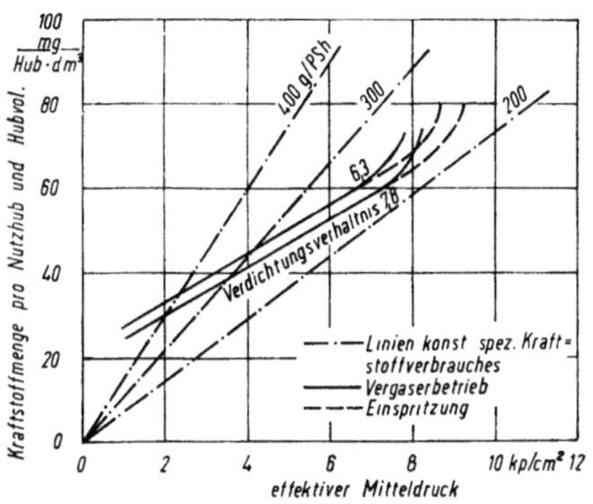

Abb. 75. Verbrauchs- und Mitteldruckgewinn beim Viertaktmotor durch Einspritzung [92]

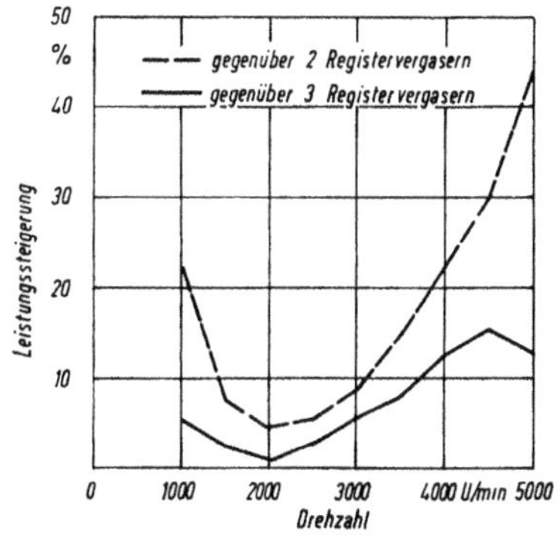

Abb. 76. Leistungssteigerung durch Einspritzung gegenüber Registervergasern bei gleicher Nockenwelle [92]

abgenommen wird, den Kraftstoff gleichmäßig auf die einzelnen Zylinder zu verteilen, und daß man bezüglich der Steuerzeiten freier wählen kann. Abb. 76 zeigt, daß dann durch Verwendung anderer Nockenwellen und durch Stoßaufladung beim Viertaktmotor mit Zylindereinspritzung oder Einspritzung vor die Saugventile gute Ergebnisse erzielt werden. Im Teillastgebiet ist nur dann mit Einspritzung besserer Verbrauch zu erreichen, wenn bei Vergaserbetrieb ungleichmäßige Verteilung des Kraftstoffes auf die einzelnen Zylinder vorliegt und diese durch die Einspritzung beseitigt wird.

g) Einfluß von Drosselklappen- und Düsenlage, Einspritzbeginn und Einspritzdauer

Starke Ventilüberschneidung hat bei Leerlauf ungleichmäßigen Gang des Motors zur Folge. Hervorgerufen wird dies dadurch, daß bei fast geschlossener Drosselklappe ein niedriger Druck in der Saugleitung besteht. Während der Überdeckung der Ventilöffnungszeiten wird daher Abgas aus dem Sammelrohr durch die Ventile in die Saugleitung gesaugt. Bei Einsetzen des Saughubes wird dieses Abgas in den Zylinder geführt, wodurch unvollkommene Verbrennung und Fehlzündung hervorgerufen werden. Als Abhilfe wird die Drosselklappe in die Nähe des Einlaßventiles gesetzt, wodurch ein sehr kleines Volumen zwischen Drosselklappe und Ventil entsteht, das leicht auf Atmosphärendruck zu bringen ist. Dann wird beim Öffnen des Einlaßventiles fast kein Abgas angesaugt und der Leerlauf ist nahezu so gut wie ohne Ventilüberschneidung.

Die Lage der Einspritzdüse, der Einspritzbeginn und die Einspritzdauer üben bei Kraftstoffeinspritzung vor das Einlaßventil keinen bedeutenden Einfluß aus. Bei Einspritzung in den Zylinder wird beste Leistung bei Einspritzung quer gegen die einströmende Luft, einem Einspritzbeginn zwischen 60 und 90 °KW nach dem OT und einer Einspritzdauer von 40 bis 80 °KW erreicht. Eine Änderung des Abspritzdruckes von 20 bis auf 200 at gibt keine wesentliche Leistungsänderung. Während also bei Einspritzung in die Saugleitung der genaue Zeitpunkt der Einspritzung sowie die Zeitdauer von untergeordneter Bedeutung sind, besteht bei Direkteinspritzung in die Zylinder die Möglichkeit, durch Wahl des Einspritzzeitpunktes und entsprechende Gestalt des Einspritzgesetzes evtl. auch durch eine zeitliche Aufteilung der eingespritzten Kraftstoffmenge, den Verbrennungsablauf im Zylinder günstig zu beeinflussen [88].

h) Kraftstoffeinspritzung in die Saugleitung

Bei Einspritzung in die Saugleitung ändert sich im Aufbau der Zuführungsleitungen zu den Zylindern im Vergleich zum Vergaserbetrieb grundsätzlich nichts, es wird nur die Aufgabe der Zerstäubung des Kraftstoffes an Pumpe und Düse übertragen. Durch geringere Luftgeschwindigkeiten in der Saugleitung und durch Wegfall des Druckverlustes im Vergaser kann eine geringe Leistungserhöhung möglich sein. Der Heißpunkt in der Saugleitung kann wegfallen, wenn der Kraftstoff fein zerstäubt wird. Die Vorteile lohnen aber den Aufwand meist nicht. Diese Saugleitungseinspritzung ist heute durch die Entwicklung des Vergasers als überholt anzusehen.

i) Kraftstoffeinspritzung vor das Einlaßventil jedes Zylinders

Bei Einspritzung vor das Einlaßventil muß durch Pumpe und Düse für jeden einzelnen Zylinder die Kraftstoffmenge zugemessen werden. Der Zeitpunkt der Einspritzung ist von untergeordneter Natur. Es genügt grobe Zerstäubung, da die mit dem Einströmvorgang verbundene Turbulenz die Zerstäubung und Verdampfung begünstigt und da die Temperaturen am Einlaßventil genügend hoch liegen, um rasche Verdampfung des Kraftstoffes zu gewährleisten. Die Anforderungen an die geringere Zerstäubungsfeinheit machen nur kleine Einspritzdrücke erforderlich. Die Leistung ist dabei hoch, der Verbrauch gering.

Bei Einspritzung vor das Ventil kommt ein Teil des Kraftstoffes an die Wand der Ventilkammer und an das Ventil, wo er vor Eintritt in den Zylinder verdampft und dabei diesen Bauteilen Wärme entzieht. Das einströmende Gemisch hat also etwas höheren Wärmeinhalt als bei Einspritzung in den Zylinder. In eingehenden Untersuchungen über die Einspritzung in die Saugleitung [30, 77] wurde die günstigste Lage der Einspritzstelle in der Saugleitung, der Zeitpunkt des Spritzbeginns und die Spritzdauer ebenso wie die Düsenbauart untersucht. Zu früher oder zu später Einspritzbeginn ergeben im Abgas bei der Analyse noch unverbrannte Kohlenwasserstoffe. Die Einspritzung vor die Ventile ist jedoch nur ein Teilschritt zum Einspritzbetrieb überhaupt. Er empfiehlt sich vor allem für nachträglichen Anbau sowie für kleine, insbesondere für luftgekühlte Zylinder, bei denen die Einspritzdüse für direkte Zylindereinspritzung unerwünscht große Kühlflächenverluste am Zylinderkopf bringen würde. Bei der Untersuchung der Frage, ob man nur vor das Einlaßventil spritzen sollte, wenn dieses geöffnet ist, oder ob es zweckmäßig ist, kontinuierlich einzuspritzen, hat sich gezeigt, daß letzteres in bezug auf Leistung und Verbrauch etwas günstiger als zeitlich abgestimmtes Spritzen ist [137].

j) Kraftstoffeinspritzung in die Zylinder

Bei der Einspritzung des Kraftstoffes unmittelbar in den Zylinder wird dem Zylinder reine Luft beim Ansaugvorgang zugeführt. Die Zerstäubung des Kraftstoffes durch die Düse muß sehr fein sein, um in genügend kurzer Zeit die Verdampfung des Kraftstoffes zu erreichen. Auch muß sich die Form des Kraftstoffstrahles der Form des Zylinders und der Luftbewegung im Zylinder anpassen. Der von der Pumpe aufzuwendende Einspritzdruck ist deshalb wesentlich höher als bei Einspritzung in die Saugleitung bzw. vor die Ventile und wird meist nicht viel niedriger sein als beim Dieselmotor. Wenn die Einspritzung nach Schluß des Auslaßventiles während des Ansaughubes erfolgt, ist die Gemischbildung gut.

Der Vorteil der Einspritzung in den Zylinder macht sich hauptsächlich beim Motor mit Lader geltend, weil dabei eine Durchspülung des Brennraumes mit Luft möglich ist, was geringen Kraftstoffverbrauch und hohe Leistung gibt. Hinzu kommt noch eine Innenkühlung des Brennraumes durch die bei Überschneidung der Steuerzeiten durchströmende Luft. Die erzielbare Leistungserhöhung durch die Totraumspülung entspricht annähernd der Erhöhung der Luftmenge, also in erster Annäherung in Abhängigkeit vom Verdichtungsverhältnis ε, vom Abgasdruck p_A und vom Ladedruck p_L dem Faktor

$$\frac{\varepsilon}{\varepsilon - 1} \cdot \frac{p_A}{p_L}.$$

Der spezifische Kraftstoffverbrauch ist bei Einspritzung in den Zylinder nicht geringer als bei Einspritzung vor die Ventile, im Gegenteil sogar größer, weil sich Wandberührung von flüssigen Kraftstofftropfen meist nicht vermeiden läßt, s. Abb. 329, S. 252.

k) Gemischbildung und Verdampfung bei Zylindereinspritzung

Über den Verdampfungs- und Gemischbildungsvorgang bei Zylindereinspritzung wird anhand von Zeitlupenaufnahmen ein Überblick gegeben. Abb. 77 zeigt die Einspritzung der Vollastmenge in die ruhende Luft eines zylindrischen Glasbehälters durch die mittig angebrachte Einspritzdüse bei kaltem Kolben. Diese Verhältnisse treten beim Start sowie nach längerer Fahrt im Schiebebetrieb auf. Der Kraftstoffstrahl verläßt die Einspritzdüse mit einer Geschwindigkeit zwischen 50 und 100 m/s. Durch Reibung an der Luft bei einem Druck von etwa 1 ata wird die Strahlspitze bei Aufnahme 2 und 3 etwas aufgelöst. Der größte Teil des Kraftstoffstrahles erreicht aber die dem Kolbenboden entsprechende etwa 80 mm entfernte kalte Bodenplatte. Man sieht bereits in Aufnahme 3 das Auftreffen der Strahlspitze auf der Bodenplatte. In Aufnahme 4 ist der Abspritzvorgang beendet. Der Kraftstoff prallt, soweit er nicht als Benetzung auf dem Kolbenboden liegen bleibt, von dem Kolbenboden ab und bildet bis auf etwa $^1/_3$ der Glashöhe hochsteigend ein Makrogemisch. Auch die durch die Strahlbewegung ausgelöste Luftwirbelung verläuft hauptsächlich im unteren Drittel des Zylinders. Erst nach etwa $^1/_{100}$ Sekunde, einer Zeit, die bei einer Drehzahl von 3000 U/min einer halben Kurbelwellenumdrehung entsprechen würde, haben sich in Aufnahme 6 die Kraftstofftropfen aufgelöst. Die obere Zylinderhälfte enthält zu diesem Zeitpunkt fast nur Luft, nach unten nimmt der Kraftstoffgehalt zu und die Auftreffstelle bleibt einige Sekunden lang feucht. Die Gemischbildung ist also völlig unzureichend.

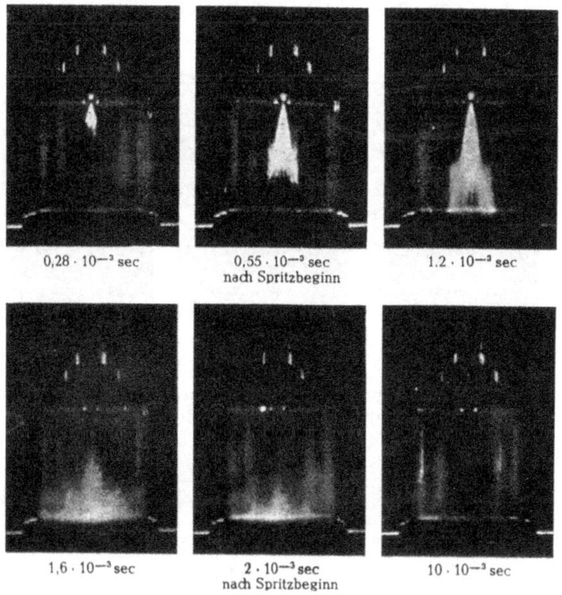

Abb. 77. Einspritzung von Kraftstoff in ruhende Luft bei kaltem Kolben [231]

Abb. 78 zeigt die Kraftstoffverteilung bei einem warmen Motor mit einer Temperatur der Bodenplatte von 300 °C. Der sich durch die Luftreibung an der Strahlspitze in Aufnahme 2 bildende Nebel verdampft an der Luft ziemlich rasch. Im Gegensatz zu Abb. 77 benetzt der Kraftstoffstrahl die Bodenfläche nicht, da sich zwischen den Flüssigkeitstropfen und der Auftrefffläche eine dünne Dampfschicht bildet, auf welcher der flüssige Kraftstoff allmählich verdampfend über den Kolbenboden hin radial nach außen gleitet. Durch die mitgerissene Luft bildet sich im unteren Drittel des Zylinders ein Ringwirbel aus, der zu einer raschen Verdampfung führt, zumal auch Kolbenboden und Zylinderwand fast trocken bleiben, solange nicht eine zu große Kraftstoffmenge längere Zeit auf dieselbe Brennraumfläche konzentriert wird und diese unter etwa 120 °C abkühlt. Die obere Zylinderhälfte bleibt aber wie in Abb. 77 praktisch kraftstofffrei, während im unteren Drittel das Gemisch viel zu fett ist. Auch hier entspricht die Gemischbildung nicht den Anforderungen.

Wenn die Einspritzmenge auf etwa Leerlaufmenge reduziert oder der Einspritzdruck auf das Doppelte vergrößert werden, ist kein wesentlicher Unterschied gegenüber Abb. 78 vorhanden.

Diese Strahluntersuchungen zeigen, daß beim Einspritzvorgang die Strahlenergie allein nicht ausreicht, um ein für Fremdzündung geeignetes Gemisch zu erzeugen. Ebenso geht die Diffusion von Kraftstoff, Dampf und Luft für motorische Vorgänge viel zu langsam vor sich, und die Durchmischung muß durch intensive Bewegung der Luftladung unterstützt werden. Dazu verlegt man zweckmäßig den Einspritzvorgang so weit in den Saughub, daß die Luftwirbelung beim Einströmen der Luft in den Zylinder für die Mischung ausgenutzt wird. Alle bisher zur Serienreife gelangten Ottomotoren mit Zylindereinspritzung arbeiten nach diesem Prinzip.

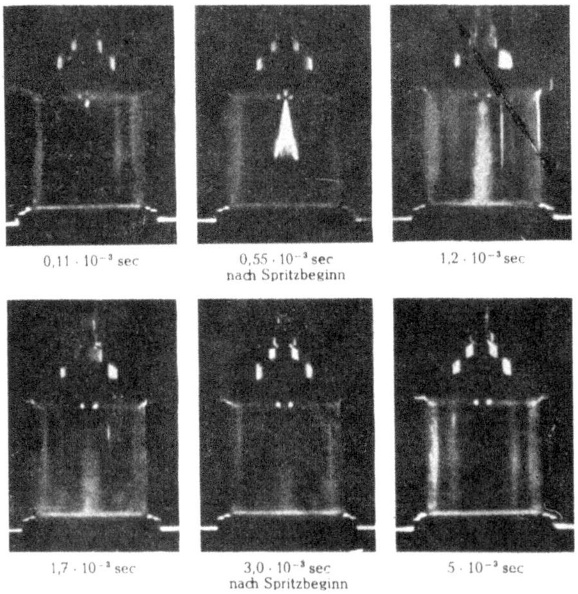

Abb. 78. Einspritzung von Kraftstoff in ruhende Luft, Temperatur der Kolbenoberfläche 300 °C [231]

Günstige Verdampfungsbedingungen werden durch die hohe Relativgeschwindigkeit zwischen Kraftstoff und Luft geschaffen. Die Düsen können dabei so ausgebildet sein, daß dem Kraftstoff eine Drallenergie mitgegeben wird, wodurch auch eine zu starke Durchschlagskraft des Strahles und damit ein Niederschlag auf den Kolben oder an den Zylinderwänden vermieden wird.

l) Einspritzzeiten bei Zylindereinspritzung

Die zu wählenden Einspritzzeiten können nicht einheitlich angegeben werden, weil sie sehr stark von dem Einströmvorgang des betreffenden Motors abhängen. Die Einspritzung muß schon früh während des Saughubes beginnen, da bei zu später Einspritzung des Kraftstoffes die Gemischbildung wegen der geringen Luftgeschwindigkeit am Ende des Saugvorganges schlecht ist. Der Einspritzbeginn darf auch nicht zu spät gewählt werden, weil sonst keine Füllungsverbesserung infolge der abkühlenden Wirkung des Kraftstoffstrahles auftritt. Dabei hat es sich bewährt, die Richtung so zu wählen, daß der Kraftstoffstrahl von der einströmenden Luft im Kreuzstrom oder im Gegenstrom erfaßt wird. Einspritzung im Gleichstrom mit der eintretenden Luft ist wegen geringer Relativgeschwindigkeit meist ungünstig.

Bei der Beurteilung des Kraftstoffweges im Zylinder muß die oft recht erhebliche Phasenverschiebung zwischen Kraftstofförderung und Einspritzung beachtet werden. Abb. 79 zeigt, daß z. B. bei 15 mm^3 Kraftstoffmenge und einer Drehzahl von 1000 U/min die Förderzeit etwa 6 °NW und die Einspritzzeit 14 °NW dauert, und die Einspritzung gerade beginnt, wenn die Förderzeit beendet ist. Bei höherer Drehzahl werden die Unterschiede größer, d. h. der letzte Kraftstoffanteil wird erst relativ spät eingespritzt.

Die Einspritzdauer und auch der Einspritzbeginn werden bei verschiedenen Motortypen in weiten Grenzen geändert. Während bei voller Belastung die Spritzzeiten meist entsprechend 80 bis 100 °KW angenommen werden, wird die Spritzdauer bei Teillast geringer. Untersuchungen mit Einspritzung während des Verdichtungshubes [219] haben gezeigt, daß trotz der geringen Einspritzdauer von 15 °NW bei niedriger Drehzahl, Abb. 79, gute Gemischbildung erreicht werden kann, wenn eine ausreichende gerichtete Wirbelung im Zylinder vorhanden ist. Die Einspritzung während der Verdichtung und insbesondere in einem späteren Teil des Verdichtungshubes wirkt außerdem klopfmindernd, jedoch ist bei zu später Einspritzung im Verdichtungshub eine Verbrauchsverschlechterung und eine Senkung des Mitteldruckes zu beobachten.

Im Gegensatz zum Zweitaktmotor ist beim Viertaktmotor bei Einspritzung in den Saughub der Brennraum während des Einspritzvorganges über die Saugleitung mit der Atmosphäre verbunden, wodurch die Abkühlung durch die Kraftstoffverdampfung eine Füllungserhöhung bewirkt. Die bei Schluß der Einlaßventile im Zylinder verbleibende Luftmasse könnte bei voller Ausnutzung der Verdampfungswärme des Kraftstoffes um etwa 8% steigen, vgl. Tabelle 5, S. 32. Der Leistungsanstieg ist bei einem wassergekühlten Motor höher als beim luftgekühlten Motor wegen des kühleren Brennraumes. Der Volumenanteil des verdampften Kraftstoffes beträgt etwa 2% des Luftvolumens.

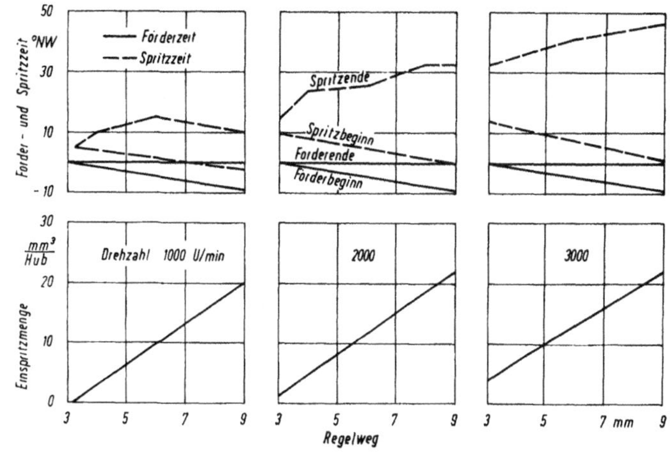

Abb. 79. Förderzeit, Spritzzeit und Einspritzmenge in Abhängigkeit von Regelweg und Drehzahl [231]

m) Herstellen einer geschichteten Ladung (Hybridmotor)

Bei Einspritzung des Kraftstoffes in den Zylinder bietet sich im Gegensatz zu den Verhältnissen beim Vergaserbetrieb und den anderen Einspritzarten die Möglichkeit, durch eine angestrebte ungleichmäßige Verteilung des Gemisches im Zylinder eine wesentliche Verbesserung des Arbeitsvorganges zu erzielen. Dabei wird an der Zündkerze zum Zündzeitpunkt das Gemisch angereichert. Mit Hilfe einer derartigen Gemischschichtung kann man den Betriebsbereich, der normalerweise bei Luftverhältnissen von 1,15 bis 1,25 wegen unruhigen Laufes des Motors begrenzt ist, bis auf Luftverhältnisse von 1,4 und mehr erweitern. Obwohl zahlreiche Versuche zur Gemischschichtung angestellt wurden, hat das Verfahren sich bisher noch nicht bei Viertakt-Serienausführungen eingeführt.

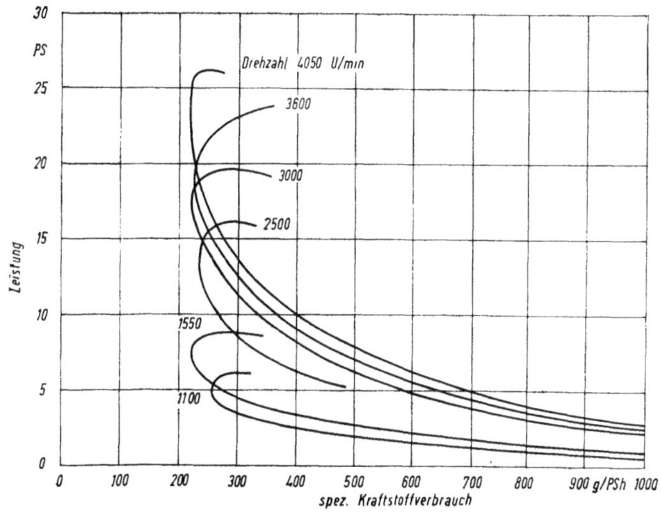

Abb. 80. Leistung und Verbrauch eines Zweitakt-Einspritzmotors von Vollast bis Leerlauf mit offener Drosselklappe (Gemisch-Schichtung) [192]

Günstiger liegen die Verhältnisse beim Zweitaktmotor, da die geordnet verlaufende Strömung im Zylinder eine frühere Einlagerung des Kraftstoffes erlaubt. Es wurden wiederholt Versuchsergebnisse erreicht, wobei bis nahezu Leerlauf auf Luftregelung verzichtet wurde. Der Gang war dabei ausreichend rund und aussetzerfrei. Für einen Zweitaktmotor zeigt Abb. 80 Verbrauchsschleifen für konstante Drehzahlen bei voll geöffneter Drosselklappe. Es ergaben sich nicht nur günstigere Verbräuche, sondern vor allem auch weitgehende Unempfindlichkeit in der Regelung, die sich höchstens bei zu magerer Einstellung in einem Leistungsverlust, nicht aber in einem Aussetzen des Motors auswirken.

n) Kraftstoffeinspritzung beim Zweitaktmotor

Der Zweitaktmotor bietet als Einspritzmotor die größeren Verbesserungsmöglichkeiten gegenüber der Vergaserausführung, insbesondere bei hoher Leistung eine Herabsetzung des Verbrauches. Die Einspritzung erfolgt in den Zylinder in der Nähe des unteren Totpunktes, also noch während des Überströmvorganges der Luft vom Kurbelgehäuse in den Zylinder. Späterer Einspritzbeginn bringt ungenügende Durchmischung. Daß trotz der Einspritzung vor Schließen der Auslaßschlitze nur dann Kraftstoffverluste auftreten, wenn in Richtung der Auslaßschlitze gespritzt wird, beruht darauf, daß der Kraftstoff erst nach seiner Verdampfung die Luftbewegung in größerem Maße mitmacht, daß bei niedriger Drehzahl der Spülvorgang im unteren Totpunkt schon sehr weit fortgeschritten ist und daß die Verdampfungswärme des Kraftstoffes das Ladungsvolumen stärker verkleinert als bei Vergaserbetrieb. Die Einspritzung in den Zylinder bringt bessere Werte als Einspritzung durch den Überströmkanal, da im letzteren Fall die Strahlrichtung und der Strahlwinkel zu sehr eingeengt sind. Gleichstromspülung eignet sich für Einspritzung nicht, da die gleichgeordnete Luftströmung den Kraftstoffdampf bei Vollast nicht gleichmäßig im Zylinder verteilen kann.

7. Alkohol- und Wassereinspritzung

Spritzt man Wasser in die Saugleitung oder während der Verdichtung in den Zylinder eines Ottomotors, so wirkt es leistungssteigernd und klopfmindernd, da die Temperaturen und der Wärmeübergang während des Prozesses günstig beeinflußt werden. Für Saugmotoren hat die Wassereinspritzung kaum Bedeutung erlangt, sie wird jedoch bei Flugmotoren benutzt, wo allerdings meist eine Mischung von Alkohol und Wasser gewählt wird, um das Einfrieren zu verhindern und weil wegen größerer Temperatursenkung höhere Leistungen an der Klopfgrenze erreicht werden. Überall dort, wo eine kurzzeitige Leistungssteigerung des Ottomotors verlangt wird, ist die Aufladung in Verbindung mit der Alkohol- und Wassereinspritzung ein wirtschaftlicher Weg.

a) Wirkung der Verdampfungswärme

Alkohol und Wasser sind Stoffe mit sehr hoher Verdampfungswärme; Äthanol hat 220, Methanol 284, Wasser 588 kcal/kg Verdampfungswärme gegenüber etwa 70 bis 85 kcal/kg bei handelsüblichem Kraftstoff und 95 bei Benzol. Die Verdampfungswärme des Kraftstoffes ergibt beim Ottomotor eine Verminderung der Gemischtemperatur, also eine Erhöhung der spezifischen Masse der Ladung und damit eine Erhöhung der Füllung. Nun nehmen aber auch die Kraftstoffdämpfe einen Raum ein, der sich aus der Molekularmasse berechnen läßt. Die Molekularmassen sind bei Äthanol 46, bei Methanol 32, bei Wasser 18; das Produkt aus Molekularmasse und Verdampfungswärme, das den Raumbedarf des Dampfes in Beziehung zu der erzielbaren Abkühlung des Gemisches setzt, ist bei den drei Stoffen nicht sehr verschieden, nämlich 10100, bzw. 9100, bzw. 10600 kcal/kmol.

Reines Methanol in stöchiometrischer Mischung mit Luft ergibt bei Verdampfung eine Abkühlung von 185 grd, wenn die Luft ursprünglich eine um 185 grd höhere Temperatur gehabt hat als der Alkohol, bzw. von 133 grd, wenn Alkohol und Luft dieselbe Ausgangstemperatur haben. Der Gemischheizwert von stöchiometrischem Alkoholgemisch ist dabei mit 850 kcal/Nm³ fast ebenso hoch wie derjenige eines üblichen Kraftstoffgemisches mit 880 kcal/Nm³. Bei zusätzlicher Einspritzung von Alkohol wird man also einen Teil des Kraftstoffes einsparen, meist jedoch nicht dem vollen Betrag des Heizwertes entsprechend.

b) Berechnung des Einflusses der Wassereinspritzung beim vollkommenen Motor

Die Richtung und die Größenordnung der Veränderung des Kreisprozesses durch Wassereinspritzung wird im *T*, *S*-Diagramm dargestellt, Abb. 81. Die Arbeit aus diesem Prozeß ist gleich der von dem Linienzug 1-2-3-4-1 umschlossenen Fläche. Für einen Wasserzusatz kommen nur die Zustandsänderungen 1-2, 2-3 oder 3-4 in Frage. Ein Zusatz bei 4-1 würde entweder die Veränderung des Ansaugzustandes betreffen oder eine Zumischung zum Abgas in der Auspuffleitung bedeuten, wo er keinen Einfluß auf den Arbeitsprozeß nehmen kann. Weil die Zustandsänderungen 1-2-3-4 sich zum großen Teil bei Temperaturen weit oberhalb der Siedetemperatur abspielen, wird das Wasser schnell verdampfen und eine Temperaturerniedrigung hervorrufen. Es ist zu sehen, daß sich die Arbeitsfläche um die Differenz der Fläche 1-2′-2 minus 4′-3′-3-4 ändert, wenn man das Wasser während der Verdichtung zuführt. Nicht erkennbar ist, ob sich die Arbeitsfläche dadurch verkleinert oder vergrößert. An allen anderen Stellen wird die Wasserbeimengung die Arbeitsfläche verkleinern.

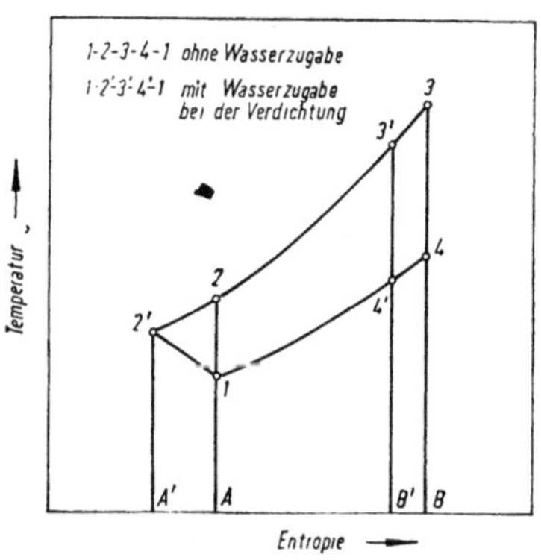

Abb. 81. Kreisprozeß des vollkommenen Motors mit und ohne Wasserzugabe [36]

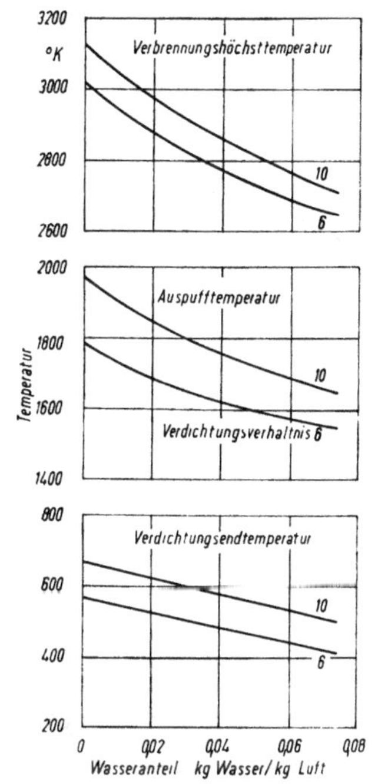

Abb. 82. Verdichtungsendtemperatur, Verbrennungshöchsttemperatur und Auspufftemperatur des theoretischen Prozesses in Abhängigkeit vom Verdichtungsverhältnis und von der zugesetzten Wassermenge [36]

Für den vollkommenen Motor wurde dieser Prozeß für Verdichtungsverhältnisse von 6 und 10 mit verschiedenen Wasserzusätzen berechnet. In Abb. 82 sind dafür die Verbrennungshöchsttemperatur entsprechend Punkt 3′ in Abb. 81, die Abgastemperatur entsprechend Punkt 4′ und die Verdichtungsendtemperatur entsprechend Punkt 2′ aufgetragen. Eine Vergrößerung des Verdichtungsverhältnisses bringt eine Temperaturerhöhung, die nahezu unabhängig von der Wasserzugabe ist. Bei konstantem Verdichtungsverhältnis sinken jedoch die Temperaturen mit wachsendem Wassergehalt beträchtlich. Beim Vergleich der Verdichtungstemperatur mit der Verbrennungstemperatur fällt auf, daß für eine bestimmte Wasserzugabe die Temperatursenkung der Verbrennungshöchsttemperatur wesentlich größer ist als die der Verdichtungsendtemperatur. Während der Unterschied in der Verdichtungsendtemperatur wohl im wesentlichen auf die Verdampfungswärme zurückzuführen ist, macht sich bei der Verbrennungsendtemperatur die gegenüber der Luft wesentlich größere spezifische Wärme des Wasserdampfes bemerkbar, die es dem Wasserdampf ermöglicht, etwa doppelt soviel Wärme wie die Luft bei gleicher Temperaturdifferenz aufzunehmen. Der Zusatz von Wasser wirkt also auf zweierlei Art auf die Temperatur ein: erstens wird sie durch die Verdampfungswärme, die dem Gemisch entzogen wird, erniedrigt und zweitens steigt sie wegen der größeren spezifischen Wärme des Wasserdampfes weniger stark an.

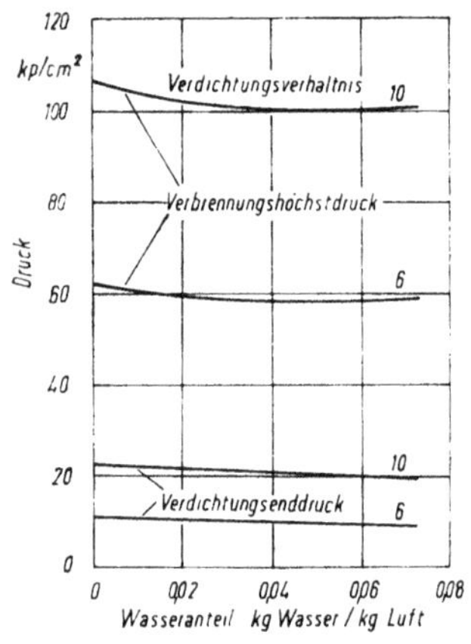

Abb. 83. Verdichtungsenddruck und Verbrennungshöchstdruck des theoretischen Prozesses in Abhängigkeit vom Verdichtungsverhältnis und von der zugesetzten Wassermenge [36]

Die Temperatursteigerung bei der Verbrennung ist bei Alkoholbeimischung und erst recht bei Wasserbeimischung kleiner als bei reinem Kraftstoff infolge des höheren Anteiles an dreiatomigen Gasen, das Molverhältnis ist mit 1,06 etwas größer als bei Kraftstoff mit 1,05. Infolge der niedrigeren Verbrennungsendtemperatur ist der Wirkungsgrad des Kreisprozesses des vollkommenen Motors mit Beimischung etwas besser.

Der Verdichtungs- und der Verbrennungsenddruck fallen nicht so stark mit wachsender Wasserzugabe, wie man nach dem Temperaturverhalten annehmen könnte, Abb. 83. Die Ursache dafür ist im Volumen des Wasserdampfes zu sehen, der mit seinem Partialdruck den Gesamtdruck erhöht.

Durch den großen Anteil an Alkohol- bzw. Wasserdampf mit hoher spezifischer Wärme sind Verdichtungsenddruck und Verdichtungsendtemperatur niedriger als bei reinem Kraftstoffbetrieb, ebenso auch Druck und Temperatur des zuletzt vor der Verbrennung stehenden Gemischrestes, so daß die Klopfneigung mit Beimischung erheblich geringer wird.

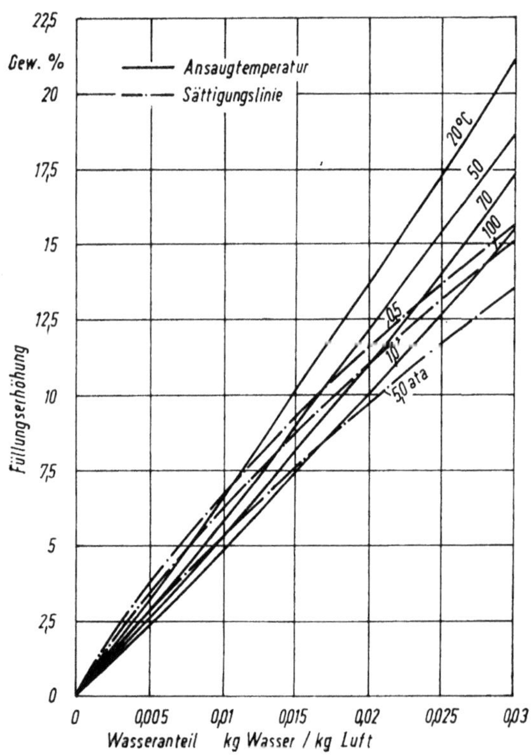

Abb. 84. Verlauf der Ansaugmenge und der Sättigungslinien bei konstantem Druck für verschiedene Anfangstemperaturen abhängig von der zugesetzten Wassermenge [36]

c) Sättigungsgrenze für Wasseraufnahme

Die Luft kann nicht unbeschränkt, sondern nur bis zu ihrer Sättigung Wasser aufnehmen. Mit Hilfe des i, x-Diagrammes für feuchte Luft können die Temperaturen für die Sättigungspunkte bestimmt werden. Deren Verbindung ergibt einen Linienzug bis zu dem eine Wasserbeimengung eine Ladungssteigerung bewirkt, Abb. 84. Größere Beimengungen verdampfen nicht mehr, da Sättigung der Luft erreicht ist. Es läßt sich danach bei einem Druck von 1 at durch Wasserbeimengungen bei Anfangstemperaturen von 20°C eine maximale Ladungssteigerung von 5% erreichen. Dabei können höchstens 0,0076 kg Wasser/kg Luft aufgenommen werden. Bei 100 °C ist die Ladungssteigerung 14,4% und die maximal aufgenommene Wassermenge 0,0280 kg Wasser/kg Luft.

Die absolut durchgesetzte Luftmasse sinkt jedoch mit steigender Anfangstemperatur, auch wenn sie bis zur Sättigung zurückgekühlt wird, da das verdampfte Wasservolumen auch Raum einnimmt.

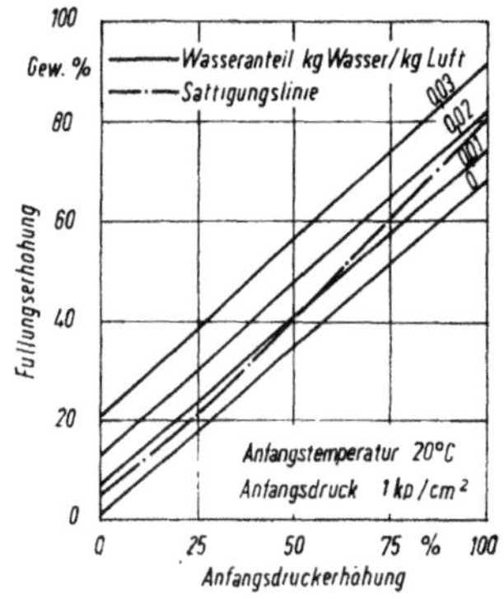

Abb. 85. Verlauf des Luftdurchsatzes bei adiabater Verdichtung und Wasserbeimengung in Abhängigkeit von der Anfangsdruckerhöhung [36]

Wird der Motor mit einem Verdichter aufgeladen und geht die Verdichtung adiabat vor sich, dann tritt dadurch eine Temperatursteigerung ein, die zum Teil durch Wasserbeimischung wieder ausgeglichen werden kann. Abb. 85 gibt dazu den Zusammenhang an. Dabei muß beachtet werden, daß bei konstanter Temperatur mit steigendem Gesamtdruck der Partialdruck des Wasserdampfes an der Sättigungsgrenze sinkt. Wie aus dem Diagramm ersichtlich, steigt trotz wachsenden Gesamtdruckes die maximal nutzbare Wassermenge, weil die adiabate Temperatursteigerung größer ist als die Temperaturdifferenz, die allein durch Verdampfen des Wassers bei konstantem Druck entsteht. Aus Abb. 85 ist zu entnehmen, daß eine Steigerung des Ladungsdruckes ungleich wirksamer im Hinblick auf die Ladungssteigerung ist als eine Beimengung von Wasser, daß aber die verbessernde Wirkung des Wassers bei höheren Drücken doch spürbar ist.

d) Einfluß der Alkohol- und Wassereinspritzung auf Brennraumtemperaturen und Klopfneigung

Bisher war vorausgesetzt, daß das Wasser, solange die Sättigung noch nicht erreicht ist, auch wirklich vollkommen verdampft. Eine gründliche Nachrechnung zeigt aber, daß dies nur bei Einspritzung in den Verdichter der Fall ist [35]. Bei hoher Temperatur der Ansaugluft wird die Flüssigkeit vor Schluß des Einlaßventiles völlig verdampft sein, wobei eine Gemischabkühlung stattfindet. Ein Teil der zur Verdampfung erforderlichen Wärme wird dabei den Wänden des Brennraumes entnommen. Bei niedriger Ansauglufttemperatur kann diese Wärmeentnahme merklich sein und eine mitunter erwünschte Innenkühlung ergeben. Zum Teil wird die Verdampfung erst während der Verdichtung stattfinden. Durch Verdampfung vor Schluß des Einlaßventiles ergibt sich eine Vergrößerung der Masse der zugeführten Luft, während der nach Schluß des Einlaßventiles verdampfende Anteil auf die Füllung ohne Einfluß bleibt.

Die Neigung zu Vorreaktionen und damit zum Klopfen ist, unabhängig von den Kraftstoffeigenschaften, bei Wasserbeimischung geringer, da sich eine Verminderung der Konzentration der reagierenden Bestandteile ergibt. In bezug auf Klopfminderung wirkt eine Alkoholbeimischung stärker als eine Wasserbeimischung. Beachtlich ist das starke Ansprechen der Alkoholgemische auf Zusatz von Bleitetraäthyl, Abb. 214, S. 151.

Beim Betrieb von Rennmotoren und auch zur Steigerung der Startleistung von Hochleistungsflugmotoren wird Zusatz von Alkohol und auch von Wasser vielfach verwendet. Gelegentlich waren auch Bestrebungen im Gange, bei Kraftfahrzeugmotoren mit hoher Verdichtung im Teillastbereich mit weniger klopffestem billigem Kraftstoff zu fahren und zur Vermeidung des Klopfens bei hohen Mitteldrücken Alkohol- oder Wasserzusatz anzuwenden.

Wasser kann dem Zylinder unmittelbar durch eine Einspritzdüse zugeführt oder vor Ventil bzw. Lader gespritzt werden. Wenn merkliche Mengen Wasser eingespritzt werden, um die Zylinderwände oder andere Bauteile, z. B. Laderteile, abzukühlen, wird sich die Leistung des Motors etwas zugunsten der Betriebssicherheit verringern. Bei Betrieb mit Wassereinspritzung muß mit Korrosion an Kerze, Ventilen und Kolbenringen gerechnet werden. Ebenfalls kann Wasser im Schmieröl auftreten.

IV. Verbrennung

Unter Verbrennung im engeren Sinne versteht man die Vereinigung beliebiger Stoffe mit gasförmigem, molekularem Sauerstoff, wobei als Verbrennungsprodukte Oxide der verbrennenden Stoffe entstehen. Für den Motor interessiert nur die rasche Verbrennung, also die unter Flammenerscheinung ablaufende schnelle Oxydation geeigneter Stoffe, die so gelenkt werden muß, daß sie möglichst vollkommen zu den Verbrennungsendprodukten führt. Um den für die motorische Verbrennung notwendigen raschen Ablauf zu erzielen, sind große Berührungsflächen zwischen Kraftstoff und Sauerstoff erforderlich, weshalb flüssige Kraftstoffe zur Verbrennung im Motor fein zerstäubt und ebenso wie dampf- und gasförmige Kraftstoffe gleichmäßig mit der Luft gemischt werden müssen.

Zur Einleitung einer motorischen Verbrennung im Ottomotor muß der Kraftstoff mit der Luft in einem für die Zündung geeigneten Mischungsverhältnis verdichtet und durch einen gesteuerten elektrischen Funken gezündet werden. Die Flamme pflanzt sich dann von der Zündstelle aus im Brennraum fort, wobei sowohl schleichende Verbrennung durch zu kleine Flammengeschwindigkeit als auch schlagartige, klopfende Verbrennung zu vermeiden ist. Der Energieumsatz im Motor umfaßt alle chemischen Reaktionen, von den bei der Verdichtung auftretenden Vorreaktionen bis zu den für den Arbeitsprozeß nicht mehr ausnutzbaren Umsetzungen im Abgas nach Ausströmen aus dem Zylinder. Für die Verbrennung im Motor steht nur eine sehr kurze Zeit zur Verfügung, da der Verbrennungsvorgang in der Nähe des oberen Totpunktes erfolgen muß, wenn günstiger Kraftstoffverbrauch erzielt werden soll. Bei einer üblichen Verbrennungsdauer im Viertakt-Ottomotor von 30 bis 40 °KW entspricht dies bei einer Drehzahl von 5000 U/min ungefähr $^1/_{1000}$ s.

1. Vorreaktionen

a) Temperaturen bei Verdichtungsbeginn

Das aus Luft, Abgasrest und Kraftstoffdampf bestehende Gemisch wird im Verdichtungshub auf hohen Druck und hohe Temperatur gebracht. Die Endtemperatur der Verdichtung nimmt mit zunehmendem Kraftstoffgehalt der Mischung ab, da die spezifische Wärme des Gemisches mit dem Gehalt an Kraftstoffdampf wächst. Der Kraftstoffdampf ist am Ende der Verdichtung sehr stark überhitzt, so daß auch die schwersiedenden Kraftstoffanteile immer völlig verdampft sind und sogar schon Reaktionen des Kraftstoffes mit der Luft auftreten.

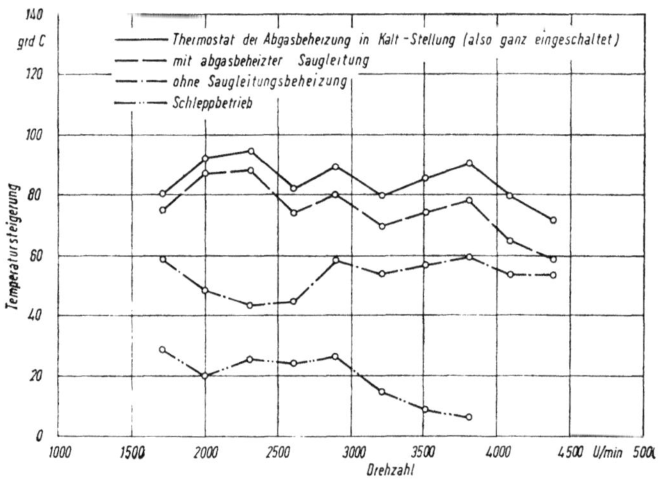

Abb. 86. Temperaturzunahme der Luft bzw. des Gemisches während des Ansaugens in einem wassergekühlten Motor mit hängenden Ventilen [96]

Für die Kenntnis der Temperaturen bei Verdichtungsende muß der Zustand des Gemisches vor Beginn des Verdichtungshubes bekannt sein. Gewöhnlich wird die Temperatur zu Beginn der Verdichtung mit etwa 100 °C angenommen. Diese Temperatur hängt von der Ansauglufttemperatur, von dem Kühleffekt der Kraftstoffverdampfung und von der Erwärmung durch die heißen Flächen des Einlaßsystemes, der Ventile und der Brennraumwände sowie von der Beimengung heißer Restgase ab. Die Auswirkung der Kraftstoffverdampfung und der Restgasbeimengung kann zuverlässig geschätzt oder errechnet werden, nicht aber der Effekt der Erwärmung durch die heißen Flächen.

In Abb. 86 und 87 ist die Temperaturzunahme vom Ansaugzustand bis zum Verdichtungsbeginn für einen wassergekühlten und einen luftgekühlten Motor angegeben. Die Temperaturzunahme ohne Saugleitungsbeheizung beträgt danach 40 bis 60 grd für den wassergekühlten Zylinder und 90 bis 130 grd für den luftgekühlten Zylinder. Die Größenordnung der Werte wird durch die Motordrehzahl wenig beeinflußt. Abb. 86 zeigt zusätzlich den Einfluß der Saugleitungsbeheizung, wodurch sich die Temperaturzunahme um weitere 20 bis 40 grd auf 60 bis 90 grd erhöht.

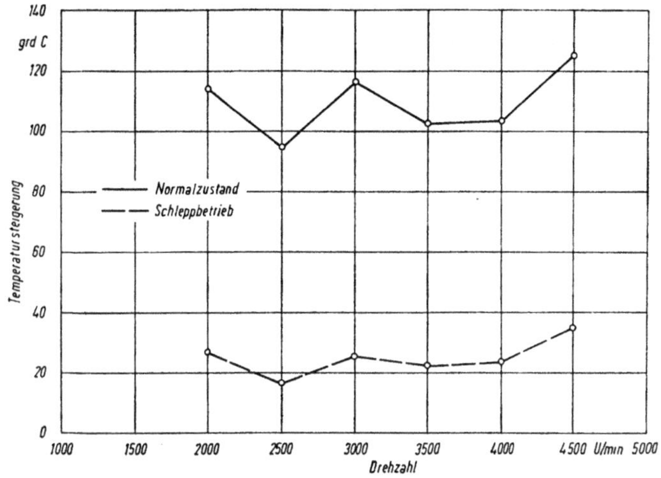

Abb. 87. Temperaturzunahme des Gemisches eines luftgekühlten Einzylindermotors mit hängenden Ventilen ohne Saugleitungsbeheizung [96]

b) Reaktionen der Kraftstoffe vor der Zündung

Es gibt Kohlenwasserstoffe, die durch die Verdichtungsendtemperaturen in der im Motor zur Verfügung stehenden Zeit chemisch noch nicht verändert werden, z. B. Benzol und Alkohol. Andere Bestandteile der handelsüblichen Kraftstoffe zerfallen bzw. reagieren aber schon bei diesen Temperaturen mit dem Sauerstoff. Der Einfluß der Zeit ist bei diesen Umsetzungsvorgängen von großer Bedeutung. Im Motor ist die Umsetzung deshalb relativ gering, während sie bei Versuchsbomben infolge der langen Einwirkungszeit wesentlich größer ist. Die Umsetzung geht nur mit geringer Wärmeentwicklung vor sich, wobei es auch möglich ist, daß eine Wärmebindung stattfindet.

Die Reaktionen während des Verdichtungshubes geben eine Änderung der Kraftstoffstruktur durch Kracken und Dehydrierung des Ausgangskraftstoffes sowie Polymerisierung von Oxydationsprodukten und Bildung von anoxydierten Komponenten, so daß im Augenblick der Zündung durch die Zündkerze nicht mehr der Kraftstoff vorhanden ist, der im Vergaser zugeführt wurde. Der Luftsauerstoff reagiert in erster Linie mit den Kohlenwasserstoffen unter Bildung von Peroxiden, Aldehyden, Ketonen, Alkoholen, Säuren und Polymerisationsprodukten.

c) Untersuchung der Vorreaktionen in fremd angetriebenen Motoren

Da vor der Flammenfront im zündenden Motor Aldehyde und Peroxide und auch Strahlungsenergie, die der Anwesenheit von kalten Flammen zugeschrieben wird, nachgewiesen wurden, und da die Vorreaktionen neben ihrem Einfluß auf das Klopfen infolge ihrer größtenteils exothermen Natur und ihrem vorzeitigen Auftreten Einfluß auf den thermischen Wirkungsgrad des Motorprozesses nehmen, wurden sie gründlich untersucht.

In fremd angetriebenen Motoren wurde festgestellt, daß sich mit dem Verdichtungsverhältnis die Klopffestigkeit des Auslaßgases verändert, wie in einem nachgeschalteten zündenden Motor, der die austretenden Gase ansaugt, nachgewiesen werden kann, Abb. 88.

Wenn das Verdichtungsverhältnis über ein gewisses Maß hinaus erhöht wird, sinkt die Klopffestigkeit zunächst, da die mit dem Verdichtungsverhältnis zunehmenden chemischen Reaktionen klopffördernde Produkte bilden. Wird das Verdichtungsverhältnis weiter erhöht, steigt die Klopffestigkeit des Auslaßgases wieder an. Diese Erscheinung ist dadurch zu erklären, daß der Kraftstoff durch die teilweise Oxydation in dem ersten Motor für den zweiten Motor nur einen bedeutend verminderten Heizwert übrigläßt [233]. Eine weitere Erklärung ist die mögliche Anwesenheit von Wasserdampf und anderen Vorverbrennungsprodukten, welche die Tendenz haben, die Klopfgrenze zu höheren Verdichtungsverhältnissen zu verschieben. Bei weiterer Steigerung des Verdichtungsverhältnisses tritt im angetriebenen Motor Selbstzündung auf. Die Ergebnisse sind in Abb. 88 für mehrere Mischungen aus Isooktan und n-Heptan dargestellt.

Beim zündenden Motor ist der Ablauf der Vorreaktionen in dem von der Flammenfront noch nicht erfaßten Gemischteil von entscheidender Bedeutung für den Klopfvorgang. Die Untersuchung solcher Reaktionen ist aufwendig, weil sie über zahlreiche kurzlebige Zwischenprodukte ablaufen, die gleichzeitig vorhanden sind und deren Trennung schwierig ist, besonders bei den üblichen Handelskraftstoffen, die aus einem Gemisch verschiedener Kohlenwasserstoffe bestehen. Daher werden die Vorreaktionen nicht im Endgas eines zündenden Motors, sondern meistens während der Verdichtung eines Motors mit verzögerter Zündung bzw. im angetriebenen Motor eingehend untersucht, um auf diese Weise die für die Auslösung des Klopfens wichtigen Reaktionsschritte kennenzulernen. Durch Vergleich mit normal zündenden Motoren wurde festgestellt, daß die Ergebnisse aus Versuchen mit verzögerter Zündung übertragbar sind.

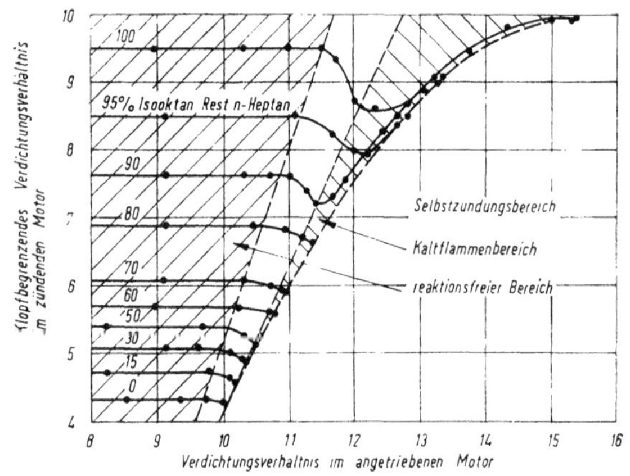

Abb. 88. Klopfneigung des Abgases eines angetriebenen Motors für Mischungen aus Isooktan und n-Heptan [232]

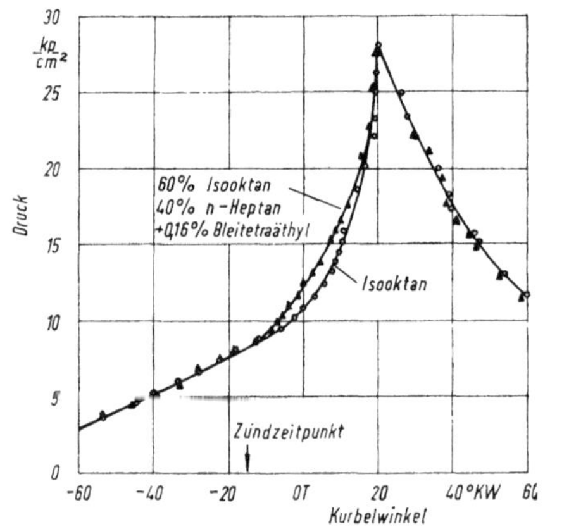

Abb. 89. Druckverlauf für einen Kraftstoff mit Vorreaktionen und für einen ohne Vorreaktionen (Isooktan) bei normalem Zündzeitpunkt [180]

d) Ausmaß und Entstehungszeit der Vorreaktionsenergie

Ein Vergleich zwischen einem reagierenden und einem nicht reagierenden Kraftstoff (Isooktan) ist in Abb. 89 zu sehen. Während vor Erreichen des Höchstdruckes ein deutlicher Unterschied im Druckverlauf auftritt, kann danach nur eine schwache Tendenz des nicht reagierenden Kraftstoffes zu höheren Drücken festgestellt werden. Die Wärmeentwicklung durch die Vorreaktionen aus der Differenz der beiden Kurvenverläufe nach Abb. 89 ist in Abb. 90 dargestellt. Die obere Kurve stellt die Wärme dar, die vor der Flammenfront im Zeitraum vom Zündzeitpunkt bei 15 °KW vor OT bis zu 15 °KW nach OT entsteht. Da sich die Zahl der Moleküle des Kraftstoffes vor der Flammenfront ständig in dem Maß verringert wie die Flamme durch den Brennraum fortschreitet, ist die gesamte freigegebene Wärme kein Maß für den Umfang der Vorreaktionen. Deshalb ist in der mittleren Kurve die Wärmeentwicklung der Vorreaktion pro Mol des Kraftstoffes vor der Flammenfront aufgetragen. In der unteren Kurve ist sie zusätzlich auf die Zeit bezogen. Der Einfluß der Flammenfront auf die Mischung vor der Flammenfront während der Verbrennung ist dabei nur durch den Einfluß von Druck und Temperatur, eventuell auch durch Strahlung, vorhanden. Wichtig ist, daß beim zündenden Motor keine Änderung der Zahl der Mole während der Vorreaktionen beachtet zu werden braucht, da der Wechsel in der Zahl der Mole in der Mischung vor der Flammenfront erst auftritt, nachdem die Flammenfront den größten Teil des Weges durch den Brennraum zurückgelegt hat, d. h. nachdem die Temperatur das Maximum erreicht hat, Abb. 91. Nach Abb. 90 wird der größte Teil der Vorreaktionsenergie im Bereich von 10 °KW vor OT bis OT frei, bevor also eine wesentliche Änderung in der Molzahl vor der Flammenfront stattfindet. Die maximale Vorreaktionsenergie fällt nach Abb. 90 auch in einen Bereich, der zeitlich erheblich vor dem Auftreten des Temperaturmaximums der Verbrennung liegt.

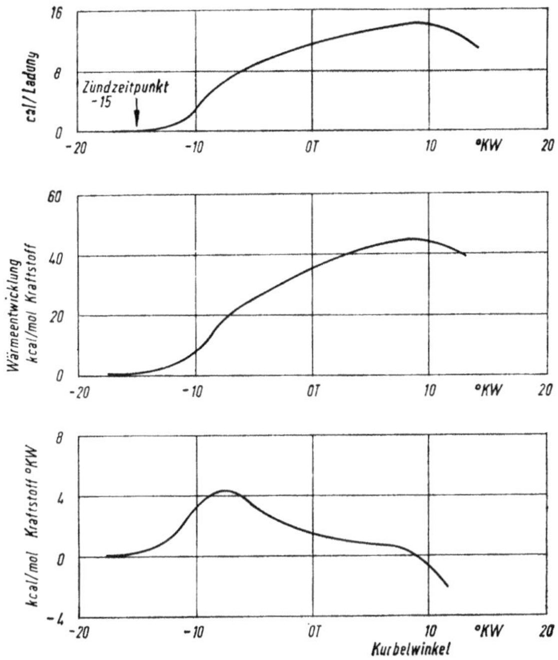

Abb. 90. Ausmaß der Vorreaktionen in Abhängigkeit von der Zeit bei normalem Zündzeitpunkt [180]

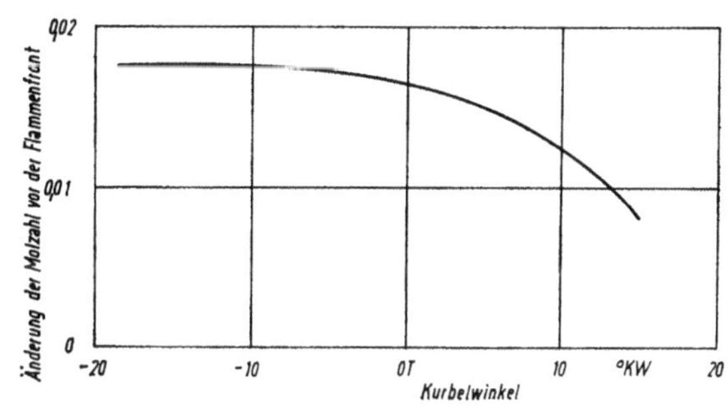

Abb. 91. Änderung der Molzahl vor der Flammenfront in Abhängigkeit vom Kurbelwinkel [180]

Mit dem Ansteigen des Verdichtungsverhältnisses eines angetriebenen Motors steigen Zylinderspitzendruck und -temperatur. Damit wächst das Ausmaß der Vorreaktionen. Das gleiche tritt durch Steigerung der Einlaßtemperatur ein. Eine durch Ansteigen des Verdichtungsverhältnisses erhöhte Temperatur ergibt aber eine geringere Reaktionssteigerung als eine direkte Erhöhung der Temperatur, da die Drucksteigerung die mit den Vorreaktionen verbundene Molzahlerhöhung hemmt. Um im fremd angetriebenen Motor die thermischen Bedingungen während des Verdichtungshubes für die unverbrannte Ladung während der Verbrennung eines zündenden Motors nachzuahmen, wird daher meistens die Mischungstemperatur erhöht.

e) Temperatursteigerung durch Vorreaktionen

Untersuchungen der Vorreaktionen werden durch Aufnahmen vom Druckverlauf im Zylinder und durch Temperaturmessungen der Auslaßgase an nichtzündenden Motoren vorgenommen. Die Vorreaktionen sind dabei an einer Ausbeulung des Indikatordiagrammes während des Dehnungshubes und an der Temperatursteigerung des Gemisches nach dem Durchgang durch den Motor feststellbar. Die Temperaturdifferenz zwischen der Auslaßtemperatur beim Betrieb des Motors mit Gemisch und beim Betrieb mit reiner Luft ist in

Abb. 92 für verschiedene Verdichtungs- und Luftverhältnisse aufgetragen. Die Vorreaktionen beginnen merklich bei einem Verdichtungsverhältnis von 5. Sie nehmen mit sinkendem Luftverhältnis, d. h. steigendem Kraftstoffgehalt zunächst bis zu einem ausgeprägten

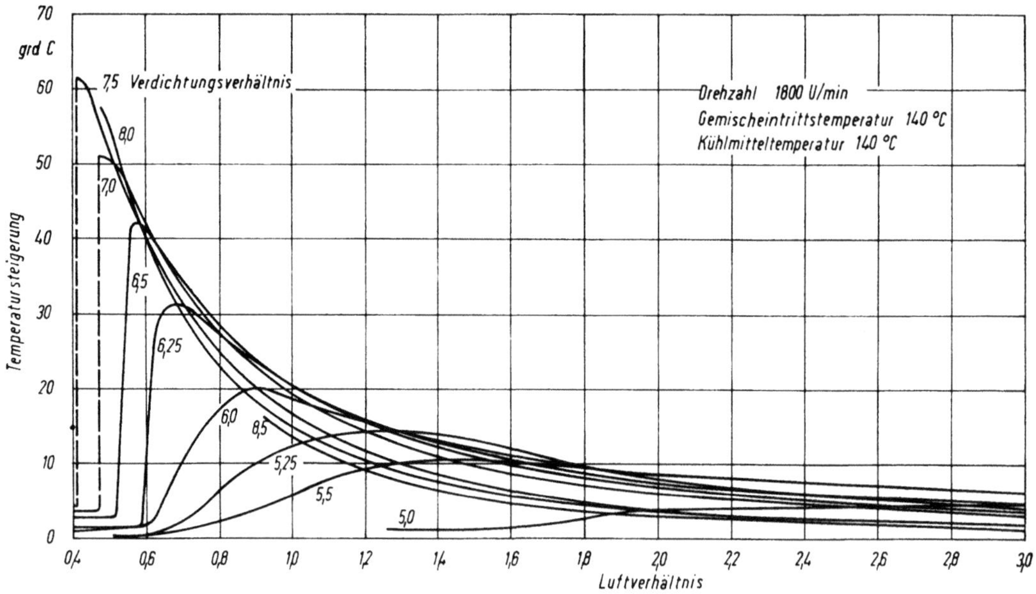

Abb. 92. Temperatursteigerung des Kraftstoff-Luft-Gemisches durch Vorreaktionen in Abhängigkeit vom Luftverhältnis und Verdichtungsverhältnis [197]

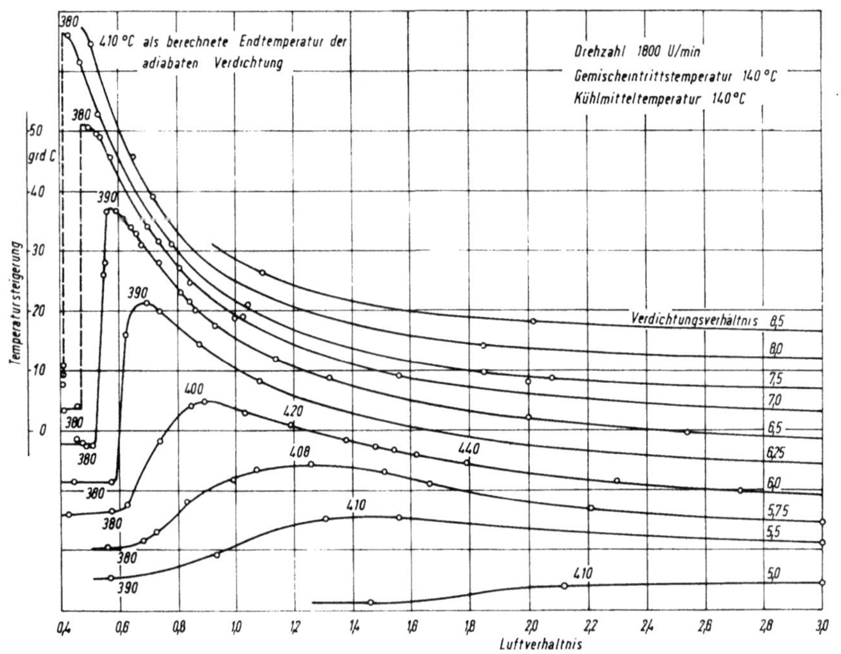

Abb. 93. Temperatursteigerung des Kraftstoff-Luft-Gemisches durch Vorreaktionen in Abhängigkeit vom Luftverhältnis und Verdichtungsverhältnis [197]

Maximum zu. Mit steigendem Verdichtungsverhältnis werden die Temperaturdifferenzen größer, das Maximum verschiebt sich nach kleineren Luftverhältnissen und der Abfall des linken Kurvenastes wird steiler.

Wie Abb. 93 zeigt, ist die Form der Kurven vor allem durch die Temperatur, weniger durch das Luftverhältnis beeinflußt, denn in den Maxima der Kurven herrscht stets eine Verdichtungsendtemperatur zwischen 380 und 410 °C. (Wegen der übersichtlicheren Darstellung sind die Kurven in unterschiedlicher Höhenlage gezeichnet. Für jede Kurve gilt, daß die Temperatursteigerung bei reiner Luft Null ist, vgl. Abb. 92.) Bei reichen Gemischen tritt wegen des kleineren Adiabatenexponenten das Maximum der Temperatursteigerung erst bei größeren Verdichtungsverhältnissen auf, dafür ist aber wegen des höheren Kraftstoffgehaltes der Umsatz und die Temperatursteigerung größer.

f) Druck- und Energieentwicklung bei verschiedenen Kraftstoffen

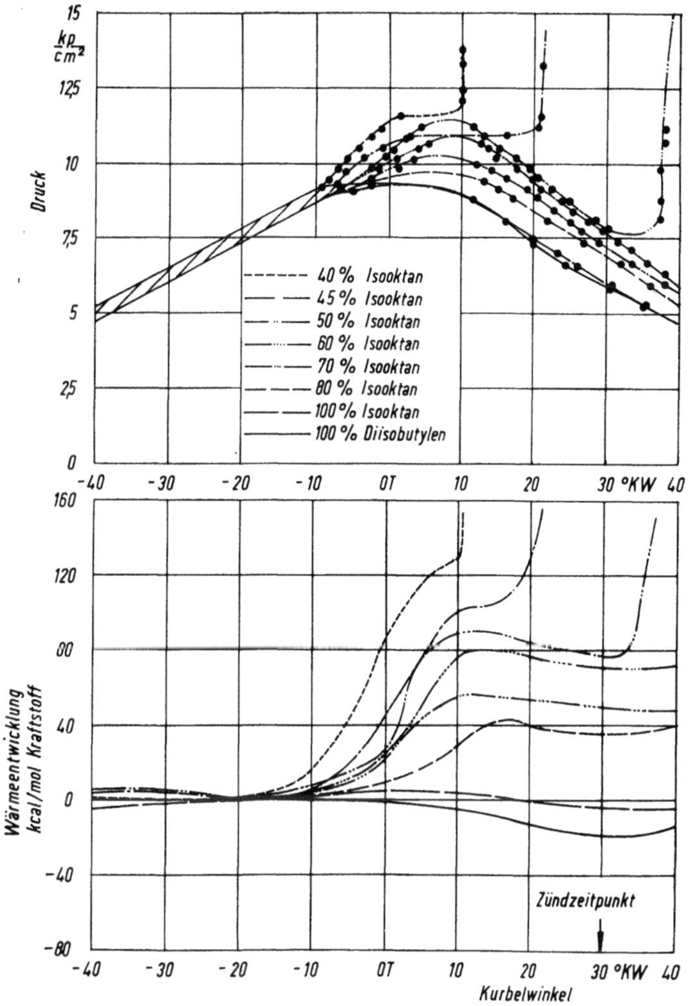

Abb. 94. Druckverlauf und Energieentwicklung durch die Vorreaktionen für Vergleichskraftstoff-Mischungen [180]

Für die Vorreaktionen kann wegen der verwickelten Zusammenhänge des Reaktionsmechanismus keine rechnerische Beziehung angeschrieben werden. Der Druckanstieg aus den Vorreaktionen ist jedoch bekannt und erlaubt einen Einblick in ihre Charakteristiken. Die wichtigste Erkenntnis ist, daß das Maximum des Druckanstieges 10 bis 15 °KW vor dem Maximum der Temperatur erscheint. Da chemische Reaktionen im allgemeinen mit der Temperatur ansteigen, kann dieses abweichende Verhalten nur aus einem negativen Temperaturkoeffizienten herrühren. Es ist unwahrscheinlich, daß dieses Verhalten auf die Drucksteigerung infolge der Vorreaktion zurückzuführen ist, da die mit den Vorreaktionen verbundene Molzahlvergrößerung durch die Drucksteigerungen gehemmt wird. Wenn man die große Anzahl von neutralen Stickstoffmolekülen in dem System betrachtet, ist der Wechsel der Molzahl durch die Vorreaktionen unbedeutend in seinem Einfluß auf die Gesamtzahl der Moleküle des Systems. Der negative Temperaturkoeffizient einer Reaktionsgeschwindigkeit wurde auch schon früher beobachtet [11, 167]. Meistens treten kalte Flammen auf, wenn dieser negative Temperaturkoeffizient einer Reaktionsgeschwindigkeit erscheint [105]. Eine besondere Art von Vorreaktionen zeigt keine Wärmeentwicklung. Diese Vorkaltflammenreaktionen wurden in Absorptionsspektren in dem Endgas eines Motors [242] und durch Probenahme aus dem Brennraum [64] entdeckt.

Zur Deutung der Vorgänge im Gemischrest eines zündenden Motors können auch Versuche mit verzögerter Zündung dienen, wie sie in Abb. 94 mit einem Zündzeitpunkt

30 °KW nach OT wiedergegeben sind. Dort sind der gemessene Druckverlauf und die entsprechende Wärmeentwicklung der Ladung in Abhängigkeit vom Kurbelwinkel für verschiedene Kraftstoffmischungen aus Isooktan und n-Heptan aufgetragen. Ebenso sind in diesem Diagramm die Werte für Diisobutylen aufgetragen. Dieser Kraftstoff zeigt keine Vorreaktionen. Die Wärmeentwicklung ist bei 20 °KW vor OT willkürlich als Null festgelegt. Davor sollten eigentlich keine wesentlichen Unterschiede auftreten, d. h. daß die Streuung der Werte in der Meßgenauigkeit und den nicht konstanten Versuchsbedingungen zu suchen ist.

Da die Horizontale im Wärmediagramm eine Adiabate darstellt, zeigt das Verhalten von Diisobutylen als einem nicht reagierenden Kraftstoff den Einfluß des Wärmeüberganges vom Gemisch an die Brennraumwand. Die Kurven für die Kraftstoff-Mischungen mit den Oktanzahlen 40, 45 und 50 zeigen, daß Selbstzündung auftritt. Bei Kraftstoffen mit Oktanzahlen über 50 trat keine Selbstzündung auf, sie wurden nach der Zündkerzenzündung bei 30 °KW nach OT normal verbrannt. Eine Betrachtung der Wärmeentwicklung zeigt zunächst mäßig schnelle Vorreaktionen, deren Größe sich mit der Zusammensetzung des Kraftstoffes ändert und die bei den meisten Kraftstoffen in Abb. 94 von − 10 bis + 15 °KW dauert. Eine zweite Phase ist mit langsamer Wärmeabgabe oder möglicherweise ohne Wärmeabgabe verbunden. Dann folgt entweder plötzliche Selbstzündung oder normale durch die Zündkerzenzündung eingeleitete Verbrennung. Die geringen Unterschiede zwischen Isooktan und Diisobutylen zeigen, daß auch Isooktan praktisch keine Wärmeentwicklung gibt.

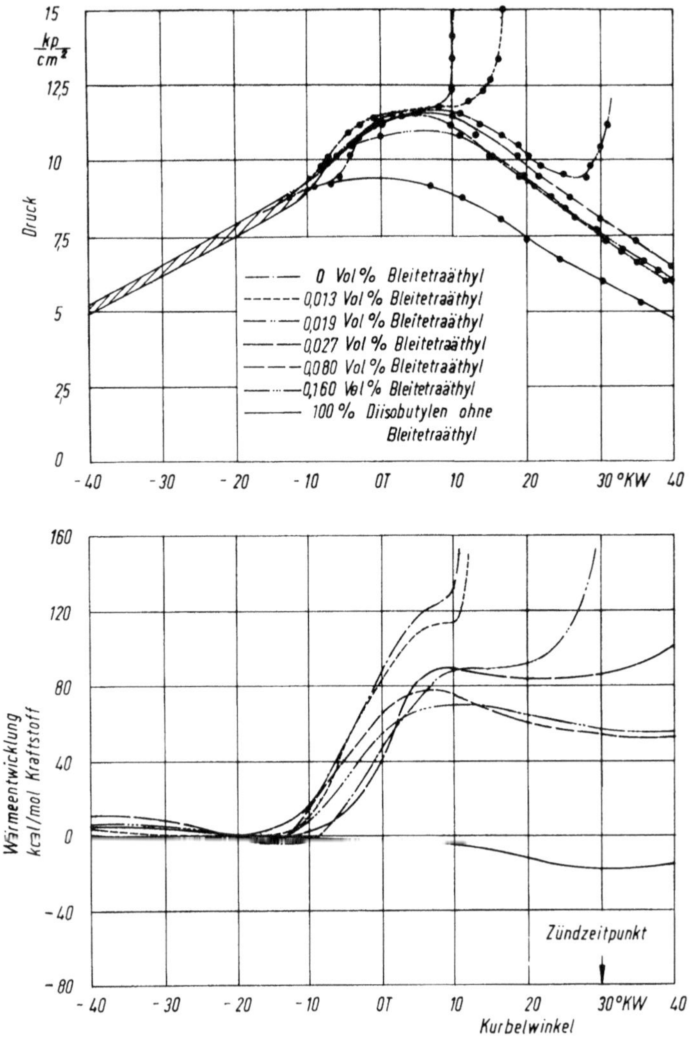

Abb. 95. Druckverlauf und Energieentwicklung durch Vorreaktionen für einen Kraftstoff mit einer Oktanzahl von 40 und unterschiedlichem Gehalt an Bleitetraäthyl [180]

Abb. 95 zeigt eine gleiche Auftragung wie Abb. 94 für eine Kraftstoffmischung mit einer Oktanzahl von 40 und Bleitetraäthylgehalten von 0 bis 0,16 Vol%. Im Vergleich zu Abb. 94 zeigen die gebleiten Kraftstoffe nahezu dieselbe Wärmeentwicklung wie der ungebleite Kraftstoff. Jedoch geht der Einfluß des Bleigehaltes auf die Selbstzündung dahin, daß sie mit zunehmendem Bleigehalt immer später und letztlich gar nicht mehr stattfindet. Die Wärmeentwicklung der Vorverbrennung ist in Abb. 96 für einige Kraftstoffmischungen gezeichnet. Ansteigende Oktanzahl ergibt eine kleinere Wärmeentwicklung, die sich jedoch je nach Kraftstoffart ändert. Für diese Auswertung wurde das Ende der Vorreaktionen dort angenommen, wo der betrachtete und ein nicht reagierender Kraftstoff die gleiche Neigung der Kurven in Abb. 94 bzw. 95 zeigten.

Der Einfluß der Vorreaktionen auf die Leistung des Motors ist durch Auswerten der Druckdifferenzen über dem Kolbenhub bei Betrieb mit einem reagierenden und einem nichtreagierenden Kraftstoff zu erfassen. Wegen der mit dem Umzeichnen verbundenen Ungenauigkeit wird jedoch kaum eine wesentliche Aussage zu gewinnen sein.

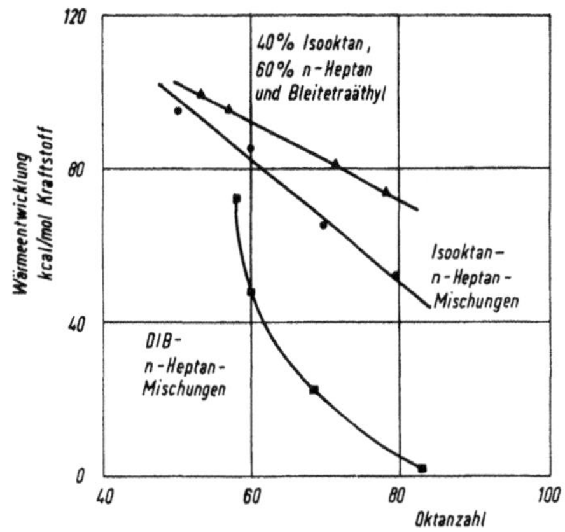

Abb. 96. Energieentwicklung aus den Vorreaktionen für verschiedene Kraftstoffe in Abhängigkeit von der Oktanzahl [180]

g) Zusammenhang zwischen Klopftendenz und Vorreaktionen bei verschiedenen Kraftstoffen

Der Zusammenhang der Klopftendenz mit den Vorreaktionen in Abhängigkeit vom molekularen Aufbau der Kraftstoffe ist in Abb. 97 gezeigt, und zwar für Paraffine, Olefine, Naphthene und Aromaten, die jeweils zur Einstellung der gewünschten Oktanzahl mit n-Heptan gemischt wurden. Zusätzlich sind drei übliche Kraftstoffmischungen aufgetragen. Der Druckanstieg wird mit dem einer Oktan-Heptan-Mischung verglichen, die eine lineare Abhängigkeit aufweist. Die Vorreaktionen zeigen in ihrem Druckverlauf eine Übereinstimmung mit der Theorie über die Kettenreaktionen [44]. Danach haben Diisobutylen und Cyclopentan merklich kettenbrechende Eigenschaften, während Isooktan, 2,3-Dimethylbutan und Toluol wenig oder keine kettenbrechende Eigenschaft haben. Diese Hypothese wird durch Abb. 97 gestützt, da der Druckanstieg mit Mischungen von n-Heptan mit Diisobutylen und Cyclopentan merklich niedriger ist als mit Isooktan, 2,3-Dimethylbutan und Toluol [40].

Aus der linearen Abhängigkeit der Druckentwicklung als Maß für die Vorreaktionen von Isooktan-n-Heptan-Mischungen vom Isooktangehalt, d. h. von der Oktanzahl, nach Abb. 97 folgt eine ebenso lineare Abhängigkeit der Wärmeentwicklung [166], da die Abhängigkeit des Druckes von der Molzahländerung vernachlässigt werden kann, s. Abb. 96. Die Abweichungen der anderen Kraftstoffe von der Linearität sind, bezogen auf die Oktanzahl, von gleicher Größe wie in Abb. 97. Wegen der hohen thermischen Stabilität wird vielfach [176] Benzol statt Isooktan als Bezugskraftstoff benutzt, um Kraftstoffe hinsichtlich ihrer Vorreaktionen zu beurteilen.

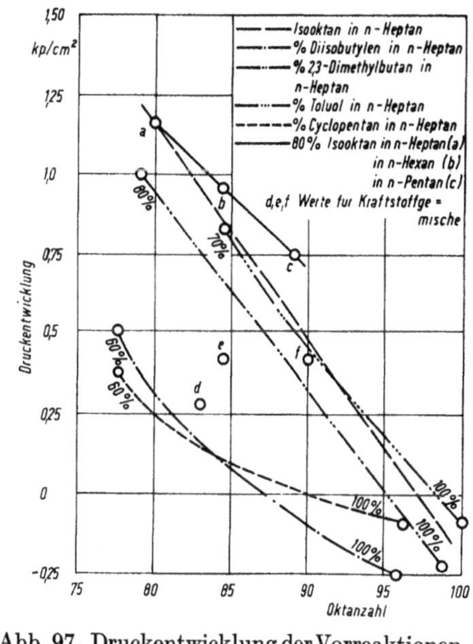

Abb. 97. Druckentwicklung der Vorreaktionen für Mischungen verschiedener Kohlenwasserstoffe in Abhängigkeit von der Oktanzahl [40]

h) Strahlung und Bereich der kalten Flamme

Ein Vergleich der Intensität der Strahlung der kalten Flamme mit der aus den Vorreaktionen herrührenden Druckentwicklung zeigt Abb. 98. Unterschiede zwischen beiden Kurven treten wegen exothermer und endothermer Reaktionen auf. Die Ähnlichkeit der Kurven im ersten Teil zeigt, daß Druck und Strahlung dort übereinstimmen. Der Verlauf der Strahlungsintensität zeigt, daß eine zweite kalte Flamme auftritt, welcher aber kein Wechsel im Druckanstieg entspricht, d. h., daß die Strahlung für die zweite kalte Flamme aus endothermer oder zumindest mit geringer Wärmeentwicklung verbundener Reaktion herrührt.

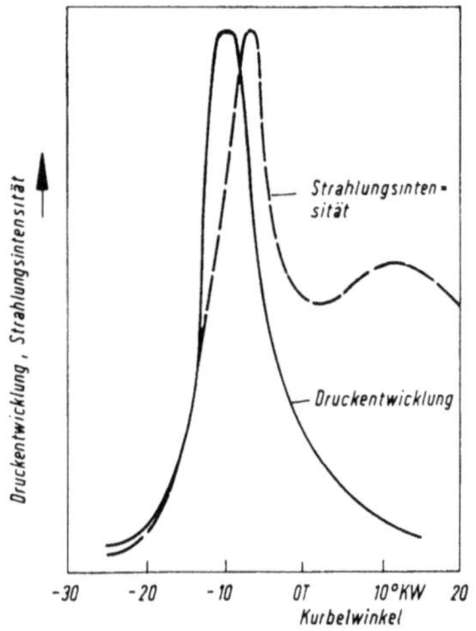

Abb. 98. Vergleich der Strahlungsintensität der kalten Flamme mit der Druckentwicklung aus den Vorreaktionen für einen Bezugskraftstoff mit einer Oktanzahl von 70 [40]

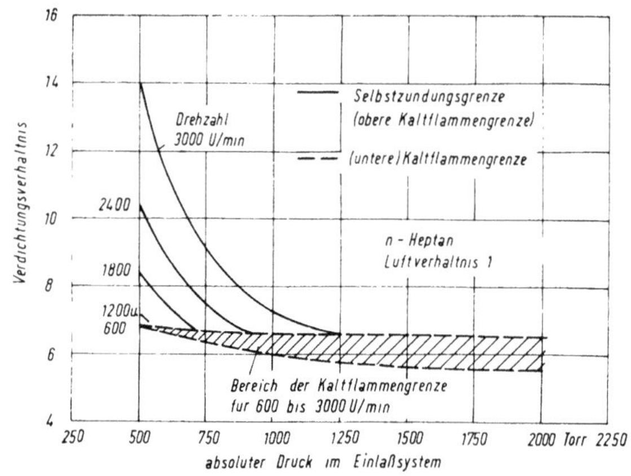

Abb. 99. Kaltflammen- und Selbstzündungsbereiche für n-Heptan bei verschiedenen Drehzahlen und Ansaugdrücken [41]

Der Einfluß der Motordrehzahl auf den Bereich der kalten Flamme von n-Heptan, n-Heptan mit 0,08 Vol% Bleitetraäthyl und Isooktan wird in Abb. 99 bis 101 gezeigt. Für jeden dieser Kohlenwasserstoffe ist die untere Kaltflammengrenze nahezu unabhängig

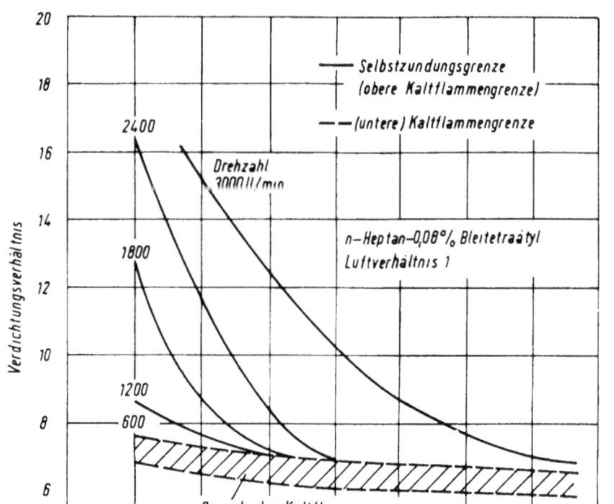

Abb. 100. Kaltflammen- und Selbstzündungsbereiche für n-Heptan mit Bleitetraäthyl bei verschiedenen Drehzahlen und Ansaugdrücken [41]

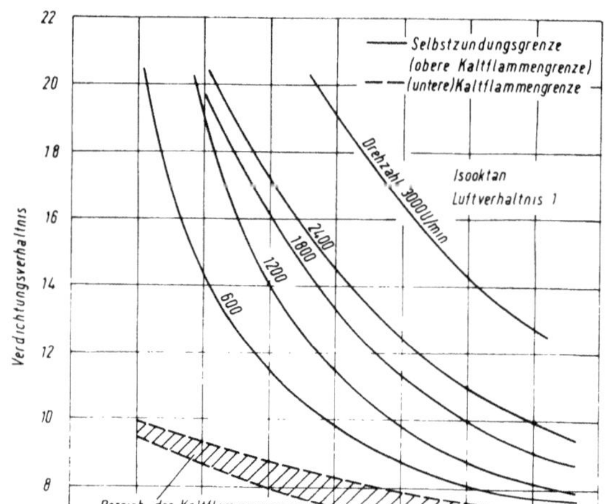

Abb. 101. Kaltflammen- und Selbstzündungsbereiche für Isooktan bei verschiedenen Drehzahlen und Ansaugdrücken [41]

von der Motordrehzahl und nur wenig abhängig von dem Ansaugdruck. Die oberen Grenzkurven für kalte Flammen, d. h. die Selbstzündungsgrenzen, zeigen einen deutlichen Wechsel mit der Motordrehzahl. Selbstzündung tritt bei höherer Drehzahl erst bei höheren Verdichtungsverhältnissen ein, und zwar nicht nur bei n-Heptan und Isooktan, wie in

Abb. 99 bis 101 gezeigt, sondern auch bei Benzol. Die Zugabe von Bleitetraäthyl zu n-Heptan hat wenig Einfluß auf die untere Kaltflammengrenze, aber sie dehnt den Bereich der Temperaturen und Drücke für das Auftreten von kalten Flammen aus und schiebt damit die Selbstzündungsgrenze hinaus.

In Abb. 102 sind diese Zusammenhänge in der grundsätzlicheren Art Temperatur über Druck aufgetragen. Die Kurve *ABC* stellt die im Motor gemessene Selbstzündungsgrenze dar, die Kurve *BD* zeigt die niedrige Kaltflammengrenze und schraffiert ist der Bereich der kalten Flammen. Der Einfluß der Zeit auf die Vorreaktionen wird in diesem Bild durch Eintragung von Ergebnissen aus Bombenversuchen [226] für denselben Kraftstoff deutlich gemacht. Bei den Bombenversuchen gilt für den Punkt *B'* ein Zündverzug von 5 Sekunden, während für die Motorversuche für Punkt *B* ein Zündverzug von 5 Millisekunden vorhanden war. Daher genügen bei den Bombenversuchen niedrigere Drücke und Temperaturen für ein vergleichbares Ausmaß von Vorreaktionen.

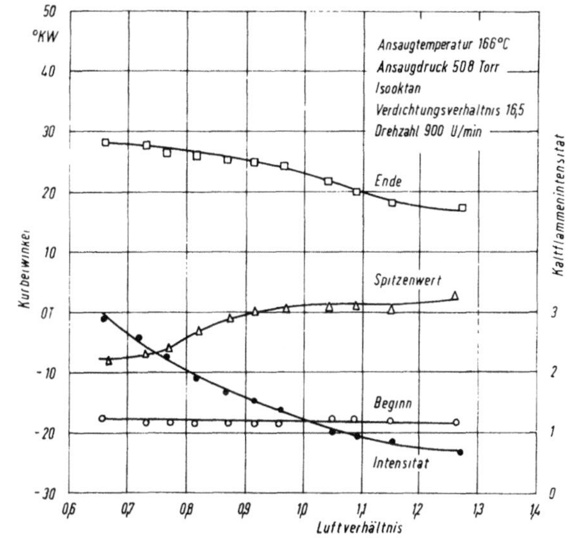

Abb. 103. Änderung des Kaltflammenauftretens und der Kaltflammenintensität in Abhängigkeit vom Luftverhältnis für Isooktan [148]

Für die während der ersten Vorreaktionen auftretenden blaßblau leuchtenden kalten Flammen ist die Abhängigkeit ihrer Intensität vom Verdichtungsverhältnis und Luftverhältnis

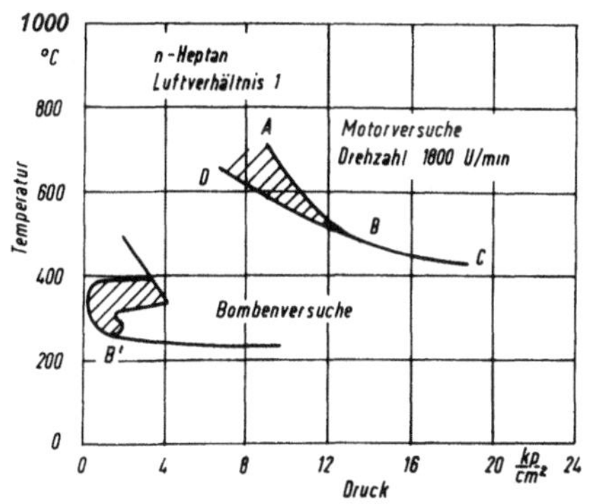

Abb. 102. Vergleich des Selbstzündungsbereiches im Motor und aus Bombenversuchen [166]

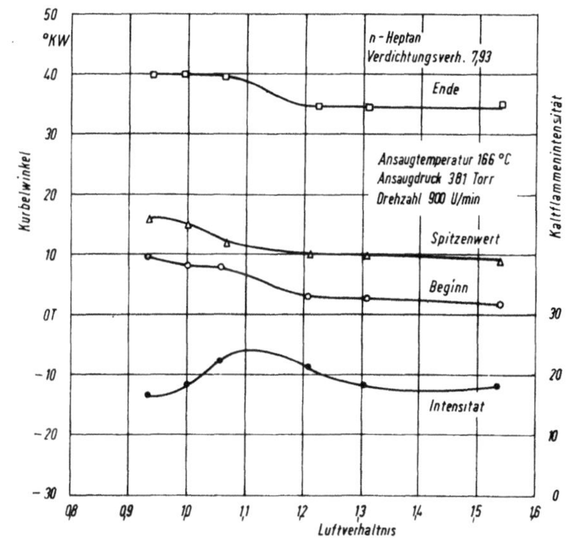

Abb. 104. Änderung des Kaltflammenauftretens und der Kaltflammenintensität in Abhängigkeit vom Luftverhältnis für n-Heptan [148]

für verschiedene Kohlenwasserstoffe bekannt [63, 166], ebenso die Einflüsse von Einlaßdruck und -temperatur sowie Motordrehzahl [41]. Weitere Untersuchungen geben einen Überblick über die Kolbenstellung, bei denen kalte Flammen auftreten und über die Intensität der kalten Flammen bei verschiedenen Kraftstoffen. In Abb. 103 und 104 sind diese Werte in Abhängigkeit vom Luftverhältnis für Isooktan, n-Heptan und n-Pentan aufgetragen. Bei diesen Kraftstoffen hat die kalte Flamme eine Dauer von 30 bis 40 °KW. Sie erscheint bei Isooktan zur gleichen Zeit unabhängig vom Luftverhältnis. Bei Isooktan ist bei reichem Gemisch die maximale Intensität größer und diese maximale Intensität erscheint früher, während sie für n-Heptan bei nahezu stöchiometrischen Mischungen auftritt, allerdings etwa 5- bis 10mal so groß wie bei Isooktan. Die Kaltflammenintensität ist dabei in willkürlichen Einheiten aufgetragen. Abb. 105 gibt den Einfluß des Verdichtungsverhältnisses auf die kalte Flamme für stöchiometrische Mischungen von n-Heptan, n-Pentan und Isooktan wieder. Mit jedem Kraftstoff wurde das Verdichtungsverhältnis von dem ersten Auftreten von kalten Flammen bis zur Erreichung der Selbstzündungsgrenze geändert. Der Beginn, das Ende und die Lage des Spitzenwertes der kalten Flamme erscheinen bei höheren Verdichtungsverhältnissen früher im Zyklus.

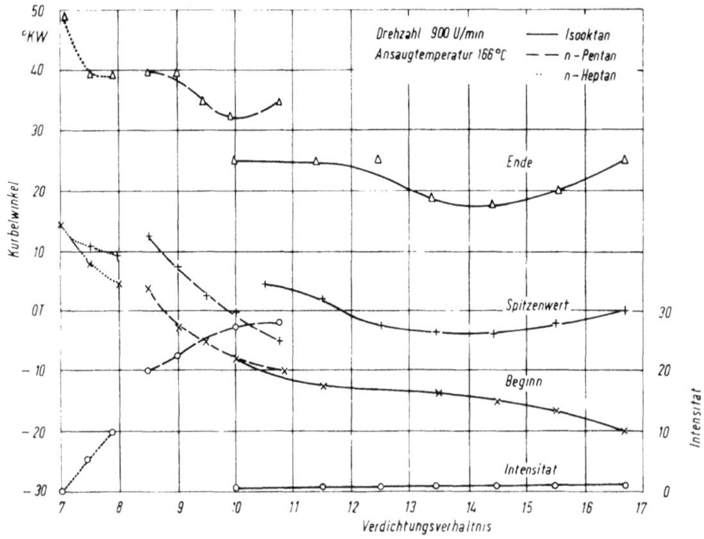

Abb. 105. Änderung des Kaltflammenauftretens und der Kaltflammenintensität in Abhängigkeit vom Verdichtungsverhältnis für verschiedene Kohlenwasserstoffe [148]

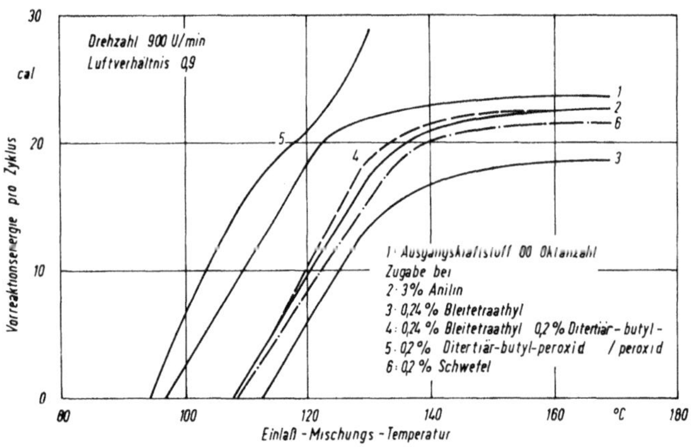

Abb. 106. Einfluß von Zusatzstoffen auf die Energieentwicklung der Vorreaktionen in Abhängigkeit von der Ansaugtemperatur [166]

i) Abhängigkeit der Vorreaktionsenergie von Kraftstoffzusätzen

In Abb. 106 ist die Wirkung von Kraftstoffzusätzen wie Anilin, Bleitetraäthyl, Schwefel und Peroxide auf die Vorreaktionsenergie gezeigt. Anilin und Bleitetraäthyl hemmen die Auswirkungen der Vorreaktionen in einem angetriebenen Motor genauso wie das Klopfen im zündenden Motor. Im angetriebenen Motor beginnen beide Komponenten bei einer Spitzentemperatur des Zyklus von 340 °C zu wirken. Schwefelkomponenten vermindern die Wirksamkeit von Bleitetraäthyl auf die Unterdrückung der Vorreaktion und der Klopfhemmung, wie bei Versuchen im zündenden Motor festgestellt wurde [132, 133, 134]. Peroxide als klopffördernde Mittel beeinflussen ebenfalls die Vorreaktionen, wie die Zugabe von 0,2 Gewichtsprozent Ditertiär-butyl-peroxid zeigt. Dieser Kraftstoff kommt schon bei Einlaßtemperaturen unter 130 °C zur Selbstzündung. Die Zugabe von 0,24 Vol. % Bleitetraäthyl unterbindet diese Reaktion.

j) Kaltflammenbereich für verschiedene Kraftstoffe und Zusätze

Die Zugabe von Bleitetraäthyl zu n-Heptan verändert die Lage der Selbstzündungskurven und der unteren Kaltflammengrenzkurve, vgl. Abb. 102, merklich, wie Abb. 107

zeigt. Die niedrige Kaltflammengrenzkurve wird geringfügig in Richtung zu höheren Drücken und die obere Kaltflammengrenze oder Selbstzündungsgrenze merklich in Richtung zu höheren Drücken verlagert, d. h., Bleitetraäthyl verbreitert den Bereich der kalten Flamme.

Zum besseren Verständnis ist der Verlauf von Endgastemperatur und -druck eines zündenden Motors für verschiedene Verdichtungsverhältnisse eingezeichnet. Diese Kurven gelten für 30 °KW Vorzündung und eine Drehzahl von 1800 U/min. Sie zeigen, daß die Selbstzündungsgrenzen beim angetriebenen Motor im Temperatur- und Druckbereich des

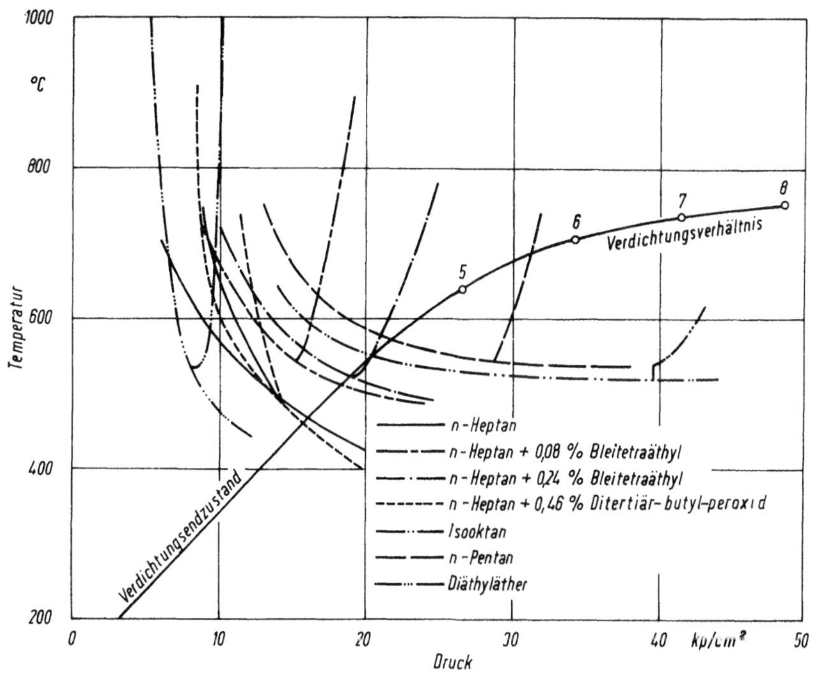

Abb. 107. Einfluß von Bleitetraäthyl und Peroxid auf die Kaltflammen- und Selbstzündungsbereiche von n-Heptan im Vergleich zu Isooktan, n-Pentan, Diäthyläther [166]

Endgases des zündenden Motors liegen. Ungebleites n-Heptan zeigt einen kleineren Bereich der kalten Flamme. Isooktan hat einen größeren Bereich für die kalte Flamme und die Selbstzündungsgrenze erscheint bei viel höheren Drücken. Es ist interessant, daß die niedrigen Kaltflammengrenzen sowohl für Isooktan und n-Pentan in nahezu denselben Temperatur-Druck-Bereich fallen. Dennoch ist bekannt, daß bei Isooktan erst bei schwereren Motorbedingungen eine merkliche durch Druckmessungen feststellbare Reaktion auftritt. Das mag anzeigen, daß die Vorreaktionen für diese beiden Kohlenwasserstoffe hinsichtlich ihres Mechanismus verschieden sind [166]. Klopffördernde Zusätze, wie 0,46 Gew.% Ditertiär-butyl-peroxid in n-Heptan verschieben nach Abb. 107 die Selbstzündungskurve bei hohen Drücken zu niedrigeren Temperaturen, die Selbstzündungs- und die untere Kaltflammenkurve bei niedrigen Drücken zu höheren Temperaturen.

k) Wirkung von Bleitetraäthyl auf die zweite kalte Flamme

Abb. 108 zeigt, daß die Zugabe von Bleitetraäthyl die Druckentwicklung durch die Vorreaktionen senkt und die Oktanzahl der Mischung anhebt und daß insbesondere im Vergleich dazu ein Anheben der Oktanzahl durch Erhöhung des Isooktangehaltes eine wesentlich größere Drucksenkung bringt. Die Erklärung dafür bringt Abb. 109. Bleitetraäthyl hat wenig Einfluß auf die Größe der ersten kalten Flamme, eliminiert jedoch die Strahlung der zweiten kalten Flamme fast vollständig, d. h., daß sich der Reaktionsmechanismus der zweiten kalten Flamme von dem der ersten unterscheidet und Bleitetra-

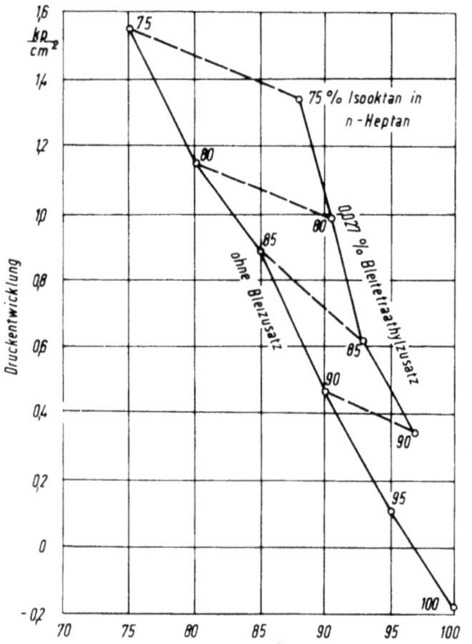

Abb. 108. Einfluß von Bleitetraäthyl auf die Druckentwicklung und die Oktanzahl bei Mischungen aus Isooktan und n-Heptan [40]

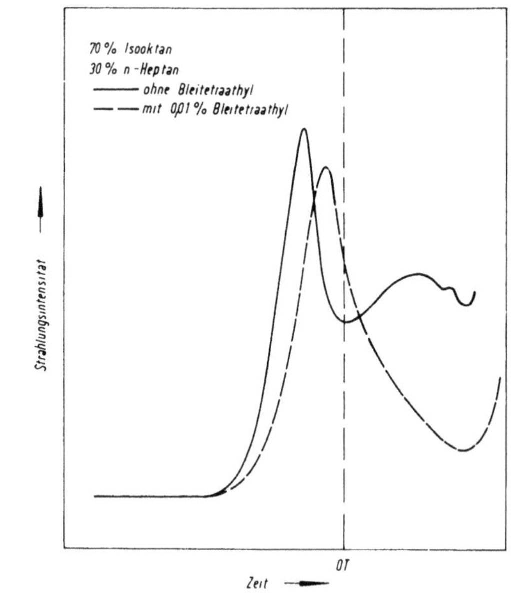

Abb. 109. Einfluß von Bleitetraäthyl auf die Strahlungsintensität der kalten Flamme [40]

äthyl nur auf den Mechanismus der zweiten kalten Flamme wirksam ist. Auf die Druckentwicklung aus den Vorreaktionen hat die zweite kalte Flamme wenig Einfluß, wie aus Abb. 98, S. 80, hervorging, d. h., daß die exotherme Reaktion der zweiten kalten Flamme kleiner ist als die der ersten.

Die Abhängigkeit der ersten kalten Flamme von Kraftstoff und von Motordaten gibt Tabelle 6 wieder.

Tabelle 6. *Einfluß der Kraftstoffart und der Motorbedingungen auf die Strahlung der kalten Flamme, die Vorreaktionen und das Klopfen* [40, 166]

	Kaltflammenstrahlung			Klopfneigung
	Beginn	Intensität	Zeitpunkt der max. Intensität	
Ansteigende n-Heptan-Konzentration in Isooktan	früher	größer	früher	größer
Zugabe von Antiklopfmitteln		kleiner		kleiner
Zugabe von Klopfförderern		größer		größer
Zugabe von Schwefel zu einem Kraftstoff mit Bleitetraäthyl		größer		größer
Erhöhung des Ansaugdruckes	früher	größer	früher	größer
Erhöhung der Ansaugtemperatur	früher		früher	größer
Erhöhung des Verdichtungsverhältnisses		größer		größer
Erhöhung des Luftverhältnisses	früher	kleiner	früher	
Erhöhung der Motordrehzahl	später	kleiner	später	kleiner

l) Vorreaktionsprodukte

Für chemische Untersuchungen sind die Carbonylkomponenten von besonderem Interesse, weil festgestellt wurde, daß Formaldehyd die Quelle der Kaltflammenstrahlung ist [83] und die Carbonylprodukte als Maß für das Ausmaß der Kaltflammenreaktion benutzt werden können. Abb. 110 zeigt Peroxid- und Aldehydbildung im zündenden Motor mit Isooktan als Kraftstoff bei verschiedenen Verdichtungsverhältnissen. Alle Kurven zeigen ein Ansteigen der Peroxidkonzentration vor OT mit einem Spitzenwert kurz vor Erscheinen der Flamme an der Probeentnahmestelle. Mit dem Ansteigen des Verdichtungs-

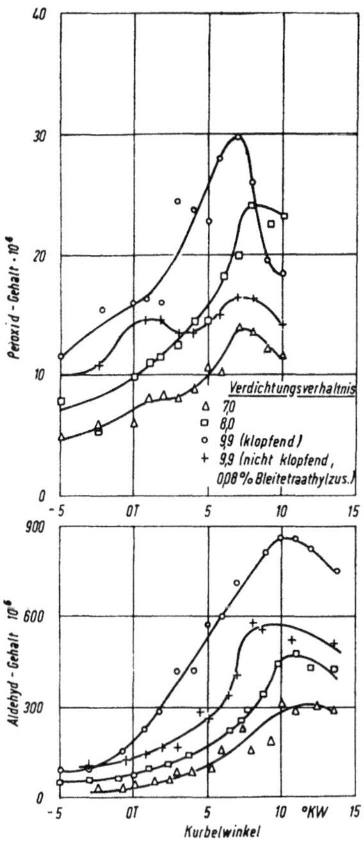

Abb. 110. Peroxid- und Aldehydgehalt im Motor in Abhängigkeit vom Kurbelwinkel für Bezugskraftstoffe [65]

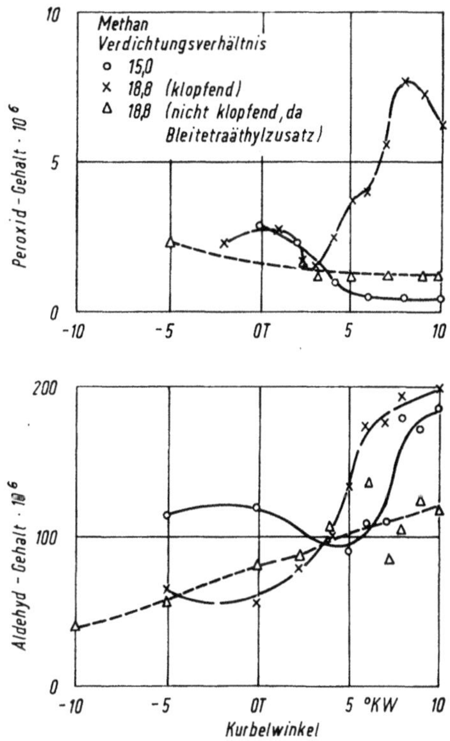

Abb. 111. Peroxid- und Aldehydgehalt bei Methan in Abhängigkeit vom Kurbelwinkel [65]

verhältnisses ist ein früheres Ansteigen der Peroxidkonzentration und ein höherer Spitzenwert verbunden. Der Wendepunkt im Kurvenverlauf kurz nach OT zeigt, daß eine zweistufige Reaktion auftritt. Die Zugabe von Bleitetraäthyl in dem Maße, daß Klopfen unterdrückt wird, erniedrigt die Konzentration der Peroxide nach OT bedeutend. Die Aldehydkonzentration steigt nach OT stetig an. Die maximale Konzentration ist etwa 30mal größer als bei den Peroxiden. Bleitetraäthyl senkt die Aldehydkonzentration in allen Punkten.

Abb. 111 zeigt Peroxid- und Aldehydkurven mit Methan als Kraftstoff. Erhöhung des Verdichtungsverhältnisses bis über die Klopfgrenze hinaus ergibt einen Spitzenwert in der Peroxidkurve zwischen 3 und 10 °KW nach OT. Diese Erhöhung kann durch Zugabe von Bleitetraäthyl aufgehoben werden. Es gibt keinen großen Unterschied zwischen den

Aldehydkurven für klopfenden und nichtklopfenden Betrieb bei reinem Methan, aber die Zugabe von Bleitetraäthyl gibt eine Reduktion der Konzentration. Sowohl die Peroxid- als auch Aldehydkonzentrationen liegen weit unter denen, die mit Isooktan unter vergleichbaren Bedingungen erhalten wurden.

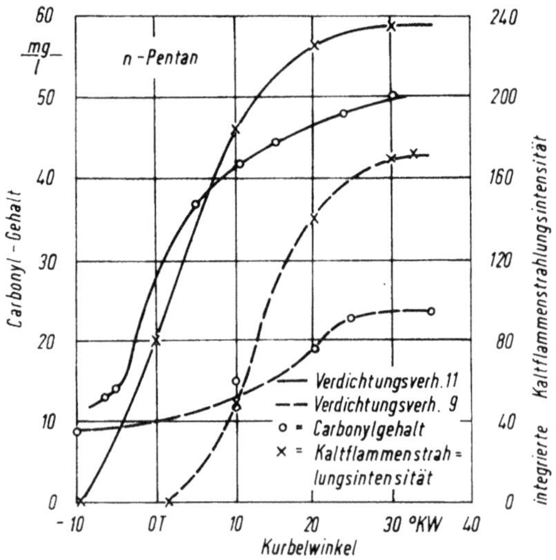

Abb. 112. Carbonylgehalt und integrierte Kaltflammenstrahlungsintensität aus den Vorreaktionen von n-Pentan in Abhängigkeit vom Kurbelwinkel [148]

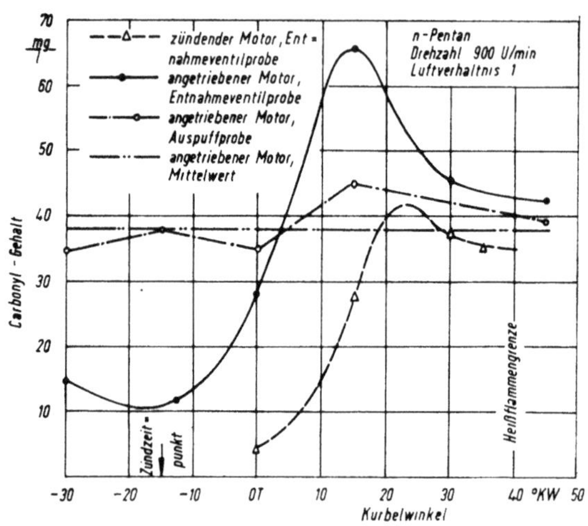

Abb. 113. Vergleich des Carbonylgehaltes im zündenden und im angetriebenen Motor [49]

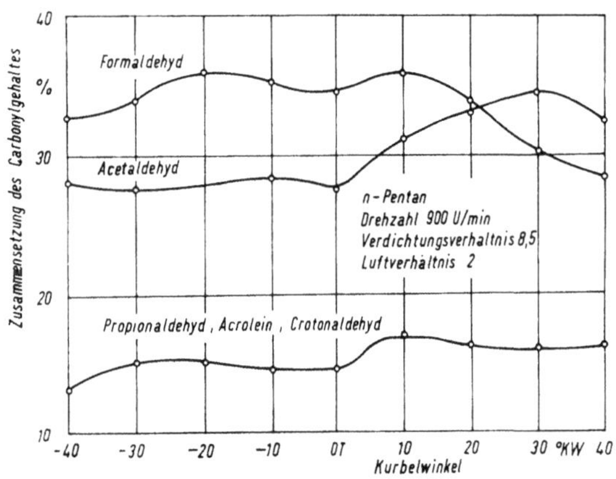

Abb. 114. Anteil der Carbonylkomponenten im fremd angetriebenen Motor in Abhängigkeit vom Kurbelwinkel [49]

Abb. 112 zeigt, daß der Carbonylgehalt in den Vorreaktionen proportional zu der integrierten Intensität der Kaltflammenstrahlung ist. Aus anderen Untersuchungen ist bekannt, daß sich der Proportionalitätsfaktor mit dem Kraftstoff ändert, jedoch mit keiner erkennbaren Gesetzmäßigkeit. Bei niedrigen Verdichtungsverhältnissen ist die Proportionalität nicht so gut.

In Abb. 113 wird der Carbonylgehalt im angetriebenen und im zündenden Motor verglichen. Der Verlauf ist sehr ähnlich. Der maximale Gehalt erscheint in dem zündenden Motor etwa 10 °KW später als beim angetriebenen Motor, da der zündende Motor ein niedrigeres Verdichtungsverhältnis hatte und im Restgas bei dem angetriebenen Motor eine größere Konzentration von Peroxid vorhanden war. Eine Aufteilung des Carbonylgehaltes in die wichtigsten Komponenten zeigt Abb. 114. Formaldehyd und Acetaldehyd sind beide bei Benutzung von n-Pentan im angetriebenen Motor mit etwa 30% vertreten. Der Prozentsatz ist für alle Komponenten über dem Kurbelwinkel relativ konstant ohne Rücksicht auf die schnelle Bildung der Carbonyle, wie sie durch Abb. 113 gezeigt wurde.

m) Einfluß von Temperatur, Zeit und Ablagerungen auf Vorreaktionen

In einem zündenden Motor sind Temperatur und Zeit für die Vorreaktionen wichtig. So haben die Einlaßtemperatur, die Temperatur des Abgasrestes und die Kühlwasser-

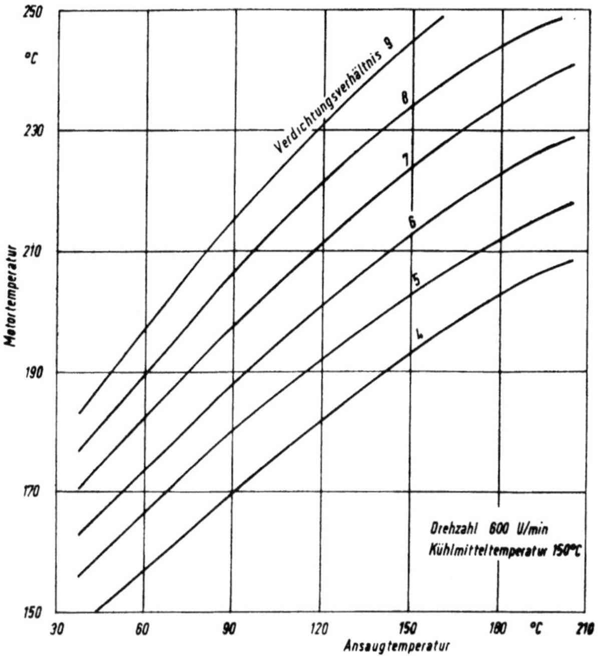

Abb. 115. Abhängigkeit der Motortemperatur von der Ansaugtemperatur und dem Verdichtungsverhältnis im fremd angetriebenen Motor bei Betrieb mit Luft [176]

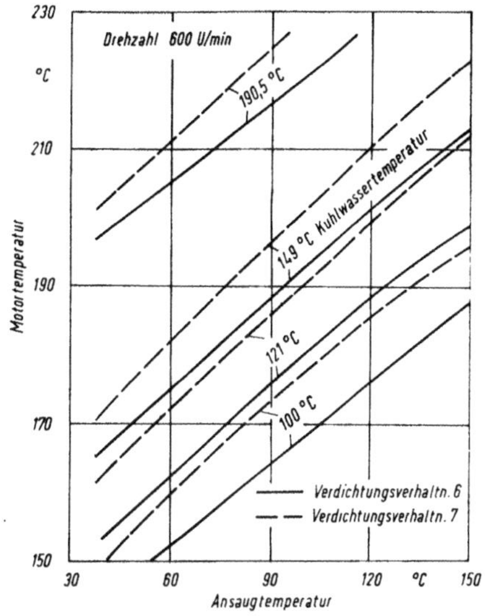

Abb. 116. Abhängigkeit der Motortemperatur von der Ansaugtemperatur und der Kühlwassertemperatur im fremd angetriebenen Motor bei unterschiedlichem Verdichtungsverhältnis bei Betrieb mit Luft [176]

temperatur Bedeutung für die Anfangstemperatur bei Beginn der Verdichtung. Diese Anfangstemperatur beeinflußt zusammen mit der Brennraumwandtemperatur und dem Verdichtungsverhältnis die für das Ausmaß der Vorreaktionen maßgebende Spitzentemperatur im Zylinder. Abb. 115 und 116 zeigen die Abhängigkeit einer mit einem Thermoelement in der Brennraumwand gemessenen Motortemperatur, welche ebenso wie die tatsächliche Spitzentemperatur die Neigung zu Vorreaktionen kennzeichnet, bei Betrieb mit reiner Luft für einen weiten Bereich von Betriebsbedingungen, woraus die Größe des Einflusses der einzelnen Faktoren entnommen werden kann. Die Bedeutung der Zeit bei der Reaktion ist durch die Motordrehzahl, durch den Zeitpunkt des Auftretens der Vorreaktionen und durch den Zündzeitpunkt gegeben.

Der Einfluß der Ansaugtemperatur auf die in den Zylinder gelangende Kraftstoff-Luft-Mischung bei 75% Isooktan und 25% n-Heptan ist in Abb. 117 dargestellt. Bei 49°C Ansaugtemperatur zeigt die Luft-Kraftstoff-Mischung die ersten Reaktionen im Vergleich zu der nicht reagierenden Luft-

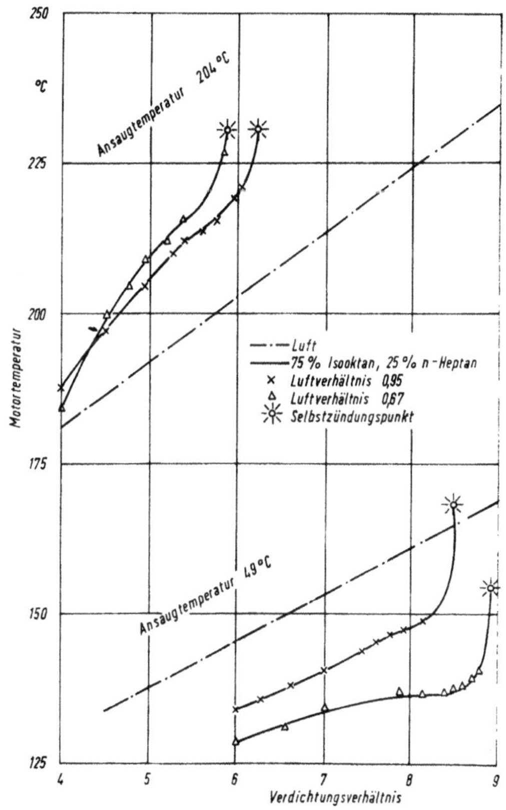

Abb. 117. Einfluß der Ansaugtemperatur und des Verdichtungsverhältnisses auf den Reaktionsbeginn bei verschiedenem Luftverhältnis im angetriebenen Motor [176]

füllung bei einem Verdichtungsverhältnis von 8,2, bei 204 °C Ansaugtemperatur schon bei einem Verdichtungsverhältnis von 4.

Einen ähnlichen Verlauf zeigt die Ansaugtemperatur auf die Vorreaktionsenergie [166]. Die Reaktion beginnt bei einer Einlaßtemperatur von etwa 95 °C und steigt sehr schnell an bis zu 120 °C. Von 120 bis 160 °C steigt das Ausmaß der Reaktion nur wenig,

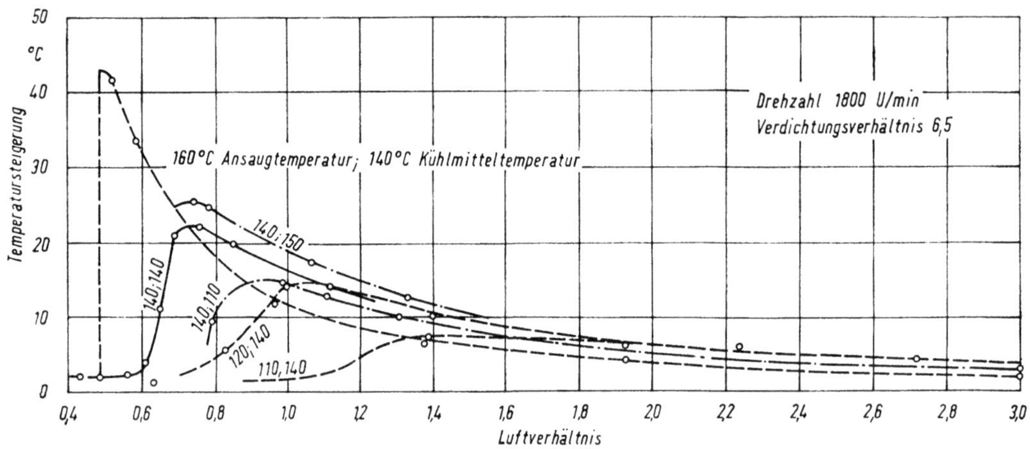

Abb. 118. Einfluß der Gemischeintrittstemperatur auf die Temperatursteigerung durch Vorreaktionen [197]

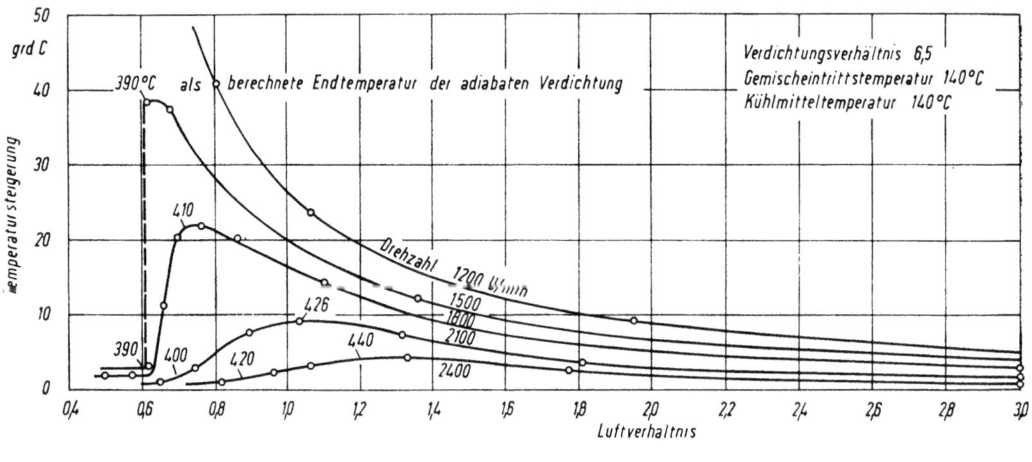

Abb. 119. Einfluß der Drehzahl auf die Temperatursteigerung durch Vorreaktionen [197]

vermutlich wegen endothermer Reaktionen. Zwischen 180 und 200 °C steigt die Kurve sehr schnell an, bis Selbstzündung stattfindet. Die meisten untersuchten Kraftstoffe zeigen die gleiche Abhängigkeit.

Der Einfluß der Gemischeintrittstemperatur und der Kühlmitteltemperatur auf die Temperatursteigerung durch Vorreaktion in Abhängigkeit vom Luftverhältnis ist in Abb. 118 wiedergegeben. Steigende Gemischeintrittstemperatur wirkt ähnlich wie eine Erhöhung der Verdichtung, vgl. Abb. 115. Ebenso steigert auch zunehmende Kühlmitteltemperatur die Vorreaktionen, vgl. Abb. 116, doch ist dieser Einfluß wesentlich kleiner als die Änderung durch die Gemischeintrittstemperatur, da er nur durch den Wärmeübergang von den Zylinderwänden her auf das Gemisch wirkt. Den Einfluß der Drehzahl auf die Vorreaktionen zeigt Abb. 119. Mit steigender Drehzahl nehmen die Vorreaktionen stark ab und es sind, wie die eingetragenen errechneten Endtemperaturen für adiabate Verdichtung zeigen, höhere Temperaturen zum Einsetzen der Reaktionen nötig.

Bleihaltige Brennraumablagerungen haben wenig Einfluß auf die Druckentwicklung durch die Vorreaktionen, Abb. 120. Der Druck bei Isooktan-n-Heptan-Mischungen steigt leicht an nach Entfernung der Ablagerungen, bei Cyclopentan und Toluol-n-Heptan-Mischungen bleibt er unbeeinflußt. Bei Mischungen von Diisobutylen mit n-Heptan ergibt das Entfernen der Ablagerungen ein Abfallen des Druckes bei niedrigen Oktanzahlen und ein Ansteigen bei höheren Oktanzahlen.

n) Unterschiedliche Reaktionsarten der langsamen Oxydation bei verschiedenen Kraftstoffen

Die verschiedenen Arten der langsamen Oxydation werden aus Abb. 121 deutlich. Unterhalb eines gewissen Temperaturbereiches tritt meist keine Reaktion ein, oberhalb reagiert das Gemisch jedoch explosionsartig. Die Größe dieses Bereiches ist vom Kohlenwasserstofftyp abhängig; bei den Aromaten ist der Bereich ausgedehnter als bei den Aliphaten. Innerhalb

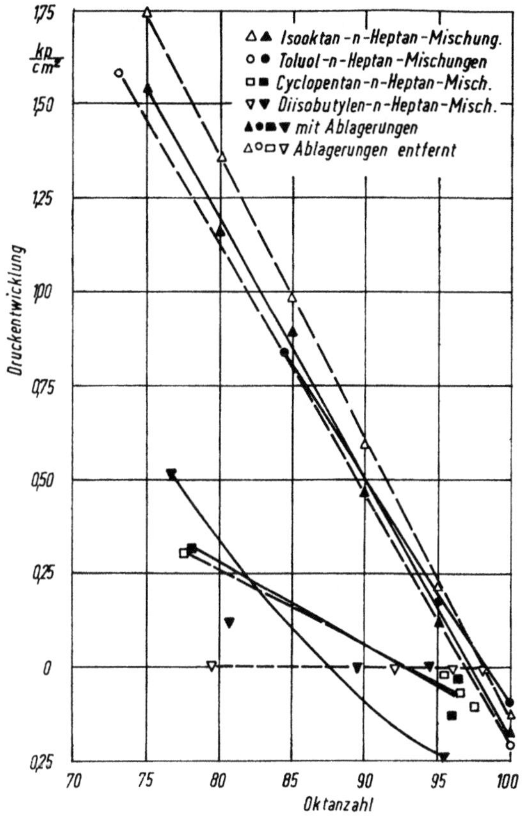

Abb. 120. Einfluß von bleihaltigen Brennraumablagerungen auf die Druckentwicklung durch Vorreaktionen und den Oktanzahlanspruch für verschiedene Kohlenwasserstoffmischungen [40]

des Reaktionsbereiches nimmt die Reaktionsgeschwindigkeit und der Umsatz mit der Temperatur zu. Aus Abb. 121 ist jeweils für stöchiometrische Mischungen zu ersehen, daß n-Hexan bei 225 °C von Anfang an Reaktionen zeigt. Einen anderen Verlauf zeigt Cyclohexan, bei dem sich während einer längeren Verweilzeit der Druck nicht ändert, dann aber die Reaktion intensiv einsetzt. Bei n-Nonan tritt zu Beginn der Reaktion ein leichter Druckabfall ein. Bei n-Tridecan verläuft die Reaktion in einzelnen Stufen.

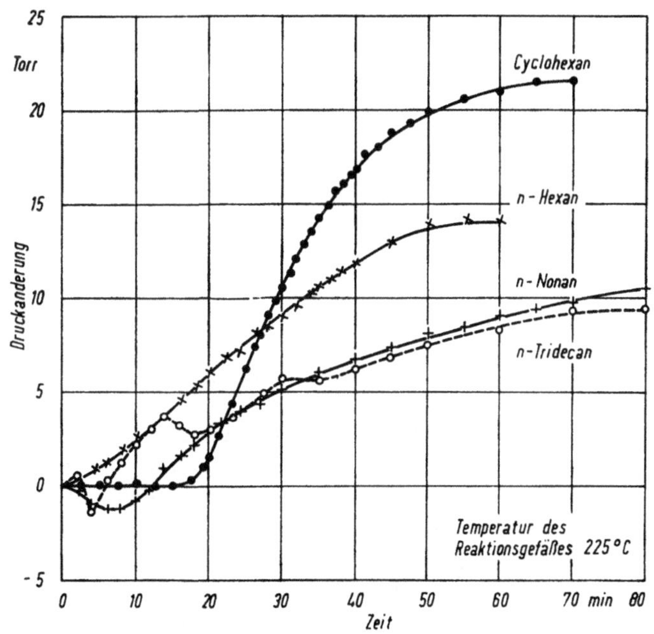

Abb. 121. Die verschiedenen Arten der langsamen Oxydation von Kohlenwasserstoffen bei 225 °C Anfangstemperatur [223]

2. Glühzündung (Frühzündung)

a) Ursachen und Folgen der Glühzündung

Die Ursache für Glühzündungen sind heiße Zündkerzenelektroden, heiße Auslaßventile oder glühende Brennraumablagerungen. Für die Einleitung einer Glühzündung muß die Temperatur der Zündquelle über der Zündtemperatur des Gemisches liegen und eine gewisse Zeit auf das Gemisch einwirken. Da im Motor nur sehr kurze Zeiträume für diese Zündung während jedes einzelnen Hubes zur Verfügung stehen, muß die Temperatur der eine Glühzündung verursachenden Stelle weit über der Zündtemperatur des Gemisches liegen. So zeigen vielfach Motoren bei normaler Drehzahl keine Glühzündungen, weil die Flamme die Glühzündungsstelle erreicht hat, ehe eine Glühzündung eintrat; beim Ausschalten der Zündung läuft der Motor jedoch bei stark verminderter Drehzahl weiter, da dann die Zeit zur Einleitung einer Glühzündung ausreichend ist. Unter Glühzündung wird dabei die Zündung einer Flammenfront an irgendeinem Punkt der Mischung unabhängig von der durch die Zündkerze eingeleiteten Verbrennung verstanden. Damit sind alle Erscheinungen eingeschlossen, die als Oberflächenzündung, Heißpunktzündung, Früh- oder Nachzündung bezeichnet werden.

Die Veränderung des Verbrennungsprozesses bei Vorhandensein von Glühzündung beruht auf dem Zeitunterschied zwischen der Zündkerzenzündung und der Glühzündung durch die Brennraumablagerungen und der relativen Lage der Glühzündungsstelle zur Zündkerzenlage. In den meisten Fällen treten die Glühzündungen nach der Zündkerzenzündung auf, und der Motor läuft nach abgeschalteter Zündung im allgemeinen nicht weiter. Wenn die Temperatur der Ablagerungen durch wachsende Belastung oder durch zunehmende Vorzündung steigt, kann sie eine kritische Glüh- oder Brenntemperatur erreichen, durch welche die umgebende Ladung gezündet wird. Das Glühen der Ablagerungen wird zwar jedesmal durch die Frischladung wieder vermindert, die Temperaturen der Ablagerungen können aber in ungünstigen Fällen so hoch bleiben, daß sie durch Vorreaktionen unterstützt zum Glühen kommen. Eine Vielfachzündung der Ladung durch glühende Teilchen führt zu einem schnelleren Durchbrennen der Ladung und zu einem Ansteigen der zu Beginn der Verbrennung freiwerdenden Energie.

Die Gefahr bei Glühzündung liegt nicht in der Entwicklung hoher Drücke, sondern in der Steigerung des Wärmeflusses zum Kolben und zu den Zylinderwänden, wenn die Zündung zu früh im Arbeitsspiel eintritt. Wird der Zündzeitpunkt weiter vorverlegt entweder durch frühere Funkenzündung oder durch frühere Glühzündung, so fällt der Höchstdruck wieder ab infolge übermäßigen Wärmeverlustes. Diese Art der Glühzündung wird in Abb. 122 als „beschleunigte Glühzündung“ bezeichnet. Bei einem Einzylindermotor ist diese Art der Glühzündung meist harmlos, da die Leistung allmählich abnimmt und der Motor stehenbleibt. Größer ist die Gefahr, wenn Glühzündung nur in einem oder mehreren Zylindern eines Vielzylindermotors auftritt. Dann arbeiten die anderen Zylinder mit voller Drehzahl und Leistung weiter und schleppen den Zylinder, in welchem Glühzündung auftritt, mit. Der starke Wärmefluß in dem betreffenden Zylinder kann dann Verkoken der Kolbenringe, Fressen oder Bruch des Kolbens verursachen.

b) Abgrenzung der Glühzündung vom Klopfen

Klopfen und Glühzündung sind unterschiedliche Erscheinungen. Klopfen ist eine Verbrennung des Gemischrestes als homogene Gasreaktion, während bei Glühzündung die Ladung durch eine heiße Oberfläche örtlich entzündet wird. Die bei Glühzündung auftretende Flammenfront gleicht derjenigen, die durch eine Zündkerze hervorgerufen wird. Zur Abgrenzung der Glühzündung gegenüber anderen unnormalen Verbrennungsabläufen wird das Schema der CRC (Coordinating Research Council) in Abb. 122 wiedergegeben, worin eine deutliche Trennung zwischen den reinen Gasreaktionen und den Gas-Wandreaktionen vorgenommen wird. Klopfen und „Wild Ping“ sind hochfrequente Geräusche, verursacht durch Selbstzündung eines Teiles der Kraftstoff-Luft-Mischung, und zwar beim Klopfen nach einer normalen Kerzenzündung und beim „Wild Ping“ bei einer durch Glühzündung eingeleiteten Verbrennung. „Rumble“ dagegen ist niederfrequent. „Wild Ping“ und „Rumble“ sind unregelmäßige Erscheinungen, weil sie durch Glühzündung eingeleitet werden.

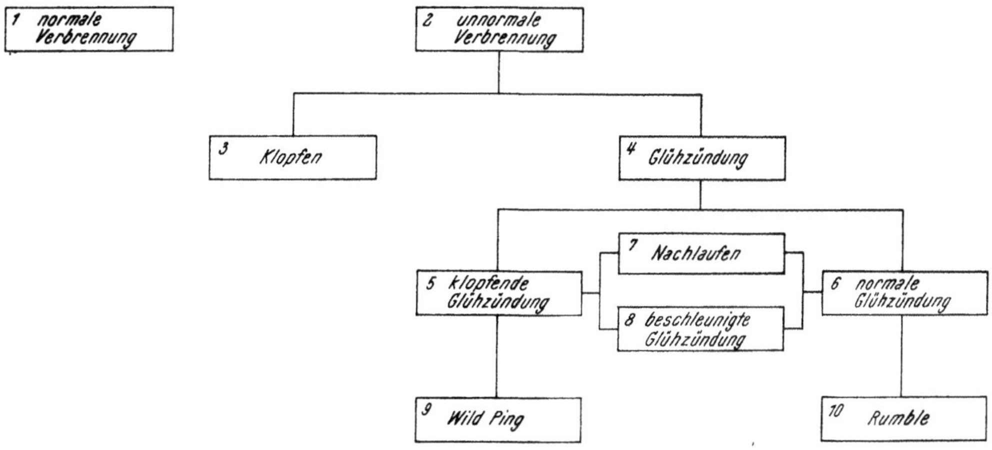

Abb. 122. Definition der Begriffe für normale und unnormale Verbrennung im Ottomotor nach Festlegung des Coordinating Research Council [157]

1 Normale Verbrennung
Die Verbrennung wird zu bestimmter Zeit durch den Zündfunken eingeleitet, die Flammenfront schreitet durch den ganzen Brennraum in gleichmäßiger Weise mit normaler Geschwindigkeit fort.

2 Unnormale Verbrennung
Es wird entweder eine Flammenfront durch eine heiße Brennraumoberfläche vor oder nach der Zündkerzenzündung gebildet oder ein Teil der Ladung reagiert in ungewöhnlich intensiver Weise.

3 Klopfen
Es tritt Selbstentzündung eines Gemischrestes bei Einleitung der Verbrennung durch den Zündfunken ein. Selbstzündung ist zu beeinflussen durch Verändern des Zündzeitpunktes.

4 Glühzündung
Einleitung einer Verbrennung durch eine andere Stelle als den Zündfunken, z. B. durch eine heiße Brennraumoberfläche vor dem Erreichen dieser Stelle durch die Flammenfront. Die so gebildeten Flammenfronten schreiten mit normaler Geschwindigkeit fort. Eine früher als die Zündkerzenzündung auftretende Glühzündung heißt Frühzündung, eine später auftretende Spätzündung.

5 Klopfende Glühzündung
Ein Gemischrest kommt zur Selbstzündung bei Einleitung der Verbrennung durch eine Glühzündung. Dieses Klopfen ist nicht durch Verändern der normalen Zündkerzenzündung zu beeinflussen.

6 Normale Glühzündung
Der Verbrennungsablauf ist zwar durch Glühzündung eingeleitet, verläuft aber wie bei Zündkerzenzündung.

7 Nachlaufen
Nach Abstellen der Zündkerzenzündung läuft der Motor infolge Glühzündung weiter.

8 Beschleunigte Glühzündung
Die Glühzündung tritt in folgenden Zyklen stets früher auf, da infolge der Glühzündung die Temperatur der Glühzündungsquelle anwächst.

9 Wild Ping
Es treten unregelmäßige klopfende Glühzündungen auf als Folge von relativ früh im Zyklus eintretenden Glühzündungen, die durch lose Ablagerungsteilchen verursacht werden.

10 Rumble
Es tritt großer Druckanstieg ein infolge mehrfacher Glühzündung.

Frequenzanalysen der bei Glühzündungen auftretenden Geräusche sind in Abb. 123 im Vergleich zum normalen Verbrennungsablauf gezeigt. Beim Rumble ist allgemein und besonders im Frequenzbereich von 800 bis 1000 Hertz eine Steigerung der Intensität vorhanden. Zum Vergleich sei angeführt, daß die Frequenz für Klopfgeräusche bei 3000

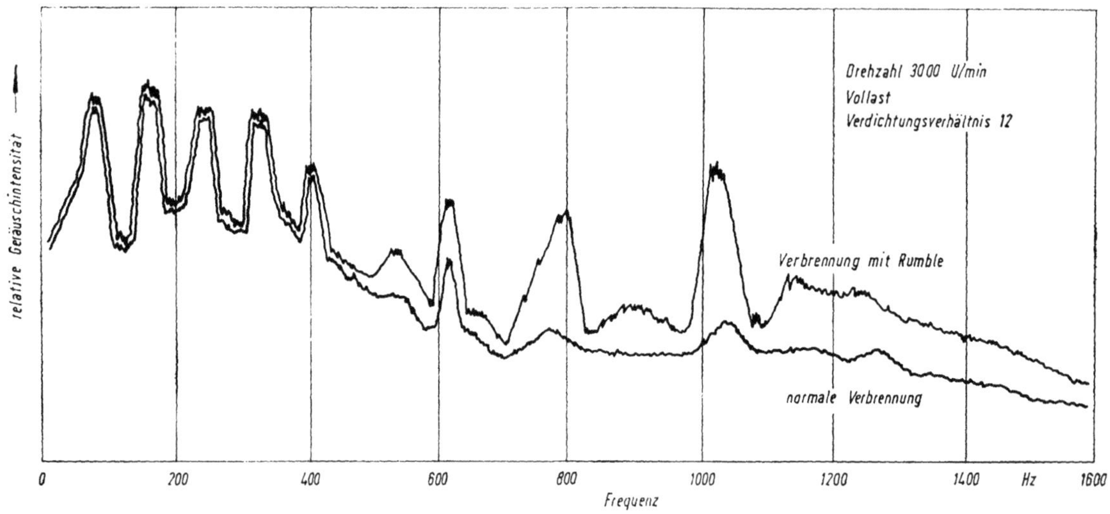

Abb. 123. Frequenzanalysen des Geräusches bei normaler Verbrennung und bei Rumble [213]

bis 5000 Hertz liegt. Die charakteristische Rumble-Frequenz im Bereich von 800 bis 1000 Hertz ändert sich ebenso wie die Frequenz des Klopfgeräusches nicht mit der Motordrehzahl. Es muß noch betont werden, daß das Geräusch nicht die einzige bemerkenswerte charakteristische Tatsache der Glühzündung ist. Der Wirkungsgrad ist durch die unnormale Verbrennung herabgesetzt, da der Wärmeübergang erheblich vergrößert wird.

c) Bedingungen für die Einleitung der Glühzündung

Durch die in die glühenden Brennraumablagerungen eingedrungenen Kohlenwasserstoffe wird in den meisten Fällen Sauerstoff verbraucht, wodurch ein Sauerstoffmangel der Mischung in der Nähe der Oberfläche eintritt [20]. Dabei kann so viel Sauerstoff verbraucht werden, daß das Luftverhältnis unmittelbar an der Oberfläche die reiche Grenze der Entzündbarkeit überschreitet, Abb. 124. Eine Zündung kann dann nur in dem Abstand von der Ablagerungsoberfläche stattfinden, in dem das Luftverhältnis innerhalb der Zündgrenzen liegt. Wenn weiterhin angenommen wird, daß für eine Oberflächenzündung ein kritisches Volumen von Luft-Kraftstoff-Mischung durch die Oberfläche auf Zündtemperatur aufgeheizt werden muß, dann muß mit wachsendem Wandabstand des zündfähigen Gemisches die Oberfläche der Zündquelle heißer werden. Wie Abb. 124 zeigt, ist bis zu dem Abstand x von der Oberfläche der Ablagerung die Kraftstoff-Luft-Mischung zu reich,

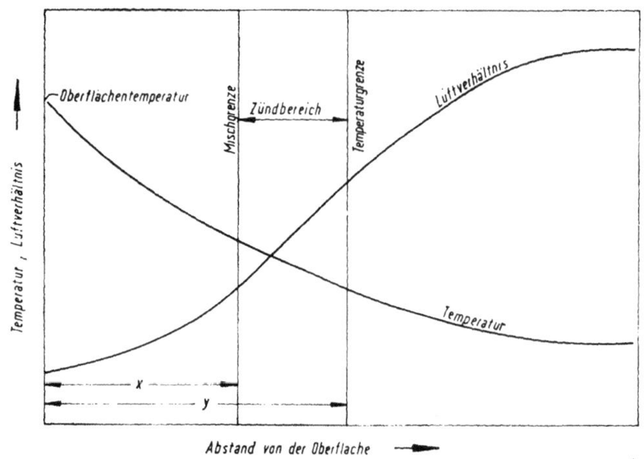

Abb. 124. Schematische Darstellung des Zündbereiches bei Vorhandensein von Brennraumablagerungen [20]

um zu verbrennen, da die Ablagerung eine große Menge von örtlichem Sauerstoff verbraucht hat. Bei Abständen größer als y von der Ablagerungsoberfläche ist die Kraftstoff-Luft-Mischung zu kalt, um Zündung zu verursachen. Wenn die Bedingung $y > x$ erfüllt ist, also sowohl die Temperatur- als auch die Gemischanforderungen für Zündung erfüllt sind, kann die Zündung stattfinden. Besteht die Oberfläche aus solchen Ablagerungen, die keinen Sauerstoff verbrauchen, wird die Zündung eintreten, und zwar an der Oberfläche direkt, sobald die Oberfläche die Zündtemperatur erreicht hat und die Zündverzugszeit verstrichen ist. Es gibt jedoch eine Anzahl von komplizierenden Einflüssen, welche bis jetzt nicht beachtet wurden. Es wurde z. B. festgestellt [43, 105], daß die Verdünnung durch Kohlendioxid und Stickstoff einen bedeutenden Einfluß auf die Zündgrenzen haben kann.

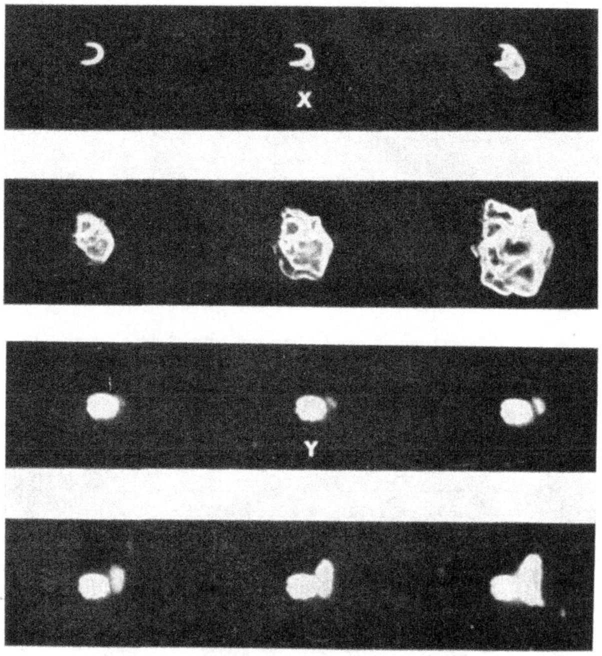

Abb. 125. Vorgang bei Heißdrahtglühzündung (x) und bei Glühzündung durch Ablagerungen (y) [20]

Eine Nachahmung der Glühzündung wird vielfach durch Heißpunktzündung mit elektrisch beheizten Drähten vorgenommen. Dabei hat sich gezeigt, daß sich die Neigung des Kraftstoffes zu Glühzündungen mit der Art der Oberfläche ändert, welche die Zündung verursacht. Wenn jedoch angenommen wird, daß grundsätzlich der Zündmechanismus unabhängig von der Art der Oberfläche derselben ist, dann kann aus Abb. 125 für die Zündung durch heiße Oberflächen gezeigt werden, daß der Punkt der Glühzündung abhängig ist von dem Ausmaß, in dem die Oberflächen Sauerstoff verbrauchen. Abb. 125 gibt je 6 folgende Bilder wieder, welche die Zündung durch einen heißen Draht und durch Ablagerungen zeigen. Die Heißdrahtzündung tritt sehr dicht an der Drahtoberfläche auf, während die Ablagerungszündung in einem Abstand von der Ablagerungsoberfläche stattfindet.

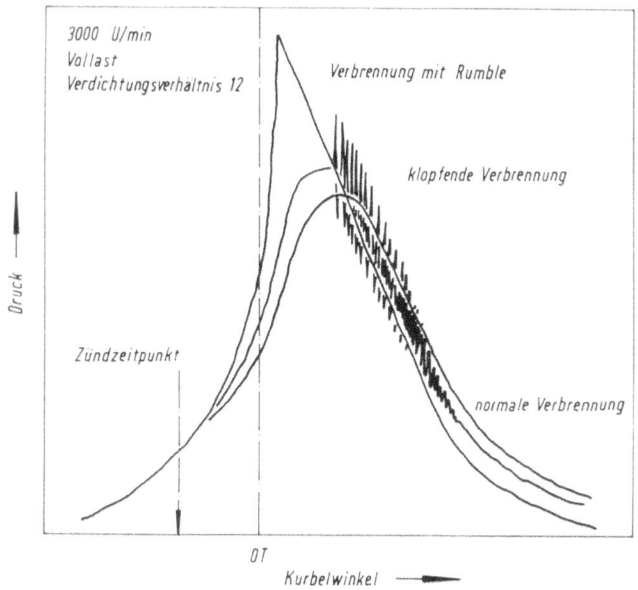

Abb. 126. Druckverlauf bei normaler Verbrennung, bei Rumble und bei Klopfen [213]

d) Druckverlauf bei Glühzündung

Untersuchungen des Verbrennungsablaufes geben einen Vergleich nach Abb. 126 für den Druckverlauf während normaler Verbrennung, Rumble und Klopfen. Bei dem Auftreten von Rumble steigt der Druck plötzlich während des Verdichtungshubes, da heiße Brennraumablagerungen verschiedene Flammenfronten zusätzlich zu der durch die Zündkerze hervorgerufenen entzündet haben. Das Ausmaß der Energieentwicklung ist das gleiche wie bei mehrfacher Zündkerzenzündung an verschiedenen Stellen im Brennraum.

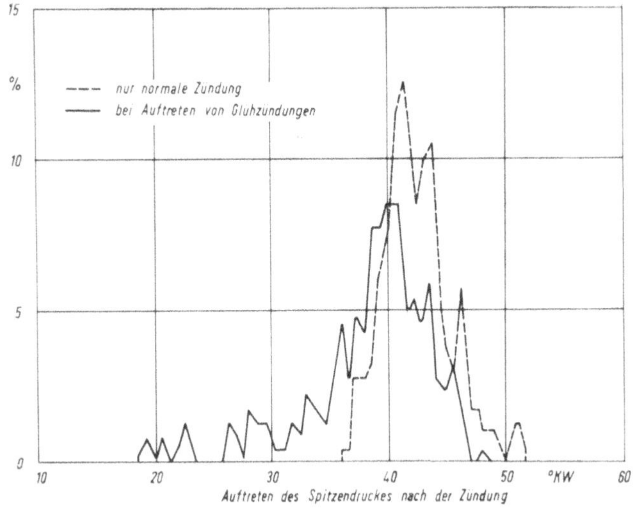

Abb. 127. Vorverlagerung der Zeit des Auftretens des Spitzendruckes im Zylinder durch Glühzündung [225]

Der Zeitpunkt, bei dem der Spitzendruck auftritt, ist ein guter Hinweis auf Glühzündungen. Abb. 127 zeigt die Zeiten für den Spitzendruck einer so großen Anzahl von Verbrennungszyklen im sauberen Motor, daß sich eine statistisch normale Verteilung ergibt. Damit wird der Zeitpunkt des Spitzendruckes bei Verbrennung im Motor mit Ablagerungen verglichen, der zum Teil erheblich früher erscheint. Dieser vorverlegende Einfluß auf den Spitzendruck liegt nicht nur an dem Auftreten von Glühzündungen, sondern auch an der Verkleinerung des Brennraumvolumens durch die Ablagerungen und an deren wärmeisolierender Wirkung. Dadurch steigt nämlich die Temperatur der Ladung [165], wodurch die chemischen Reaktionen beschleunigt und ein schnelleres Durchbrennen verursacht werden.

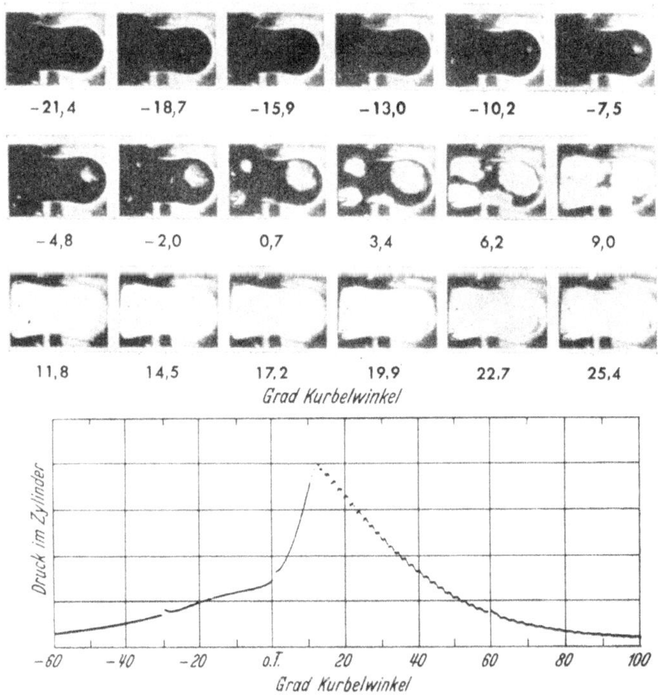

Abb. 128. Flammenbilder und Druckverlauf einer Verbrennung mit Glühzündung [19]

c) Verbrennungsablauf bei Glühzündung

Wird die Verbrennung durch eine Glühzündung eingeleitet, läuft sie genau so wie bei Funkenzündung ab, besonders wenn beide in der gleichen Phase im Arbeitsspiel auftreten, so daß sie nicht im Indikatordiagramm zu unterscheiden sind. Liegt der Ort der Glühzündung nahe an der Zündkerze, ist auch durch Ionisationsmessungen kein Unterschied festzustellen. Die Zeitdauer für die Entwicklung des ersten Flammenkernes ist sicherlich nicht gleich, obwohl es wegen des Fehlens des zeitlich bestimmten Funkenüberschlages bei der Glühzündung kein Mittel gibt, genau den Zeitpunkt der Zündung festzustellen. Der weitere Ablauf der Verbrennung kann in Flammenaufnahmen [238] verfolgt werden, welche gezeigt haben, daß die Entzündung der Ladung in einem L-Kopf-Zylinder zuerst sichtbar an einem Punkt oberhalb des Kolbens auftritt. Ein zweiter Zündpunkt erscheint oberhalb des Einlaßventiles und schließlich ein dritter zwischen Auslaßventil und Kolben. Die Verbrennung schreitet schnell von diesen drei Punkten fort und ist innerhalb von 26 °KW vollendet, d. h. in etwa der halben Zeit, welche für eine vollständige Verbrennung in dem Motor bei normaler Zündkerzenzündung nötig ist.

Da das Ausmaß, mit der sich eine Flamme durch ein Gemisch fortpflanzt, nicht nur wegen der wachsenden Oberfläche der Flammenfront mit ihrer Entfernung vom Zündherd, sondern auch mit der Größe des Zündherdes wächst [66], wird auch die Geschwindigkeit der Flammenfortpflanzung bei einem großen Zündherd von Anfang an größer sein als bei einem kleinen. Eine Glühzündung wird daher vielfach schon von Beginn an eine größere Ladungsumsetzung und damit eine stärkere Verdichtung der unverbrannten Ladungsteile bewirken, d. h., man müßte erwarten, daß eine Glühzündung eher Klopfen hervorruft, selbst wenn sie zum gleichen Zeitpunkt erfolgt wie eine normale Funkenzündung mit kleinem Zündherd. Wenn die Glühzündung im Motor auch noch zeitlich vor der Funkenzündung stattfindet, werden die klopffördernden Wirkungen noch verstärkt. Andererseits aber wird durch die kürzere Durchbrennzeit der ganzen Ladung bei Mehrfachzündung,

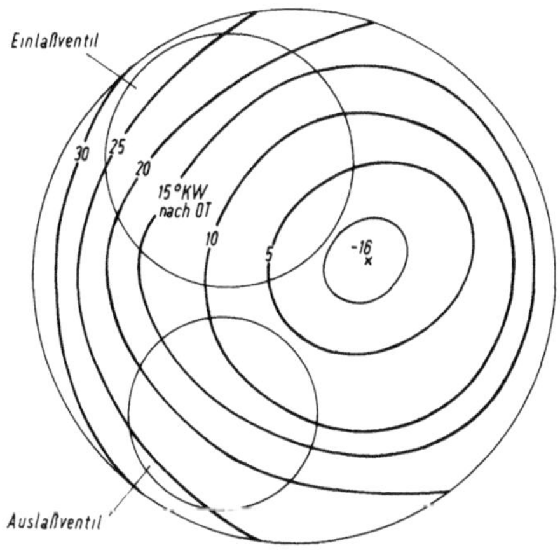

Abb. 129. Flammenfortpflanzung einer normalen Verbrennung im ablagerungsfreien Brennraum [181]

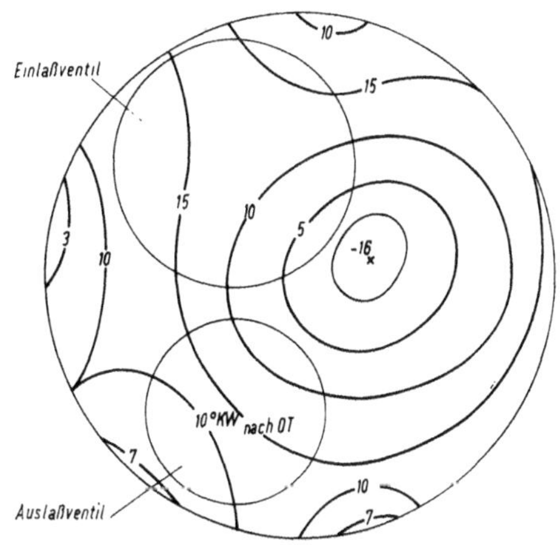

Abb. 130. Flammenfortpflanzung einer Verbrennung mit mehrfacher Glühzündung durch Ablagerungen [181]

z. B. durch Glühzündung, die Zeit verkürzt, während welcher der für das Klopfen in Frage kommende Gemischrest den höheren Temperatur- und Druckbeanspruchungen ausgesetzt ist, wodurch wiederum eine Minderung der Klopftendenz eintritt.

Durch Auswertung von Flammenfotografien hat sich ergeben, daß Glühzündungen nicht immer von ein und derselben Stelle ausgehen, sondern daß sie oft von Zyklus zu Zyklus von einem anderen Punkt im Brennraum beginnen. Abb. 128 zeigt Flammenfotografien und Druckverlauf einer Verbrennung mit Glühzündung. Die Verbrennung beginnt ungefähr 10 °KW vor OT oberhalb des Kolbens durch eine Glühzündung und schreitet normal wie eine Zündkerzenzündung fort. Bei 4,8 °KW vor OT folgt die Zündung an der Zündkerze in der linken unteren Seite des Bildes, weitere Glühzündungen erscheinen ungefähr 2 °KW vor OT über dem Einlaßventil, in der Nähe des Totpunktes an der Wand zwischen Auslaßventil und Kolben und 6 °KW nach OT zwischen Einlaßventil und Kolben. Von all diesen Stellen schreitet die Flamme wie von der Zündkerze aus fort. Durch die mehrfachen Flammenfronten entsteht ein steiler Druckanstieg, wobei die Spitze des Druckes etwa 13 °KW nach OT erscheint, gegenüber etwa 30 °KW nach OT bei Verbrennung im ablagerungsfreien Motor ohne Glühzündung.

Der mit 28 Ionisationsgebern gemessene Flammenfortschritt einer normalen Verbrennung ist in Abb. 129 wiedergegeben. Die Zündung erscheint bei 16 °KW vor OT und die Flamme schreitet gleichmäßig fort. Unmittelbar nach der Zündkerzenzündung ist die Flammenbewegung gering, sie wird im weiteren Verlauf der Verbrennung größer. Wenn Glühzündungen auftreten, ändert sich das Bild der Flammenfortpflanzung, Abb. 130. Es erscheinen mehrere Flammenfronten, die eine kürzere Gesamtverbrennungszeit bewirken.

f) Verbrennungsablauf bei Wild Ping

Wild Ping ist ein spezieller Fall von Glühzündung, der mit Klopfen zusammen auftritt, nachdem sich merkliche Brennraumablagerungen angesammelt haben. Wild Ping wird durch Glühzündung von Brennraumablagerungen eingeleitet und äußert sich durch

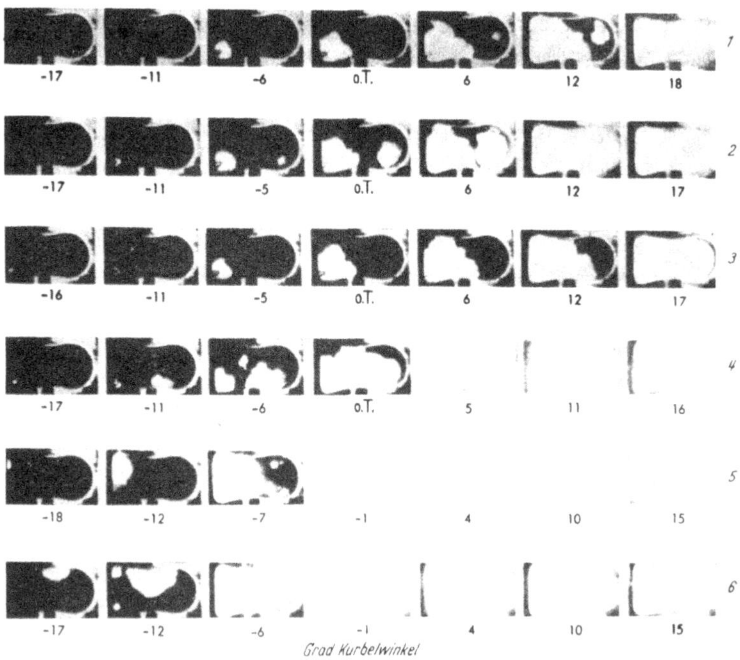

Abb. 131. Flammenbilder aus 6 Zyklen einer Verbrennung mit Wild Ping [19]

Klopfen, das durch die intensive Verbrennung ausgelöst wird. Um diese Erscheinung anschaulich zu machen, zeigt Abb. 131 Flammenfotografien von sechs aufeinanderfolgenden Verbrennungen. Die ersten drei Aufnahmezeilen zeigen den allmählichen Wechsel des Verbrennungsablaufes. Bei der vierten Verbrennung erfolgt die Glühzündung so zeitig, daß sich zwei Restgasbereiche bilden. Wie die entsprechenden Druckdiagramme in Abb. 132 zeigen, erfolgt die Selbstzündung in diesen beiden Bereichen etwa zur gleichen Zeit. Dadurch werden vermutlich eine größere Anzahl von Rückstandsteilchen losgebrochen, die in der fünften und auch noch in der sechsten Verbrennung zahlreiche Glühzündungen einleiten. Der Wechsel in den Druckdiagrammen zeigt deutlich, daß Wild Ping nicht nur aus einer unnormalen Verbrennung entsteht, sondern daß es eine Anzahl aufeinanderfolgender Verbrennungen umfaßt.

g) Unterschiedliche Neigung der Kraftstoffe zur Glühzündung

Von besonderer Bedeutung für die Neigung eines Kraftstoffes zur Glühzündung ist die zur Einleitung der Glühzündung notwendige Temperatursteigerung der Brennraumoberfläche, an der die Glühzündung stattfindet, gegenüber der Temperatur, die diese Oberfläche bei normalem Betrieb zeigt. Aus Abb. 133 wird deutlich, daß Benzol zwar etwa gleich hohe Oberflächentemperaturen für Glühzündung erfordert wie Isooktan, daß aber die Differenz zu der Oberflächentemperatur bei normalem Betrieb merklich geringer ist und damit die Glühzündungsneigung größer.

Das Auftreten von Glühzündungen wird durch die Ansammlung von Ablagerungen begünstigt, die meist aus kohlenstoffhaltigen Teilen des Kraftstoffes und des Öles sowie aus Bleisalzen bestehen. Diese Ablagerungen haben wegen ihrer isolierenden Wirkung einen bedeutenden Einfluß auf die Wärmeübertragung, insbesondere, weil sie die Wärme auf die Frischladung übertragen. Deshalb klopfen Motoren mit Ablagerungen früher als saubere Motoren. Flammenaufnahmen zeigen, daß die Zündung ebenso durch glühende Teilchen verursacht werden kann, welche sich in dem Brennraum bewegen, wie auch durch Teilchen, welche an der Brennraumwand festsitzen [171]. Merkbare Glühzündung kann bereits auftreten, kurz nachdem die Ablagerungsansammlung angefangen hat [225], d. h., daß Glühzündung nicht von großschuppigen Ablagerungen oder Ablagerungsteilchen abhängt.

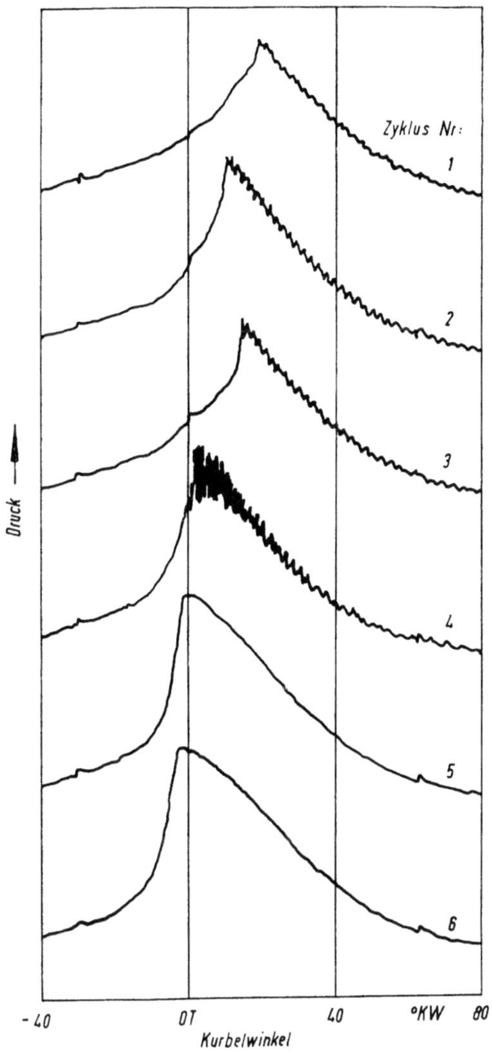

Abb. 132. Druckdiagramme der in Abb. 131 dargestellten Verbrennungen, Wild Ping bei Nr. 4 [19]

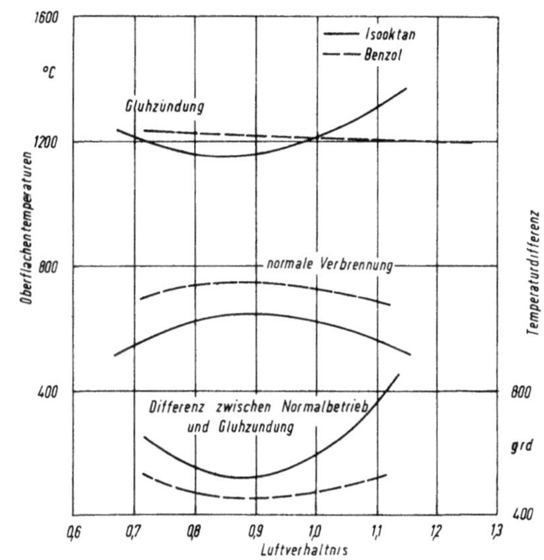

Abb. 133. Oberflächentemperaturen bei normaler Verbrennung und bei Glühzündung [87]

Die Möglichkeit von Ablagerungen, Glühzündungen zu verursachen, hängt von ihrer chemischen Zusammensetzung ab, von ihrer Temperatur und von dem Ausmaß des Sauerstoffes, welcher in ihrer Umgebung verfügbar ist. Das Erscheinen von Glühzündung hängt darüber hinaus von den Zündcharakteristiken des Kraftstoffes ab. Versuche mit radioaktiven Kraftstoffkomponenten zeigen außerdem, daß die Neigung zur Rückstandsbildung im Motor mit steigendem Siedepunkt des Kraftstoffes zunimmt [154, 206].

h) Beurteilung der Glühzündungsneigung von Kraftstoffen

Zur Kennzeichnung der Glühzündungseigenschaften eines Kraftstoffes wird eine Mischung aus gebleitem Isooktan und gebleitem Benzol benutzt. Jede Mischung enthält 0,08 Vol% Bleitetraäthyl, um sicherzustellen, daß kein Klopfen auftritt. Isooktan hat eine geringe und Benzol eine große Neigung zur Glühzündung, vgl. Abb. 133. Die LIB-(Leaded-Isooctane-Benzene)-Zahlen entsprechen dem Volumenanteil von gebleitem Isooktan in dieser Mischung. Die Neigung eines Kraftstoffes zu Glühzündungen wird dabei meist aus dem Zeitpunkt bestimmt, bei dem der Spitzendruck im Zylinder auftritt. Tabelle 7 zeigt die LIB-Zahl von einer Anzahl von Kohlenwasserstoffen. Die Angaben für Propan, Methanol und Äthylen stellen Extrapolationen von dem Bezugskraftstoffsystem dar, weil Benzol die LIB-Zahl Null hat, ebenso ist der Wert für 2,2-Dimethylbutan extrapoliert. Obwohl ein großer Bereich der Kennziffern von -175 bis $+120$ auftritt, sind die üblichen Kraftstoffe in dem Bereich von 50 bis 75 enthalten [213].

Tabelle 7. *Widerstand von Kraftstoffen gegen Glühzündung ausgedrückt durch die LIB-Zahl* [20]

Kraftstoff	LIB-Zahl
2,2-Dimethylbutan	120
Isooktan	100
2,3-Dimethylbutan	86
Diisobutylen	57
Cyclohexan + 0,08% Bleitetraäthyl	51
Toluol	42
Benzol	0
Propan	− 12
Methanol	−110
Äthylen	−175

Die Eignung der LIB-Bezugskraftstoffe zur Messung der reinen Oberflächenzündneigung von anderen Kraftstoffen wird teilweise angezweifelt und festgestellt, daß nur die Tendenz des Kraftstoffes gegenüber Rumble damit beurteilt werden kann [225]. Bei Glühzündungen tritt nämlich der Spitzendruck früher als beim normalen Verbrennungszyklus auf, und zwar abhängig davon, wie früh und mit welcher Intensität diese Glühzündung erscheint. Wenn der Zustand der zündenden Oberflächen im Brennraum für alle Kraftstoffe immer genau der gleiche wäre, würde die zeitliche Verschiebung des Spitzendruckes auf der wahren Zündneigung des Kraftstoffes beruhen. Da jedoch die Temperatur der zündenden Oberflächen durch den Kraftstoff beeinflußt ist [215], wie die Temperaturen nach Abb. 133 für Benzol und Isooktan [101] zeigen, wird zur Herabsetzung des Einflusses der unterschiedlichen Flammengeschwindigkeiten auf die Oberflächentemperaturen der Zündzeitpunkt so verändert, daß der Zeitpunkt im Zyklus, an welchem der

Tabelle 8. *Glühzündungs- und Klopfneigung von Kraftstoffen* [178]

	Glühzündungs-neigung	Klopfneigung (max. Verdichtungsverhältnis)
Isooktan (2,2,4-Trimethylpentan)	100	10,96
2,2-Dimethylbutan	80	9,85
Isododecan	66	9,30
Hydrierbenzin	56	7,95
Cyclohexan	< 0	8,20
Benzol	30	14,60
Toluol	91	15,00
Cumol (Isopropylbenzol)	0	12,55
Victane (Iso- und n-Butyl-Benzol)	10	10,30
Pseudocumol (1,2,4-Trimethylbenzol)	98	9,65
Mesitylen (1,3,5-Trimethylbenzol)	100	—
Diisobutylen	50	10,00
Methanol	< 0	$\approx 15{,}00$
Isopropanol	≈ 60	$\approx 14{,}00$
Aceton	≈ 75	$\approx 18{,}00$

Spitzendruck auftritt, ohne Glühzündung für alle Kraftstoffe derselbe ist. Unter diesen Bedingungen sind die Oberflächentemperaturen für verschiedene Kraftstoffe einander ähnlicher.

In Tabelle 8 sind Versuchsergebnisse für mehrere Kraftstoffe über die Neigung zu Glühzündung, hier bezogen auf Isooktan gleich 100 und Cumol gleich Null zusammengestellt. In der zweiten Spalte ist das entsprechende höchste nutzbare Verdichtungsverhältnis als Maß für die Klopfneigung im gleichen Motor, aber ohne Glühzündung angegeben. Man sieht, daß zwischen beiden Werten keine Beziehung besteht.

i) Einfluß von atmosphärischen Bedingungen und Betriebsbedingungen auf Glühzündung

Ein höheres Verdichtungsverhältnis begünstigt das Erscheinen von Glühzündungen durch die höheren Drücke und Temperaturen während der Verdichtung, welche die Zündanforderungen an die zu verbrennende Mischung herabsetzen [126] und ein Ansteigen der

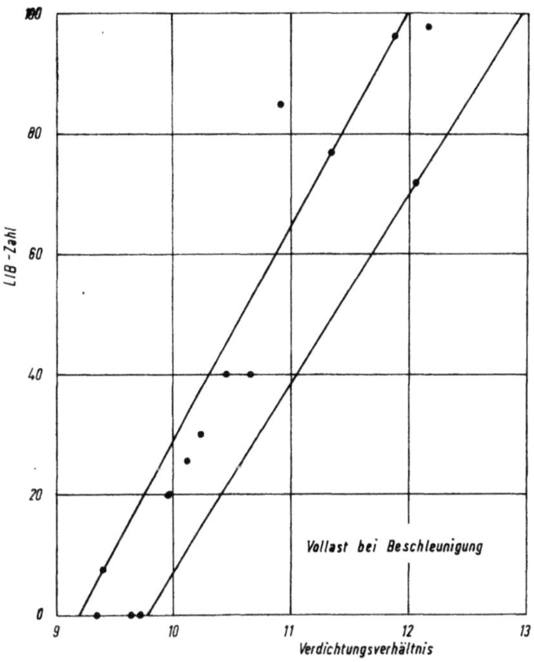

Abb. 134. Abhängigkeit der LIB-Zahl vom Verdichtungsverhältnis für verschiedene Motoren [213]

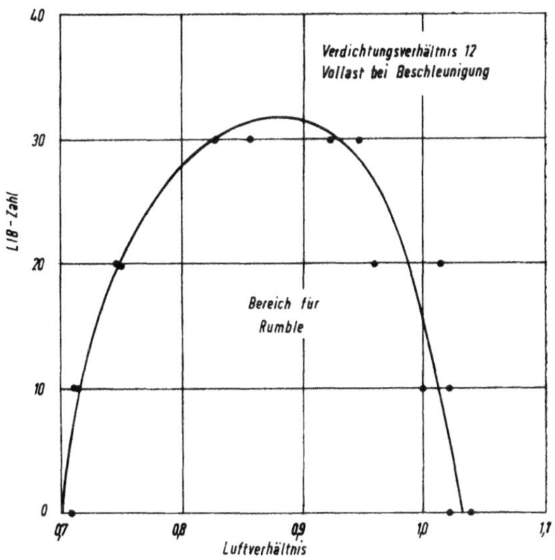

Abb. 135. Einfluß des Luftverhältnisses auf die LIB-Zahl [213]

Zündfähigkeit der Ablagerungsteilchen bringen. Der Einfluß des Verdichtungsverhältnisses auf die erforderliche Mischung des LIB-Vergleichskraftstoffes wird in Abb. 134, der Einfluß des Mischungsverhältnisses in Abb. 135 gezeigt. Danach ist die Glühzündungsneigung in der Nähe des Luftverhältnisses maximaler Leistung am größten. In Ergänzung zu Tabelle 7 und 8 wird die Abhängigkeit der Glühzündung verschiedener Kraftstoffe vom Luftverhältnis in Abb. 136 angegeben. Als Glühzündungsmaßstab wird dabei das maximal mögliche Verdichtungsverhältnis ohne das Auftreten von Glühzündungen benutzt. Auch hier zeigt sich die größte Tendenz zur Glühzündung bei dem für maximale Leistung erforderlichen Luftverhältnis. Andererseits rückt die reiche Grenze nach Abb. 124, S. 92 dichter zur zündenden Oberfläche, so daß damit die Glühzündtendenz steigt [151]. In Ergänzung zu Abb. 133 sind in Abb. 136 oben noch für mehrere Kohlenwasserstoffe die Brennraumtemperaturen an der Grenze des glühzündungsfreien Betriebes angegeben.

Die Feuchtigkeit hat einen deutlichen Einfluß auf das Erscheinen von Glühzündungen. Wie aus Abb. 137 zu sehen ist, steigen die Glühzündungen mit abnehmender absoluter Feuchte. Dabei haben die Lufttemperatur und die Feuchtigkeit die Tendenz, ihren Einfluß auf die Glühzündung bei üblichen Wetterbedingungen gegenseitig aufzuheben, weil die absolute Feuchtigkeit im allgemeinen mit der Lufttemperatur ansteigt.

Die Glühzündungen steigen mit wachsender Motordrehzahl, da damit ein Ansteigen der Temperaturen der Brennraumwand verbunden ist [213]. Da der durch glühende Ablagerungen verursachte Sauerstoffmangel in der Nähe der Brennraumwand die Glühzündungen behindert, wird durch die mit höherer Drehzahl verbundene Turbulenz des Gasgemisches immer wieder Frischgas an die Oberfläche geführt und dadurch die Glühzündung weiter begünstigt [20]. Andererseits verringert sich mit der steigenden Turbulenz die Einwirkungszeit der heißen Oberfläche auf ein bestimmtes Gemischteilchen.

Die Glühzündungen treten häufiger bei hohen Belastungen auf, so daß auch eine Abhängigkeit vom Füllungsdruck vorhanden ist. Ein Ansteigen des Füllungsdruckes verursacht ein

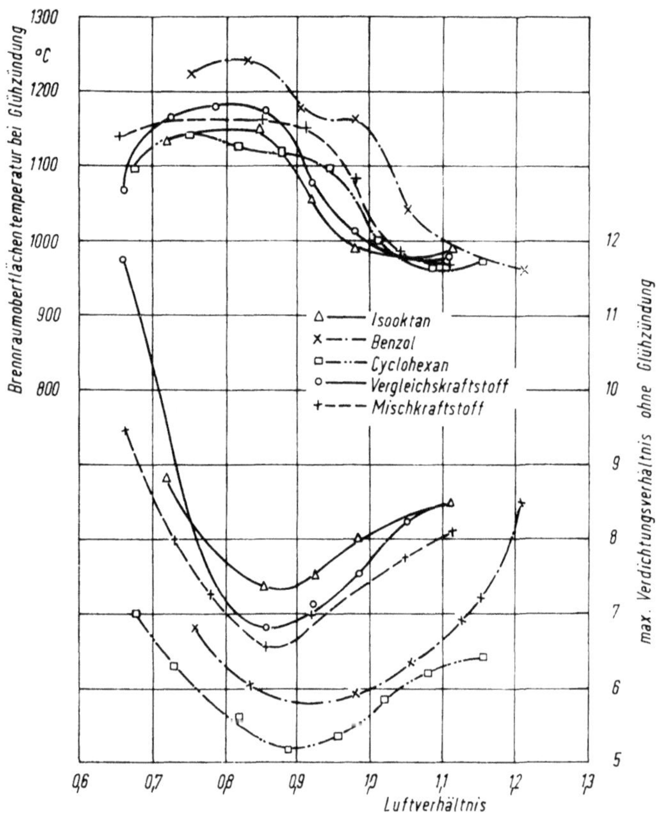

Abb. 136. Einfluß des Luftverhältnisses auf das durch Glühzündung begrenzte Verdichtungsverhältnis und die dabei auftretenden Temperaturen bei verschiedenen Kohlenwasserstoffen [62]

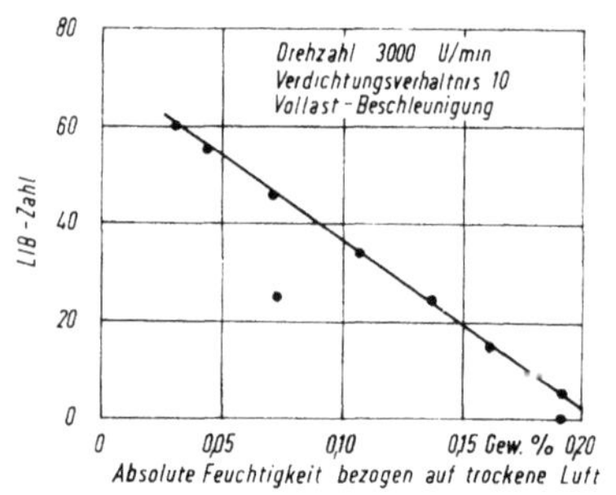

Abb. 137. Einfluß der absoluten Feuchtigkeit auf die LIB-Zahl [213]

lineares Ansteigen der Glühzündung ausgedrückt durch die erforderliche Mischung des LIB-Vergleichskraftstoffes [213]. Das verstärkte Auftreten der Glühzündungen bei abnehmender Vorzündung wird durch die Zunahme der verfügbaren Zeit verständlich, wodurch eine größere Energie von den glühenden Teilchen zu der brennbaren Mischung übertragen wird. Außerdem wird die Zündfähigkeit der Mischung während der Verdichtung mit zunehmender Zeit immer größer, da Temperatur und Druck ansteigen. Der Einfluß von atmosphärischen und motorischen Bedingungen auf die ohne Glühzündung erreichbare Leistung ist eingehend untersucht worden [9]. Ansteigende Lufttemperatur verursacht einen deutlichen Abfall in der erreichbaren Leistung von nahezu 14% für 50 grd Temperaturanstieg. Ein Ansteigen der atmosphärischen Feuchte hat einen kleineren aber günstigen Einfluß. Die Kühlwassertemperatur hat nur geringen Einfluß, ebenso eine Änderung des Luftverhältnisses und des Zündzeitpunktes in den in Frage kommenden Bereichen.

j) Entstehung der Ablagerungen

Wichtig für die Lösung des Glühzündungsproblems ist die Kenntnis vom Entstehen der Ablagerungen. Untersuchungen der chemischen Charakteristiken und Reaktionen der Brennraumablagerungen haben gezeigt, wie sie gebildet werden und wie sie ihr Gleichgewicht erreichen [153]. Unverbrannte Teile von Kraftstoff und Öl sammeln sich an der Brennraumwand zu einer kohleähnlichen Schicht, welche dann Bleioxide aus der Verbrennung des Bleitetraäthyls in sich aufnimmt. Diese Bleioxide können mit den heißen sauren Gasen, die als Verbrennungsprodukte auftreten, reagieren, und eine komplexe Mischung von Bleikomponenten bilden. Die Glühzündungen werden von den glühenden Teilchen der Kohlenstoffablagerungen verursacht, welche durch die Anwesenheit von Bleikomponenten katalytisch wirken. Die durch die Ablagerungen hervorgerufenen Schwierigkeiten werden durch eine besondere Auswahl von Kraftstoffen und Schmierölen verringert sowie durch das Hinzufügen von Stoffen, die die Zusammensetzung der Ablagerungen ändern.

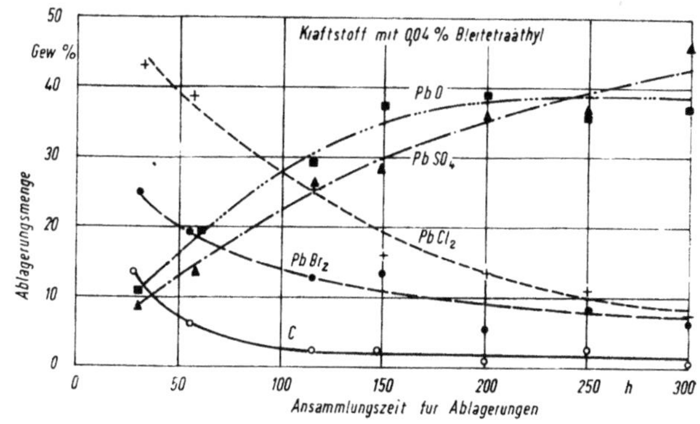

Abb. 138. Änderung der relativen chemischen Zusammensetzung der Brennraumablagerungen während der Ansammlungszeit [69]

Tabelle 9. *Schmelzpunkt der in den Ablagerungen vorkommenden Bleiverbindungen* [161]

Bleiverbindung	Schmelzpunkt °C	Literatur-Quelle
$PbCl_2$	496	28
$PbBr_2$	370	119
$PbSO_4$	1170	48
PbO	888	119
$(PbBr_2)_x(PbCl_2)_y$	370—496	28
$PbO \cdot PbCl_2$	524	187
$2PbO \cdot PbCl_2$	693	187
$PbO \cdot PbBr_2$	497 (zersetzt)	119
$2PbO \cdot PbBr_2$	709	119
$PbO \cdot PbSO_4$	975	122
$2PbO \cdot PbSO_4$	961	122
$4PbO \cdot PbSO_4$	895	122

Abb. 138 zeigt die Änderung der chemischen Zusammensetzung der Ablagerungen über der Zeit. Tabelle 9 gibt einen Überblick über die Zusammensetzung der Ablagerungen, welche von Blei gebildet werden, und über deren Schmelztemperaturen. Mit dem Auftreten von Ablagerungen wird die Oberflächentemperatur der Brennraumwand von ursprünglich etwa 300 °C allmählich gesteigert, bis die Glühzündungstemperatur erreicht ist. Dabei werden bei einer Temperatur von 300 °C die Ablagerungen größtenteils aus Kohlenstoff bestehen. Bei mehr als 480 °C schlägt sich kein Kohlenstoff mehr nieder. Als nächster Stoff wird Bleioxid bei etwa 880 °C von der Ablagerung ausgeschlossen. Darauf lagern sich nacheinander Bleisulfat (bis 1160 °C), Kieselsäure (bis 1700 °C) und Aluminiumoxid (bis 2650 °C) ab. Die hochschmelzenden Stoffe lagern sich an der Oberfläche an und sind durch die darunter liegenden Schichten von der Brennraumwand isoliert, so daß sie immer wieder die Glühzündungstemperatur erreichen und Glühzündungen hervorrufen können, obwohl sie nur einen kleinen Anteil an den Gesamtablagerungen ausmachen.

Die erste Phase bei der Ablagerungsansammlung bildet die Warmlaufperiode des kalten Motors, wobei die Verbrennung des Gemisches nahe den Wandungen wegen der starken Abkühlung unvollständig ist, so daß sich Kohlenstoffanteile niederschlagen [185]. Diese erste Schicht enthält noch Bleiverbindungen. Mit zunehmender Erwärmung der Wandung und Verbrennung der Ablagerungen werden die eingeschlossenen Bleiverbindungen freigelegt. Sie hindern den Sauerstoff, zu der darunterliegenden Schicht brennbaren

Materiales zu gelangen, wodurch die fast immer beobachtete kohlige Schicht zwischen zwei Lagen Bleiverbindungen gebildet wird. Jedes Starten und Warmlaufenlassen des kalten Motors erzeugt eine neue Schicht einer kohleartigen und darüberliegenden Lage von Bleiverbindungen. Die nächste Phase des Aufwachsens der Beläge ist die Anlagerung von weiteren Bleiverbindungen aus den Verbrennungsgasen, wobei die an den Wandungen vorhandenen Bleiverbindungen als Kristallisationszentren wirken. Diese Auffassung wird durch die in den Ablagerungen gefundenen ausgebildeten Kristalle gestützt, die deutlich erkennbare Wachstumsquanten aufweisen.

In Abb. 139 sind die möglichen Stufen, in welchen die Reaktionen die Ablagerungszusammensetzung beeinflussen, angegeben. Aus der Verbrennung von Kraftstoff und Additiven werden die einzelnen Komponenten frei, die dann in der Dampfphasenreaktion eine Zwischenstufe der entstehenden Verbindungen erreichen. Die Verbrennung von bleihaltigem Kraftstoff mit halogenen Spülmitteln und Schwefelkomponenten bildet gasförmiges Bleioxid, Halogenwasserstoffe und Schwefeldioxid. Dampfphasenreaktionen von Bleioxid treten nur auf, wenn die Brennraumwände sauber und relativ kalt (ca. 200 °C) sind. Unter diesen Bedingungen kann Bleioxid durch Dampfphasenreaktionen mit Halogenwasserstoffgasen der Gasschicht in der Nähe der Wände nahezu vollständig zu Bleihalid umgewandelt werden. Durch Kondensation dieser gasförmigen Bleikomponenten an der Brennraumwand und durch Reaktionen zwischen den festen Bleisalzen und dem Gas im Brennraum sowie durch Festphasenreaktion zwischen den Bleisalzen in den Ablagerungen bildet sich die endgültige Ablagerungszusammensetzung.

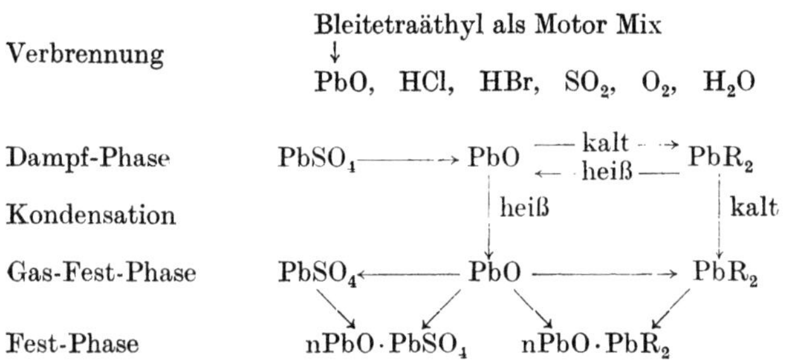

Abb. 139. Chemische Umsetzungen bei der Ablagerungsbildung [161]

Reaktionen zwischen festen Bleioxiden und den sauren Gasen haben für die endgültige Zusammensetzung der Ablagerungen wahrscheinlich die größte Bedeutung. Gasförmige Halogenwasserstoffe können feste Bleioxide zu entsprechenden Bleihaliden bei jeder Oberflächentemperatur der Ablagerungen umwandeln. Schwefeldioxid wird in der Umwandlung von festem Bleioxid zu Bleisulfat nur wirksam, wenn die Ablagerungsoberflächentemperatur 300 °C erreicht. Reaktionen in der festen Phase zwischen freien Bleioxiden, welche zuerst abgelagert wurden, und Bleisulfaten bzw. Bleihalogeniden, die aus gasfesten Reaktionen hervorgegangen sind, liefern Blei(II)-oxisulfate und Blei(II)-oxihalogenide.

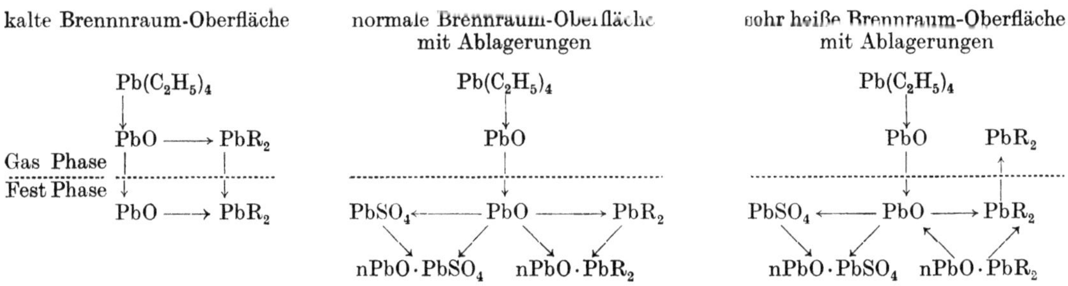

Abb. 140. Beeinflussung der Ablagerungsbildung durch die Oberflächentemperatur [161]

Der Gang der Reaktionen hängt von der Temperatur der Brennraumwand ab. Die Reaktionsfolge ist in Abb. 140 für drei verschiedene Temperaturbedingungen zusammengestellt. Die Komponenten, welche wahrscheinlich in Ablagerungen unter den speziellen Bedingungen gefunden werden, sind aufgeführt.

Die Zeit, die für das Wachsen der Bleiverbindungen an den Brennraumwänden und an den Ventilen bis zum Erreichen des Gleichgewichtszustandes nötig ist, nimmt mit steigendem Bleigehalt des Kraftstoffes ab. Die dem Bleitetraäthyl beigemischten Halogenkohlenwasserstoffe sind auch bei praktisch schwefelfreien Kraftstoffen nicht in der Lage, das Bleioxid aus dem Brennraum restlos zu entfernen. Ihre Wirksamkeit wird durch Schwefel im Kraftstoff stark beeinträchtigt.

k) Stärke der Glühzündung abhängig von der Ablagerungsart

Eine Ansammlung von Kohlenstoff als Brennraumablagerung gibt normalerweise keine Glühzündung im Motor. Sobald jedoch Bleisalze zusätzlich in den Ablagerungen vorhanden sind, wird in der Regel die Glühzündung anfangen, wenn die sonstigen Bedingungen gegeben sind. Der Einfluß von einigen Bleisalzen auf die Zündtemperatur von Kohlenstoff ist in Tabelle 10 aufgeführt. Bei der Zugabe der Mehrzahl der aufgeführten Bleisalze wird die Zündtemperatur bedeutend herabgesetzt, nur Bleiorthophosphat macht eine Ausnahme. Eine Zugabe von Phosphorbestandteilen zum Kraftstoff gibt deshalb eine Herabsetzung der Neigung zu Glühzündungen, da die Phosphorsalze des Bleies, wie Bleiorthophosphat, eine höhere Zündtemperatur bewirken als andere Bleiverbindungen.

Tabelle 10. *Einfluß von Bleiverbindungen auf die Zündtemperatur von Kohle in Luft* [160]

Zur Kohle zugesetzte Bleiverbindung	Zündtemperatur °C
Keine (reine Kohle)	560
Blei-Orthophosphat	560
Basisches Blei-Sulfat	407
Blei-Monoxid	369
Basisches Blei-Bromid	343
Basisches Blei-Chlorid	319

Der Einfluß von Blei auf die Glühzündung wurde dadurch untersucht, daß ungebleite Ablagerungen aufgebaut wurden. Obwohl weißglühende Teilchen im Brennraum zu sehen waren, trat keine Glühzündung auf [238]. Danach ist zu vermuten, daß die Oberflächentemperaturen von ungebleiten Ablagerungen nicht so hoch sind wie die von gebleiten Ablagerungen. Andererseits wird bei bleihaltigen Ablagerungen durch kleine Konzentrationen von chemischen Substanzen, wie Bleioxide, die Zündtemperatur von Kohlenstoff sehr wirksam herabgesetzt, Tabelle 10. Ferner beschleunigen sie die Reaktion zwischen Kohlenstoff und Sauerstoff, wenn die Zündtemperatur erreicht ist [50, 163, 164]. Dieses Ergebnis stimmt nicht mit Beobachtungen überein, wonach Glühzündung durch Brennraumablagerungen auftrat, bevor Bleitetraäthyl im Kraftstoff benutzt wurde [1, 42, 214].

Ablagerungsteilchen, die von den Wänden entfernt werden und absichtlich wieder für einen oder mehrere Zyklen in den Motor zurückgebracht werden, geben heftigere Glühzündungen als Ablagerungen, welche an den Wänden verbleiben, da sie wegen des besseren Kontaktes mit der heißen Luft und infolge der fehlenden Kühlung durch die Brennraumwand heißer werden, und weil sie für längere Zeit mit der gleichen Gemischmenge in Kontakt bleiben. Bei der Zugabe von Brennablagerungsteilchen aus Kohlenstoff-Bleisalz-Mischungen wurden starke Glühzündungen festgestellt. Nur leichte Glühzündungen wurden von Brennraumablagerungen aus ungebleiten Kraftstoffen verursacht und weder Kohlenstoff noch Bleisalze allein zeigten irgendwelche merkbaren Glühzündungen.

l) Katalytische Wirkung bei Glühzündung

In Zündversuchen [42] wurde festgestellt, daß z. B. ein platinierter Draht, obwohl sehr aktiv katalytisch, eine höhere Temperatur zur Zündung eines Kraftstoff-Luft-Gemisches erforderte als eine Oberfläche von gleichem Ausmaß, aber von geringerer katalytischer Wirkung. Metallsalze wirken als Katalysatoren bei der Verbrennung der kohlenstoffhaltigen Ablagerungen durch Erniedrigung der Zündtemperatur und durch Beschleunigen der Oxydation. Insbesondere kommen hier die Bleisalze in Frage, welche die ersten metallischen Bestandteile von Brennraumablagerungen sind. Auch Metallkomponenten, die den Brennraum mit der Einlaßluft erreichen oder die durch Reibung und Korrosion von den Motorenteilen abgelöst werden, fördern katalytisch die Verbrennung des Kohlenstoffes [151].

Kraftstoff und Öl beeinflussen die Art der Ablagerungen, welche in einem Brennraum gebildet werden. Kraftstoffe mit hoch siedenden oder schweren aromatischen Kohlenwasserstoffen bilden Ablagerungen, die mehr Glühzündungen verursachen als andere Kraftstoffe. Die Ablagerungszündtendenz wird durch Kraftstoffzusätze merkbar beeinflußt [78, 98, 103, 168, 235, 236]. Versuche mit Bleitetraäthyl zeigten, daß dadurch Glühzündungen vermehrt werden und daß Phosphorzusätze diesen Einfluß mildern [213].

m) Maßnahmen gegen Glühzündung

Die Möglichkeiten, die Ablagerungsneigung und die ungünstigen Auswirkungen von Bleiverbindungen im Motor zu vermindern, sind gering. Die wirksamste Verbesserung geben Kraftstoffe mit niedrigem Siedepunkt und Öl mit geringer Verkokungsneigung. Im Rahmen des möglichen Wechsels der Kohlenwasserstoffstruktur wird nur wenig erreicht. Die Zugabe von Additiven zum Kraftstoff, z. B. von Trikresyl-Phosphat, hat schon in geringen Mengen einen günstigen Einfluß auf Glühzündungen [9]. Die einem Kraftstoff zugesetzte Menge von Trikresyl-Phosphat wird in Relation zum Bleitetraäthylgehalt des Kraftstoffes in „theory" angegeben, da sich die erforderliche Menge nach dem Gehalt des Kraftstoffes an Bleitetraäthyl richtet. Eine „theory" ist dabei die Menge von Trikresyl-Phosphat $(CH_3 \cdot C_6H_4)_3PO_4$, die mit der ganzen Menge Bleitetraäthyl $Pb(C_2H_5)_4$ ein Bleiphosphat $Pb_3(PO_4)_2$ bildet, d. h. es sind für 3 Moleküle Blei 2 Moleküle Phosphor erforderlich. Bereits die Zugabe von 0,3 „theory" Trikresyl-Phosphat erlaubt etwa eine 25%ige Steigerung der Leistung, ehe das gleiche Maß von Glühzündung auftritt. Weitere Möglichkeiten liegen in der Konstruktion der Motoren. Eine Verbesserung würde erzielt werden, wenn für eine gute Kühlung der Auslaßventile und schnelle Erwärmung des Brennraumes nach dem Starten gesorgt wird und zu heiße Stellen, an denen die Bleiverbindungen besonders fest haften, im Brennraum vermieden werden.

3. Zündung

a) Zündung durch Wärmeleitung, Molekülanregung und Dissoziation

Im Ottomotor erfolgt die Zündung im allgemeinen dadurch, daß ein kleiner Teil des Gemisches durch den Durchschlag eines elektrischen Funkens mit einer so hohen Temperatur (3000 bis 6000 °C) zur Reaktion gebracht wird, daß immer eine Zündung eintreten wird, wenn das Gemisch überhaupt zündfähig ist. Dabei kann angenommen werden, daß nur zum kleineren Teil Wärmewirkung, zum größeren Teil aber Molekülanregung und Ionisation, vielleicht auch Dissoziation für die Zündung maßgebend sind [110]. Würde man die Fortpflanzung der Flammenfront kurz nach der elektrischen Zündung als einen reinen Wärmeleitvorgang betrachten, dann könnte sich die Flamme nur ausbreiten, wenn die Verbrennungstemperatur größer wäre als die Zündtemperatur. Die untere Zündgrenze z. B. des Wasserstoffes mit 4,1% im Gemisch liegt aber bei einer Verbrennungstemperatur von etwa 350 °C, während die Zündtemperatur auch für das stöchiometrische Gemisch über 530 °C liegt. Die Fortpflanzung der Flammenfront kann demzufolge nicht als reiner Wärmeleitvorgang angesehen werden. Wird zu wenig Energie durch den Zündfunken erzeugt, führt die Reaktion nicht zur Zündung der nicht direkt vom Funken durchschlagenen Gemischteile, sondern sie erlischt.

b) Abhängigkeit der Zündtemperatur

Entfernt man sich vom stöchiometrischen Luftverhältnis, so sinkt die Reaktionswärme, da der im Überschuß vorhandene Reaktionsteil an der Reaktion nicht mehr teilnimmt oder nicht vollkommen reagiert, wodurch die erforderliche Zündtemperatur steigt, Abb. 141.

Unterhalb der Zündtemperatur kann keine nennenswerte Umsetzung eintreten, da für Kraftstoffreaktionen eine gewisse Aktivierungsenergie notwendig ist. Die Zündtemperatur ist aber im allgemeinen für leicht aufspaltbare Kraftstoffgemische niedrig, Tabelle 11. Sauerstoffgehalt und Kraftstoffgehalt sowie die Gegenwart katalytisch wirkender Stoffe beeinflussen sie. Bei den großen Molekülen schwerer Kraftstoffe treten schon Teilumsetzungen unterhalb der Zündtemperatur auf, weshalb die Grenze nicht eindeutig festlegbar ist. Die Teilverbrennungen sind bei leicht oxydierbaren Stoffen, z. B. den hochatomaren Reihenkohlenwasserstoffen, in höherem Maße vorhanden als bei stabileren Kohlenwasserstoffen wie z. B. Benzol. Die Zündtemperatur ist vom Druck abhängig, Abb. 142. Bei sehr kleinen Drücken liegt sie bei sehr hohen Temperaturen, erreicht bei

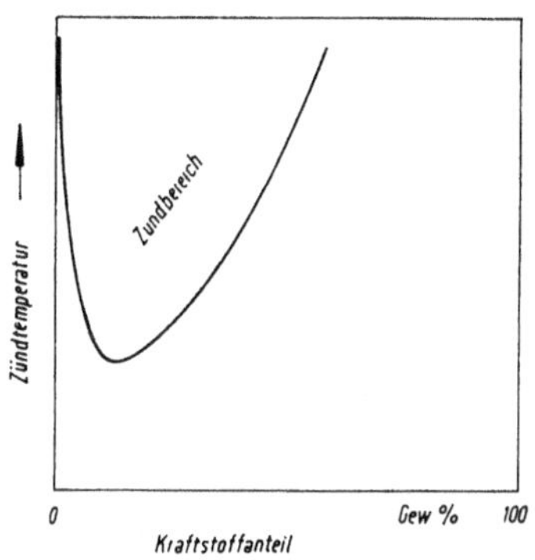

Abb. 141. Grundsätzliche Abhängigkeit der Zündtemperatur eines Gasgemisches vom Mischungsverhältnis [67]

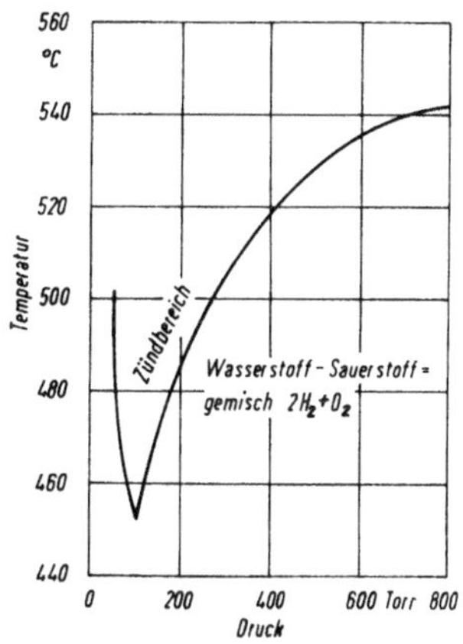

Abb. 142. Abhängigkeit der Zündtemperatur eines Gasgemisches vom Druck [139]

Tabelle 11. *Zündtemperaturen verschiedener Gase und Flüssigkeiten bei 1 ata* [105, 127]

Gase	in Luft °C	in O_2 °C	Flüssigkeitsdämpfe	in Luft °C
Wasserstoff H_2	530–630	450–630	Ottomotorenkraftstoffe	520–530
Kohlenmonoxid CO	610–725	580–650	n-Heptan C_7H_{16}	430–580
Methan CH_4	645–750	600–750	Cyclo-Hexan C_6H_{12}	550–650
Acetylen C_2H_2	400–440	350–420	Dieselmotorenkraftstoffe ($C_{11}H_{24}$–$C_{18}H_{38}$)	330–350
Propan C_3H_8	510	490	Schmieröl	380–420
Leuchtgas	560	450	Benzol C_6H_6	670–770
			Steinkohlen-Teeröl	600–700
			Methanol CH_3OH	500

Erhöhung des Druckes ein Minimum und steigt dann bis zu Drücken von etwa 1 ata auf einen sich nicht mehr ändernden Wert. Durch Erhöhung der Temperatur des Gemisches wird der Zündbereich erweitert, Abb. 141. Die Erweiterung des Zündbereiches durch Erhöhung des Druckes ist an der oberen Zündgrenze stärker als an der unteren.

Wesentlich ist dabei die Zeit, die man zwischen der Einleitung der Reaktion, z. B. durch Verdichtung oder Funkenüberschlag und einer ersten merklichen Verbrennung zuläßt. Deshalb sind die Zündgrenzen von den Versuchsbedingungen abhängig. Im Gegensatz zur Glühzündung, bei der Wechselwirkungen zwischen Wand- oder Ablagerungsteilen und dem brennbaren Gemisch auftreten, ist die Zündkerzenzündung eine homogene Reaktion, die im Inneren eines Gases stattfindet, ebenso wie die Selbstzündung eines klopfenden Gemischteiles.

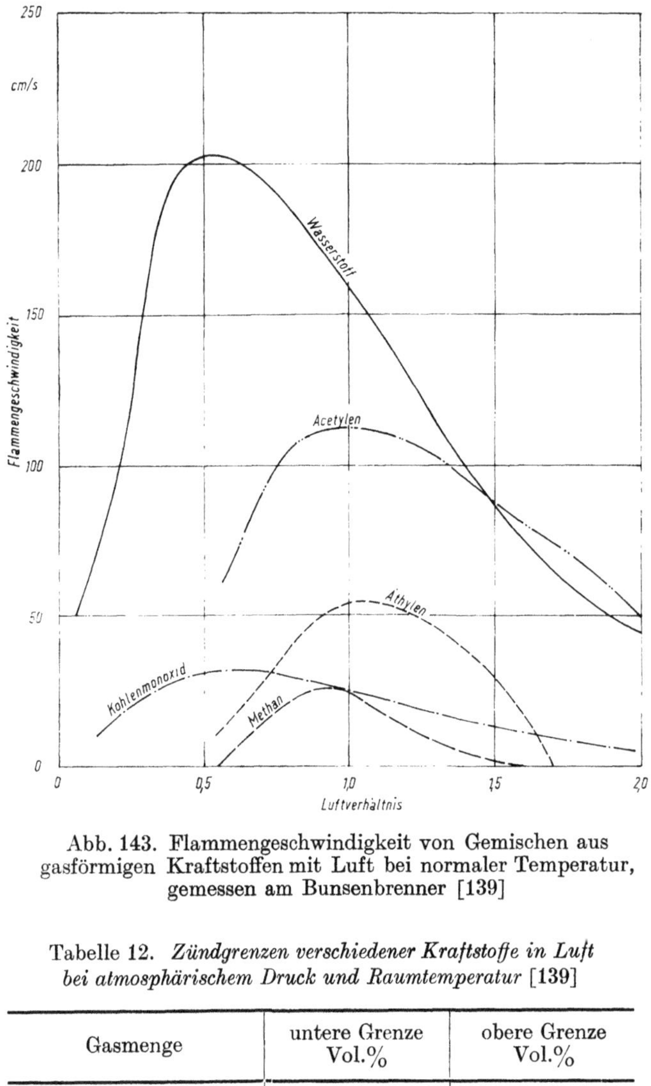

Abb. 143. Flammengeschwindigkeit von Gemischen aus gasförmigen Kraftstoffen mit Luft bei normaler Temperatur, gemessen am Bunsenbrenner [139]

Tabelle 12. *Zündgrenzen verschiedener Kraftstoffe in Luft bei atmosphärischem Druck und Raumtemperatur* [139]

Gasmenge	untere Grenze Vol.%	obere Grenze Vol.%
Wasserstoff H_2	4 —10	60 —80
Kohlenmonoxid CO	12,5—16,7	70 —80
Methan CH_4	4,8— 6,6	11,9—15,4
Acetylen C_2H_2	1,5— 3,4	46 —82
Propan C_3H_8	2,2— 2,4	6,7— 9,5
Handelskraftstoff	1,4— 2,4	4 — 8
Petroleum	1,5— 2,4	5 — 8,2
Benzol C_6H_6	0,8— 2,7	5,6— 8,6
Methanol CH_3OH	4 — 6,7	36

c) Abhängigkeit der Flammengeschwindigkeit

Die Flammengeschwindigkeit[1], d.h. in diesem Fall die Fortpflanzungsgeschwindigkeit der Flammenfront kurz nach der Zündung, ist von den Eigenschaften und der Zusammensetzung der Kraftstoffe bzw. der Gemische sowie von deren Druck und Temperatur abhängig. Sie ist für ein Luftverhältnis, das etwas kleiner als das stöchiometrische ist, am größten. Mit Veränderung dieses Luftverhältnisses nimmt sie sehr rasch zu den Zündgrenzen hin ab. Die Fortpflanzung der Entzündung ist also für jeden Kraftstoff nur innerhalb eines bestimmten Bereiches möglich. Die Breite dieses Zündbereiches ergibt sich aus dem Sauerstoffbedarf des Kraftstoffmoleküles, so daß Kraftstoffe von hohem Molekulargewicht nur mit geringen Raumteilen von Kraftstoffdampf im Gemisch zündfähig sind, Abb. 143. Man unterscheidet eine untere Zündgrenze bei Kraftstoffmangel und eine obere Zündgrenze bei Kraftstoffüberschuß, Tabelle 12. Die Flammengeschwindigkeit steigt mit der Temperatur des Gemisches stark an, erreicht aber bei Annäherung an die Zündtemperatur nur endliche Werte, keineswegs unendlich große. Die Flammengeschwindigkeit ist vom Druck nahezu unabhängig.

[1] Wegen der Abgrenzung der vielfach benutzten Bezeichnungen Zünd- und Verbrennungsgeschwindigkeit vgl. S. 128.

Bei Verbrennung in reinem Sauerstoff ist die Flammengeschwindigkeit wesentlich größer als bei Verbrennung in Luft. Die Steigerung ist jedoch für die einzelnen Gase sehr verschieden, z. B. für Kohlenmonoxid von 57 auf 103 cm/s, für Methan von 37 auf 600 cm/s. Dabei spielt zweifellos der Sauerstoffbedarf des Kraftstoffes eine Rolle, so daß Kraftstoffe mit großem Sauerstoffbedarf einen stärkeren Zuwachs ergeben. Durch Zusatz von inerten Gasen werden Flammengeschwindigkeit und Zündbereich kleiner. Dabei ist die spezifische Wärme des inerten Gases von Bedeutung. Das wirkt sich im Motor so aus, daß die Verbrennungsprodukte Kohlendioxid und Wasser stärker verzögernd wirken als der Stickstoff der Luft. Bei Kohlenmonoxidgemischen ergibt das Vorhandensein kleiner Mengen Wasserdampf eine Vergrößerung der Flammengeschwindigkeit.

d) Einfluß von Stärke und Zahl der Zündfunken

Bei der Zündung beeinflußt die Energie des Zündfunkens die Anregung der Moleküle an der Zündstelle. Der Vorgang kurz nach der Zündung ist für die Gesamtverbrennungszeit von besonderer Bedeutung, weil die Geschwindigkeit der Flammenfront zu Beginn am

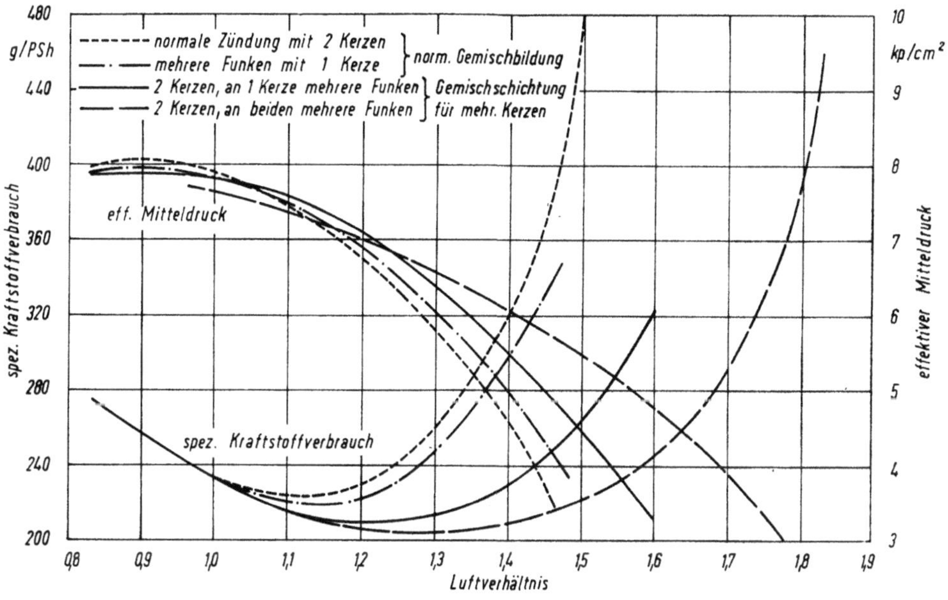

Abb. 144. Mitteldruck und spezifischer Kraftstoffverbrauch abhängig vom Luftverhältnis bei verschiedenen Zündungsarten [201]

geringsten ist und Verzögerungen zu dieser Zeit die größten Auswirkungen zeigen [17]. Bei Vollast und Luftverhältnissen <1 hat die Stärke des Funkens wenig Einfluß, da ein geringer Funke genügt, um Verbrennungskerne hervorzurufen, die schnell wachsen. Bei Teillast mit Luftverhältnissen >1 haben Energie und Dauer des Funkens größere Bedeutung. Die Verwendung von mehreren Funken nacheinander hat nur bei armen Gemischen einen Einfluß auf den Zündvorgang und auf die Schnelligkeit des Verbrennungsvorganges, und zwar insbesondere dann, wenn die Gemischverteilung im Zylinder ungleichmäßig ist. Bei Verwendung mehrerer Funken kann dann durch die Änderung des Mischungsverhältnisses an der Zündkerze infolge der Luftbewegung einer der Funken günstigere Zünd- und Verbrennungsbedingungen vorfinden als die anderen und dadurch letztlich ein schnelleres Durchbrennen des Brennraumes verursachen. Bei gleichmäßiger Gemischverteilung im Brennraum ist eine Verbesserung durch Mehrfachzündung durch mehrere Funken nacheinander an einer Stelle nur möglich, wenn durch starke Strömungen die Flamme weggeblasen wird und der Zündkerze wieder frisches Gemisch zuströmt, welches dann von den weiteren Zündfunken erfaßt wird. Die Strömungsgeschwindigkeit des Gemisches muß also an der Zündkerze größer als die Flammengeschwindigkeit sein. Abb. 144 zeigt den Einfluß unterschiedlicher Zündung auf Kraftstoffverbrauch und Mitteldruck bei verändertem Luftverhältnis. Während bei Kraftstoffüberschuß kein Einfluß vorhanden ist, wird bei Luftüberschuß durch Zündung mit mehreren Funken bzw. Verwendung von zwei Kerzen ein wesentlich besserer Verbrauch erzielt, da hierdurch ungleichmäßige Gemischverteilung besser kompensiert wird. Bei Zündung mit mehreren Funken ist auch die Gleichmäßigkeit der einzelnen Arbeitsspiele größer (vgl. S. 125). Bei Verwendung mehrerer Funken nacheinander an einer Zündkerze sind Dauer und Abstände der Funken von Bedeutung, da man wegen der Ionisation der Funkenstrecke bei nachfolgenden Funken eine weniger heftige Entladung und daher eine geringere Energieentwicklung erhält. Die Auswirkungen der Zündung durch mehrere Funken nacheinander an einer Zündkerze werden deshalb von Motor zu Motor verschieden sein, da die Größe der insgesamt gezündeten Menge von der jeweils herrschenden Turbulenz abhängt.

Besonders schnelle Verbrennung wird bis zu einem gewissen Grade durch gleichzeitige Zündung an mehreren Punkten erreicht, wie es unbeabsichtigt bei der Glühzündung eintritt. Dabei wird der Einfluß der Zahl der Zündkerzen durch ihre Lage im Brennraum wesentlich gekennzeichnet.

e) Einfluß des Zündzeitpunktes

Der jeweils günstigste Zündzeitpunkt eines Motors wird durch Versuch bestimmt, da viele Einflüsse vorliegen, z. B. Drehzahl, Luftverhältnis, Druck und Temperatur der Ladung. Da die Fortpflanzung der Flammenfront, d. h. die verbrannte Menge, kurz nach

Tabelle 13. *Mitteldruck, Kühlwassertemperatur und Spitzendruck bei verschiedenem Zündzeitpunkt* (vgl. Abb. 145) [178]

Zündzeitpunkt in °KW vor oberem Totpunkt	Indizierter mittlerer Druck kp/cm²	Höchstdruck im Zylinder kp/cm²	Grad Kurbelwinkel v. Funkenüberschlag bis zum Höchstdruck	Kühlwasseraustrittstemperatur b. konst. Menge °C
6,0	8,307	24,61	35,0	53,7
10,5	8,683	27,07	33,0	54,0
14,5	8,788	28,83	32,0	54,5
19,0	8,788	31,29	31,5	55,5
23,0	8,718	33,04	31,5	56,0
27,0	8,613	34,45	31,5	56,8
31,5	8,472	35,86	32,0	57,5
35,5	8,345	35,86	33,0	58,0
39,5	8,212	35,15	34,0	58,5
44,0	8,015	34,45	36,0	59,0
48,0	7,769	33,40	39,5	59,7

der Zündung gering ist, muß mit Rücksicht auf einen guten Wirkungsgrad, der durch Verbrennung in der Nähe des Totpunktes erzielt werden kann, die Zündung schon wesentlich vor dem Totpunkt einsetzen.

Abb. 145 zeigt Diagramme mit verändertem Zündzeitpunkt. Leistung und Wirkungsgrad werden am größten, wenn die Druckspitze nach dem Totpunkt auftritt. Der beste Zündzeitpunkt ist unter den für Abb. 145 gültigen Verhältnissen 17°KW vor OT. Die Ergebnisse dieser Versuche sind in Tabelle 13 zusammengestellt. Der durch die frühe Zündung vergrößerte Wärmeverlust tritt deutlich in Erscheinung, während der indizierte mittlere Druck unmittelbar ein Maß für den Wirkungsgrad gibt, da der Verbrauch an Kraftstoff und Luft konstant gehalten war. Die Versuche wurden bei niedrigem Verdichtungsverhältnis und nicht ganz Vollast gefahren, um Klopfen oder Glühzündung selbst bei übertrieben frühem Funkenüberschlag zu verhindern.

Bei allen Betriebszuständen, die eine geringe Flammengeschwindigkeit zur Folge haben, insbesondere also bei armen Gemischen, ist eine besonders frühe Zündung erforderlich. Abb. 146 zeigt, daß bei Luftmangel, z. B. Luftverhältnis 0,8, die höchste Leistung etwa bei 37 °KW Vorzündung erreicht wird, während bei Luftüberschuß, Luftverhältnis

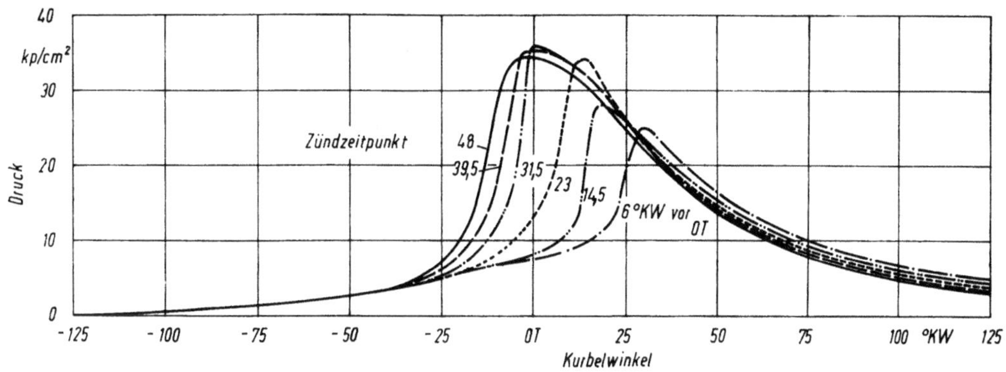

Abb. 145. Druckverlauf bei verschiedenem Zündzeitpunkt [178]

1,06, zur Erreichung der Höchstleistung etwa 45 °KW Vorzündung erforderlich sind. Weitere Vergrößerung der Vorzündung gibt eine Steigerung der Energieentwicklung vor dem oberen Totpunkt, wodurch die thermischen und mechanischen Verluste steigen. Entsprechend der vorzeitigen Verbrennung ergibt sich bei früher Zündung ein günstigeres mittleres Dehnungsverhältnis und damit eine Senkung der Abgastemperatur bei allen Luftverhältnissen und Drehzahlen in ähnlicher Weise, Abb. 147.

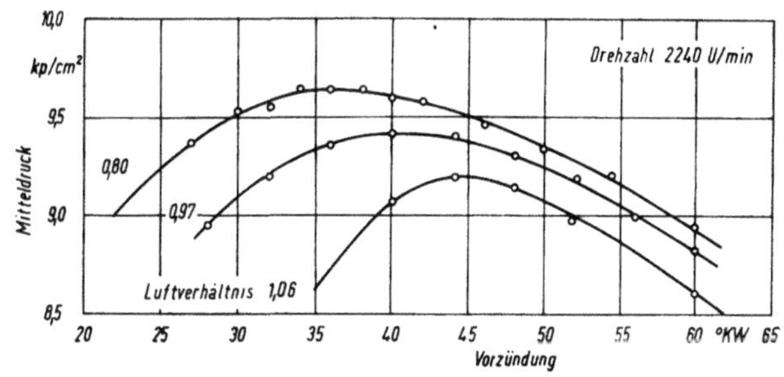

Abb. 146. Abhängigkeit des Mitteldruckes von der Vorzündung und vom Luftverhältnis [201]

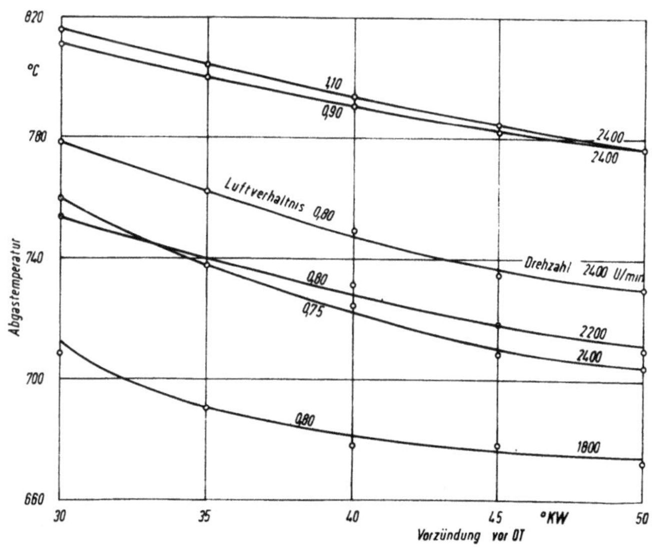

Abb. 147. Abgastemperatur abhängig von der Vorzündung für verschiedene Luftverhältnisse und Drehzahlen [201]

f) Größe der minimalen Zündenergie

Das Fortschreiten der Flamme durch die Mischung wird unter der Voraussetzung erfolgen, daß die Wärmeentwicklung durch die Zündkerze groß genug ist, um trotz der Wärmeverluste eine genügende Ladungsmenge auf die notwendige Temperatur zu bringen. Bei Kerzenzündung gibt es ein Minimum der Zündenergie zur Einleitung der Zündung. Für ruhende Mischungen in einer Bombe hat sich dabei gezeigt, daß ein kräftiger Funke wirksamer ist als eine Vielzahl von nacheinander folgenden Funken geringer Energie.

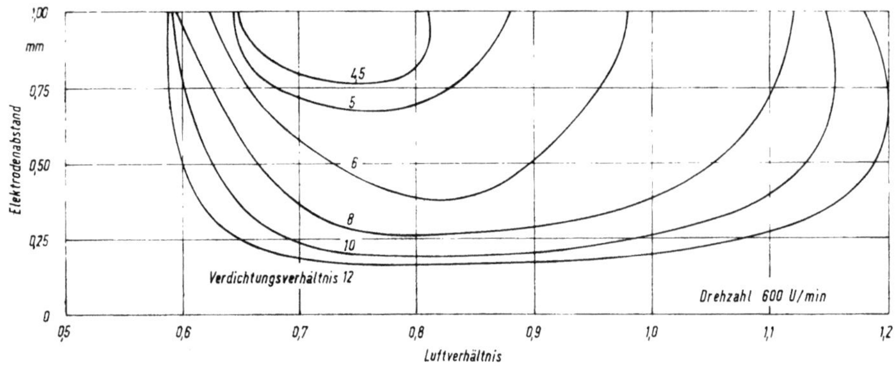

Abb. 148. Bereich für stabile Verbrennung in Abhängigkeit vom Verdichtungsverhältnis, Luftverhältnis und Elektrodenabstand [38]

Tabelle 14. *Berechnete Zündenergie bei atmosphärischem Druck und Raumtemperatur* [38]

Kraftstoffart in Sauerstoff bzw. Luft	Luftverhältnis	Minimale Zündenergie 10^{-5} cal
CH_4 in O_2	3,33	0,299
	2,22	0,037
	1,33	0,008
	0,83	0,009
	0,67	0,137
	0,63	0,354
C_3H_8 in O_2	2,50	0,012
	1,67	0,005
	1,25	0,003
	1,00	0,003
	0,83	0,005
	0,72	0,012
	0,53	2,717
CH_4 in Luft	1,43	41,9
	1,25	7,6
	1,10	3,8
	1,00	2,2
	0,90	2,3
	0,80	10,2
C_3H_8 in Luft	1,43	6,3
	1,10	3,8
	1,00	2,7
	0,78	8,2
	0,71	31,1
	0,67	78,2

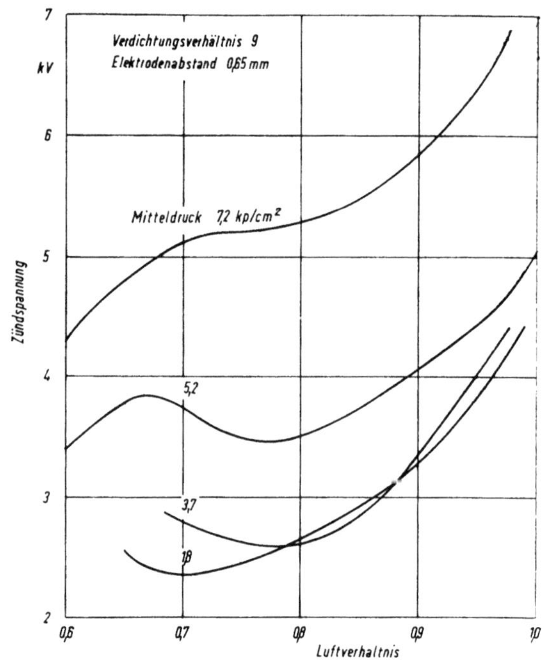

Abb. 149. Einfluß von Luftverhältnis und Mitteldruck auf die erforderliche Zündspannung [38]

Man kann unter Umständen Zehntausende von Funken geringer Energie durch das gleiche Gemisch hindurchtreten lassen, ohne daß Zündung einsetzt. Die dabei auftretenden chemischen Reaktionen durch diese nichtzündenden Funken sind gemessen worden [133].

Die Zündvorgänge sind eingehend theoretisch und experimentell untersucht worden [105, 107, 108, 109, 112, 126]. Es gibt verschiedene Theorien über die minimale Zündenergie. Als Gleichung für die minimale Zündenergie E wird übereinstimmend [38, 126, 210] angegeben:

$$E = \frac{C \cdot d^2 \cdot \lambda}{w} \cdot \Delta T,$$

wobei d der Elektrodenabstand, λ die Wärmeleitfähigkeit, w die Flammengeschwindigkeit und ΔT die Temperaturdifferenz zwischen verbrannten und unverbrannten Gasen ist.

Die Konstante C wird verschieden groß angegeben, und zwar $C = 3{,}142$ [126], 6,284 [210] und 20,25 [38]. Die aus dieser Gleichung berechneten minimalen Zündenergien sind in Tabelle 14 für die Konstante $C = 3{,}142$ zusammengestellt. Ein Abweichen von stöchiometrischen Bedingungen in dem am Motor benutzten Bereich führt nicht zu höheren Zündenergieanforderungen [16]. Bei schweren Kohlenwasserstoffen erfordert ein viel reicheres Mischungsverhältnis die geringste Zündenergie, z. B. für eine Mischung von n-Heptan-Luft bei einem Luftverhältnis von 0,55. Das zeigt, daß die Diffusion der langen Kohlenwasserstoffmoleküle nicht gleich der thermischen Diffusion der Mischung ist, sondern wesentlich geringer.

Dauer und Energie des Zündfunkens haben innerhalb der Grenzen, welche in der Praxis auftreten, wenig Einfluß auf die Erzeugung einer stabilen Flammenfront. Ein zu kleiner Elektrodenabstand engt den Bereich des Luftverhältnisses für stabile Verbrennung bei Leerlauf ein, da bei den niedrigen Verdichtungsdrücken eine größere Zündfunkenenergie notwendig ist. Abb. 148 zeigt den für stabile Verbrennung ohne Fehlzündung notwendigen Elektrodenabstand als Funktion des Luftverhältnisses und des Verdichtungsverhältnisses. Das Luftverhältnis beeinflußt ebenso wie die Motorbedingungen die erforderliche Spannung, Abb. 149. Mit wachsendem Mitteldruck, d. h. mit steigendem Druck der Ladung im Zeitpunkt der Zündung, ist eine ansteigende Zündspannung erforderlich.

4. Zündverzug

a) Auftreten und Messung des Zündverzuges

Ein Kraftstoff-Luft-Gemisch entzündet sich frühestens bei Erreichen der Zündtemperatur, und zwar durch Selbstzündung, wenn das Gemisch als Ganzes diese Temperatur erreicht. Bei Fremdzündung wird die Entzündung durch eine starke örtliche Erhitzung meistens mittels elektrischer Funken eingeleitet. Bei der Selbstzündung wird im Versuch besonders deutlich, daß die Entzündung erst nach einer zeitlichen Verzögerung, dem Zündverzug erfolgt, nachdem das Gemisch auf die Entzündungstemperatur gebracht wird. Dabei wird als Entzündung die erste Flammenerscheinung oder der Beginn einer merkbaren Drucksteigerung angesehen. Dieser Zündverzug wird damit erklärt, daß in dem Augenblick, in dem das brennbare Gemisch auf hohe Temperatur gebracht ist, Reaktionen einsetzen und diese sich erst nach einer bestimmten Zeit selbst so stark beschleunigen, daß eine merkbare Verbrennung erfolgt. Aus dem Selbstzündungsverhalten von Kraftstoffen können wesentliche Rückschlüsse auf die motorische Verwendbarkeit gezogen werden, da z. B. das Klopfen bei Ottomotoren in erster Linie durch Selbstzündung verursacht wird.

Der Zündverzug wird versuchsmäßig durch schnelle, annähernd adiabate Verdichtung des Kraftstoff-Luft-Gemisches gemessen. Man bezeichnet dann die Zeit vom Ende der Verdichtung bis zum Beginn der Zündung als Zündverzug. Oftmals wird auch wegen der Unterschiede im Druckverlauf durch einen unterschiedlichen Verbrennungsbeginn die Zeit zwischen Verdichtungsende und Erreichen des Höchstdruckes als Zündverzug festgelegt. Bei Fremdzündung, z. B. durch elektrischen Funken, gilt die Zeit vom Überspringen des Funkens bis zur Entzündung des Gemisches als Zündverzug. Besonders anschaulich werden die Vorgänge während des Zündverzuges durch photographische Untersuchungen des Entflammungsvorganges [218]. Sie zeigen drei Zündungstypen, und zwar ein schwaches Glühen mit wachsender Intensität im ganzen Brennraum, verstreut entstehende allmählich anwachsende Lichtpunkte sowie eine Entflammung in einem kleinen Bereich und Fortpflanzung in einer oder mehreren Flammenfronten.

b) Art der auftretenden Reaktionen

Wenn ein Kraftstoff-Luft-Gemisch sehr schnell auf hohen Druck und hohe Temperatur gebracht wird, setzt die Reaktion zunächst langsam ein. Für den Ablauf einer Reaktion im Motor kommen zwei Grundtypen in Frage, und zwar die reine Wärmeexplosion, bei der sich die Reaktionsgeschwindigkeit durch die bei der Reaktion freiwerdende Wärme steigert, sowie die Kettenexplosion, wobei sich die Reaktionsgeschwindigkeit durch Kettenverzweigung immer mehr erhöht und die Wärme dann in einem ganz kleinen Zeitintervall frei wird. Bei der Selbstzündung technischer Kraftstoffe erscheint in der Mehrzahl der Fälle neben den sicher auftretenden Kettenreaktionen auch Wärmeentwicklung im Verlauf der Zündverzugsperiode. Der Druckanstieg erlaubt Rückschlüsse auf die Wärmeentwicklung bei den Selbstzündungsreaktionen, wobei allerdings die in den Zwischenreaktionen eintretende Druckbeeinflussung durch eventuelle Molzahländerungen nicht bekannt ist. Ebenso beeinflussen mögliche endotherme Reaktionen den Druckverlauf.

Eine Aufteilung der Zündverzugszeit in die durch thermische und durch chemische Ursachen bedingten Anteile ist nicht durchführbar. Man kann jedoch sagen, daß der durch chemische Ursachen bedingte Anteil des Zündverzuges mit steigender Temperatur rasch absinken wird, so daß nur bei niedrigen Temperaturen die chemischen Vorgänge für die Größe des Zündverzuges überwiegend maßgebend sein werden.

c) Unterschiede des Zündverzuges bei Bomben- und Motorversuchen

Ein Vergleich des Zündverzuges bei Einspritzung eines flüssigen Kraftstoffes in eine Bombe und des Zündverzuges des gleichen Kraftstoffes in einer Verdichtungsapparatur gibt Abb. 150. Die Zündverzugswerte in der Bombenapparatur bei Einspritzung von flüssigem Kraftstoff sind wegen des der Zündung vorangehenden Gemischbildungsvorganges erheblich größer als die Zündverzugswerte in der Verdichtungsapparatur. Jedoch ist der Charakter der Zündverzugskurven in beiden Fällen der gleiche. Zahlreiche Messungen des Zündverzuges in Bomben mit anderen Kraftstoffen haben zu ähnlichen Ergebnissen geführt. Die unterschiedlichen Meßergebnisse für den Zündverzug zeigen, daß das Ergebnis einer Zündverzugsmessung in großem Maße von den Versuchsbedingungen abhängt und nicht eindeutig festgelegt ist. Abb. 151 läßt erkennen, daß auch die Art der Meßmethode starken Einfluß hat. So zeigt die Photozelle bereits merkliche Reaktionen an, während der Druck kaum eine Änderung erkennen läßt.

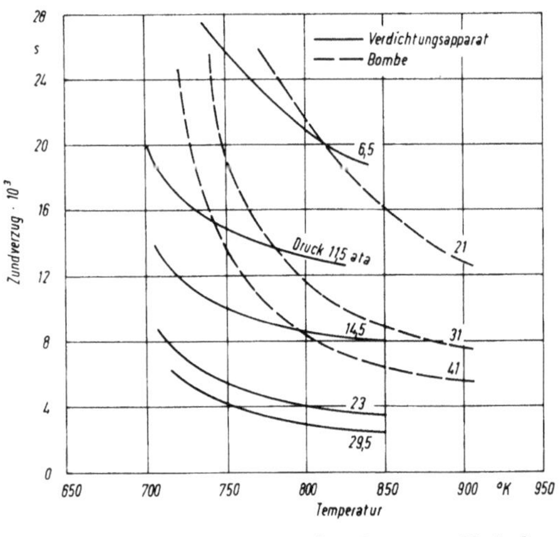

Abb. 150. Zündverzugswerte für einen paraffinischen Kraftstoff mit Bleitetraäthyl abhängig von der Temperatur für verschiedene Drücke [201]

Der Verlauf des Druckes während des Zündverzuges zeigt, daß die Reaktionsgeschwindigkeit nicht allein von Druck und Temperatur abhängig ist. Die chemischen Umsetzungen im Gemisch vor dem betrachteten Zeitintervall können von entscheidendem Einfluß auf die Reaktionsgeschwindigkeit sein. Einige Kohlenwasserstoffe zeigen Reaktionen, die in zwei Stufen ablaufen. Dieses Verhalten wird besonders bei Versuchen mit reinem n-Heptan beobachtet, und zwar bei Luftüberschuß häufiger als bei Luftmangel. Dabei bleibt für gleichen Verdichtungsenddruck und gleiche Verdichtungsendtemperatur der erste Zündverzugsbereich bei allen Luftverhältnissen ungefähr gleich, während sich die Länge des zweiten Bereiches mit wachsendem Luftverhältnis stark vergrößerte. Ein

Beispiel zeigt Abb. 152. Die Berechnung der beiden Zündverzugsbereiche ist für stöchiometrisches Gemisch durchgeführt worden [13].

Da der Reaktionsverlauf während des Zündverzuges von Temperatur und Druck abhängig ist, müssen Untersuchungen im Bereich derjenigen Temperaturen und Drücke durchgeführt werden, denen beim Ottomotor das Endgas zu Beginn der klopfenden Verbrennung ausgesetzt ist. Ferner muß bei der Übertragung der Ergebnisse von einer Schnellverdichtungsapparatur auf einen zündenden oder angetriebenen Motor der durch unterschiedliche „Drehzahl" hervorgerufene Unterschied in der zeitlichen Beanspruchung des Kraftstoff-Luft-Gemisches beachtet werden, und zwar auch bei gleichen Anfangs- und Endbedingungen für Druck und Temperatur. Da der im Motor und in der Verdichtungsapparatur gemessene Zündverzug meist über der adiabaten Verdichtungsendtemperatur aufgetragen wird, der Wärmeübergang im Motor aber größer als in der Verdichtungsapparatur ist, gehört der gemessene Zündverzug im Motor zu einer geringeren Temperatur als der in der Verdichtungsapparatur gemessene und dieser wiederum zu einer geringeren als der adiabaten Temperatur. Dieser Unterschied ist um so größer, je höher die Anfangstemperatur ist. Die dadurch bewirkte Abweichung im Verlauf der Zündverzugskurven ist jedoch in dem für den Motor interessierenden Bereich nicht von so großem Einfluß. Dagegen ist von großer Bedeutung, daß die Reaktionen bereits im letzten Teil der Verdichtung anlaufen, während der Zündverzug erst vom Ende der Verdichtung an gemessen wird. Diese Abweichung ist um so größer, je kleiner der Zündverzug ist. Bei der logarithmischen Darstellung des Zündverzuges über der negativen, reziproken, absoluten Temperatur, Abb. 153, bewirkt der Fehler in der Temperaturmessung eine Verschiebung der Zündverzugskurve horizontal nach rechts, der Fehler im Zündverzug eine Verschiebung der Kurve vertikal nach unten, so daß in dem von links nach rechts abfallenden Ast der Kurven sich beide Fehler zum Teil ausgleichen können. Da sich der zuletzt genannte Fehler im Absolutwert des Zündverzuges um so stärker auswirkt, je kleiner der Zündverzug ist, überwiegt bei kleinem Zündverzug die Verschiebung nach unten. Damit wird die scheinbare Aktivierungsenergie größer als sie in Wirklichkeit ist. Dies erkennt man aus Abb. 153 durch den Vergleich der Messungen mit verändertem Verdichtungsenddruck, die eine scheinbare Aktivierungsenergie, die durch die Neigung der Zündverzugskurve gegen die Horizontale gegeben ist [201], von 26,3 kcal/Mol ergeben, mit der zusätzlich eingezeichneten Kurve aus Messungen, die bei geringerer Kolbengeschwindigkeit und größerem Wärmeübergang durchgeführt wurden [220, 224], und einen Wert von 37,7 kcal/Mol für die Aktivierungsenergie geben. Es ist demnach von großer Bedeutung, daß die Zeitdauer des Verdichtungsvorganges gegenüber der anschließenden Zündverzugszeit so gering ist, daß die während

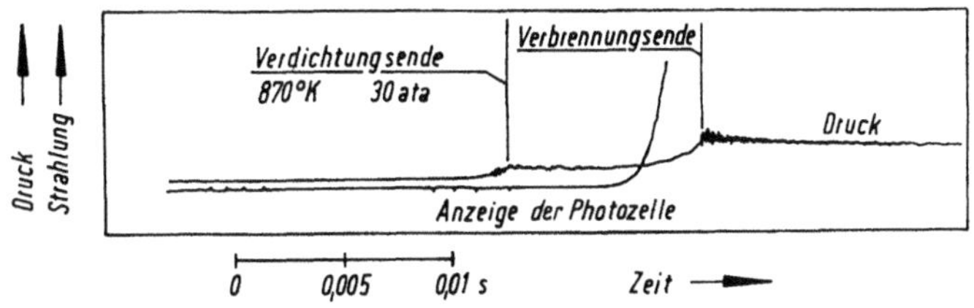

Abb. 151. Druck-Zeit-Diagramm bei adiabater Verdichtung eines Toluoldampf-Luft-Gemisches im Vergleich zu der Anzeige einer Photozelle [194]

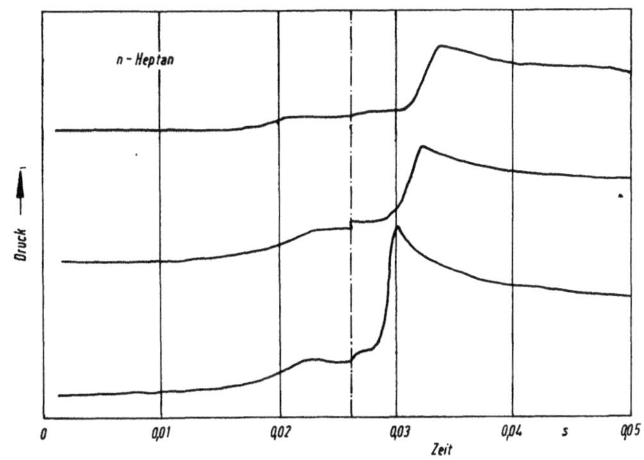

Abb. 152. Zweistufige Reaktion bei n-Heptan bei verschiedenem Luftverhältnis [13]

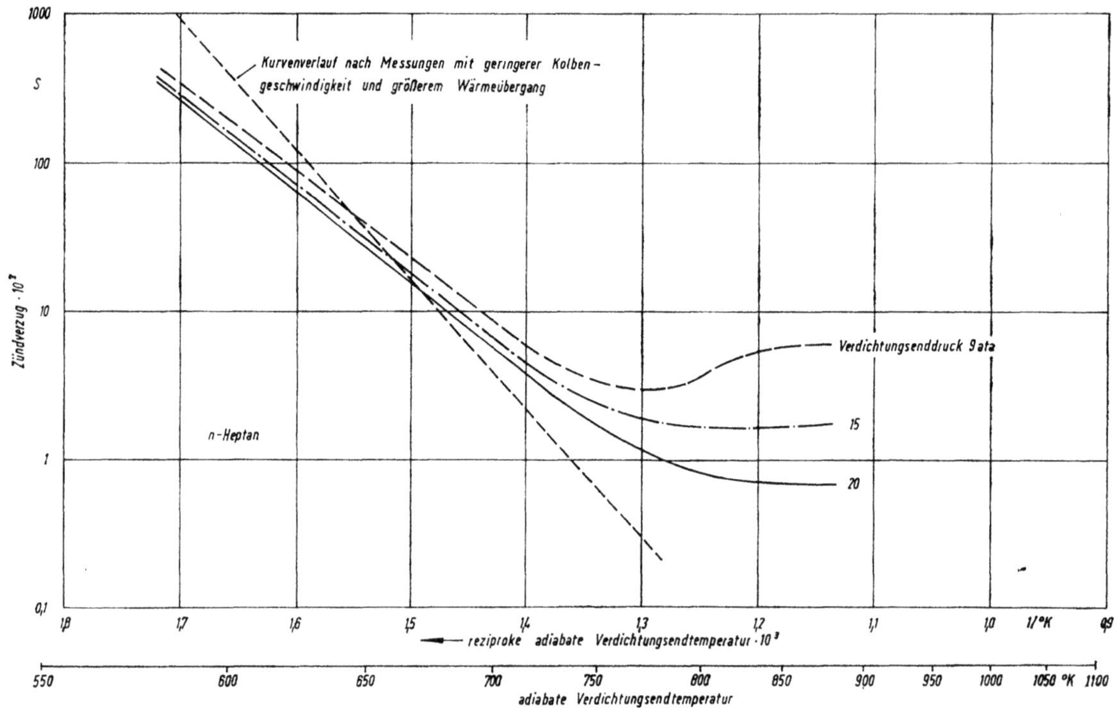

Abb. 153. Zündverzug von n-Heptan abhängig von der Verdichtungsendtemperatur und dem Verdichtungsenddruck [194]

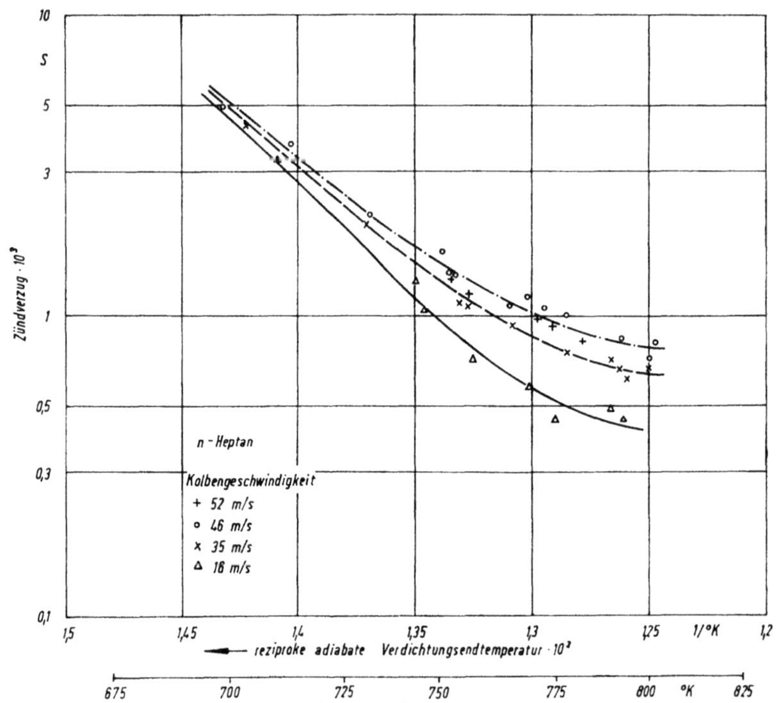

Abb. 154. Zündverzug von n-Heptan abhängig von der Verdichtungsendtemperatur bei verschiedener Verdichtungsgeschwindigkeit [194]

der Verdichtung auftretenden Reaktionen praktisch gegenüber den Reaktionsvorgängen während der Zündverzugsperiode vernachlässigt werden können. Deshalb muß zur Messung sehr kurzer Zündverzüge von $^1/_{1000}$ s und darunter, wie sie z. B. für das Klopfen im Ottomotor maßgebend sind, die Verdichtungsgeschwindigkeit hoch und der Wärmeübergang gering gehalten werden.

Die Auswirkung der Geschwindigkeit der Verdichtung auf die gemessene Größe des Zündverzuges ist in Abb. 154 für n-Heptan abhängig von der Temperatur dargestellt. Bei geringem Zündverzug, der bei hohen Temperaturen vorhanden ist, tritt ein erheblicher Einfluß der Zeitdauer der Verdichtung auf. Man erkennt auch hier, daß die scheinbare Aktivierungsenergie bei geringer Verdichtungsgeschwindigkeit zu groß gemessen wird. Oberhalb einer Kolbengeschwindigkeit von etwa 50 m/sec ist dagegen der Einfluß auf den Zündverzug so gering, daß man in diesem Bereich eine weitgehende Unabhängigkeit von der Versuchsapparatur annehmen kann.

d) Einfluß von Kraftstoffart und Luftverhältnis auf den Zündverzug

Zündverzugskurven für n-Heptan, Isooktan, Benzol, Diisobutylen und Äthanol sind in Abb. 155 zusammengestellt. Aus der Neigung der Kurven ergibt sich eine scheinbare

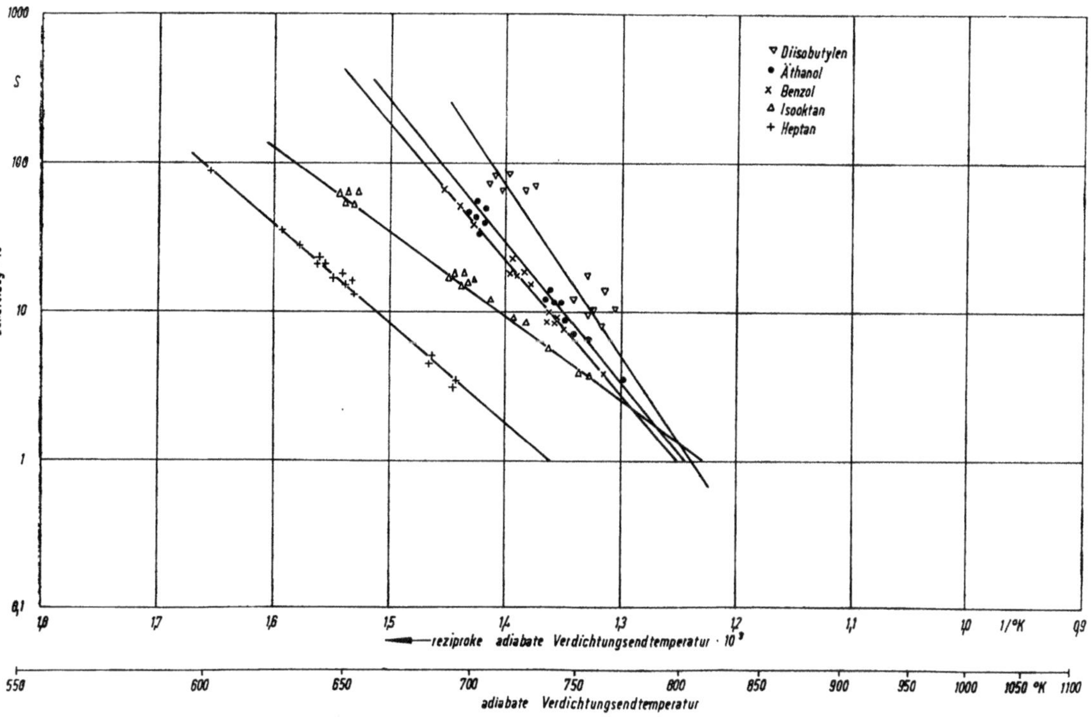

Abb. 155. Abhängigkeit des Zündverzuges von der Temperatur für verschiedene Kohlenwasserstoffe [221]

Aktivierungswärme von 30 bis 40 kcal/Mol bei paraffinischen Kohlenwasserstoffen, von 50 kcal/Mol bei Benzol. Bemerkenswert ist, daß das Temperaturintervall, innerhalb dessen die verschiedensten Stoffe zur Zündung kommen, relativ eng ist. Der steilere Kurvenverlauf bei den Aromaten entspricht den motorischen Erfahrungen, daß diese Stoffe mit steigender Betriebstemperatur eine Verschlechterung des Klopfverhaltens aufweisen.

Ausführliche Studien der Abhängigkeit des Zündverzuges vom Luftverhältnis zeigen ein ausgeprägtes Minimum bei stöchiometrischem Mischungsverhältnis [204]. Bei sehr armen und sehr reichen Mischungsverhältnissen ist die Verbrennung relativ langsam, während bei mittleren Luftverhältnissen eine heftige Reaktion auftritt. In Richtung zu größerem Luftüberschuß steigen die Zündverzugszeiten nicht so stark an wie in Richtung zu größerem Luftmangel, Abb. 156. Diese Abhängigkeit ist für Aromaten und Alkohol besonders stark und für Paraffine (n-Heptan) nicht so stark ausgeprägt. Für verschiedene Mischungen von Benzol und n-Heptan zeigt sich sehr deutlich der Einfluß des höheren Aromatengehaltes, Abb. 156. Bei n-Heptan zeigt sich für einen Verdichtungsenddruck von 10,24 at und eine Verdichtungsendtemperatur von 695 °K, daß sich der Zündverzug zwischen einem Luftverhältnis von 1 und 2 praktisch nicht ändert. Zum Vergleich ist für n-Heptan der Verlauf der Kurve bei 733 °K und 20 at eingezeichnet. Bei einem Luftverhältnis unter 1 wird die Zündverzugszeit sehr groß, jedoch ist die eigentliche Zündung noch sehr heftig; bei sehr großem Luftüberschuß wird die Zündverzugszeit ebenfalls groß, der Reaktionsverlauf aber sanfter.

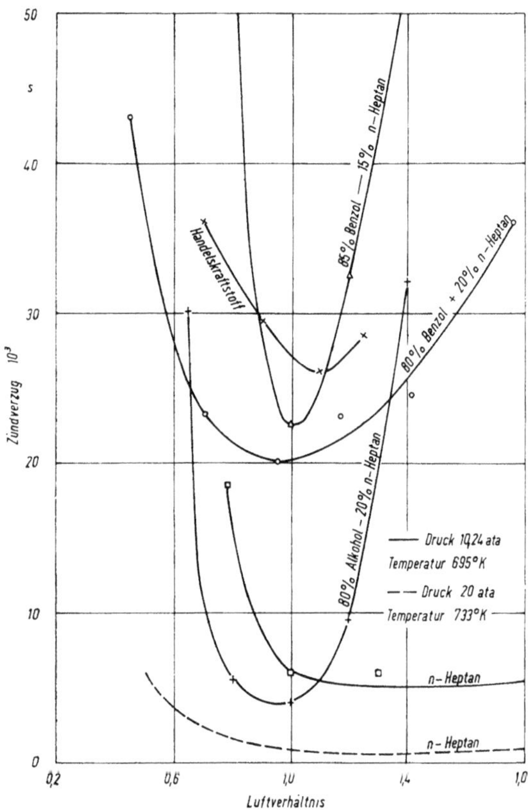

Abb. 156 Zündverzug verschiedener Kraftstoffe in Abhängigkeit vom Luftverhältnis [204]

Für Mischungen von 85 Gew.% Benzol mit 15 Gew.% n-Heptan und 80 Gew.% Benzol mit 20 Gew.% n-Heptan zeigt der Zündverzug wieder ein deutliches Minimum in der Gegend der stöchiometrischen Mischung. Der Zündverzug ist im Vergleich zu n-Heptan unter den gleichen Versuchsbedingungen sehr groß. Die Diagramme für den geringeren Heptangehalt zeigen neben längeren Zündverzugszeiten auch einen milderen Reaktionsverlauf. Eine Mischung aus 80 Gew.% Äthanol mit 20 Gew.% n-Heptan zeigt einen ähnlichen Verlauf. Bei stöchiometrischem Luftverhältnis ist die Größe der Zündverzugszeit nicht sehr verschieden von derjenigen reinen n-Heptans, jedoch ist der Druckanstieg bei einsetzender Reaktion sanft. Ein normaler Handelskraftstoff zeigt bei Luftmangel und Luftüberschuß nicht so große Werte wie die reinen Kraftstoffe. Der Einfluß des Mischungsverhältnisses ist im Vergleich zum Einfluß von Druck und Temperatur meist gering. Der Zündverzug fällt ferner mit steigendem Verdichtungsverhältnis und steigender Temperatur.

Vergleichen wir nun die verschiedenen Kraftstoffe miteinander, so zeigt sich allgemein, daß der klopffestere Kraftstoff den größeren Zündverzug hat. Der Einfluß von Druck und Temperatur ist allerdings bei den einzelnen Kraftstoffen nur qualitativ, nicht quantitativ gleich, so daß es vorkommt, daß die Reihenfolge der Kraftstoffe, nach steigendem Zündverzug geordnet, je nach dem betrachteten Druck- und Temperaturbereich verschieden ausfällt [198].

e) Einfluß von Kraftstoffzusätzen auf den Zündverzug

Es ist auch von Interesse, die Wirkungen von klopfmindernden und selbstzündungsfördernden Verbindungen auf den Zündverzug zu erfassen. Während einerseits [202] festgestellt wird, daß die Wirkung von Bleitetraäthyl in den motorisch in Betracht kommenden Bereichen eine ähnliche geringe Verminderung der Gesamtreaktionszeit wie das

Luftverhältnis zur Folge hat, wird andererseits [143] angegeben, daß der Zündverzug bis auf das 1,7fache verlängert wird. Die Oktanzahl des Kraftstoffes erhöht sich in diesem Falle durch den Zusatz von Bleitetraäthyl von 73 auf 87. Abb. 157 zeigt den Einfluß einer Zugabe von Bleitetraäthyl auf den Zündverzug.

Tabelle 15. *Änderung des Zündverzuges bei verschiedener Vorzündung* [172]

Vorzündung in °KW vor OT	Temperatur beim Überspringen des Funkens in °C	Verzugsperiode vor sichtbarem Druckanstieg in °KW
39	314	20
34	335	18
29	356	15
24	377	15
19	397	15,5
14	415	15
9	427	13

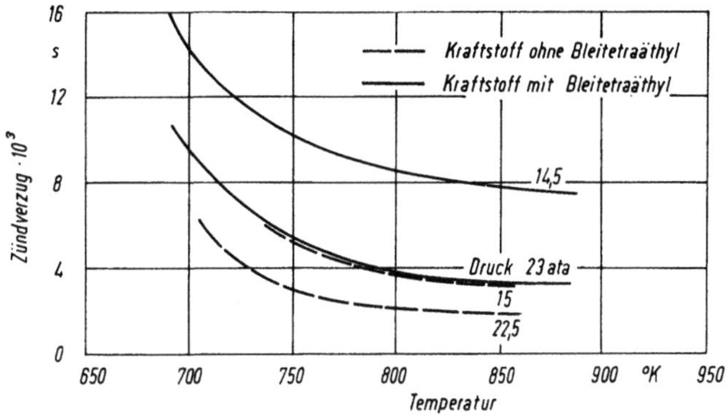

Abb. 157. Zündverzug eines nichtaromatischen Kraftstoffes ohne und mit Bleitetraäthyl, gemessen in einer Verdichtungsapparatur [201]

Die Selbstzündung von n-Heptan schreitet besonders bei armen Kraftstoff-Luft-Mischungen in zwei Stufen fort, vgl. Abb. 152, S. 113. Bleitetraäthyl verlängert die Dauer der zweiten Stufe. Die Benutzung von Äthylnitrit bei 2,2,3-Trimethylbutan senkt den Zündverzug und gibt ein stärkeres Ansteigen des Druckes in der letzten Stufe der Reaktion. Zusätze von Stickstoff, Sauerstoff oder Kohlendioxid zeigen, daß der Zündverzug nicht durch den Gesamtdruck, sondern in erster Linie durch den Sauerstoff-Teildruck bestimmt wird [143].

f) Einfluß des Zündzeitpunktes auf den Zündverzug

Tabelle 15 gibt einen Vergleich von Zündverzugswerten in Abhängigkeit vom Zündzeitpunkt. Der Verdichtungsdruck beim Überspringen des Funkens stieg von 5,9 at bei der größten Vorzündung auf 12,6 bei der kleinsten Vorzündung, hierbei nahm die Verdichtungstemperatur um ungefähr 113 °C zu. Trotz der sehr verschiedenen Temperaturen und Drücke beim Überspringen des Funkens änderte sich die Verzugsperiode nur wenig.

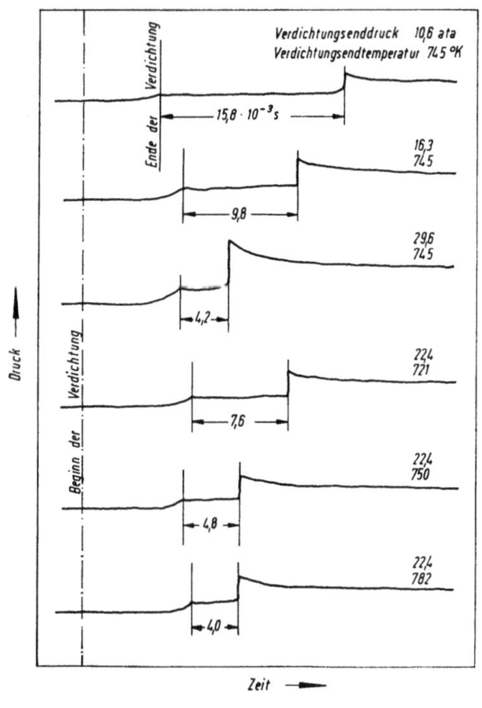

Abb. 158. Druck-Zeit-Diagramm bei adiabater Verdichtung eines Kraftstoffdampf-Luft-Gemisches für verschiedenen Verdichtungsenddruck und verschiedene -temperatur [201]

g) Druckabhängigkeit des Zündverzuges

In einem Teil der Literatur [198, 199, 200] wird ein unmittelbarer und nicht zu vernachlässigender Einfluß des Druckes auf den Reaktionsverlauf während des Zündverzuges neben dem Temperatureinfluß angenommen, in dem anderen [104, 106, 111, 113, 221] wird der Einfluß des Druckes auf den Zündverzug verneint oder nur indirekt über die

Temperatur vermutet. Entgegen dieser letzten Auffassung kann aus Abb. 153, S. 114, der stetige Übergang von nahezu druckunabhängigem Zündverzug bei geringen Temperaturen zu druckabhängigen Werten bei höheren Temperaturen erkannt werden. Im Bereich hoher Temperaturen ist nicht nur eine geringe Temperaturabhängigkeit feststellbar, sondern es ist vielmehr Temperaturunabhängigkeit zu erkennen, z. B. bei einem Verdichtungsenddruck von 15 at, und sogar ein negativer Temperaturkoeffizient, z. B. bei 9 at.

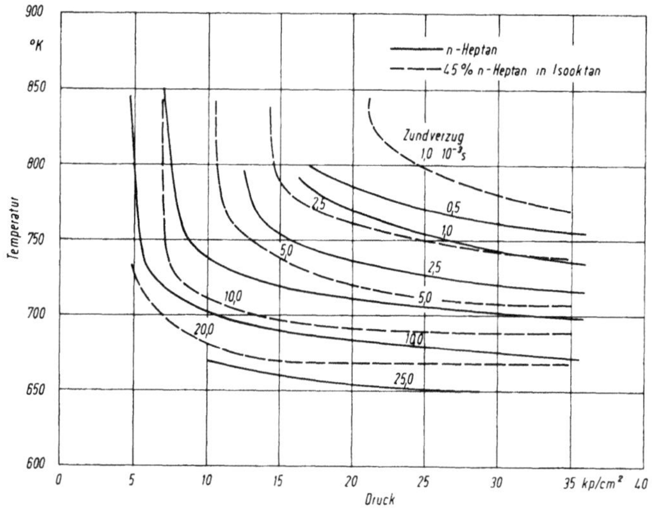

Abb. 159. Zündverzug in Abhängigkeit von Temperatur und Druck für zwei Kraftstoffe [131]

In Abb. 158 sind Druck-Zeit-Diagramme für verschiedenen Verdichtungsenddruck bei konstanter Verdichtungsendtemperatur und für verschiedene Verdichtungsendtemperatur bei konstantem Verdichtungsenddruck wiedergegeben. Die Abhängigkeit des Zündverzuges von Druck und Temperatur ist in Abb. 159 für n-Heptan und eine Mischung aus n-Heptan und Isooktan bei stöchiometrischem Mischungsverhältnis aufgetragen.

Ein Schema für den Druck- und Temperatureinfluß ist in Abb. 160 angegeben. Wird die Mischung adiabat längs AB verdichtet, kommt sie bei der Temperatur T_3 zur Selbstzündung, während sie, von demselben Zustand ausgehend, bei einer Verdichtung entlang AC erst bei der höheren Temperatur T_4 zündet. Die Erklärung wird einfach, wenn AB parallel verschoben wird, bis der Punkt B in B' auf AC fällt. Es wird deutlich, daß relativ zum gemeinsamen Punkt B' die einleitende Reaktion intensiver entlang $A'B'$ gegenüber AB' fortschreitet, da Druck und Temperatur zur gleichen Zeit immer höher sind, so daß für den Weg von A' nach B' bereits bei B', für den Weg von A nach B' erst bei C die Selbstzündung stattfinden kann. Die Existenz der die Größe des Zündverzuges beeinflussenden Vorreaktionen wird deutlich, wenn die Verdichtung von A nach B unterhalb des Selbstzündungspunktes B bei Punkt E beendet wird. Die Mischung zündet dann nach dem Verlauf eines Zeitintervalles von merkbarer Dauer im Punkt F. Wird die Verdichtung von A nach C im Punkt G unterbrochen, dann wird die Mischung im Punkt H zünden. Dabei muß wegen der relativ zu den Beharrungspunkten E und G längs AE stets höheren Drücke und Temperaturen die Zeit EF kleiner sein als GH.

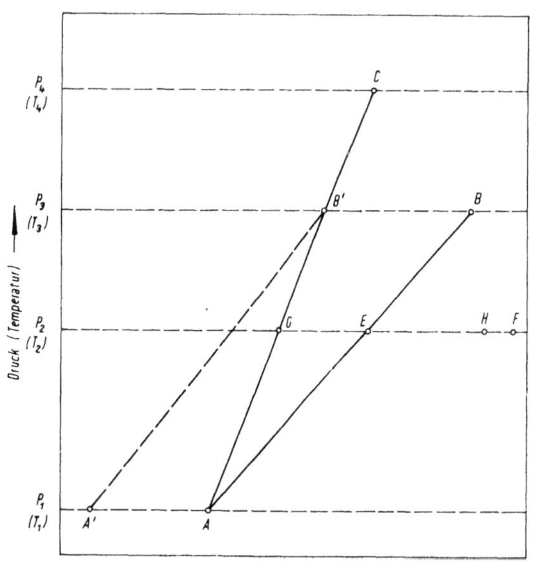

Abb. 160. Schema der Abhängigkeit des Zündverzuges vom Druck- (bzw. Temperatur-)Zeit-Verlauf [218]

h) Einfluß der Kraftstoffart auf den Druckverlauf

Bei Kraftstoffen vorwiegend aromatischer Zusammensetzung geht die Druckentwicklung allmählich vonstatten, und nimmt ebenso gegen Ende der Reaktion allmählich wieder ab, wie Abb. 161 zeigt. Es ergibt sich für Benzol, auch bei geringen Zusätzen von n-Heptan, eine überraschend gute Übereinstimmung des versuchsmäßig gefundenen

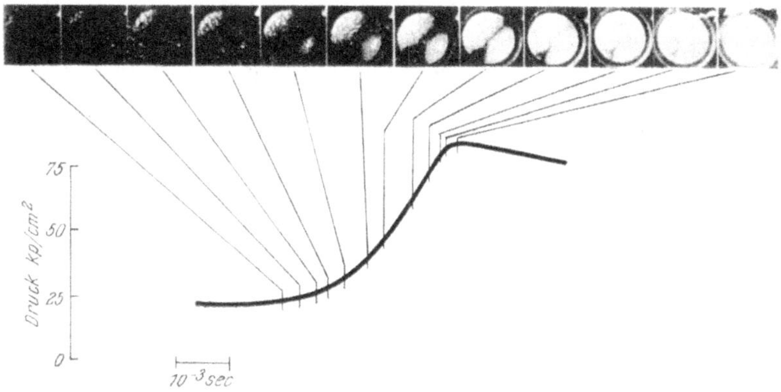

Abb. 161. Flammenaufnahmen und Druckverlauf für Benzol [218]

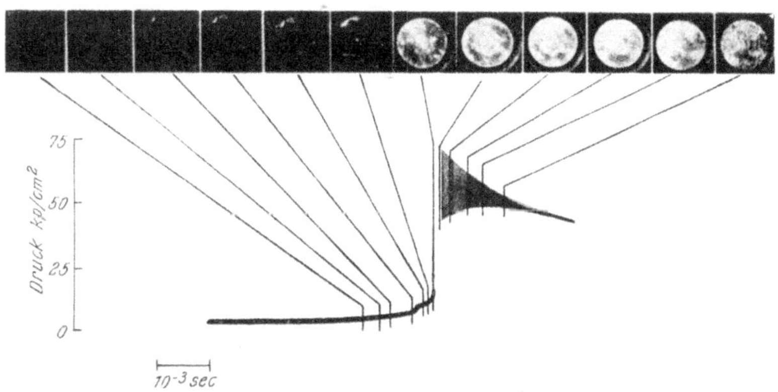

Abb. 162. Flammenaufnahmen und Druckverlauf für n-Heptan [218]

Druckverlaufes mit demjenigen, der sich rechnerisch für eine thermische Reaktion zweiter Ordnung ergibt [204]. Ein ganz anderer Druckverlauf zeigt sich beispielsweise für n-Heptan, Abb. 162. Nach Ablauf der Zündverzugszeit steigt der Druck plötzlich sehr steil an und ist von heftigen Schwingungen begleitet.

i) Berechnungsmöglichkeit des Zündverzuges

Allgemein zeigen die Versuchsergebnisse über die Größe des Zündverzuges starke Streuungen, die mit wachsender Temperatur kleiner werden. Für die häufig kürzeren Zündverzugszeiten beim zweiten und dritten Kontrollversuch werden Wandeinflüsse verantwortlich gemacht. Der Ablauf der chemischen Reaktionen ist so kompliziert, daß eine genaue Beschreibung aller Einzelheiten der Reaktion noch nicht möglich ist. Daher ist die versuchsmäßige Darstellung der brauchbarste Weg, über das Reaktionsverhalten von Kraftstoffen Aussagen zu machen.

Eine Nachrechnung des Reaktionsverlaufes mit Hilfe der in der chemischen Reaktionskinetik üblichen Beziehung für die Reaktionsgeschwindigkeit, ausgedrückt durch die Druckänderung mit der Zeit

$$\frac{dp}{dt} = a \cdot p_K \cdot p_{O2} \cdot e^{b/T}$$

mit p_K und p_{O2} als Partialdruck des Kraftstoffes und des Sauerstoffes und der absoluten Temperatur T, ist für zwei verschiedene Luftverhältnisse in Abb. 163 für einen Kraftstoff aus 80% Benzol und 20% n-Heptan wiedergegeben. Die schrittweise Berechnung ergab für die Konstanten $a = 0{,}47 \cdot 10^6$, $b = 6{,}35 \cdot 10^3$. Für die Berechnung war vollständige Verbrennung vorausgesetzt. Diese Berechnung zeigt im Vergleich mit den Meßergebnissen,

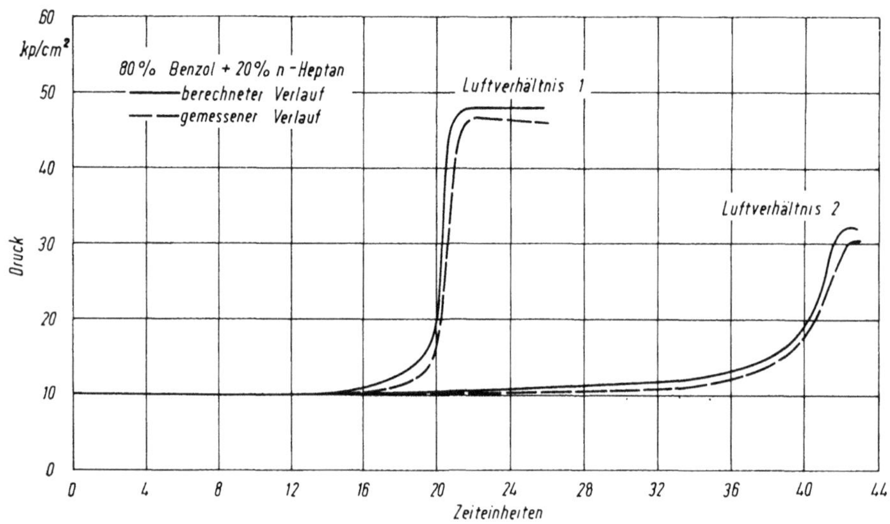

Abb. 163. Vergleich des berechneten Druckverlaufes mit Versuchskurven [13]

daß der Ablauf der Reaktion in den hier behandelten Fällen zu einer Wärmeentwicklung führt, die ähnlich einer Reaktion zweiter Ordnung ist, bei der die Wärmeentwicklung für die Größe der Reaktionsgeschwindigkeit maßgebend ist. Für solche Berechnungen werden allerdings viele Annahmen gemacht: Die Verbrennung ist vollständig, der Wirkungsgrad der Verbrennung ist 100%. Der Einfluß des Reaktionsgleichgewichtes ist vernachlässigt. Die Wärmeverluste sind vernachlässigt, der Vorgang verläuft adiabat. Die spezifischen Wärmen wurden für Benzol und n-Heptan oberhalb von 1500 °K extrapoliert.

Die stärkere Abweichung zwischen den Versuchskurven und den rechnerisch ermittelten Kurven während des letzten Teiles der Reaktion ist zum Teil auf den immer größer werdenden Fehler bei der schrittweisen Integration zurückzuführen, zum Teil aber auch darauf, daß die Fehler infolge der zur Vereinfachung der Rechnung gemachten Annahmen sich in diesem Bereich der Reaktion schon mehr störend bemerkbar machen. Die überschlägige Ermittlung des Einflusses des Wärmeüberganges zeigt, daß dieser von der Gesamtabweichung der Kurven im letzten Teil der Reaktion nur einen kleinen Anteil ausmacht.

Bei Vernachlässigung der Wärmeableitung kann der Zündverzug z in Abhängigkeit vom Druck p und von der Temperatur T in der Form

$$z = \frac{e^{b/T}}{p^n} \cdot a \cdot \beta$$

angeschrieben werden. Dabei sind a, b und n vom Kraftstoff abhängige Konstanten. β ist ein Korrekturfaktor, der eine etwaige Temperaturerhöhung, die während der Zündverzugsperiode auftritt, berücksichtigt. Die Abweichungen der Meßergebnisse von dieser formelmäßigen Darstellung sind meist gering. Da aber der Druckeinfluß vor allem bei hohen Temperaturen wesentlich ist, dagegen bei tieferen Temperaturen immer geringer wird, was sich aus Bombenversuchen und motorischen Messungen ergibt, vgl. Abb. 153, S. 114, ist es im allgemeinen nicht möglich, den ganzen Temperatur- und Druckbereich bei gegebenem Kraftstoff durch eine Beziehung dieser Art wiederzugeben.

Auch bei technisch verwendeten Kraftstoffen kommen Fälle vor, bei denen die formelmäßige Darstellung der Zündverzugswerte nicht mehr möglich ist. Als Beispiel hierfür ist in Abb. 164 das Zündverhalten eines aromatischen, synthetischen Kraftstoffes dargestellt, das bei technischen Kraftstoffen als nicht normal bezeichnet werden kann.

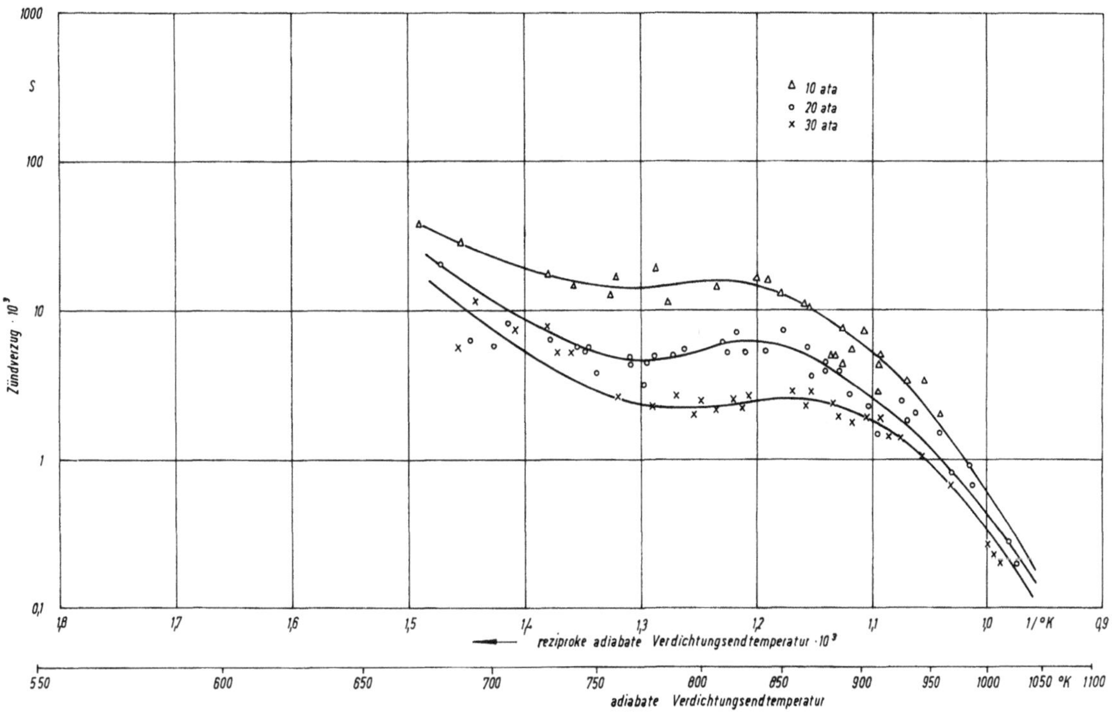

Abb. 164. Zündverzug eines vorwiegend aromatischen, synthetischen Kraftstoffes abhängig von der Temperatur in einer Verdichtungsapparatur [201]

5. Verbrennungsablauf (Flammenbewegung)

a) Entstehung der Flammenfront

Nach der Einleitung der Verbrennung durch den Zündfunken pflanzt sich die Verbrennung im Gemisch weiter fort, und zwar dadurch, daß durch Wärmeleitung, Diffusion, Strahlung und Konvektion die unverbrannte Mischung erwärmt wird und damit selbst zur Entzündung kommt. Dabei sind die Wärmeleitung und die Diffusion vom Frischgas in das verbrannte Gas hinein und umgekehrt mindestens gleich wichtig, und zwar auch die Diffusion freier Atome oder Radikale.

Beim Ottomotor schreitet die Verbrennung vom Ort der Zündung langsam und gleichmäßig durch das ganze zündfähige Gemisch fort, wobei für die einzelnen Schritte Kettenreaktionen angenommen werden, d. h. Reaktionen, bei denen immer aktive Reaktionspartner, z. B. atomarer Sauerstoff, Wasserstoff, Hydroxylgruppen u. a. neu gebildet werden und die Reaktion fortführen. Die Flammengeschwindigkeit[1] ist dabei von den Eigenschaften und dem Zustand des Gemisches abhängig. Da die Verbrennung meistens von der Zündkerze aus nach allen Richtungen gleich schnell fortschreitet, sofern keine gerichteten Strömungen vorhanden sind, hat die jeweils vorderste brennende Schicht etwa die Form einer Kugelschale. Diese vorderste Schicht, d. h. die Flammenfront, wandert beim laufenden Motor, von der Verdrängungsverschiebung abgesehen, mit einer Geschwindigkeit von etwa 10 m/s in den Brennraum hinein.

Damit die durch die Zündung eingeleitete Verbrennung sich im Gemisch fortpflanzt, muß die entstehende Verbrennungswärme ausreichen, um immer neue unverbrannte Gemischteile auf Entzündungstemperatur zu bringen. Bei Kaltstartversuchen wurde die Verbrennung durch ein Quarzfenster beobachtet und dabei festgestellt, daß trotz eines kräftigen Funkens und eines Flammenkernes an der Zündkerze dieser doch einige Male an einem Fortschreiten durch den Brennraum gehindert wurde [39].

b) Flammenbewegung und Energieentwicklung

Nachdem die Flamme den ganzen Brennraum durchlaufen hat, ist dennoch die Verbrennung, d. h. die Energieentwicklung nicht abgeschlossen. Die Zeitdifferenz zwischen der vollständigen Erfassung des Brennraumes durch die Flamme und dem Ende der Energieentwicklung hängt wesentlich von der Lage der Zündkerze und der Form des

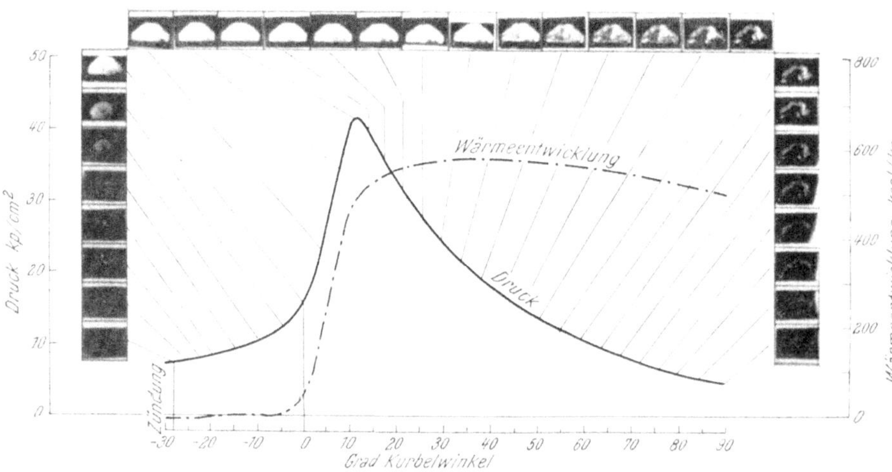

Abb. 165. Vergleich von Druckverlauf, Wärmeentwicklung und Flammenaufnahmen [39]

Brennraumes ab. Bei einem seitengesteuerten Motor mit der Zündkerze in Ventilnähe ist der Flammenweg sehr groß, und der Kraftstoff in der Nähe der Zündkerze wird vollständig verbrannt sein, wenn die Flammenfront die entgegengesetzte Seite des Brennraumes erreicht. Bei einem Brennraum mit der Zündkerze in der Mitte der Ladung sind die Flammenwege viel kürzer und das Gemisch wird überall gezündet sein, bevor die ganze Wärmeabgabe stattgefunden hat. Abb. 165 zeigt für einen Zyklus in einem teilweise halbkugeligen Brennraum, daß nur etwa $^1/_3$ der Wärme freigeworden ist, wenn bereits die ganze Mischung leuchtet.

Bei der Verbrennung im Ottomotor in der Nähe des oberen Totpunktes hat man es annähernd mit einer Verbrennung bei gleichbleibendem Raum zu tun, wodurch mit zunehmender Umsetzung eine Erhöhung des Druckes und der Temperatur auch im unverbrannten Gemisch eintritt. Man erhält dadurch eine Erhöhung der Flammengeschwindigkeit mit zunehmender Umsetzung im Brennraum.

[1] Wegen der Abgrenzung der vielfach benutzten Bezeichnungen Zünd- und Verbrennungsgeschwindigkeit vgl. S. 128.

c) Verdrängungswirkung der Flammenfront

Für die Fortpflanzung der Flamme sind die Verdrängungserscheinungen im Brennraum von Wichtigkeit, die daraus entstehen, daß durch die Ausdehnung der verbrannten Gase der unverbrannte Gemischteil verdichtet wird, so daß der im unverbrannten Teil zurückzulegende Weg der Flamme kleiner wird. Das verbrennende Gemisch strömt in Richtung der Zündquelle zurück. Für ruhenden Inhalt des Brennraumes lassen sich die Verdrängungserscheinungen rechnerisch verfolgen, Abb. 166. Brennraumgestalt und Anordnung der Zündkerze sind für die Verdrängungserscheinungen maßgebend. Diese Verdrängung bewirkt bei der Verbrennung in geschlossenen Gefäßen eine Verringerung der Geschwindigkeit der Flammenfront gegen Ende der Verbrennung.

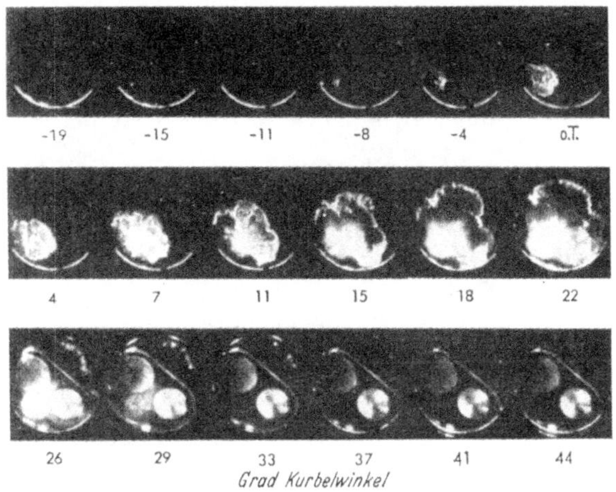

Abb. 167. Flammenbilder einer normalen Verbrennung im Quarz-Kolben-Motor, 1200 U/min, Zündung 15°KW vor OT, Isooktan [19]

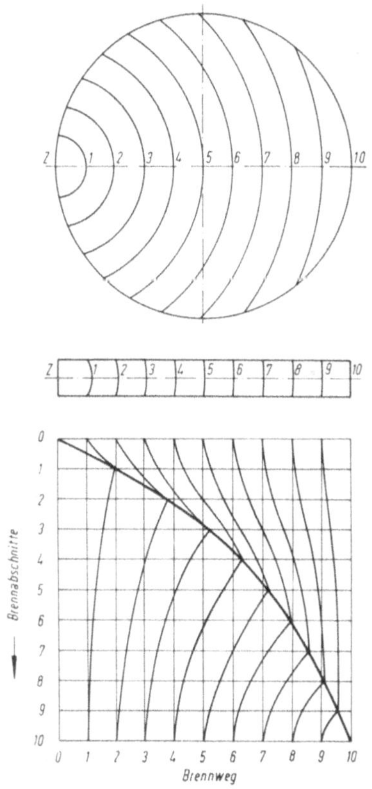

Abb. 166. Verdrängung der Flammenfront infolge der Ausdehnung durch die Verbrennung in einem ebenen zylindrischen Brennraum [74]

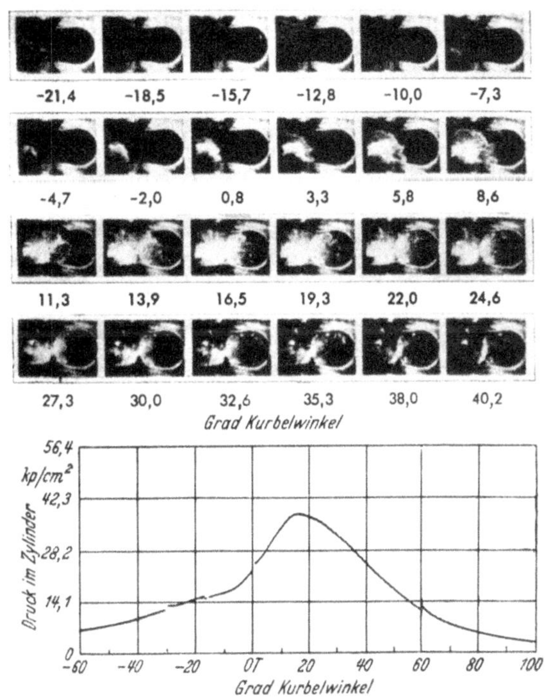

Abb. 168. Flammenbilder und Druckverlauf bei normaler Verbrennung, L-Kopf-Motor, 900 U/min, Zündung 16°KW vor OT, Isooktan [19]

d) Form der Flammenfront

Der Verdrängungswirkung der Flammenfront überlagert sich noch der Einfluß der aus dem Ansaugvorgang herrührenden Strömungen und der Einfluß aus der Kolbenbewegung, die allerdings in der Nähe des Totpunktes einen vernachlässigbaren Einfluß auf das Brennraumvolumen hat. Die Aussagen über die Flammenfortpflanzung werden durch Beobachtung der Verbrennung im Motor gestützt. Eine normale Verbrennung in einem Quarzkolbenmotor mit hängenden Ventilen ist in Abb. 167 gezeigt. Die Zündung ist in der unteren linken Ecke der zweiten Aufnahme bei 15 °KW vor OT zu sehen. Die Zündung

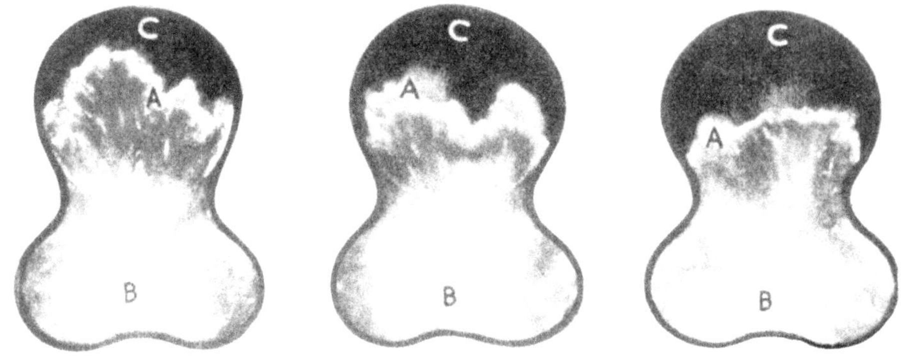

Abb. 169. Verschiedenheit der Flammenfrontausbildung bei Einzelaufnahmen von drei nichtklopfenden Verbrennungen [21]

gibt einen Flammenkern, welcher zu einer stabilen Flammenfront anwächst. Zuerst tritt ein blaues Leuchten ein, welchem die im allgemeinen orangenfarbige Hauptfront folgt, in der die meiste Energie frei wird. Die Dauer der blauen Phase hängt vom Mischungsverhältnis ab, sie ist bei armen Mischungen groß, bei reichen jedoch sehr kurz [39]. Die Verbrennung läuft gleichmäßig durch den Brennraum und ist etwa 29 °KW nach OT beendet. Die Flammenfront ist als Trennlinie zwischen dem verbrannten und dem unverbrannten Gemisch deutlich sichtbar. In dieser Front wird die meiste chemische Energie freigemacht [174, 241].

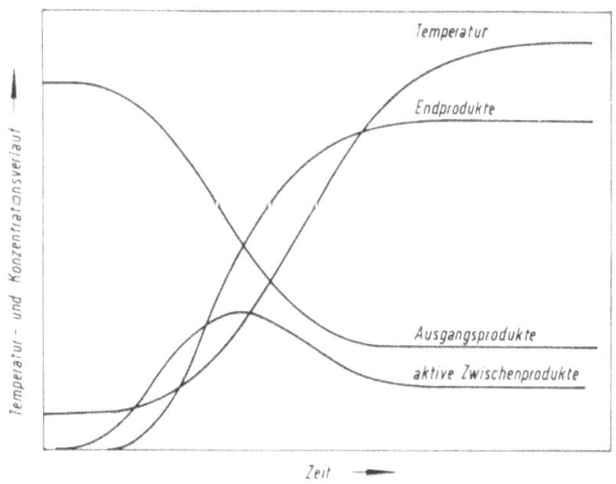

Abb. 170. Temperatur- und Konzentrationsverlauf in der Brennzone über der Zeit [104]

Die Flammenfotografien in Abb. 168 zeigen normale Verbrennung in einem L-Kopf-Motor. Die Zündung ist in der Aufnahme bei 15,7 °KW vor OT zu sehen. Die Verbrennung ist nach 54 °KW Gesamtdauer bei 38 °KW nach OT beendet. Das Druckdiagramm in Abb. 168 unten zeigt sein Maximum bei etwa 16 °KW nach OT. Das starke Leuchten auf der Zündkerzenseite des Brennraumes zeigt, daß die Temperatur dort im Nachglühbereich größer ist als in der Flammenfront selbst, wenn diese das der Zündkerze gegenüberliegende Ende des Brennraumes erreicht. Aus einem Vergleich von Aufnahmen normaler Verbrennung aus verschiedenen Zyklen in Abb. 169 geht hervor, daß die Flammenfronten von sehr verschiedener Form sein können [245]. Die Flammenfronten scheinen auch verschiedene Tiefen zu haben. Auch aus diesen Aufnahmen läßt sich entnehmen, daß zwei Gebiete starken Leuchtens bestehen, eines entlang der Vorderkante der Flamme (*A*) und das andere erheblich hinter der Flammenfront im Nachglühbereich (*B*). Der dunkle Bereich (*C*) zeigt den noch unverbrannten Gemischrest.

Die Raumanordnung um den Zündort beeinflußt die Reihenfolge der von der Flammenfront durcheilten Gebiete und damit den Verlauf der Wärmeentwicklung und des Druckverlaufes. Eine Änderung dieser Raumanordnung ist durch Verlegen des Zündortes oder durch Verändern der Form des Brennraumes möglich.

Da der Verbrennungsvorgang eines Teilchens eine gewisse Zeit erfordert und da vor allem von nebeneinander liegenden Teilchen die einen etwas früher, die anderen etwas später zur Reaktion kommen, ist die Flammenfront nicht eine den unverbrannten vom verbrannten Ladungsteil trennende Fläche, sondern eine Zone. Bei den Flammenfotografien geht der dunkle unverbrannte Teil meist plötzlich in den leuchtenden brennenden Teil über. Da aber der Zusammenhang zwischen der Leuchtwirkung der Gase und der erreichten Stufe der Reaktion nicht bekannt ist, kann daraus nicht auf die Dicke der Flammenfront geschlossen werden. Über die tatsächliche Dicke der Flammenfront gehen die Ansichten noch weit auseinander, nämlich von 0,1 mm [104] zu 5 bis 40 mm [205, 239]. Die Struktur der Brennzone ist schematisch in Abb. 170 gezeichnet. Die Temperatur steigt stetig vom Ausgangswert auf die Endtemperatur der verbrannten Gase. Entsprechend steigt die Konzentration der Endprodukte und fällt die Konzentration der Ausgangsprodukte. In dem Bereich der größten Änderung tritt kurzzeitig eine Anhäufung aktiver Zwischenprodukte auf.

e) Unterschiede der einzelnen Zyklen

Eines der charakteristischen Merkmale des Ottomotors ist die Tatsache, daß jeder Zyklus sich von dem nächsten unterscheidet, d. h. daß Ergebnisse aus einem einzelnen Zyklus nicht repräsentativ sind. Einen ausreichenden Querschnitt des Verbrennungs-

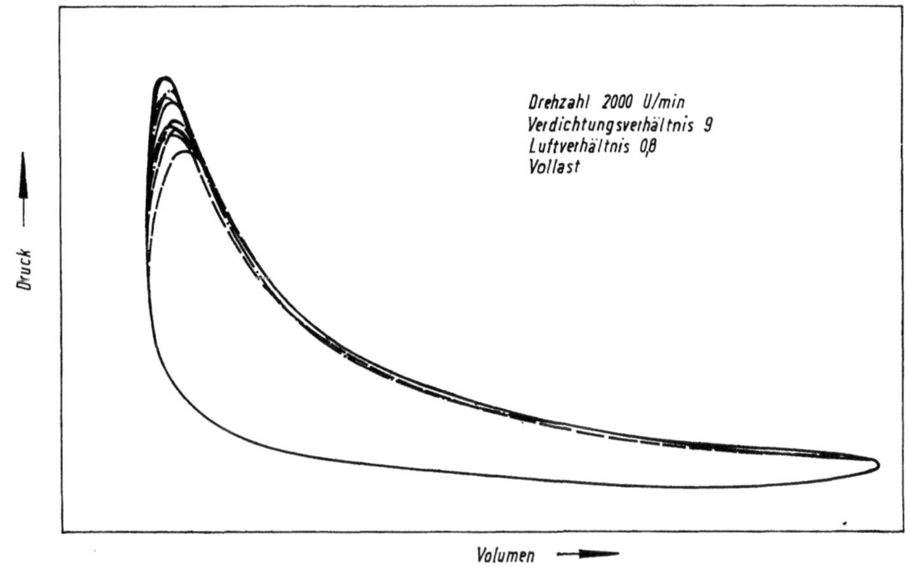

Abb. 171. Vergleich von 10 aufeinanderfolgenden Zyklen [39]

prozesses geben jedoch schon etwa 12 aufeinanderfolgende Zyklen [209]. In Abb. 171 und 172 werden solche Ergebnisse gezeigt. Von besonderem Einfluß ist das Luftverhältnis, wie ein Vergleich zwischen Abb. 171 und 172 zeigt. Die Schwankungen im Druckverlauf sind bei allen Motordrehzahlen vorhanden und werden unter allen Lastbedingungen beobachtet. In Abb. 173 ist der Druckverlauf für jeweils 20 nachfolgende Zyklen für die im Kennfeld angegebenen Betriebspunkte wiedergegeben. Obwohl die Änderung des Spitzendruckes nicht unbedingt eine gleichsinnige Änderung des Mitteldruckes zur Folge hat, wie aus Abb. 172 zu erkennen ist, kann doch die Schwankung des Spitzendruckes ein Maß für die Unregelmäßigkeit der Verbrennung sein. Abb. 173 gibt die Bestätigung, daß diese Schwankungen bei allen Betriebszuständen vorhanden sind. Für den Leerlauf wurden drei Zustände wiedergegeben, und zwar Nummer 20 gleich nach dem Start des kalten

Motors, Nummer 21 nach einigen Minuten Leerlaufbetrieb und Nummer 22 Leerlauf nach vorherigem Warmlauf im mittleren Teillastgebiet. Auch beim Leerlauf zeigen sich erhebliche Schwankungen des Verbrennungsablaufes, wenn man berücksichtigt, daß der Druckanstieg durch die Verbrennung meist nahe OT bzw. erst im Dehnungshub eintritt.

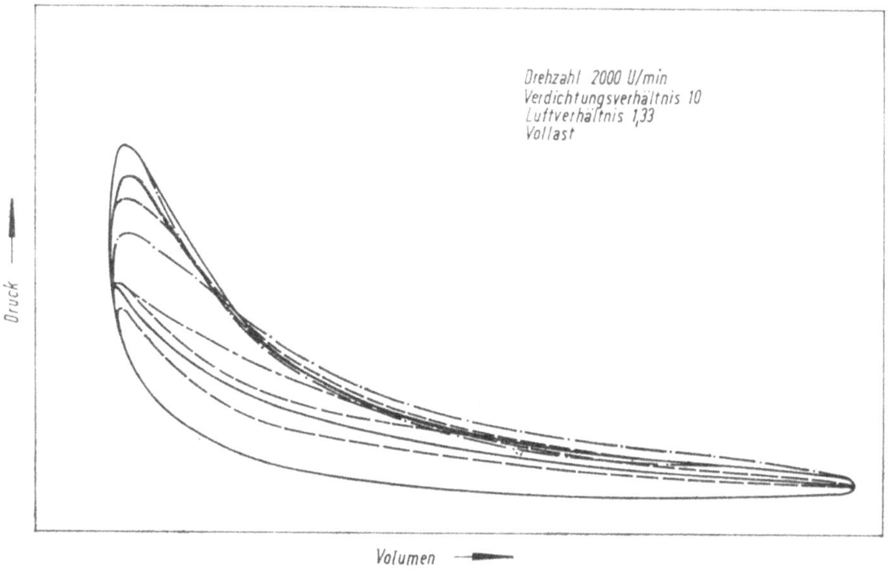

Abb. 172. Vergleich von 10 aufeinanderfolgenden Zyklen [39]

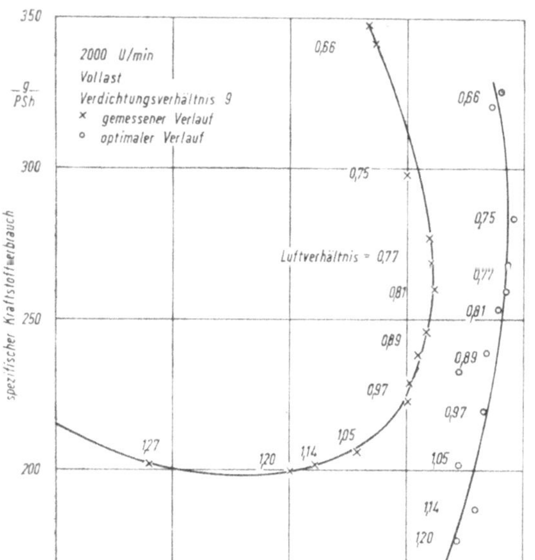

Wenn es möglich wäre, alle Diagramme dem Besten anzugleichen, könnten in Leistung und spezifischem Verbrauch Verbesserungen verwirklicht werden. In Abb. 174 wird ein solcher unter Annahme gleicher Zyklen berechneter optimaler Verlauf mit dem wirklichen Ergebnis verglichen. Es wird deutlich, wieviel erreicht werden könnte, wenn jede Verbrennung gleich der günstigsten wäre. Als Ursachen für die Verschiedenheit der Zyklen werden Veränderungen in der Füllung bzw. im Luftverhältnis angenommen. Die Druckdiagramme von Abb. 175 zeigen den verbessernden Einfluß einer durch Einlaßschirmventile

Abb. 174. Vergleich einer Verbrauchskurve mit einer hypothetischen Kurve unter der Annahme völliger Gleichheit aller Zyklen [39]

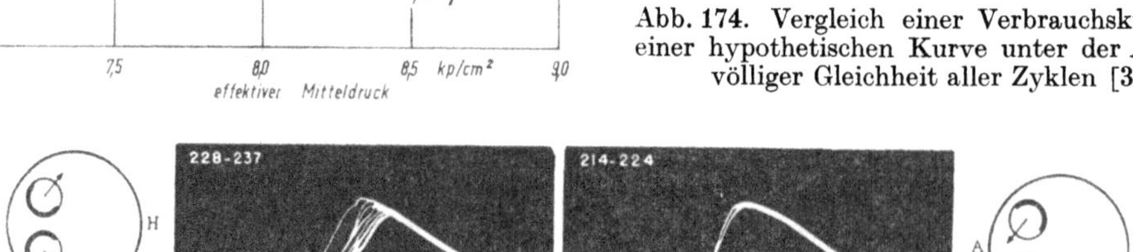

Abb. 175. Einfluß der Stellung der Schirmventile auf die Gleichmäßigkeit der Zyklen [186]

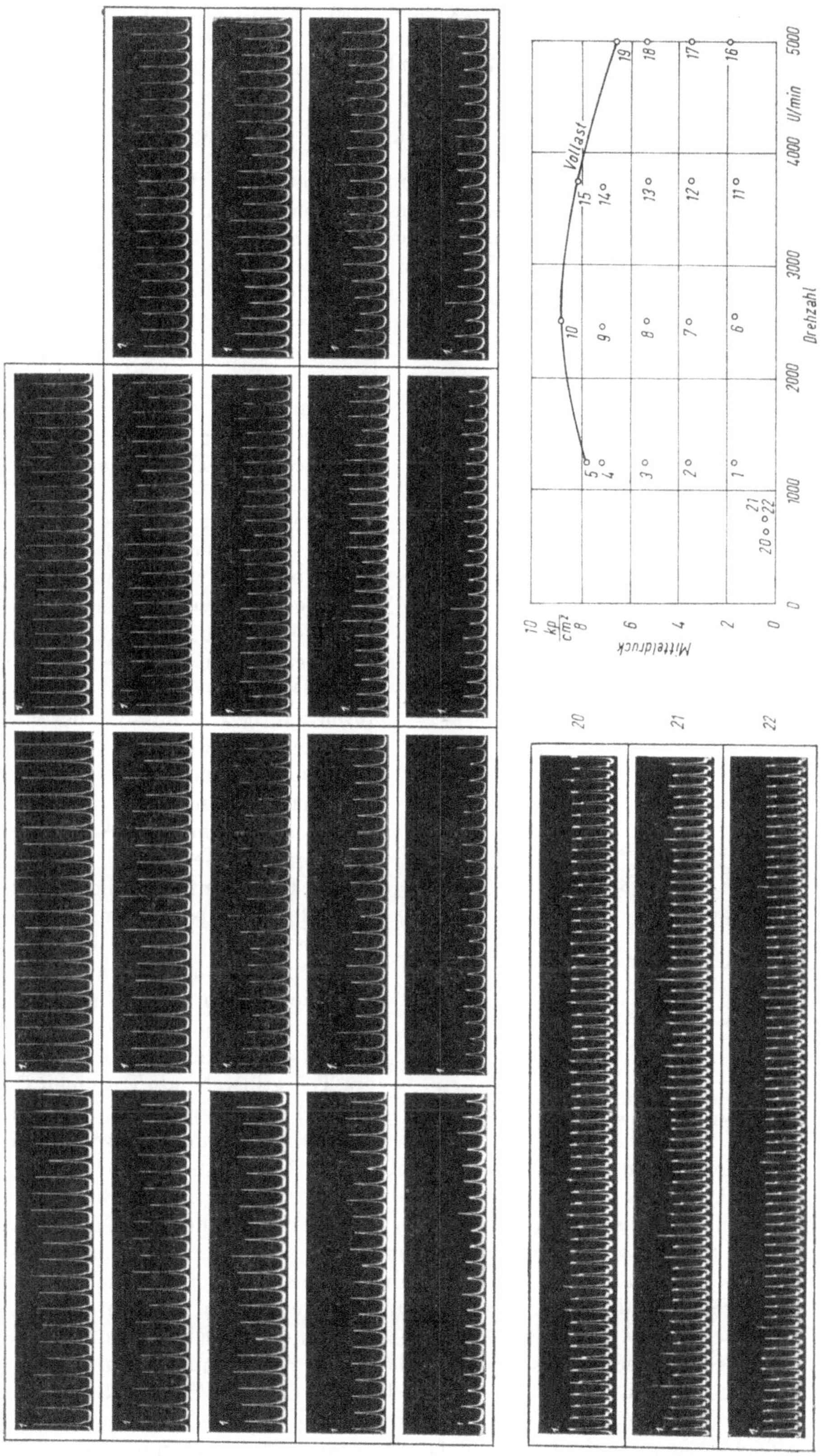

Abb. 173. Schwankungen des Spitzendruckes bei verschiedenen Belastungen und Drehzahlen

gerichteten Luftströmung. Aus allen Untersuchungen ergibt sich, daß das Luftverhältnis einen sehr großen Einfluß auf die Unterschiede der Zyklen hat und daß das stabilste Verbrennungsbild bei einem Luftverhältnis von 0,9 erreicht wird [39].

f) Unterschiede zwischen Zünd-, Verbrennungs- und Flammengeschwindigkeit

Zur Aufklärung der verwickelten Verbrennungsvorgänge im Motor sind die unter vereinfachten Bedingungen durchgeführten Untersuchungen an Bunsenbrennern, in Bomben und in Rohren ein wertvolles Hilfsmittel. Je nach der benutzten Versuchsanordnung wird dabei im Schrifttum zwischen Zünd-, Verbrennungs- und Flammengeschwindigkeit unterschieden. Da diese Bezeichnungen jedoch nicht einheitlich für gleiche Anordnungen verwendet werden und insbesondere eine deutliche Trennung schwierig ist, wird künftig nur von Flammengeschwindigkeit gesprochen, wobei darunter die Fortpflanzungsgeschwindigkeit der Flammenfront zu verstehen ist. Es wird dann zwar jeweils nötig sein, die Bedingungen anzugeben, die durch die Art der Versuchsanordnung für die Größe der gemessenen Flammengeschwindigkeit von Bedeutung sind.

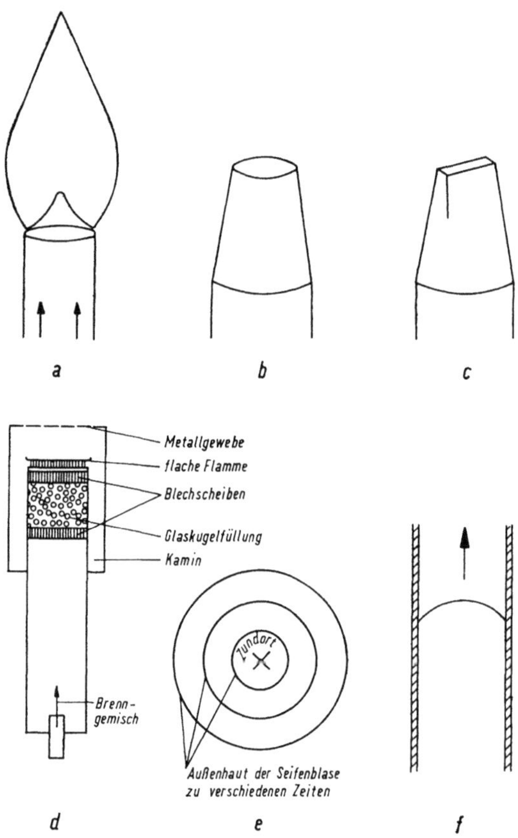

Abb. 176. Versuchsanordnungen zur Bestimmung der Flammengeschwindigkeit

Um einen besseren Überblick zu geben, werden die üblichen Methoden zur Bestimmung der Flammengeschwindigkeit angeführt. Dabei beschränken sich alle Verfahren auf die Bestimmung der laminaren Flammengeschwindigkeit, die definiert wird als die Geschwindigkeit, mit der sich eine ebene Flammenfront in das ruhende Frischgas fortpflanzt. Als Umkehrung kann entsprechend bei stillstehender ebener Flammenfront die Frischgasgeschwindigkeit als Flammengeschwindigkeit bestimmt werden. Da die ebene Flammenfront nur angenähert zu verwirklichen ist, wird eine Umrechnung über den Massenfluß notwendig.

Bei den üblichen Meßmethoden werden zum Teil stillstehende Flammen (Bunsenbrenner) und bewegte Flammen (Seifenblase, Bombe, Rohr) benutzt. Die einfachste Untersuchung bietet der Bunsenbrenner, Abb. 176a. Die Flammengeschwindigkeit ist dabei das Produkt aus der Strömungsgeschwindigkeit des Frischgases im Brenner und dem Querschnittsverhältnis aus Brennerquerschnitt zur Flammenfläche, d. h. Mantelfläche des Flammenkegels. Schwierig ist dabei die Bestimmung der Flammenfläche, und die üblichen Methoden (Schattenverfahren, Schlierenverfahren) liefern unterschiedliche Ergebnisse. Durch besondere Ausbildung der Brennermündung kann man den einfachen Bunsenbrenner verbessern, Abb. 176b und 176c. Diese Düsen- und Schlitzbrenner geben eine gleichmäßigere Geschwindigkeitsverteilung über dem Brennerquerschnitt und erlauben höhere Geschwindigkeiten im laminaren Bereich. Abb. 176d stellt einen Brenner dar, der durch sorgfältige Gleichrichtung und Abschirmung äußerer Störungen eine bis auf die Randzone flache Flamme erhält. Bei dieser Anordnung ist die Flammengeschwindigkeit genügend genau gleich der Frischgasgeschwindigkeit.

Abb. 176e stellt die Seifenblasenmethode dar. Am Ende eines dünnen Rohres wird eine Seifenblase mit dem Gemisch aufgeblasen und durch einen elektrischen Funken in der Mitte gezündet. Die Flamme breitet sich von der Zündstelle kugelförmig aus, und die Größe der Seifenblase wächst entsprechend der Volumenzunahme. Die Flammengeschwindigkeit ist dabei gleich dem Produkt aus der radialen Ausdehnungsgeschwindigkeit der Flammenfront und dem Volumenverhältnis der Seifenblase aus dem Volumen am Ende der Verbrennung zu dem zu Beginn der Verbrennung. Bei der Verwendung von wässeriger Seifenlösung muß der Einfluß des Wasserdampfes auf das Ergebnis berücksichtigt werden.

Bei der Bombenmethode wird meist eine Hohlkugel benutzt, in deren Zentrum gezündet wird. Gegenüber der Seifenblasenmethode steigt hierbei der Druck während der Verbrennung, wodurch das Fortschreiten der Flammenfront beeinflußt wird. Außerdem wird der Druckeinfluß auf die Flammengeschwindigkeit mitgemessen. Bei den Untersuchungen in Rohren wird meist ein einseitig offenes Rohr gewählt und am offenen Rohrende gezündet, Abb. 176f. Bei der Flammenbewegung ist das Frischgas in Ruhe, das verbrannte Gas zieht zum offenen Rohrende ab. Auch hierbei ist die Flammenfront gekrümmt. Durch eine Blende am offenen Rohrende kann eine Stabilisierung der Flamme erreicht werden. Bei horizontalem Rohr wird die Flammenfront durch die Erdbeschleunigung unsymmetrisch, am günstigsten ist deshalb ein senkrechtes Rohr mit aufsteigender Flamme.

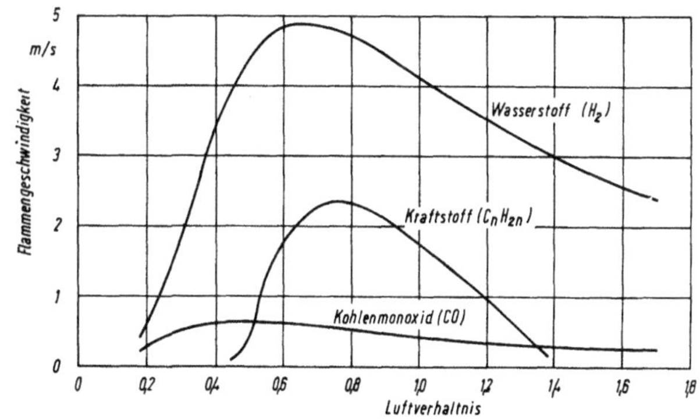

Abb. 177. Flammengeschwindigkeit in Bomben für verschiedene Kraftstoffe und verschiedenes Luftverhältnis bei atmosphärischem Druck und Raumtemperatur [201]

Je nach der Größe der Flammengeschwindigkeit eignen sich die einzelnen Methoden. Für Geschwindigkeiten unter 0,2 m/s eignen sich nur der Bunsenbrenner mit flacher Flamme und das senkrechte Rohr, für einen Bereich von 0,2 bis 0,8 m/s sind Seifenblase, Bombe und senkrechtes Rohr geeignet, für höhere Geschwindigkeiten finden nur die Bombe und der Bunsenbrenner Verwendung.

Die am häufigsten anzutreffende Unterscheidung der Untersuchungsmethoden geht davon aus, daß als Zündgeschwindigkeit die Ergebnisse bezeichnet werden, die am Bunsenbrenner oder in offenen Rohren gewonnen werden, als Verbrennungsgeschwindigkeiten die Ergebnisse, bei denen wie in Bomben die Verdrängungswirkung der Flammenfront mitgemessen wird. Die Seifenblasenmethode wird unterschiedlich eingeordnet. Als Flammengeschwindigkeit wird meistens die im Motor auftretende Flammenfortpflanzung unter Einbeziehung der Strömungen und Wirbel im Brennraum verstanden. Statt dieser nicht ganz eindeutigen Begriffstrennungen wird künftig bei allen Arten der Flammenfortpflanzung von Flammengeschwindigkeit gesprochen.

Die Flammengeschwindigkeit hängt von den physikalischen und chemischen Eigenschaften des Gemisches ab. Sie nimmt mit dem Heizwert und dem Wärmeleitvermögen des Gemisches zu und ist um so kleiner, je größer die Wärmekapazität des Gemisches ist und je höher seine Entzündungstemperatur liegt. Die größte Flammengeschwindigkeit in Bomben beträgt bei atmosphärischem Druck und Umgebungstemperatur in einem Gemisch von Wasserstoff mit Luft 5 m/s, für Gemische von Luft mit Kraftstoff beträgt sie etwa 2 m/s, Abb. 177. In Abb. 143, S. 106, ist die Flammengeschwindigkeit aus Messungen am Bunsenbrenner aufgetragen.

g) Einfluß der Wirbelung auf die Flammengeschwindigkeit

Strömungen und Wirbel im Brennraum haben auf den Ablauf der Verbrennung großen Einfluß. Eine schnellere Verbrennung tritt dabei durch eine Vergrößerung der Brennfläche auf, nämlich als Folge einer weitgehenden Zerklüftung der Brennfläche durch die Wirbelung. Die Luftbewegungen, die sich aus den bis 100 m/s betragenden Einströmungsgeschwindigkeiten durch das Ventil ergeben, sind am Ende der Verdichtung noch nicht abgeklungen. Wegen des Mitwirkens dieser Strömungen ist die Flammengeschwindigkeit im Motor etwa 10mal so groß wie in Bomben mit ruhendem Gemisch. Sie nimmt mit steigender Drehzahl zu, weil durch Turbulenz die Flammenoberfläche zerklüftet und vergrößert wird, Abb. 178. Absolutwerte für die Flammengeschwindigkeit hängen von der Form des Zylinderkopfes ab, da die Wirbelung im Motor durch die Ventilanordnung und Formgebung des Brennraumes wesentlich beeinflußt wird.

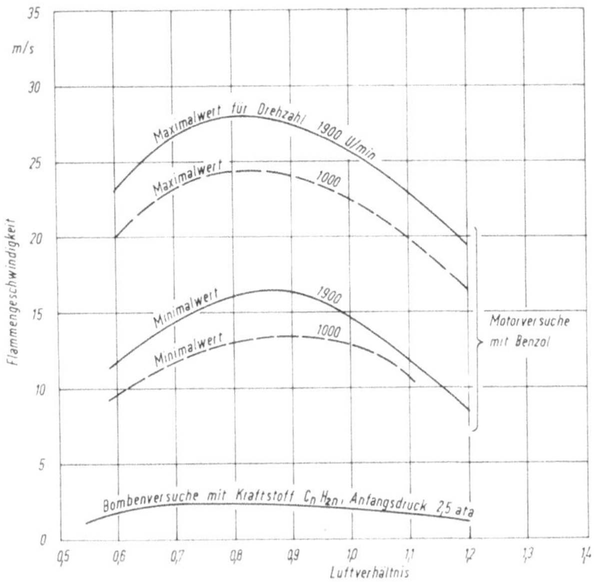

Abb. 178. Flammengeschwindigkeit für Benzol- und Benzindampf-Luft-Gemische nach Motorversuchen und Bombenversuchen [201]

Da mit Vergrößerung der Drehzahl eines Motors auch die Gasgeschwindigkeit und Turbulenz vergrößert werden, treten keine Schwierigkeiten wegen zu kleiner Flammengeschwindigkeit außer in der Nähe der Zündgrenzen auf. Es wäre aber denkbar, daß bei einer Steigerung der Drehzahl über das Maß hinaus, das heute die kleinsten Verbrennungs-

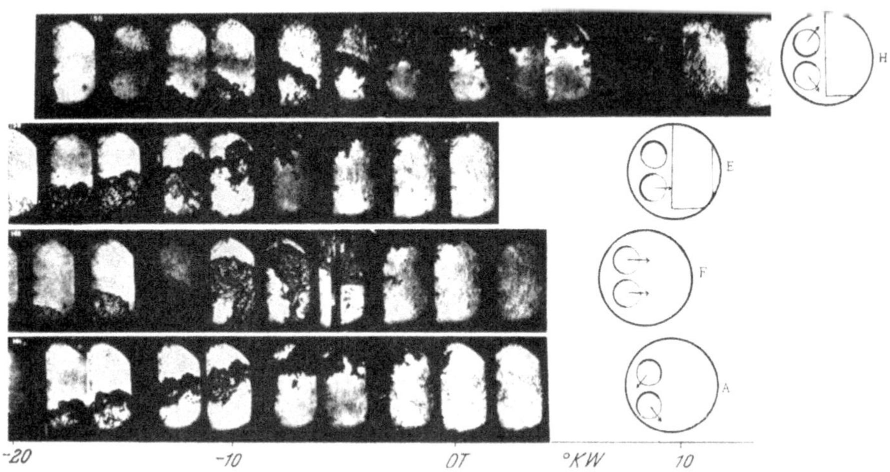

Abb. 179. Einfluß der Gasbewegung auf die Verbrennungsdauer, Drehzahl 500 U/min [186]

motoren erreichen, eine Verringerung des Wirkungsgrades wegen zu kleiner Flammengeschwindigkeit eintritt. Eine Anordnung mit besonders starkem Wirbel wie bei Dieselmotoren ist jedoch für den Ottomotor problematisch, denn zu hohe Turbulenz könnte die

Anforderungen an die Zündspannung steigern, damit eine Einengung des benutzbaren Bereiches des Luftverhältnisses mit sich bringen und möglicherweise zu starken Druckanstieg durch die rasche Verbrennung bewirken. Außerdem würde der Wärmeübergang unerwünscht erhöht.

Der Unterschied in der Flammengeschwindigkeit mit verschieden gerichteten Einlaßschirmventilen wird aus Abb. 179 deutlich. In der jeweils ersten Aufnahme ist der Beginn der Verbrennung in der unteren Ecke zu sehen. Die brennenden Bezirke wachsen in der zweiten Anordnung (*E*) rascher an und das Durchbrennen ist nahezu vollständig beendet in etwa $^3/_4$ der für die erste Anordnung (*H*) erforderlichen Zeit. Die Anordnungen *F* und *A* zeigen fast so große Flammengeschwindigkeiten wie die Anordnung *E*. Die Vorderseite der Brennzone ist sehr scharf definiert, aber unregelmäßig.

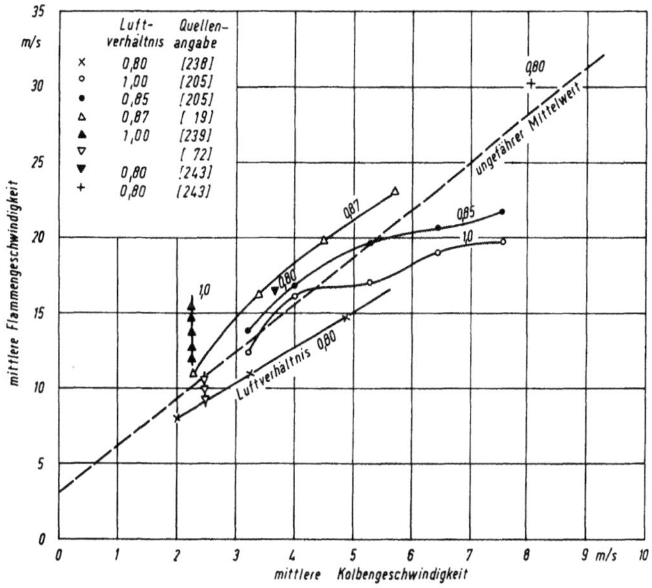

Abb. 180. Geschwindigkeit der Flammenfront abhängig von der Kolbengeschwindigkeit [75]

In Abb. 180 ist aus verschiedenen veröffentlichten Motorversuchen die über den ganzen Flammenweg gemittelte Geschwindigkeit der Flammenfortpflanzung aufgetragen. Als Maß für die Wirbelgeschwindigkeit ist die mittlere Kolbengeschwindigkeit angenommen worden. Obwohl es sich um Motoren verschiedener Brennraumform und Brennraumgröße, verschiedener Verdichtung, verschiedenen Einlaßventildurchmessers und verschiedener Gemischaufbereitung handelt, ist es doch möglich, eine Gerade als einigermaßen richtigen Mittelwert anzugeben. Da die Gerade nicht durch den Nullpunkt des Diagramms geht, muß in guter Übereinstimmung mit der Wirklichkeit bei höherer Drehzahl die Zündung etwas früher gelegt werden. Die Flammengeschwindigkeit steigt also nahezu linear mit der Motordrehzahl, da die Turbulenz steigt. Dies wirkt sich dahin aus, daß die Verbrennung ohne Rücksicht auf die Drehzahl des Motors immer etwa im gleichen Kurbelwinkelbereich abläuft, weshalb auch Ottomotoren über so große Drehzahlbereiche betrieben werden können.

h) Einfluß des Luftverhältnisses und der Zündeinstellung auf die Flammengeschwindigkeit

Einen wesentlichen Einfluß auf die Flammengeschwindigkeit im Motor hat das Luftverhältnis. In Abb. 181 sind Versuchsergebnisse zusammengetragen, die allerdings einen großen Streubereich zeigen. Bei Luftverhältnissen von 0,8 bis 0,9 liegt im Mittel die größte Geschwindigkeit der Flammenfront. In diesem Bereich haben die Motoren auch meistens die beste Leistung. Steigt das Luftverhältnis auf 1,0, so wird die Geschwindigkeit um rund 10% kleiner, steigt das Luftverhältnis auf 1,1, so wird sie um weitere 15% kleiner. Bei solchen kraftstoffarmen Gemischen liegt jedoch meistens der beste Kraftstoffverbrauch. Die Flammengeschwindigkeit fällt theoretisch an der unteren und oberen Zündgrenze auf Null. Praktisch gelingt es jedoch nicht, Flammengeschwindigkeiten unterhalb von 0,1 m/s zu beobachten [104].

Der Einfluß verschiedener Flammengeschwindigkeiten auf den Arbeitsprozeß im Motor ist durch Vergleich zweier theoretischer Diagramme für ein Luftverhältnis von 0,8 und 1,1 berechnet worden [201]. Die bei größerem Luftüberschuß auftretenden geringeren Flammengeschwindigkeiten haben eine spätere Verbrennung zur Folge und verursachen Arbeitsverluste. Die ungünstige Wirkung der niedrigen Flammengeschwindigkeit kann jedoch durch Früherlegen der Zündung vermindert werden. Die mit zunehmendem Luftüberschuß auftretende Verminderung des Gütegrades hat erst bei mehr als 20% Luftüberschuß eine wesentliche Erhöhung des spezifischen Kraftstoffverbrauches zur Folge, weil sich die thermodynamische Verbesserung des Arbeitsprozesses im Bereich geringen Luftüberschusses stärker auswirkt als die Verminderung des Gütegrades.

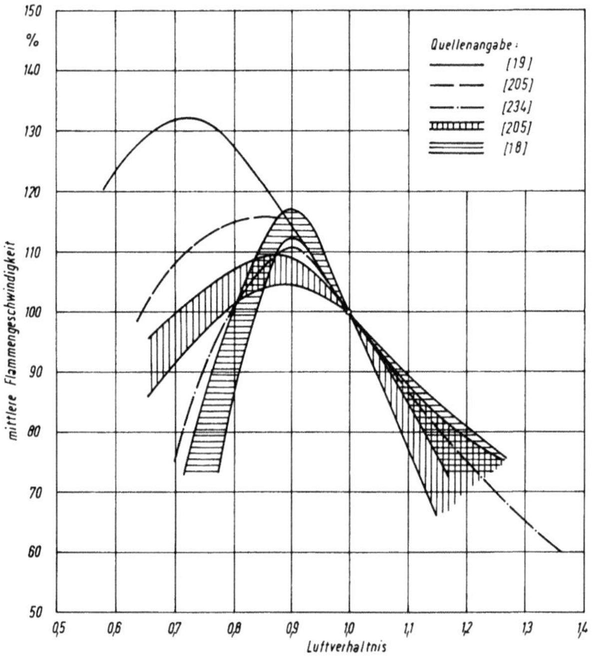

Abb. 181. Abhängigkeit der Flammengeschwindigkeit vom Luftverhältnis [75]

Der Einfluß der Zündeinstellung und des Luftverhältnisses auf die Flammengeschwindigkeit wurde bei Versuchen ermittelt, bei denen darauf geachtet wurde, daß der Höchstdruck stets 12 °KW nach OT auftritt [25, 26]. Aus Abb. 182 geht hervor, daß zur Erzielung dieser Spitzendrucklage bei einem Luftverhältnis von 0,9 bis 0,8, welches die höchste Leistung gibt, die kleinste Vorzündung erforderlich ist. Mit abnehmendem Kraftstoffgehalt nimmt die erforderliche Vorzündung stetig zu. Die 86 °KW umfassende Brenndauer des ärmsten untersuchten Gemisches beträgt bei einem Luftverhältnis von 2 gerade das Doppelte der Brenndauer des Gemisches bei höchster Leistung, die am kürzesten ist und 42 °KW beträgt.

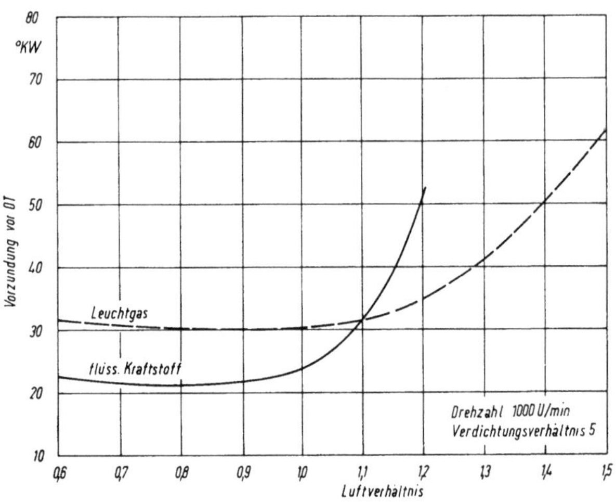

Abb. 182. Erforderliche Vorzündung in Abhängigkeit vom Luftverhältnis bei Einstellung des Höchstdruckes 12 °KW nach OT [172]

Auf der kraftstoffreichen Seite ist das Verhalten von Leuchtgas und flüssigem Kraftstoff sehr ähnlich: die kleinste Vorzündung liegt in beiden Fällen bei einem Luftverhältnis von etwa 0,8. Bei beiden Kraftstoffen besitzt dieses Mischungsverhältnis die größte Flammengeschwindigkeit und ergibt die höchste Leistung. In der Gasmaschine kann der Kraftstoffgehalt im Gemisch stetig bis auf etwa 50% Kraftstoffmangel verringert werden, wobei die Verbrennung regelmäßig bleibt und der Wirkungsgrad zunimmt. Wenn dagegen bei flüssigem Kraftstoff nur das Luftverhältnis von 1,1 auf 1,2 erhöht wird, ist bereits eine starke Vergrößerung der Vorzündung von 30 auf 50 °KW erforderlich. Über dieses Mischungsverhältnis hinaus läßt sich durch keine noch so große Vorzündung eine genügend schnelle und vollständige Verbrennung erreichen, um den Spitzendruck in der Normallage von 12°KW nach OT zu halten. Eine Abhängigkeit der Verbrennungsdauer vom Zündzeitpunkt besteht nicht, wie sich bei der Auswertung von Indikatordiagrammen ergeben hat. Der Zeitpunkt, bei dem die Verbrennung endet, ist in erster Linie vom Zeitpunkt der Zündung abhängig und verschiebt sich fast im gleichen Ausmaß wie die Zündung.

i) Einfluß des Verdichtungsverhältnisses auf die Flammengeschwindigkeit

Die Flammengeschwindigkeit nimmt mit dem Verdichtungsverhältnis zu. Das ist aus der höheren Gemischtemperatur am Ende des Verdichtungshubes zu erklären. Allerdings werden die Zündgrenzen durch Steigerung des Verdichtungsverhältnisses nicht stark ge-

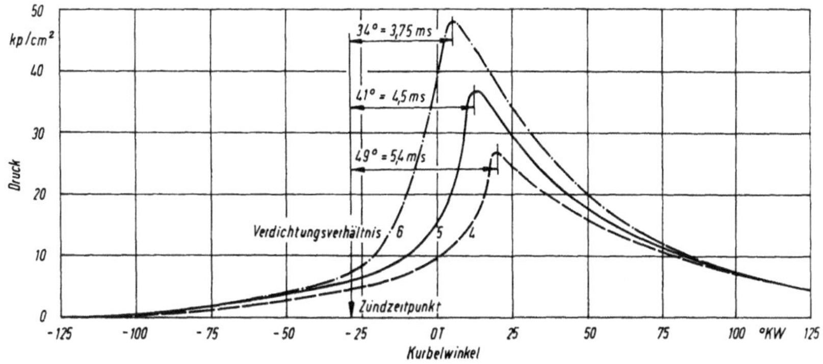

Abb. 183. Einfluß des Verdichtungsverhältnisses auf den Verbrennungsablauf bei stöchiometrischem Luftverhältnis [172]

ändert, im wesentlichen nur durch die Temperatursteigerung. Den Einfluß des Verdichtungsverhaltnisses auf die Flammengeschwindigkeit zeigt Abb. 183. Bei allen drei Versuchen war der Zündzeitpunkt auf 30° KW vor OT eingestellt. Mit wachsendem Verdichtungsverhältnis geht die bis zum Erreichen des Höchstdruckes erforderliche Zeit zurück, während der effektive Mitteldruck von 8,4 auf 9,6 und 10,3 kp/cm² steigt.

j) Einfluß der Zahl und Lage der Zündkerzen auf die Flammengeschwindigkeit

Der Einfluß der Zündkerzenlage und der Verwendung mehrerer Zündkerzen auf die Druckentwicklung und das Ausmaß der Verbrennung wurde vielfach untersucht. Abb. 184 zeigt Ergebnisse für den Druckverlauf [173]. Bei gleichzeitiger Zündung durch mehrere Kerzen sind die Beeinflussungsmöglichkeiten so groß, daß praktisch jeder Druckverlauf verwirklicht werden kann.

Andere Versuche wurden mit 17 Zündkerzen oder mit einer von denjenigen, die als 1, 2 oder 3 in Abb. 185 dargestellt sind, durchgeführt. Die Zündkerze 2 liegt an der Stelle der normalen Einzelzündkerze für diesen Zylinderkopf. Bei jedem Versuch ist die Zündzeit gewählt, welche die maximale Leistung für die jeweilige Kerze oder Gruppe von Kerzen ergab. Die maximale Leistung war nahezu die gleiche, unabhängig davon, welche Kerzen für die Zündung benutzt wurden, außer einem leichten Ansteigen bei gleichzeitiger Zündung aller Kerzen. Das Maß des Druckanstieges war wesentlich größer, wenn alle 17 Kerzen gezündet wurden. Das prozentuale Maß des verbrannten Kraftstoffes [175] in Abhängigkeit vom Kurbelwinkel ist in Abb. 186 für Benutzung der Zündkerzen 1, 2 und 3 sowie bei Zündung durch alle 17 Zündkerzen gezeigt. Die Benutzung von 17 Zündkerzen gleichzeitig ergibt eine Verkürzung der Verbrennungszeit von 60% gegenüber der

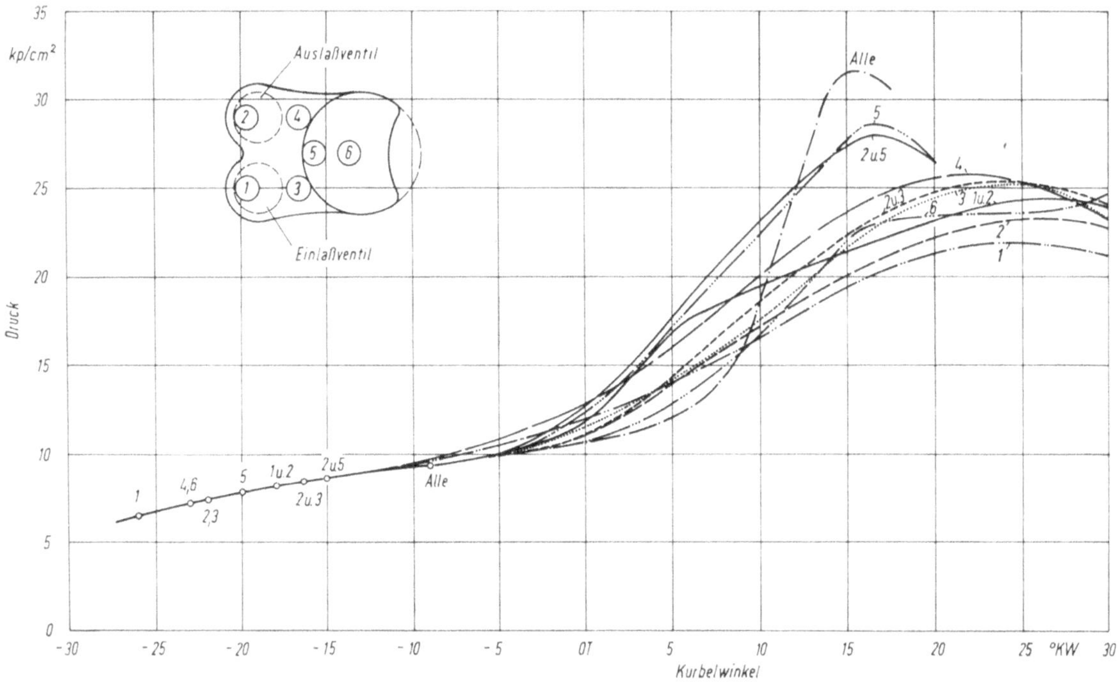

Abb. 184. Einfluß der Lage und Zahl der Zündkerzen auf den Druckverlauf [173]

Abb. 185. Lage von 17 Zündkerzen für die Ergebnisse in Abb. 186 [51]

Zeit, die mit der Zündkerze 2 allein benötigt wurde. Die für die Verbrennung erforderliche Zeit hängt von der Länge des Flammenweges und damit von der Lage der Zündkerzen ab. Deshalb gibt eine Zündung durch Zündkerze 1 wegen des größten Flammenweges die längste Verbrennungszeit. Die Benutzung der Kerze 3, welche in der Nähe des Zentrums der Verbrennungskammer liegt, liefert die kürzeste Verbrennungszeit und den kürzesten Flammenweg. Zündkerze 2, welche in der Mitte zwischen 1 und 3 liegt, gibt mittlere Verbrennungszeiten.

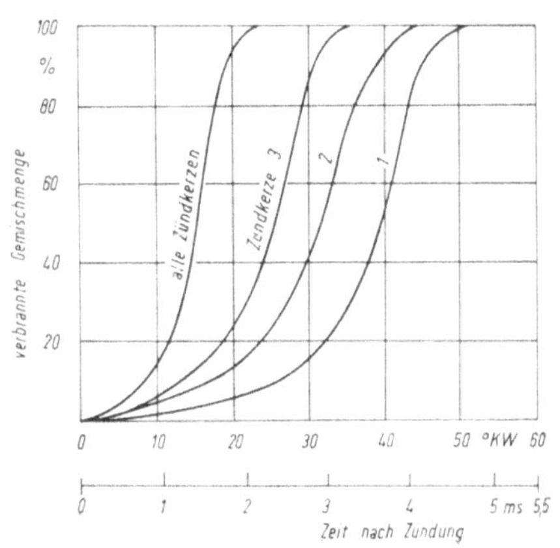

Abb. 186. Verbrennungsablauf bei Benutzung von Zündkerzen unterschiedlicher Lage nach Abb. 185 [51]

k) Einfluß von Zusätzen auf die Flammengeschwindigkeit

Die Flammengeschwindigkeiten werden durch Zusätze in hinreichend hoher Konzentration herabgesetzt, und zwar zunächst weil diese die Flammentemperatur und damit indirekt die Reaktionsgeschwindigkeit herabsetzen. Die Übertragung von Wärme auf das unverbrannte Gas durch Leitung läßt sich durch Zusätze in geringer Menge nicht merklich beeinflussen, wohl aber die Reaktion im Unverbrannten als Folge des Eindiffundierens aktiver Teilchen. Eine starke Wirkung auf die Flammengeschwindigkeit und die Zündgrenzen wird man aber nur in solchen Bereichen erhalten, in denen nicht die Diffusion vom Frischgas in die Brennzone bzw. aktiver Teilchen in das Frischgas der überwiegende Faktor ist, d. h. man wird durch Zusätze die obere Zündgrenze stark herabsetzen können, nicht aber die untere entsprechend herauf [104]. Neben der einfachen Verdünnung des Kraftstoff-Luft-Gemisches haben die hohen spezifischen Wärmen von Kohlendioxid und Wasserdampf einen verzögernden Einfluß auf die Verbrennung, da sie die höchste Verbrennungstemperatur erniedrigen. Die Herabsetzung der Flammengeschwindigkeit von Wasserstoff-Luft-Gemischen durch Zusatz von 5% Äthylen zum Wasserstoff [207] zeigt Abb. 187. Bei Gemischen muß beachtet werden, daß sich die Flammengeschwindigkeit eines Gemisches aus verschiedenen Gasen nicht aus der Flammengeschwindigkeit der Einzelgase bestimmen läßt.

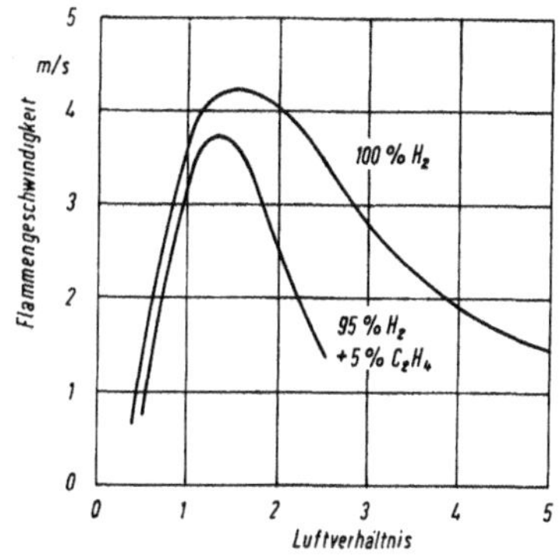

Abb. 187. Beeinflussung der Flammengeschwindigkeit von Wasserstoff-Luft-Mischungen durch Zugabe von Äthylen in Abhängigkeit vom Luftverhältnis [207]

6. Klopfen

a) Klopfen als Wärmeexplosion oder Kettenreaktion

Für den Ottomotor ist neben der Glühzündung ein anderer unnormaler Verbrennungsablauf, das Klopfen, von entscheidender Bedeutung, da es die Leistungssteigerung begrenzt. Verantwortlich für das Klopfen sind die von selbst ablaufenden Oxydationsreaktionen in dem heißen unverbrannten Ladungsrest, welcher anfangs durch die Bewegung des Kolbens, danach von der fortschreitenden Flamme verdichtet worden ist. Sie führen zu einer nahezu augenblicklichen Zündung eines Teiles des Restgases. Dieser außerordentlich beschleunigte Verbrennungsablauf ist mit dem Auftreten ungewöhnlich hoher örtlicher Drücke sowie mit der Entstehung von Stoßwellen verbunden.

Der Vorgang des Klopfens bei der motorischen Verbrennung von Gasgemischen ist vom Standpunkt der Reaktionskinetik aus noch nicht geklärt. Es ist als sicher zu betrachten, daß er durch eine Kettenreaktion eingeleitet wird, aber es ist noch nicht geklärt, ob der weitere Ablauf auch durch eine Wärmeexplosion oder durch weitere Kettenverzweigungen allein beeinflußt wird.

Je nachdem, ob die Reaktionsbeschleunigung Ursache oder Folge der Störung des Wärmegleichgewichtes ist, unterscheidet man als wichtigste ideale Grenzfälle Explosionen durch Kettenverzweigung oder Wärmeexplosionen. Nur bei der Wärmeexplosion ist das Wärmegleichgewicht von Anfang an gestört. Die Temperatur steigt zunächst ein wenig an, dadurch steigen Reaktionsgeschwindigkeit und Wärmeproduktion. Die Reaktion kann dabei sehr wohl eine Kettenreaktion sein. Im anderen Extremfall sind die Besonderheiten des Reaktionsmechanismus für die zunächst isotherm erfolgende Beschleunigung der Reaktion verantwortlich. Erst wenn die Reaktionsgeschwindigkeit eine gewisse von den Versuchsbedingungen, besonders auch von dem Reaktionsgefäß abhängende kritische Grenze überschreitet, wird das Wärmegleichgewicht gestört. Kettenverzweigung ist dabei die wichtigste, aber nicht die einzig mögliche Ursache einer Reaktionsbeschleunigung. Eine Explosion ohne Kettenverzweigung kann z. B. eintreten, wenn eine Reaktion über ein Zwischenprodukt führt, welches sich mit vernachlässigbarer Wärmetönung bildet, aber unter Wärmeentwicklung in einem langsamen, geschwindigkeitsbestimmenden Schritt in die Endprodukte zerfällt. In dem Fall einer solchen Zwischenverbindung erhält man einen zeitlichen Verlauf der Reaktion bis zu einem Maximum der Konzentration der Zwischenverbindung, wobei es zu einer Störung des Wärmegleichgewichtes und damit zu einer Explosion kommen kann [211].

Ob nun eine Reaktion mit Kettenverzweigung zur Explosion führt, hängt davon ab, ob der Vorgang der Kettenverzweigung den des Kettenabbruches überwiegt, d. h. ob die Neubildung aktiver Teilchen schneller erfolgt als ihre Vernichtung. Die Geschwindigkeit einer Kettenreaktion und damit die Neigung eines Kraftstoffes zum Klopfen ist daher um so größer, je größer die Wahrscheinlichkeit ketteneinleitender und kettenverzweigender Prozesse und je kleiner die Wahrscheinlichkeit kettenabbrechender Prozesse ist [105].

Falls der Klopfvorgang durch den Ablauf von Kettenreaktionen verursacht wird, muß die Klopffestigkeit der verschiedenen Kohlenwasserstoffe zum kinetischen Ablauf der Reaktion zwischen Kohlenwasserstoff und Sauerstoff, also insbesondere zur Geschwindigkeit des Reaktionsablaufes in Beziehung gebracht werden können. Der Ablauf der langsamen Oxydation von Kohlenwasserstoffen über Kettenreaktionen ist bekannt [4]. Die langsame Oxydation findet bei Temperaturen von 160 bis 600 °C statt, und zwar gilt für Paraffine der Temperaturbereich von 160 bis 300 °C, während Aromaten erst bei höherer Temperatur in Reaktion treten. Diese Reaktion verläuft aber nicht bis zur völligen Verbrennung, sondern macht im wesentlichen bei dem Stadium der Aldehyde und ihrer Folge- und Zerfallsprodukte halt. Durch Steigerung des Druckes kann die langsame Oxydation in eine normale Verbrennung übergeführt werden.

b) Ablauf der langsamen Oxydation in mehreren Stufen

Durch Untersuchung der langsamen Oxydation zahlreicher Kohlenwasserstoffe ist es gelungen, Zusammenhänge zwischen der Oxydierbarkeit reiner Kraftstoffkomponenten und ihrem Verhalten im Motor zu finden. Die lineare Beziehung zwischen den auf verschiedene Weise gewonnenen Größen, der Oxydationsgeschwindigkeit und dem kritischen Verdichtungsverhältnis, zeigt, daß die langsame Oxydation und die Verbrennung im Motor über gleichartige Mechanismen, nämlich Kettenreaktionen, verlaufen [223].

Der Ablauf eines chemischen Vorganges wird durch den Reaktionsweg, der nur in seltenen Fällen unmittelbar von den Ausgangs- zu den Endstoffen führt, und durch die Reaktionszeit beschrieben. Die Reaktion der vielatomigen Kohlenwasserstoffmoleküle mit dem Sauerstoff zu Kohlendioxid und Wasser erfolgt über eine große Anzahl von Zwischenverbindungen. Da die Zwischenverbindungen in verschiedener Weise untereinander, bzw. auch mit den Ausgangsstoffen reagieren können, ergibt sich schon für verhältnismäßig kleine Moleküle eine solche Fülle von Umsetzungsmöglichkeiten, daß die Reaktionswege für die aus verschiedenen Kohlenwasserstoffen zusammengesetzten Kraftstoffe im einzelnen völlig unübersehbar sind [76].

Der Bruttoablauf einer Zerfallsreaktion ist durch Druckmessung zu verfolgen. Eine sorgfältige Analyse der Reaktionsprodukte bei verschiedenem Reaktionsfortschritt gibt Aufschluß darüber, welche Stoffe primär und welche sekundär gebildet werden. Von besonderem Wert für das Klopfen ist der Nachweis von Radikalen und Atomen. Bei den Kettenreaktionen, die die Vorbereitung und die Auslösung des Klopfens bewirken, bilden sich instabile Zwischenverbindungen, unter denen vor allem Peroxide und Aldehyde überragende Bedeutung haben. Daneben kann die Bildung von Anlagerungskomplexen, Assoziationsverbindungen und Polymerisationsprodukten auftreten [249]. Daß die Vorreaktionen der unverbrannten Gase entscheidend für die Klopfeinleitung sind, kann als sicher gelten.

In dem Augenblick, welcher der Selbstzündung vorausgeht, hat die Oxydation an den Stellen der Selbstzündung schon eine meßbare Geschwindigkeit, allerdings treten noch keine Flammenfront, wohl aber kalte Flammen auf [22]. Hat die Selbstzündung stattgefunden, so verläuft die Verbrennung mit einer oder mehreren Flammenfronten durch den Ladungsrest. Die meisten Aufnahmen klopfender Verbrennung zeigen in Übereinstimmung damit deutlich einen oder mehrere Flammenkerne im Restgas. Die Geschwindigkeiten der durch die Selbstzündung auftretenden Sekundärflammenfronten sind erheblich größer als die der auf Grund der Zündkerzenzündung hervorgerufenen Primärflammenfronten.

c) Schema des Energieumsatzes

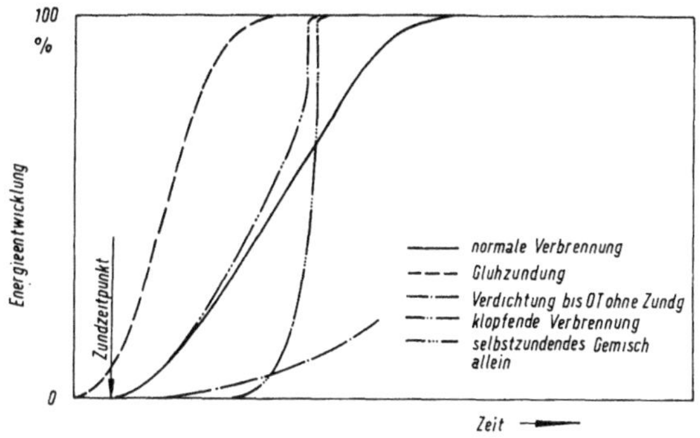

Abb. 188. Schema der Energieentwicklung bei der Verbrennung im Motor [105]

In Abb. 188 ist der Energieumsatz bei normaler Verbrennung dem bei Glühzündung und Klopfen gegenübergestellt. Der Energieumsatz durch Verdichtung im Motor ohne Fremdzündung mit Beharrung des Kolbens im OT ist wesentlich langsamer. Die Reaktionen im unverbrannten Gas laufen bei Motorbetrieb unter Klopfbedingungen rascher ab. Ihr Energieumsatz ergibt als Überlagerung mit dem der normalen Verbrennung den Energieumsatz des Gesamtablaufes einer klopfenden Verbrennung, unter der Annahme, daß eine wechselseitige Beeinflussung zwischen dem Teil, der normal, und dem, der klopfend verbrennt, nicht vorliegt [105].

d) Detonations- und Verdichtungstheorie

Über die Auslösung der spontanen Verbrennung des klopfenden Gemischrestes gibt es eine Reihe von Theorien. Auf Grund allgemeiner Betrachtung kann dabei keine Entscheidung zwischen den beiden am meisten vertretenen Theorien, der Detonations- und der Verdichtungstheorie, getroffen werden [67]. Allen gemeinsam ist die Auffassung, daß die von der Flammenfront ausgehende Verdrängung sich mit der örtlich in den Gasen gültigen Schallgeschwindigkeit von der Flammenfront aus in die Abgase und in das noch unverbrannte Gemisch hinein fortpflanzt. Die fortschreitende Flammenfront sendet aber nicht eine einzige, stetig ansteigende Druckwelle, sondern in rascher Aufeinanderfolge einzelne Stoßwellen mit steilen Fronten aus. Die Steilfronten der Stoßwellen erreichen ihre vollständige Entwicklung jeweils erst ein Stück von der Flammenfront entfernt [67].

Die Stoßwellen bewegen sich mit der Schallgeschwindigkeit fort, die dem Zustand des Gases im Kopf der Stoßwelle entspricht. Diese Geschwindigkeit liegt um so höher über der Schallgeschwindigkeit, die dem mittleren Gaszustand entspricht, je höher die Stoßwellenfront ist. Die Temperatursteigerung in der Stoßwellenfront ist höher als die bei entsprechender adiabater Verdichtung [12]. Die Detonationstheorie fordert nun, daß, herrührend aus den Stoßwellen oder anderen Störungen im Brennraum, eine wirkliche Detonationswelle auftritt und durch den unverbrannten Gemischrest mit dieser großen Schallgeschwindigkeit fortschreitet.

Die Verdichtungstheorie nimmt an, daß der unverbrannte Gemischrest infolge des durch die normal fortschreitende Primärflamme entstehenden Druck- und Temperaturanstieges in seiner Gesamtheit zur Selbstzündung kommt. Die Verdichtungstheorie sagt also im Gegensatz zur Detonationstheorie, daß die Selbstzündung nicht durch die unmittelbare Einwirkung von Stoßwellen, sondern durch die allgemeine Verdichtung und Temperatursteigerung des Ladungsrestes hervorgerufen wird.

Da die Vorreaktionen in einem angetriebenen Motor ähnlich den Reaktionen sind, welche in einem zündenden Motor zum Klopfen führen, müssen die Temperatur-Druck-Bedingungen für die Selbstzündung im angetriebenen Motor dieselben sein wie die Bedingungen für das Klopfen in einem zündenden Motor. Diese Übereinstimmung ist in Abb. 189 gezeigt und liefert eine Unterstützung der Verdichtungstheorie des Klopfens.

Eine ungeklärte Erscheinung ist, daß die Selbstzündung in einem angetriebenen Motor bei hohen Verdichtungsverhältnissen in den meisten Fällen weniger heftig ist und die Geräusche nicht von so hoher Frequenz sind wie beim Klopfen im zündenden Motor. Es kann daran liegen, daß die Selbstzündung in dem angetriebenen Motor üblicherweise nach OT auftritt und daher die Heftigkeit der Verbrennung geringer ist. Andererseits kann durch die Flammenfront eine Stoßwelle ausgelöst werden, welche das zur Selbstzündung bereite Restgas entzündet. Auch die Bildung aktiver chemischer Zentren vor der Flammenfront können Ursache für die heftigere Reaktion im zündenden Motor sein [65]. Bei längerem Zündverzug machen sich die im Gas vorhandenen geringen Temperaturunterschiede stärker bemerkbar und die Zündung kann sich von einzelnen Punkten ausbreiten. Bei kürzerem Zündverzug erfolgt praktisch momentane Zündung mit analogem Flammenbild wie bei klopfender Verbrennung. Daher ist möglicherweise wegen des meist größeren Zündverzuges Selbstzündung im angetriebenen Motor nicht so heftig [104].

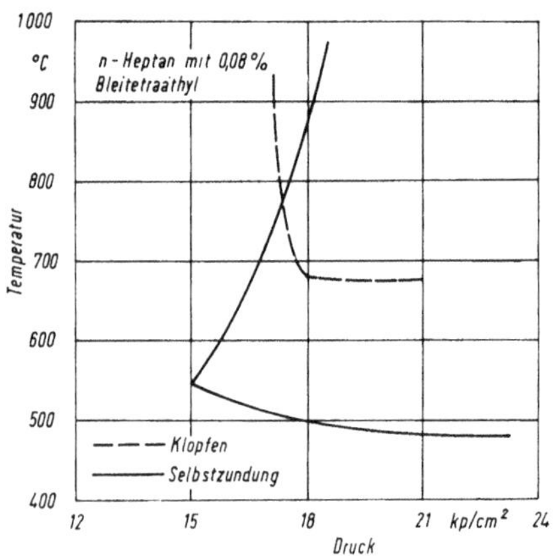

Abb. 189. Vergleich der Zündbereiche für Selbstzündung im angetriebenen Motor und für Klopfen im zündenden Motor [65]

e) Temperatur bei Klopfeintritt

Das Klopfen läßt sich als eine praktisch plötzliche Reaktion des gesamten Ladungsrestes beschreiben. Da dieses Restgas gegen Verdichtungsende bereits eine Temperatur von 400 bis 500 °C erreicht, wird seine Temperatur durch die weitere Verdichtung infolge der fortschreitenden Flammen und der Volumenvergrößerung der bereits verbrannten Anteile bis zu 600 °C steigen. Die durch die Verdichtung und durch das Fortschreiten der Flammenfront bedingte Endtemperatur des unverbrannten Teiles im Augenblick des Klopfbeginns kommt aber nicht als alleinige Klopfursache in Betracht. Die Auswertung von Indikatordiagrammen bei klopfender Verbrennung hat erwiesen, daß die Gemischtemperatur unmittelbar vor dem Einsetzen der klopfenden Verbrennung keinesfalls entscheidend ist [200]. Vielmehr sind das Maß und die Art der Vorreaktionen im Gemischrest in der Zeit vor Einsetzen der klopfenden Verbrennung von entscheidender Bedeutung. Auch die Auffassung, daß nur die Temperatur des Gemisches für die zum Klopfen führenden Vorreaktionen in erster Annäherung allein bestimmend ist und daß der Druck ohne nennenswerten Einfluß bleibt, wird durch motorische Untersuchungen nicht bestätigt. Es muß angenommen werden, daß während des Fortschreitens der Flammenfront im unverbrannten Teil des Gemisches eine druck- und temperaturabhängige Reaktion stattfindet.

f) Druck- und Ionisationsmessungen

Das Wesen des Klopfvorganges im Motor wurde durch Druck- und Ionisationsmessungen und durch direkte Beobachtung der Verbrennung untersucht. Die Druckdiagramme beim Klopfbetrieb deuten zwar auf eine schnelle Endverbrennung hin, zeigen aber, daß dabei keine wesentlich höheren Drücke auftreten außer örtlichen, schwer meßbaren Druckspitzen [22], vgl. S. 152. Der mittlere Arbeitsdruck weicht dabei nur unwesentlich von demjenigen bei nichtklopfender Verbrennung ab, ebenso auch die Zusammensetzung der Abgase [24] bis auf die aus dem klopfenden Endgas stammenden Rußanteile, da diese Endgasverbrennung der rauchenden Verbrennung beim Dieselmotor ähnelt. Durch Ionisationsmessungen konnte auch das Zurückdrängen der primären Flammenfront bei Klopfeintritt beobachtet werden [204].

g) Flammenaufnahmen beim Klopfen

In Fotografien des klopfenden Verbrennungsablaufes sind teilweise Flammenkerne im Endgas zu erkennen [239, 244]. Eine Selbstzündungsreaktion ist in Abb. 190 in mehreren Flammenaufnahmen für einen L-Kopf-Motor gezeigt. Zu Beginn verläuft die Verbrennung bis etwa 10 °KW nach OT normal. Zwischen 10 und 13 °KW nach OT verbrennt jedoch der Rest der Füllung plötzlich. Dadurch wird die Verbrennung in weniger als 29 °KW beendet, während im Normalfalle 54 °KW erforderlich sind. Diese Veränderung des Verbrennungsablaufes hat einen Einfluß auf den Druckverlauf. Das Druckdiagramm in Abb. 190 unten zeigt den schnellen Druckanstieg bei etwa 12 °KW nach OT und die Schwingungen auf der Dehnungsseite. Abb. 191 zeigt eine klopfende Verbrennung in einem Quarzkolbenmotor mit hängenden Ventilen. In diesem Falle tritt die Selbstzündung des Gemischrestes zwischen 20 und 23 °KW nach OT ein.

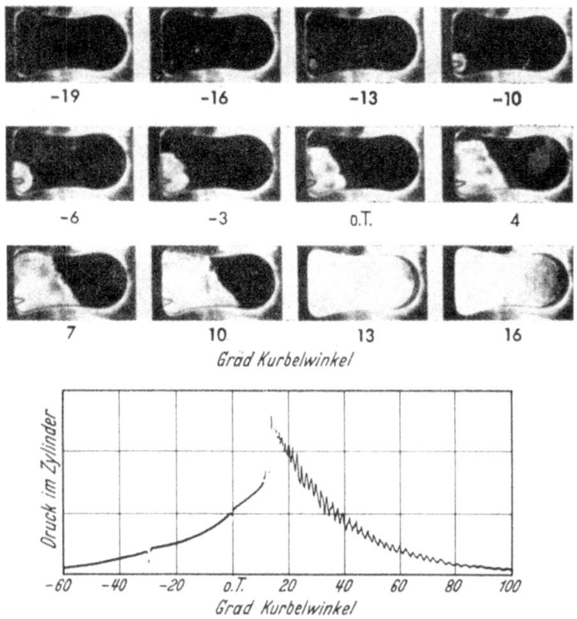

Abb. 190. Flammenaufnahmen und Druckverlauf einer klopfenden Verbrennung im L-Kopf-Motor [19]

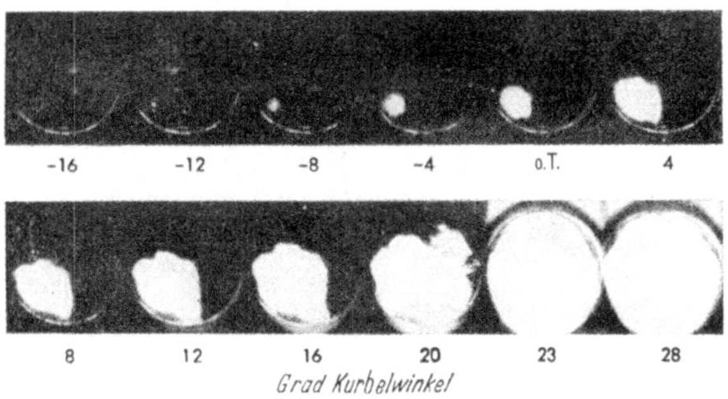

Abb. 191. Flammenbilder einer klopfenden Verbrennung im Quarzkolbenmotor [19]

h) Flammengeschwindigkeit beim Klopfen

Bei vielen Untersuchungen wurde festgestellt, daß bei klopfendem Betrieb die Flammenbewegung und die Druckentwicklung im Zylinder vor der Entzündung des Endgases kein Anzeichen dafür geben, ob Klopfen auftreten wird. Bei Versuchen, das Fortschreiten der Flammenfront mit 49 Ionisations-Meßkörpern festzustellen, die sowohl im Zylinderkopf als auch in der Kolbenoberfläche befestigt waren, konnte dagegen schon sehr früh im Zyklus erkannt werden, ob Klopfen eintritt [45]. Daß die Gesamtzeit der Verbrennung wesentlich kürzer für einen klopfenden als für einen nichtklopfenden Ablauf ist, wurde bisher der hohen Flammengeschwindigkeit während der klopfenden Reaktion zugeschrieben, welche die gesamte Verbrennungszeit kürzte. Diese Messungen zeigen aber, daß die Flammengeschwindigkeit eines klopfenden Zyklus schon während des ganzen Zyklus entscheidend größer ist als die eines nichtklopfenden.

Die Änderung der Flammengeschwindigkeit beim leichten Klopfen gegenüber normaler Verbrennung zeigt Abb. 192. Unter gleichen Bedingungen enthielten 100 Zyklen 55 klopfende und 45 nichtklopfende. Der Unterschied zwischen den klopfenden und den nichtklopfenden wird durch die Auftragung in Abb. 193 deutlich. Sie zeigt für mehrere Zyklen die Zeit, die die Flammenfront zur Erreichung eines bestimmten Punktes (A in Abb. 192) im Brennraum benötigt. Obwohl diese Meßstelle noch 25 mm von der Klopfzone entfernt ist, unterscheiden sich die Zeiten für klopfende und nichtklopfende Zyklen. Die Verteilung der 55 klopfenden Zyklen in Kurve 1 ergibt zusammen mit 45 nichtklopfenden Zyklen nach Kurve 2 das Gesamtbild für 100 folgende Zyklen nach Kurve 3. Die normale Verteilung für 100 nichtklopfende Zyklen ist durch Kurve 4 dargestellt. Das Bild der gewohnten Häufigkeitskurven nach Kurve 1, 2 und 4 zeigt, daß bei klopfenden Zyklen bereits vor Klopfeintritt die Flammengeschwindigkeit größer ist. Die Erklärung dafür ist, daß die Vorreaktionen nicht nur in dem unverbrannten Teil des Gemisches die Selbstzündung einleiten,

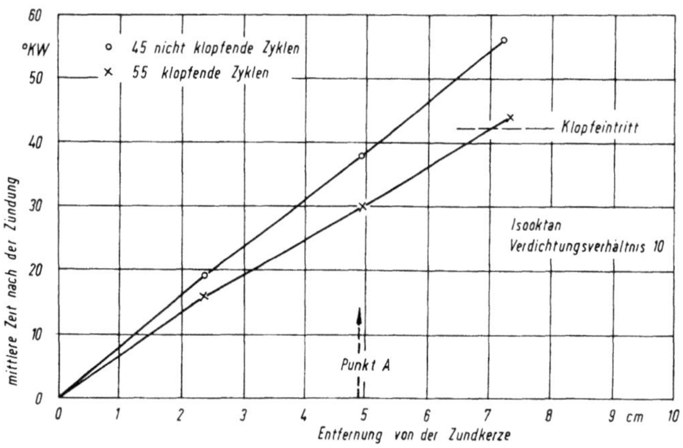

Abb. 192. Mittlere Flammengeschwindigkeit für 100 aufeinanderfolgende Zyklen [45]

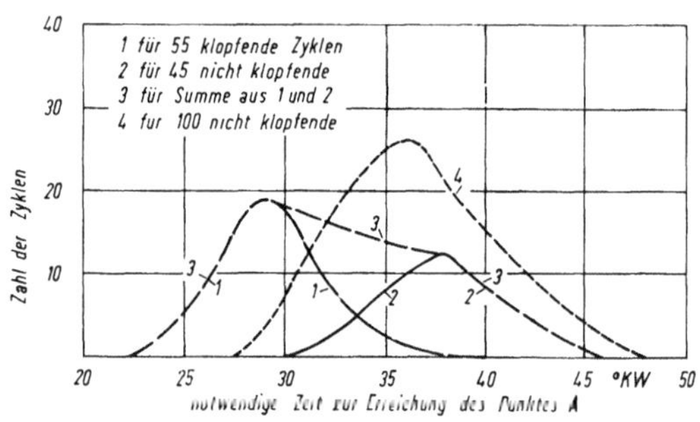

Abb. 193. Häufigkeitsverteilung zur Erreichung des Punktes A nach Abb. 192 bei 100 aufeinanderfolgenden Zyklen [45]

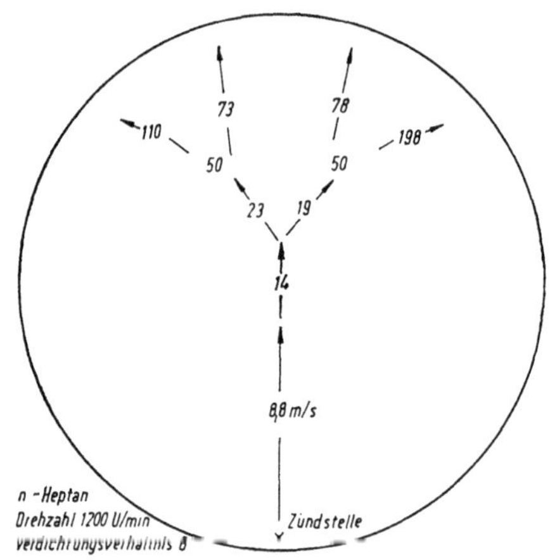

Abb. 194. Flammengeschwindigkeit bei starkem Klopfen [45]

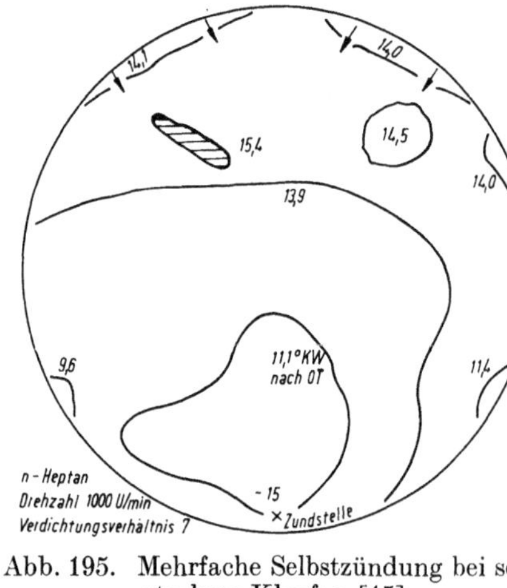

Abb. 195. Mehrfache Selbstzündung bei sehr starkem Klopfen [45]

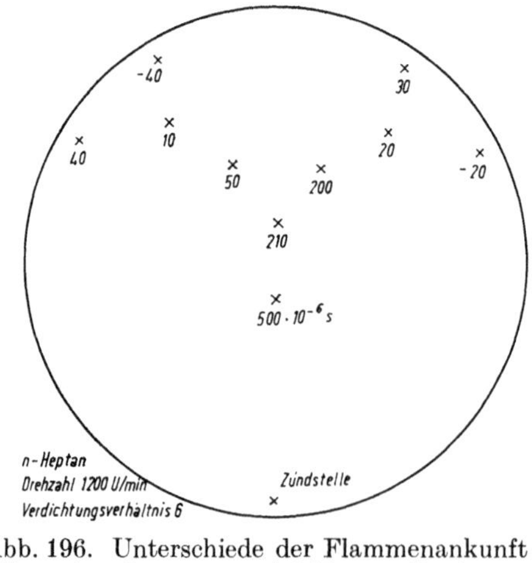

Abb. 196. Unterschiede der Flammenankunft in Mikrosekunden an vergleichbaren Punkten am Kolben und Zylinderkopf [45]

sondern daß sie auch die Flammengeschwindigkeit im gesamten Verbrennungsablauf durch ihre Zerfallsprodukte erhöhen.

Die Flammenfortschreitung wird in Abb. 194 nach Größe und Richtung für klopfende Verbrennung gezeigt. Die Flammengeschwindigkeit steigt im Laufe der Verbrennung von 8,8 auf 198 m/s. Trotz heftigen Klopfens ist aus der Flammengeschwindigkeit kein Ort einer Selbstzündung zu erkennen. Sobald die Klopfintensität durch ansteigendes Verdichtungsverhältnis erhöht wird, werden Flammenbilder nach Abb. 195 erhalten. Es entstehen mehrere Flammenfronten aus mehreren Selbstzündungen. Die Ausdehnung dieser sekundären Flammenfronten ergibt einen erheblichen Abfall in der Flammengeschwindigkeit der primären Flammenfront. Eine Messung der Neigung der Flammenfront zeigt, daß die selten senkrecht zu der Kolbenoberfläche steht. In Abb. 196 sind die Unterschiede in der Flammenankunftszeit für eine Anzahl von vergleichbaren Punkten auf dem Kolben und Kopf dargestellt. Während der Unterschied in der Ankunft der Flammenfront zwischen Zylinderkopf und Kolben in der Mitte des Brennraumes mit $500 \cdot 10^{-6}$ s, entsprechend 3,6 °KW, recht groß ist, ist dennoch auch im Bereich des Endgases ein Unterschied von $40 \cdot 10^{-6}$ s, entsprechend 0,3 ° KW, vorhanden.

i) Leistungsabfall beim Klopfen

Da beim Klopfen das im Zylinder vorhandene noch unverbrannte Gemisch sehr rasch verbrennt, erfolgen von diesem Zeitpunkt ab die örtlichen Temperatur- und Drucksteigerungen sehr viel schneller als bei normaler Verbrennung, jedoch ist der Mittelwert des Druckes im Zylinder trotz der schnelleren Verbrennung nur wenig höher als bei normaler Verbrennung und ebenso ist die mittlere Temperatur auch nicht sehr viel höher. Die klopfende Verbrennung ist auch wegen des Energieverlustes, der seine Ursache in einem zusätzlichen Wärmeverlust durch die turbulente Strömung hat, unerwünscht. Bei schwachem Klopfen beträgt die Verringerung der Maximalleistung etwa 1 bis 2%, bei mittelstarkem etwa 4 bis 5% und bei sehr starkem 10% [24].

j) Einfluß der Betriebsbedingungen auf das Klopfen

Von Einfluß auf den Klopfvorgang ist eine große Zahl von Faktoren, die sich drei Gruppen zuordnen lassen: Betriebsbedingungen, Kraftstoff und Brennraumgestalt. Eine nähere Betrachtung zeigt, daß das Klopfen in erster Linie davon abhängt, welche Erwärmung und Verdichtung das unverbrannte Gemisch noch verträgt, welche Möglichkeit das unverbrannte Gemisch hat, die Wärme abzugeben, die ihm von der schnell vorschreitenden Flammenfront übertragen wird, wo die Zündkerze relativ zur Lage des Gemischrestes liegt und welche Zeit damit für die Reaktionen im Restgas zur Verfügung steht.

Das Klopfen wird durch Erhöhung des Verdichtungsverhältnisses, der Ansaugtemperatur und des Ansaugdruckes verstärkt. Die Zunahme der Klopfneigung bei Erhöhung der Verdichtung zeigt Abb. 197. Die Erhöhung des Verdichtungsverhältnisses bewirkt eine Erhöhung des Druckes und der Temperatur des Ladegemisches vor und während seiner Verbrennung und steigert damit die Neigung des Gemischrestes zur Selbstzündung. Auch die Verdünnung des frischen Ladegemisches durch Abgase

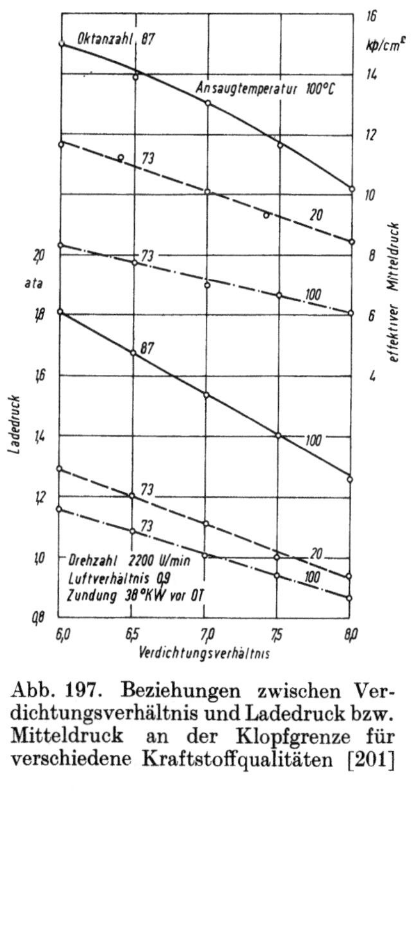

Abb. 197. Beziehungen zwischen Verdichtungsverhältnis und Ladedruck bzw. Mitteldruck an der Klopfgrenze für verschiedene Kraftstoffqualitäten [201]

nimmt bei erhöhter Verdichtung ab und damit auch die Klopffestigkeit des Ladegemisches. Erhöhung der Temperatur gibt gleichfalls eine höhere Klopfneigung, Abb. 198. Mit einer Temperaturerniedrigung des Ladegemisches ist meistens eine Erhöhung des Füllungsgrades verbunden. Dabei übertrifft jedoch im Einfluß auf das Klopfen die Wirkung der Temperaturerniedrigung die Wirkung der Erhöhung des Füllungsgrades beträchtlich, so daß eine starke Erhöhung der effektiven Klopffestigkeit des Ladegemisches resultiert.

Das Klopfen ist auch vom Zündzeitpunkt abhängig. Bei spätem Zünden wird der Enddruck der Verbrennung niedriger, infolgedessen auch die Endtemperatur des zuletzt verbrennenden Gemischteiles, wodurch die Klopfneigung herabgesetzt wird. Der Zusammenhang zwischen Zündzeitpunkt und Klopfen wird in Abb. 199 gezeigt.

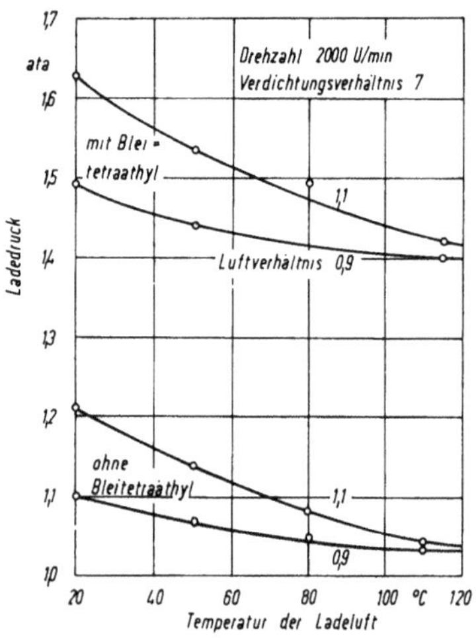

Abb. 198. Klopfgrenzen in Abhängigkeit von Temperatur und Druck der Ladeluft für verschiedene Luftverhältnisse mit und ohne Bleitetraäthyl [201]

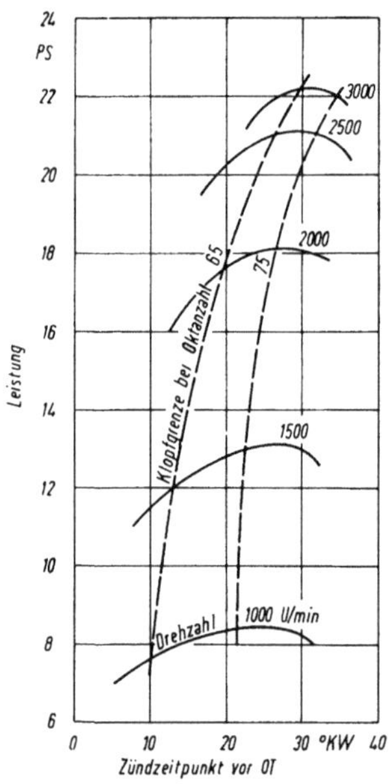

Abb. 199. Zusammenhang zwischen Leistung, Zündzeitpunkt, Drehzahl und Klopfgrenzen bei Kraftstoffen unterschiedlicher Oktanzahl [24]

k) Einfluß von Luftverhältnis und Kraftstoffart auf das Klopfen

Der Einfluß des Luftverhältnisses auf das Klopfen ist bei den verschiedenen Kraftstoffen unterschiedlich und wird daher gleich mit dem Einfluß der Kraftstoffart besprochen. Bei den Kraftstoffen wächst die Klopffestigkeit etwa in der Reihenfolge: Paraffine mit geraden Ketten, Olefine, Naphthene, Paraffine mit verzweigten Ketten, Alkohole, Aromaten. Die Klopfneigung der Paraffine und Olefine nimmt mit steigendem Molekulargewicht zu, wenn keine Seitenketten vorhanden sind, und bleibt bei Vorhandensein von Seitenketten mit steigendem Molekulargewicht etwa konstant, vgl. Abb. 2, S. 8. Die Naphthene verhalten sich günstiger als die Paraffine und Olefine, erreichen aber nicht die sehr geringe Klopfneigung der Aromaten. Bei den klopffesten Aromaten mit Seitenketten ist die Stellung dieser Seitenketten und die Art der angelagerten Gruppen von Einfluß auf die Klopffestigkeit.

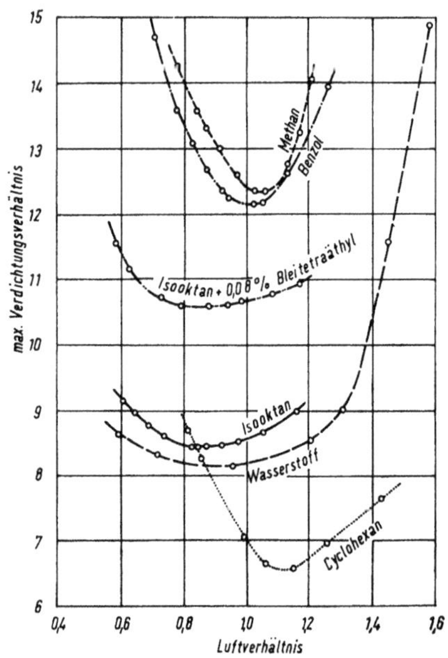

Abb. 200. Einfluß des Luftverhältnisses auf das höchste nutzbare Verdichtungsverhältnis bei verschiedenen Kraftstoffen [178] [Isooktan + 0,088% Bleitetraäthyl]

Abb. 200 zeigt die Wirkung des Luftverhältnisses auf das höchste nutzbare Verdichtungsverhältnis bei einigen typischen Kraftstoffen. Für Methan und Benzol erreicht die Klopfneigung ihren Höchstwert bei der stöchiometrischen Mischung. Bei beiden Kraftstoffen ist der Höchstwert sehr scharf ausgeprägt. Für Cyclohexan liegt die höchste Klopfneigung bei einem Luftverhältnis von 1,12, für

Isooktan mit oder ohne Blei bei einem Luftverhältnis von 0,8 bis 0,9; aber diese Höchstwerte sind viel weniger deutlich ausgeprägt.

Da der Exponent der Verdichtungsadiabate von der spezifischen Wärme und damit vom Mischungsverhältnis des Kraftstoff-Luft-Gemisches abhängt, ergibt sich mit zunehmender Anreicherung des Gemisches mit Kraftstoff eine geringere Endtemperatur. Deshalb neigen sehr reiche Gemische weniger zum Klopfen als stöchiometrische Gemische. Auch die vergrößerte Verdampfungswärme wirkt in dieser Richtung. Von Einfluß ist auch der Höchstwert der Verbrennungstemperatur, der infolge der bei hohen Temperaturen auftretenden Kohlendioxid-Dissoziation und infolge des Wassergas-Gleichgewichtes ebenfalls bei Luftverhältnissen kleiner als 1 liegt. In Abb. 201 ist zu sehen, in welchem Maße z. B. bei Benzol durch Berücksichtigung der Dissoziationsgleichgewichte die rechnerischen Verbrennungshöchsttemperaturen sinken und wie eine Verschiebung der Höchsttemperatur ins Gebiet des Kraftstoffüberschusses erfolgt.

Die Kohlenwasserstoffart und damit die Form der Siedekurve haben großen Einfluß auf die Straßenoktanzahl, da bei den verschiedenen Betriebszuständen, insbesondere beim Beschleunigen, eine Trennung von hoch- und niedrigsiedenden Anteilen auftritt und die einzelnen Anteile unterschiedliche Oktanzahlen haben, vgl. S. 49.

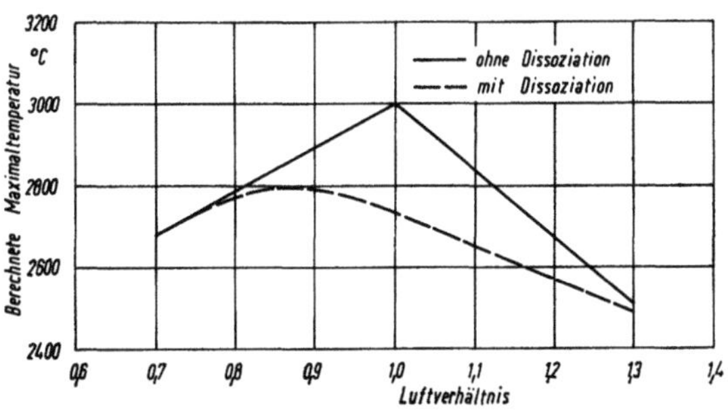

Abb. 201. Abhängigkeit der berechneten Höchsttemperatur der Flamme vom Luftverhältnis mit und ohne Dissoziation [172]

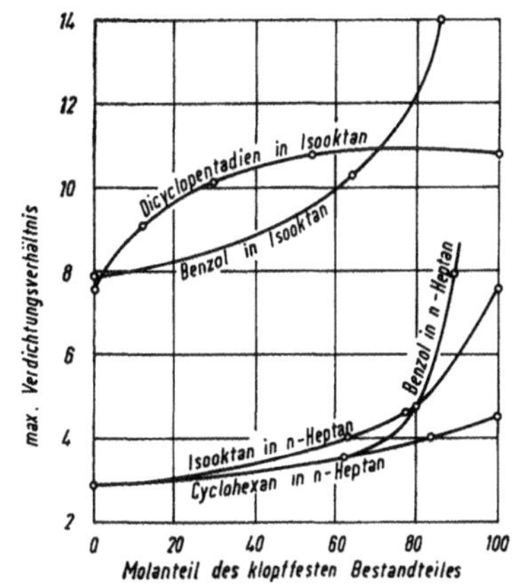

Abb. 202. Kritische Verdichtungsverhältnisse verschiedener Gemische über dem Anteil des klopffesteren Bestandteiles [145]

Setzt man einem wenig klopffesten Kraftstoff einen klopffesteren zu, so wird dessen Wirkung einerseits in einer Verdünnung des wenig klopffesten, andererseits unter Umständen aber auch in einer Beeinflussung von dessen Verbrennungsablauf bestehen. Den ersten Einfluß müßte man nach der Mischungsregel berechnen können, der zweite kann eine Verbesserung oder Verschlechterung des resultierenden Klopfverhaltens bedingen. In Abb. 202 sind maximal klopffreie Verdichtungsverhältnisse für eine Reihe von Mischungen angegeben. Während in allen Fällen kleine Zusätze der klopffesteren Verbindung nur eine verhältnismäßig geringe Verbesserung der Eigenschaften des Gemisches bewirken, ist der Einfluß des ungesättigten Dicyclopentadien in kleinen Konzentrationen bereits außerordentlich stark. Zu beachten ist, daß die Oktanzahlskala ein ungleichförmiger Maßstab für die Klopffestigkeit ist; bei niedrigen Oktanzahlen entspricht einer Änderung um eine Einheit eine viel geringere Änderung des maximalen klopffreien Verdichtungsverhältnisses als bei hohen Oktanzahlen.

l) Einfluß von Brennraumablagerungen auf das Klopfen

Die Erhöhung der Klopfneigung durch Brennraumablagerungen hat ausgedehnte Versuche angeregt. Die Ergebnisse zeigen, daß die zum Klopfen führende Neigung von Brennraumablagerungen unabhängig von der Menge an Bleitetraäthyl und Schwefel im Kraftstoff ist, obwohl beide das Ausmaß und die chemische Zusammensetzung der Ablagerungen in erheblichem Maße beeinflussen. In Abb. 203 ist die Abhängigkeit des maximalen effektiven Druckes an der Klopfgrenze für drei Motordrehzahlen bei Betrieb mit Ablagerungen im Brennraum und dem nach ihrer Beseitigung gezeigt. Die maximale Leistung an der Klopfgrenze wird bei Ablagerungen im Brennraum bei etwas geringerer Vorzündung erreicht als bei dem sauberen Brennraum, d. h. daß die Geschwindigkeit der Verbrennung eines Kraftstoffes durch die Anwesenheit von Brennraumablagerungen ansteigt. Ferner zeigt sich, daß der Oktanzahlanspruch des Motors an der Klopfgrenze für maximale Leistung, die bei Anwesenheit von Ablagerungen geringer ist, durch die Ablagerungen nicht beeinflußt wird. Bei gleicher Zündstellung stieg der Oktanzahlbedarf jedoch durch die Ansammlung von Ablagerungen, und zwar umso mehr, je früher die Zündung gelegt wurde.

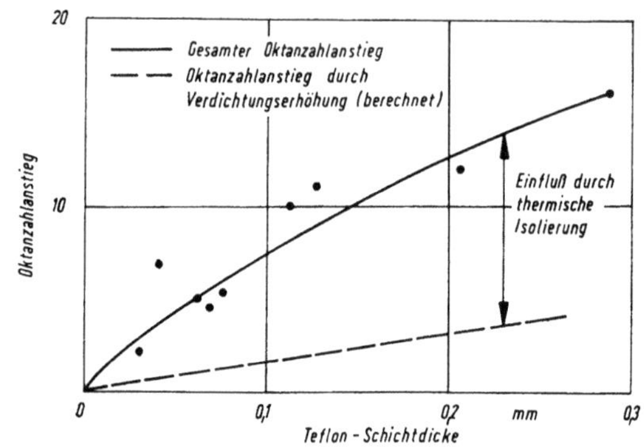

Abb. 204. Einfluß der Isolierschicht auf die Oktanzahlforderung [69]

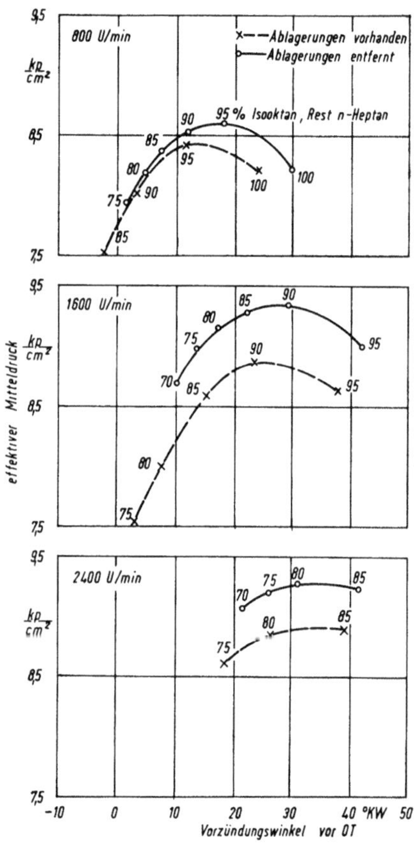

Abb. 203. Einfluß von bleihaltigen Brennraumablagerungen auf die Klopfgrenzleistung in Abhängigkeit vom Zündzeitpunkt für verschieden klopffeste Kraftstoffe [40]

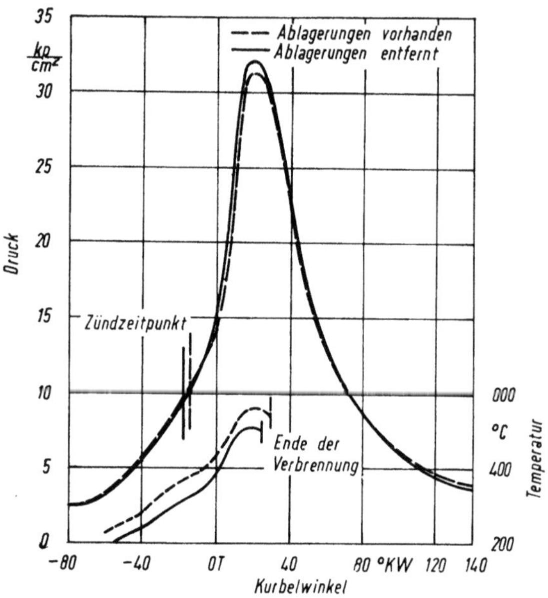

Abb. 205. Einfluß von bleihaltigen Brennraumablagerungen auf den Druckverlauf und den berechneten Temperaturverlauf der unverbrannten Ladung [40]

Die größere Klopfneigung bei Vorhandensein von Ablagerungen kann aus dem Volumeneffekt, aus katalytischer Wirkung und aus thermischer Isolation herrühren. Untersuchungen über diese drei Einflüsse zeigen, daß das Volumen der Brennraumablagerungen durch Erhöhung des Verdichtungsverhältnisses etwa 20 bis 40% des Ansteigens der Klopfneigung verursacht. Bei Ablagerungen von bleihaltigem Kraftstoff ist dieser Einfluß etwa doppelt so groß wie bei solchen von bleifreiem Kraftstoff [69]. Die Ansammlung von Ablagerungen bringt ein Ansteigen der Endgastemperaturen einerseits durch Aufheizen der Ladung, die in den Zylinder kommt, und andererseits durch Verminderung der Wärmeabfuhr aus den heißen Gasen, so daß auch dadurch die Klopfneigung steigt. Abb. 204 zeigt, daß der Oktanzahlanspruch meist direkt proportional zu der Dicke der Ablagerungsschicht ansteigt. Der berechnete Volumeneffekt betrug dabei etwa 25% des gesamten Ansteigens des Oktanzahlanspruches.

Während katalytische Effekte der Ablagerungen nicht ausgeschlossen werden können, scheinen sie aber nach den bisherigen Erfahrungen klein im Vergleich mit dem Volumen- und dem Isoliereffekt der Ablagerungen zu sein [86]. Der isolierende Effekt des Filmes muß deshalb 75% der Oktanzahlerhöhung verursachen. Um festzustellen, in welchem Ausmaß Brennraumablagerungen die Temperatur der unverbrannten Ladung ansteigen lassen, wurde aus Druckmessungen die Temperatur berechnet. Abb. 205 zeigt das durch Brennraumablagerungen verursachte Ansteigen der Temperatur der unverbrannten Ladung während des Verdichtungshubes und des Verbrennungsablaufes.

m) Einfluß von Brennraumform und Brennraumgröße auf das Klopfen

Die Form des Brennraumes beeinflußt das Klopfen ebenfalls sehr stark. Grundsätzlich sind Brennräume mit starker Zusammenballung der Ladung in der Nähe der Zündkerze vorteilhafter als lang auseinandergezogene Brennräume. Daraus ergibt sich die höhere Klopffestigkeit von Motoren mit hängenden Ventilen gegenüber solchen mit stehenden Ventilen. Das Klopfen ist darin durch verkürzte Flammenwege und durch kühleren Gasrest herabgesetzt. Die Thermodynamik der Entzündung bedingt, daß bei zerklüfteten Brennräumen, wie sie durch die Steuerorgane vielfach bedingt sind, die Flammenfortpflanzung nicht gleichmäßig durch die gesamte Gasmasse schreitet, wenn die Lage der Zündstelle ungünstig ist. Für Bombenversuche wurden drei verschiedene Bombenformen gewählt [155]. Der zeitliche Verlauf der Verbrennung für diese Bombenform ist in Abb. 206 wiedergegeben.

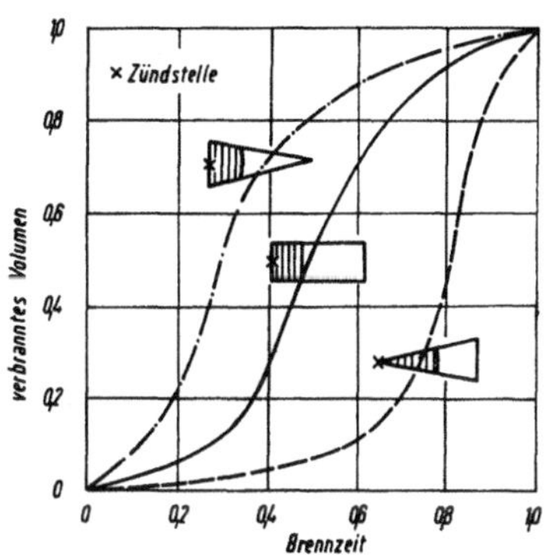

Abb. 206. Anteil des verbrannten Volumens in Abhängigkeit von der Zeit für verschiedene Brennraumformen [155]

Die Flammenfront pflanzt sich durch das Gemisch zunächst um so schneller fort, je weiter sie sich von der Zündstelle entfernt hat und je höher die örtliche Temperatur der Ladungsteile ist, die gerade verbrennen. Die Endtemperatur des letzten noch unverbrannten Ladungsrestes ist deshalb in einem langgestreckten Brennraum mit langem Flammenweg höher als in einem gleich großen kompakten Brennraum mit kurzen Flammenwegen, weil in ersterem infolge der gegen Verbrennungsende hohen Flammengeschwindigkeit für die Wärmeabgabe des Endgases an die Wand im Verhältnis zu der stärkeren Temperaturerhöhung weniger Zeit und auch kleinere Wandflächen zur Verfügung stehen. In einem sich von der Zündstelle weg erweiternden Brennraum ist die Endtemperatur der zuletzt noch unverbrannten Ladungsteile niedriger als in einem sich verengenden Raum, weil im ersteren anfangs sehr wenig, im letzteren aber sehr viel von der Gesamtladung umgesetzt wird. Damit entsteht in dem sich verengenden Brennraum schnell eine starke Zusammendrängung von viel unverbrannter Ladung in der zündfernen Spitze sowie eine relativ starke Temperaturerhöhung, die wiederum höhere Flammengeschwindigkeit zur Folge hat.

Der Einfluß der Brennraumform für Motoren mit hängenden Ventilen ist in Abb. 207 für 9 Brennräume mit gleichem Verdichtungsverhältnis gezeigt. Um einen niedrigen

Oktanzahlanspruch zu erreichen, sollten die Brennräume kompakt sein, einen kurzen Flammenweg haben und möglichst starke Turbulenz erzeugen.

Bei den Untersuchungen am L-Kopf-Motor nach Abb. 185, S. 134, gab es nur einen geringen Unterschied im Oktanzahlanspruch bei Benutzung unterschiedlicher Zündkerzenzahl und -lage, obwohl ein bemerkenswerter Unterschied in der Verbrennungszeit vorhanden war. Dabei zeigt sich, daß es bei der Beurteilung der Klopfneigung eines Brennraumes notwendig ist, die Lage des Endgases im Brennraum genauso wie die Verbrennungszeit zu beachten. Wenn eine einzelne Zündkerze benutzt wird, ist ein bedeutender Wechsel in der Verbrennungszeit bei Änderung der Lage dieser Kerze vorhanden, Abb. 186, S. 134, aber gleichzeitig tritt ein Wechsel in der Lage des Endgases ein. Die niedrigste Oktanzahl ist notwendig, wenn Zündkerze 1 gezündet wird, obwohl diese Zündkerze jeweils die längste Verbrennungszeit ergibt. Zündkerze 1 liegt aber so, daß das Endgas im Brennraum weit weg vom Auslaßventil und damit in einem Bezirk relativ niedriger Temperatur liegt. Deshalb reduziert der Temperatureffekt anscheinend die Klopftendenz stärker als die lange Verweildauer sie beschleunigt. Die Zündung durch Zündkerze 3, welche die kürzeste Verbrennungszeit aufwies, ergibt den höchsten Oktanzahlanspruch. Dabei liegt das Endgas aber in der Nähe des Auslaßventils und die hohe örtliche Temperatur in diesem Bezirk überwiegt die kurze Verweilzeit und verursacht so ein Ansteigen des Oktanzahlanspruches.

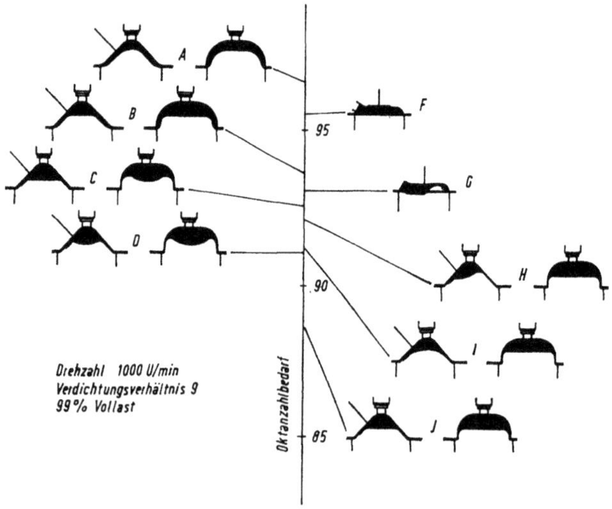

Abb. 207. Einfluß der Brennraumform auf den Oktanzahlanspruch [33]

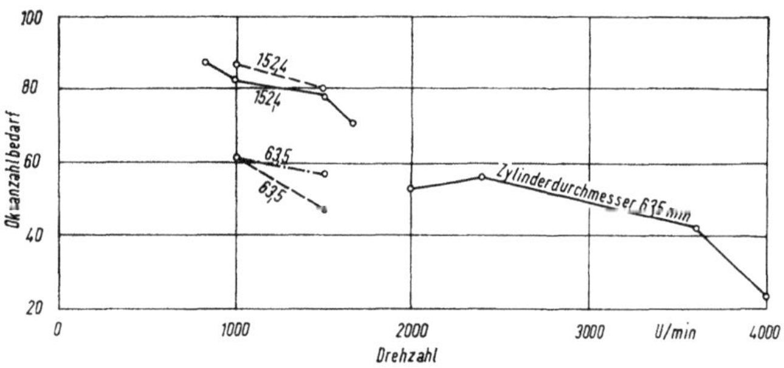

Abb. 208. Abhängigkeit des Oktanzahlbedarfs bei großen und kleinen Zylinderabmessungen von der Drehzahl des Motors [216]

Da die Verdichtungsendtemperatur sehr viel höher wird, wenn die Verdichtungsanfangstemperatur nur wenig höher ist, vgl. Abb. 210, erklärt sich, daß eine heiße Wandstelle, z. B. das Auslaßventil, wenn sie fern von der Zündstelle liegt, die Endtemperatur der vor ihr liegenden zuletzt verbrennenden Ladungsteile außerordentlich stark erhöht. Dagegen sind heiße Wandteile in der Nähe der Zündstelle praktisch ohne Einfluß auf die Endtemperatur der zündstellenfernen Ladungsteile.

Motoren mit großen Zylinderabmessungen neigen wegen Erschwerung der Wärmeableitung und Verlängerung des Flammenweges bei gleichen Betriebsbedingungen eher zum Klopfen als solche mit kleineren Zylinderabmessungen. Bei einem flüssigkeitsgekühlten Motor sank z. B. bei Vergrößerung des Zylinderdurchmessers von 70 auf 216 mm das höchste nutzbare Verdichtungsverhältnis von 7,9 auf 5,4, wenn in beiden Fällen Kraftstoff der gleichen Oktanzahl verwendet wurde [177]. Bei einem luftgekühlten Zylinder von 150 mm Durchmesser konnte nur ein maximales Verdichtungsverhältnis von 6,5 verwirklicht werden, während es bei Verminderung des Zylinderdurchmessers auf 120 und weiter auf 90 mm auf 8 bzw. sogar auf 9,2 erhöht werden konnte [114]. Einen Überblick über den Drehzahleinfluß auf den Oktanzahlbedarf bei Änderung der Zylinderbohrung von 63,5 auf 152,5 mm gibt Abb. 208. Dabei ist zu beachten, daß es sich um geometrisch ähnliche Motoren handelt, d. h. daß der Kolbenhub im gleichen Maße wie der Zylinderdurchmesser vergrößert wurde. Die Drehzahlbereiche der ausgezogenen Kurven umfassen daher sowohl für den kleinen als auch für den großen Zylinder einen Bereich gleicher Kolbengeschwindigkeiten. Aus diesem Verlauf darf jedoch nicht die Folgerung gezogen werden, daß die Änderung des Oktanzahlbedarfs nur auf den Drehzahleinfluß zurückzuführen ist. Aus dem Vergleich der Motoren bei gleicher Drehzahl, gestrichelte Kurven, geht deutlich hervor, daß der kleine Zylinder geringeren Oktanzahlbedarf aufweist. Dabei wurde der Ansaugzustand beibehalten, was zu niedrigen Brennraumwandtemperaturen führt. Wird die Brennraumwandtemperatur durch höhere Kühlwassertemperatur auf die gleiche Größe wie bei dem Motor mit dem großen Zylinder gebracht, ergibt sich ein Oktanzahlbedarf nach der strich-punktierten Linie. Wenn die Zylindergröße abnimmt, wird gleichzeitig das Verhältnis von Oberfläche zu Zylindervolumen größer. Es kann daher der geringere Oktanzahlbedarf auf das abnehmende Volumen, auf die relativ größer werdende Oberfläche oder beide Einflüsse zusammen zurückzuführen sein.

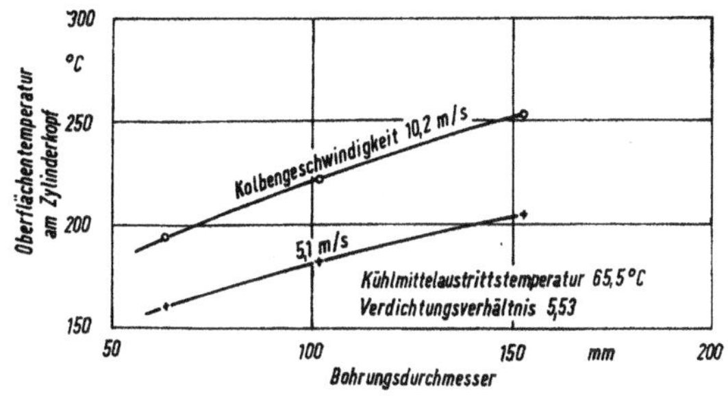

Abb. 209. Temperatur der Brennraumwand in Abhängigkeit von Zylinderdurchmesser und Kolbengeschwindigkeit [216]

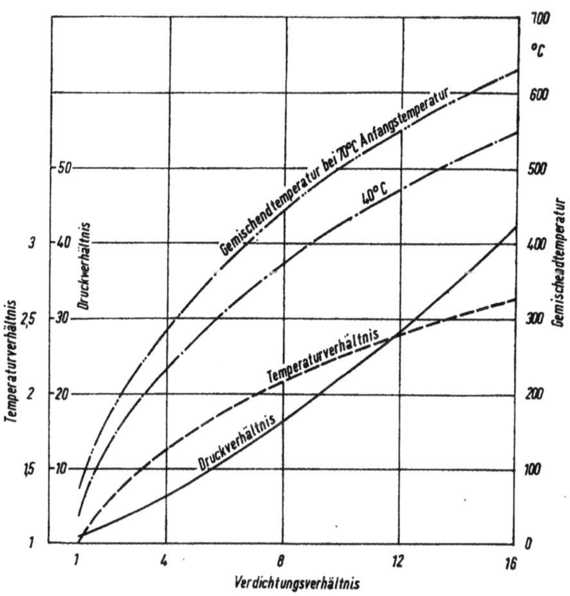

Abb. 210. Druckverhältnis, Temperaturverhältnis und Temperatur des Gemisches bei 40 und 70 °C Ausgangstemperatur in Abhängigkeit vom Verdichtungsverhältnis

Bei wachsenden Zylinderabmessungen nimmt einerseits die absolute Länge der Flammenwege zu und damit wird die Zeit vergrößert, die dem zuletzt verbrennenden Gemischteil zum Durchlaufen der Vorreaktionen und zum Erreichen des Selbstzündungszustandes zur Verfügung steht, da die Flammengeschwindigkeit durch die Zylindergröße allein kaum beeinflußt wird. Es wachsen aber auch die Temperaturen der Brennraumwände, Abb. 209, da durch die relativ zum Volumen kleinere Brennraumoberfläche eine etwas größere Wärme je Flächeneinheit abzuführen ist. Wenn die Wandtemperatur des Brennraumes steigt, wird die Temperaturdifferenz zwischen Wand und Endgas geringer, die Wärmeabfuhr aus dem Endgas wird kleiner und die Klopfneigung nimmt zu. Hinzu kommt die vergrößerte Wärmeaufnahme von den Brennraumwänden während des Einströmens und zu Beginn der Verdichtung, die eine Verschlechterung des Füllungsgrades und außerdem eine Vergrößerung der Klopfneigung zur Folge hat, weil die Verdichtungsendtemperatur T_e außer in Abhängigkeit vom Verdichtungsverhältnis ε und dem Adiabatenexponenten $\varkappa$ proportional mit der Temperatur T_a bei Verdichtungsbeginn nach $T_e = T_a \cdot \varepsilon^{\varkappa-1}$ ansteigt.

Die Zunahme der Temperatur und des Druckes im Verhältnis zum Anfangswert ist in Abb. 210 über dem Verdichtungsverhältnis für einen Adiabatenexponenten $\varkappa = 1{,}35$ eingetragen, ebenso die Temperatur, wenn man von 40 bzw. 70 °C bei Beginn der Verdichtung ausgeht. Aus dem Verhältnis der Drücke läßt sich auch auf die Temperatur im Endgas schließen, wenn man die Drücke im Zylinder kennt oder abschätzen kann. Die Fortpflanzungsgeschwindigkeit der Flamme in ruhendem Gas müßte in diesem Diagramm eine Kurve sein, die von einem kleinen Wert (unter 1 m/s) links ausgeht und nach rechts hin stark zunimmt, wobei die Werte über der Zündtemperatur nur vom Zündverzug bestimmt werden.

n) Verwendung von Antiklopfmitteln

Als gesicherte allgemeine Erfahrung kann angenommen werden, daß das Klopfen mit den Vorreaktionen im unverbrannten Gemisch zusammenhängt, und daß es sich bei den Vorreaktionen um Kettenreaktionen mit häufig auftretenden, wahrscheinlich recht langen Ketten und mit Kettenverzweigung handelt, da sich die Reaktionen durch sehr kleine Zusätze gewisser Stoffe stark beschleunigen oder auch stark hemmen lassen. Ein starker Einfluß geringer Mengen von Zusätzen (weniger als 0,1% der reagierenden Substanz) setzt immer voraus, daß durch einen Reaktionsschritt der zugesetzten Substanz viele Reaktionsschritte der reagierenden Substanz in Mitleidenschaft gezogen werden. Das ist aber nur bei Kettenreaktionen denkbar, wo eine längere Folge von Reaktionsschritten durch einen einzelnen Schritt eingeleitet oder abgebrochen werden kann.

Tabelle 16. *Relative klopfhindernde Wirkung verschiedener Verbindungen* [27]

Benzol	0,085
Isooktan (2,2,4-Trimethylpentan)	0,085
Äthanol	0,104
Xylol	0,142
Anilin	1,00
Äthyljodid	1,09
Titantetrachlorid	3,2
Zinntetraäthyl	4,0
Diäthylselenid	6,9
Diäthyltellurid	26,6
Nickelkarbonyl	35
Eisenpentacarbonyl	50
Bleitetraäthyl	118

Tabelle 17. *Steigerung des höchsten nutzbaren Verdichtungsverhältnisses durch Klopfschutzmittel* [172]

Zusatzmittel	Chemische Formel	Siedepunkt °C	Steigerung des höchsten nutzbaren Verdichtungsverhältnisses in %
Benzol	C_6H_6	80	1,0
Anilin	C_6H_7N	184	21,7
Methylanilin	C_7H_9N	194	22,2
Äthylanilin	$C_8H_{11}N$	204	10,4
Benzylanilin	$C_{13}H_{13}N$	310	9,5
Toluidin	C_7H_9N	200	18,3
Xylidin	$C_8H_{11}N$	215	22,3
Kresol	C_7H_8O	190	5,8
Phenol	C_6H_6O	181	4,4

Die Kontrolle der Klopfreaktionen wird durch die Benutzung solcher metallischen oder nichtmetallischen Klopffeinde erreicht. Der Mechanismus, durch welchen die Antiklopfmittel oder die Produkte ihrer Zersetzung oder Oxydation wirken, kann noch nicht vollständig angegeben werden, da sich insbesondere ihre Wirksamkeit mit dem Wechsel der Kraftstoffzusammensetzung und bei Vorhandensein anderer Beimengungen ändert. Einen Überblick über die relative Wirksamkeit verschiedener Stoffe (ausgedrückt durch die reziproke Anzahl von Molen, die denselben Antiklopfeffekt hervorrufen wie ein Mol Anilin) ist in Tabelle 16 angegeben. Unter den zahlreichen Antiklopfmitteln gibt es mehrere nichtmetallische Stoffe, die viel wirksamer als Benzol sind, aber bei weitem nicht an die Wirksamkeit von Bleitetraäthyl heranreichen. In Tabelle 17 ist die Verbesserung des höchsten nutzbaren Verdichtungsverhältnisses für Zusatzmengen von 5 Vol% angegeben. Die Verbesserung durch Benzolzusatz beträgt 1,0%, wogegen reines Bleitetraäthyl auf ungefähr 1000% kommen würde.

Neben dem Bleitetraäthyl wurde teilweise Eisenpentacarbonyl als Antiklopfmittel benutzt. Seine klopfmindernde Wirkung ist jedoch nur etwa halb so groß wie diejenige von

Bleitetraäthyl. Dabei gelang es nicht, die bei der Zersetzung des Eisenpentacarbonyls im Motor entstehenden Eisenoxide in leichtflüchtigere Verbindungen überzuführen. Auch wenn die entstehenden Eisenoxide sehr leicht und locker sind und deshalb größtenteils ohne weiteres mit dem Abgas ins Freie gehen, verbleiben immer noch geringe Eisenoxidniederschläge, die infolge ihrer stromleitenden Eigenschaften zu Zündungsstörungen führen. Vorgeschlagen wird neuerdings Bleitetramethyl, das sich infolge seiner höheren Flüchtigkeit besonders bei magerer Vergasereinstellung und bei starkem Beschleunigen günstiger als Bleitetraäthyl verhält [31].

Der Zusatz eines Antiklopfmittels ist umso wirksamer, je seltener Kettenabbruch ohne ihn erfolgt. Deshalb hat auch ein weiterer Zusatz weniger Wirkung, wenn man bereits durch einen früheren Zusatz Verbesserung der Klopfeigenschaften erzielt hat.

o) Wirkungsmechanismus von Bleitetraäthyl

Für den möglichen Mechanismus beim Kettenabbruch durch Bleitetraäthyl gibt es zwei Theorien. Die eine nimmt Bleitetraäthyl als Förderer von Reaktionen an, die andere als einen Verhinderer. Als eine Förderung von Reaktionen wird angenommen, daß die Äthylradikale, welche während der Zersetzung von Bleitetraäthyl entstehen, eine Oxydation veranlassen, welche der mit der Kaltflammenreaktion auftretenden Umsetzung entgegenwirkt. Dieses ergibt ein Abfallen der Kaltflammenintensität [208]. Andererseits soll das beim Zerfall von Bleitetraäthyl frei werdende Blei an der Oberfläche des Brennraumes die flammenlose Oxydation des Kraftstoffes zu Wasserdampf und Kohlendioxid unterstützen, wodurch eine Reduktion der Entzündbarkeit des Kraftstoffes eintritt [117]. Von anderer Seite wird die Förderung der Reaktion im ersten Peroxydationsprodukt des Bleitetraäthyls angenommen [8].

Die Theorie der Hinderung [29, 65, 71] nimmt an, daß durch Blei in feinsten Tropfen die Peroxide gebunden werden bzw. daß der aktive Bestandteil Blei(IV)-oxid ist, welches gegenseitiger Reduktion mit den Kraftstoffperoxiden unterliegt. Eine Stütze für diese Theorie wird dadurch gegeben, daß Tertiärbutyl-hydroperoxid tatsächlich durch Bleidioxid, nicht aber durch Blei oder Bleimonoxid zersetzt wird [70]. Obwohl viele Arbeiten in der Literatur sich mit diesen Problemen beschäftigen, ist keine abschließende Bestätigung irgendeiner dieser Theorien vorhanden. Es kann jedoch festgestellt werden, daß die meisten Erscheinungen die Verhinderungstheorie unterstützen [183].

p) Zersetzung von Bleitetraäthyl

Untersuchungen der Temperaturbedingungen im Endgas haben gezeigt, daß normalerweise für etwa 3 Millisekunden Temperaturen von 500 bis 750 °C auftreten, bevor das Endgas verbrennt. Die Zersetzung von Bleitetraäthyl muß also in diesem Temperaturbereich untersucht werden, damit Ergebnisse zur Erklärung des Mechanismus der Antiklopfwirkung gewonnen werden. Die Zersetzung von Bleitetraäthyl in einem zündenden Motor bei Betrieb mit Isooktan-n-Heptan-Mischungen ist in Abb. 211 dargestellt. Es zeigt sich, daß das ganze Bleitetraäthyl zersetzt ist, bevor das Endgas von der Flammenfront erreicht wird, wobei ein merkbarer Einfluß des Kraftstoffes auf das Maß der Zersetzung vorliegt.

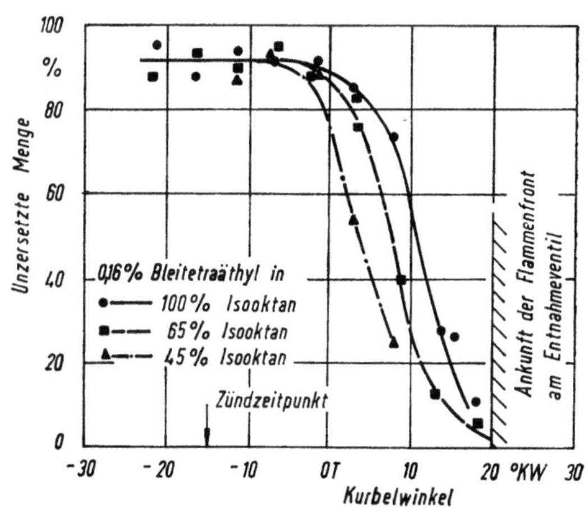

Abb. 211. Zersetzung von Bleitetraäthyl abhängig von der Zeit für verschiedene Kohlenwasserstoffe [179]

Um diesen Einfluß des Kraftstoffes zu klären, wurden Versuche mit einem angetriebenen Motor vorgenommen. Als Kraftstoffe wurden Mischungen von Isooktan und n-Heptan wie auch Diisobutylen benutzt. Abb. 212 zeigt für diese Kraftstoffe den Einfluß der Kraftstoffzusammensetzung und des Verdichtungsverhältnisses auf die Zersetzung des Bleitetraäthyls. Es zeigt sich ein sehr bedeutender Einfluß der Kraftstoffart, da z. B. bei einem Verdichtungsverhältnis von 10 etwa $^3/_4$ des Bleitetraäthyls unzersetzt in einem Kraftstoff aus 90% Isooktan und 10% n-Heptan bleibt, aber weniger als $^1/_4$ des Bleitetraäthyls, wenn die Isooktankonzentration auf 60% gesenkt wird. Einen besseren Überblick gibt Abb. 213, für welche berechnete Spitzentemperaturen [233] zugrunde gelegt wurden. Es ist offensichtlich, daß die Größe der Unterschiede in der Zersetzung des Bleitetraäthyls unter den Kraftstoffen damit vermindert ist, das heißt, daß die Temperatur wahrscheinlich den grundsätzlichen Einfluß bei der Bleitetraäthylzersetzung in einem Motor hat, und daß die Natur des Kraftstoffes erst in zweiter Linie von Einfluß ist. Die Lage der Kurven in Abb. 213 würde noch einheitlicher ausfallen, wenn der tatsächliche Temperatur-Zeit-Verlauf während der Verdichtung bis zum Ende der Verbrennung berücksichtigt wird [179].

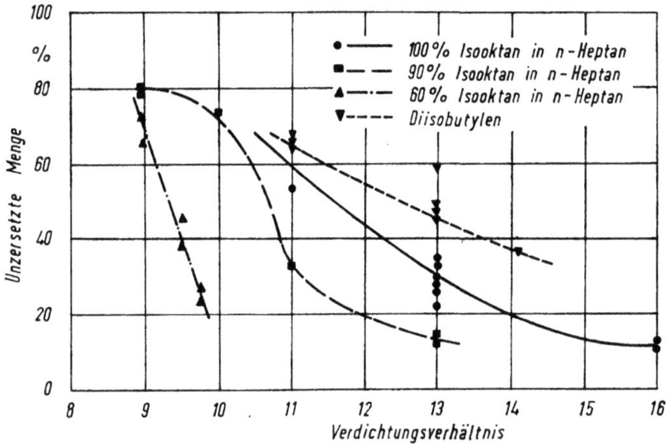

Abb. 212. Einfluß der Kraftstoffart auf die Zersetzung des Bleitetraäthyls in Abhängigkeit vom Verdichtungsverhältnis [179]

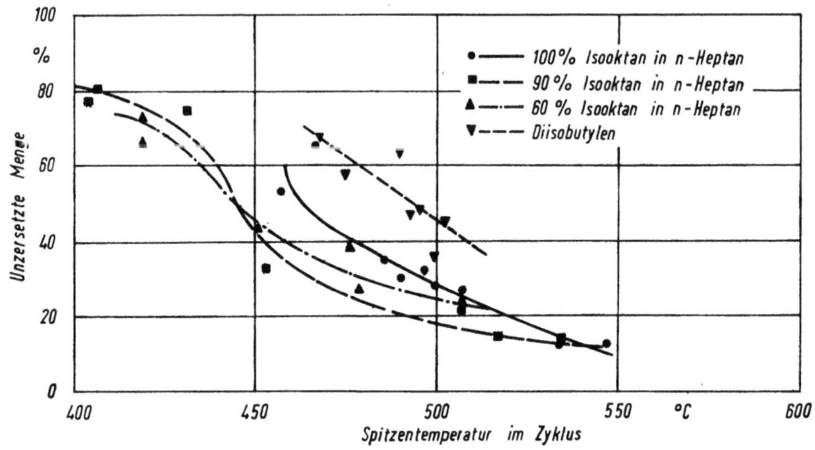

Abb. 213. Bleitetraäthylzersetzung in Abhängigkeit von der berechneten Spitzentemperatur im Zyklus für verschiedene Kraftstoffe [179]

Der Einfluß des Verdichtungsverhältnisses und der Zeit (Drehzahl) auf die Wirkung von Antiklopfmitteln ist aus einem Vergleich von Abb. 99 mit 100, S. 80 zu erkennen. Die Wirksamkeit von Bleitetraäthyl steigt bei n-Heptan mit der Motordrehzahl zunächst an, fällt aber dann rasch ab.

q) Klopfminderung durch Abgas-, Wasser- und Alkoholbeimischung

Außer durch Anwendung von Antiklopfmitteln kann Klopfen bis zu einem gewissen Grad auch durch die Zumischung von gekühlten Auspuffgasen zum Ansauggemisch verhindert werden. Die Wirkung des Auspuffgases liegt nicht nur in der Verdünnung des Ladegemisches durch inertes Gas und damit in der Verringerung des Gemischheizwertes begründet, sondern auch in der Herabsetzung der Temperaturen durch die hohen spezifischen Wärmen und durch die Dissoziation des Wasserdampfes und des Kohlendioxides. Durch die Verdünnung des Sauerstoffgehaltes wird jedoch auch der Bereich der möglichen Luftverhältnisse, besonders auf der armen Seite, eingeengt.

Wasserdampf im Gemisch wirkt vor allem als inerter Bestandteil im Sinne einer Verringerung des Gemischheizwertes ähnlich wie eine Erhöhung des Luftverhältnisses. Wird flüssiges Wasser in zerstäubter Form eingeführt, tritt als weiterer Faktor noch eine Temperaturerniedrigung des Gemisches auf, die durch die Verdampfungswärme des Wassers bedingt ist und zu einer Erhöhung der Füllung führt, wodurch die Neigung zum Klopfen wieder größer wird. Da aber durch den Wasserzusatz eine entsprechende Sauerstoff- bzw. Luftmenge verdrängt wird, resultiert trotzdem eine Verminderung des Klopfens. Abb. 214 zeigt die Änderung der Klopfgrenzleistung und des Verbrauches der verschiedenen Mengen von Alkohol-Wasser-Zusätzen.

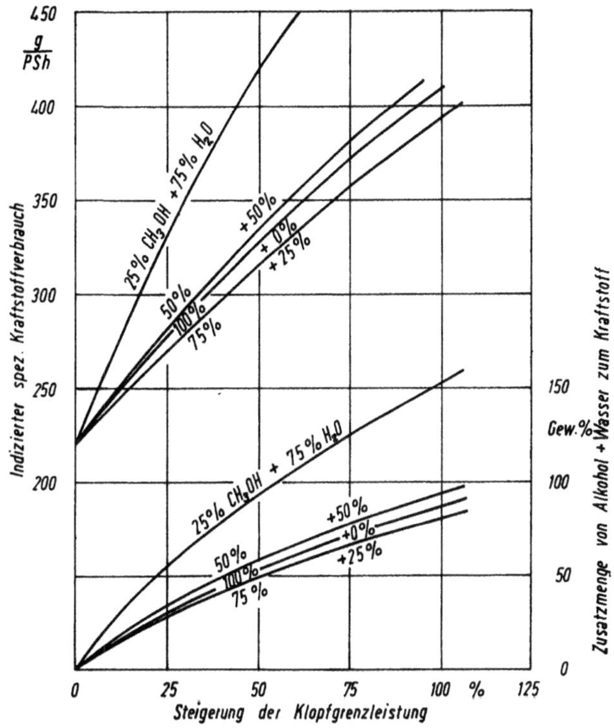

Abb. 214. Mögliche Erhöhung der indizierten Leistung an der Klopfgrenze durch Überladung bei Einspritzung einer Wasser-Alkohol-Mischung in die Saugleitung [139]

r) Einfluß des Materials der Brennraumwand

Eine wirksame Kühlung des Brennraumes insbesondere der Auslaßventile beeinflußt die Klopffestigkeit des Motors in günstigem Sinne. So konnte durch Auswechseln eines Zylinderkopfes aus Gußeisen gegen einen aus einer Aluminiumlegierung die Leistung um etwa 15 bis 20% wegen Verringerung der Klopfneigung erhöht werden. Die Ursache ist die bessere Wärmeleitung des Aluminiumkopfes und die daher rührende niedrigere Wandtemperatur. Dünne Überzüge von Aluminium, Kupfer und Chrom zeigten keinen Einfluß, was beweist, daß die Klopfminderung nicht durch die Natur der Oberfläche verursacht ist [105]. Andererseits wurde bei reaktionskinetischen Untersuchungen in kleinen Reaktionsgefäßen mit silbernen (oder versilberten) Wänden eine weitgehende oder unter gewissen Umständen vollständige Unterdrückung der sonst explosionsähnlich verlaufenden Reaktion festgestellt [95]. Diese Wirkung liegt nicht an einem Abbruch der Kettenreaktionen an der Silberwand, sondern geht von freien Silberatomen aus [250].

s) Berechnung des Spitzendruckes beim Klopfen

Eine Vorausberechnung des Klopfverhaltens im Motor ist noch nicht möglich. Der Klopfvorgang selbst läßt sich jedoch unter der Annahme, daß sich im unverbrannten Teil des Gemisches beim Klopfen dieselben Vorgänge abspielen, wie sie bei Selbstzündungsvorgängen in adiabat verdichteten Gemischen auftreten, rechnerisch verfolgen. Unter der Annahme, daß ein Drittel der Ladung klopfend verbrennt, wurde auf diese Weise berechnet, daß der Spitzendruck den 2,6fachen Wert gegenüber dem bei normaler Verbrennung annimmt [23]. Bereits im theoretischen Gleichraumprozeß folgt daraus ein Wirkungsgradabfall von 6%.

V. Abgas

1. Ursachen unvollkommener Verbrennung

Ist genügend Sauerstoff vorhanden und dieser gut mit dem Kraftstoff gemischt, so wird die Verbrennung vollkommen sein, wenn die Temperatur während der Reaktion genügend hoch bleibt. Die Abgase enthalten dann die geringste Menge noch oxydierbarer Bestandteile, die dem chemischen Gleichgewicht bei den Betriebsbedingungen entspricht. In der Regel wird die Verbrennung unvollkommen sein, und es bleiben teilweise merkliche Mengen brennbarer Bestandteile in den Abgasen zurück, wodurch die chemische Energie des Kraftstoffes nicht restlos ausgenutzt wird.

Die unvollständige Verbrennung kann ihre Ursache im Sauerstoffmangel haben, wobei entweder überhaupt zu wenig Sauerstoff im Gemisch enthalten ist, also ein Luftverhältnis kleiner als 1 vorliegt, oder die Mischung so ungleichmäßig ist, daß einzelne Kraftstoffteile während der Verbrennung nicht mit dem notwendigen Sauerstoff in Berührung kommen. Außerdem ist es möglich, daß sich einzelne Gemischteile infolge starker Kühlung, z. B. durch die unmittelbare Berührung mit den gekühlten Wänden, überhaupt nicht entzünden oder daß die Reaktion einzelner Teile des Gemisches durch die Abkühlung vorzeitig unterbrochen und daher unvollständig wird. Der Luftbedarf eines Kraftstoffes ist nur vom C–H-Verhältnis abhängig, so daß eine Bestimmung auch für Kraftstoffmischungen aus Kohlenwasserstoffen auf einfache Weise möglich ist.

Bei der unvollkommenen Verbrennung entstehen außer Kohlendioxid und Wasser auch beständige Verbrennungsteilprodukte wie Kohlenmonoxid und zersetzte Kohlenwasserstoffe, die den Verbrennungsablauf ungünstig verändern. Der Energieverlust durch unvollkommene Verbrennung ist gleich dem Heizwert der unverbrannten Gasprodukte. Weiterhin finden sich im Abgas Stickoxide, meistens als NO oder als NO_2.

2. Wassergasgleichgewicht und Dissoziation

Die Verbrennung im Ottomotor findet nach unserer bisherigen Kenntnis nach dem Wassergasgleichgewicht statt. Dabei befinden sich Kohlendioxid, Wasser, Kohlenmonoxid und Wasserstoff bei Luftverhältnissen kleiner als 1 in ganz bestimmten Anteilen im Abgas. Für jede Temperatur besteht ein eindeutiger Gleichgewichtszustand zwischen diesen einzelnen Bestandteilen [121].

In Abb. 215 ist die Konstante für das Wassergasgleichgewicht über der absoluten Temperatur aufgetragen. Bei Ottomotoren mit Luftmangel stellt sich bei der unvollständigen Verbrennung ein Wassergasgleichgewicht entsprechend der hohen Verbrennungstemperatur ein, das sich während des Dehnungshubes ständig entsprechend der Abnahme der Temperatur ändert. Es treten also während des Dehnungshubes fortlaufend Reaktionen in der Gasmischung auf, die zu ihrem Ablauf eine gewisse endliche Zeit brauchen, die um so kürzer wird, je höher die Temperatur ist. Bei Temperaturen von 1700 bis 1900 °K jedoch werden die Reaktionszeiten schon sehr lang, so daß unterhalb dieser Temperaturen bei den im Motor zur Verfügung stehenden kurzen Zeiten keine Reaktionen mehr vor sich gehen können. Das bei diesen Temperaturen vorhandene Gleichgewicht wird daher erhalten bleiben, die Reaktion friert ein. Versuche ergaben für die Wassergleichgewichtskonstante folgende Werte: Ottomotoren mit flüssigem Kraftstoff 3,4; mit Generatorgas aus Holz 3,0; mit Leuchtgas 4,0 [37, 146].

Die Moleküle der 2- und 3atomigen Gase werden bei hohen Temperaturen dissoziiert, wobei die für die Dissoziation notwendige Wärme für die Temperaturerhöhung verlorengeht, vgl. Abb. 201, S. 143. Die Dissoziation von Kohlendioxid und Wasser verursacht schon bei geringem Luftüberschuß eine Wirkungsgradherabsetzung von einigen Prozenten [121]. Bei großem Luftüberschuß ist die Dissoziation ohne Bedeutung. Hoher Druck und Anwesenheit inerter Gase verringern die Dissoziation [121, 201]. Die Abhängigkeit dieser Gleichgewichtskonstanten von der Temperatur ist in Abb. 215 eingetragen.

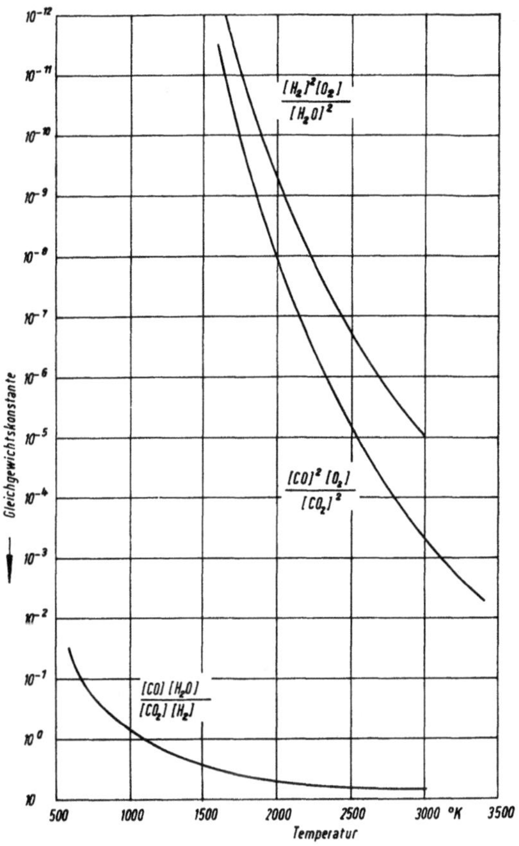

Abb. 215. Abhängigkeit der Gleichgewichte von der Temperatur für das Wassergasgleichgewicht, die Kohlendioxiddissoziation und die Wasserdampfdissoziation [139]

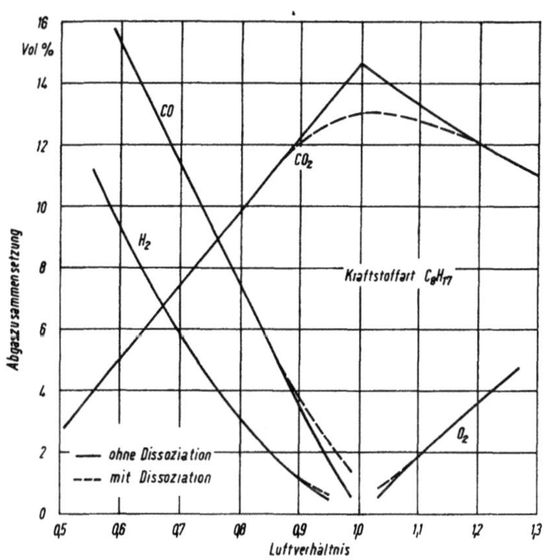

Abb. 216. Abhängigkeit der Abgasbestandteile vom Luftverhältnis [46]

3. Einfluß des Luftverhältnisses und der Kraftstoffart auf die Abgaszusammensetzung

Bei der in Abb. 216 dargestellten Abhängigkeit der Abgaszusammensetzung für wasserfreies Abgas vom Luftverhältnis ist das Wassergasgleichgewicht mit einer Konstanten 3,8 berücksichtigt worden. Bei Berücksichtigung der Dissoziationsgrade wird der Verlauf der Konzentrationen in der Gegend für Luftverhältnisse um 1 geändert, und zwar so, daß es schwierig ist, wegen der geringen Steigung der Kurven in diesem Bereich eine genaue Zuordnung von gemessener Abgaszusammensetzung zum Luftverhältnis zu geben. Gerade dieser Bereich im Luftverhältnis von 0,9 bis 1,1 ist jedoch der Hauptbetriebsbereich des Ottomotors.

Ein Vergleich vieler Ergebnisse hat gezeigt, daß es über die Abhängigkeit vom Luftverhältnis hinaus keine wesentliche Beeinflussung des Kohlenoxidgehaltes durch Motortyp und Betriebsbedingungen gibt, auch die Kohlendioxidkonzentration bleibt fast unbeeinflußt. In Abb. 216 sind nicht die im Abgas vorhandenen unverbrannten Kohlenwasserstoffe aufgeführt, da deren Konzentration meistens unter 0,1% liegt. Soweit bisherige zuverlässige Meßergebnisse erkennen lassen, ist eine Abhängigkeit dieser unverbrannten Kohlenwasserstoffe von den Betriebsbedingungen, wie z. B. Zündzeitpunkt, Kühlmitteltemperatur, vorhanden. Quantitative Aussagen können jedoch wegen der Schwierigkeit bei der Analyse noch nicht gemacht werden. Die Kraftstoffart hat über das C–H-Verhältnis und dem davon abhängigen Sauerstoffbedarf zur vollständigen Verbrennung einen geringen Einfluß auf den Verlauf der Kurven nach Abb. 216 [116, 125]. Wegen des eindeutigen Rückschlusses von zwei Abgasbestandteilen, meist Kohlenmonoxid und Sauerstoff, auf die Größe des Luftverhältnisses, hat die Abgasanalyse für die Beurteilung des Betriebsverhaltens eines Motors große Bedeutung. So wurde das auf S. 44 bis 50 angegebene Luftverhältnis aus der Abgasanalyse gewonnen.

4. Abhängigkeit des Kohlenoxidgehaltes vom Betriebspunkt

Einen Überblick über den Gehalt an Kohlenmonoxid im Abgas abhängig von Belastung und Drehzahl gibt Abb. 217. Für diesen Motortyp sind weitere Kennlinien ab S. 286 an-

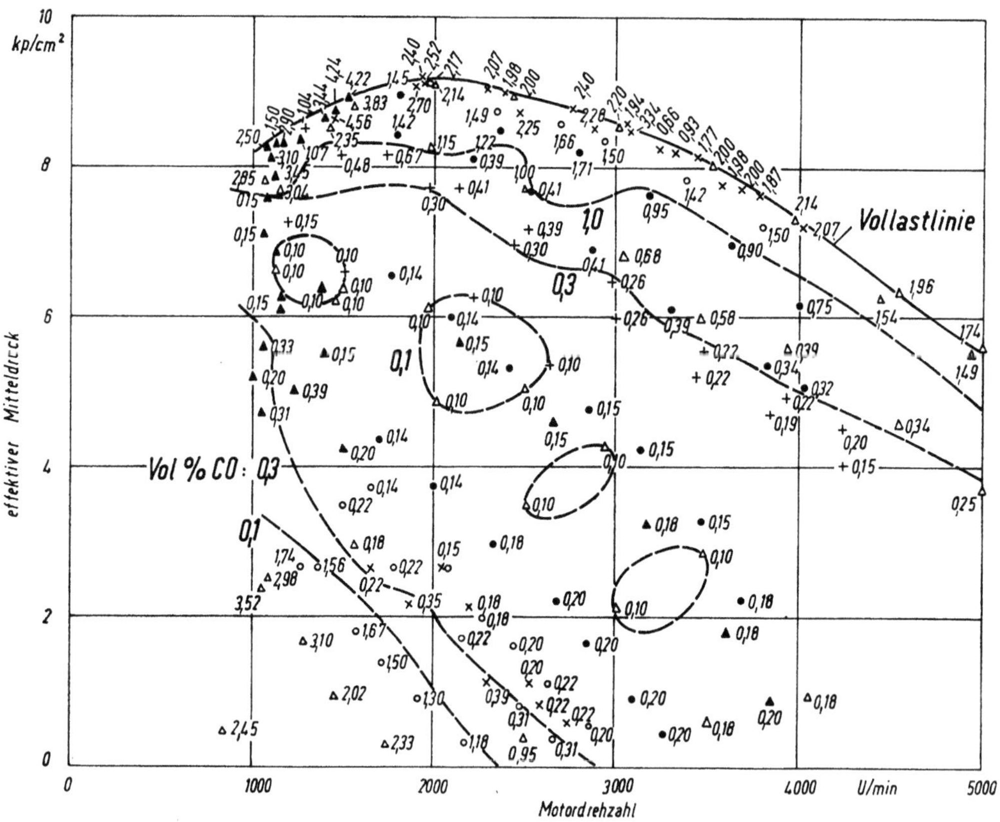

Abb. 217. Kennfeld eines Ottomotors mit Linien konstanten Kohlenmonoxidgehaltes [142]

gegeben. Der Kohlenmonoxidgehalt steigt von niedrigen Werten im mittleren Kennfeldbereich sowohl zum Leerlauf als auch zur Vollastlinie hin an. Diese Werte gelten für die Sammelprobe aus allen Zylindern eines Mehrzylindermotors und können zur Berechnung

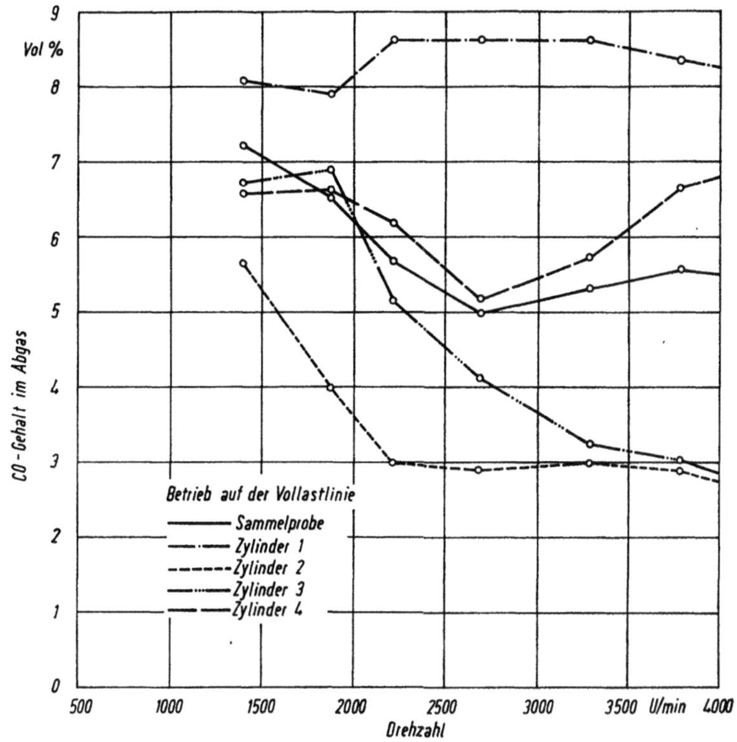

Abb. 218. Kohlenmonoxidgehalt der Einzelzylinder bei Vollast [142]

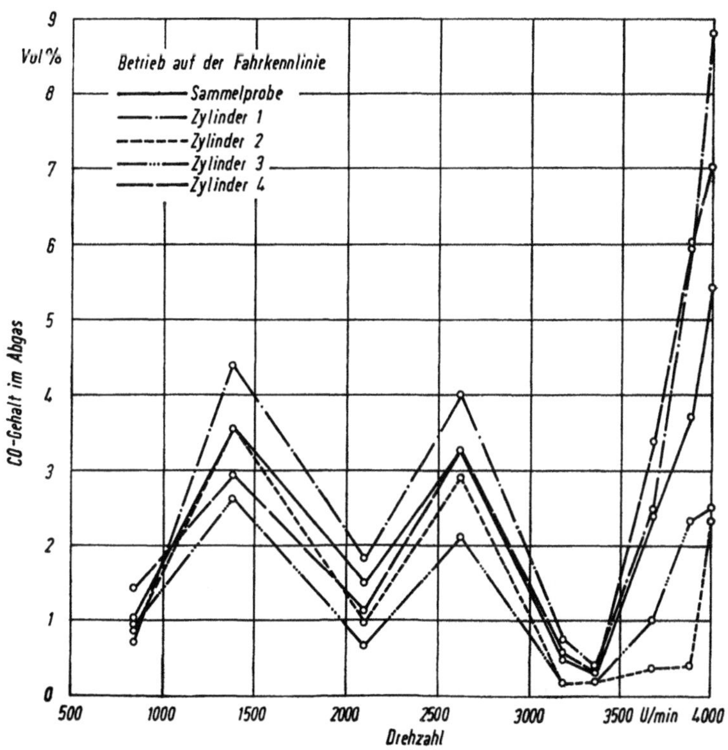

Abb. 219. Kohlenmonoxidgehalt der Einzelzylinder auf der Fahrkennlinie [142]

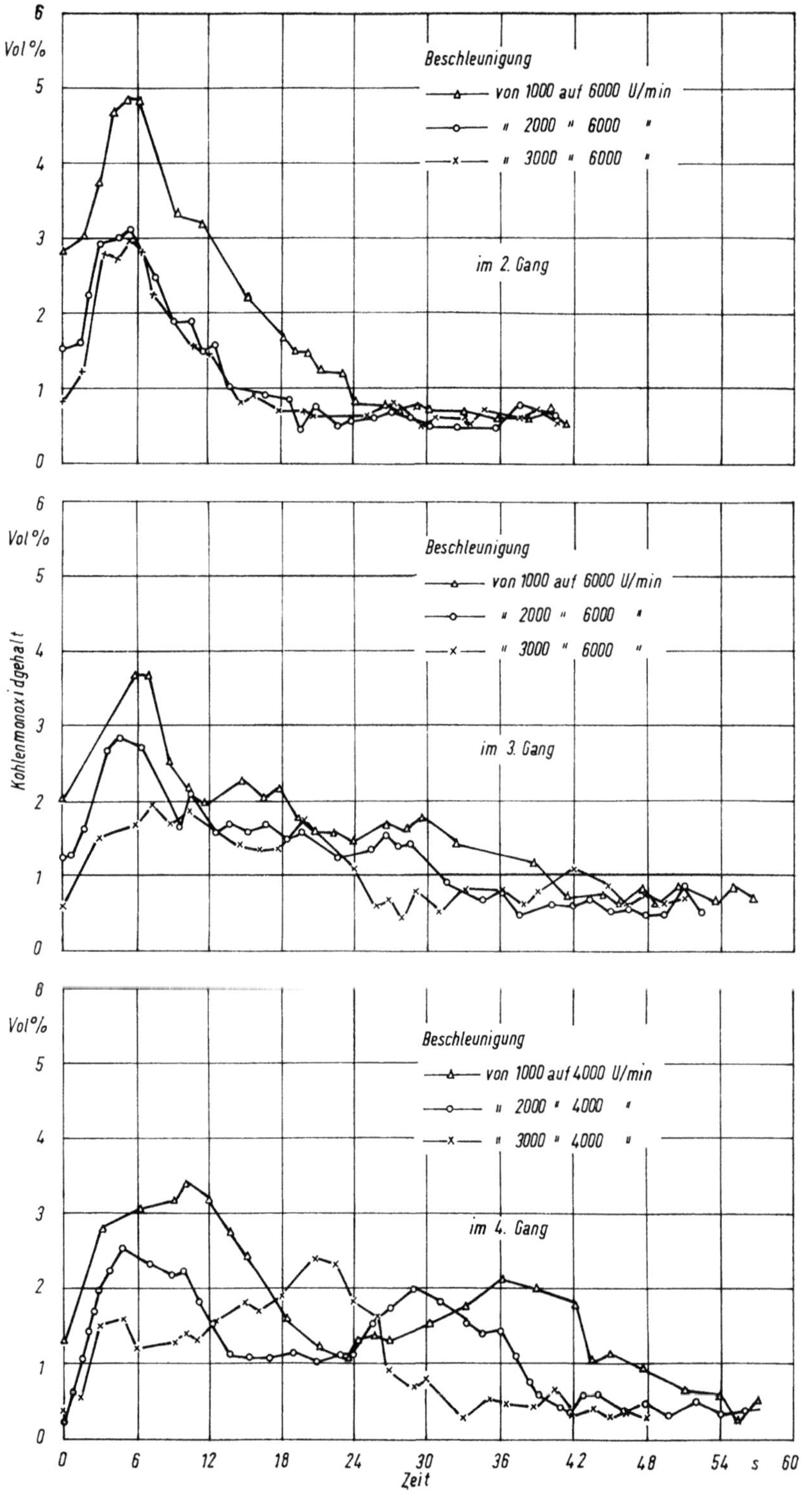

Abb. 220. Kohlenmonoxidgehalt beim Beschleunigen in verschiedenen Gängen und Drehzahlbereichen an einem 6-Zylinder-Motor [142]

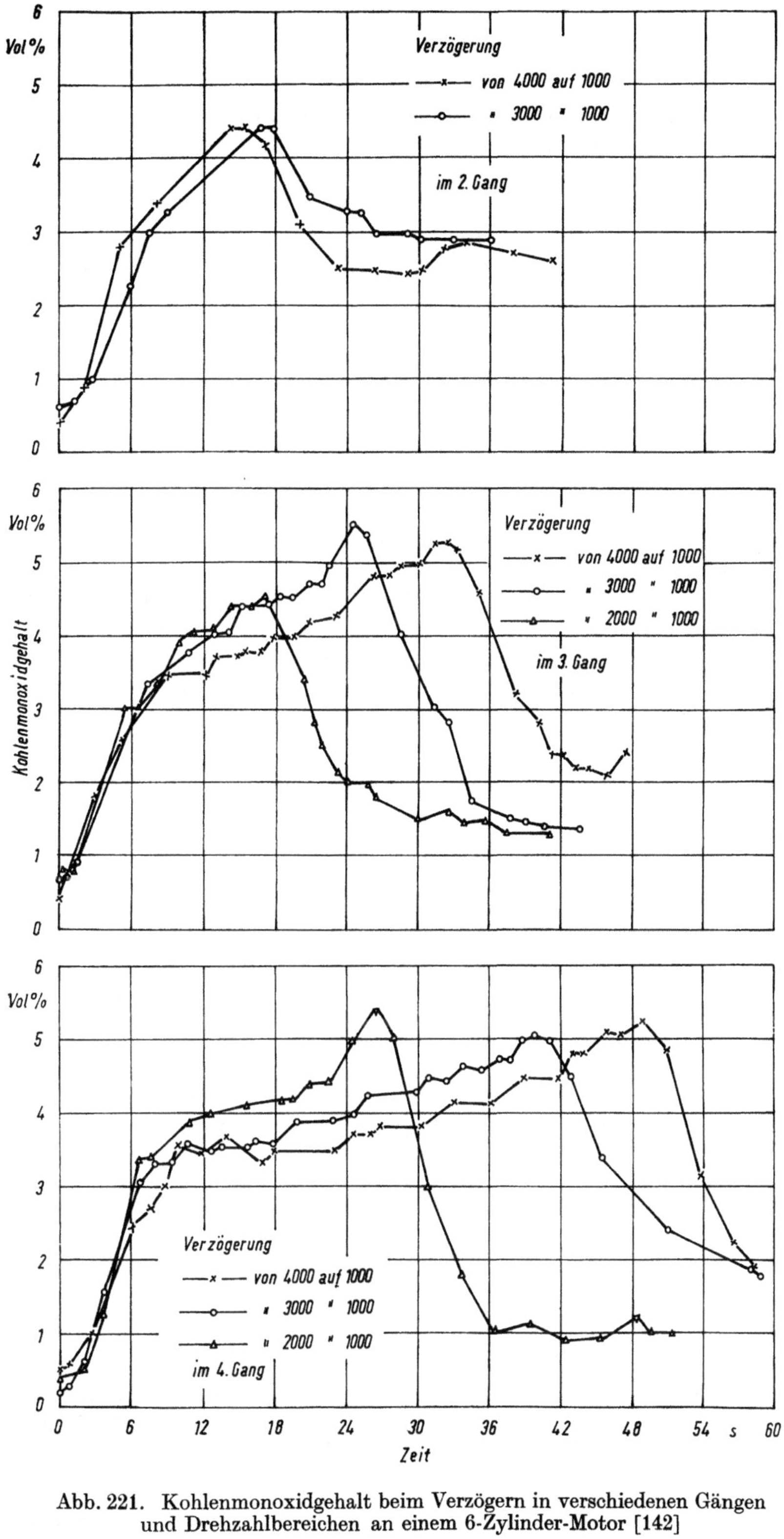

Abb. 221. Kohlenmonoxidgehalt beim Verzögern in verschiedenen Gängen und Drehzahlbereichen an einem 6-Zylinder-Motor [142]

der Verbrennung in den Einzelzylindern nicht benutzt werden, da die Kohlenmonoxidgehalte der Einzelzylinder hauptsächlich wegen der ungleichen Gemischverteilung erheblich voneinander abweichen, vgl. ab S. 42. Abb. 218 zeigt die Unterschiede zwischen den einzelnen Zylindern für Vollast und Abb. 219 für die Fahrkennlinie. Wird aus den Ergebnissen bei den einzelnen Zylindern unter der Annahme gleicher Füllung und gleicher Abgasmenge aller Zylinder ein Mittelwert für den Kohlenmonoxidgehalt gerechnet, so liegt er um maximal 8% niedriger als die gemessene Sammelprobe. Die Ursache liegt nicht am unterschiedlichen Füllungsgrad, da die Zylinder mit großem Kohlenmonoxidgehalt, d. h. kleinem Luftverhältnis infolge der Saugfolge auch kleinen Liefergrad haben, vgl. Abb. 43 mit Abb. 47 bzw. Abb. 45 mit Abb. 49, S. 44 und 45. Wird jedoch die mit sinkendem Luftverhältnis relativ zur Ansaugmenge infolge der Molzahländerung steigende Abgasmenge berücksichtigt, so gehört gerade zu einem großen Kohlenmonoxidgehalt eine relativ größere Abgasmenge, wodurch die vorher erwähnten Unterschiede hervorgerufen werden. Für Beschleunigungs- und Verzögerungsfahrt ist der Verlauf des Kohlenmonoxidgehaltes in Abb. 220 und 221 aufgetragen. Der Ausgangswert ist für den jeweiligen Getriebegang und die Ausgangsdrehzahl durch eine konstante Kohlenmonoxidemission gegeben. Während der Beschleunigung wurde die Drosselklappe voll geöffnet bis zur Erreichung der jeweiligen Enddrehzahl, welche dann durch teilweises Schließen der Drosselklappe gehalten wurde. Der besonders hohe Kohlenmonoxidgehalt zu Beginn der Beschleunigung ist auf das durch die Beschleunigungspumpe angereicherte Gemisch zurückzuführen, wobei dieser Maximalwert mit steigender Ausgangsdrehzahl abfällt, weil sich die zusätzliche Kraftstoffmenge dabei auf eine größere Zahl von Zyklen verteilt. Bei Verzögerung liegen die Kohlenmonoxid-Konzentrationen allgemein höher als bei Beschleunigung. Zu beachten ist jedoch, daß wegen der geschlossenen Drosselklappe die absolute Abgasmenge pro Zeit viel kleiner ist.

5. Abhängigkeit des Kohlenwasserstoffgehaltes von Probenahmeort und -zeit

Während die Messung des Kohlenmonoxidgehaltes keine Schwierigkeiten macht, ist die Bestimmung der unverbrannten Kohlenwasserstoffe schwieriger, da im Abgasrohr eine weitere Umsetzung stattfinden kann. Die Konzentrationen ändern sich mit dem Entnahmeort und mit der Entnahmezeit relativ zur Auslaßventilöffnung. Abb. 222 zeigt die an verschiedenen Probeentnahmestellen im Abgasrohr eines Einzylindermotors gemessenen Kohlenwasserstoffkonzentrationen. Bei der Beurteilung der Ergebnisse ist zu beachten, daß sich die Strömungsgeschwindigkeit im Abgasrohr dieses Einzylindermotors ständig ändert, während die Entnahmemenge zur Analyse zeitlich konstant bleibt, so daß ein Mittelwert aus diesen aufgetragenen Messungen nicht mit dem tatsächlichen mittleren Kohlenwasserstoffgehalt im Abgas übereinstimmt. Besonders deutlich wird aus dem Verlauf des Kohlenwasserstoff-Gehaltes in der Nähe des Auslaßventiles, daß im Ausschiebetakt eine nahezu gleichmäßige Konzentration vorliegt bis auf ein bedeutsames Maximum zum Ende des Ausschiebens. Diese großen Anteile der unverbrannten Kohlen-

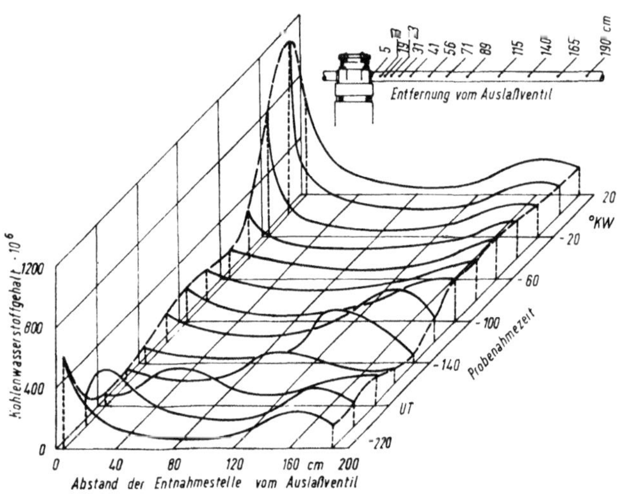

Abb. 222. Kohlenwasserstoffgehalt im Abgasrohr in Abhängigkeit von der Probeentnahmestelle und dem Zeitpunkt [47]

wasserstoffe kommen aus der wandnahen Zone im Zylinder, wo sie wegen des Kühlungseinflusses der Wand und wegen örtlichen Sauerstoffmangels, vgl. S. 92, bevorzugt unverbrannt bleiben.

6. Einfluß der Aufbereitungsart des Kraftstoffes

Die Aufbereitungsart des Kraftstoffes vor Eintritt in den Zylinder ist auf den Kohlenmonoxid-Gehalt nahezu ohne Wirkung, Abb. 223. Es zeigt sich aber, daß bei guter Gemischaufbereitung größere Luftverhältnisse mit einwandfreiem Betrieb gefahren werden können. Daß bei Verdampfen des Kraftstoffes etwas mehr Kohlenmonoxid im Abgas trotz gleichen Luftverhältnisses entsteht, kann an einem größeren Kohlenwasserstoffgehalt im Abgas bei der schlechten Gemischbildung liegen.

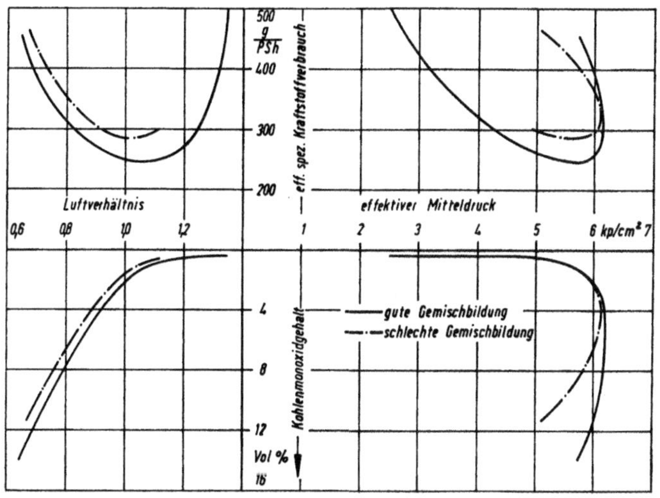

Abb. 223. Mitteldruck, spezifischer Verbrauch, Luftverhältnis und Kohlenmonoxidgehalt bei guter und schlechter Gemischbildung [100]

Tabelle 18. *Bestandteile der Auspuffgase in Abhängigkeit vom Fahrzustand* [7]

Betriebszustand	Kohlenmonoxid $\cdot 10^2$	Kohlenwasserstoffe $\cdot 10^6$	Aldehyde $\cdot 10^6$	Stickoxide $\cdot 10^6$
Straßenfahrt 50 km/h	0,0— 5,1	158—4000	1— 264	0—1606
Beschleunigen	0,0— 3,77	163—5000	6—1369	22—4180
Abbremsen	0,2— 6,25	0—5125	0— 312	0— 68
Vollast	0,4— 4,4	2600—5000	110— 172	364—4750
Leerlauf	1,3—13,8	751—9830	5— 88	0— 38

In Tabelle 18 sind weitere Abgasbestandteile von Ottomotoren zusammengestellt, die zwar in geringeren Konzentrationen auftreten, dennoch wegen der Rückschlüsse auf den Verbrennungsmechanismus von Interesse sind [124, 159]. Bekannt sind bei der Umsetzung im Motor die Anfangs- und Endprodukte, wobei der Weg nicht unmittelbar von den Anfangs- zu den Endprodukten führt, sondern über zahlreiche, sehr verschiedenartige und teilweise auch sehr unbeständige Zwischenprodukte abläuft. Da die Zwischenprodukte unbeständig sind, ist ihr Nachweis schwierig.

C. Ausgeführte Anlagen

I. Vergaser

1. Aufgaben des Vergasers

Der Vergaser hat bei Ottomotoren mit flüssigen Kraftstoffen die folgenden Aufgaben zu erfüllen:

1. eine mengenmäßig richtige Zuteilung des Kraftstoffes zur Luft zu vollbringen,
2. den Kraftstoff in der durchgesaugten Luft zu zerstäuben,
3. die Gemischmenge zu bemessen.

Es werden also verschiedenartige Anforderungen gestellt, und der Ausdruck Vergaser kennzeichnet dessen Funktionen weder ausreichend noch richtig.

Aus den früheren Ausführungen ergibt sich, daß man das Mischungsverhältnis von Kraftstoff und Luft in bestimmten Grenzen halten muß, um an der armen Grenze noch genügend große Flammengeschwindigkeit zu erreichen und um an der reichen Grenze eine Verschwendung von Kraftstoff und die Erzeugung gesundheitsschädlicher Stoffe im Abgas zu vermeiden. Die Regelung der Leistung des Ottomotors erfolgt in erster Linie durch Bemessung der Gemischmenge, d. h. durch die Zuführung einer mehr oder weniger großen Menge an Gemisch in jedem einzelnen Takt.

a) Gemischzusammensetzung

An die Zusammensetzung des Gemisches werden sehr scharfe Anforderungen gestellt.

1. Bei Vollast soll das Gemisch reich sein, um hohe Leistung zu erreichen. Bei überreichem Gemisch fällt die Leistung wieder etwas ab, aber durch die Verdampfung des Kraftstoffes ergibt sich eine Kühlwirkung im angesaugten Gemisch und im Zylinder, weshalb bei sehr hohen Leistungen, insbesondere bei überladenen Motoren und bei luftgekühlten Motoren, bei Vollast ein sehr reiches Gemisch angewendet wird. Die Luftverhältnisse werden bei Vollast im allgemeinen zwischen 0,97 und 0,90 gewählt.

2. Bei Teillast will man einen möglichst kleinen Kraftstoffverbrauch haben; deshalb fährt man dort mit Luftüberschuß. Bei hoher und mittlerer Teillast wählt man Luftverhältnisse von 1,05 bis 1,15. Da man bei den mittleren und hohen Teillasten wenig Abgas im Gemisch hat und da die Drücke verhältnismäßig hoch sind, kann man den Motor noch mit relativ viel Luftüberschuß betreiben. Wenn keine besonderen Maßnahmen getroffen werden, empfiehlt es sich jedoch nicht, über ein Luftverhältnis von 1,15 hinauszugehen, weil dann der Kraftstoffverbrauch nicht mehr verbessert wird und schon gewisse Gefahren bei nicht genauem Einregeln des Vergasers entstehen können (siehe die sogenannten Fischhakenkurven, Abb. 225 und 226).

3. Im unteren Teillastgebiet muß man wieder etwas reicher fahren, weil infolge der abnehmenden Ladedrücke und der etwas größeren Abgasreste die Flammengeschwindigkeit abnimmt. Wie früher ausgeführt, hat ein Gemisch mit hohem Luftverhältnis oder mit Beimischung inerten Gases (Abgas) eine kleinere Flammengeschwindigkeit gegenüber einem Gemisch mit geringem Luftüberschuß oder gar dem stöchiometrischen Gemisch. Man wählt im unteren Teillastgebiet deshalb Luftverhältnisse von 0,98 bis 1,05.

4. Beim Leerlauf muß ein reiches Gemisch verwendet werden, da ein verhältnismäßig hoher Anteil an Abgas vorhanden ist und weil die Drücke, mit denen der Motor betrieben wird, sehr niedrig sind. Der Druck vor dem Einlaßventil beträgt 0,28 bis 0,4 ata. Man muß Luftverhältnisse von 0,65 bis 0,88 verwenden, um unter allen Bedingungen, die im Betrieb auftreten können, eine sichere Zündung bzw. einen sicheren Leerlauf zu erreichen. Der

Übergang vom Leerlauf zum unteren Teillastbereich kann allmählich von den genannten Luftverhältnissen auf etwa 1,0 verändert werden.

5. Wenn man einen Motor aus niedriger Drehzahl, insbesondere vom Leerlauf auf Vollast, beschleunigen will, d. h. also das Drehmoment durch rasches Öffnen der Drosselklappe sehr schnell vom effektiven Drehmoment 0 auf das höchste Drehmoment bringen will, dann ergibt sich zwar sofort eine entsprechende Füllung des Zylinders mit dem höchstmöglichen Druck, das Mischungsverhältnis entspricht aber im allgemeinen noch nicht den Anforderungen, die man mit Rücksicht auf eine sichere Zündung und gute Verbrennung stellen muß. Die Saugleitungen standen während des Leerlaufes unter einem geringen Absolutdruck, infolgedessen ist die Verdampfung des Kraftstoffes sehr weitgehend fortgeschritten, und an den Wandungen der Saugleitungen befindet sich wenig oder gar kein Kraftstoff, d. h. sie sind abgetrocknet, während sie (vor allem bei niedrigen Lufttemperaturen) bei hohem Ladedruck bei Vollast durch einen mehr oder weniger zusammenhängenden und mehr oder weniger dicken Kraftstoffilm angefeuchtet sind. Wenn nun plötzlich beschleunigt wird, der Vergaser also eine größere Kraftstoffmenge liefert, welche zum Motor fließt, werden zunächst die Wandungen durch einen Teil des Kraftstoffes befeuchtet und erst dann wird der Rest des in der Luft vorhandenen Kraftstoffes (in Tropfen- oder Dampfform) in den Zylinder kommen. Der Zylinder erhält also zunächst ein zu armes Gemisch und die Zündung kann entweder ganz ausfallen oder die Leistung, die ein einzelner Hub abgibt, ist zu gering, so daß der Motor nicht sofort beschleunigt. Deshalb wird man während der Beschleunigungsperiode durch eine zusätzliche Kraftstoffmenge eine Anreicherung herbeiführen.

6. Wenn ein Motor bei hoher Drehzahl im Leerlauf betrieben wird, d. h. wenn der Motor durch das in Schwung befindliche Fahrzeug geschleppt wird, dann ist der Ladedruck sehr niedrig, 0,25 ata und weniger. Außerdem ist das Gemisch mit sehr viel Abgas versetzt, so daß die Eigenschaften für die Zündung und Verbrennung sehr schlecht werden. Da die Zeit für die Verbrennung sehr kurz ist, hat man meist eine unvollkommene Verbrennung mit geringem Druckanstieg und deshalb einen hohen Gehalt der Abgase an Kohlenmonoxid und Kohlenwasserstoffen. Man stellt deshalb mitunter während der Verzögerungsperiode im Schleppbetrieb die Kraftstoffzufuhr ab. Erst kurz oberhalb der normalen Leerlaufdrehzahl wird der Kraftstoff wieder zugeschaltet.

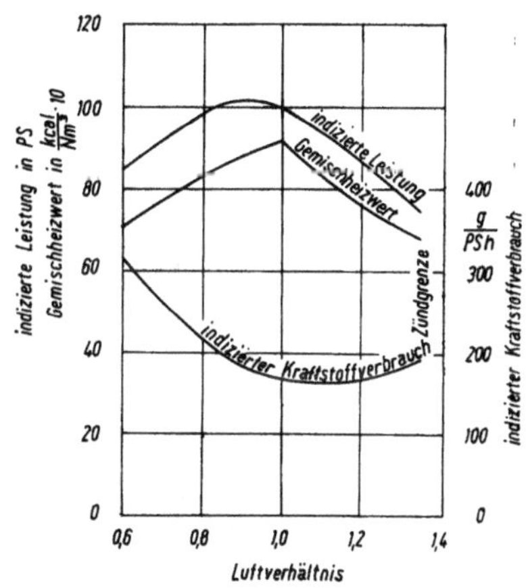

Abb. 224. Indizierte Leistung, Gemischheizwert und indizierter Kraftstoffverbrauch in Abhängigkeit vom Luftverhältnis

Aus diesen verschiedenen Anforderungen ergibt sich, daß man im Vergaser sowohl eine Mengenregelung als auch eine Gemischregelung vornehmen muß (Quantitäts- und Qualitätsregelung). Abb. 224 zeigt die Abhängigkeit der indizierten Leistung, des Gemischheizwertes und des indizierten Kraftstoffverbrauches vom Luftverhältnis. Zugrunde gelegt ist ein durchschnittlich guter Ottomotor. Der Gemischheizwert ist für einen durchschnittlichen Kraftstoff errechnet unter Zugrundelegung eines durchschnittlichen Heizwertes, wobei bei Luftverhältnissen über 1,0 eine vollkommene Verbrennung angenommen ist, und bei Luftverhältnissen unter 1,0 eine Verbrennung nach dem Wassergasgleichgewicht. Da die Verbrennung nach dem Wassergasgleichgewicht unwirtschaftlich ist, nimmt der Gemischheizwert bei zunehmender Kraftstoffzufuhr erheblich ab. Bei abnehmendem Gemischheizwert muß natürlich auch die Leistung des Motors abnehmen. Wenn die Verbrennung immer nach dem Wassergasgleichgewicht ginge, müßte die indizierte Leistung unter sonst gleichen Bedingungen im gleichen Verhältnis mit dem Gemischheizwert abnehmen. Dies ist jedoch aus folgenden Gründen nicht der Fall:

Bei Luftverhältnissen von 1,03 und darüber ist in einem guten Ottomotor bei hoher und mittlerer Leistung die Kohlenmonoxid-Bildung außerordentlich gering. Sie beträgt unter 0,3% CO. Die Verbrennung ist sehr gut. Die Gemischverteilung auf die einzelnen Zylinder ist auch dann, wenn die verschiedenen Zylinder nicht gleich zusammengesetztes Gemisch bekommen, nocht recht gut, weil im allgemeinen der Verbrennungsvorgang immer noch bei Luftverhältnissen von 1 und darüber vor sich geht. Unverbrannte Kohlenwasserstoffe werden nur in geringem Maße abgeschieden. Bei Luftverhältnissen von 1,0

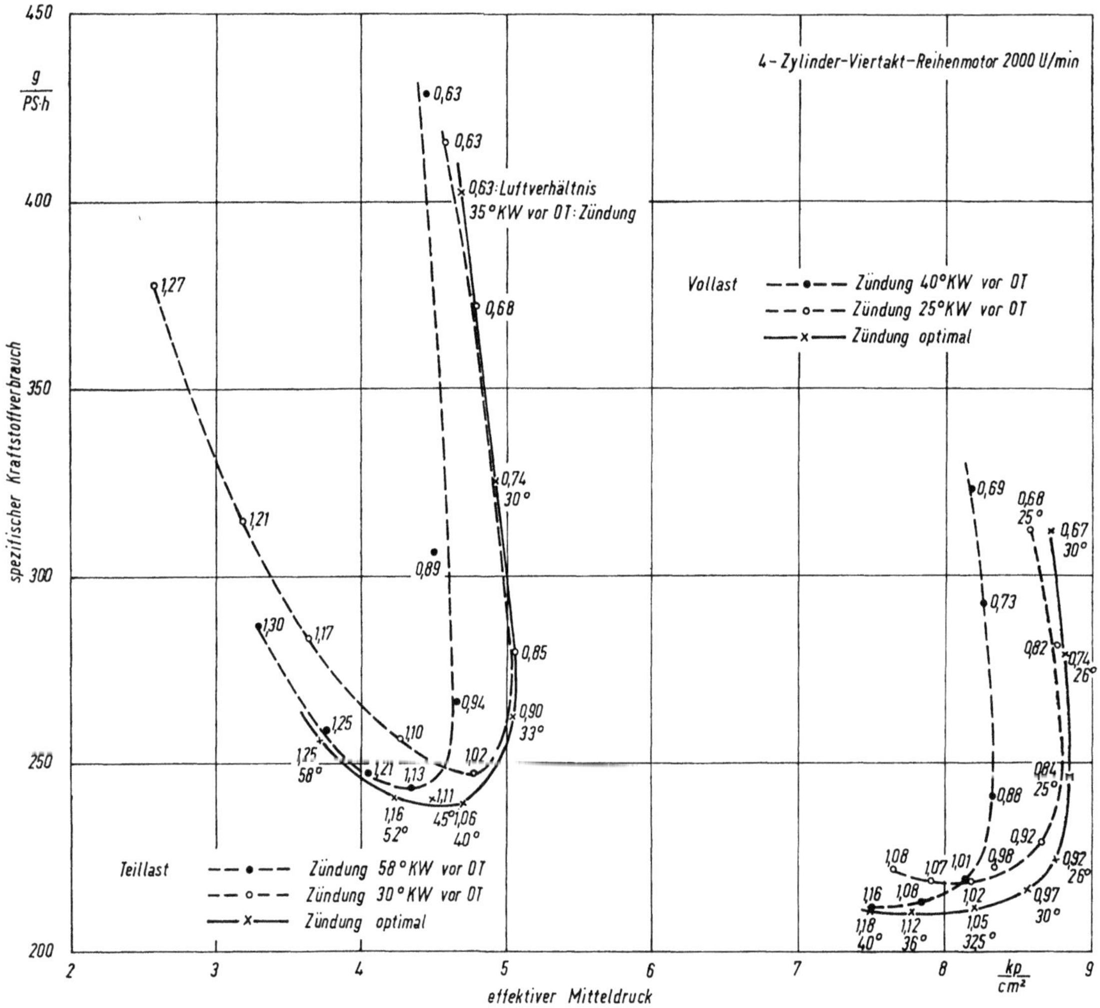

Abb 225. Fischhakenkurven für einen 4-Zylinder-4-Takt-Ottomotor (Ford 17M-Reihenmotor) für verschiedenen Zündzeitpunkt und eine Drehzahl von 2000 U/min

und darunter beginnt sich die ungleiche Gemischverteilung auf die einzelnen Zylinder bemerkbar zu machen. In einigen Zylindern ist armes Gemisch mit kleiner Leistung und in anderen ein Gemisch, das zu viel Kraftstoff enthält und das infolgedessen unter Bildung von Kohlenmonoxid und von unverbrannten und anoxydierten Kohlenwasserstoffen verbrennen muß. Zwischen Luftverhältnissen von 0,8 und 1 hat man zuviel Kraftstoff im Gemisch. Infolgedessen werden größere Mengen Kohlenmonoxid gebildet werden müssen, und es werden auch Kohlenwasserstoffe unverbrannt oder teiloxydiert mit den Auspuffgasen aus dem Zylinder herausgehen müssen. Da die höchste Flammengeschwindigkeit und auch sonst die günstigsten Zündbedingungen vorhanden sind, wenn etwas Überschuß an

Kraftstoff vorhanden ist, wird die Leistung des Motors hoch werden. Ungleiche Gemischverteilung spielt, weil alle Zylinder überreich sind, keine große Rolle mehr. Die größere Verdampfungswärme des größeren Kraftstoffanteiles ergibt eine bessere Füllung des Zylinders. Obwohl der Gemischheizwert bei fallendem Luftverhältnis von 1,0 an absinkt, wird trotzdem die Leistung noch etwas zunehmen. Es ist dabei zu beachten, daß bei dem Gemischheizwert eine Verbrennung nach dem Wassergasgleichgewicht vorausgesetzt ist, während bei der wirklichen Verbrennung auch noch unverbrannte Kohlenwasserstoffe durch den

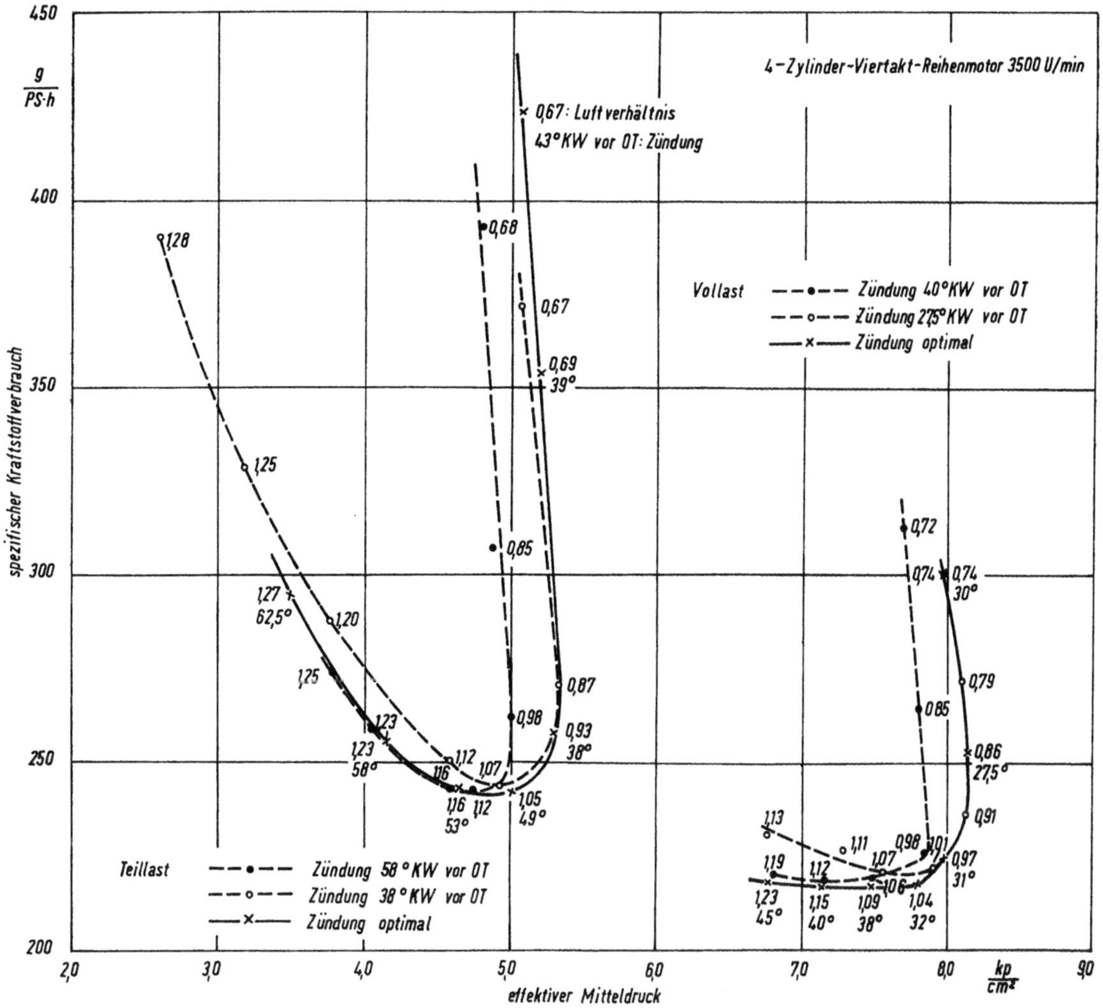

Abb. 226. Fischhakenkurven für einen 4-Zylinder-4-Takt-Ottomotor (Ford 17M-Reihenmotor) für verschiedenen Zündzeitpunkt und eine Drehzahl von 3500 U/min

Zylinder hindurchgehen, infolgedessen die Abnahme der Leistung erheblich kleiner ist als die Abnahme sein müßte, die sich aus dem Gemischheizwert ergibt, der nach dem Wassergasgleichgewicht errechnet wird. Erst wenn hoher Überschuß an Kraftstoff verwendet wird, sinkt die Leistung stärker ab. Damit erklärt sich, daß man die beste Leistung bei einem Luftverhältnis von etwa 0,9 erhält, und daß die indizierte Leistung erheblich weniger abnimmt als der Gemischheizwert. Der indizierte Verbrauch hat seinen niedrigsten Wert bei einem Luftverhältnis von etwa 1,1. Der Wirkungsgrad des vollkommenen Motors nimmt mit dem Luftverhältnis etwas zu. Bei größeren Werten nimmt der Verbrauch wieder zu, weil die Flammengeschwindigkeit abnimmt und die Verbrennungsdrücke kleiner werden, so daß die Leistung des Motors geringer ist. Dieses geht Hand in Hand mit der Abnahme der indizierten Leistung, die bei Luftverhältnissen über 1,2 stärker ist als dem Gemischheizwert entpricht. Die Mischungszündgrenze liegt je nach Motorenbauart zwischen Luftverhältnissen von 1,25 und 1,4. Oberhalb eines Luftverhältnisses von 1,3 läuft der Motor meistens unruhig und unregelmäßig. Bei dem Luftverhältnis 1,0 ist der Verbrauch nur wenig höher als bei 1,1. Bei Luftverhältnissen von 1,0 in Richtung auf Werte von 0,6 nimmt er aber erheblich zu. Der indizierte Verbrauch ist bei einem Luftverhältnis von 0,7 um die Hälfte höher als am günstigsten Punkt.

Für einen Vierzylinder-Reihenmotor (Ford 1,7 ltr) ist in Abb. 225 und 226 der Kraftstoffverbrauch über dem Mitteldruck für konstante Drehzahl und konstante Drosselklappenstellung eingetragen (sog. Fischhakenkurven). An den Meßpunkten sind auch die Luftverhältnisse angeschrieben. Die Kurven gelten für Vollast und Teillast. Der Zündzeitpunkt ist bei den Kreuzen auf größten Mitteldruck eingestellt, bei den vollen Punkten früh und bei den Kreisen spät. Der höchste effektive Druck wird bei einem Luftverhältnis von 0,86 bis 0,9 erreicht. Bei reicher Einstellung ergibt späte Zündung höchsten effektiven Druck, bei armem Gemisch ist frühe Zündung erforderlich. Das Messen wird am Ende der linken Äste schwierig, da der Motor nicht mehr gleichmäßig läuft. Bei dem geschilderten Betrieb mit armen Gemischen muß hinzugefügt werden, daß es sich um einen Ottomotor mit normaler Funkenzündung handelt ohne besondere Einrichtungen zur Erweiterung des Zündbereiches armer Gemische. Durch besondere Maßnahmen, bei den sogenannten Hybridmotoren, läßt sich in dieser Beziehung noch manches verbessern, so daß man erheblich größere Luftverhältnisse benutzen kann. Man muß dann erst später für die Leistungsregelung zur Drosselung des Motors greifen.

b) Zerstäubung des Kraftstoffes

Die Zerstäubung des Kraftstoffes geschieht durch die an der Austrittsöffnung für den Kraftstoff mit hoher Geschwindigkeit vorbeiströmende Luft. Je größer die Luftgeschwindigkeit ist, desto kleiner sind die erzielten Tropfen und desto größer ist die Anzahl dieser Tropfen. Die Tropfengröße hängt außerdem von der Viskosität des Kraftstoffes und von der Oberflächenspannung ab. Die Oberflächenspannung ist besonders wirksam bei bereits in kleine Tropfen zerrissenem Kraftstoff, weil sie einem weiteren Zerreißen eines Tropfens einen großen Widerstand entgegensetzt. Sie versucht, den Tropfen kugelförmig zu erhalten. Bei kleinen Tropfen sind die Luftkräfte zu klein, um die Kugelform zu zerstören und den Tropfen weiterhin zu zerreißen. Die flüssigen Kraftstoffe für Ottomotoren haben kleine Viskosität und geringe Oberflächenspannung, deshalb kann man feine Zerstäubung erreichen.

Läßt man aus der Kraftstoffleitung statt Kraftstoff ein Gemisch aus Kraftstoff und Luft, d. h. zerschäumten Kraftstoff, austreten, dann wird wegen der größeren Oberfläche, die dieser Kraftstoffstrahl der Luft darbietet, ein Zerreißen in kleinere Tropfen, also eine bessere Zerstäubung, eintreten. Bei vielen Vergaserkonstruktionen wird deshalb ein Schaum aus der Kraftstofföffnung gefördert. Durch Erhöhen der Temperatur des Kraftstoffes wird die Zerstäubung gefördert, weil Viskosität und Oberflächenspannung bei höherer Temperatur geringer werden.

Infolge der Turbulenz des Luftstrahles werden die Kraftstofftropfen mit der gesamten Luft vermischt, wobei natürlich in der Nähe der Austrittsstelle eine Konzentration von Kraftstofftropfen eintritt. An der Oberfläche der Tropfen beginnt eine Verdampfung, weil zunächst der Partialdampfdruck der Luft gleich Null ist und infolgedessen ein Verdampfen auch bei relativ niedrigen Temperaturen eintreten kann. Leicht siedende Kraftstoffe sind günstig, ein schwersiedender Siedeschwanz von Nachteil. Wegen der hohen Relativgeschwindigkeit der Kraftstofftropfen gegenüber der Luft ist der Verdampfungsvorgang sehr intensiv (starker Wärme- und Stoffaustausch). Durch die Verdampfung wird aber die Temperatur der Luft bzw. des entstehenden Gemisches herabgesetzt und die Verdampfung nimmt ab. Je höher die Kraftstofftemperatur und je höher die Lufttemperatur ist, um so stärker ist die Verdampfung. Je größer die Zahl der Tropfen ist, desto größer ist die Oberfläche des gesamten Kraftstoffes und um so stärker wird auch die Verdampfung sein. Man ist also interessiert daran, möglichst viele und kleine Tropfen zu haben, um eine möglichst große Oberfläche zu bekommen. Bei normalen Temperaturen und insbesondere bei kaltem Wetter läßt sich aber eine vollkommene Verdampfung nicht erreichen, vgl. S. 27. Ein Teil des Kraftstoffes wird sich an den Wandungen der Saugleitungen niederschlagen, insbesondere in der Nähe von Krümmungen. Durch Erhitzen derjenigen Stellen, an denen sich der Kraftstoff in erster Linie niederschlägt, versucht man, ohne die Temperatur des Gesamtgemisches wesentlich zu erhöhen, die flüssigen Bestandteile in Dampfform überzuführen (Heißpunkt).

c) Beeinflussung der Gemischmenge

Die Bemessung der für eine bestimmte Leistung notwendigen Gemischmenge wird durch eine Drosselklappe oder ein ähnliches Organ vorgenommen. Der Druck hinter den Auslaßventilen ist gegeben durch den Außenluftdruck und durch den Widerstand des Auspuffsystems. Der Druck vor dem Einlaßventil wird durch den Öffnungsquerschnitt der Drosselklappe und durch die durchströmende Gemischmenge bestimmt. Bei Herabsetzung des Druckes vor dem Einlaßventil wird der Druck im Zylinder während und am Ende des Ansaughubes kleiner sein, es wird also eine kleinere Gemischmenge im Zylinder sein. Weiterhin ist aber zu berücksichtigen, daß sich das Abgas, das sich im Verdichtungsraum befindet, infolge der Druckherabsetzung auf ein größeres Volumen ausdehnt, der Abgasanteil also größer wird. Dies geschieht, wenn keine Überschneidung zwischen Einlaß- und Auslaßventil vorhanden ist.

Wenn eine Überschneidung vorhanden ist, kann vom Auslaß her noch Abgas in den Zylinder zurückgesaugt werden, so daß der Anteil an Abgas noch mehr vergrößert wird. Ein Gemisch, das viel inerte Gase enthält, hat schlechtere Zünd- und Verbrennungseigenschaften als ein Gemisch, das nur aus Luft und Kraftstoff besteht. Die schlechteren Zünd- und Brenneigenschaften, die sich durch das aus Stickstoff, Kohlendioxid und Wasserdampf bestehende Abgas im Gemisch ergeben, werden durch die Temperaturerhöhung infolge der hohen Abgastemperatur nur zu einem geringen Teil ausgeglichen. Insbesondere im Leerlauf, wo der Unterdruck sehr groß ist, wird diese schlechte Mischung deshalb sehr schlecht verbrennen, und es ist schwierig, bei Motoren mit großer Überschneidung eine niedrige Leerlaufdrehzahl zu erreichen.

Wenn in der Saugleitung zwischen Drosselklappe und Ventil ein großes Volumen vorhanden ist, und dort ein großer Unterdruck herrscht, kann vom Auspuff her durch das Auslaßventil Abgas durch den Zylinder hindurch bis in die Saugleitung herein zurückgesaugt werden. In diesem Fall werden die Zünd- und Verbrennungseigenschaften des Gemisches noch weiter verschlechtert. Es kommt dann vor, daß nur in jedem zweiten Arbeitstakt eine Zündung eintritt, weil nach einer Fehlzündung weniger Abgas und mehr Gemisch im Zylinder ist. Zur Abhilfe macht man mitunter bei Motoren mit großer Überschneidung kurz vor jedes Einlaßventil eine Drosselklappe, um ein möglichst kleines Volumen zwischen Drosselklappe und Einlaßventil zu erreichen.

2. Wirkungsweise des Vergasers

Der Vergaser besteht im Prinzip aus einer Leitung für die angesaugte Luft, die eine Verengung hat, Lufttrichter oder Venturi-Düse genannt. In diesen engsten Querschnitt mündet eine Leitung kleinen Querschnittes, die der durchströmenden Luft den Kraftstoff zuführt, Abb. 227. Der Kraftstoff kommt aus einer Schwimmerkammer, die einen konstanten Kraftstoffspiegel einhält und fließt durch eine Hauptdüse *e* hindurch zu dieser

Austrittsöffnung. Die Austrittsöffnung liegt nur wenige Millimeter über dem Kraftstoffspiegel. Stromabwärts ist nach dem Ende des Lufttrichters (Diffusors) eine Drosselklappe oder ein ähnliches Drosselorgan angebracht.

a) Prinzip des Vergasers

Die Luft hat im Freien den Druck p_0 und strömt in die Eintrittsöffnung des Vergasers ein, wobei infolge der Verengung des Querschnittes auf den Querschnitt a der Druck etwas abnimmt auf den Druck p_1. Er nimmt im Querschnitt b des Lufttrichters, in dem der Kraftstoff zugeführt wird, weiterhin auf den Druck p_2 ab. Unter idealen Verhältnissen würde durch die Venturidüse nach dem engsten Querschnitt ein Druckanstieg zwischen b und c eintreten, wobei im Querschnitt c wieder der Druck p_1 herrschen müßte (falls Querschnitt c gleich Querschnitt a). Infolge der Wandreibung und anderer Verluste (z. B. durch die Einbauten zur Förderung des Kraftstoffes), wird aber in Querschnitt c nur der Druck p_3 erreicht, der nicht viel größer ist als der Druck p_2. An der Drosselklappe ist im Querschnitt d eine Verengung vorhanden, so daß nach der Drosselklappe der Druck p_4 herrscht, der je nach der Stellung der Drosselklappe verschieden sein wird. Über dem Kraftstoffspiegel herrscht im allgemeinen der Druck p_0 oder ein anderer genau definierter Luftdruck. Der Kraftstoff strömt durch die Hauptdüse e hindurch. Er wird also vom Druck p_0 auf den Druck p_6 abfallen. Der Druck vor der Hauptdüse e ist um den geodätischen Höhenunterschied p_{geod} größer als p_0. Da aber der Kraftstoff wieder nach oben geführt werden muß, spielt dieser geodätische Höhenunterschied praktisch keine Rolle. Der Widerstand, den der Kraftstoff in der Leitung vom Querschnitt f findet, ist gegenüber dem Widerstand in der Hauptdüse klein. Bestimmend für die durchströmende Kraftstoffmenge ist demzufolge der Querschnitt der Hauptdüse e und ihr Durchströmkoeffizient. Der Unterdruck zwischen p_0 und p_2 ergibt sich aus der Beschleunigung der Luft im Lufttrichter und aus den allerdings geringen Strömungswiderständen in der Zuleitung. An der Austrittsstelle des Kraftstoffes herrscht ebenfalls der Druck p_2. Es steht also zur Förderung des Kraftstoffes derselbe Unterdruck von $p_0 - p_2$ zur Verfügung wie für die Luft zwischen Ansaugstelle und Lufttrichter. Lufttrichter und Kraftstoffdüse wirken also als Mengenmeßgeräte.

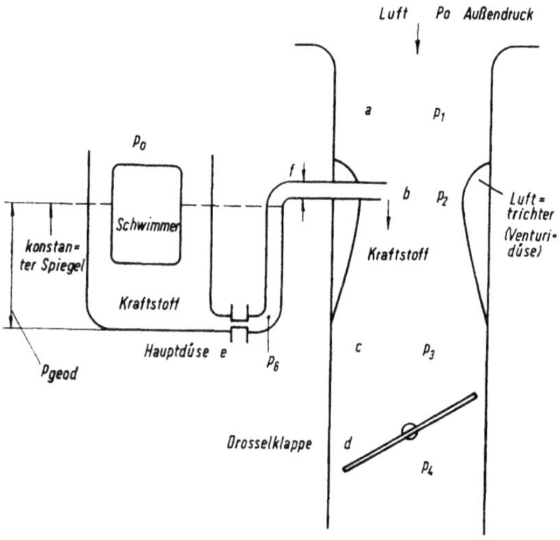

Abb. 227. Schema eines Vergasers

Die Förderung des Kraftstoffes ist auf diese einfache Weise möglich, und es ist nun zu untersuchen, wie das Mischungsverhältnis von Kraftstoff und Luft bei verschiedenen durchgesetzten Luftmengen ist. Es müssen also nun die Strömungsgesetze im Lufttrichter und in der Kraftstoffdüse untersucht werden.

Der Lufttrichter hat einen verhältnismäßig großen Durchmesser und die Luftgeschwindigkeit ist hoch, deshalb hat man dort immer turbulente Strömung. Luft ist ein kompressibles Medium, deshalb muß die bei einem gegebenen Druckunterschied durch den Trichter hindurchströmende Luftmenge mit der Adiabatengleichung errechnet werden. Bei gut gestalteter Saugleitung und günstigem Lufttrichter sind die Strömungsverluste vor der engsten Stelle sehr gering. (Auch gute Luftfilter haben kleinen Widerstand.) Werden jedoch Einbauten zur Verbesserung der Zerstäubung des Kraftstoffes angebracht, dann können die Widerstände erheblich steigen.

Die durchgesetzte Luftmenge hängt von der Drehzahl des Motors und von der Stellung der Drosselklappe ab. Bei Einzylindermotoren, bei denen die Gemischverteilung kein Problem ist, wählt man Strömungsgeschwindigkeiten bis 100 m/s, bei mehrzylindrigen Motoren geht man bis 125 m/s. Die Unterdrücke im Lufttrichter liegen dann bei 600 bis 1000 kp/m². Die Durchströmgeschwindigkeit w an der engsten Stelle des Lufttrichters ist in Abhängigkeit vom Adiabatenexponenten $\varkappa$, vom Druck p an der engsten Stelle des Lufttrichters, dem Druck p_1 und der Dichte ϱ_1 vor dem Lufttrichter:

$$w = \sqrt{2 \frac{\varkappa}{\varkappa - 1} p_1/\varrho_1 \left[1 - \left(\frac{p}{p_1}\right)^{\frac{\varkappa-1}{\varkappa}}\right]}.$$

Die je Zeit durch den Querschnitt F strömende Luftmasse $\dot{m}$ ist:

$$\dot{m} = \alpha \cdot F \sqrt{\frac{\varkappa}{\varkappa - 1}\left[\left(\frac{p}{p_1}\right)^{\frac{2}{\varkappa}} - \left(\frac{p}{p_1}\right)^{\frac{\varkappa+1}{\varkappa}}\right]} \cdot \sqrt{2\, p_1 \cdot \varrho_1}\ .$$

Die Durchflußzahl α durch einen Lufttrichter ohne Einbauten kann nach den VDI-Durchflußmeßregeln [52] abgeschätzt werden. Wenn Austrittsrohre für den Kraftstoff eingebaut sind, kann der Durchflußkoeffizient stark abnehmen.

Wenn man die Reynoldssche Zahl so definiert, wie es nach den VDI-Durchflußmeßregeln für Normdüsen [52] vorgeschrieben ist, nämlich Durchmesser der Leitung vor der Düse und Luftgeschwindigkeit an dieser Stelle, erhält man Werte für Re von 10000 bis 70000. Oberhalb von etwa 50000 ist die Durchflußzahl $\alpha = 1{,}007 =$ konstant, zwischen 50000 und 10000 erhält man je nach Öffnungsverhältnis $m = d^2/D^2$ (bei üblichen Vergasern etwa 0,25) eine Abnahme bis zu 3%.

Die Kraftstoffdüse hat einen geringen Durchmesser, etwa 1 bis 2 mm. Die Strömungsgeschwindigkeit des Kraftstoffes durch die Düse beträgt 1 bis 6 m/s. Die Reynoldssche Zahl, bezogen auf die engste Stelle und deren Strömungsgeschwindigkeit, liegt bei Kraftstoff für die üblichen Vergaserdüsen in der Nähe des Überganges von der laminaren in die turbulente Strömung. Man muß deshalb überlegen, welche Strömungsgesetze anzuwenden sind. Beim Durchfluß von Flüssigkeiten durch enge Rohre (Kapillaren) bei laminarer Strömung gilt das Hagen-Poiseuillesche Gesetz

$$\varDelta p = \frac{32 \cdot w \cdot l \cdot \eta}{d^2},$$

wobei w die Strömungsgeschwindigkeit, l die Rohrlänge, d der Rohrdurchmesser und η die dynamische Viskosität bedeuten. Die Druckdifferenz $\varDelta p$ ist also hier proportional der Geschwindigkeit. Bei größeren Reynoldsschen Zahlen und bei extrem kurzen Düsen gilt das Gesetz für den Ausfluß aus Öffnungen

$$\varDelta p = \alpha \cdot \frac{\varrho}{2} w^2.$$

Der Druckabfall ist also proportional der Dichte ϱ und dem Quadrat der Geschwindigkeit, wobei allerdings in dem Faktor α noch ein Einfluß der Reynoldsschen Zahl verborgen ist, dessen Größe stark von der Düsenform abhängt. Legt man der Reynoldsschen Zahl den engsten Querschnitt zugrunde und berücksichtigt man, daß z. B. die Viskosität von n-Hexan bei 20°C 0,49 c St $= 0{,}0049$ m²/s und von n-Oktan 0,78 c St $= 0{,}0078$ m²/s beträgt, dann erhält man Werte für Re von 1000 bis 10000.

Die Viskosität des Kraftstoffes nimmt bei steigender Temperatur ab. Für einen Standardkraftstoff wurde bei 10 °C eine kinematische Viskosität von 0,0073 m^2/s gemessen, bei 35 °C von 0,0055 m^2/s. Die Durchflußzahl der üblichen Kraftstoffdüsen, Abb. 228, liegt bei Reynoldsschen Zahlen über 5000 konstant bei 0,86, geht aber bei niedrigeren Reynoldszahlen, d. h. im Bereich niedriger Leistung, stark zurück, Abb. 229.

In Abb. 230 ist über dem Unterdruck im Lufttrichter die Menge der durchströmenden Luft eingezeichnet, sowie die durch die Hauptdüse strömende Kraftstoffmenge unter Zugrundelegung turbulenter Strömung d. h. des angegebenen Ausflußgesetzes. Dabei ist zur Erleichterung des Vergleiches der beiden Kurven für die Kraftstoffmenge der 15fache Maßstab aufgezeichnet, wobei stöchiometrische Mischung zwischen Luft und Kraftstoff bei 200 kp/m^2 Unterdruck zugrunde gelegt ist. Die Durchflußzahlen α sind dabei konstant und gleich 1 gesetzt. Während bei niedrigen Luftgeschwindigkeiten, also kleinen

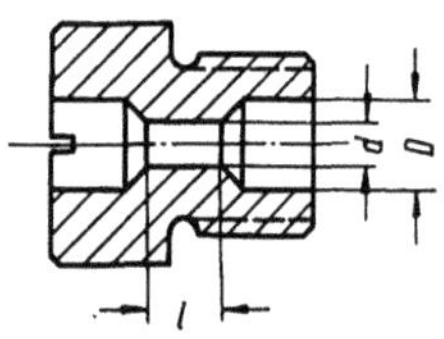

Abb. 228. Kraftstoffdüse

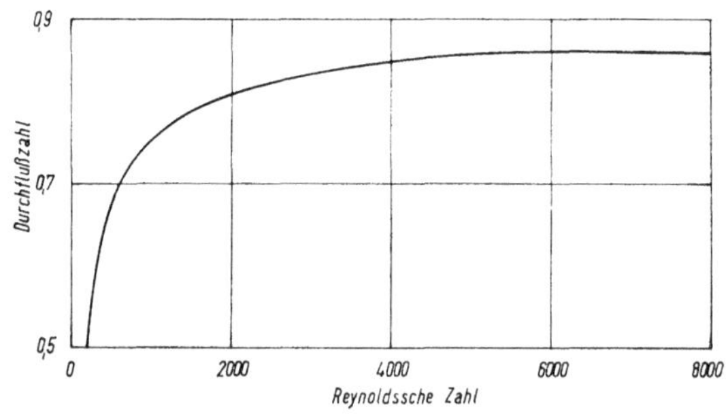

Abb. 229. Abhängigkeit der Durchflußzahl von der Reynoldszahl für eine Kraftstoffdüse nach Abb. 228 [129]

Unterdrücken, Kraftstoff und Luft sich praktisch gleich verhalten, wird bei höheren Geschwindigkeiten relativ mehr Kraftstoff durch die Kraftstoffdüse gefördert als Luft durch den Lufttrichter, weil die Dichte der Luft im Lufttrichter mit zunehmender Geschwindigkeit abnimmt. Die Änderung des Luftverhältnisses beträgt bei 1000 kp/m^2 Unterdruck bis zu 4,5%. Bei Berücksichtigung der Änderung der Durchflußzahlen der Düsen werden die Fehler größer. Eine Düse, welche nach dem Hagen-Poiseuilleschen Gesetz arbeitet, wäre unbrauchbar. Ein so einfach gebauter Vergaser kommt den praktischen Anforderungen schon nahe, kann aber noch nicht alle Wünsche erfüllen.

Bei geordneter Strömung könnte im Diffusor des Lufttrichters ein Rückgewinn an Druck eintreten (bis 80%), so daß p_3 größer wird als p_2. Da aber an der engsten Stelle des Lufttrichters der Luft Kraftstoff beigemischt wird, und dieser Kraftstoff zunächst die axiale Geschwindigkeit 0 hat, und erst durch die vorbeiströmende Luft auf deren Geschwindigkeit beschleunigt werden muß, wird die Strömung gestört und der Wirkungsgrad der Venturidüse sehr schlecht, so daß der Druck p_3 meist nicht größer wird als p_2, insbesondere dann, wenn Rohrleitungen oder Austrittsöffnungen noch in den engsten Querschnitt des Lufttrichters hineinragen, um eine gute Zumischung des Kraftstoffes zur Luft zu erreichen. Da der Kraftstoff immerhin massenmäßig $^1/_{15}$ der Luft ausmacht, ist die Arbeit zur Beschleunigung des Kraftstoffes nicht zu vernachlässigen.

Die im vorstehenden gemachten Ausführungen und die Gleichungen gelten nur für gleichmäßige Durchströmung der Luft durch den Vergaser. Insbesondere bei kleinen Zylinderzahlen sind aber pulsierende Strömungen vorhanden, die sich besonders bei kleinen Drehzahlen bemerkbar machen. Betrachtet man die Venturidüse des Lufttrichters als Meßgerät für die Luft, wobei die Ausströmstelle des Kraftstoffes als Druckentnahmestelle dient, dann macht man bei periodisch veränderlicher Strömungsgeschwindigkeit einen Meßfehler. Hat man einen sinusförmigen Verlauf der Luftgeschwindigkeit, wobei die Sinuskurve die Nullinie berührt, dann erhält man bei dem Vergleich der kontinuierlichen Strömung mit einer pulsierenden

$$\frac{\Delta p_{\text{konst}}}{\Delta p_{\text{puls}}} = \frac{(w^2)_m}{(w_m)^2} = 1{,}5,$$

also einen erheblichen Meßfehler. Nun unterliegt aber auch die Kraftstoffsäule des Vergasers dem wechselnden Druck. Die Fördermenge hängt dann von der Kraftstoffsäulenlänge, den Widerständen und der Dämpfung ab. Im übrigen ist die Geschwindigkeit der Luftsäule nicht sinusförmig veränderlich, und sie kann auch negative Werte im Luft-

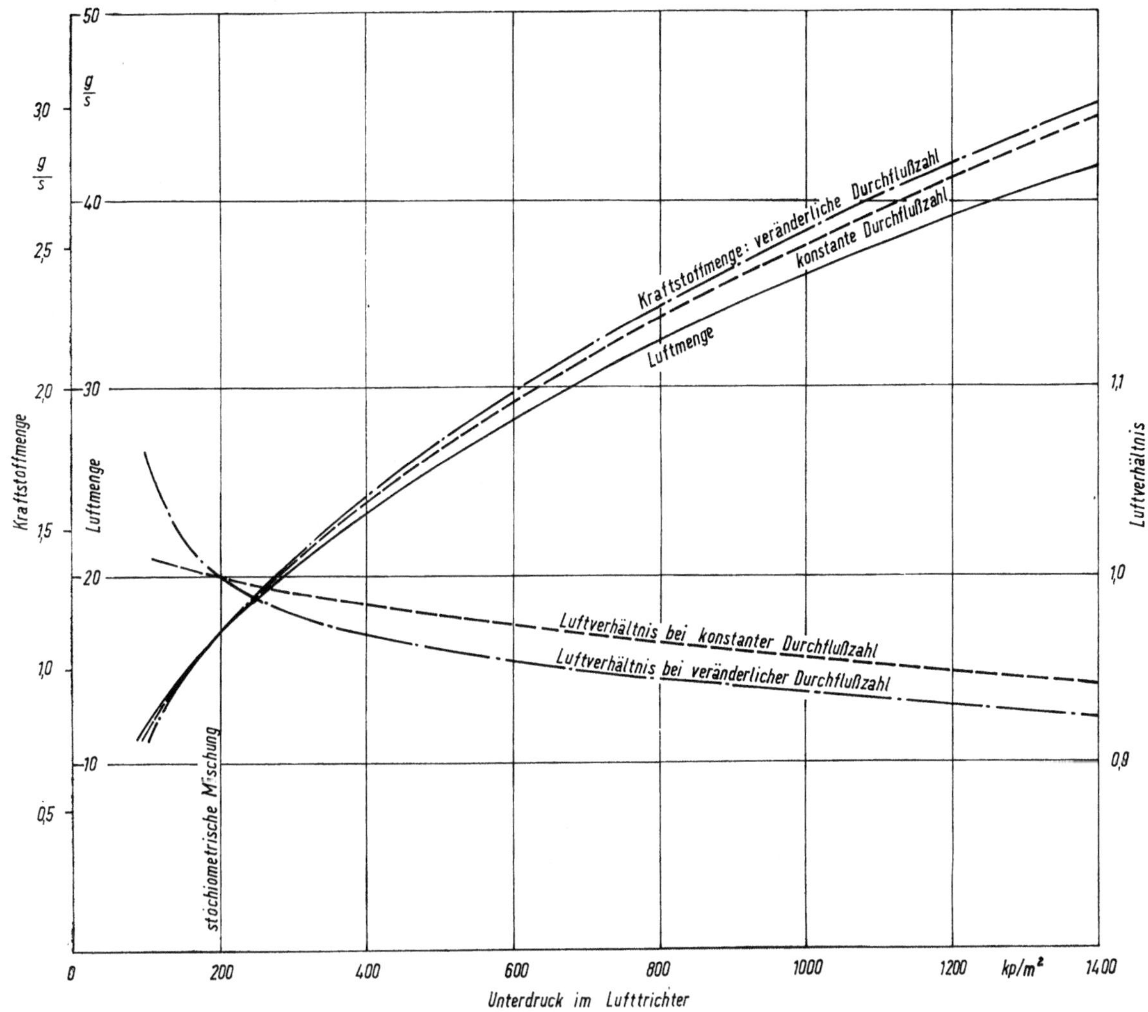

Abb. 230. Luft- und Kraftstoffmengen in Abhängigkeit vom Unterdruck

trichter haben, insbesondere bei Einzylindermotoren, bei denen sich bei langen Saugleitungen starke Druckschwingungen ausbilden können. Dann aber wird auch während der Rückströmung der Luft Kraftstoff gefördert, das Gemisch wird also viel zu reich. Eine solche Anreicherung kann bei vollgeöffneter Drosselklappe bei niedrigen Drehzahlen auch bei Vierzylinder-Motoren eintreten, s. S. 290 zu Abb. 286. Abhilfe ist durch teilweises Schließen der Drosselklappe möglich, s. S. 180.

b) Regeleingriffe am Vergaser

α) Mengenregelung

Die indizierte Leistung des Ottomotors ist durch den in der Zeiteinheit umgesetzten Heizwert des Gemisches bestimmt. Da sich wegen der engen Zündgrenzen das Mischungsverhältnis nur wenig ändert, ist die mit dem Gemisch zugeführte Sauerstoffmenge scheidend. Sieht man von der Möglichkeit ab, reinen Sauerstoff oder Sauerstoffträger beizumischen oder umgekehrt sauerstoffarmes Abgas, dann kommt es auf die zugeführte Luftmenge an.

Das Regelorgan für die Mengenregelung kann demzufolge eine einfache Drosselklappe, ein Drosselschieber oder ein Drehschieber sein. Das Drosselorgan wird meist zwischen Lufttrichter und Einlaßventil (Einlaßschlitz bei Zweitaktmotoren) gelegt, Stelle d in Abb. 231. Die Rückwirkung einer Drosselklappe auf die Strömungsverhältnisse im Lufttrichter ist schon bei kleinem Abstand verschwindend gering.

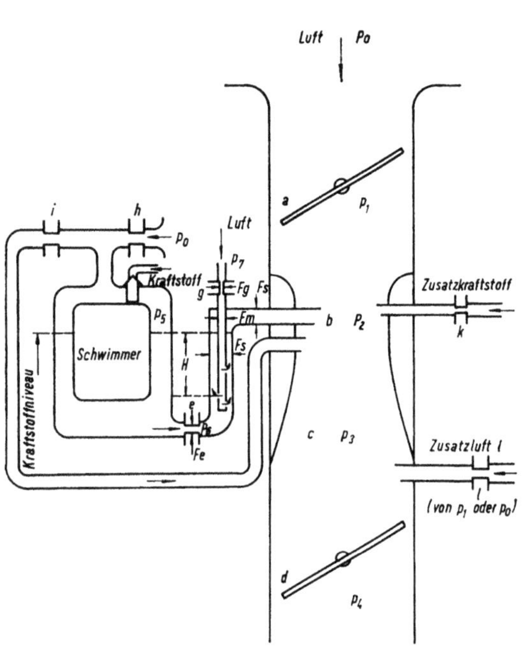

Abb. 231. Erweitertes Vergaserschema

Man kann zur Mengenregelung auch den Lufttrichter verstellbar machen. Dann ändert sich natürlich der Druck im engsten Querschnitt des Lufttrichters, Stelle b in Abb. 231, und es ist eine gleichzeitige Veränderung des Querschnittes der Hauptdüse notwendig. Eine Irisblende könnte die Aufgabe erfüllen, ist aber zu kompliziert. Axiales Verschieben eines zylindrischen Körpers ist einfacher und wird deshalb bei kleinen Vergasern angewandt (Amal-, Bing-Vergaser, s. S. 207). Dabei ist aber zu beachten, daß der engste Drosselquerschnitt etwas hinter die Austrittsstelle des Kraftstoffes gelegt wird. Eine Drosselung vor dem Lufttrichter, Stelle a, wird nur zur Gemischanreicherung angewandt.

β) Regelung des Mischungsverhältnisses

Es ergeben sich vier grundsätzlich verschiedene Möglichkeiten, weil man die Querschnitte der Luft- und Kraftstoffleitungen verändern kann, ferner den zur Förderung des Kraftstoffes verwendeten Druck und endlich die spezifische Masse eines Kraftstoff-Luft-Schaumes.

1. Querschnittsänderungen im Kraftstoffzufluß

Änderung des Düsenquerschnittes: Der Querschnitt einer Kraftstoffdüse kann auf einfache Weise durch mehr oder weniger tiefes Hineinschieben einer konischen Nadel in das Düsenloch verändert werden. Beim Einschieben einer Düsennadel verändert sich außer dem freien Querschnitt das Verhältnis von benetzter Wandfläche zu freiem Querschnitt, also auch die Reynoldssche Zahl; sie wird erheblich kleiner. Damit ändert sich die Durchflußzahl bei Änderung der Viskosität des Kraftstoffes stärker. Es ist ferner für den Durchfluß nicht gleichgültig, ob die Nadel genau zentrisch im Loch liegt oder exzentrisch an der Wand anliegt. Um Zufälligkeiten in der Lage der Nadel auszuschalten, wird sie mitunter durch eine Feder einseitig an die Wand angedrückt.

Zuschaltung einer zusätzlichen Kraftstoffzuführung: Wenn die Kraftstoffmenge von einem bestimmten Punkt an vergrößert werden soll, kann die Normalförderung durch eine Hauptdüse gehen und es kann eine Zusatzmenge durch eine in diesem Zeitpunkt öffnende Zusatzdüse geleitet werden, Düse k in Abb. 231. Die Zusatzdüse kann demselben Unterdruck wie die Hauptdüse unterworfen werden oder einem anderen, meist kleineren. Bei Außerachtlassung des Einflusses der Reynoldsschen Zahl wird dann die Zusatzkraftstoffmenge einen festen Anteil der Hauptkraftstoffmenge ausmachen. Der Querschnitt kann auch mit Hilfe eines Schiebers, der auf einem Schieberspiegel gleitet, der Löcher oder Schlitze hat, verändert werden. Völliger Abschluß einzelner Düsen ist durch Ventile oder Kugeln möglich. Die Betätigung der Ventile kann mechanisch, pneumatisch, hydraulisch oder elektromagnetisch vorgenommen werden.

2. *Änderung des wirksamen Luftdruckes*

Herabsetzung des Druckes in der Schwimmerkammer: Der Kraftstoff wird durch die Druckdifferenz $p_5 - p_2$ zwischen Schwimmerkammer und Lufttrichter gefördert, Abb. 231. Wenn der Druck in der Schwimmerkammer herabgesetzt wird, wird die Kraftstofförderung kleiner. Über dem Kraftstoff in der Schwimmerkammer herrscht der Außendruck p_0, wenn eine Entlüftungsbohrung nach außen vorhanden ist. Häufig wird aber nach einer Stelle oberhalb Querschnitt *a* entlüftet, um etwa verdampfenden Kraftstoff dem Motor zuzuführen und um den Widerstand des Luftfilters auszugleichen. Dann ist der Druck p_5 um einige kp/m² kleiner als p_0, d. h. wenn die Öffnung gegen die Strömung gerichtet ist (Staudruck), um den Widerstand in Filter und Leitungen. Wird durch eine am Lufttrichter angeschlossene Leitung über eine Düse *i* Luft abgesaugt und durch eine Düse *h* Luft vom Druck p_0 zugeführt, dann wird der Druck p_5 zwischen p_0 und p_2 liegen. Durch entsprechende Veränderung des Querschnittes *i* (oder auch *h*) kann p_5 auf einen beliebigen Druck zwischen p_0 und p_2 eingeregelt werden. Das Mischungsverhältnis kann also feinfühlig und in weiten Grenzen verändert werden.

Vergrößerung des Unterdruckes im Lufttrichter: Wird vor dem Lufttrichter *b* eine Drosselklappe angebracht, durch die der Querschnitt *a* verkleinert werden kann, dann fällt bei teilweisem Schließen derselben der Druck p_1 und auch der Druck p_2 im Lufttrichter ab. Die Druckdifferenz $p_5 - p_2$ wird also größer und es wird mehr Kraftstoff gefördert. Die Klappe wird meist nur teilweise geschlossen und hat oft federbelastete Ventile, so daß nur ein kleiner Druckunterschied entsteht. Die Vorrichtung wird oft zur Anreicherung beim Start verwendet, wobei durch Kupplung des Gestänges mit der Drosselklappe *d* dafür gesorgt wird, daß bei Vollgasbetrieb auch die Vordrossel *a* ganz geöffnet wird.

3. *Zusatz von Verbrennungsluft*

Wenn hinter dem Lufttrichter Luft zugeführt wird (vor oder hinter der Drosselklappe *d*), wird bei gegebener Gesamtluftmenge der Unterdruck im Lufttrichter verkleinert. Es wird also bei gegebener Düse *e* weniger Kraftstoff gefördert und das Gemisch wird ärmer. Die Zusatzluftmenge kann durch einen veränderlichen Querschnitt *l* variiert werden. Wird die Zusatzluft hinter der Drosselklappe *d* zugeführt, dann ist die Stellung der Drosselklappe und die Drehzahl des Motors von sehr großem Einfluß auf das Mischungsverhältnis, was sich sehr ungünstig auswirkt.

4. *Vergrößerung des spezifischen Volumens des Kraftstoffes*

Bisher wurde davon ausgegangen, daß durch die Düse *e* und die Leitung *f*, Abb. 227, S. 166, reiner Kraftstoff gefördert wird. Nun kann man aber auch hinter der Düse *e* mit dem Querschnitt F_e, Abb. 231, in der Leitung F_s dem Kraftstoff Luft beimischen, so daß ein Schaum entsteht. Da der Druck p_6 hinter der Düse *e* kleiner ist als der Außendruck p_0, kann durch eine einfache Leitung von außen (oder von p_5 oder von beliebigem Druck p_7) Luft zugeführt werden. Durch eine enge Düse *g* mit Querschnitt F_g wird die Luftmenge dosiert und in einem Röhrchen F_m nach unten geführt. Eine weitere Dosiereinrichtung ergibt sich durch die Anbringung von mehreren engen Bohrungen seitlich an diesem Rohr F_m in verschiedenen Höhen. Diese Bohrungen sprechen je nach dem Unterdruck verschieden stark an, so daß bei Änderung des Druckes p_2 im Lufttrichter eine Änderung des Mischungsverhältnisses erreicht wird. Der Einfluß reicht aus, um Korrekturen des Mischungsverhältnisses zu erzielen.

Wenn bei einem gegebenen Kraftstoffvolumen je Zeit Luft beigemischt wird, muß die Strömungsgeschwindigkeit im Querschnitt F_s größer werden, und zwar im Verhältnis der Volumina. Die spezifische Masse des Schaumes ist im Verhältnis zur Luftbeimischung kleiner als die des Kraftstoffes. Es gilt für kleine Druckdifferenzen die frühere Gleichung $\Delta p = \alpha \frac{w^2 \cdot \varrho}{2}$. Der Widerstand im Querschnitt F_s steigt also. Die Druckdifferenz $(p_5 - p_6)$ wird kleiner und die Druckdifferenz $(p_6 - p_2)$ wird größer. Auch muß der Kraftstoff auf höhere Geschwindigkeit beschleunigt werden, wodurch ein weiterer Druckabfall zwischen p_6 und p_2 entsteht. Der Vorteil der Schaumbildung liegt weiter darin, daß der Schaum der durchströmenden Luft im Lufttrichter eine vielfach größere Angriffsfläche bietet und deshalb eine bessere Zerstäubung ermöglicht.

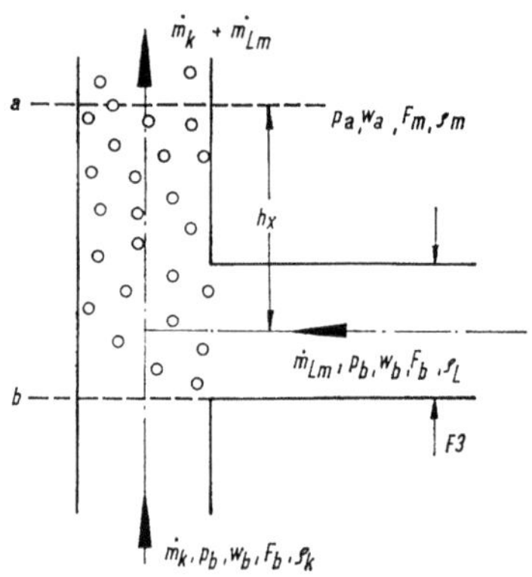

Abb. 232.
Schema für Luftbeimischung in Kraftstoffleitungen [129]

In Abb. 232 ist das Prinzip der Luftbeimischung zum Kraftstoff gezeigt. Die Kraftstoffmasse pro Zeit $\dot{m}_K$ wird mit einer Mischluftmasse pro Zeit $\dot{m}_{Lm}$ zerschäumt, die gegenüber der Kraftstoffmasse pro Zeit klein ist. Die Geschwindigkeit w_a des Schaumes ist jedoch größer als die Geschwindigkeit w_b des Kraftstoffes, der Druck muß also abnehmen. Aus dem für senkrechte Richtung angesetzten Impulssatz ergibt sich die Druckabnahme

$$F_b p_b - F_a p_a = (\dot{m}_K + \dot{m}_{Lm})\, w_a - \dot{m}_K w_b + h_x \varrho_m g \cdot F .$$

Aus dieser Bezeichnung läßt sich eine „Bremswirkung" b der Mischluft herleiten [129], die als das Verhältnis der Wirkdrücke für den Lufttrichter $(p_0 - p_2)$ und für die Kraftstoffdüse $(p_0 - p_6 + H \varrho_K g)$ definiert werden kann, vgl. Abb. 231. Sie läßt sich durch die Gleichung

$$b = \frac{p_0 - p_2}{p_0 - p_6 + H \varrho_k g} = \frac{1}{\frac{H \varrho_k g}{p_0 - p_2} + A}$$

darstellen, wobei

$$A = 1 + \frac{2 C_3^2 \cdot F_g}{C_1 \cdot C_2 \cdot F_e} \sqrt{\frac{H \cdot \varrho_k \cdot g}{p_0 - p_6} + 1} \left(\sqrt{\frac{\varrho_k}{\varrho_L}} + \sqrt{\frac{\varrho_L}{\varrho_k}} \right) + 2 \cdot \left(\frac{C_3}{C_2} \frac{F_g}{F_e} \right)^2 + \frac{H \cdot \varrho_k \cdot g}{p_0 - p_6}$$

Hierbei bedeuten:

F_g	Querschnitt der Korrekturluftdüse
F_e	Querschnitt der Kraftstoffdüse
H	Höhe zwischen Kraftstoffspiegel und Luftzutritt
F_m	Querschnitt der Mischluftleitung
F_s	freier Querschnitt der Schaumleitung und der Kraftstoffleitung

$$C_1^2 = 1 - \frac{2 F_e}{F_s} + \frac{2 F_e^2}{F_s^2}$$

$$C_2^2 = 1 - \frac{2 F_e}{F_m} + \frac{2 F_e^2}{F_m^2}$$

$$C_3 = \frac{F_e}{F_s}$$

Für $H = 0$ vereinfacht sich die Gleichung zu

$$b_0 = \frac{p_0 - p_2}{p_0 - p_6} = 1 + \frac{2 C_3^2 F_g}{C_1 C_2 F_e} \left(\sqrt{\frac{\varrho_K}{\varrho_L}} + \sqrt{\frac{\varrho_L}{\varrho_K}} \right) + \frac{2 C_3^2 F_g^2}{C_2^2 F_e^2} .$$

Die Bremswirkung b_0 ist für diesen Fall in Abb. 233 über dem Querschnittsverhältnis der Korrekturluftdüse F_g zur Kraftstoffdüse F_e dargestellt für verschiedene Werte von $C_3 = F_e/F_s$, d. h. Kraftstoffdüsen- zu Kraftstoffleitungsquerschnitt. Wenn die Höhe H zwischen Kraftstoffspiegel und Luftzutritt groß ist, kann Mischluft erst nach Erreichen eines Unterdruckes im Lufttrichter eintreten, der gleich der Druckhöhe H ist. Da dann aber in der Schaumleitung eine kleinere Dichte entsteht (Schaum statt Kraftstoff), tritt eine sprunghafte Änderung des Mischungsverhältnisses ein.

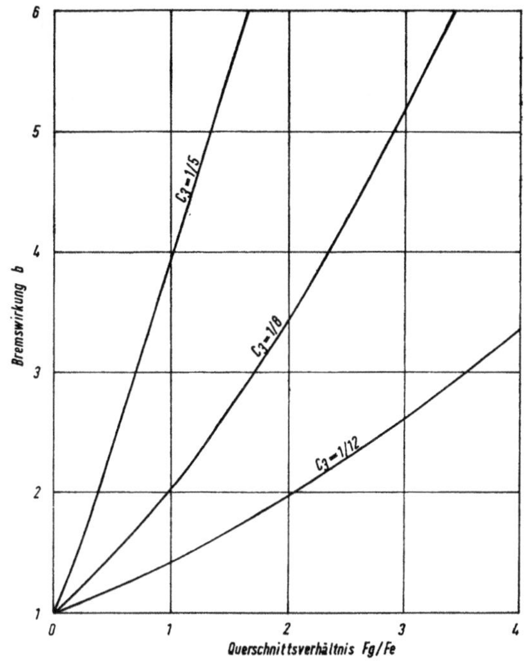

Abb. 233. Verlauf der Bremswirkung bei der Eintauchtiefe Null [129]

In den vorstehenden Gleichungen sind die Querschnitte der Düsen eingeführt; dies entspricht einem Zustand verlustloser Strömung. Wenn man anstelle der Querschnitte die wirklichen Durchströmzahlen in Abhängigkeit von der Reynoldsschen Zahl einführt, werden die Bremswirkungen b bei kleinen Reynoldsschen Zahlen für die Kraftstoffdüse viel kleiner. Bei großen Reynoldsschen Zahlen ergeben sich nur größere Abweichungen, wenn der Querschnitt der Korrekturluftdüse größer als der der Kraftstoffdüse ist. Bei Berücksichtigung der Reibung in den Schaumleitungen wird die Bremswirkung noch größer. Gute Durchmischung von Luft und Kraftstoff muß durch Zuführung der Luft durch einzelne Löcher angestrebt werden, sonst wird nicht die volle Bremswirkung erreicht.

Wenn Luft durch eine Öffnung in ein Rohr, in dem Kraftstoff fließt, eintritt, herrscht an der Grenzfläche zwischen Luft und Kraftstoff die Oberflächenspannung des Kraftstoffes. Die Luft kann dann in den Kraftstoff nur eintreten, wenn die Druckdifferenz zwischen Luft und Kraftstoff den durch die Oberflächenspannung hervorgerufenen Druck Δp_σ überwinden kann. Die Oberflächenspannung σ an einer kreisförmigen Öffnung ist gegeben durch

$$\Delta p_\sigma = \frac{4\pi d \cdot \sigma}{\pi d^2} = \frac{4\sigma}{d}.$$

Die Oberflächenspannung vom Kraftstoff, z. B. von Benzol ist bei 20 °C 2,94 p/m. Der Überdruck der Luft muß deshalb z. B. bei einer Bohrung von 1 mm Durchmesser 11,84 kp/m² betragen, Abb. 234.

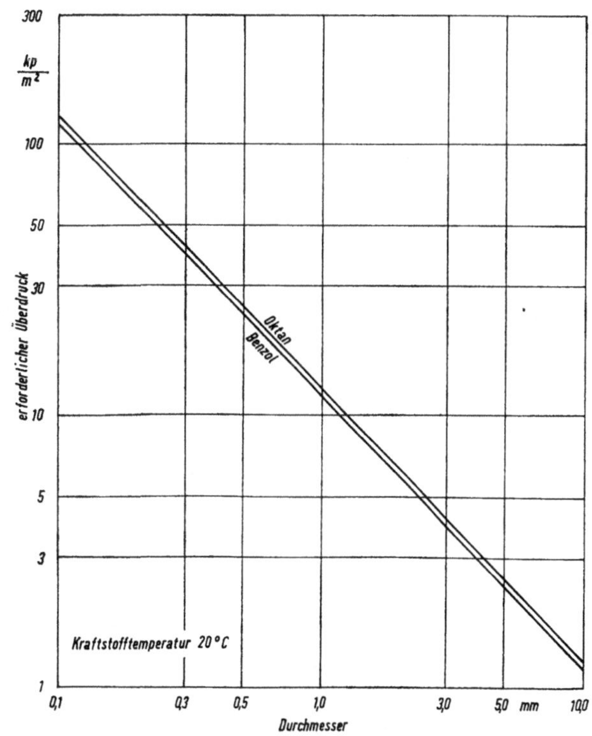

Abb. 234. Erforderlicher Druck zur Überwindung der Oberflächenspannung in Abhängigkeit von der Bohrungsgröße [48]

5. Mittel zur Änderung der Luftquerschnitte

Die Drosselklappe stellt die einfachste Einrichtung zur Änderung des Luftquerschnittes des Vergasers dar. Meist befindet sich die Achse symmetrisch in der Klappe, in Ausnahmefällen asymmetrisch, z. B. damit die Klappe infolge der Luftkräfte bei Gestängebruch bei Flugmotoren auf Vollast geht (größere Fläche hinten) oder bei Landfahrzeugen auf Leerlauf (größere Fläche vorn). Mitunter hat sie Stromlinienform. Drehschieber und Drosselschieber haben größere Reibungswiderstände oder müssen viel Spiel haben, ebenso axial verschiebbare Zylinder oder Zylindermäntel, deren Achse senkrecht zur Strömungsrichtung steht. Irisblenden sind zu empfindlich und teuer.

Bei Luftdüsen kann wie bei Kraftstoffdüsen der Querschnitt durch axial verschiebbare konische Nadeln verändert werden. Dabei ist allerdings das Verhältnis der benetzten Oberfläche zum Querschnitt groß, d. h. der äquivalente Durchmesser und damit die Reynoldssche Zahl sind klein.

3. Gestaltung des Vergasers

Da die Schwerkraft bei einem im Luftstrom schwebenden Kraftstofftropfen gegenüber den Luftkräften vernachlässigbar klein ist, kann man Vergaser und Saugleitung mit beliebiger Achsrichtung anordnen. Man verwendet Steigstromvergaser: senkrecht aufwärts gerichtet, früher häufig, heute selten; Fallstromvergaser: senkrecht abwärts gerichtet; Horizontalvergaser: waagerechte Richtung; Schrägstromvergaser: schräg auf- oder abwärts gerichtet. Der sich an der Wand als Film niederschlagende Kraftstoff wird durch die Luftreibung auch gegen die Schwerkraft nach oben gefördert. Vor dem Vergaser befindet sich ein Luftfilter zur Abscheidung von Staubteilchen. Sein Luftwiderstand beträgt nur wenige kp/m^2 bei Vollast. Der Vergaser hat viele Funktionen zu erfüllen; er setzt sich deshalb aus einer ganzen Reihe von einzelnen Bauelementen zusammen, die im Nachfolgenden mit ihrer Funktion beschrieben werden.

a) Einstellung des Kraftstoffspiegels

Um eine genau definierte Ausflußmenge durch die Kraftstoffhauptdüse zu erhalten, muß der Kraftstoffspiegel konstant gehalten werden, oder anders ausgedrückt, der Druck vor der Düse zur Bemessung der Kraftstoffmenge (Membranvergaser). Dieses geschieht mit Hilfe einer Schwimmereinrichtung, die mit einer Anlenkung ein nach innen öffnendes Ventil betätigt, derart, daß bei Absinken des Schwimmerspiegels frischer Kraftstoff zufließt. Der Schwimmer kann aus Kork, Blech oder Kunststoff hergestellt sein. Bei einem einfachen Schwimmer liegt die Ausflußstelle des Kraftstoffes (Spritzloch) nicht in der Mittellage des Schwimmers. Infolgedessen werden bei Schräglagen des Vergasers Niveaufehler entstehen. Solange die Schräglagen (und Beschleunigungen) z. B. bei normalen Kraftfahrzeugen nicht groß sind, spielt das noch keine Rolle.

Wenn aber Vergaser für Geländefahrzeuge oder Flugzeuge zu bauen sind, sind die Schräglagen nach vorn-hinten und rechts-links sehr groß. Es müssen dann besondere Anordnungen für den Niveauausgleich getroffen werden, z. B. können Doppelschwimmer gewählt werden, die symmetrisch zur Spritzlochmündung angeordnet sind. Dann wird der Kraftstoffspiegel immer durch die Spritzlochmündung gehen. Beim Rückenflug versagt die Schwimmerkammer, es sind dann besondere Einrichtungen notwendig. Damit der Kraftstoff im Stillstand bei einem schrägstehenden Fahrzeug nicht aus der Schwimmerkammer herausläuft, muß die Mündung des Spritzloches über dem Spiegel des Kraftstoffes liegen, im allgemeinen etwa 5 mm. Die im Schwimmergehäuse vorhandene Kraftstoffmenge soll klein sein, damit etwaige Brände wenig Nahrung finden. Der Kraftstoffspiegel kann auch über der Spritzlochmündung liegen; dann muß die Leitung zum Spritzloch über ein U-Rohr nach oben entlüftet sein, damit im Stillstand kein Kraftstoff nachgesaugt wird. Anstelle eines Schwimmers kann man auch eine Zuführung von sehr viel Kraftstoff mit einem Überlauf und Rückfördern des überschüssigen Kraftstoffes wählen, wobei dann auch ein konstantes Niveau eingehalten wird, s. Abb. 258, 259 und 260, S. 194 und 195.

b) Leerlauf, Übergang und Beschleunigung

Beim Leerlauf des Motors beträgt die Drehzahl $^1/_6$ bis $^1/_8$ der Vollastdrehzahl. Beim Viertaktmotor liegt der Druck vor dem Einlaßventil bei 0,25 bis 0,4 ata. Die Masse der Füllung des Zylinders mit frischem Gemisch beträgt bei Leerlauf etwa $^1/_3$ bis $^1/_5$ der Füllung bei Vollast. Die angesaugte Luftmasse beträgt deshalb $^1/_{20}$ bis $^1/_{40}$ der Luftmasse bei Vollastbetrieb. Die Geschwindigkeit im Lufttrichter ist 3 bis 6 m/s entsprechend 0,5 bis 2 kp/m^2 Unterdruck. Er ist also kleiner als der Sicherheitshöhe entspricht, die man mit Rücksicht auf die Vermeidung von Überlaufen des Vergasers anwenden muß. Es wird also kein Kraftstoff aus der Hauptdüse gefördert.

Man muß eine besondere Leerlaufeinrichtung benutzen. Zur Dosierung des Kraftstoffes kann dabei der Lufttrichter nicht verwendet werden. Große Druckunterschiede sind aber an der Drosselklappe vorhanden, und man kann deshalb eine Einrichtung schaffen, bei der durch den großen Unterdruck hinter der Drosselklappe eine bestimmte Luftmenge angesaugt wird und dabei eine bestimmte Kraftstoffmenge durch eine besondere Leerlaufdüse gefördert wird. Die Förderung des Kraftstoffes durch die Leerlaufdüse kann direkt aus dem Schwimmergehäuse erfolgen, sie kann aber auch hinter der Hauptdüse abgenommen werden. Im ersten Falle spricht man von unabhängigem Leerlauf, im zweiten Falle von abhängigem Leerlauf. Man kann auch beide kombinieren und einen Teil des Kraftstoffes unabhängig aus der Schwimmerkammer und den anderen Teil abhängig hinter der Hauptdüse entnehmen.

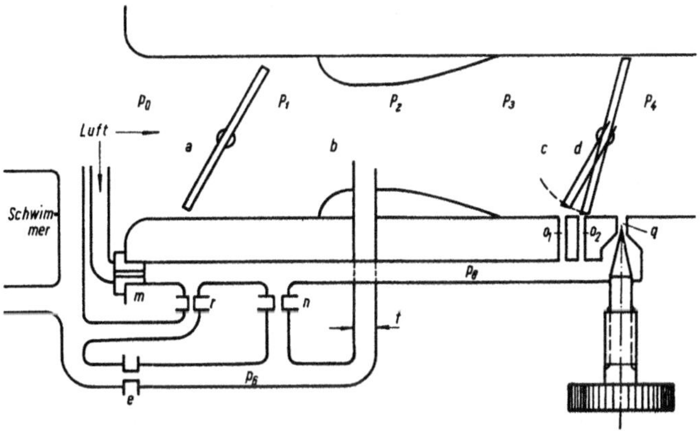

Abb. 235. Schema der Leerlaufeinrichtung im Vergaser

Wie auf S. 160 beschrieben, soll das Luftverhältnis bei 0,65 bis 0,88 liegen. Die Drücke im Zylinder, Ansaugdruck, Verdichtungsenddruck, Verbrennungshöchstdruck, sind sehr niedrig. Die Verbrennungsvorgänge werden deshalb bis weit gegen Ende des Dehnungshubes verschleppt. Der Abgasanteil im Gemisch ist sehr groß. Er ist bei Überschneidung der Ventilsteuerzeiten von der Lage der Drosselklappe abhängig (s. S. 165).

Die übliche Leerlaufeinrichtung ist in Abb. 235 dargestellt. Die Drosselklappe ist fast geschlossen und läßt nur einen Teil der Leerlaufluftmenge durch. Ihre Stellung kann durch eine Schraube einreguliert werden. Hinter der Drosselklappe befindet sich eine Öffnung q, deren Querschnitt durch eine Schraube mit konischer Nadel verändert werden kann. Eine Luftleitung führt nach außen, wo eine Düse m den Querschnitt für die zutretende Luft bestimmt. Zwischen Querschnitt m und q erfolgt die Zuführung des Kraftstoffes entweder direkt aus der Schwimmerkammer über eine Düse vom Querschnitt r (unabhängiger Leerlauf), oder aber, indem der Kraftstoff zuerst durch die Hauptdüse e geht und dann durch die Düse vom Querschnitt n (abhängiger Leerlauf). Auch eine Kombination beider Düsen r und n ist möglich. Eine solche Einrichtung genügt zur Erzielung des Leerlaufes.

Der Übergang vom Leerlauf zu Teillast ist dann aber noch zu schlecht, weil bei einer kleinen Öffnung der Drosselklappe dort nur Luft zugeführt wird und darum das Gemisch arm wird. Es müssen deshalb weitere Bohrungen angebracht werden, durch die im Leerlauf

Luft zum Leerlaufkanal strömt und durch die, wenn die Drosselklappe ein klein wenig geöffnet wird und deshalb mehr Luft durchläßt, reiches Gemisch herausgesaugt wird. Man verwendet dazu die Bohrungen o_1 und o_2, die ganz dicht an der öffnenden Kante der Drosselklappe liegen. Bei geschlossener Drosselklappe wird dann durch die Bohrungen o_1 und o_2 Luft eintreten und zusammen mit der bei n durchtretenden Luft durch die Bohrung q hinter der Drosselklappe in die Saugleitung kommen. Die Bohrung o_2 liegt fast unter der Drosselklappe selbst, so daß bei einer kleinen Öffnung der Drosselklappe schon Gemisch aus dieser Düse herausgesaugt wird. Bei weiterem Öffnen liefert auch die Bohrung o_1 Gemisch, so daß also der Motor mehr Gemisch bekommt und ein höheres Drehmoment abgeben bzw. auch eine höhere Drehzahl erreichen kann. Da die Luftdüse m konstant bleibt, muß eine starke Anreicherung durch die Düsen n bzw. r eintreten. Da gleichzeitig aber auch durch das Drehen der Drosselklappe Luft an den Drosselklappenkanten vorbei in den Motor kommt, wird wieder ein richtiges Gemisch erzeugt. Die Bohrungen o_1, o_2 und q müssen den Motor so lange allein mit Gemisch versorgen, bis die Hauptdüse e in Funktion getreten ist, d. h. bis der Unterdruck $p_0 - p_2$ groß genug ist, um Kraftstoff zu fördern. Anschließend wird das Gemisch gemeinsam durch die Bohrungen o_1, o_2 und q sowie den Querschnitt b und die Hauptdüse e geliefert.

Bei hohen Leistungen hört bei abhängigem Leerlauf die Kraftstofförderung durch den Leerlauf vollständig auf. Es kann sogar durch die Düsen m und n Luft in die Leitung f gesaugt werden, wenn der Druck p_4 bei o_1, o_2 und q merklich größer ist als p_2. Bei unabhängigem Leerlauf wird immer eine geringe Menge Gemisch durch die Bohrungen o_1, o_2 und q gefördert werden, da ja durch die Düse m noch Luft und durch die Düse r noch Kraftstoff angesaugt wird. Der Unterdruck im Lufttrichter beträgt bei Leerlauf 0,5 bis 2 kp/m^2. Das Hauptdüsensystem kann erst etwa von 5 kp/m^2 ab in Funktion treten und wird erst von etwa 16 kp/m^2 ab einwandfrei arbeiten, weshalb das Übergangssystem erforderlich ist. Das abhängige Leerlaufsystem wird erst außer Funktion gesetzt, wenn der Druck p_4 annähernd den Druck p_2 erreicht, je nach dem Querschnitt der Düse m einerseits und $o_1 + o_2 + q$ andererseits.

Das Druckverhältnis p_3/p_4 an der Drosselklappe ist im Leerlauf größer als das kritische Druckverhältnis, nämlich 1,0 ata gegenüber 0,25 bis 0,4 ata. Da die Querschnitte $m + o_1 + o_2$ meist größer sind als der Querschnitt q, wird das Druckverhältnis p_8/p_4 immer noch überkritisch oder höchstens wenig unterkritisch sein, und es wird im Querschnitt q Schallgeschwindigkeit oder nahezu Schallgeschwindigkeit auftreten. Daraus ist zu folgern, daß bei geschlossener Drosselklappe bei Erhöhung der Drehzahl (Schleppbetrieb) ein großer Unterdruck entstehen muß, daß aber das geförderte Gemisch die gleiche oder nahezu die gleiche Zusammensetzung und die gleiche Masse hat.

Zur Einregelung des Leerlaufes hat man vier Größen, nämlich die Luftdüse m, die Kraftstoffdüse n und/oder r, die Querschnitte o_1 und o_2 sowie den durch eine Schraube verstellbaren Querschnitt q und endlich den freien Querschnitt an der Drosselklappe, der auch durch eine Schraube genau einstellbar ist. Die Einreglung wird heute noch meistens nach Gefühl vorgenommen, kann aber auch schon durch Meßgeräte (Messung des CO_2-Gehaltes oder des CO- und Kohlenwasserstoff-Gehaltes des Abgases) genauer und besser eingestellt werden.

Die Unterdrücke im Hauptdüsensystem betragen bei Vollast und höchster Drehzahl 600 bis 1000 kp/m^2 entsprechend 100 bis 125 m/s Durchströmgeschwindigkeit. Richtiges Arbeiten der Hauptdüse bzw. des Hauptdüsensystems ist erst ab etwa 16 m/s Luftgeschwindigkeit im Lufttrichter möglich entsprechend etwa 16 kp/m^2 Unterdruck. Bei vollgeöffneter Drosselklappe wäre dies etwa $^1/_6$ bis $^1/_8$ der Vollastdrehzahl, d. h. man kann, vom Vergaser her gesehen, einen Motor schon kurz oberhalb der Leerlaufdrehzahl mit vollgeöffneter Drosselklappe betreiben. Ob der Motor ruhig und rund läuft, hängt von der Zylinderzahl und anderen Faktoren ab.

Da beim Leerlauf der Druck in der Saugleitung sehr niedrig ist, wird der Kraftstoff bei normalen Temperaturen meist vollständig verdampfen. An den Wandungen der Leitungen wird sich deshalb kein Kraftstoff niederschlagen, obwohl das Gemisch reich ist. Bei Vollgas ist der Druck hoch, es wird sich deshalb an den Leitungen auch bei normalen Temperaturen etwas Kraftstoff befinden. Dieser Kraftstoff verdampft, wenn man auf Leerlauf übergeht. Umgekehrt ist aber nun, wenn man die Drosselklappe schnell öffnet, der Übergang von niedrigem Druck zu hohem Druck sehr rasch und es wird deshalb der am Lufttrichter geförderte Kraftstoff zunächst zum Teil an die Wandungen der Saugleitung kommen und nur zu einem Teil mit der Ansaugluft durch das Einlaßventil in den Zylinder gelangen. Außerdem strömt die Luft schneller durch den Lufttrichter als der Kraftstoff gefördert werden kann. Im Zylinder wird also ein armes Gemisch sein, und es wird bei den ersten Zyklen nur wenig Arbeit erzeugt, oder aber es entstehen gar einige Fehlzündungen.

Um sofort beim Aufreißen der Drosselklappe volle Leistung zu haben, wird deshalb eine bestimmte Kraftstoffmenge mit Hilfe einer Beschleunigerpumpe eingespritzt. Eine Menge von 1 bis 1,5 cm^3 reicht im allgemeinen. Wichtig ist, daß die Einspritzung zu Anfang der Hebelbewegung vorgenommen wird. Die Betätigung kann mechanisch sein oder durch Luftdruck hinter der Drosselklappe gegen eine Feder, d. h. bei Zunahme des Luftdruckes wird durch die Feder eine bestimmte Kraftstoffmenge eingespritzt. Es kann eine Kolbenpumpe oder eine Membranpumpe verwendet werden. Bei Zweitaktmotoren ist eine Zusatzeinspritzung beim Beschleunigen im allgemeinen nicht notwendig, da sich im Leerlauf im Kurbelgehäuse meist ein reiches Gemisch befindet.

Wenn der Motor im Kraftfahrzeug bei hoher Geschwindigkeit mit hoher Drehzahl geschleppt wird, ist der Unterdruck hinter der Drosselklappe sehr groß. Es verbleibt viel Abgas im Zylinder, infolgedessen ist das Gemisch schlecht und die Verbrennung wird verschleppt und unvollkommen. Außerdem ist die Zeit für die Verbrennung kurz. In die Auspuffleitungen kommt ein Abgas, das reich ist an Kohlenmonoxid und an nicht verbrannten und anoxydierten Kohlenwasserstoffen. Um das zu vermeiden, kann man die Kraftstoffzufuhr unter Zuhilfenahme des Saugleitungsunterdruckes als Steuergröße abschalten. Die Leerlaufdüse kann mit einem Ventil verschlossen werden, das von einer Membran betätigt wird, die auf der einen Seite vom Saugleitungsunterdruck, auf der anderen vom Atmosphärendruck beaufschlagt ist, wobei zum Schließen die Kraft einer Feder überwunden werden muß. Man kann auch den Umweg über ein elektromagnetisch betätigtes Ventil wählen, das vom Saugleitungsunterdruck gesteuert wird. Dann kann man eine zusätzliche Schaltung anbringen, derart, daß auch beim Abstellen der Zündung die Leerlaufdüse abgeschlossen wird. Ein überhitzter Motor kann dann nicht durch Glühzündungen weiterlaufen.

Die Kraftstoffzuführung wird bei der Verzögerung (Düse r oder n) solange verschlossen, bis die Drehzahl auf eine etwas oberhalb der Leerlaufdrehzahl liegende Drehzahl abgefallen ist. Die Betätigung des Magnets kann auch über die Fliehkraftsteuerung der Zündverstellung im Unterbrecher geschehen.

c) Anlassen des Motors

Beim Normalstart, d. h. beim Anlassen des kalten Motors unter normalen Wetterbedingungen wird der Motor durch den elektrischen Anlasser durchgedreht und auf eine bestimmte Drehzahl (60 bis 200 U/min) gebracht. Das Anlassen kann im normalen Leerlauf erfolgen, und es ist meist ohne Anreicherung möglich. Nach wenigen Umdrehungen wird der Motor seinen Leerlauf haben. Bei kaltem Motor und kaltem Wetter jedoch ist eine Anreicherung des Gemisches mit Kraftstoff notwendig und es muß auch etwas mehr Luft gegeben werden. Das Durchdrehen des Motors mit dem elektrischen Anlasser geschieht bei Kälte langsamer, weil der Widerstand des kalten Öles größer ist. Das Drehmoment, das der elektrische Anlasser abgeben muß, ist erheblich höher. Auch die Batterie hat weniger Leistung. Der in die Saugleitung kommende Kraftstoff kann bei den niedrigen Temperaturen nicht verdampfen. Im wesentlichen werden nur die leichtsiedenden Bestandteile zur Verdampfung gelangen. Damit das Gemisch, das in den Zylinder kommt, genügend reich für die Verbrennung ist, muß eine Anreicherung an Kraftstoff vorhanden sein, die ein Mehrfaches des normalen Kraftstoffbedarfes beträgt. Sie kann durch eine Anlaßklappe oder durch einen Startvergaser erfolgen. Der Vorgang kann durch einen Kaltstartautomat selbsttätig gemacht werden.

Wenn man einen Motor sehr scharf gefahren hat und ihn noch heiß stehen läßt, wird sich durch die hohe Temperatur der Teile des Motors die Temperatur unter der Haube auf 40 bis 100 °C einstellen. Durch dieses Nachheizen des Motors kann dann ein Verdampfen des Kraftstoffes aus dem Schwimmergehäuse eintreten und in der Pumpenleitung können Dampfblasen erzeugt werden. In der Saugleitung befindet sich dann verdampfter Kraftstoff. Beim erneuten Anlassen ist deshalb das Gemisch während der ersten Umdrehungen so reich, daß es nicht zünden kann. Man wird zweckmäßigerweise volle Drosselklappenöffnung beim Anlassen verwenden. Anschließend aber wird das Gemisch zu arm sein, bis das Schwimmergehäuse, dessen Kraftstoff ja verdampft ist, wieder mit frischem Kraftstoff aufgefüllt ist und erst dann kann ein richtiger Lauf eintreten.

Die Forderungen bei deutschem Klima gehen dahin, daß bei -20 °C der Motor nach wenigen Sekunden anspringen soll; bei noch niedrigerer Temperatur in entsprechend längerer Zeit, und eventuell mit Anlaßhilfen (sofern der Anlasser den Motor überhaupt noch durchdrehen kann). Das Anspringen soll in jedem Fall sicher möglich sein. In kälteren Ländern kann auch gelegentlich die Forderung nach tieferen Anlaßtemperaturen vorhanden sein, evtl. mit Vorwärmeinrichtungen kombiniert. Während vor zwei oder drei Jahrzehnten das Einspritzen von Kraftstoff von Hand mit einer Pumpe evtl. unter Verwendung von Leichtkraftstoffen oder Äther üblich war, sind heute zwei andere Methoden eingeführt worden.

Durch eine Drosselklappe wird der Querschnitt a verringert, Abb. 235, S. 175, so daß die Hauptdüse schon im Leerlauf und Übergang Kraftstoff liefert. Gleichzeitig wird die Hauptdrosselklappe etwas geöffnet, so daß auch mehr Luft zufließt. Es ergibt sich ein überreiches Gemisch, wobei die Gemischmenge größer ist, als für den normalen Leerlauf notwendig ist, also ein größeres Drehmoment und eine höhere Leerlaufdrehzahl erreicht werden kann.

Durch einen besonderen Startvergaser kann die gleiche Wirkung erreicht werden. Der Startvergaser ist eine Zusatzeinrichtung, die Luft und Kraftstoff in einem reichen Mischungsverhältnis liefert. Dabei kann man durch Verstellen eines Drehschiebers die Menge des angesaugten Gemisches und das Mischungsverhältnis noch verändern. Die Anreicherung soll nur so lange vorgenommen werden, bis der Motor angewärmt ist. Man kann die Einschaltung und Abschaltung der Startanreicherung von Hand vornehmen oder mit einem Thermostaten automatisieren (Bimetallfeder).

Bei Temperaturen unter 0 °C verdampfen fast nur die am leichtesten siedenden Anteile des Kraftstoffes, die bei unserem Standard-Kraftstoff etwa 20% betragen, vorwiegend bis zu C_6. Bei -20 °C wird vorwiegend der Anteil bis zu C_5 zur Verdampfung gebracht, das sind etwa 12% (vgl. S. 16). Der gelieferte Kraftstoff ist nicht in allen Ländern derselbe. In kalten Ländern wird insbesondere im Winter der Anteil der leichtsiedenden Bestandteile erhöht, während in heißen Ländern wegen der Dampfblasenbildung im Förderpumpensystem und wegen Verdampfungsverlusten aus dem Tank weniger leichtsiedende Anteile verwendet werden. Bei manchen Motoren wird dem Vergaser vorgewärmte Ansaugluft zugeführt, während der Motor im Teillastgebiet und Leerlauf betrieben wird. Verdampfung und Gemischverteilung werden dadurch verbessert. Bei Vollast findet keine Anwärmung statt, weil sonst die Leistung absinken und die Klopfneigung steigen würde. Die Vorwärmung kann automatisch ein- und ausgeschaltet werden (s. S. 257 und Abb. 346).

d) Vollastanreicherung

Im Teillastbetrieb will man ein armes Gemisch haben mit Luftverhältnissen von 1,05 bis 1,15, um einen möglichst geringen Kraftstoffverbrauch zu erzielen. Bei hohem Mitteldruck jedoch, d. h. bei den letzten Winkelgraden der Drehung der Drosselklappe will man eine Anreicherung auf Luftverhältnisse von 0,90 bis 0,97 haben (bei luftgekühlten Motoren bis zu 0,85), um eine möglichst hohe Leistung aus dem Motor herauszuholen, mitunter auch, um mit dem verdampfenden Kraftstoff zu kühlen. Bei einigen Vergasertypen macht man das so, daß man eine Zusatzdüse in Tätigkeit setzt, die über die Beschleunigerpumpe angeschlossen ist. Wenn die Beschleunigerpumpe nahe ihrer Endstellung und die Drosselklappe nahezu offen ist, wird ein Kugelventil, das die Beschleunigerpumpe abschließt, durch einen Stift aufgedrückt, so daß durch die Düse, die vor der Beschleunigerpumpe sitzt, Kraftstoff zum Rohr im Lufttrichter durchtreten kann. Die Einspritzung dieses Kraftstoffes kann in der Trichterverengung oder oberhalb des Trichters vorgenommen werden. In jedem Fall ist die Kraftstoffmenge abhängig vom Unterdruck, d. h. von der Luftmenge, die durch den Trichter hindurchfließt (Solex-Vergaser).

Bei Fallstromvergasern kann der Austritt des Kraftstoffes weit über dem Lufttrichter und dem Kraftstoffspiegel liegen. Dann spricht die Anreicherung nur an, wenn ein bestimmter Luftfluß vorhanden ist, der die Höhendifferenz überwindet. Außerdem ist die geförderte Kraftstoffzusatzmenge vom Luftdurchfluß abhängig. Bei Steuerung der Kraftstoffmenge durch Nadeln, die sich in der Hauptdüse befinden, kann man in einfacher Weise durch Verringerung des Durchmessers der Nadel eine Anreicherung erzielen (Carter- und SU-Vergaser).

e) Abstellen des Motors

Der Motor wird durch Ausschalten der Zündung abgestellt. Wenn im Zylinder aber heiße Teile vorhanden sind, die Glühzündung hervorrufen (was bei heißen Motoren mitunter vorkommt), dann ist ein Abstellen durch Ausschalten der Zündung nicht möglich, und der Motor läuft weiter. Man muß dann die Kraftstoffzufuhr des Leerlaufes zusammen mit der Zündung abschalten z. B. durch ein Ventil, das die Leerlaufdüse unter Federdruck verschließt und mit Hilfe eines Elektromagneten öffnet, wenn der Zündstrom eingeschaltet wird.

f) Höhenkorrektur

Bei zunehmender Höhe über dem Meer, z. B. beim Fliegen oder bei Gebirgsfahrten, nimmt der Druck und damit die spezifische Masse der Luft ab; die spezifische Masse des Kraftstoffes bleibt aber konstant. Aus den Gleichungen nach S. 167 ergibt sich aber, daß bei gleichbleibenden Querschnitten für Luft und Kraftstoff eine Anreicherung mit Kraftstoff im umgekehrten Verhältnis zur Wurzel aus der spezifischen Masse der Luft eintreten muß. Eine Temperaturänderung übt denselben Einfluß auf das Gemisch aus, und zwar ändert sich das Gemisch im Verhältnis zur Wurzel aus der absoluten Temperatur der Luft. Bei Flugzeugen und bei Kraftwagen, die häufig Gebirgsfahrten ausführen, ist deshalb eine Korrektur zweckmäßig. Der Eingriff zur Korrektur kann entweder von Hand bedient werden oder aber durch einen Regler mit Hilfe einer Barometerdose. Es bestehen folgende Wege: Der Querschnitt der Kraftstoffhauptdüse oder einer zu ihr parallel geschalteten Düse kann mit einer von der Barometerdose oder von Hand gesteuerten Düsennadel verändert werden.

Die Druckdifferenz an der Hauptdüse kann durch Veränderung des Druckes in der Schwimmerkammer geregelt werden. In Abb. 231, S. 170, wird der Querschnitt der Düse i verändert und dadurch der Druck p_5 oberhalb der Schwimmerkammer beeinflußt. Der Querschnitt i kann durch eine Düsennadel oder durch einen Drehschieber verstellt werden. Je größer die Flughöhe ist, desto größer muß der Querschnitt i werden. Maßgebend sind dabei die Querschnitte h und i, sowie der Druck vor h, z. B. p_0, und der Druck p_2 im Lufttrichter. Für die Änderung der Temperatur der Luft braucht keine Korrektur angebracht zu werden, obwohl die größten Unterschiede etwa $\pm 26°$ betragen, d. h. etwa $\pm 8\%$ ausgehend von einem mittleren Wert. Da die Temperaturänderung nur mit dem Wurzelwert eingeht, wird der Fehler im Gemisch maximal etwa $\pm 4\%$ betragen.

g) Luftsäulenschwingungen im Vergaser

Bei Motoren mit 1 bis 3 Zylindern und nur einem Vergaser sowie bei Motoren mit 4 Zylindern bei niedrigen Drehzahlen und voller Drosselklappenöffnung treten pulsierende Strömungen in der Saugleitung auf. Bei pulsierenden Strömungen wird aber mehr Kraftstoff gefördert, erst recht natürlich, wenn gar eine Rückströmung von Luft am Lufttrichter entsteht, s. S. 168. Es kann sich eine starke Anreicherung des Gemisches ergeben. Um dem abzuhelfen, kann man eine automatisch arbeitende Klappe hinter die Drosselklappe setzen. Diese Klappe ist unsymmetrisch gebaut und wird durch die Luftkräfte gegen eine leichte Feder geöffnet. Bei hohen Luftgeschwindigkeiten wird deshalb die Klappe vollkommen geöffnet sein und fast keinen Widerstand bieten. Wird aber die Strömungsgeschwindigkeit bei niedriger Drehzahl kleiner, dann schließt sich die Klappe teilweise und es entsteht ein Widerstand, wodurch die Schwingungen in der Saugleitung gedämpft werden und die Anreicherung vermieden wird (vgl. Abb. 271, S. 204).

h) Mehrfach-Venturi-Düse

Zur Verstärkung des Unterdruckes im Lufttrichter wird mitunter in diesen eine zweite Venturidüse eingebaut, wobei das Diffusordüsenende in der engsten Stelle des Lufttrichters liegt (Multiplikatordüse). Der Kraftstoff wird an der engsten Stelle der inneren Venturidüse zugeführt. Man kann dabei ein etwas früheres Ansprechen der Hauptdüse bei Übergang aus dem Leerlauf erreichen und vielleicht auch eine etwas bessere Zerstäubung des Kraftstoffes. Der Druckverlust wird aber nicht kleiner als beim einfachen Lufttrichter. Es wird zwar nur ein Teil der Luft auf die hohe kinetische Energie gebracht, aber, da dieser geringen Teilmenge der Luft der Kraftstoff beigemischt wird, wobei die Geschwindigkeit des Kraftstoffes in axialer Richtung gleich Null ist, wird ein sehr großer Energieverlust an dieser kleineren Luftmenge eintreten und die Strömung durch diese Verzögerung entsprechend stark gestört werden.

i) Steuerung der Zündverstellung

Der günstigste Zündzeitpunkt ist von Drehzahl, Ladedruck und Mischungsverhältnis abhängig, er muß also im Betrieb automatisch verstellt werden. Die Änderung mit der Drehzahl geschieht durch einen am Unterbrecher befindlichen Fliehkraftversteller. Der hohe Ladedruck des Vollastbereiches fällt mit schnell brennendem, reichem Gemisch zusammen, weshalb späte Zündung erwünscht ist. Bei Teillast mit armem Gemisch will man sehr frühe Zündung haben, insbesondere bei hoher Drehzahl. Durch eine gegen eine Feder arbeitende Membran, deren eine Seite mit dem Druck hinter der Drosselklappe verbunden ist, kann bei wachsendem Unterdruck eine frühere Zündung eingestellt werden.

j) Begrenzung der Höchstdrehzahl

Bei manchen Wagen, z. B. bei Lieferwagen mit großer Untersetzung (VW-Transporter), will man vermeiden, daß in den niedrigen Gängen oder bei Fahren in schwachem Gefälle die Drehzahl des Motors zu hoch steigt, wodurch Motorstörungen entstehen könnten. Man kann dann hinter die Drosselklappe des Vergasers eine weitere Drosselklappe bauen, die durch einen Kolben geöffnet und geschlossen wird. Auf diesen Kolben wird der Unterdruck hinter dem Lufttrichter oder im Lufttrichter geleitet. Bei Überschreitung eines gewissen Unterdruckes wird dann diese Drosselklappe teilweise oder ganz geschlossen. Die Klappe ist meist seitlich in einem größeren Querschnitt der Saugleitung angebracht, so daß sie bei normalem Vollastbetrieb keinen Widerstand ergibt. Dynamische Kräfte können dabei auf die Klappe wirken.

k) Öffnungsverzögerung der Drosselklappe

Bei raschem Aufreißen der Drosselklappe muß eine verhältnismäßig große Kraftstoffmenge durch die Beschleunigerpumpe eingespritzt werden. Um dies zu umgehen, kann man eine Dämpfungseinrichtung (dashpot) einbauen, die das Öffnen der Klappe um einige Zehntelsekunden verzögert. Sie wird im allgemeinen als Flüssigkeitsdämpfer ausgeführt.

4. Beispiele ausgeführter Vergaser

a) Vergaser mit konstantem Lufttrichterquerschnitt und konstantem Hauptdüsenquerschnitt

Da die Querschnitte von Lufttrichter und Hauptdüse in einem festen Verhältnis stehen, ist primär das Mischungsverhältnis durch die Strömungsgesetze von Lufttrichter und Kraftstoffdüse bestimmt. Durch Zufuhr von Luft zum Kraftstoff hinter der Hauptdüse durch ein Röhrchen mit mehreren Bohrungen (Schaumbildung) kann das Mischungsverhältnis korrigiert werden. Die Anreicherung für den Vollastbetrieb wird durch eine Kraftstoffdüse vorgenommen, die bei hoher Leistung zugeschaltet wird. Das dazu notwendige Ventil (meist eine kleine Kugel) kann über ein Gestänge von der Drosselklappe betätigt werden (Solex, Zenith) oder durch eine Membran oder einen Kolben, die durch den Druck hinter der Drosselklappe im Zusammenwirken mit einer Feder gesteuert werden (Bendix-Stromberg). Einfacher ist die mechanische Betätigung; bei niedrigen Dehzahlen wird aber schon bei etwa halb geöffneter Drosselklappe der volle Druck in der Saugleitung erreicht. Die mechanische Anreicherung spricht also in diesem Fall zu spät an. Bei der pneumatischen Betätigung erfolgt die Anreicherung unabhängig von der Drehzahl bei einem bestimmten Druck in der Saugleitung.

α) Solex-Vergaser 28 PICT, 32/34 PICB

1. Aufbau und Leerlaufbetrieb

Der Solex-Vergaser 28 PICT der Deutschen Vergaser-Gesellschaft m.b.H. ist ein Fallstromvergaser für einen Saugleitungsdurchmesser von 28 mm. Er besitzt eine Beschleunigerpumpe zur Anreicherung des Gemisches beim raschen Übergang von niedrigen zu hohen Leistungen und eine damit verbundene Anreicherung bei Vollast und hohen Drehzahlen. Er hat eine weitere Vorrichtung zur zusätzlichen Anreicherung bei Vollast und höchsten Drehzahlen. Es ist eine automatisch wirkende Starteinrichtung vorhanden, die bei niedrigen Temperaturen die zum sicheren Anlassen und zum Warmlaufen erforderliche zusätzliche Kraftstoff- und Luftmenge in Abhängigkeit von der Temperatur liefert, und die sich bei warmem Motor automatisch ausschaltet. Der Leerlauf ist abhängig von der Hauptdüse. Das Schwimmergehäuse ist zur Luftzuführungsleitung hin entlüftet. Zur Verstellung des Zündzeitpunktes ist eine doppelte Unterdruckentnahme vorhanden.

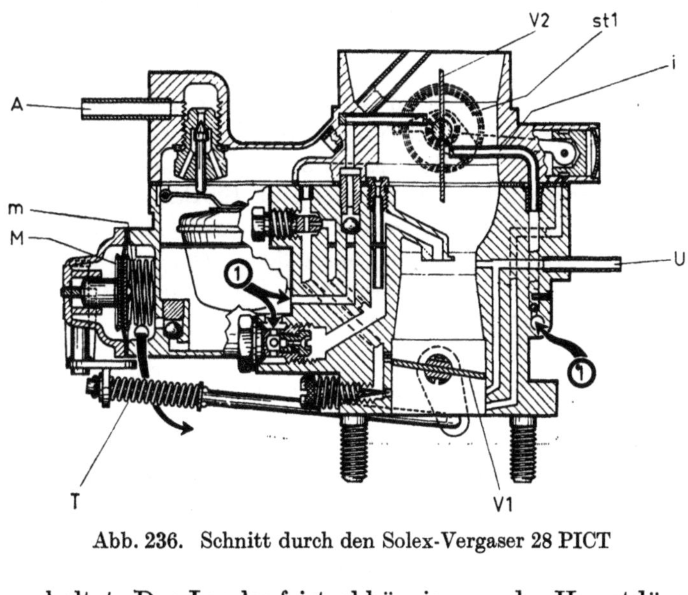

Abb. 236. Schnitt durch den Solex-Vergaser 28 PICT

Abb. 236 zeigt einen Schnitt durch den Vergaser. Der Kraftstoff tritt bei A in die Schwimmerkammer ein. Der Schwimmer ist ein Hohlkörper aus Kunststoff. Der Kraftstoff geht bei 1 zur Haupt- und Leerlaufdüse, zur Vollastanreicherungsleitung und zur Beschleunigerpumpe. Die Drosselklappe V 1 bestimmt die Gemischmenge, die von der Startautomatik gesteuerte Drosselklappe V 2 reichert das Gemisch bei Start und niedriger Temperatur an.

Abb. 237 zeigt die Leerlaufeinrichtung. Der Kraftstoff fließt bei 1 zur Hauptdüse *Gg* und von dort zur Leerlaufdüse *g*. Durch die Düse *u* tritt Luft zu und der entstandene Schaum fließt zur Saugleitung bei der Leerlaufgemischregulierschraube *W*. Oberhalb dieser Regulierschraube befinden sich 2 Bohrungen dicht übereinander, By-pass-Bohrungen oder Übergangsbohrungen genannt, wobei die untere der beiden in Höhe der oberen Drosselklappenkante bei geschlossener Klappe liegt. Die für den Leerlauf notwendige Luft geht teilweise durch die Düse *u*, teilweise an der nicht ganz geschlossenen Drosselklappe vorbei zur Saugleitung. Mit der Leerlaufgemischregulierschraube wird im wesentlichen die Kraftstoffmenge eingestellt, mit der Drosselklappe die Luftmenge. Die genaue Lage der geschlossenen Drosselklappe wird mit einer Schraube eingestellt. Da in dem zur Leerlaufgemischregulierschraube führenden Kanal ein Unterdruck herrscht, oberhalb der Drosselklappe aber Überdruck, strömt Luft durch die obere By-pass-Bohrung in diesen Leerlaufgemischkanal. Die untere Bohrung, die in Höhe der Drosselklappenkante liegt, wobei die Drosselklappe ein wenig geöffnet ist, unterliegt schon zum Teil dem Unterdruck an der Klappenkante. Es tritt also je nach Drosselklappeneinstellung eine ganz geringe Menge Luft zum Leerlaufgemischkanal über oder bei einer geringen weiteren Öffnung der Klappe schon Gemisch aus dieser unteren By-pass-Bohrung aus. Bei weiterem Öffnen der Drosselklappe tritt auch aus der oberen Übergangsbohrung Gemisch aus, wodurch eine Vergrößerung des Unterdruckes im Leerlaufgemischkanal erfolgt und damit eine Vergrößerung der durch Düse *g* geförderten Kraftstoffmenge. Die Kraftstoffförderung über die Hauptdüse aus dem Austritt im Lufttrichter kann erst beginnen, wenn der Unterdruck im Lufttrichter eine für das Anheben des Kraftstoffes um den Kraftstoffspiegelabstand ausreichende Größe erreicht hat. Die Übergangsbohrungen haben also die Aufgabe, für die Übergangsperiode zwischen Leerlauf und vollem Arbeiten der Hauptdüse zusammen mit der Leerlaufbohrung und dem freien Querschnitt an der Klappe das erforderliche Gemisch zu liefern.

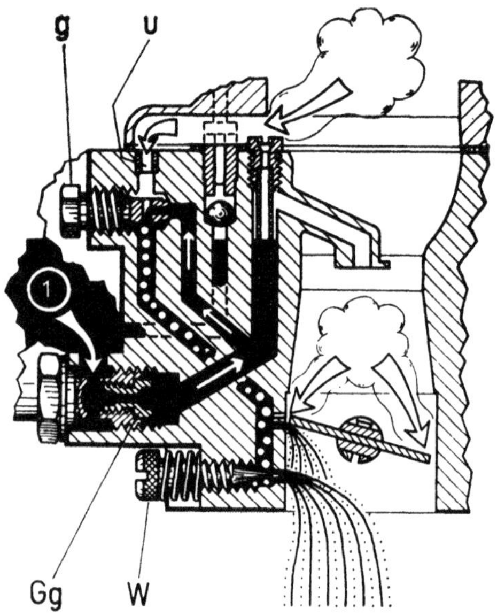

Abb. 237. Leerlaufeinrichtung des Solex-Vergasers 28 PICT

2. *Beschleunigung und Vollastanreicherung*

Die Beschleunigerpumpe ist in Abb. 236 links zu sehen. Wenn die Drosselklappe geöffnet wird, wird durch die Hebel und das Gestänge die Membran *M* nach rechts gegen die Feder *m* gedrückt, wobei eine bestimmte Kraftstoffmenge durch das Rohr *i* eingespritzt wird. Eine Feder *T* sorgt dafür, daß die Förderung schon im ersten Teil des Hubes beginnt, daß aber die eingespritzte Kraftstoffmenge, bedingt durch die kleine Austrittsöffnung bei *i*, sich über einen gewissen Zeitraum (eine Sekunde und darüber) verteilt.

In Abb. 238 ist der Kraftstoffzufluß bei Vollast und hoher Drehzahl dargestellt. Die Drosselklappe ist voll geöffnet, der Leerlauf fördert keinen Kraftstoff, da ein von der

Hauptdüse abhängiger Leerlauf vorhanden ist. Es wird im Gegenteil eine kleine Luftmenge zum Kraftstoff hinter der Hauptdüse geliefert. Durch die Hauptdüse *Gg* fließt Kraftstoff, dem durch eine Luftzusatzdüse bei 3 durch ein nach unten ragendes Röhrchen mit seitlichen Bohrungen Luft zugeführt wird (Korrekturluft). Das Gemisch tritt am engsten Querschnitt des Lufttrichters aus. Dieses Kraftstoffversorgungssystem mit der Hauptdüse *Gg* beginnt bei mittleren Drehzahlen schon wenige Grad nach Öffnung der Drosselklappe zu fördern, während Leerlauf und Übergang noch wirken, und schaltet erst allmählich bei weiterem Öffnen der Drosselklappe deren Funktion aus, wenn der Unterdruck im Lufttrichter ebenso groß wird wie der Druck hinter der Drosselklappe. Zusatzkraftstoff wird

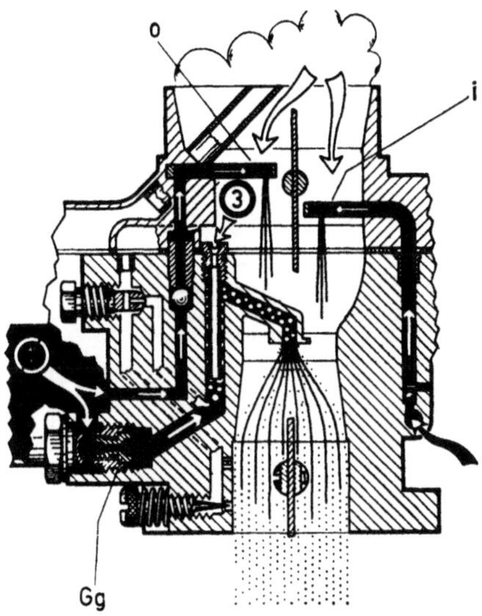

Abb. 238. Kraftstofffluß bei Vollast und hoher Drehzahl am Solex-Vergaser 28 PICT

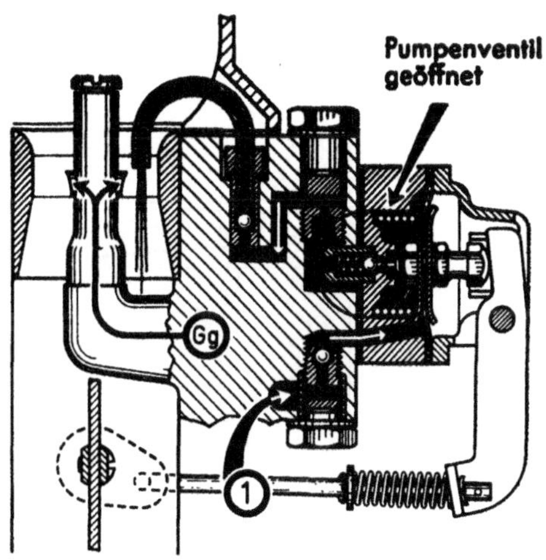

Abb. 239. Anreicherung beim Solex-Vergaser 32/34 PICB

bei voll geöffneter Drosselklappe schon bei relativ niedriger Drehzahl durch die Beschleunigerpumpe zu dem Rohr *i* durch den Unterdruck gesaugt, der an dieser Stelle herrscht. Dieser Unterdruck beträgt wegen des größeren Querschnittes nur einen Bruchteil desjenigen im Lufttrichter. Noch geringer ist der Unterdruck am Rohraustritt *o* des zweiten Anreicherungsrohres, das außerdem höher liegt und deshalb erst bei hohen Drehzahlen und großer Klappenöffnung anspricht.

Die Anreicherung kann anstelle der Abhängigkeit vom Unterdruck vor dem Lufttrichter auch durch die Drosselklappenstellung ausgelöst werden, z. B. beim Solex-Vergaser 32/34 PICB, Abb. 239. An der mittleren Verschraubung der Membranpumpe (oder bei anderen Vergasern des Pumpenkolbens) ist ein Stift angebracht, der bei nahezu voller Öffnung der Drosselklappe ein unter Federdruck stehendes Kugelventil aufdrückt und damit das Durchströmen von Kraftstoff vom Schwimmergehäuse zum Austrittsrohr ermöglicht. Die Austrittsstelle des Kraftstoffes kann, wie in Abb. 239 im engsten Querschnitt des Lufttrichters liegen, wird aber häufig etwas darüber in einem größeren Querschnitt mit kleinerem Unterdruck angebracht. Die Dosierung erfolgt durch die in der Mitte liegende Düse.

Bei Anreicherungsbeginn in Abhängigkeit von der Drosselklappenstellung in der dargestellten Art mit Ausfluß im Lufttrichter beginnt die Förderung schon bei niedrigen Drehzahlen, siehe Abb. 240. In diesem Diagramm ist der effektive Druck über der Drehzahl aufgetragen, ferner sind Linien konstanter Drosselklappenstellung und konstanter Leistung eingetragen. *ABC* ist die Vollastlinie, *DEF* auf einer Linie konstanter Drosselklappenstellung kennzeichnet das Einsetzen der Anreicherung. Die zusätzliche Kraftstoffmenge ist etwa proportional zu der von der Hauptdüse gelieferten Menge. An der Öffnungsgrenze *DEF* tritt deshalb ein Sprung in der Verbrauchskurve auf.

Bei Anreicherung mit einem dauernd offenen Kraftstoffzusatzrohr, Abb. 236, S. 181, dessen Mündung oberhalb des Kraftstoffspiegels und oberhalb des Lufttrichters liegt, beginnt die Anreicherung bei einer Linie *BEG* konstanten Unterdruckes und nimmt von Null aus stetig zu mit einem Höchstwert bei vollgeöffneter Drosselklappe und höchster Drehzahl, Punkt *C*.

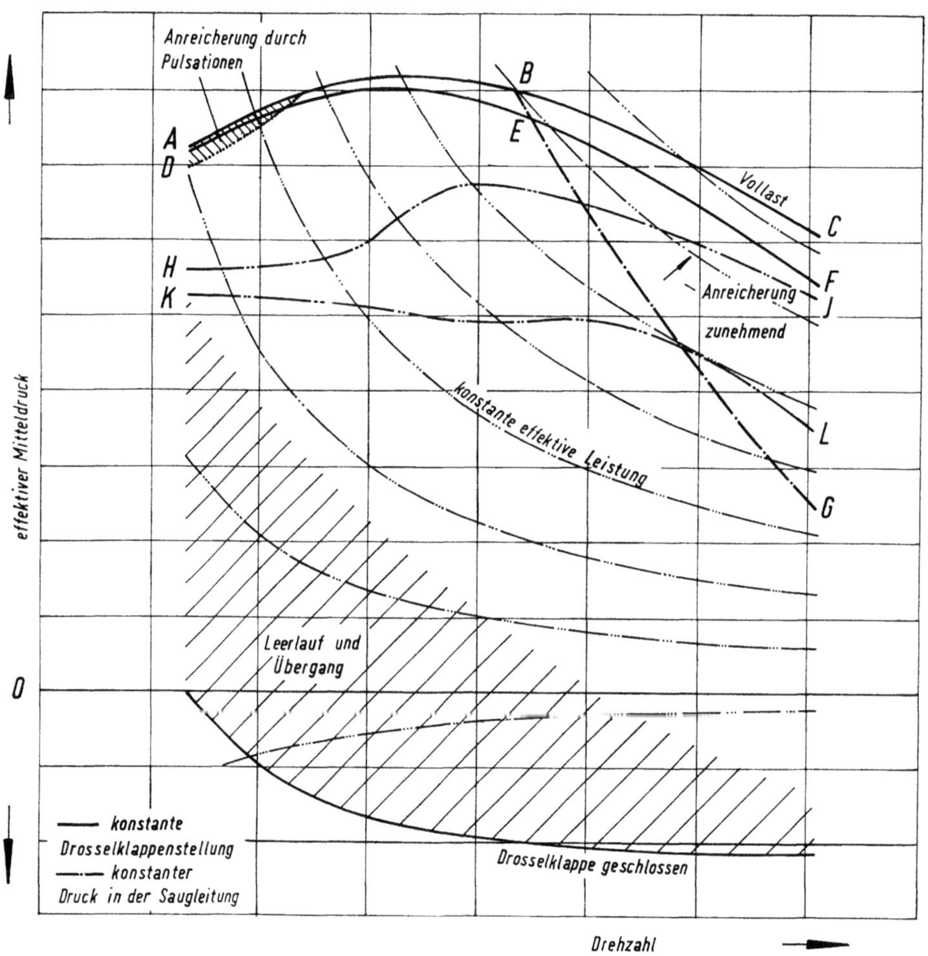

Abb. 240. Bereiche für Vollastanreicherung bei unterschiedlicher Auslegung

Wird die Anreicherung in Abhängigkeit von der Drosselklappenstellung vorgenommen und liegt die Mündung des Kraftstoffzusatzrohres oberhalb des Kraftstoffspiegels und oberhalb des Lufttrichters, so beginnt die Förderung erst bei der Linie des konstanten Unterdruckes, folgt dann aber der Linie konstanter Drosselklappenstellung, Linienzug *BEF*. Welche Anordnung günstiger ist, hängt von den Eigenschaften des Motors ab (Klopfen, hohe Temperaturen des Kolbens, des Ventils, des Zylinderkopfes bei hohen Leistungen). Bei Motoren mit 4 und weniger Zylindern und nur einem Vergaser tritt infolge der Pulsationen im unteren Drehzahlbereich bei voll geöffneter Drosselklappe eine Anreicherung auf.

3. *Startautomatik*

Der zuverlässige und rasche Start eines kalten Motors im Winter erfordert besondere Einrichtungen, die bei dem Solex-Vergaser 28 PICT in der Startautomatik zusammengefaßt sind, Abb. 236, S. 181, und 241, 242, 243.

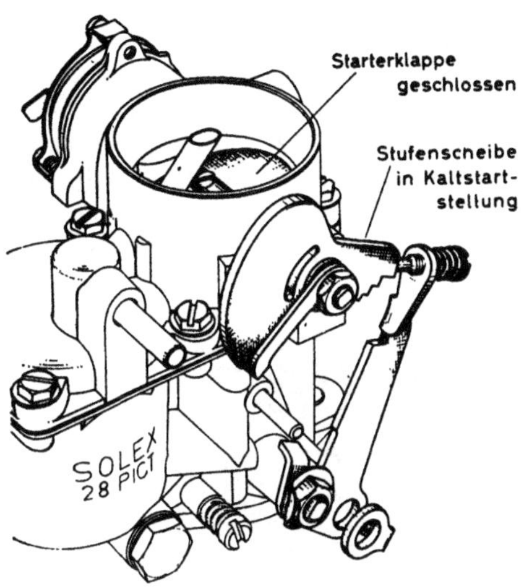

Abb. 241. Startautomatik beim Solex-Vergaser 28 PICT in Kaltstartstellung

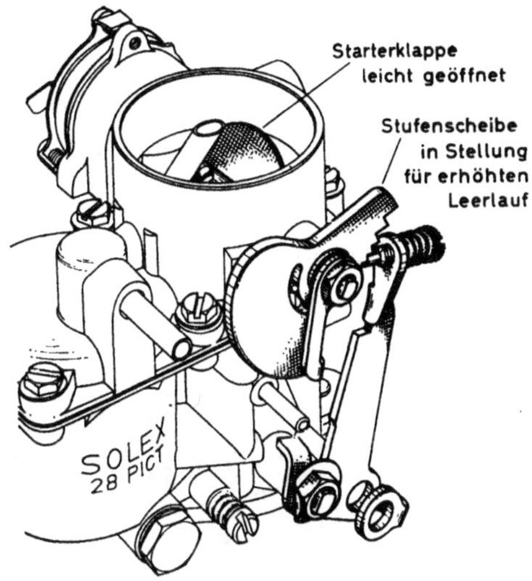

Abb. 242. Startautomatik beim Solex-Vergaser 28 PICT in Stellung für erhöhten Leerlauf

Eine aus einem Bimetallstreifen gewickelte Spiralfeder *st1*, ist mit der Starterklappenwelle verbunden. Bei kaltem Wetter und kaltem Motor wird die Starterklappe durch die Kraft dieser Spiralfeder geschlossen; bei warmem Wetter oder betriebswarmem Motor wird sie geöffnet, wobei je nach Temperatur und gewählter Lage der Stufenscheibe auf der Welle Zwischenstellungen vorhanden sind.

Das Gehäuse, in dem die Bimetallfeder gelagert ist, wird durch einen Keramikdeckel abgeschlossen, in den eine Heizspirale eingebettet ist. Mit dem Anlassen des Motors beginnt die Erwärmung der Heizspirale und damit auch der Bimetallfeder. Die Starterklappenwelle ist oberhalb der Mitte der Starterklappe angebracht, so daß die Luftkräfte die Starterklappe zu öffnen suchen. Auf der Starterklappenwelle ist außerdem eine freibewegliche Stufenscheibe angeordnet, die ein Gewicht trägt, so daß sie im Sinne der Öffnung der Klappe wirkt. Bei geschlossener Starterklappe wird die Drosselklappe zwangsläufig etwas offengehalten, da ein mit der Starterklappenwelle starr verbundener Mitnehmerhebel die freibewegliche Stufenscheibe anhebt und ein Rastensegment zur Wirkung bringt, auf welchem die Leerlaufeinstellschraube des Drosselklappenhebels aufliegt.

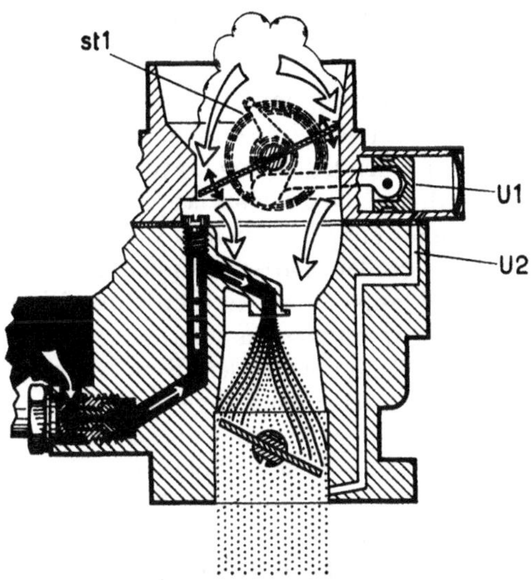

Abb. 243. Wirkungsweise der Startautomatik beim Solex-Vergaser 28 PICT

Bei ganz geschlossener Starterklappe wird die Leerlaufeinstellschraube am Drosselklappenhebel in der äußersten Stellung festgehalten, wodurch die Drosselklappe etwas geöffnet wird, Abb. 241. Der beim Anlassen entstehende Unterdruck wirkt sich dadurch bis zur

Starterklappe aus und saugt Kraftstoffschaum aus dem Hauptdüsensystem, Abb. 243. Die für die Gemischbildung erforderliche Luft wird über die Starterklappe angesaugt, die in ein Flattern zwischen Öffnen, hervorgerufen durch den Unterdruck, und Schließen, veranlaßt durch die Spannung der Bimetallfeder, versetzt wird. Bei niederen Temperaturen bildet sich ein sehr kraftstoffreiches Gemisch, das mit der zunehmenden Erwärmung und der dadurch bedingten allmählichen Öffnung der Starterklappe ärmer wird, bis bei senkrechter Stellung der Starterklappe der normale Betriebszustand erreicht ist. Die Startautomatik wird dadurch eingeschaltet, daß vor dem Anlassen das Gaspedal kurz niedergetreten und anschließend die Zündung eingeschaltet und der Anlasser betätigt wird.

Zur Starterautomatik gehört auch der Unterdruckkolben *U1*. Dieser ist durch seine Kolbenstange und einen Hebel mit der Starterklappenwelle verbunden. Der Zylinderraum ist durch den Kanal *U2* mit der Saugleitung hinter der Drosselklappe verbunden. Bei geschlossener Drosselklappe und langsam drehendem Motor ist der Unterdruck in Zylinder

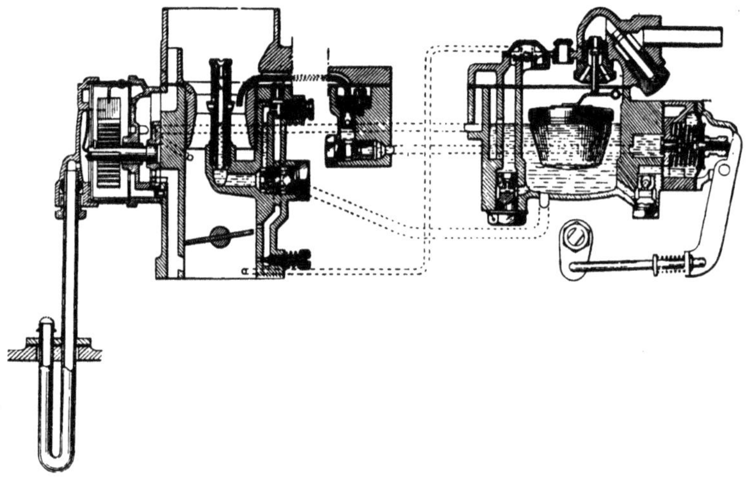

Abb. 244. Beheizung der Bimetallfeder durch Abgaswärme beim Anlaßhilfsvergaser

und Saugleitung gering. Die Bimetallfeder kann deshalb die Starterklappe schließen. Bei höheren Leerlaufdrehzahlen, bei Schieben des Fahrzeuges und auch noch bei kleinen Teillasten ist der Unterdruck groß, so daß der Unterdruckkolben *U1* gegen die Kraft der Bimetallfeder die Starterklappe etwas öffnen kann, wodurch einer Überfettung des Startgemisches entgegengewirkt wird.

Bei großen Drosselklappenöffnungen können die Luftkräfte die einseitig gelagerte Starterklappe gegen die Kraft der Bimetallfeder aufdrücken und eine ausreichende Luftmenge durchfließen lassen.

Die Temperatur der Bimetallfeder entscheidet, wann die Startautomatik zurückgenommen oder ganz abgeschaltet wird. Die Bimetallfeder unterliegt der Temperatur des Raumes, in dem sich der Vergaser befindet, und der sich bei Warmwerden des Motors mehr oder weniger stark aufheizt. Da diese Aufheizung zu sehr von sonstigen Umständen abhängt, wird die Bimetallfeder noch anderen Temperatureinflüssen unterworfen. Bei dem geschilderten Vergaser 28 PICT erfolgt die Erwärmung der Bimetallfeder durch Strom von der Batterie, der durch eine dicht über dieser liegende Spule fließt. Die Anwärmzeit wird bei kalter Witterung auf einige Minuten eingestellt. Die Leistung beträgt 9 Watt.

Bei einem anderen Solex-Vergaser wird das Kühlwasser des Motors durch den Deckel des Gehäuses der Bimetallfeder geführt. Die Startautomatik wird dann bei Annäherung an die normale Betriebstemperatur des Wassers abgeschaltet. Bei einer dritten Ausführung (die im Zusammenhang mit dem Solex-Anlaßhilfsvergaser verwendet wird), Abb. 244, wird Anlaßluft durch ein Rohr, das in die Auspuffleitung U-förmig hineinragt, angewärmt und dann über die Bimetallfeder hinweg dem Hilfsvergaserlufteintritt zugeführt. Wenn die vorgewärmte Anlaßluft die Bimetallfeder genügend erwärmt hat, wird der Anlaßvergaser ausgeschaltet. Die beiden letzteren Anordnungen benutzen also Temperaturwerte des Motors zur Steuerung der Automatik.

Beim Anlassen muß man Spätzündung haben, bei Teillast und hohen Drehzahlen sehr große Frühzündung, bei Vollast und niedrigen Drehzahlen eine mäßig frühe Zündung, bei Vollast und hohen Drehzahlen eine große Frühzündung. Der Zündzeitpunkt wird zweckmäßig durch eine Fliehkraftverstellung der Drehzahl angepaßt, außerdem aber durch eine vom Vergaser abgeleitete Unterdruckmessung dem Drehmoment. Hierzu dient das Anschlußrohr *U*, Abb. 236, S. 181. Der Unterdruck wird an zwei Stellen entnommen, unterhalb der Drosselklappe und im engsten Saugquerschnitt des Lufttrichters. Der auf die Zündung einwirkende Unterdruck hängt vom Durchmesser der Entnahmebohrungen ab und vom Druck an den Entnahmestellen. Bei geschlossener Drosselklappe herrscht an der Entnahmestelle unterhalb der Drosselklappe ein sehr großer Unterdruck, im Lufttrichter aber wenig Unterdruck. Bei voll geöffneter Drosselklappe ist der Unterdruck an beiden Stellen etwa gleich, bei niedriger Drehzahl gering, bei hoher Drehzahl groß.

4. *Anlaßhilfsvergaser nach dem Solex-Drehschiebersystem*

Für den Start, insbesondere bei kaltem Klima, kann ein Starthilfsvergaser verwendet werden, Abb. 245, der wirken kann, ohne daß die übrigen Systeme des Vergasers verändert werden. Er ist gewissermaßen parallel zum Hauptvergaser geschaltet, im Gegen-

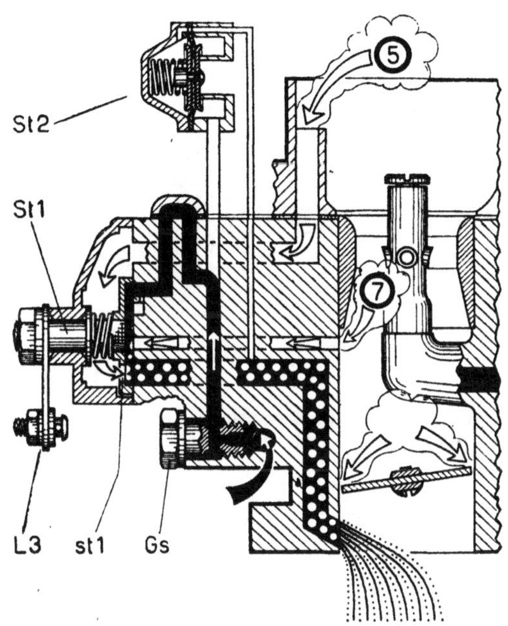

Abb. 245. Wirkungsweise des Anlaßhilfsvergasers beim Start

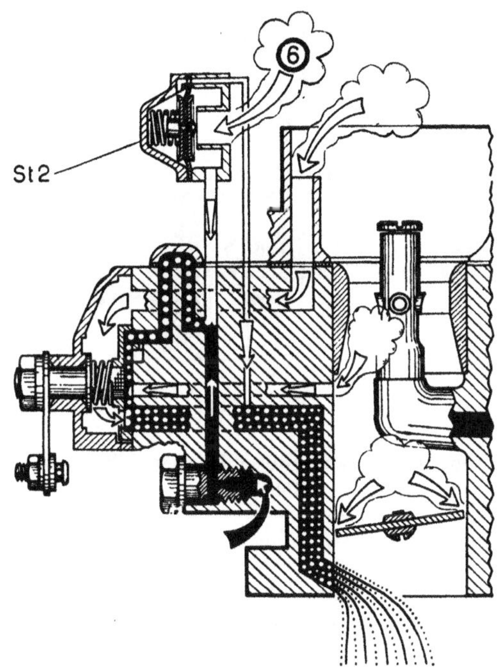

Abb. 246. Wirkungsweise des Anlaßhilfsvergasers kurz nach dem Start

satz zur Starteinrichtung mit Starterdrosselklappe, die dem Vergaser vorgeschaltet ist und das Hauptvergasersystem und das Leerlaufsystem beeinflußt. Der Hilfsvergaser besteht aus einem Drehschieber mit Schieberspiegel, der Luft- und Gemischöffnungen freigibt bzw. verschließt, sowie einer Kraftstoffdüse und einem unterdruckgesteuerten Luftventil. Der beim Solex-Vergaser 32/34 PICB verwendete Anlaßhilfsvergaser wird von Hand betätigt, kann aber auch mit einer Startautomatik versehen werden.

Bei Kaltstart wird der Starterknopf an der Instrumententafel des Wagens ganz herausgezogen und dadurch über den Hebel *L3* der Drehschieber *St1* in Arbeitsstellung gebracht. Da die Drosselklappe nahezu geschlossen ist, wirkt der beim Anlassen entstehende Unterdruck auf die unterhalb der Drosselklappe befindliche Austrittsöffnung des Startsystems. Durch die Starterkraftstoffdüse *Gs* fließt dann Kraftstoff nach oben und zur Starterscheibe (Starterdrehschieber *St1*), wo er mit der durch eine kalibrierte Bohrung *st1* eintetenden Starterluft 5 und außerdem noch mit einem Luftzusatz 7 vermischt wird, der durch einen Kanal aus der Mischkammer eintritt. Dieses kraftstoffreiche Schaumgemisch strömt in den Saugkanal hinter der Drosselklappe und vermischt sich mit der durch den Drosselklappenspalt eintretenden Luft und dem Leerlaufgemisch.

Nach dem Anspringen des Motors öffnet sich infolge des steigenden Unterdruckes, der über eine Leitung auf eine Membran des Starterluftventils *St2* wirkt, dieses Ventil und läßt Luft 6 in das Startersystem einströmen, Abb. 246. Dadurch tritt eine Abmagerung des Gemisches ein und der Motor kann mit weniger reichem Gemisch weiterlaufen.

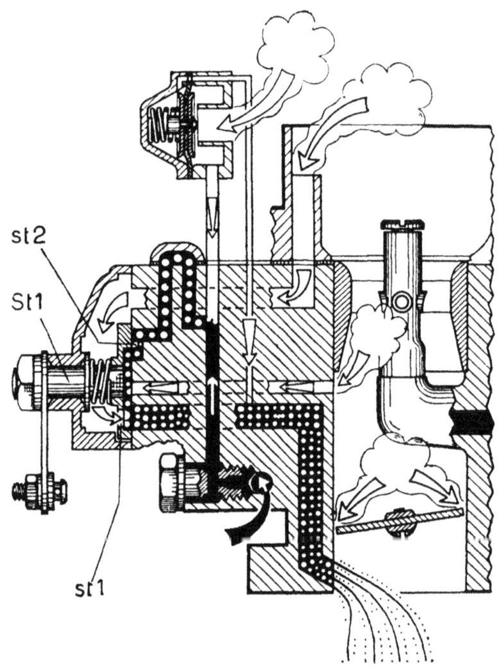

Abb. 247. Wirkungsweise des Anlaßhilfsvergasers beim Warmlauf

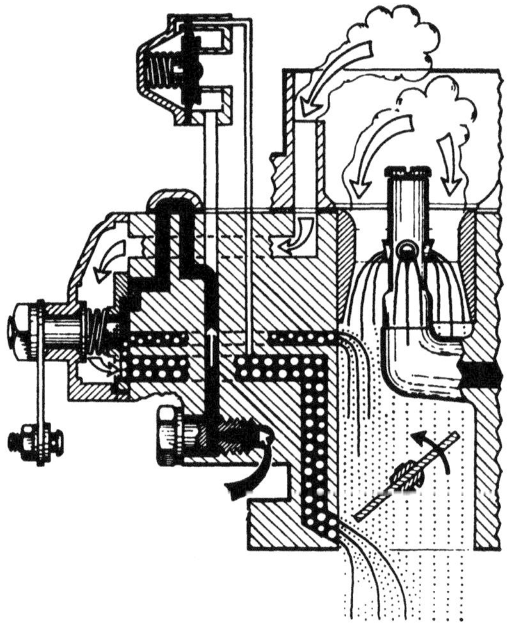

Abb. 248. Wirkungsweise des Anlaßhilfsvergasers beim Warmlauf und Teillastbetrieb

Wird der Starterknopf an der Instrumententafel auf eine Mittelstellung zurückgeschoben, dann stellt sich die Startvorrichtung auf Warmlaufen ein, Abb. 247. Das angesaugte Schaumgemisch muß durch eine verengte Bohrung *st2* in den Mischraum der Starterscheibe *St1* eintreten. Da durch die kalibrierte Bohrung *st1* und durch den Kanal aus der Mischkammer eine unverändert große Luftbeimengung eintritt, wird das Gemisch ärmer.

Wird die Drosselklappe teilweise geöffnet, dann sinkt der Unterdruck hinter der Drosselklappe im Ansaugkanal, Abb. 248. Aus der Austrittsöffnung des Hilfsvergasers hinter der Drosselklappe strömt weniger Gemisch, aber auf den Verbindungskanal von Mischkammer und Starterdrehschieber wirkt nunmehr ein Unterdruck, so daß dort keine Luft mehr einströmen kann, sondern Gemisch herausgesaugt wird. Außerdem schließt sich infolge des abnehmenden Unterdruckes das Starterluftventil, so daß erst im Starterdrehschieber ein Schaumgemisch entsteht, das aber jetzt wieder reicher ist. Das Übergangssystem des

Leerlaufes und das Hauptdüsensystem des Vergasers beginnen zwar auch zu arbeiten, das gelieferte Gemisch wäre aber bei kaltem Start zu arm. In Verbindung mit dem Hilfsvergaser ergibt sich ein ausreichend reiches Gemisch für die größere Drosselklappenöffnung.

Die Startvorrichtung wirkt stufenlos und progressiv, jeder Stellung des Starterdrehschiebers entspricht eine bestimmte Anreicherung des Startgemisches. Wenn der Motor betriebswarm geworden ist, muß die Startvorrichtung abgeschaltet werden. Das Einschalten und allmähliche Abschalten beim Warmlauf geschieht bei dem Solex-Vergaser nach Abb. 244 durch eine Bimetallfeder, die durch Ansaugluft erwärmt wird, die in einem U-förmigen Rohr durch das Abgas vorgewärmt wird.

β) Der Bendix-Stromberg Carburetor, Serie W

Der Bendix-Stromberg Carburetor, Serie W, der Bendix-Corporation ist ein einfacher Fallstromvergaser mit getrenntem, automatischem „choke" (Starterklappe). Er enthält 6 Systeme: Schwimmerkammersystem, Leerlaufsystem, Hauptzumessungssystem, Leistungssystem, Beschleunigersystem und automatisches Startersystem.

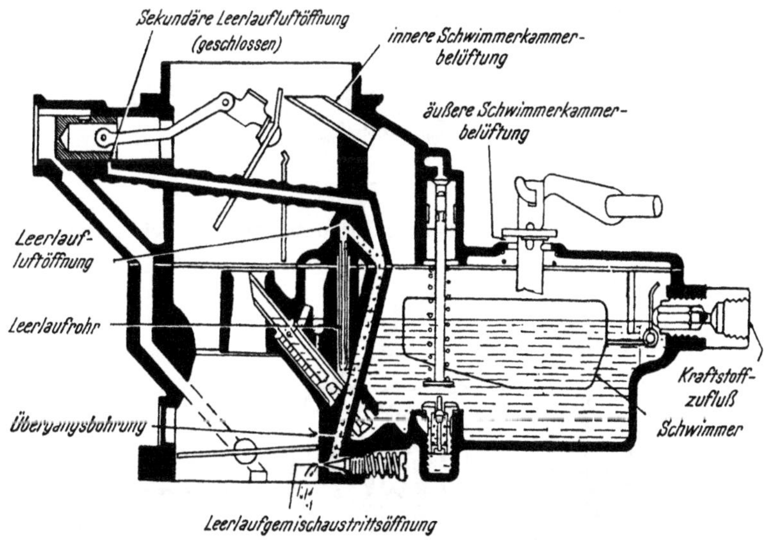

Abb. 249. Aufbau des Bendix-Carburetor, Serie W

Die Schwimmerkammer, Abb. 249, ist durch ein Rohr nach der Luftzuleitung entlüftet und besitzt außerdem eine verschließbare Entlüftung nach außen, die sich im Deckel des Schwimmergehäuses befindet und die öffnet, wenn die Drosselklappe in die Leerlaufstellung gebracht wird. Diese äußere Entlüftung ergänzt die innere und läßt die Kraftstoffdämpfe, die bei hohen Temperaturen im Leerlauf oder Stillstand des heißen Motors entstehen können, nach außen abfließen.

Der Leerlauf ist von der Hauptdüse abhängig, d. h. der Leerlaufkraftstoff fließt durch die Hauptdüse zu der am unteren Ende des Leerlaufrohres befindlichen Leerlaufdüse, Abb. 250. Die Leerlaufluft wird durch eine Leerlaufluftöffnung angesaugt sowie durch eine sekundäre Leerlaufluftöffnung, die sich am Zylindermantel befindet, in dem der Kolben zur Bewegung der Starterklappe läuft. Die Mischung aus Luft und Kraftstoff wird zur unteren Leerlaufgemisch-Austrittsöffnung geführt, wobei von der etwas über der Drosselklappe liegenden Übergangsbohrung noch etwas Luft dazu geliefert wird. Der Leerlaufaustritt wird wie allgemein mit der konischen Nadelspitze einer Schraube eingestellt. Bei einer kleinen Öffnung der Drosselklappe liefert auch die Übergangsbohrung Gemisch, um für die höhere Drehzahl genügend reiches Gemisch zu haben.

Wenn bei kaltem Motor die Starterklappe teilweise geschlossen ist, Abb. 249, wird die sekundäre Leerlaufluftöffnung vom Unterdruckkolben verschlossen und das Leerlaufgemisch wird angereichert. Beim Warmlaufen des Motors öffnet sich die Starterklappe, die sekundäre Leerlaufluft kann zufließen und man erhält normales Leerlaufgemisch.

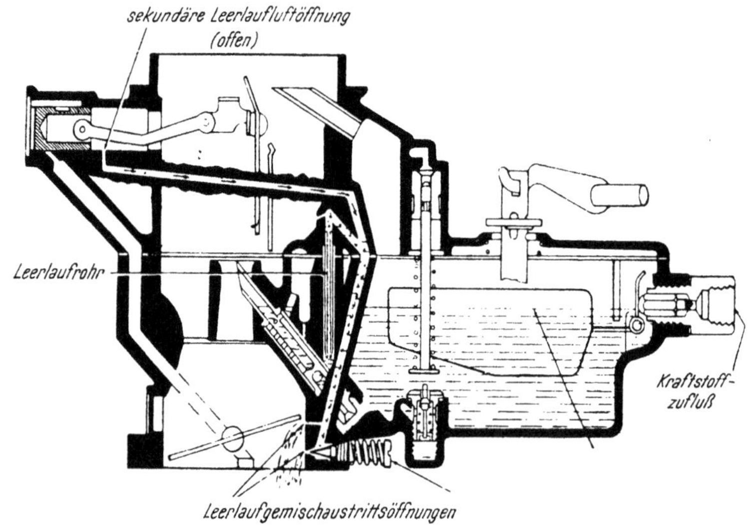

Abb. 250. Wirkung des Bendix-Carburetor, Serie W, bei Leerlauf

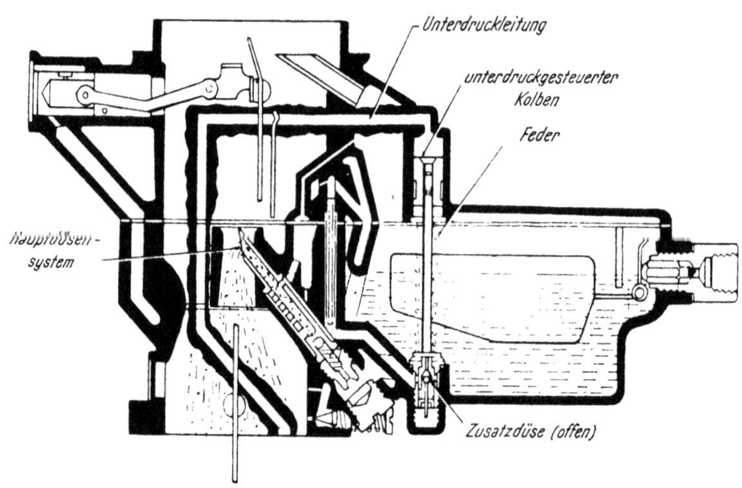

Abb. 251. Wirkung des Hauptdüsensystems am Bendix-Carburetor, Serie W

Das Hauptdüsensystem arbeitet im Teillast- und Vollastbereich, wobei im Vollastbereich eine Zusatzdüse geöffnet wird, Abb. 251. Der Kraftstoff fließt von der Schwimmerkammer durch die Hauptdüse zum Hauptaustrittsrohr, wo er durch Luft zerschäumt wird, die durch eine Leitung aus dem Schwimmergehäuse entnommen wird. Der Schaum wird in den Luftstrom gesaugt, der durch das Hilfsventurirohr fließt, und dort bei hoher Luftgeschwindigkeit zerstäubt. Dampfblasen, die sich eventuell im Hauptdüsensystem bei hoher Temperatur des Motors im Stillstand bilden, können nach oben austreten.

Bei Vollast muß das Gemisch angereichert werden. Ein Kolben, der unter Federkraft steht, wird durch eine Leitung dem Unterdruck in der Saugleitung hinter der Drosselklappe unterworfen. Wenn der Unterdruck groß ist, verschließt dieser Kolben mit Hilfe eines Ventils eine Zusatzdüse und öffnet bei geringem Unterdruck das Ventil mit Hilfe der Federkraft, so daß dem Hauptdüsensystem zusätzlicher Kraftstoff nach der Hauptdüse zufließen kann. Die Anreicherung setzt also auf einer Linie konstanten Druckes in der Saugleitung ein, Abb. 252. Sie erfolgt zunächst sprunghaft und wächst mit der Luftgeschwindigkeit im Venturirohr.

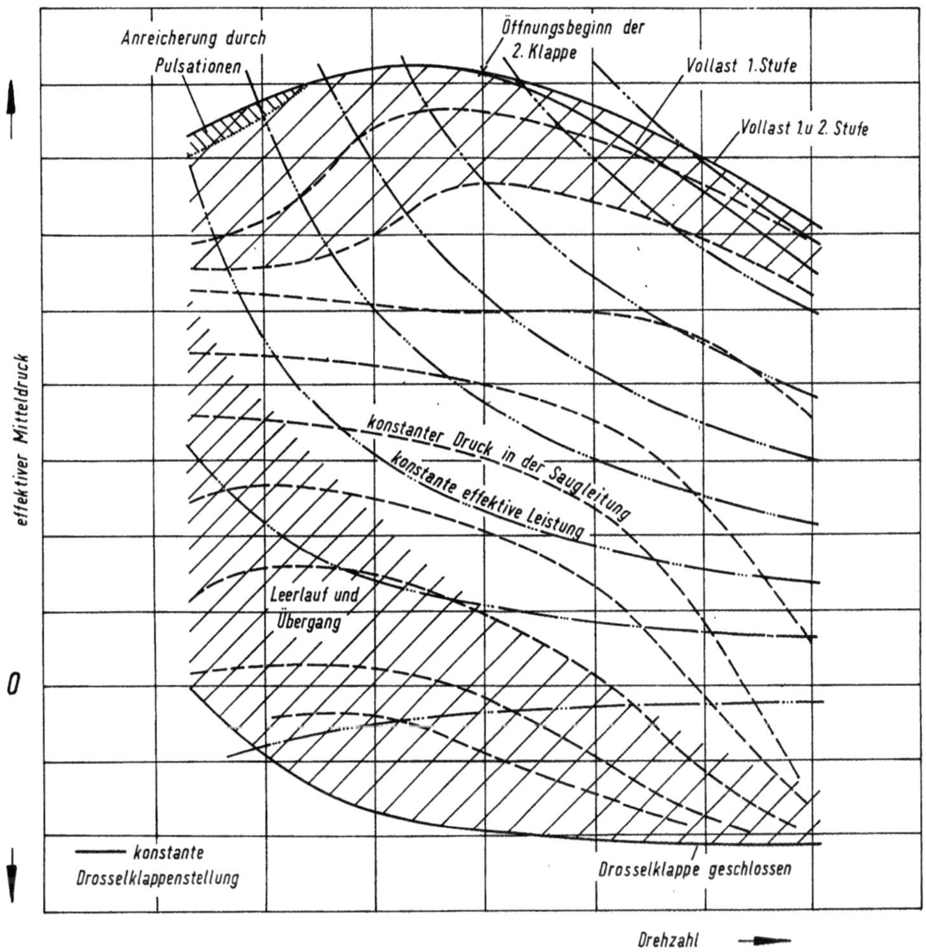

Abb. 252. Vollastanreicherung auf einer Linie konstanten Saugleitungsdruckes

Die Beschleunigerpumpe, Abb. 253, ist eine federbelastete Kolbenpumpe, die durch das Drosselklappengestänge beim Schließen der Drosselklappe nach oben gezogen wird, wobei sie Kraftstoff ansaugt. Der Gestängehebel hat einen Schlitz, in den die Stange eingehängt ist, so daß beim Aufreißen der Drosselklappe der Kolben freigegeben wird, damit die Feder den Kolben langsam niederdrücken kann, wobei der Kraftstoff oberhalb des Lufttrichters eingespritzt wird.

Das automatische Startersystem, Abb. 254, arbeitet mit einer Kombination von Unterdruck in der Saugleitung, einem vom Unterdruck in der Saugleitung gesteuerten Kolben, einer einseitig gelagerten gekrümmten Starterklappe und einer Bimetallspiralfeder, die in einer Höhlung der Auspuffleitung liegt und mit dem Starterklappenhebel durch eine Stange verbunden ist. Die Temperatur der Auspuffleitung bestimmt die Spannung der Bimetallfeder. Bei niedriger Temperatur sucht die Bimetallfeder die Starterklappe zu schließen. Der Nocken für schnellen Leerlauf arbeitet in Verbindung mit dem automatischen Startermechanismus. Bei kaltem Motor übt die Bimetallfeder über das Starterklappengestänge auf den Nocken eine Kraft aus, die ihn entgegen dem Uhrzeigersinn drehen will, so daß die Einstellschraube je nach der Temperatur auf den Treppenstufen oder der oberen Fläche des Nockens aufsitzen kann. Dementsprechend öffnet sich die Drosselklappe um einen kleinen Betrag, um mehr Gemisch für höhere Drehzahl zu liefern. Durch

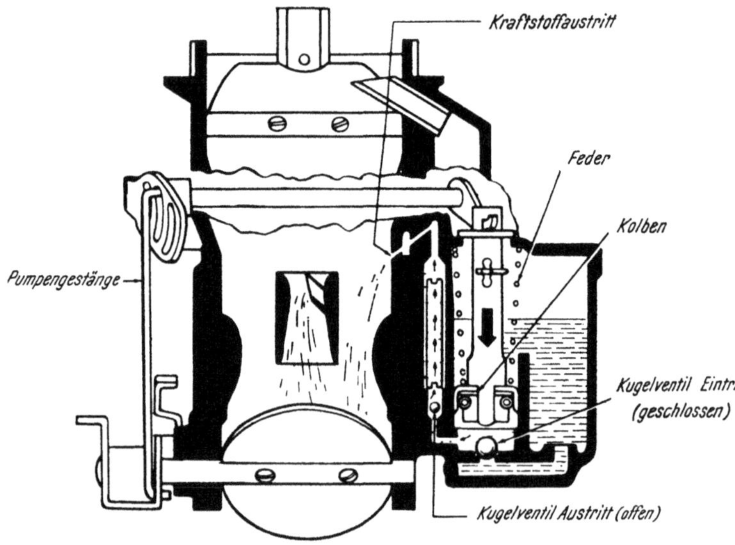

Abb. 253. Aufbau der Beschleunigerpumpe am Bendix-Carburetor, Serie W

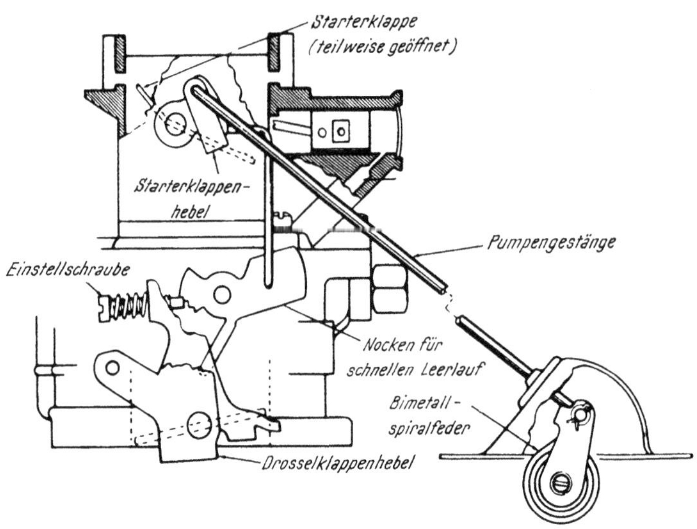

Abb. 254. Automatisches Startersystem am Bendix-Carburetor, Serie W

einen Tritt auf den Gashebel muß die Drosselklappe dazu angehoben werden. Mit zunehmender Temperatur der Bimetallfeder sinkt deren Spannung und die Starterklappe öffnet sich allmählich, wobei sich die Drosselklappe schließt. Bei laufendem Motor wirkt der Unterdruck in der Saugleitung auf den Unterdruckkolben; die entstehende Kolbenkraft sucht die Starterklappe gegen die Kraft der Bimetallfeder zu öffnen. Bei zunehmender Drehzahl steigt der Unterdruck hinter der Drosselklappe und die Starterklappe öffnet etwas weiter, entsprechend dem Kräftegleichgewicht von Bimetallfeder, Kolbenkraft und Luftkraft auf die Starterklappe.

γ) Zenith-Vergaser 28 IFE3 mit Höhenkorrektur

Der Vergaser 28 IFE 3 der Société du carburateur Zénith ist auch ein Vergaser mit konstantem Lufttrichterquerschnitt und konstantem Hauptdüsenquerschnitt. Er ähnelt in seinem Aufbau dem vorher beschriebenen Bendix-Stromberg Vergaser. Um das Mischungs-

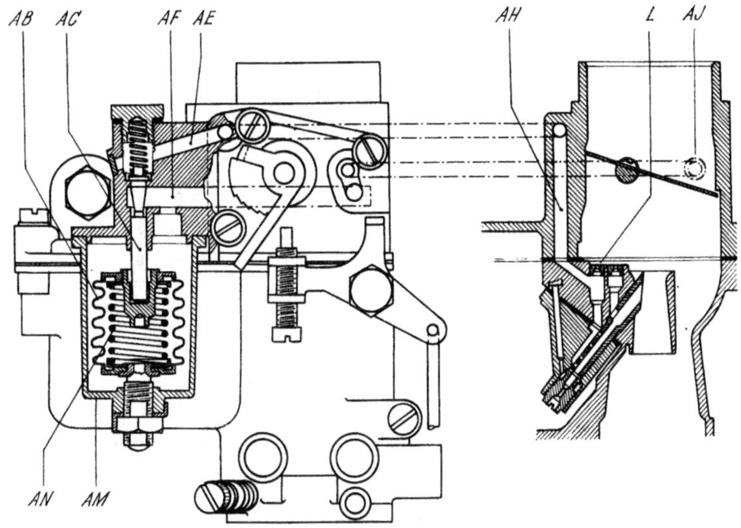

Abb. 255. Höhenkorrektur am Zenith-Vergaser 28 IFE3

verhältnis unabhängig von der Meereshöhe zu machen, in der sich das Fahrzeug bewegt, ist beim Zenith-Vergaser 28 IFE 3 eine Höhenkorrektur eingebaut, Abb. 255, die auf die Zusatzluft im Hauptdüsenrohr einwirkt. Der Höhenregler besteht aus einer Barometerdose *AB*, in der eine vorgespannte Feder *AN* ist. Er befindet sich in einer Haube *AM*, die mit Luft von Atmosphärendruck über die Leitungen *AJ* und *AF* von der Luftzuführungsleitung des Vergasers versorgt wird. Bei Abnahme des Luftdruckes dehnt sich die Barometerdose aus und schiebt dabei das Ventil *AC* nach oben, wobei je nach Dehnung der Barometerdose ein bestimmter Ventilquerschnitt freigegeben wird. Es kann dann Luft durch die Leitungen *AF*, *AE* und *AH* zum Hauptdüsenrohr gelangen. Dort dringt sie zusammen mit der durch die Luftzusatzdüse *L* gelieferten Zusatzluft durch die Bohrungen des Hauptdüsenrohres in dieses ein und baut dadurch den Unterdruck an der Hauptdüse ab, so daß weniger Kraftstoff gefördert wird und unabhängig vom Luftdruck ein konstantes Mischungsverhältnis eingehalten werden kann.

δ) Weber-Vergaser 40 DCM 2

Der Vergaser 40 DCM 2 der Vergaserfabrik Eduardo Weber, Italien, gleicht in den Konstruktionsprinzipien den vorher beschriebenen Solex-Vergasern. Abweichend davon besitzt er aber eine Kombination eines von der Hauptdüse abhängigen und eines unabhängigen Leerlaufes, Abb. 256. Aus dem Schwimmergehäuse 8 fließt ein Teil des Kraftstoffes durch die Leitung 17 zur Leerlaufdüse 18 des unabhängigen Leerlaufes. Ein anderer Teil des Kraftstoffes fließt durch die Hauptdüse 6 zu einer seitlichen Bohrung des Leerlaufdüsenrohres 18. An der Kappe 19 des Leerlaufdüsenrohres 18 tritt die Leerlaufluft ein. Der entstandene Schaum fließt durch die Leitung 12 und tritt unterhalb der Drosselklappe 14 durch die mit der verstellbaren Düsennadel 16 veränderliche Bohrung 15 in die Saugleitung ein. Kurz oberhalb der Drosselklappe sind die üblichen Übergangsbohrungen angebracht.

ε) Zenith-Vergaser von Bendix, Serie 29

Der Zenith-Vergaser Serie 29 von Bendix ist ein Fallstromvergaser mit horizontalem Luftzutritt, bei dem die Schwimmerkammer weit über dem Lufttrichter liegt, Abb. 257. Die nach unten führenden Kraftstoffleitungen müssen an ihrer höchsten Stelle Entlüftungsbohrungen haben, um ein Ausfließen von Kraftstoff im Stillstand zu unterbinden. Die einzelnen Elemente entsprechen den bereits beschriebenen. Beachtenswert ist der Unterdruckkolben für die Anreicherung bei Vollast. Die Oberseite dieses Kolbens wird über den

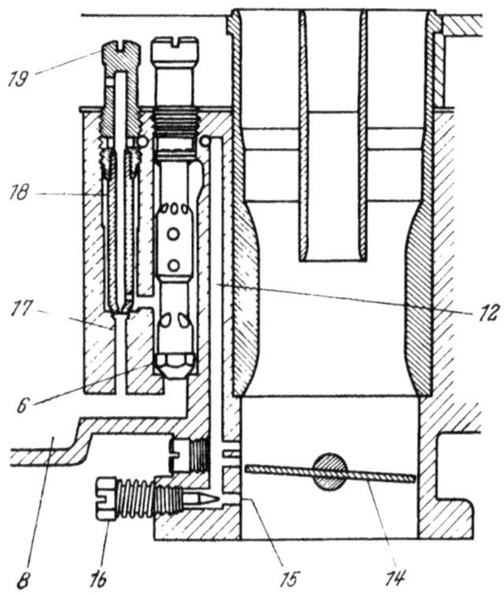

Abb. 256. Kombination von abhängigem und unabhängigem Leerlauf beim Weber-Vergaser 40 DCM2

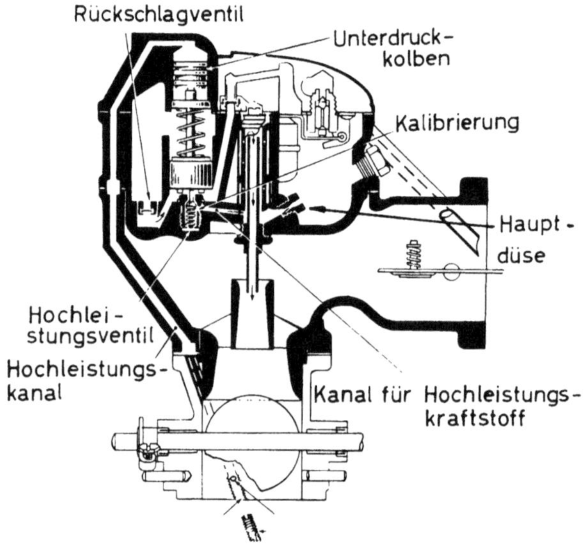

Abb. 257. Halbliegende Schwimmerkammer am Zenith-Vergaser von Bendix, Serie 29

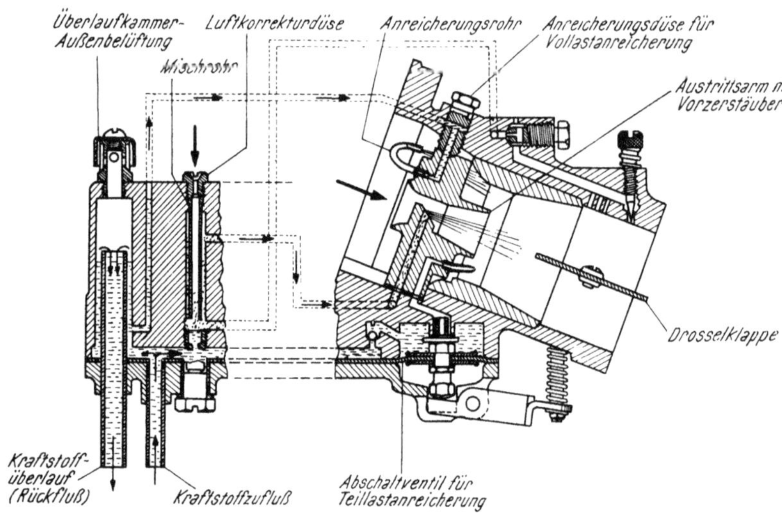

Abb. 258. Vollastbetrieb mit Anreicherung am Solex-Vergaser 35 RH

„Hochleistungskanal" mit dem Druck hinter der Drosselklappe in Verbindung gebracht. Bei niedrigem Absolutdruck hinter der Drosselklappe wird der Kolben gegen den Federdruck nach oben gesaugt, und das Ventil für die Vollastanreicherung ist geschlossen. Bei einem Ladedruck nahe am Atmosphärendruck überwindet die Feder die Kolbenkraft, das Ventil wird geöffnet und der Kraftstoff kann durch die Kalibrierung und den Kanal für Hochleistungskraftstoff zusammen mit dem durch die Hauptdüse eingetretenen Kraftstoff zum Hauptdüsenstock gelangen, durch den es nach Zerschäumung mit Luft nach unten ausfließt.

ζ) Vergaser mit getrennt liegender Schwimmerkammer

Ein Beispiel hierfür zeigt der Solex-Vergaser 35 RH der Deutschen Vergaser-Gesellschaft für den Glas-Motor 1300, Abb. 258. Der Kraftstoff wird aus dem Tank durch eine

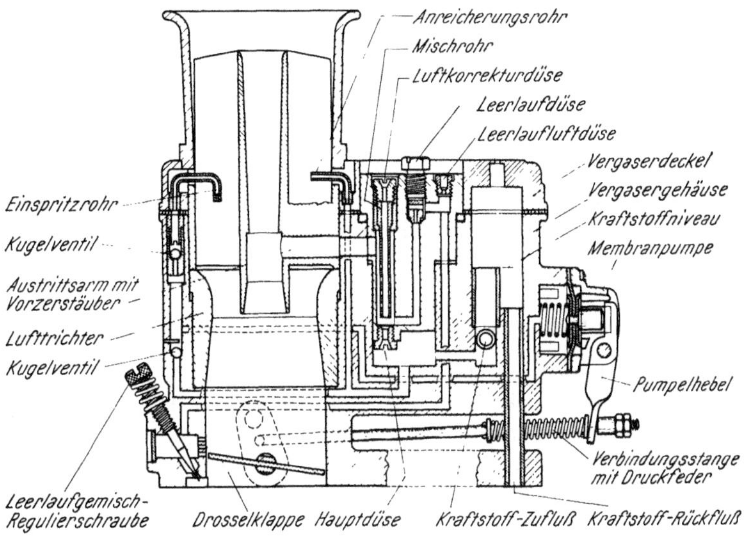

Abb. 259. Schematischer Aufbau des Solex-Vergasers 40 PI

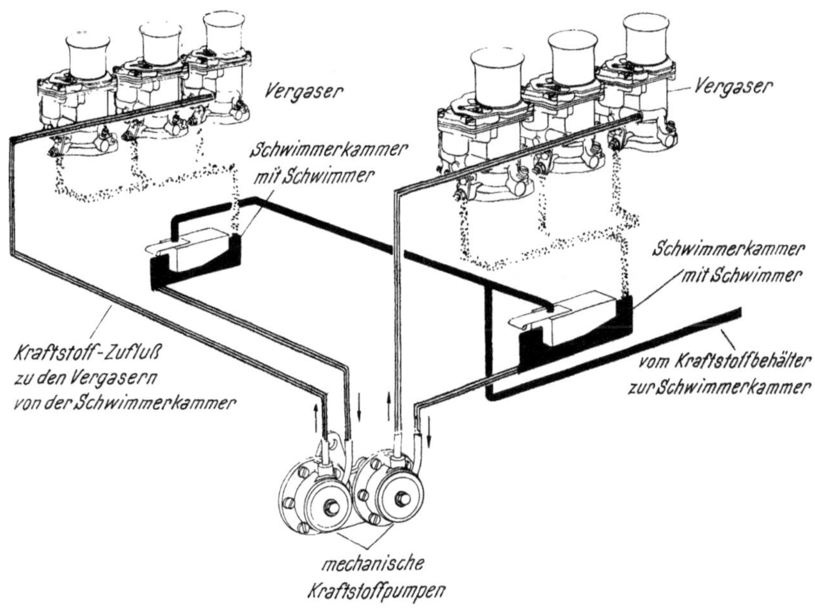

Abb. 260. Gesamtanordnung von Vergaser, Schwimmerkammer und Pumpen am Solex-Vergaser 40 PI

am Motor sitzende mechanische Pumpe zu einem Ausgleichsbehälter (Schwimmerkammer) gefördert, die eine Entlüftung hat. Eine elektrische Zusatzpumpe führt den Kraftstoff zu den beiden Vergasern durch das Kraftstoffzuflußrohr. Dieses Rohr ist mit einer quer dazu liegenden Leitung verbunden, die links zu einem Überlauf mit weitem Rückflußrohr führt, das zu dem getrennt darunter befindlichen Ausgleichsbehälter geht. Rechts vom Kraftstoffzufluß befinden sich Hauptdüse, Leerlaufdüse, Beschleunigungspumpe usw. Vom Tank her wird also nur die verbrauchte Menge von der mechanischen Pumpe gefördert, während die elektrische Zusatzpumpe einen Kreislauf zwischen Ausgleichsbehälter und Vergaser herstellt.

Beim Solex-Vergaser 40 PI der Deutschen Vergaser-Gesellschaft für den 6-Zylinder Boxermotor von Porsche, Abb. 259, wird der Kraftstoff durch das Kraftstoffzuflußrohr seitlich in ein Überlaufrohr gebracht, das in eine Kammer mit Rückflußrohr mündet. Links vom Kraftstoffzufluß befinden sich die Düsen. Das Überlaufrohr bestimmt das Kraftstoffniveau.

Der Kraftstoff wird von der am Tank befindlichen elektrischen Förderpumpe zu den beiden Schwimmerkammern gebracht, Abb. 260, die an den beiden 3fach-Vergasern unten angebracht sind. Je eine mechanische Förderpumpe erhält den Kraftstoff von einer Schwimmerkammer und leitet ihn zu den 3 Vergasern einer Motorseite. Der aus den 3 Vergasern überlaufende Kraftstoff wird zum Schwimmergehäuse zurückgeführt. Dort findet eine Entlüftung statt. Der Abfluß zur Pumpe befindet sich an der tiefsten Stelle des Schwimmergehäuses, vgl. Abb. 353, S. 269.

b) Vergaser mit konstantem Lufttrichter und veränderlichem Hauptdüsenquerschnitt

Der konstante Lufttrichterquerschnitt bestimmt bei einer gegebenen durchströmenden Luftmenge den Unterdruck an der Hauptdüse. Der Querschnitt der Hauptdüse wird durch eine verschiebbare konische Düsennadel verändert und damit das Mischungsverhältnis festgelegt. Die Düsennadel kann durch Gestänge von der Drosselklappe aus verschoben werden oder durch einen Kolben, der vom Unterdruck hinter der Drosselklappe gegen eine Feder bewegt wird, die ihn öffnen will. Im ersten Fall ist das Mischungsverhältnis durch die Drosselklappenstellung bestimmt, es kann also bei niedriger Drehzahl und teilweise geöffneter Klappe für die dann in der Saugleitung herrschenden hohen Drücke zu arm sein. Im zweiten Fall ist das Mischungsverhältnis an den Unterdruck in der Saugleitung gebunden. Auch eine Kombination der beiden Fälle ist möglich.

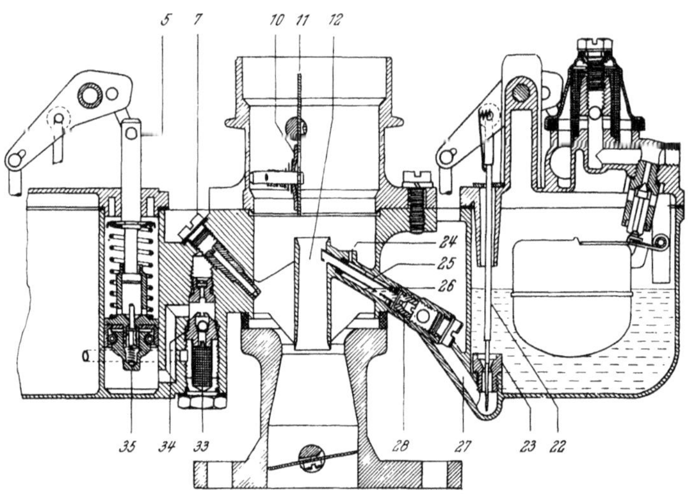

Abb. 261. Schematische Darstellung des Carter-Opel-Vergasers

α) Carter-Opel-Vergaser

Abb. 261 und 262 zeigen den Carter-Opel-Vergaser. Im Lufttrichter befindet sich ein Venturirohr 12 (Nebenlufttrichter) zur Erhöhung des Unterdruckes, der auf die Kraftstoffförderung wirkt. Das Mischrohr 26 erhält die Luft zur Schaumbildung durch eine Bohrung 24, die Mischrohrkammer 25 und eine unten am Mischrohr 26 angebrachte Bohrung. Der Kraftstoff fließt vom Schwimmergehäuse durch eine Düse 23 (Hauptdüse), in der sich eine konische Nadel 22 (Teillastnadel) befindet, durch den Kanal 27 zu einer zweiten Düse 28 (Vollastdüse) und zum Mischrohr 26, in dem die Zerschäumungsluft zugeführt wird, und dann zur Mündung des Mischrohres im Venturirohr. Durch senkrechtes Verschieben der Nadel 22 wird das Mischungsverhältnis verändert. Sie ist über Hebel und Gestänge mit der

Drosselklappe verbunden. An ihrem unteren Ende ist sie konisch und hat Absätze. Bei tiefem Eindringen, d. h. im Leerlauf (Drosselklappe geschlossen) wird der Düsenquerschnitt ganz verschlossen. Dann erhält der Motor den Kraftstoff nur durch die unabhängige Leerlaufeinrichtung. Bei niedriger Belastung (Drosselklappe wenig geöffnet) ist der freie Querschnitt klein, weil die Leerlauf- und Übergangsbohrungen noch reiches Gemisch liefern. Bei voller Drosselklappenöffnung, also hoher Leistung, ist der freie Durchströmquerschnitt groß. Die durchströmende Kraftstoffmenge ergibt sich aus der Summe der Widerstände der beiden Düsen, Hauptdüse 23 und Vollastdüse 28. Die Nadel wird durch eine leichte Feder immer seitlich an die Düse gedrückt, damit sich die Form des freien Querschnittes nicht ändert.

Da der Leerlauf, Abb. 262, unabhängig vom Hauptdüsensystem ist, liefert er im Bereich kleiner und mittlerer Drosselklappenöffnung noch viel Kraftstoff. Deshalb muß der durch die Düsennadel freigegebene Durchflußquerschnitt bei kleinen Drosselklappenöffnungen sehr klein sein im Verlgeich zu dem Durchflußquerschnitt bei großer Drosselklappenöffnung, wo je nach den gewählten Querschnitten der Zusatzluftkanäle des Leerlaufsystems die Kraftstofflieferung fast aufgehört haben kann.

Der unabhängige Leerlauf erhält den Kraftstoff durch den Kanal 41 direkt aus der Schwimmerkammer. Die Leerlaufdrossel 42 begrenzt die durchströmende Kraftstoffmenge, die durch das Röhrchen der Leerlaufdüse 38, das unten eine Kalibrierung hat, abgesaugt wird. Der Raum um das Leerlaufröhrchen 38 steht mit der Außenluft und dem Schwimmergefäß über eine Leitung 40 und Öffnung 39 in Verbindung. An der Leerlaufdrossel 42 kann deshalb nur ein geringer Unterdruck entstehen. Bei großem Unterdruck müßte Luft durch die Leerlaufdüsenöffnung unten mitgerissen werden. Durch eine oben an der Leerlaufdüse 38 angebrachte Bohrung tritt Luft zum Leerlaufkraftstoff. Der Schaum tritt in den Leerlaufkanal 37 über, wo durch den Luftkanal 36 und einen kalibrierten Querschnitt weitere Luft in den Leerlaufkanal 37 eintritt. Das entstandene Gemisch strömt weiter zum Leerlaufaustritt 46 unterhalb der Drosselklappe. Dort befindet sich eine Leerlaufgemischregulierschraube 43, mit der die ausströmende Gemischmenge geregelt werden kann. Bei geschlossener Drosselklappe herrscht an dieser Stelle Schallgeschwindigkeit. Kurz oberhalb der Drosselklappe befindet sich eine Übergangsbohrung 44 mit einer Drosselplatte 45 mit kalibrierter Bohrung. Bei geschlossener Drosselklappe tritt durch diese Bohrung Luft in den Leerlaufkanal ein und strömt mit dem Gemisch durch Bohrung 46 aus. Bei etwas geöffneter Drosselklappe fließt um die Drosselklappe herum mehr Luft zu, deshalb wird mehr Kraftstoff gebraucht. Die Bohrung 44 kommt dann in den Bereich des Unterdruckes an der Drosselklappe, und es wird mehr und reicheres Gemisch aus dem Leerlaufsystem abgesaugt. Bei weitgeöffneter Drosselklappe fällt der Druck an Bohrung 44 und 46 ab, und die Förderung des Leerlaufsystems wird klein. Da der Unterdruck im Leerlaufsystem neben der Luftzuführung über Bohrung 39, Kanal 40 und Leerlaufdüse 38 vor allem durch den Kanal 36 und den Querschnitt der anschließenden Übertrittsbohrung bestimmt wird, diese Bohrung aber oberhalb des Schwimmerspiegels und in einem Bereich ganz geringen Unterdruckes im Vergasersaugrohr liegt, kann bei geeigneter Kalibrierung erreicht

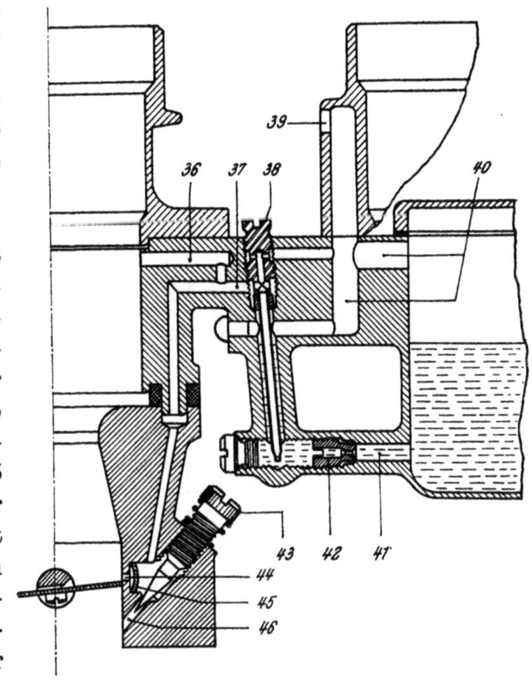

Abb. 262. Leerlaufsystem am Carter-Opel-Vergaser

werden, daß die Förderung des Leerlaufes vor Erreichen des Vollastbetriebes insbesondere bei niederen Drehzahlen aufhört.

Beim Kaltstart, Abb. 261, wird die Starterklappe 11 von Hand geschlossen, wobei die Drosselklappe über Gestänge etwas geöffnet wird. An der Starterklappe befindet sich ein federbelastetes Flatterventil 10, das eine bestimmte Mindestluftmenge auch bei geschlossener Starterklappe hindurchtreten läßt, wobei ein ausreichender Unterdruck erzeugt wird. Durch das geringfügige Öffnen der Drosselklappe gibt auch die Düsennadel 22 einen kleinen Querschnitt an der Hauptdüse 23 frei, so daß Kraftstoff durch das Hauptsystem zufließen kann. Da aber wegen der geschlossenen Starterklappe auch der Unterdruck an der Bohrung 36 größer wird, liefert das Leerlauf- und Übergangssystem ebenfalls ein reicheres Gemisch.

Zur Anreicherung des Gemisches bei raschem Übergang von Leerlauf oder niedriger Leistung zu hoher Leistung dient die Beschleunigerpumpe 35. Der Kraftstoff wird beim Hochgehen des Pumpenkolbens durch Siebfilter 33 und Pumpeneinlaßventil 34 in den Pumpenraum gesaugt; beim Niederdrücken des Kolbens wird er durch das obere Rückschlagventil und die Pumpendüse 7 in die Saugleitung gespritzt. Im Pumpenkolben 35 befindet sich ein nach unten öffnendes Ventil, das oben einen Stift hat. Der Pumpenkolben wird beim Öffnen der Drosselklappe über ein Gestänge niedergedrückt, wobei zwischen Kolbenstange 5 und Kolben eine Feder geschaltet ist. Die Vorspannung und Charakteristik dieser Feder bestimmen das Zeitmaß und die Menge des geförderten Kraftstoffes. Bei langsamem Öffnen der Drosselklappe kann die gesamte vom Kolben 35 verdrängte Kraftstoffmenge durch die Pumpendüse 7 abfließen. Bei raschem Aufreißen aber trifft die Kolbenstange 5 auf das Ventil im Kolben und öffnet es, so daß ein Teil des Kraftstoffes durch dieses Ventil in die Schwimmerkammer zurückfließt und weniger Kraftstoff in den Motor kommt. Je größer die Federkraft, in umso kürzerer Zeit und in umso größerer Menge fließt der Kraftstoff durch die Pumpendüse 7 zum Motor.

β) Carter-Vergaser Typ AFB mit Bemessung der Kraftstoffmenge bei Teillast durch Unterdruck

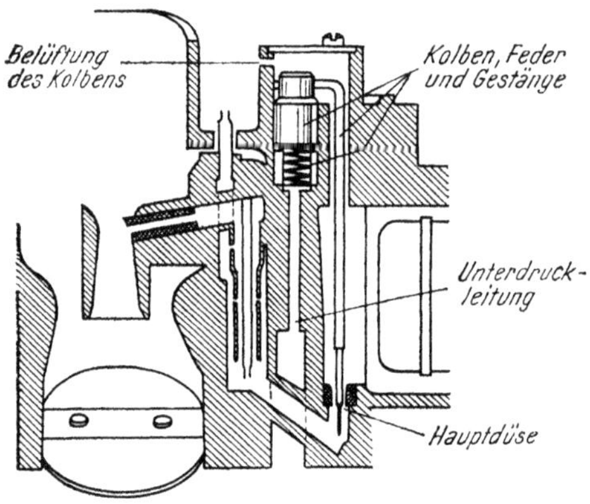

Abb. 263. Teillastverhalten des Carter-Vergasers Typ AFB

Bei amerikanischen Carter-Vergasern, z. B. Type AFB, wird die Teillastnadel nicht mechanisch durch Gestänge von der Drosselklappe aus verschoben, sondern durch einen Kolben, der auf der einen Kolbenseite unter Außendruck steht, auf der anderen Kolbenseite unter dem Einfluß des Unterdruckes hinter der Drosselklappe in der Saugleitung, Abb. 263. Außerdem ist eine Steuerfeder unter dem Kolben vorhanden. Wenn der Unterdruck in der Saugleitung groß ist, wird der Kolben gegen die Federkraft nach unten gesaugt, das dicke Stück der Nadel dringt in die Hauptdüse ein, und der freie Querschnitt und die geförderte Kraftstoffmenge werden klein. Bei Anwachsen des Druckes in der Saugleitung kann die Feder den Kolben mit der Nadel nach oben drücken, und der freie Querschnitt wird größer. Bei Vollast und niedriger Drehzahl wird die höchste Stellung erreicht. Die Dosierung des Kraftstoffes wird nur durch die gesteuerte Hauptdüse vorgenommen, eine zusätzliche Vollastdüse entfällt.

γ) Carter-Vergaser Typ YF mit pneumatisch-mechanischer Teillaststeuerung

Bei einer dritten Bauart des Carter-Vergasers Typ YF, Abb. 264, wird die Teillastnadel pneumatisch und mechanisch gesteuert. Die Stellung der Teillastnadel in der

Hauptdüse bestimmt die durchströmende Kraftstoffmenge. Die Stellung der Teillastnadel wird sowohl mechanisch durch die Bewegung der Drosselklappe über ein Gestänge bestimmt als auch pneumatisch durch den Unterdruck, der auf eine Membran wirkt, die an der Beschleunigerpumpe sitzt. Die Teillastnadel ist mit dem Schaft der Beschleunigerpumpe über die oberen Federn verbunden, die beim Schließen der Drosselklappe als Stoßdämpfer wirken und beim Beschleunigen die Bewegung verzögern.

Die Beschleunigerpumpe wird bei Teillast durch den Unterdruck gegen die Federkraft der unteren Pumpenfeder nach unten gezogen. Der Arm der Teillastnadel wird von den oberen Pumpenfedern gegen das Pumpengestänge gedrückt. Die Bewegung der Teillastnadel wird dann durch das Pumpengestänge und damit durch die Drosselklappenstellung bestimmt. Dies gilt immer, wenn der Unterdruck unter der Membran stark genug ist, um die Spannung der unteren Pumpenfeder zu überwinden. Unter allen anderen Betriebsbedingungen, bei denen die Spannung der unteren Pumpenfeder die Saugkraft des Unterdruckes unter der Membran überwindet, bewegt sich die Teillastnadel nach oben und ergibt bei voller Drosselklappenöffnung den größten freien Düsenquerschnitt.

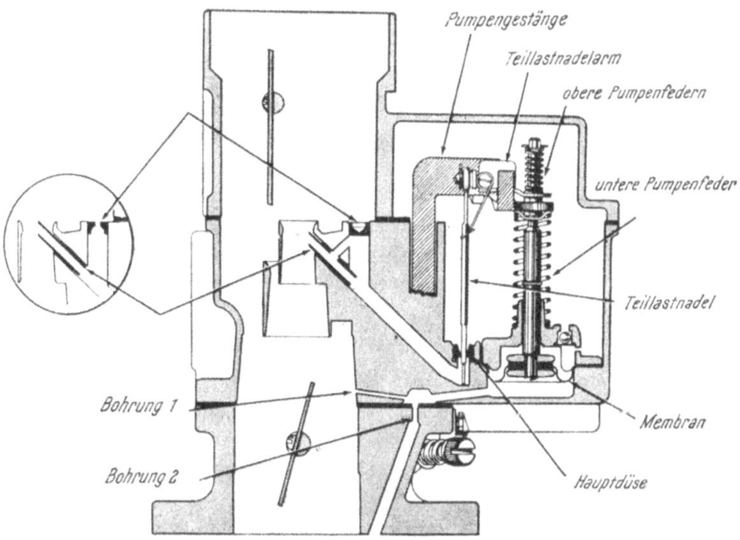

Abb. 264. Pneumatische und mechanische Teillaststeuerung am Carter-Vergaser Typ YF

Der Unterdruck für die Kammer unter der Membran der Beschleunigerpumpe wird von 2 Stellen entnommen, einmal hinter der Drosselklappe, wo bei niedriger Teillast und bei Leerlauf die Unterdrücke sehr groß sind, und zum zweiten oberhalb der Drosselklappe, wo bei niedriger Teillast und Leerlauf die Drücke nahezu den Atmosphärendruck erreichen. Durch die Bemessung der beiden Bohrungen 1 und 2 kann der Unterdruck unter der Membran den Bedürfnissen angepaßt werden. Der Unterdruck wird geringer und gleichmäßiger.

Bei Teillast zieht der auf die Membran wirkende Unterdruck die Beschleunigerpumpe nach unten und drückt den die Teillastnadel haltenden Arm gegen das Verbindungsgestänge, das mit der Drosselklappe gekuppelt ist. Die Stellung der Teillastnadel ist dann mechanisch durch die Lage der Drosselklappe bestimmt. Bei höherem Drehmoment wird der Unterdruck unter der Membran kleiner und die untere Feder kann die Beschleunigerpumpe nach oben drücken. Dadurch wird sich der die Düsennadel haltende Arm vom Verbindungsgestänge nach oben abheben, und es ergibt sich eine Vergrößerung des Austrittsquerschnittes an der Teillastnadel für den Kraftstoff.

Abb. 264 zeigt links auch noch eine Entlüftung an der Düsenmündung. Durch diese soll der bei Leerlauf und hoher Temperatur etwa entstandene Kraftstoffdampf ausströmen können, um zu vermeiden, daß durch die Druckerhöhung bei der Verdampfung flüssiger Kraftstoff aus der Düsenmündung ausgeblasen wird.

Wird die Teillastnadel über ein Gestänge von der Drosselklappe aus betätigt, dann wird jeder Drosselklappenstellung ein bestimmter Düsenquerschnitt zugeordnet. Bei Vernachlässigung sekundärer Einflüsse (und auch des Leerlaufeinflusses, abhängiger Leerlauf) kann man also sagen, daß zu jedem Drosselklappenwinkel ein bestimmtes Mischungsverhältnis gehört. In Abb. 397, S. 296, sind die bei gegebenem Drosselklappenwinkel vorhandenen Ansaugdrücke über der Drehzahl eingezeichnet. Die Grenzen sind voll geöffnete Drosselklappen, also die Vollastlinie, bei einem Winkel von 90°, und ganz geschlossene Drosselklappe bei 13°. Bei Drehzahlen über der niedrigsten Drehzahl (Leerlaufdrehzahl) muß für ganz geschlossene Drosselklappe der Motor fremd angetrieben werden (Schleppbetrieb im Fahrzeug). Bei der Nulleistung (keine Leistungsabgabe nach außen) muß der Ansaugdruck bei hoher Drehzahl über den bei Leerlauf ansteigen, da die Reibungs- und Pumpleistungen erheblich ansteigen. Während bei mechanisch betätigter Teillastnadel die Linie konstanter Drosselklappenstellung auch Linien gleichen Luftverhältnisses sind, Linie AC und DF in Abb. 240, S. 184, stellt sich bei pneumatisch gesteuerter Teillastnadel, Abb. 263, das gleiche Luftverhältnis auf Linien konstanten Saugdruckes ein, vgl. Kurve HI und KL in Abb. 240, S. 184.

c) Vergaser mit zwei nacheinander zur Wirkung kommenden Lufttrichtern mit konstanten oder veränderlichen Hauptdüsen (Stufenvergaser, Registervergaser)

Zur guten Zerstäubung des Kraftstoffes soll die Luftgeschwindigkeit im Lufttrichter auch bei niedrigen Drehzahlen ausreichend groß sein. Um nun die Druckverluste durch die Widerstände bei hohen Drehzahlen nicht zu groß werden zu lassen, können 2 Lufttrichter mit 2 Hauptdüsen parallel arbeiten, von denen der primäre bei Teillast allein arbeitet, sowie bei Vollast unterhalb einer bestimmten Drehzahl. Steigt bei hoher Last und zunehmender Drehzahl der Unterdruck im primären Lufttrichter, so wird der sekundäre Lufttrichter mit seiner Hauptdüse durch Öffnen der zugehörigen Drosselklappe in Tätigkeit gesetzt. Beim Schließen der primären Drosselklappe wird auch die sekundäre zwangsläufig geschlossen.

Die Betätigung der sekundären Drosselklappe erfolgt also immer durch den Unterdruck, der im oder hinter dem primären Lufttrichter entnommen wird, und kann durch den im oder hinter dem sekundären Lufttrichter entnommenen Luftdruck verstarkt und stabilisiert werden. Zur Steuerung können Gegengewichte, ferner Federn und Membranen sowie Hilfsdrosselklappen verwendet werden.

α) Zenith-Vergaser 35/40 INAT

Der Zenith-Vergaser 35/40 INAT der Deutschen Vergaser-Gesellschaft ist ein Stufenvergaser, Abb. 265, 266, 267, bei dem eine erste Stufe mit kleinem Lufttrichter bei Vollast und hohen Drehzahlen durch eine zweite Stufe mit größerem Lufttrichter ergänzt wird, wenn der Unterdruck im primären Lufttrichter ein bestimmtes Maß überschreitet.

Die Leerlaufeinrichtung und der Übergang zu kleiner Last wie auch die Startautomatik, die Beschleunigerpumpe und die Vollastanreicherung befinden sich nur an der 1. Stufe. Die dazu verwendeten Teile entsprechen denen anderer Zenith- oder Solex-Vergaser, Abb. 268. Erwähnenswert ist nur, daß die Startautomatik über eine Membran, die auf der Oberseite unter der Einwirkung des Druckes hinter der Drosselklappe steht, aus- bzw. eingeschaltet werden kann. Die Beschleunigerpumpe, Abb. 269, die gleichzeitig der Vollastanreicherung dient, wird mechanisch vom Gasgestänge betätigt; die Pumpensaug- und -druckventilkugeln sind von geringem Gewicht, so daß sie auf geringe Druckunterschiede ansprechen. Der Ausfluß des Kraftstoffes liegt an der 1. Stufe einige mm über dem Kraftstoffspiegel und etwas oberhalb des Lufttrichters an einer Stelle größeren Querschnittes, unterliegt also einem kleineren Druckunterschied als die Hauptdüse. Die Kraftstofförderung bei Anreicherung beginnt bei einer bestimmten Luftmenge, die sich aus Höhenunterschied, Kugelgewicht und Querschnitten ergibt. Die geförderte Kraftstoffmenge wächst mit der Luftmenge.

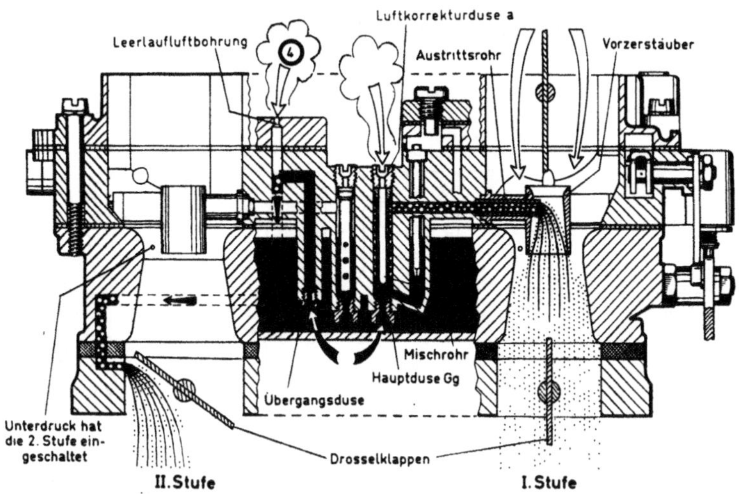

Abb. 265. Einschalten der 2. Stufe beim Zenith-Vergaser 35/40 INAT

Der INAT-Vergaser enthält noch eine weitere Vollastanreicherungseinrichtung, Abb. 269 rechts. Durch eine Bohrung wird der Unterdruck hinter der Drosselklappe entnommen und auf der Oberseite einer Membran gegen eine Feder zur Wirkung gebracht. Der nach unten gerichtete Federdruck versucht, ein oberhalb der Kraftstoffanreicherungsdüse befindliches Ventil zu öffnen. Der Unterdruck hinter der Drosselklappe schließt es,

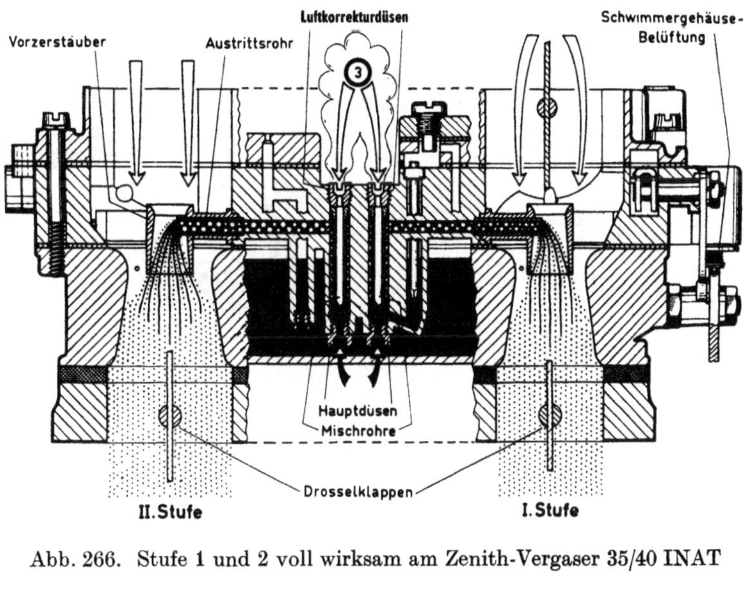

Abb. 266. Stufe 1 und 2 voll wirksam am Zenith-Vergaser 35/40 INAT

solange er genügend groß ist. Erst wenn der Absolutdruck hinter der Drosselklappe einen bestimmten Wert erreicht, öffnet das Ventil und läßt Kraftstoff durch eine Düse zuströmen. Der Kraftstoff fließt dann durch Kanäle kurz vor das Austrittsrohr der 1. Stufe. Der im Lufttrichter herrschende Druck ist also zusammen mit dem Kraftoffdüsenquerschnitt für die geförderte Kraftstoffmenge bestimmend.

Die Zuschaltung der 2. Stufe erfolgt nur bei geöffneter 1. Drosselklappe und hoher Drehzahl, Abb. 252, S. 191. Sie wird geschaltet durch den Unterdruck im Lufttrichter der 1. und 2. Stufe, der durch eine Leitung auf den Raum über einer Membran einwirkt. Die Membran wird durch eine Membranfeder nach unten gedrückt und wirkt über eine Verbindungsstange auf den Drosselklappenhebel in Richtung Schließen der 2. Drosselklappe.

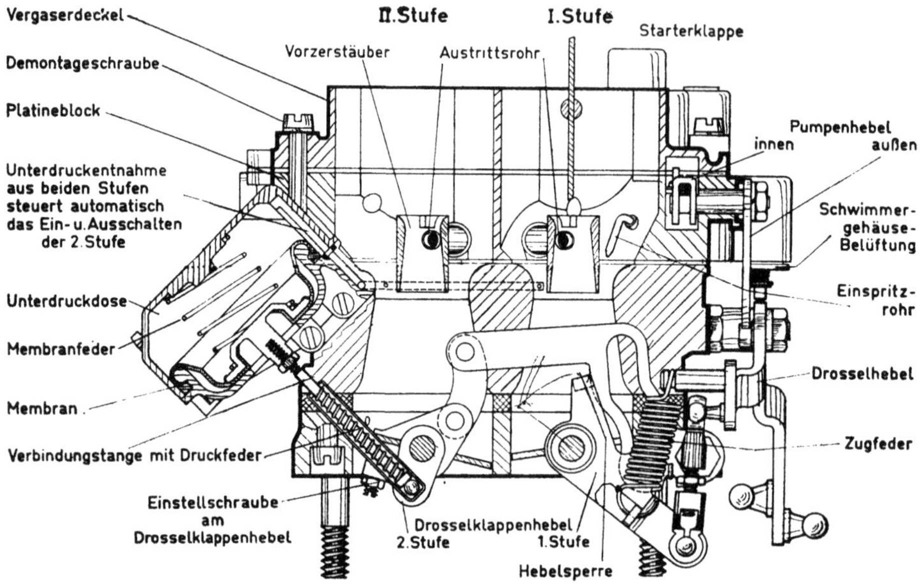

Abb. 267. Steuerung der beiden Stufen am Zenith-Vergaser 35/40 INAT

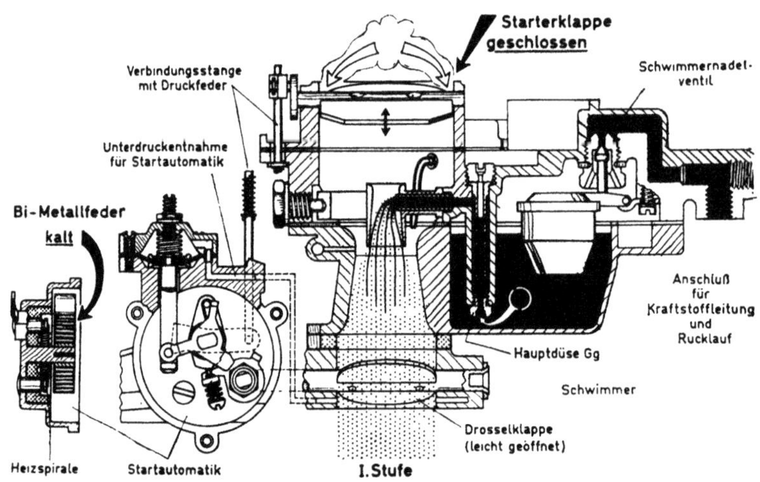

Abb. 268. Startautomatik am Zenith-Vergaser 35/40 INAT

Die Verbindungsstange trägt ein Rohr und eine Druckfeder, derart, daß für das Schließen der 2. Drosselklappe Formschluß und für das Öffnen Kraftschluß vorhanden ist.

Der Unterdruck über der Membran wird, wenn die 2. Drosselklappe noch geschlossen ist, dem Lufttrichter der 1. Stufe entnommen. Durch die Bohrung im Lufttrichter der 2. Stufe wird der Unterdruck verkleinert, weil dort kein (oder fast kein) Luftdurchfluß stattfindet, also derselbe Druck wie vor dem Lufttrichter der 1. Stufe herrscht. Die Membranfeder ist nun so eingestellt, daß die 2. Drosselklappe bei einem bestimmten Unterdruck, also auch bei einer bestimmten Luftdurchflußmenge der 1. Stufe zu öffnen beginnt. Diese Luftdurchflußmenge kann bei voll geöffneter Drosselklappe der 1. Stufe und mittlerer Drehzahl des Motors vorhanden sein, aber auch bei nur fast voll geöffneter Drosselklappe und sehr hoher Drehzahl. Die Hebelanordnung zwischen 1. und 2. Stufe ergibt diese Möglichkeit. Bei vollem Schließen der 1. Drosselklappe würde aber auch die 2. Drosselklappe durch das Gestänge zwangsläufig geschlossen werden; sie ist aber durch die Membranfeder schon vorher ganz geschlossen worden. Durch das Öffnen der 2. Drosselklappe wird bei

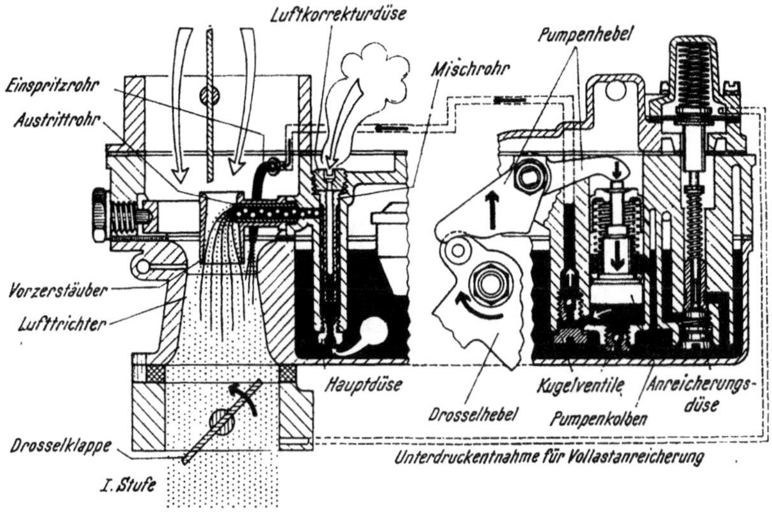

Abb. 269. Beschleunigerpumpe und Vollastanreicherung am Zenith-Vergaser 35/40 INAT

gegebener Drehzahl der Unterdruck am 1. Lufttrichter abgebaut; ohne die Bohrung am 2. Lufttrichter würde also der Druck über der Membran kleiner werden und die 2. Drosselklappe müßte wieder schließen. Da aber die Bohrung am 2. Lufttrichter nun auch unter Unterdruck gesetzt wird, bleibt die 2. Drosselklappe offen, entsprechend einem Gleichgewichtszustand mit der Membranfeder. Der Öffnungsbeginn der 2. Drosselklappe liegt auf einer Linie konstanten Luftdurchsatzes.

Wenn die Drosselklappe der 2. Stufe etwas geöffnet hat, Abb. 265, liefert die 2. Hauptdüse noch nicht genügend Kraftstoff. Es ist deshalb eine Übergangsdüse vorgesehen, die Kraftstoff durchtreten läßt, der mit Luft aus Düse 4 vermischt wird; der entstandene Schaum tritt hinter der Drosselklappe der 2. Stufe aus.

β) Solex-Vergaser 44 PHH

Beim Solex-Vergaser 44 PHH der Deutschen Vergaser-Gesellschaft, einem Flachstromvergaser für Sportwagen, Abb. 270, wird die Zuschaltung der 2. Stufe durch ein Gegengewicht an der Drosselklappe und durch eine Membran mit Feder, die unter dem Einfluß des Unterdruckes im Lufttrichter der 1. Stufe steht, gesteuert.

Das an der Drosselklappenwelle der 2. Stufe angebrachte Gegengewicht ergibt eine Kraft, die die Drosselklappe schließen will. An der Membran der Unterdruckdose ist eine Stange angebracht, die über einen Hebel mit der Drosselklappe verbunden ist. Die Unterdruckdose steht über Leitungen in Verbindung mit der engsten Stelle im Lufttrichter der ersten Stufe. Wenn der Unterdruck an dieser Stelle einen bestimmten Wert überschreitet, wird die Drosselklappe gegen die Membranfeder und gegen die Kraft des Gegengewichtes geöffnet. Damit kein Pendeln der 2. Drosselklappe eintreten kann, sind an den Luftzutrittsstellen oberhalb und unterhalb der Membran zur Dämpfung enge Bohrungen angebracht. Bei kleiner Öffnung der 2. Drosselklappe liefert die Leerlauf- und Übergangseinrichtung Kraftstoff, bei großer Öffnung die Hauptdüseneinrichtung.

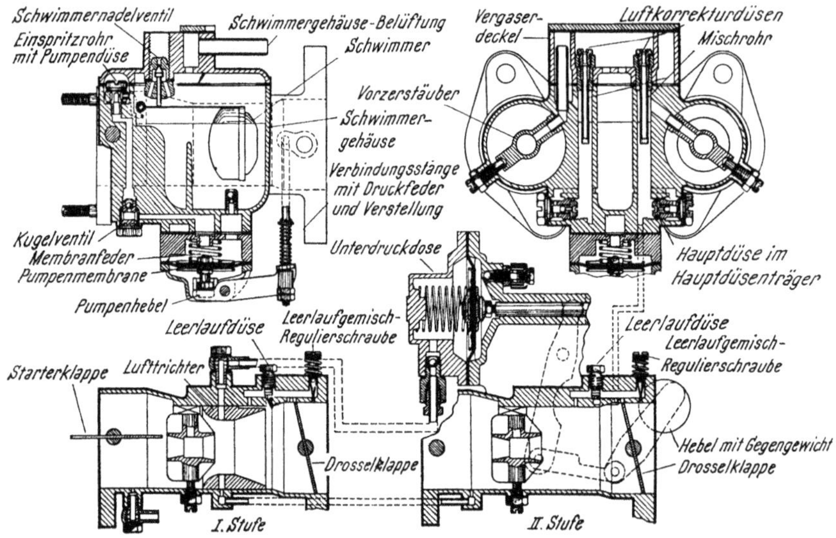

Abb. 270. Aufbau des 2-Stufen Solex-Vergasers 44 PHH

γ) Solex-Vergaser 34 PAITA

Beim Solex-Vergaser 34 PAITA der Deutschen Vergaser-Gesellschaft, Abb. 271, hat die 2. Stufe 2 Drosselklappen *V2* und *V3*. Die Drosselklappe *V2* ist mit der Drosselklappe *V1* über Schleppgestänge derart verbunden, daß sie sich erst zu öffnen beginnt, wenn die Drosselklappe *V1* die Hälfte ihres Öffnungswinkels zurückgelegt hat, also schon hohes Drehmoment herrscht. Beide Klappen erreichen ihre Endstellung gleichzeitig. Bei niedriger Drehzahl und voller Öffnung der Klappen *V1* und *V2* wird die Unterdruckklappe *V3*

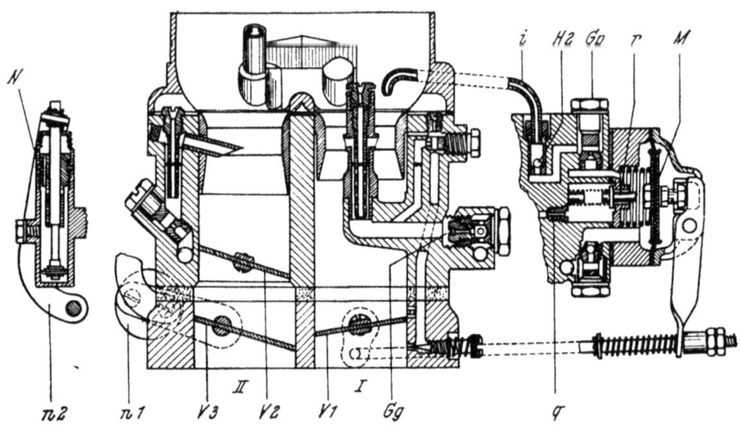

Abb. 271. Aufbau des Solex-Vergasers 34 PAITA

aber noch durch das Gegengewicht *n1* geschlossen gehalten. Die Achse der Unterdruckklappe ist exzentrisch angebracht. Wenn bei ganz oder teilweise geöffneter Drosselklappe *V2* der Unterdruck unter der Unterdruckklappe *V3* groß wird, kann sich diese gegen die vom Gegengewicht ausgeübte Kraft öffnen. Damit sie nicht schwingt, ist eine Dämpfungseinrichtung *N* angebracht, die über Hebel *n2* mit dem Gegengewicht verbunden ist. Sie enthält in einem Zylinder mit Ölfüllung einen Kolben mit entsprechendem Spiel.

Bei diesem Vergaser sind die beiden Vollastanreicherungen beachtenswert. An der Beschleunigerpumpe vorbei kann Kraftstoff durch die Düse *Gp*, Rückschlagventil *H2* und Leitung *i* gefördert werden, wenn der Unterdruck an der Mündung der Leitung *i* größer ist, als dem geodätischen Abstand zum Kraftstoffspiegel entspricht. Der Unterdruck an der Mündung der Leitung *i* beträgt, weil der Luftquerschnitt dort groß ist, nur einen geringen Bruchteil desjenigen am Lufttrichter. Die Anreicherung beginnt deshalb erst bei großem Luftdurchsatz. Die zugesetzte Kraftstoffmenge steigt mit der angesaugten Luftmenge. Eine zweite Anreicherung wird von der Pumpenmembran *M* gesteuert. Kurz vor Vollaststellung der Drosselklappe *V1* wird das Ventil *r* durch die Pumpenmembran *M* aufgedrückt, so daß Kraftstoff über die Anreicherungsdüse *q* in die Hauptkraftstoffversorgung hinter der Hauptdüse *Gg* eintreten kann. Die zusätzliche Förderung ist von da ab proportional zur Hauptkraftstoffmenge.

δ) Stufenvergaser der Holley-Carburetor Co.

Die Holley-Carburetor Co., USA, verwendet zur Steuerung der Drosselklappe der 2. Stufe bei ihren Stufenvergasern eine Membran mit Feder, Abb. 272. Eine Feder drückt die Membran nach unten. Der Raum unterhalb der Feder steht unter Atmosphärendruck. Der abgeschlossene Raum oberhalb der Membran wird durch Leitungen mit den engsten Stellen der beiden Lufttrichter verbunden.

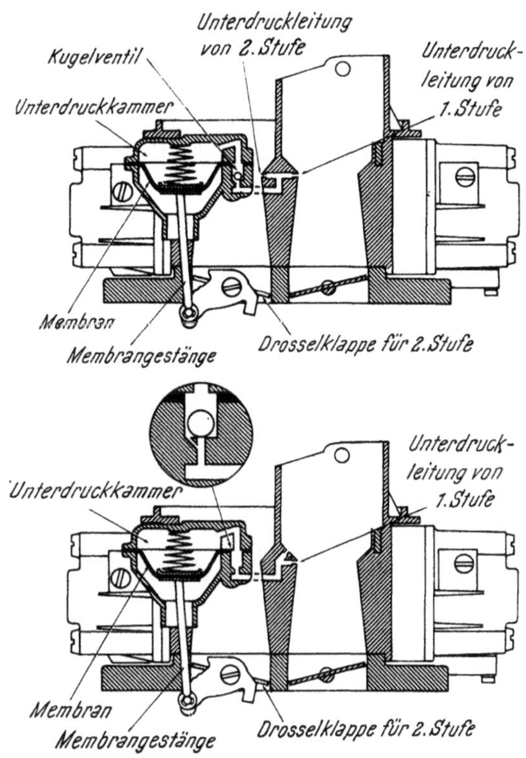

Abb. 272. Arbeitsweise der 2. Stufe am Holley-Carburetor

Der obere Teil des Bildes zeigt diese Konstruktion, bei der die Lufttrichter der 1. und 2. Stufe angebohrt und durch eine Leitung miteinander verbunden sind, die zum oberen Membranraum führt. Dabei ist noch ein Rückschlagventil mit enger Umgehungsbohrung eingebaut, das eine dämpfende Wirkung bei rascher Klappenöffnung ausübt, aber schnelles Schließen zuläßt, siehe mittleres Teilbild im Kreis, Abb. 272.

Bei niedriger Drehzahl und voll geöffneter primärer Drosselklappe bleibt die sekundäre Drosselklappe geschlossen, der Druck an der Entnahmebohrung des sekundären Lufttrichters entspricht nahezu dem Atmosphärendruck. Der Druck über der Membran liegt also höher als derjenige im primären Lufttrichter. Die Feder ist so eingestellt, daß bei höherer Drehzahl die sekundäre Drosselklappe zu öffnen beginnt, wobei der Druck an der Bohrung des sekundären Lufttrichters abnimmt, der Unterdruck über der Membran also größer wird, wobei sich je nach Charakteristik der Feder eine bestimmte Drosselklappenöffnung einstellt. Kurz vor der Höchstdrehzahl sind beide Klappen voll geöffnet.

Bei einer anderen Ausführung, Abb. 272 unten, wird der Unterdruck nur der 1. Stufe entnommen, wobei eine Bohrung an der engsten Stelle des Lufttrichters und eine etwas darüber angebracht ist. Da beide Bohrungen unter dem Einfluß desselben Luftflusses stehen, ist für den Unterdruck im Membranraum nur die im 1. Lufttrichter durchströmende Luftmenge maßgebend sowie die Federcharakteristik. Bei steiler Federcharakteristik nimmt der Unterdruck trotz Öffnung der sekundären Drosselklappe stetig mit der Drehzahl zu. Das braucht bei der vorhergenannten Anordnung nicht der Fall zu sein.

Die Welle der sekundären Drosselklappe ist etwas aus der Mitte der Klappe heraus nach unten verschoben, so daß die Luftkräfte bei offener und der Unterdruck bei geschlossener Klappe eine Kraft in Richtung Schließen hervorrufen. Die sekundäre Seite hat wie die primäre einen eigenen Leerlauf und einen eigenen Übergang in der üblichen Ausführung sowie bei 4-Lochvergasern wegen der großen räumlichen Ausdehnung des ganzen Vergasers ein eigenes Schwimmergehäuse mit Schwimmer.

Es gibt auch einen Holley-Vergaser mit rein mechanischer Betätigung der sekundären Stufe. Wenn die Drosselklappe der primären Stufe geöffnet ist, kann der Fahrer durch weiteres Durchtreten des Gashebels gegen einen Federdruck auch die zweite Drosselklappe öffnen. Da die Drehzahlabhängigkeit dabei wegfällt, geht der eigentliche Sinn des Stufenvergasers aber verloren.

ε) Carter-Carburetor AFB

Die AFB-Typen der Carter-Carburetor Corp., USA, sind Stufenvergaser, wobei 2 Ausführungsformen angewendet werden: Bei der ersten wird die sekundäre Drosselklappe vom Unterdruck in den Lufttrichtern gesteuert. Wenn der Gashebel ganz durchgetreten ist, wird die Drosselklappe der 1. Stufe ganz und die der 2. Stufe mechanisch einige Winkelgrade geöffnet. Die durch den primären Lufttrichter strömende Luft erzeugt dort einen Unterdruck, der an der engsten Stelle durch eine Bohrung abgenommen und zu einer federbelasteten Membran geführt wird. Durch das Zusammenwirken von Federkraft und Membrankraft wird die Stellung der sekundären Drosselklappe bestimmt. Erst bei hoher Drehzahl wird die sekundäre Drosselklappe ganz geöffnet. Auch im Lufttrichter der zweiten Stufe ist eine Druckabnahmebohrung angebracht, um den teilweisen Verlust an Unterdruck im primären Lufttrichter bei Öffnen der sekundären Drosselklappe auszugleichen. Ein mechanisches Gestänge sichert, daß bei Schließen der primären Drosselklappe auch die sekundäre geschlossen wird.

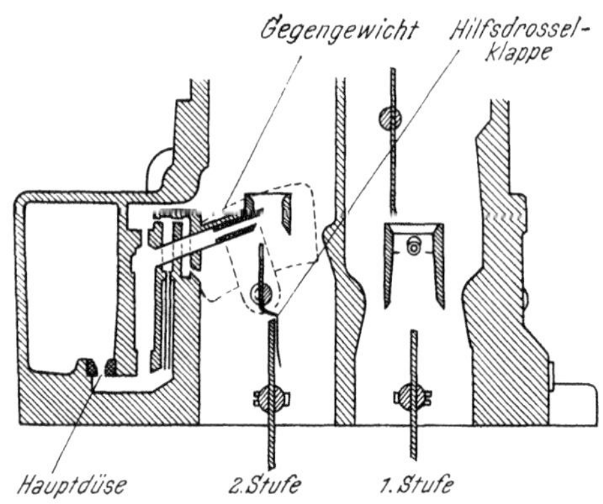

Abb. 273. Arbeitsweise des Stufen-Carter-Vergasers AFB

Bei der zweiten Ausführungsform ist in der sekundären Stufe oberhalb der Drosselklappe eine Hilfsdrosselklappe vorhanden, Abb. 273 oben. Beim Durchtreten des Gashebels öffnet zuerst die Drosselklappe der ersten Stufe bis zu einem bestimmten Winkel; bei weiterem Durchtreten wird dann auch die zweite Drosselklappe bewegt, bis bei vollem Ausschlag beide Klappen ganz offen sind. Die Welle der Hilfsdrosselklappe der 2. Stufe ist einseitig oberhalb der Mitte der Klappe angebracht und trägt an einem Hebel ein Gegengewicht, das bei niedriger Last die Hilfsdrosselklappe geschlossen hält. Erst wenn bei voll geöffneten Drosselklappen und höherer Drehzahl, also großem Luftdurchfluß, die Luftkräfte an der Hilfsdrosselklappe größer werden, kann die Schließkraft des Gegengewichtes überwunden und diese aufgedrückt werden.

Für die Kraftstoffversorgung der zweiten Stufe bei ganz oder teilweise geschlossener Hilfsdrosselklappe ist eine Auslaßmündung nach dem Lufttrichter in Höhe einer kleinen Aussparung an der Hilfsdrosselklappe angebracht, durch die nach Öffnung der sekundären Drosselklappe Kraftstoffschaum ausfließt. Der Kraftstoff wird durch die Hauptdüse über ein Düsenrohr, hinter dem Luft zur Zerschäumung zugeführt wird, zur Auslaßmündung geführt. Bei voller Öffnung der Hilfsdrosselklappe fließt an dieser Stelle kein Kraftstoff aus, da dann der Unterdruck an dem Venturirohr der sekundären Kraftstoffhauptmündung größer wird als an dieser Stelle. Die Hauptdüse der 2. Stufe enthält im Gegensatz zu derjenigen der 1. Stufe keine Düsennadel zur Veränderung des Düsenquerschnittes, weil ja dann, wenn die 2. Stufe voll wirkt, auch immer reiches Gemisch erforderlich ist.

d) Vergaser mit veränderlichem Lufttrichter und veränderlicher Hauptdüse

Bei diesen Vergasern wird der Querschnitt des Lufttrichters, in dem sich die Austrittsöffnung für den Kraftstoff befindet, verändert. Eine Drosselklappe ist nicht vorhanden; die Luftmenge wird durch Schieber, die sich im eigentlichen Lufttrichterquerschnitt bewegen, bestimmt. Oft zeigt bei voll geöffnetem Schieber der Querschnitt, der die Austrittsöffnung für den Kraftstoff enthält, keine Verengung mehr, sondern es ist bei Vollast ein glattes Rohr vorhanden. Als Druckdifferenz zur Förderung des Kraftstoffes wirkt dann der Druckunterschied gegen die unter Atmosphärendruck stehende Schwimmerkammer. Zur Verwendung gelangt bei den einfachsten Vergasern ein axial mit Hilfe eines Bowdenzuges beweglicher zylindrischer Schieber. Bei anderen Ausführungen werden zwei halbe Schieber (Halbzylinder) eingebaut oder in den großen zylindrischen Schieber noch ein zweiter kleinerer Schieber. Die beiden Schieber können mit 2 Bowdenzügen getrennt betätigt werden. Die relative Lage der beiden Schieber beeinflußt dann das Mischungsverhältnis. In einer weiteren Ausführung wird ein Hohlzylinder in einem Zylinder über ein Füllstück axial verschoben, das dann bei voller Öffnung einen ungestörten zylindrischen Querschnitt freigibt.

Zur Bemessung der Kraftstoffmenge wird eine in einer Düse mit dem Schieber axial bewegliche Düsennadel mit konischer Verjüngung verwendet.

Alle diese Vergaser sind sehr einfach aufgebaut und deshalb billig herzustellen. Sie werden vorwiegend für Motorradmotoren und kleine Motoren verwendet und brauchen dort nicht alle Anforderungen zu erfüllen, die man bei großen Personenwagen stellt. Die Motorleistung kann wegen des geringen Widerstandes aber gut sein.

α) Amal-Vergaser 363

Der Amalvergaser Type 363 der Amal Ltd., England, stellt eine besonders einfache Konstruktion eines Schiebervergasers dar, Abb. 274. Im Schwimmergehäuse wird wie üblich durch einen Schwimmer *27* und ein Nadelventil *26* ein konstanter Kraftstoffspiegel eingestellt. Als einfache Anlaßhilfe befindet sich über dem Schwimmer ein Tupfer *31*, mit dem der Schwimmer von Hand nach unten gedrückt werden kann, so daß ein höherer Kraftstoffspiegel erreicht wird und damit eine Anreicherung des Gemisches oder gar eine Überflutung des Vergasers. Die Verbrennungsluft kommt durch ein Filter *21* zum Vergaser. Im Leerlauf befindet sich der durch einen Bowdenzug *20* bewegbare Drosselschieber *8* unten in der gezeichneten Stellung. Eine Feder *4* drückt ihn nach unten. In der Mitte des Drosselschiebers ist eine Düsennadel *5* befestigt, die sich also mit dem Schieber *8* axial bewegt. Die Düsennadel hat im unteren Teil eine genau festgelegte konische Form; sie befindet sich in einer Düse *15* und bestimmt dabei den freien Querschnitt für den Kraftstoff. Der Kraftstoff kommt aus der Schwimmerkammer durch eine Hauptdüse *16* zu dem Düsenrohr *15*, in das er durch einige Bohrungen eindringt und nach oben fließt, an der Stelle vorbei, wo die Düse mit Düsennadel den Querschnitt bestimmt. Hauptdüsenquerschnitt und Düsennadelquerschnitt sind so ausgelegt, daß bei Teillast die Kraftstoffmenge vorwiegend durch den Düsennadelquerschnitt bestimmt ist und bei Annäherung an Vollast vorwiegend durch die Hauptdüse. Durch die Leitung *17* wird Luft zugeführt, die sich durch Bohrungen bei *11* und weiter oben mit dem Kraftstoff vermischt. Der gebildete Schaum tritt bei *7* aus und wird von der Luft mitgerissen, die dort bei ganz oder teilweise angehobenem Schieber hindurchströmt. Bei nur wenig angehobenem Schieber werden die Strömungsgeschwindigkeiten sehr groß.

Der Leerlaufkraftstoff wird nach der Hauptdüse abgezweigt und zur Leerlaufdüse *12* geführt, durch die er nach oben ausfließt und sich mit der Luft vermischt, die durch die

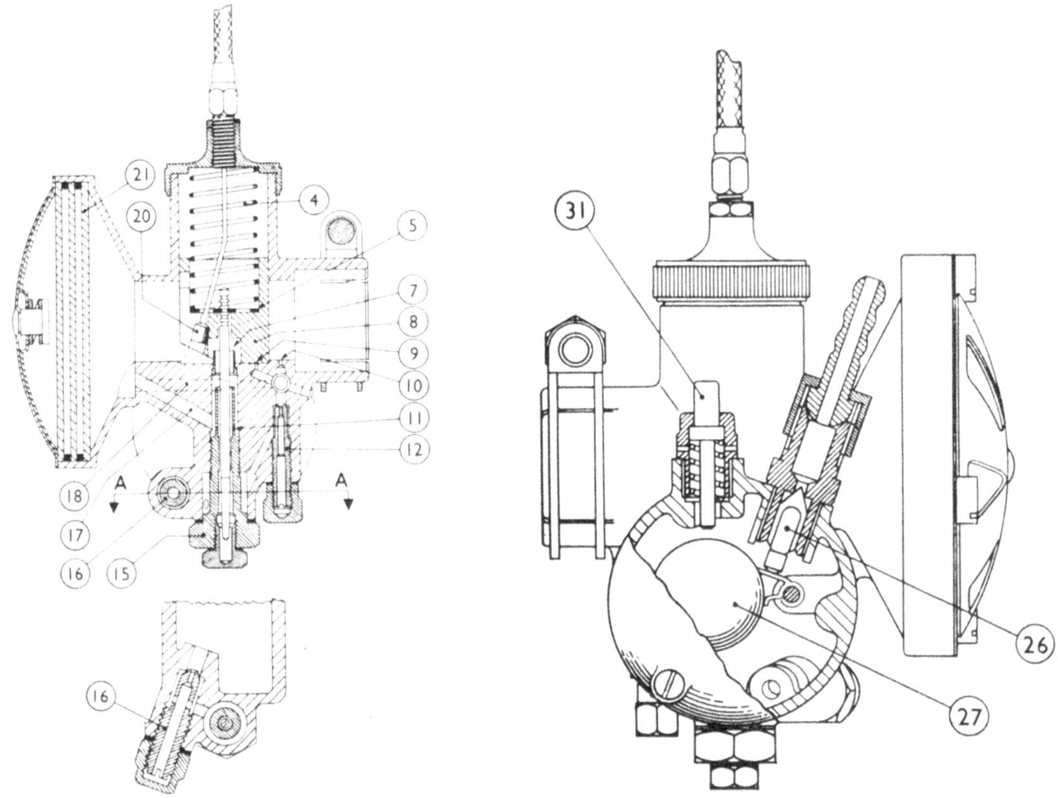

Abb. 274. Schnitt durch die Mischkammer und die Schwimmerkammer des Amal-Vergasers 363

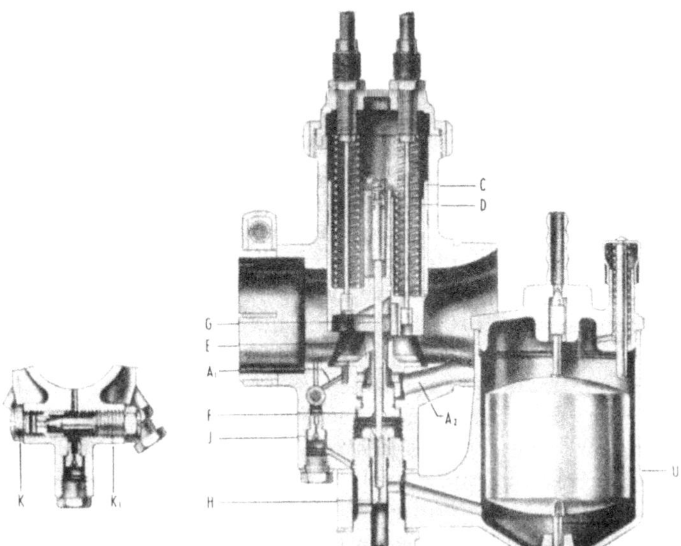

Abb. 275. Aufbau des Bing-2-Schieber-Vergasers

Bohrung *18* zugeführt wird. Der entstandene Schaum wird durch die Bohrung *10* mit der am nahezu geschlossenen Schieber vorbeiströmenden Luft vermischt und zum Zylinder geführt. Durch eine Schraube kann zum Zwecke der Gemischeinstellung die durch Kanal *18* strömende Luftmenge eingeregelt werden. Ebenso wird die tiefste Stellung des Schiebers für den Leerlauf durch eine Schraube eingestellt. Für den Übergang von Leerlauf zu niedriger Teillast kann eine Übergangsbohrung *9* vorhanden sein, die in üblicher Weise bei etwas angehobenem Schieber Gemisch fördert.

β) Bing-Vergaser

Der Bing-Vergaser Typ 2 der Metallwarenfabrik F. Hintermayr, Nürnberg, Abb. 275, hat einen großen Schieber *C*, Gasschieber genannt, in dem ein zweiter Schieber *D*, Luftschieber genannt, beweglich eingebaut ist. Beide Schieber werden von je einem Bowdenzug betätigt und durch je eine Feder nach unten gerückt. Die Düsennadel *G* ist am großen Gasschieber *C* befestigt. Der Kraftstoff fließt vom Schwimmergehäuse *U* zur Hauptdüse *H* und dann zur Nadeldüse *F*, in der sich der konische Teil der Nadel *G* verschieben kann. Durch die Zerstäuberluftbohrung A_2 wird Luft zum Mischkammereinsatz *E* geführt, wo Luft und Kraftstoff vermischt werden, um als Schaum an der Mischkammermündung auszutreten. Die Leerlaufkraftstoffmenge wird unabhängig von der Hauptdüse durch die Leerlaufdüse *J* bestimmt. Die Leerlaufluftdüse *K* bestimmt zusammen mit der Luftregulierschraube K_1 die Leerlaufluftmenge und den auf die Leerlaufdüse wirkenden Unterdruck, also auch die Leerlaufkraftstoffmenge. Auch eine Übergangsbohrung A_1 ist vorhanden. Die Anwendung von 2 hintereinander liegenden Schiebern ermöglicht eine Veränderung des Mischungsverhältnisses innerhalb gewisser Grenzen. Da der Luftschieber vor dem Schaumaustritt aus dem Mischkammereinsatz *E* liegt, wird bei seinem Herabdrücken der Querschnitt vor dem Gemischaustritt kleiner, wodurch der Unterdruck dort anwächst, was zu einer Anreicherung des Gemisches führt.

γ) Amal-Vergaser GP

Der Amal-Vergaser Typ GP, Abb. 276 und 277, ist mit dem Ziel entworfen worden die höchstmögliche Leistung aus einem Motor herauszuholen. Die Saugleitung ist deshalb ganz glatt gehalten. Die Düsennadel *11* liegt außerhalb der Saugleitung, aber noch innerhalb des Drosselzylinders *23*; nur ein kurzes Stück des Gemischaustrittsrohres *12* ragt noch in die Saugleitung. Der kleinste Rohrdurchmesser liegt hinter dem Drosselzylinder. Das Schwimmergehäuse kann, wenn die Erschütterungen am Motor zu groß sind, getrennt vom Vergaser aufgehängt und nur durch eine Leitung mit ihm verbunden werden. Der Durchmesser des

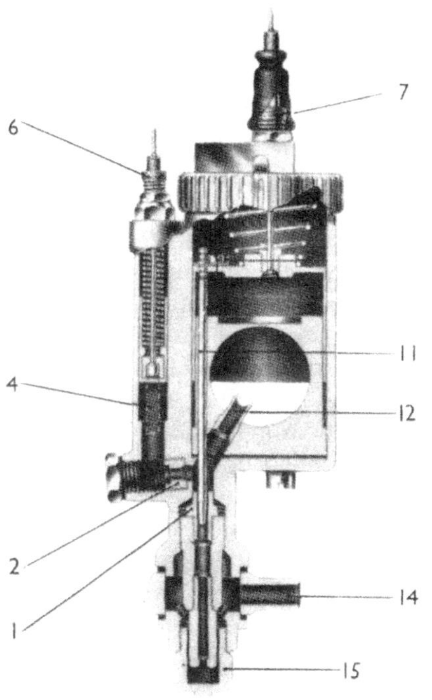

Abb. 276. Aufbau des Amal-Vergasers GP

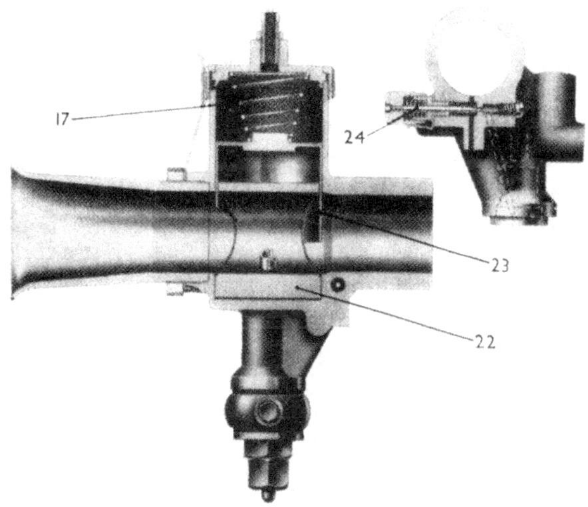

Abb. 277. Aufbau des Amal-Vergasers GP

axial verschiebbaren Drosselzylinders ist etwa 1,5 mal so groß wie der Durchmesser der Saugleitung. Innerhalb des Drosselzylinders befindet sich ein Füllstück *22*. Der Drosselzylinder wird durch einen Bowdenzug *7* gegen eine Feder *17* nach oben gezogen. Er reicht in geschlossenem Zustand mit seiner hinteren Hälfte bis zur tiefsten Stelle der Saugleitung, während die vordere Hälfte schräg abgeschnitten ist. Da Rennvergaser immer groß ausgelegt werden, liegt die Gefahr vor, daß der Vergaser bei kleiner Last schlecht arbeitet. Durch die Drosselwirkung der vorderen Hälfte des Drosselzylinders wird an der Gemischaustrittsstelle bei teilweise geschlossenem Drosselzylinder ein Unterdruck erzeugt, der die Gemischförderung verstärkt. Beim Niederdrücken des Drosselzylinders wird die konische Düsennadel *11* tiefer in die Nadeldüse *1* hineingedrückt, wobei infolge der Konizität der Nadel der Querschnitt verkleinert wird. Der Kraftstoff strömt bei hoher Leistung durch die Rohrleitung *14* zur Hauptdüse *15* und weiter zur Nadeldüse *1*. Durch die Luftdüse *2* tritt Luft zum Kraftstoff. Die Luftmenge kann durch einen Kolben, der einen Schlitz *4* steuert, zugemessen werden; das Mischungsverhältnis kann dadurch verändert werden. Der Kolben wird durch einen Bowdenzug *6* betätigt. Das zerschäumte Gemisch tritt am Gemischaustrittsrohr *12* in die Saugleitung ein. Das Leerlaufgemisch tritt hinter dem Drosselzylinder in die Saugleitung durch eine einfache Bohrung ein. Es wird in üblicher Weise durch eine Kraftstoffdüse und eine Luftzuführung mit Drosselschraube *24* dosiert.

e) Vergaser mit Drosseleinrichtung und mit konstantem Unterdruck im veränderlichen Lufttrichter und im veränderlichen Kraftstoffdüsenquerschnitt

Bei diesen Vergasern wird die zum Motor fließende Gemischmenge und damit die Leistung des Motors durch eine Drosselklappe geregelt. Die Gemischzusammensetzung wird durch einen Lufttrichter festgelegt, dessen Querschnitt durch einen senkrecht zur Saugleitung beweglichen zylindrischen Körper, Luftventil genannt, bestimmt wird und durch eine in einer Düse gleitende konische Düsennadel, die mit dem Zylinderkörper verbunden ist. Das Luftventil trägt oben einen Kolben großen Durchmessers oder eine Membran; der Raum darüber ist abgeschlossen und wird durch eine Bohrung im Luftventil mit dem Unterdruck hinter dem Luftventil, aber vor der Drosselklappe in Verbindung gebracht. Dieser Unterdruck gegenüber dem Druck vor dem Luftventil (oder der Außenluft) bestimmt die im Lufttrichter herrschende Luftgeschwindigkeit. Sein Gewicht und eventuell eine weiche Feder drücken den Kolben nach unten und halten ihn in einem Gleichgewichtszustand (Schwebezustand) mit dem nach oben wirkenden Unterdruck. Unter dem Luftventil ist quer durch die Saugleitung eine Brücke angebracht, auf der das Luftventil im Stillstand aufsitzt und von der es im Leerlauf einen geringen Abstand hat. Da das Gewicht von Luftventil und Kolben konstant ist und die Feder sehr weich ist, wird die Druckdifferenz im Lufttrichter ebenfalls konstant. Damit wird aber auch die Luftgeschwindigkeit unabhängig von der Drosselklappenstellung konstant, wenigstens solange die spezifische Masse der Luft gleich bleibt. Der Raum unter dem Kolben bzw. der Membran steht durch weite Leitungen mit der Außenluft in Verbindung. Bei Erhöhung der durchströmenden Luftmenge bewegt sich der Zylinder nach oben und vergrößert dabei den Durchströmquerschnitt. Da der an der Brücke von unten geförderte Kraftstoff von demselben konstanten Unterdruck aus dem Schwimmergehäuse gesaugt wird, muß auch der Kraftstoffdüsenquerschnitt vergrößert werden, was mit Hilfe einer am Zylinder befestigten konischen Düsennadel, die in einer Kraftstoffdüse verschoben wird, geschieht. Eine Zerschäumung des Kraftstoffes durch Zusatzluft ist im allgemeinen nicht vorgesehen. Es ist nicht notwendig, besondere Leerlaufeinrichtungen anzubringen, wohl aber müssen für den Kaltstart Vorrichtungen angebracht sein.

α) SU-Horizontalvergaser

Der SU-Horizontalvergaser der Carburetor Company of Birmingham in England, Abb. 278, ist nach diesem Prinzip gebaut. Eine horizontale Saugleitung hat unten eine Vertiefung, in der sich eine querliegende Brücke befindet. Über dieser bewegt sich ein zylinderförmiges Luftventil, das durch sein Gewicht nach unten gedrückt wird. An diesem Luftventil ist oben ein Stufenkolben großen Durchmessers angebracht, der in einem Hohlzylinder verschiebbar ist. Der Raum oberhalb des Kolbens steht mit dem Unterdruck hinter dem Luftventil über eine Unterdruckleitung in Verbindung. An dem Luftventil ist eine Düsennadel befestigt, die konisch ist und in eine Kraftstoffdüse eintaucht. Der Kraftstoff fließt vom Schwimmergehäuse zu dieser Düse, die am Austritt zur Saugleitung liegt; dadurch wird der Kraftstoff nach oben in die Ansaugluft ausgespritzt und durch deren Strömungsgeschwindigkeit zerstäubt und mit ihr vermischt.

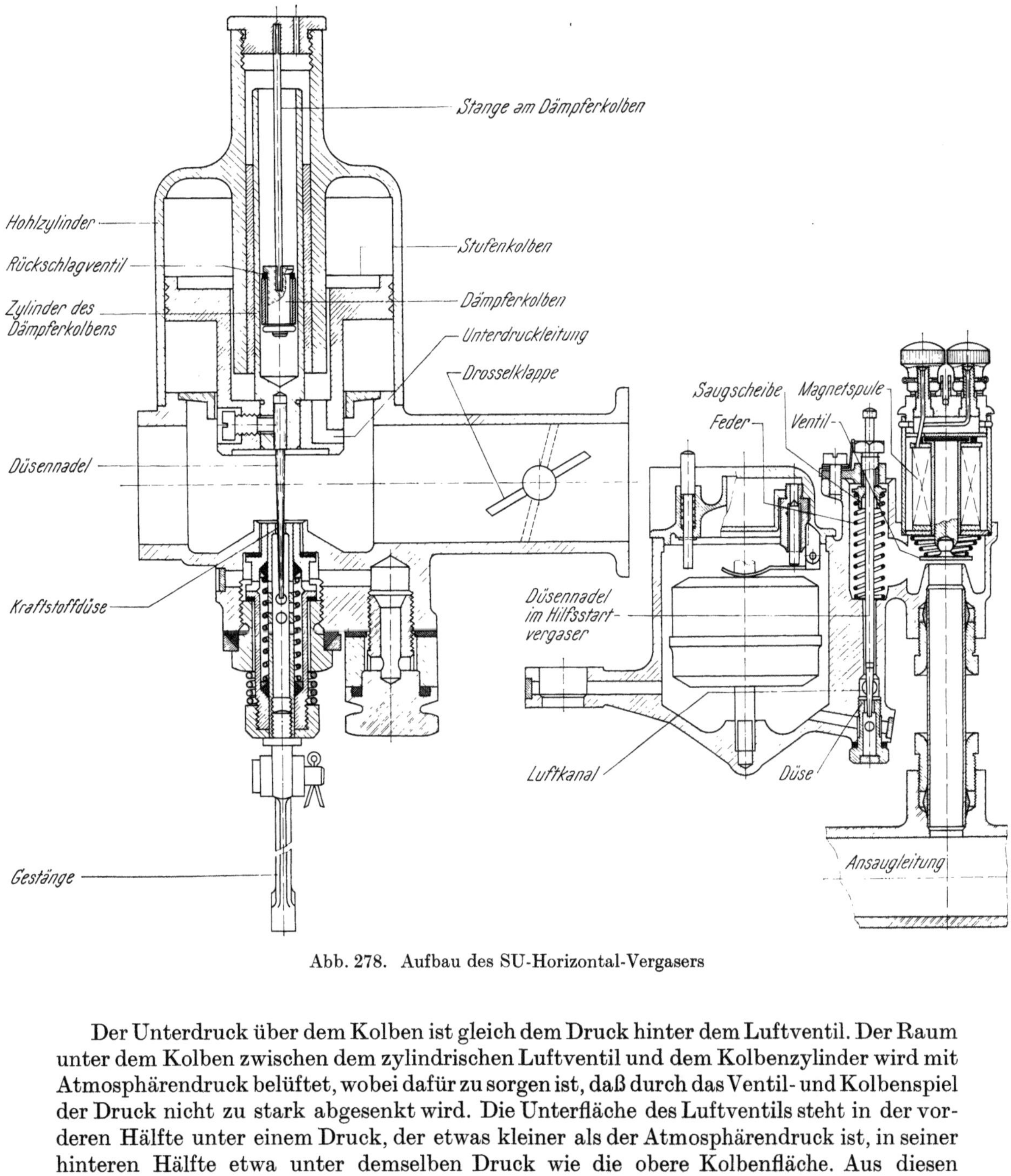

Abb. 278. Aufbau des SU-Horizontal-Vergasers

Der Unterdruck über dem Kolben ist gleich dem Druck hinter dem Luftventil. Der Raum unter dem Kolben zwischen dem zylindrischen Luftventil und dem Kolbenzylinder wird mit Atmosphärendruck belüftet, wobei dafür zu sorgen ist, daß durch das Ventil- und Kolbenspiel der Druck nicht zu stark abgesenkt wird. Die Unterfläche des Luftventils steht in der vorderen Hälfte unter einem Druck, der etwas kleiner als der Atmosphärendruck ist, in seiner hinteren Hälfte etwa unter demselben Druck wie die obere Kolbenfläche. Aus diesen Größen ergibt sich die Hubhöhe des Luftventils bei einer gegebenen Luftdurchflußmenge.

Ein besonderer Leerlauf ist nicht vorhanden, weil bei Leerlauf, also geringem Luftdurchsatz, das Luftventil bis nahe an die Brücke absinkt und dadurch den Luftzufluß drosselt.

Die Luftgeschwindigkeit und der Druckabfall an der Kraftstoffdüse bleiben aber nahezu konstant; der freie Düsenquerschnitt wird dem Luftquerschnitt angepaßt. Wenn man das Gemisch abmagern oder anreichern will, kann man mit einem Gestänge die Kraftstoffdüse axial etwas verschieben. Bei Leerlauf des kalten Motors ist ein Herausziehen der Düse erforderlich, falls nicht der nachher beschriebene Hilfsstartvergaser verwendet wird.

Um bei raschem Aufreißen der Drosselklappe sofort genügend reiches Gemisch zu erhalten, ist ein Dämpferkolben eingebaut, der von einer Stange festgehalten wird und in einem kleinen Zylinder im Ventilkolben läuft. Der Raum unter dem Dämpferkolben wird mit dünnem Schmieröl gefüllt. Er trägt oben ein Rückschlagventil, so daß zwar ein schnelles Schließen des Luftventils möglich ist, aber dem schnellen Öffnen ein Widerstand entgegengesetzt wird. So kann sich das Luftventil nur langsam nach oben bewegen, wodurch eine Kraftstoffanreicherung für den Beschleunigungsvorgang erreicht wird.

Für das Anlassen bei kaltem Wetter kann ein Hilfsstartvergaser angebaut werden. Dem Schwimmergefäß wird Kraftstoff entnommen, der durch eine Düse mit Düsennadel nach oben fließt, wobei kurz oberhalb der Düse Luft beigemischt wird. Das entstehende Gemisch ist reich und geeignet für Anlassen und Leerlauf. Bei erhöhter Leerlaufdrehzahl wird die Düsennadel nach unten gesaugt, weil die mit der Düsennadel fest verbundene Saugscheibe dem Druckunterschied zwischen Atmosphärendruck und Ansaugdruck unterworfen wird, und dann den Druck der Feder überwindet. Das Gemisch wird ärmer und die in den Hilfsvergaser strömende Luftmenge größer. Der Hilfsstartvergaser wird eingeschaltet, indem ein flaches Ventil, das unter Federdruck steht, von der Zuführungsleitung des Gemisches durch eine Magnetspule abgehoben wird. Das Magnetventil kann durch einen Schalter mit Bimetallstreifen, der bei Unterschreitung einer bestimmten Temperatur den Strom einschaltet bzw. bei Überschreitung ausschaltet, gesteuert werden. Der Schalter kann z. B. im Kühlwasserkreislauf liegen.

β) Stromberg-Vergaser CD

Der Stromberg-Vergaser Typ CD, Abb. 279, 280, 281, der auch von Zenith hergestellt wird, arbeitet ebenfalls nach dem Prinzip des konstanten Unterdruckes im Lufttrichter.

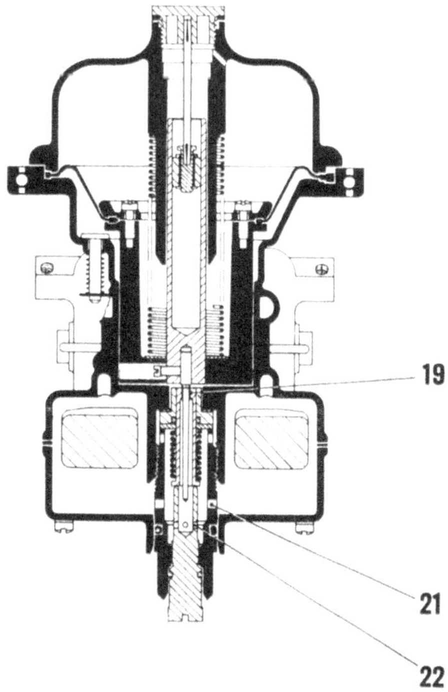

Abb. 279. Aufbau des Stromberg-Vergasers CD

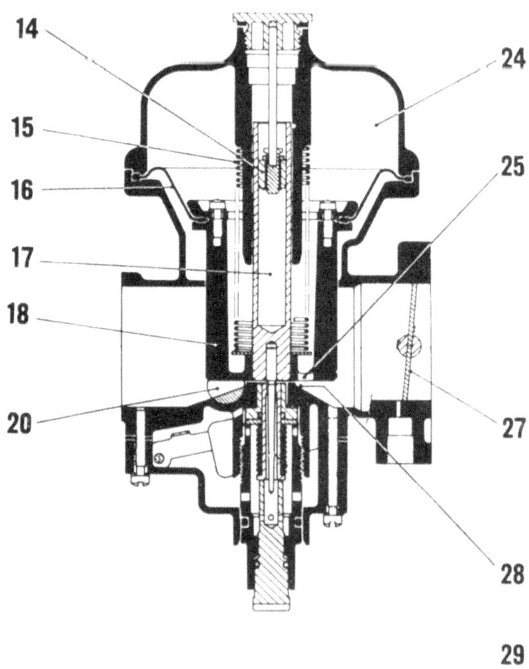

Abb. 280. Aufbau des Stromberg-Vergasers CD

Die Schwimmerkammer liegt unterhalb vom Lufttrichter und hat einen Doppelschwimmer mit gemeinsamem Arm *7*, wobei der Kraftstoffausfluß in der Mitte zwischen beiden Schwimmerkörpern liegt. Der Vergaser wird dadurch unempfindlicher gegen Beschleunigungen und Neigungen, wodurch er auch für Geländefahrzeuge verwendbar wird.

Der Kraftstoff steigt durch die Bohrungen *21* und *22* zu der Nadeldüse *19* und wird dort in die Ansaugluft gespritzt. Unten in der Saugleitung befindet sich eine Erhöhung (Brücke) *28*, gegen die sich im Stillstand das Luftventil *18* anlegt, das durch sein Eigengewicht und durch eine Feder *15* nach unten gedrückt wird. In dem Luftventil befindet sich unten eine Bohrung *25* hinter der Brücke, durch die der Unterdruck, der im Betrieb an dieser Stelle herrscht, in den Raum *24* über der mit dem Luftventil verbundenen Membran *16* geleitet wird. Wenn nach dem Anlassen des Motors die Drosselklappe *27* öffnet, wird Luft durch den Lufttrichter gesaugt, wobei hinter dem Lufttrichter gegenüber der Atmosphäre ein Unterdruck entsteht, der sich in den Raum *24* fortpflanzt. Dadurch wird das Luftventil *18* angehoben, bis ein Gleichgewichtszustand zwischen Gewicht und Federkraft einerseits und den Druckunterschieden andererseits eingetreten ist. Der Raum zwischen Membran, Gehäuse und Luftventil ist an 2 Stellen mit 2 weiten Leitungen zur Atmosphäre hinter dem Luftfilter hin entlüftet, zusammen mit dem Raum der Schwimmerkammer. Die Unterseite des eigentlichen Luftventils ist an und hinter der Brücke demselben Unterdruck unterworfen wie der Raum über der Membran. Der Unterdruck im Lufttrichter ist (bei weicher Feder) deshalb nahezu konstant und damit auch die Luftgeschwindigkeit. Der freie Querschnitt muß sich also (bei gleicher spezifischer Masse der Luft) proportional zur Luftmenge verändern. Sofern das Luftverhältnis des Gemisches konstant bleiben soll, muß der Kraftstoffdüsenquerschnitt (mit Korrektur entsprechend der Durchflußzahl) dem Luftquerschnitt proportional verändert werden. Dies geschieht durch entsprechende Gestaltung der Düsennadel.

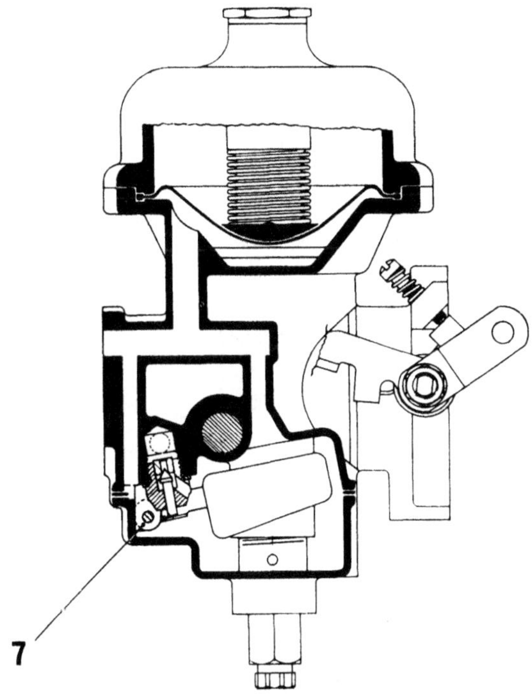

Abb. 281. Aufbau des Stromberg-Vergasers CD

Zur Anreicherung beim Übergang ist ein Dämpferkolben *14* mit Rückschlagventil vorhanden, der im hohlen Führungsschaft *17* läuft. Im Schaft *17* befindet sich Öl. Die Dämpfung tritt nur bei Aufwärtsbewegung ein, die Abwärtsbewegung ist ungehemmt.

Für den Kaltstart ist eine abgefräste Welle *20* vorhanden, die von dem Kaltstartknopf am Instrumentenbrett aus über einen Hebel verdreht werden kann. Sie hebt bei Verdrehung das Luftventil und damit auch die Düsennadel an, wobei in dieser ein größerer Querschnitt freigegeben wird. Da die abgefräste Welle aber einen Teil des Lufttrichterquerschnittes versperrt, muß eine Anreicherung des Gemisches eintreten. Über einen exzentrischen Bogen des Hebels und eine Schraube wird gleichzeitig die Drosselklappe etwas aufgedreht.

f) Drehzahlbegrenzungseinrichtungen

Bei Lastwagen und Lieferwagen liegt die Gefahr vor, daß der Fahrer den Motor überdreht, d. h. in niedrigen Gängen oder bei Bergabfahrt bei geöffneter Drosselklappe mit zu hoher Drehzahl fährt. Deshalb werden mitunter Drehzahlbegrenzungseinrichtungen eingebaut.

α) Drehzahlregler der Pierburg KG 28 DR

Der Drehzahlregler Typ 28 DR der A. Pierburg Auto & Luftfahrgerätebau KG ist ein Gasstromregler, der die Höchstdrehzahl begrenzt und nach dem Vergaser und unabhängig von diesem eingebaut wird, Abb. 282. In einer Leitung mit viereckigem Querschnitt befindet sich eine einseitig gelagerte Drosselklappe (Reglerklappe) derart, daß der Gasstrom die Klappe zu schließen sucht. Die Drosselklappenwelle ist in Nadellagern gelagert und trägt im Reglergehäuse einen Reglerklappenhebel mit einem Kugellager. Die Drosselklappe ist außerdem über ein Gelenkstück mit einem kleinen Kolben verbunden, dessen Unterseite unter dem Unterdruck in der Saugleitung vor der Drehzahlbegrenzungsklappe steht und dessen Oberseite der Atmosphäre ausgesetzt ist. Das Kugellager des Reglerklappenhebels läuft auf der Kurvenbahn eines Kurvenhebels, der am Ende durch eine Reglerfeder, die mit einem Spannstück einstellbar ist, nach oben gezogen wird. Eine Stellschraube dient zur Einstellung der Schrägstellung der Reglerklappe im Ruhezustand.

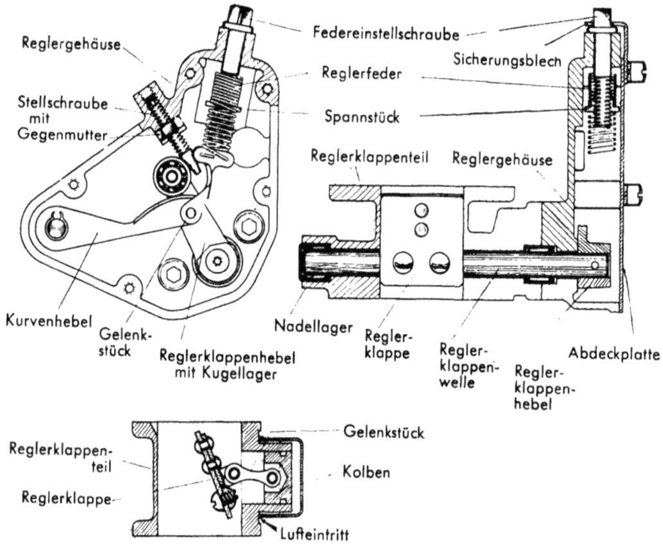

Abb. 282. Aufbau des Drehzahlbegrenzers 28 der Pierburg KG

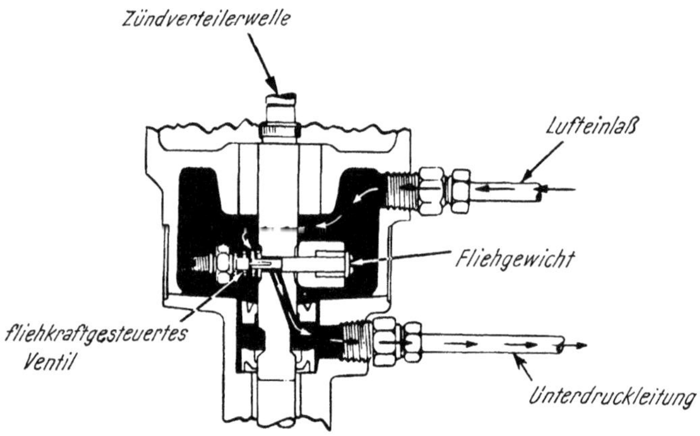

Abb. 283. Aufbau des Fliehkraftreglers des Drehzahlbegrenzers 4 G Rochester

Der Gasstrom hat die Tendenz, die schrägstehende Reglerklappe zu schließen; dem wirkt aber die Spannkraft der Reglerfeder entgegen. Die Reglerfeder dreht nur mit dem durch die Kurvenlage und die Hebelverhältnisse wirksamen Anteil an der Reglerklappe. Nur bei hoher Drehzahl wird die Klappe von den Gaskräften geschlossen, wobei bei Teillast noch die auf der Kolbenunterseite lastenden Unterdrücke in Richtung Schließen wirksam werden.

β) Rochester 4 G Governor

Der Rochester 4 G Governor der Rochester Products, USA, ist ein Drehzahlbegrenzer, der mit Unterdruck und mit Fliehkraft gesteuert ist. Er besteht aus zwei Einheiten, nämlich dem durch Fliehkräfte betätigten Einströmventil, das am Zündverteiler sitzt, Abb. 283, und der Unterdruckmembran, die in einem Gehäuse untergebracht ist, das am Drosselklappengehäuse des Vergasers angebaut ist, Abb. 284. Beide Einheiten sind durch eine Unterdruckleitung miteinander verbunden. Die Unterdruckmembran betätigt die Drosselklappe durch eine Stange, die am Drosselklappenhebel angreift. Auf der Gegenseite ist eine Feder angebracht, welche die Drosselklappe aufzuziehen sucht. Das Verbindungsgestänge vom Gashebel zur Drosselklappe öffnet diese nicht zwangsläufig, sondern gibt nur einen Anschlag frei, so daß die Feder die Klappe öffnen kann. Die von der Unterdruckmembran zum Drosselklappenhebel führende Stange kann also die Drosselklappe schließen, obwohl der Gashebel durchgetreten ist. Die Drosselklappenstellung wird deshalb durch den Unterdruck über der Membran und die Kraft der Feder mitbestimmt. Der Unterdruck für die Betätigung der Membran wird dem Vergaser entnommen und über Leitungen und eine Düse zum Raum über der Membran geleitet.

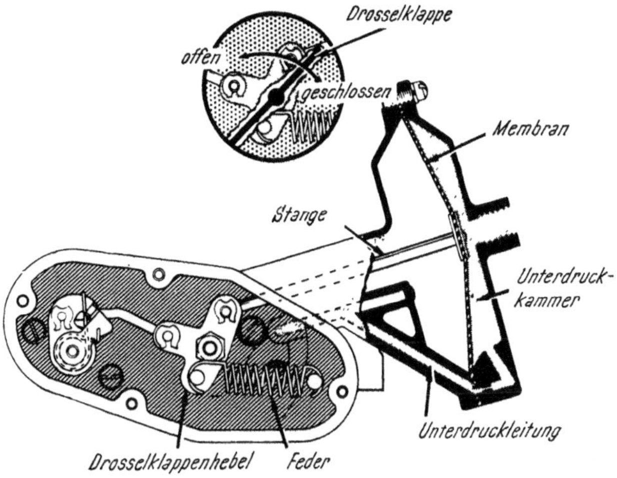

Abb. 284. Aufbau der Betätigung der Drosselklappe des Drehzahlbegrenzers 4 G Rochester

Das fliehkraftgesteuerte Einströmventil ist auf der Welle des Zündverteilers befestigt. Das Ventil wird durch eine Feder offengehalten, so daß Luft von Atmosphärendruck durch das Ventil und die Leitung zum Raum über der Membran fließen kann. Ein Fliehgewicht versucht, das Ventil zu schließen; wegen der neben der Membran befindlichen Düse, die den Abfluß von Luft begrenzt, kann sich deshalb kein wesentlicher Unterdruck in diesem Raum ergeben. Wenn die Drehzahl einen bestimmten Betrag überschreitet, wird das Fliehgewicht des Ventils gegen die Federkraft nach außen gedrückt, und das Ventil wird geschlossen. Dann kann im Raum über der Membran ein Unterdruck entstehen, der die Drosselklappe gegen die Federkraft ganz oder teilweise schließen kann.

g) Membranvergaser

Membranvergaser sind schwimmerlose Vergaser, bei denen die Zuteilung des Kraftstoffes zur Luft durch ein System von Membranen geregelt wird. Der Kraftstoff wird durch eine Pumpe mit Überdruck in den Vergaser gefördert.

Die Gemischmenge wird wie beim Schwimmervergaser durch eine Drosselklappe geregelt. Für die Messung der zugeführten Luftmenge wird eine Venturidüse verwendet. Die dort vorhandene Druckdifferenz gegen den davor herrschenden Luftdruck ist durch den engsten Querschnitt und die durchströmende Luftmenge bestimmt. Die Druckdifferenz wirkt auf ein Membransystem, durch dessen Verschiebung ein Ventil gesteuert wird, das den auf eine Kraftstoffdüse wirkenden Kraftstoffdruck derart regelt, daß die Durchflußmenge durch diese Düse das gewünschte Mischungsverhältnis ergibt. Wie beim Schwimmervergaser sind noch Korrekturen anzubringen, um für alle Betriebsbedingungen das richtige Mischungsverhältnis zu erzielen.

Stromberg-Membranvergaser für Flugmotoren

Für Flugmotoren mittlerer Leistung wird der schwimmerlose Stromberg injection carburetor, Modell PS-5BD der Bendix Products Division, South Bend, viel verwendet, Abb. 285. Er ist ein Steigstromvergaser mit einer Saugleitung und hat ein abgeschlossenes Kraftstoffsystem von der Kraftstofförderpumpe bis zur Austrittsöffnung im Vergaser. Der Kraftstoffaustritt liegt stromabwärts hinter der Drosselklappe, also ganz oben. Störungen infolge Eisbildung im Vergaser durch die Abkühlung der Luft bei der Verdampfung des Kraftstoffes sind dadurch unterbunden. Die Kraftstoffzufuhr wird unabhängig von der Flughöhe und dem Bewegungszustand des Flugzeuges gewährleistet.

Die Luft wird durch das Venturirohr zu der Drosselklappe und an der Zuströmöffnung für den Kraftstoff vorbei über die Saugleitungen zu den Zylindern geführt. An der engsten Stelle der Venturidüse wird der statische Druck abgenommen. Da auch der Gesamtdruck vor der Venturidüse gemessen wird, erhält man die Druckdifferenz als Meßgröße für die durchströmende Luftmenge. Der Druck vor der Venturidüse wird unter die größere Membran in den Raum A geführt. Eine Reglerfeder unterstützt den Druck im Raum A. Der Druck an der engsten Stelle der Venturidüse wird auf die andere Seite dieser Membran in

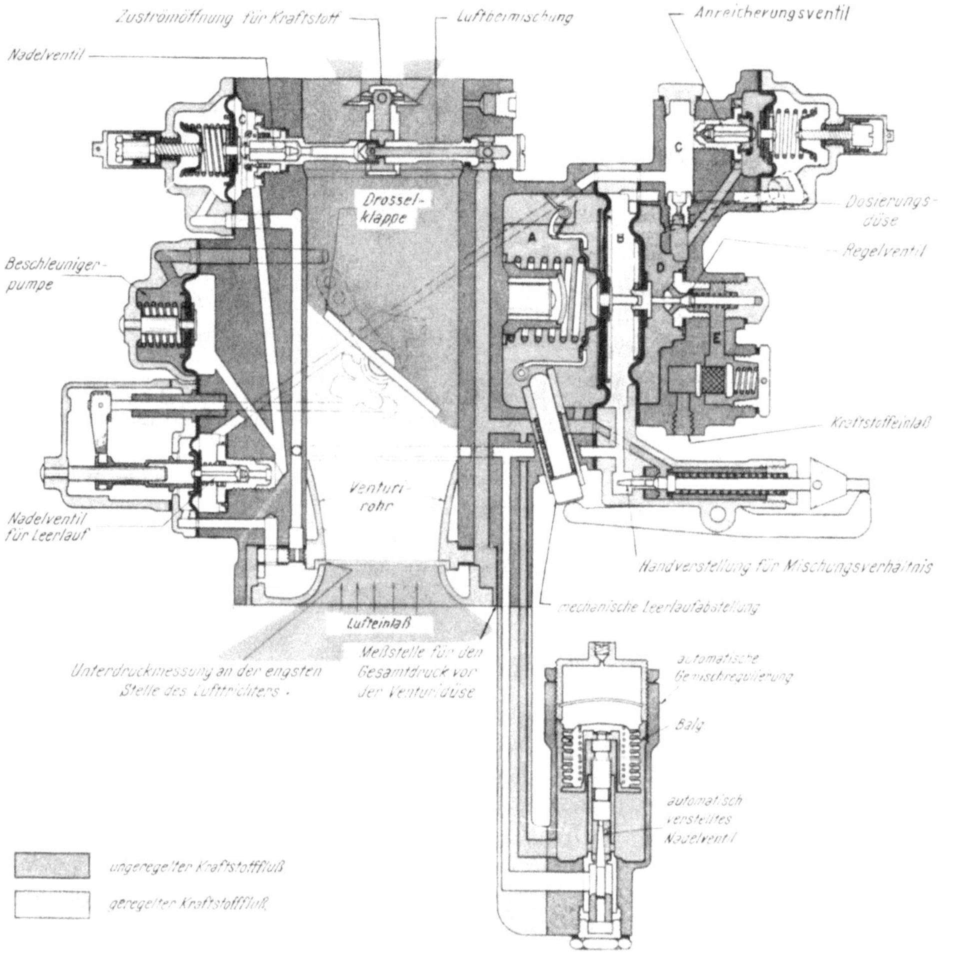

Abb. 285. Wirkungsweise des Stromberg-Membranvergasers

den Raum B geleitet. Den äußeren Abschluß des Raumes B bildet eine kleinere Membran, auf deren anderer Seite sich Kraftstoff befindet, Raum D. Da im Betrieb der Druck in Raum A größer ist als in Raum B, wird die erste größere Membran nach außen gedrückt gegen die zweite Membran hin. Durch einen Stift wird der Druck auf die zweite Membran übertragen. Von einer Pumpe her wird Kraftstoff unter hohem Druck, etwa mit 1,5 atü, in den Raum E gepumpt. Vom Raum E fließt er zum Raum D oberhalb der kleinen Membran, wobei durch ein Regelventil ein Druckabfall erzeugt wird. Da der Kraftstoff in Raum D immer gegen die Membran zur Seite B hin drückt, stellt sich ein Gleichgewichtszustand ein, derart, daß im Raum D immer ein geregelter Druck vorhanden ist, der in einem bestimmten Zusammenhang mit der durchströmenden Luftmenge im Venturirohr steht. Aus dem Raum D fließt der Kraftstoff durch eine Dosierungsdüse in den Raum C, wobei eine Kraftstoffmenge gefördert wird, die dem Querschnitt der Düse und dem Druckunterschied zwischen D und C entspricht.

Um bei Betrieb des Motors mit hoher Leistung eine Anreicherung zu erhalten, ist zwischen Raum D und C auch noch ein Anreicherungsventil eingeschaltet. Dieses Ventil gibt eine kleine Düsenöffnung frei, wenn der Unterdruck der Venturidüse, die auf eine Membran wirkt, groß wird, so daß die Membran gegen einen Federdruck abgehoben wird und damit auch das Ventil öffnet. Bei luftgekühlten Flugmotoren wählt man für die Volleistung beim Start eine sehr starke Anreicherung. Bei Teillast und Vollast fließt der Kraftstoff nun ohne weitere Behinderung durch Leitungen zu den Austrittsöffnungen; kurz vor diesen wird Luft beigemischt, um den Kraftstoff zu zerschäumen und damit eine bessere Zerstäubung zu erreichen.

Für den Leerlauf braucht man aber noch eine andere Einrichtung, nämlich ein Nadelventil, das mit einer Membran abgeschlossen ist, aber durch Gestänge von der Drosselklappe betätigt wird. Bei niedriger Leistung, d. h. bei Leerlauf, wird dieses Nadelventil geschlossen, so daß nur eine ganz bestimmte Öffnung frei bleibt, deren Durchfluß gerade der Leerlaufmenge entspricht. Bei größerer Leistung wird durch den Unterdruck im Venturirohr die Membran nach außen gezogen, wodurch das Leerlaufnadelventil geöffnet wird, so daß die volle Kraftstoffmenge durchfließen kann. Wenn keine Luft durch die Venturidüse angesaugt wird, verschließt ein mit einer Membran verbundenes Nadelventil die Öffnung zu den Austrittsleitungen des Kraftstoffes. Erst wenn ein gewisser Unterdruck am Lufteinlaß und ein gewisser Überdruck im Kraftstoff vorhanden sind, wird diese Verschlußnadel geöffnet und Kraftstoff kann dann aus dem Vergaser austreten.

Wie bei anderen Vergasern ist auch hier eine Beschleunigerpumpe notwendig, um Kraftstoff einzuspritzen, wenn die Drosselklappe schnell aufgerissen wird. Dies geschieht durch eine Membran, die auf der einen Seite unter Kraftstoffdruck steht, während die andere Seite sich unter einem Luftdruck befindet, welcher der Saugleitung hinter der Drosselklappe entnommen ist. Bei niedrigem Druck hinter der Drosselklappe, d. h. bei Leerlauf, wird die Membran zur Luftseite hin gesaugt; wenn nun die Drosselklappe aufgerissen und der Druck auf die Membran größer wird, dann wird sie nach der Kraftstoffseite hin gedrückt, und es wird eine bestimmte Kraftstoffmenge in den Vergaser eingespritzt.

Das Mischungsverhältnis kann nun noch durch eine Handverstellung verändert werden. In einer Düsenbohrung, die zwischen dem Druck an der engsten Stelle des Venturirohres und dem Außendruck liegt, ist eine konische Düsennadel angebracht, die eine ganz geringe Öffnung freigibt. Wenn diese Düsennadel weiter herausgezogen wird, wird der Querschnitt vergrößert und damit die Druckdifferenz zwischen A und B abgebaut. Eine automatische Gemischregulierung für Höhenflug erfolgt durch einen Balg, der eine Düsennadel in einer Düse verstellt, die einen gewissen Querschnitt ebenfalls zwischen dem Druck an der engsten Stelle der Venturidüse und dem Außendruck freigibt. Um den Leerlauf abzustellen, d. h. um die Förderung Null zu erzielen, kann man die Düsennadel, die die Handeinstellung des Gemisches veranlaßt, soweit herausziehen, daß keine Druckdifferenz mehr zwischen A und B vorhanden ist, so daß keine Förderung mehr eintritt, wobei auch durch Halteglieder noch die Membran festgehalten wird.

II. Kraftstoffeinspritzanlagen

1. Ort der Kraftstoffeinspritzung

Verwendet man anstelle des Vergasers eine Einspritzanlage, so muß diese dieselben Anforderungen erfüllen wie der Vergaser, d. h. den Kraftstoff der Luft mengenmäßig richtig zuteilen, ihn fein zerstäuben, ihn mit der Verbrennungsluft gut mischen (wenn möglich verdampfen) und die Gemischmenge bemessen. Man kann dabei nach dem Ort der Einspritzung drei verschiedene Anordnungen unterscheiden, nämlich Einspritzung

1. in die Saugleitung für alle Zylinder gemeinsam,
2. vor das Einlaßventil jedes Zylinders,
3. in den Zylinder.

a) Einspritzung in die Saugleitung

Die Einspritzung in die Saugleitung für alle Zylinder gemeinsam unterscheidet sich von der Kraftstoffzuführung beim Vergaser recht wenig. Die Zerstäubung des Kraftstoffes wird durch eine Pumpe und eine Düse vorgenommen, wobei die Düse kontinuierlich spritzen muß. Da der Düse die Aufgabe der Zerstäubung zugeteilt ist, kann durch Wahl entsprechend hohen Druckes auch bei geringer Luftgeschwindigkeit eine gute Zerstäubung des Kraftstoffes und eine gute Vermischung von Kraftstoff und Luft erreicht werden. Die Strömungsgeschwindigkeiten in der Saugleitung können deshalb kleiner sein. Die Verteilung des Kraftstoffes auf die einzelnen Zylinder muß aber nach wie vor durch die Luft, die durch die Saugleitung fließt, geschehen, so daß gegenüber dem Vergaser nur recht geringe Vorteile vorhanden sein können. Der Druck zur Zerstäubung des Kraftstoffes muß mindestens 10 at betragen, um genügend feine Tropfen zu erzielen (falls nicht Luft zur Zerstäubung herangezogen wird). Bei feiner Zerstäubung kann man eine Vorwärmung (Hot Spot) ersparen. Da die Vorteile gegenüber dem Vergaser unbedeutend sind, der Bauaufwand aber erheblich ist, wird die Saugleitungseinspritzung in dieser Bauform heute nicht verwendet.

In einer abgewandelten Form wurde aber die Saugleitungseinspritzung bei großen Flugmotoren mit starkem Schleuderlader vor 1945 häufig benutzt. Bei Flugmotoren mit großer Volldruckhöhe werden die Luftzuführungsleitungen vor dem Lader sehr groß und wegen der geringen Dichte der Luft wird die Zerstäubung des Kraftstoffes sehr schlecht. Da die Laderräder Umfangsgeschwindigkeiten über 300 m/s haben und in ihnen außerdem eine Erwärmung des Gemisches stattfindet, kann ein grob zerstäubter Strahl gegen das Laderrad gespritzt werden. Die Tropfen werden auf eine große Fläche verteilt, zerrissen, zerstäubt und teilweise verdampft. Das Gemisch nach dem Lader wird homogen, denn meist ist der Kraftstoff vollkommen verdampft. Zur Förderung und Zumessung des Kraftstoffes konnte eine Abart des schwimmerlosen Vergasers (Membranvergaser, S. 215) verwendet werden. In einigen Fällen wurde der Kraftstoff unzerstäubt dem Laderrad in der Mitte zugeführt.

b) Einspritzung vor das Einlaßventil

Bei der Einspritzung vor das Ventil erstrebt man ein homogenes Gemisch im Motor am Ende des Ansaughubes. Versuche, eine Schichtladung zu erreichen, werden ebensowenig gemacht wie beim Vergaser.

Die erste Frage ist, wie fein der Kraftstoff zerstäubt werden muß, um eine homogene Mischung zu erzielen. Die Einspritzdüse befindet sich kurz vor dem Ventil. Die Temperatur des Einlaßventils beträgt schon bei Teillast über 200 °C, die Temperatur des Ventilstutzens bei warmem Kühlwasser etwa 70 °C und in der Nähe des Ventilsitzes über 100 °C. Kraftstoff, der an die Wand kommt, wird diese benetzen und dabei in relativ kurzer Zeit verdampfen. Es ist daher nicht erstaunlich, daß ein Motor schon bei Versorgung mit sehr groben Tropfen betriebsfähig ist, wenn auch nicht gerade mit einem Minimum an Verbrauch. Diejenigen groben Kraftstofftropfen, die an die Wand kommen — und das sind fast alle — verdampfen dort, und der Kraftstoff, der beim ersten Hub nicht in den Zylinder gelangt, kommt dann bei einem späteren Hub hinein, und zwar in Dampfform.

Feine Zerstäubung ist aber selbstverständlich trotzdem erwünscht, schon um die in zwei aufeinanderfolgenden Hüben zugeführte Kraftstoffmenge konstant zu halten, und um rasches Ansprechen beim Regeln zu erreichen. Die Zerstäubung kann durch mechanisch erzeugten Druck oder durch strömende Luft erfolgen. Bei der mechanischen Zerstäubung mit Hilfe von Einspritzdüsen sind nicht wie beim Dieselmotor 100 bis 300 at erforderlich, sondern man erreicht bei dem üblichen Kraftstoff schon mit 10 at ausreichend kleine Tropfen und kann auch mit noch kleineren Drücken brauchbaren Betrieb erzielen.

Bei Zerstäubung mit Hilfe von Luft wird die Druckdifferenz zwischen Atmosphärendruck und Druck in der Saugleitung ausgenutzt. Bei niedrigem Druck vor dem Ventil steht eine große Energie der Luft für die Zerstäubung des Kraftstoffes zur Verfügung; die Tropfen werden sehr fein, feiner als es bei mechanischer Zerstäubung möglich ist. Bei Vollast ist aber der Druckverlust in den Saugleitungen gering, und die durch eine Düse zusammen mit dem Kraftstoff in der Zerstäubungseinrichtung zufließende Luftmenge kann aus der Druckdifferenz nur eine geringe Energie entnehmen. Man muß sich dann mit der Gestaltung der Zerstäubungseinrichtung Mühe geben, um ebenso kleine Tropfen zu erhalten wie bei mechanischer Zerstäubung.

Die Strahlform wird man nach Möglichkeit dem Ventilstutzen anpassen; sie spielt aber eine untergeordnete Rolle, da die an die warme Wand kommenden feinen Tropfen sehr schnell verdampfen, innerhalb von Millisekunden, und deshalb das Gemisch noch nicht ungleichmäßig machen. Man muß sich klarmachen, daß die etwa 25 mm^3 Kraftstoff eines jeden Hubes bei einer mittleren Tropfengröße von 20 μm etwa 6000000 Tropfen ergeben, bei der groben Zerstäubung von 0,1 mm Tropfendurchmesser 47000 Tropfen und selbst bei 0,5 mm noch 370 Tropfen.

Kleine Tropfen können in der Luft verdampfen, entweder im Ventilstutzen, oder bei der Strömung mit der Luft, in der sie schweben, in Ventilnähe oder im Zylinder. Größere Tropfen werden bei der Umlenkung am Ventilsitz ausgeschleudert, kommen an die Wand, an das Ventil oder den Ventilsitz und verdampfen dort unter dem Einfluß der hohen Wandtemperatur und der großen Luftgeschwindigkeit sehr schnell. Die entscheidende Rolle kommt hierbei der zu dem entstehenden Partialdampfdruck gehörigen Siedetemperatur zu, die bei üblichem Tankstellenkraftstoff für stöchiometrische Mischung sehr niedrig liegt, in der Größenordnung von 25 °C. Falls in einem ungünstigen Falle flüssige Tropfen in den Zylinder kommen, werden diese spätestens während des Verdichtungshubes in der Luft oder an den heißen Wänden verdampfen.

Am Ventilsitz herrscht hohe Strömungsgeschwindigkeit, wodurch im Zylinder während der Einströmperiode eine starke Turbulenz entsteht, die auch während des Verdichtungshubes noch anhält (und auch in abgeschwächter Form die Verbrennung überdauern kann). Quetschwirbel können gegen Ende der Verdichtung weitere Strömungen erzeugen. Man darf deshalb im Zündzeitpunkt bei Einspritzung in die Saugleitung oder vor die Einlaßventile mit homogenem Gemisch im Zylinder rechnen.

Der verdampfende Kraftstoff entzieht die erforderliche Verdampfungswärme nur zu einem kleinen Teil der Luft, zum größeren Teil den Wandungen vor dem Ventil und dem Ventil. Die Abkühlung der Ladeluft durch den Verdampfungsvorgang ist deshalb gering, weshalb hierdurch auch kein merklicher Leistungsgewinn erzielbar ist. Immerhin ist gegenüber einem für mehrere Zylinder dienenden Vergaser die Temperaturerhöhung durch die Vorwärmung (hot spot) erspart.

Jeder Zylinder muß seinen eigenen Ansaugstutzen haben. Bei Reihenmotoren mit Vergasern werden häufig bei zwei nebeneinanderliegenden Zylindern die beiden Einlaßventile in einem Einlaßstutzen zusammengefaßt (siamesische Einlaßventilstutzen). Eine solche Anordnung ist bei Einspritzung vor das Ventil nicht brauchbar, weil dann die beiden Zylinder verschieden große Anteile des Kraftstoffes erhalten können. Dies gilt in besonderem Maße, wenn die beiden Zylinder ungleichen Zündabstand haben, z. B. bei 4-Zylinder-Reihenmotoren 180 und 540° Kurbelwinkel.

Bei der zeitlichen Festlegung der Einspritzung kann man folgende drei Fälle unterscheiden:

1. Einspritzung während der Einströmperiode der Ansaugluft,
2. Dauereinspritzung,
3. Einspritzung mit beliebigen Unterbrechungen.

Alle drei Einspritzabläufe sind schon mit gutem Erfolg angewendet worden. Naheliegend ist es, die Einspritzung vor das Ventil während des Saughubes vorzunehmen, weil dann die Luftgeschwindigkeit an der Einspritzdüse groß ist. Dann kann man annehmen, daß der Kraftstoff zu einem großen Teil direkt von der Luft aufgenommen wird und in ihr verdampft. An die Wandung wird ein kleinerer Teil kommen als bei den beiden anderen Verfahren. Bei diesen kommt ein großer Teil des Kraftstoffes an die Wand und verdampft dort und wird dann bei der Einströmperiode in Dampfform von der Luft mitgenommen. In der Praxis konnte für keines der drei Verfahren ein meßbarer Vorteil herausgefunden werden; alle geben homogenes Gemisch im Zylinder.

c) Einspritzung in den Zylinder

Bei der Einspritzung in den Zylinder wird der Kraftstoff mechanisch zerstäubt. Zerstäubung mit Hilfe von Luft ist bisher nicht versucht worden. Der Zylinder eines Automobilmotores hat einen kleinen Durchmesser und auch bei den großen Flugmotoren wurden nicht mehr als 160 mm angewandt. Für die räumliche Entwicklung des Kraftstoffstrahles von der Düse bis zur gegenüberliegenden Wand steht deshalb nur ein kleiner Weg zur Verfügung.

Man kann anstreben:

1. den Kraftstoff zum Zwecke der Verdampfung in der Luft fein zu verteilen oder
2. den Kraftstoff gegen blanke heiße Stellen zu spritzen, an denen er schnell verdampft.

Naheliegend und auch meist angestrebt ist das erstere Verfahren. Seine Verwirklichung setzt voraus, daß der Kraftstoff in sehr kleine Tropfen zerstäubt wird, der Kraftstoffstrahl dem Brennraum angepaßt wird und die Tropfen bzw. deren Dampf während und nach der Ansaugperiode durch Luftströmungen im Zylinder mit der gesamten Luft gleichmäßig gemischt werden, wobei natürlich dem durch das Einlaßventil mit hoher Geschwindigkeit einströmenden Luftstrahl besondere Bedeutung zukommt.

Trotz aller Bestrebungen erreicht aber ein Teil der Kraftstofftropfen die Wandungen. Auf blanken heißen Wandungen findet eine rasche Verdampfung statt und ein Eindringen des Dampfes in die benachbarte Luft. Wenn aber ein Kraftstofftropfen auf eine von Schmieröl benetzte Wand kommt, oder auf eine Wand mit einer Schicht aus Ölkohle oder Bleirückständen, dann spielt sich ein anderer Vorgang ab. In der Schmierölschicht wird sich der Kraftstofftropfen mit dem Öl mischen und erst verspätet oder gar nicht zur Verdampfung kommen. Auf der Ölkohle wird zwar der Kraftstofftropfen auch verdampfen; der Dampf wird aber von der Oberfläche der porösen Kohle mindestens zum Teil festgehalten, vielleicht vom zunehmenden Verdichtungsdruck in die Kohleschicht hineingedrückt, vielleicht gekrackt und bei der Verbrennung unter Sauerstoffmangel zur Reaktion gebracht. Als Folge ist ein kleiner Verlust an Energie, vor allem aber ein Entstehen unerwünschter organischer Verbindungen im Abgas und eine vermehrte Ölkohlebildung zu befürchten.

Wenn man den zerstäubten Kraftstoffstrahl gegen blanke, heiße Stellen im Brennraum richtet, kommt es sehr auf deren Temperatur an. Liegt diese unter oder nur wenig über der mittleren Siedetemperatur des Kraftstoffes für atmosphärischen Druck, dann wird die Fläche benetzt; die Verdampfung von der Fläche weg ist aber relativ langsam im Vergleich mit der kurzen zur Verfügung stehenden Zeit, so daß auch bei guter Turbulenz bei der Zündung noch keine homogene Mischung erreicht sein wird. Die Temperatur der blanken, heißen Stellen muß wesentlich über der Siedetemperatur liegen, damit eine Benetzung nicht mehr stattfindet (Leydenfrostsches Phänomen). Die berührenden Tropfen müssen aber so klein sein, daß sie bei Berührung sofort vollständig verdampfen, ohne daß ein flüssiger Kern zurückprallt. Außerdem muß zur Erzielung homogener Mischung ein starker Luftstrahl über die Verdampfungsfläche strömen. Dies ist auch notwendig, um ein Kracken des Kraftstoffes oder starke Vorreaktionen zu unterbinden.

Der Kraftstoffstrahl muß sich der Form des Brennraumes gut anpassen (Mehrstrahldüsen bei Flugmotoren mit zylindrischem Brennraum), und es muß ausreichende Turbulenz der Luft im Zylinder vorhanden sein. Der Druck zur Zerstäubung muß über 10 at liegen; er beträgt meist 50 bis 100 at.

Wenn man die Einspritzung so vornimmt, daß an der Zündkerze reicheres Gemisch vorhanden ist, also eine geschichtete Ladung bei Zündung vorliegt, kommt man zu dem nächsten Verwandten des ursprünglichen Ottomotors in der Klasse der Hybridmotoren. An der Verwirklichung dieses Motors wird seit langer Zeit gearbeitet. Der größte Vorteil gegenüber dem Ottomotor würde darin bestehen, daß das Teillastgebiet und der Leerlauf mit armem Gemisch ohne Drosselung gefahren werden könnte, mit den an anderer Stelle genannten Vorteilen des hohen Luftüberschusses, vielleicht auch, daß die Anforderungen an den Kraftstoff in bezug auf Klopffestigkeit kleiner werden könnten, wenigstens im Teillastgebiet.

Bei der Einspritzung in den Zylinder könnte, wenn keine Wandberührung der Kraftstofftropfen stattfindet, die gesamte Verdampfungswärme der Luft entzogen werden. Da sich die Luft bei der Einströmung am Eintrittsstutzen und am Ventil erwärmt, ferner an den Zylinderwandungen und am Kolbenboden, was schätzungsweise bis zu 40 grd Temperaturerhöhung ausmachen kann, sich außerdem mit dem heißen Abgas mischt, was zusätzlich etwa 25 grd Erwärmung bringt, ist es theoretisch auch bei kaltem Wetter möglich, eine vollständige Verdampfung zu erreichen.

Da die Verdampfungswärme des Kraftstoffes eine Temperaturherabsetzung von etwa 24 grd bedingt, könnte theoretisch ein Füllungsgewinn von etwa 7% erreicht werden, was einem etwa gleich großen Leistungszuwachs entsprechen würde. Wenn aber, was wohl meist der Fall ist, ein Teil der Verdampfungswärme der Wand entzogen wird, verringert sich dieser Füllungsgewinn. Andererseits wird aber auch beim Einspritzen vor das Ventil und beim Vergaser ohne Vorwärmung (hot spot) ein Teil der Verdampfungswärme der Luft entzogen, so daß der Vorteil der Einspritzung in den Zylinder kleiner wird und vielleicht auf die Hälfte zusammenschrumpft. Ist jedoch außerdem die Gemischbildung nicht homogen, wie es bei Einspritzung in den Zylinder meist der Fall ist, dann kann der Vorteil dadurch weiter herabgesetzt werden.

In bezug auf den Verbrauch ist beim Viertaktmotor bei Einspritzung in den Zylinder kein Vorteil gegenüber der Einspritzung vor das Ventil zu erwarten, im Gegenteil, wenn flüssige Kraftstofftropfen an die kohlebedeckte Wand kommen, wird der Verbrauch schlechter werden, vgl. Abb. 329, S. 252. Auch bei nicht homogener Mischung und Betrieb nahe einem Luftverhältnis von 1 steigt der Verbrauch etwas an.

Je kleiner der Zylinder ist, um so ungünstiger werden die Verhältnisse, weil die Entwicklung des Kraftstoffstrahles auf kurzem Weg schwieriger ist und weil bei Erhöhung der Drehzahl weniger Zeit für die Verdampfung und die Homogenisierung des Gemisches vorhanden ist. Bei Rennmotoren treten diese Schwierigkeiten nur in geringem Maße auf, weil diese allgemein mit reichem Gemisch betrieben werden und sehr heiße Wände haben.

2. Regelung bei der Einspritzung

Beim Vergaser sind die Aufgaben

1. mengenmäßig richtige Zuteilung des Kraftstoffes zur Luft,
2. Zerstäubung des Kraftstoffes in der Luft,
3. Bemessung der Gemischmenge,

einer Mehrzahl in einer Einheit zusammengefaßter Vorrichtungen zugeteilt. Bei der Einspritzung ist die Zerstäubungsvorrichtung eine Einrichtung für sich, die aus einer Kraftstoffpumpe mit einer Düse und gegebenenfalls einer Luftzuführung besteht. An die Stelle der Bemessung der Gemischmenge tritt eine Bemessung der Luftmenge, meist durch eine Drosselklappe.

Die mengenmäßig richtige Zuteilung des Kraftstoffes zur Luft erfordert besondere und komplizierte Regeleinrichtungen. Nach der Art des Regelsystems kann man drei grundsätzlich verschiedene Regelverfahren unterscheiden:

1. rein mechanische Regelung bei der Kraftstoffmengenbestimmung durch Zuordnung von Drosselklappenstellung und Drehzahl,
2. Kraftstoffmengenbestimmung durch Messung des Druckes vor dem Einlaßventil und der Drehzahl,
3. Kraftstoffmengenbestimmung durch eine Luftmengenmessung.

Dazu kommen noch die sekundären Regelgrößen, die in Form von Korrekturen eingeführt werden müssen (Barometerstand, Lufttemperatur, Kühlwasser- und Öltemperatur, Vollastanreicherung, Leerlaufanreicherung, Kaltstart, Beschleunigung, Verzögerung). Die Bemessung der Kraftstoffmenge kann wiederum auf verschiedene Weise vorgenommen werden:

1. Pumpe mit veränderlicher Fördermenge je Hub unabhängig vom Druck und Düsenwiderstand (Hochdruckeinspritzung),
   a) eine Düse je Pumpenstempel,
   b) mehrere abgestimmte Düsen je Pumpenstempel,
2. Pumpe mit geregelter Druckeinstellung und Nebenausfluß, meist für alle Düsen gemeinsam,
3. Pumpe mit konstantem Druck und veränderlichem Düsendurchfluß (Zeit oder Querschnitt),

Abart: eine Niederdruckpumpe für Dosierung, eine Hochdruckpumpe für Druckerhöhung (Bendix für Flugmotor),

4. Pumpe mit geregelter Druckeinstellung und Nebenausfluß sowie gleichzeitig veränderlichem Düsendurchfluß.

Die Zusammenstellungen zeigen, daß man die Aufgabe, eine Kraftstoffeinspritzung vor das Ventil oder in den Zylinder zu bauen, auf sehr verschiedenartige Weise lösen kann.

a) Mechanische Regelung

Bei der rein mechanischen Regelung geht man von der Stellung der Drosselklappe aus. Die erste Frage ist nun, ob man nur eine Kurve von allen möglichen Leistungseinstellungen braucht, wie z. B. beim Flugzeug (Propellerkurve) oder ob das ganze Kennfeld gefahren werden muß wie beim Kraftwagen. Für die erste Lösung kann man mit einer vereinfachten Ausführung mit entsprechend ausgebildetem Gestänge auskommen.

Beim Kraftfahrzeug muß man jeder Drosselklappenstellung unter Normalbedingungen eine bestimmte Einspritzmenge zuteilen, die von der Drehzahl abhängig ist. Bei Anwendung einer mit Nockenwellendrehzahl betriebenen Kolbenpumpe ist die Motordrehzahl schon einmal eingeführt. Das genügt aber noch nicht, weil die Drehzahlabhängigkeit der Füllung des Zylinders mit Luft meist nicht übereinstimmt mit der Fördermengenänderung der Pumpe. Ein weiterer von der Drehzahl abhängiger Eingriff (z. B. Fliehkraftversteller) ist erforderlich. Durch Abtasten einer räumlichen Fläche, wobei eine Koordinate von der Drosselklappenstellung, die andere von der Drehzahl gesteuert wird, läßt sich das ganze Kennfeld darstellen. Die senkrecht zur Fläche sich ergebende Verschiebung dient als Steuerweg für die Fördermenge des Einspritzorganes.

Verwendet man eine der Bemessungseinrichtungen nach 2. oder 3., dann kann sinngemäß verfahren werden, während bei 4. eine Regelgröße zur Druckänderung, die andere für die Düsendurchflußänderung (Zeitdauer) verwendet werden kann.

Die rein mechanische Regelung spricht schnell an und die Regelkräfte können durch entsprechende Dimensionierung der Apparatur genügend groß gemacht werden. Die sekundären Regeleinflüsse, wie Luftdruck, Lufttemperatur und Kühlwassertemperatur, müssen in vollem Umfang als Korrekturgrößen eingeführt werden. Sie sollten auch bei einfachen Anlagen berücksichtigt werden. Dasselbe gilt für Start, Kaltstart und Warmlauf.

b) Regelung nach Druck vor Einlaßventil und nach Motordrehzahl

Die Regelung nach dem Druck vor dem Einlaßventil und der Drehzahl ist besonders einfach und wurde im Flugmotorenbau mehrfach verwendet. Die Füllung des Zylinders ist in erster Näherung unabhängig von der Drehzahl, nur abhängig vom Druck vor dem Ventil. Nur bei sehr hohen Drehzahlen nimmt die Füllung infolge des Widerstandes der Ventile etwas ab. Die Drehzahl kann deshalb in einfachster Weise durch eine von der Nockenwelle angetriebene Kolbenpumpe mit Fördermengenveränderung eingebracht werden. Da der Einfluß der Drehzahl auf die Füllung des Zylinders mit frischer Luft gering ist, genügt eine einfache Korrektur. Die Anreicherung für hohen Ladedruck kann im Gestänge berücksichtigt werden. Als Korrekturgrößen sind Lufttemperatur und Druck hinter dem Auslaßventil (Atmosphärendruck, Rückdruck des Schalldämpfers, Druck vor Abgasturbine) zu berücksichtigen, außerdem Start, Kaltstart und Warmlauf, eventuell Kühlwassertemperatur. Der Vorteil des Systems liegt in den geringen Korrekturwerten, dem raschen Ansprechen bei Belastungsänderungen und den großen Regelkräften.

c) Regelung durch Luftmengenmessung

Bei der Regelung mit Hilfe einer Luftmengenmessung wird der Unterdruck wie beim Vergaser an der engsten Stelle einer Venturidüse gemessen. Im Grunde genommen ist es dabei gleichgültig, welche Art von Einspritzpumpe verwendet wird.

Besonders einfach aber wird die Anlage, wenn man auch Kraftstoffdüsen konstanten Querschnittes nimmt und die Druckdifferenz an diesen proportional zur Druckdifferenz an der Venturidüse macht. Man hat dann eine Analogie zum Vergaser, und die Regelvorgänge spielen sich analog ab. Das Mischungsverhältnis wird in erster Annäherung konstant; die Korrekturen für abweichenden Luftdruck und Lufttemperatur treten nur mit ihrem Wurzelwert auf, können also meist vernachlässigt werden. Anreicherung, Start, Kaltstart und Warmlauf können wie beim Vergaser ausgebildet sein. Wegen der geringen Druckdifferenzen am Diffusor kann in manchen Fällen eine besondere Leerlaufeinrichtung notwendig werden. Der Vorteil der Anlage liegt im einfachen Aufbau; jede beliebige Förderpumpe mit Überlauf kann verwendet werden. Die geringen Steuerkräfte (Unterdruck der Venturidüse) machen aber große Membranen erforderlich.

3. Ausgeführte Einspritzanlagen für Viertaktmotoren

a) Kraftstoffeinspritzanlagen für Flugmotoren

Bei den großen Flugmotoren hat man anfangs der dreißiger Jahre mit der Entwicklung der Kraftstoffeinspritzung begonnen und sie anschließend mit großem Erfolg angewandt. Ein Flugmotor, der mit einem Luftaufwand von über 1 kg/s in Höhen von über 6000 m arbeiten soll, würde bei Anwendung eines Vergasers einen sehr großen Lufttrichter gebrauchen und auch bei hoher Luftgeschwindigkeit im Trichter wegen der großen Flughöhe nur kleine Druckdifferenzen erreichen. Die Genauigkeit der Kraftstoffzuteilung und der Zerstäubungsfeinheit wären dann unzureichend.

Es wurde (abgesehen von der Einspritzung in den Lader) bei allen Konstruktionen in den Zylinder eingespritzt. Bei großen Motoren hat der Kraftstoffstrahl genügend Raum zur Entwicklung. Vor allem aber waren alle großen Flugmotoren hoch aufgeladen, schon am Boden und speziell in der Höhe. Deshalb war es möglich, bei Überschneidung der Steuerzeit von Auslaß- und Einlaßventil den Brennraum mit Frischluft zu spülen, was eine kleine Erhöhung der Leistung und zusätzlich eine geringe Kühlwirkung erbrachte. Die Einspritzung erfolgte mit Kolbenpumpen mit veränderlicher Fördermenge und Düsen mit Düsenventilen.

Für die Regelung wurden von den verschiedenen Firmen alle drei vorgenannten Regelverfahren angewandt.

α) Mechanische Regelung bei Einspritzung in die Zylinder am BMW 800-Sternmotor

Der bei den Bayrischen Motorenwerken, Werk Berlin-Spandau (früher Bramo) etwa 1940 entwickelte 9-Zylinder-Sternmotor mit Kraftstoffeinspritzung in den Zylinder hat 1400 PS Leistung. Es wird die mechanische Regelung angewandt, d. h. Drosselklappenstellung und Drehzahl werden zur Bestimmung der einzuspritzenden Kraftstoffmenge herangezogen. Da die Einspritzpumpe mit Nockenwellendrehzahl angetrieben ist, braucht nur noch die Drosselklappenstellung als Korrekturwert eingeführt zu werden. Dies wird mit Hilfe eines Raumnockens gemacht, der von einem Stift abgetastet wird. Der Motor hat 2 Gänge im Ladegetriebe, Boden- und Höhenlader, weshalb das Verhältnis des Druckes vor dem Einlaßventil zum Druck hinter dem Auslaßventil berücksichtigt werden muß, ebenso die Ladelufttemperatur und die Flughöhe.

β) Regelung durch Messung des Druckes vor dem Einlaßventil und der Drehzahl bei Einspritzung in die Zylinder am BMW 801-Doppelsternmotor

Der Doppelsternmotor BMW 801 der Bayrischen Motorenwerke München ist ein 14-Zylindermotor mit maximal 2400 PS Leistung. Er ist ab 1939 entwickelt worden. Er hat einen Lader mit 2 Gängen und ist mit Kraftstoffeinspritzung in die Zylinder ausgerüstet.

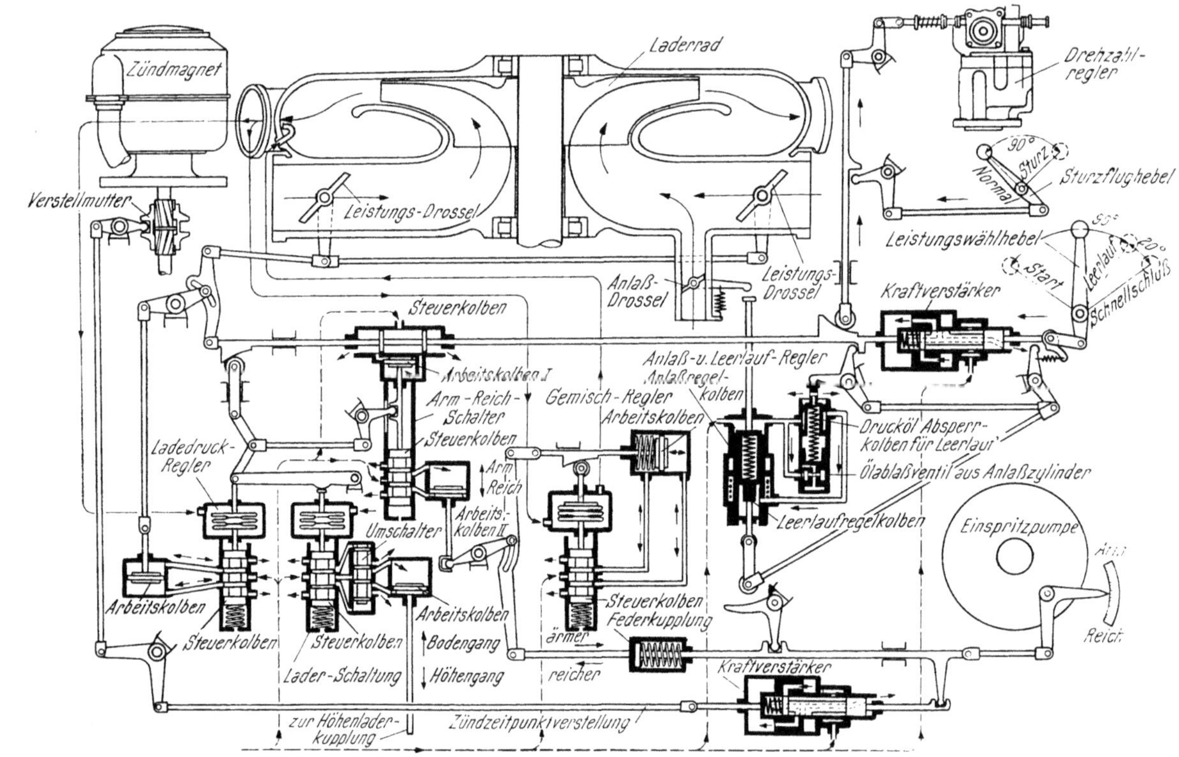

Abb. 286. Kommandogerät BMW 801, Schema der Wirkungsweise [222]

Da der Flugzeugführer eines Militärflugzeuges von militärischen und navigatorischen Aufgaben voll in Anspruch genommen ist, kann er für die Bedienung des Motors keine Zeit erübrigen. Die gesamte Bedienung und Regelung muß deshalb über einen einzigen Bedienungshebel vorgenommen werden, den Leistungswählhebel, Abb. 286. Nur für den Sturzflug wird wegen der dabei notwendigen Bremsung mit dem Propeller unter Motorleistung ein besonderer Bedienungshebel angeordnet.

In dem sogenannten Kommandogerät sind die Regeleinrichtungen für mehrere Funktionen zusammengefaßt: Einstellung und selbsttätige Regelung von Ladedruck, Motordrehzahl, Gemischzusammensetzung, Zündzeit, Laderschaltung. Zunächst sei daran erinnert, daß bei einem Flugmotor nicht das ganze Kennfeld gefahren werden muß, sondern nur eine Propellerkurve, die durch den Höchstleistungspunkt geht, mit den benachbarten Propellerkurven. Auf der Propellerkurve ist das Drehmoment proportional der 2. und die Leistung proportional der 3. Potenz der Drehzahl. Das vereinfacht die Aufgaben wesentlich, vor allem bei der Gemischregelung.

Mit dem Leistungswählhebel wird der Ladedruck gewählt, indem zuerst die vor dem Lader liegenden Drosselklappen geöffnet werden, deren Öffnungswinkel dann wieder durch den Ladedruckregler solange korrigiert werden, bis der gewünschte Ladedruck erreicht ist. Gleichzeitig wird die Drehzahl des Motors gewählt, indem der Drehzahlregler, der die Steigung der Luftschraube und damit deren Leistungsaufnahme verstellt, auf eine bestimmte Drehzahl eingestellt wird, die er unabhängig von Fluggeschwindigkeit und Flughöhe einhalten muß. Die Drehzahl wird durch eine auf der Leistungswählstange, die vom Leistungswählhebel verschoben wird, befindliche Kurve festgelegt. Durch einen mit Drucköl betriebenen in die Leistungswählstange eingebauten Kraftverstärker wird der Pilot entlastet. Der Ladedruckregler enthält eine Barometerdose, die in einem Gehäuse unter dem Druck nach dem Lader steht. Diese betätigt einen Steuerkolben, der Steueröl zu einem Arbeitskolben leitet, der den Drehpunkt eines Hebels zwischen Leistungswählstange und Leistungsdrossel einstellt. An der Leistungswählstange ist eine Kurvenbahn angebracht, die als Rückführung dient, wodurch der gewünschte Ladedruck eingestellt und unter den sich ändernden Bedingungen (Flughöhe) beibehalten wird. Bei einer vorgewählten Leistung (Ladedruck) muß bei Erreichen einer bestimmten Flughöhe die Bodenladerstufe auf die Höhenladerstufe umgeschaltet werden. Die dazu erforderliche Barometerdose, die unter Atmosphärendruck steht, ist mit der Ladedruckreglerdose über einen Hebel verbunden.

Bei der Gemischregelung, die uns hier besonders interessiert, muß folgendes beachtet werden: Ein luftgekühlter Flugmotor muß bei hoher Leistung sehr reich betrieben werden, einerseits, um die Zylinder- und Kolbentemperaturen niedrig zu halten, andererseits, um Klopfen zu vermeiden. Das Klopfen tritt in der Nähe der stöchiometrischen Mischung am stärksten auf und wird schwächer oder verschwindet ganz bei sehr reichem und bei sehr armem Gemisch. Für den Reiseflug, bei dem man 50 bis 70% der Höchstleistung benötigt, wählt man mit Rücksicht auf die Reichweite ein armes Gemisch (ein Luftverhältnis von 1,10 bis 1,20). Eine kontinuierliche Verarmung des Gemisches mit abnehmender Leistung bei Luftverhältnissen von 0,85 bis 1,10 ist unmöglich, da man dann ein Klopfgebiet durchfahren müßte. Man muß also den Motor bis zu einem vorgesehenen Punkt mit reichem Gemisch betreiben (Luftverhältnis etwa 0,9) und dann auf armes Gemisch (Luftverhältnis 1,10) umschalten. Bei armem Gemisch muß aber der Zündzeitpunkt wesentlich früher liegen als bei reichem Gemisch, weil die Flammengeschwindigkeit erheblich kleiner ist. Mit der Umstellung von reich auf arm muß also auch der Zündzeitpunkt verschoben werden.

Der eigentliche Gemischregler unterliegt nur dem Druck und der Temperatur der Luft zwischen Gebläse und Einlaßventil. Eine gasgefüllte Barometerdose befindet sich in einem luftdichten Gefäß, das mit Laderluft durchgespült wird, so daß Luftdruck und Lufttemperatur die geförderte Kraftstoffmenge beeinflussen. Die Barometerdose wirkt auf einen Steuerkolben, der einem Arbeitszylinder Drucköl zufließen läßt, so daß der Arbeitskolben über einen Hebel die Regelstange der Einspritzpumpe einstellen kann. Als Rückführung dient eine auf der Stange des Arbeitskolbens befindliche Kurve.

Der Arm-Reich-Schalter wird von der Leistungswählstange betätigt. Auf dieser befindet sich in einem Zylinder ein Steuerkolben für den Ölzufluß zu einem ersten Arbeitskolben, der als erstes den Ladedruckregler beeinflußt, und zwar in dem Sinne, daß bei Schaltung auf Arm der Ladedruck etwas zunimmt, so daß der durch den Betrieb mit

Luftüberschuß bedingte Leistungsverlust wieder ausgeglichen wird. Außerdem wirkt der Arbeitskolben auch noch auf einen Steuerkolben, der über einen zweiten Arbeitskolben den Drehpunkt des Hebels, der zwischen dem Arbeitskolben des Gemischreglers und der Regelstange der Einspritzpumpe liegt, in einer kurvenförmigen Kulisse so verschiebt, daß die Pumpenförderung entsprechend verkleinert wird. Die Zündzeitpunktverstellung wird unter Zwischenschalten eines Kraftverstärkers von der Hebelstellung der Einspritzpumpenregelung abgeleitet. Bei dem etwa 25prozentigen Sprung in der Fördermenge wird die Zündzeit um einen erheblichen Betrag verstellt (etwa 20° Kurbelwinkel).

Dadurch, daß die Einspritzpumpe synchron mit der Kurbelwelle umläuft, d. h. direkt von ihr angetrieben ist, wird die Drehzahl in das System der Gemischregelung eingegeben.

Für die Einspritzung werden zwei Pumpen der Firma Deckel verwendet, bei der je 9 Pumpenstempel koaxial um eine Mittelachse angeordnet sind. Die Betätigung der Stempel erfolgt durch eine Kurvenscheibe, die Fördermengenänderung durch Verdrehen der Stempel, die Steuerschlitze tragen, die mit Ansaug- und Überströmbohrungen zusammenwirken.

Es werden Düsen mit Düsennadeln verwendet, die bei etwa 70 atü Öffnungsdruck abzuspritzen beginnen, aber bei voller Drehzahl über 100 atü erreichen. Es wird ein Düsenstrahl mit etwa 60° Strahlwinkel erzeugt, der sehr feine Zerstäubung hat.

Der Kopf des Motorzylinders hat die Form eines Kugelabschnittes mit einem unter 35° zur Zylinderachse geneigten Einlaßventil. Bei dieser Ventilneigung bildet sich im Motorzylinder während des Ansaughubes ein Doppelwirbel der Verbrennungsluft aus, wobei die beiden Achsen der Wirbel parallel zur Zylinderachse liegen, vgl. Abb. 357, S. 272. Der Wirbel bleibt bis zur Verbrennung erhalten. Da während des Saughubes, beginnend mit Schluß der Anlaßventile, eingespritzt wird, ergibt der Doppelwirbel eine sehr gute Vermischung des Kraftstoffdampfes mit der Luft. Da die Temperatur der Ansaugluft wegen des starken Laders hoch ist (70 bis 140 °C), verdampfen die Kraftstofftropfen schnell.

γ) Regelung durch Luftmengenmessung bei Einspritzung in die Zylinder bei der Bendix-Einspritzeinrichtung

Für die großen amerikanischen Flugmotoren ist in den Kriegsjahren von der Bendix Aviation Corporation, South Bend, USA, eine Einspritzeinrichtung entwickelt worden, bei der der Kraftstoff mit hohem Druck in den Zylinder gespritzt wird. Die Gemischregelung wird mit Hilfe einer Luftmengenmessung vorgenommen. Dem System der Regelung wurde der Stromberg injection carburetor, s. S. 215, zugrunde gelegt, der sich im vorhergegangenen Jahrzehnt im praktischen Betrieb bewährt hatte.

Die Einspritzanlage arbeitet in folgender Weise:

Der beim Ansaugen der Verbrennungsluft in einer Venturidüse entstehende Unterdruck wird gemessen. Eine Niederdruckpumpe fördert Kraftstoff von einigen Atmosphären Druck. Der Druck dieses Kraftstoffes wird durch ein Drosselventil mit Hilfe eines Systems von Membranen auf einen Druck herabgesetzt, der ein bestimmtes Vielfaches des Unterdruckes in der Venturidüse beträgt. Die Durchströmung durch die Kraftstoffdüsen steht deshalb in einem festen Zusammenhang mit der durchströmenden Luftmenge, abgesehen von den eingebauten Korrekturen. Der geförderte Kraftstoff hat nun aber einen kleinen Druck, der für die Einspritzung nicht ausreicht. Deshalb wird der Kraftstoff einer Pumpeneinrichtung zugeführt, die aus ebensoviel Hochdruckpumpenelementen besteht wie Zylinder vorhanden sind. Die Pumpenstempel haben konstanten Hub, die Füllung aber wird durch axiales Verschieben einer den Pumpenstempel umfassenden Schieberhülse geregelt. Die Verschiebung wird durch eine Membran gesteuert, die auf der einen Seite vom Druck in der Venturidüse, auf der anderen Seite vom Kraftstoffdruck beaufschlagt ist. Dadurch wird der den Hochdruckpumpen zugeführte Kraftstoff auf den hohen Abspritzdruck der Düsen gebracht, ohne daß Unterdruck auf der Saugseite der Pumpen entsteht.

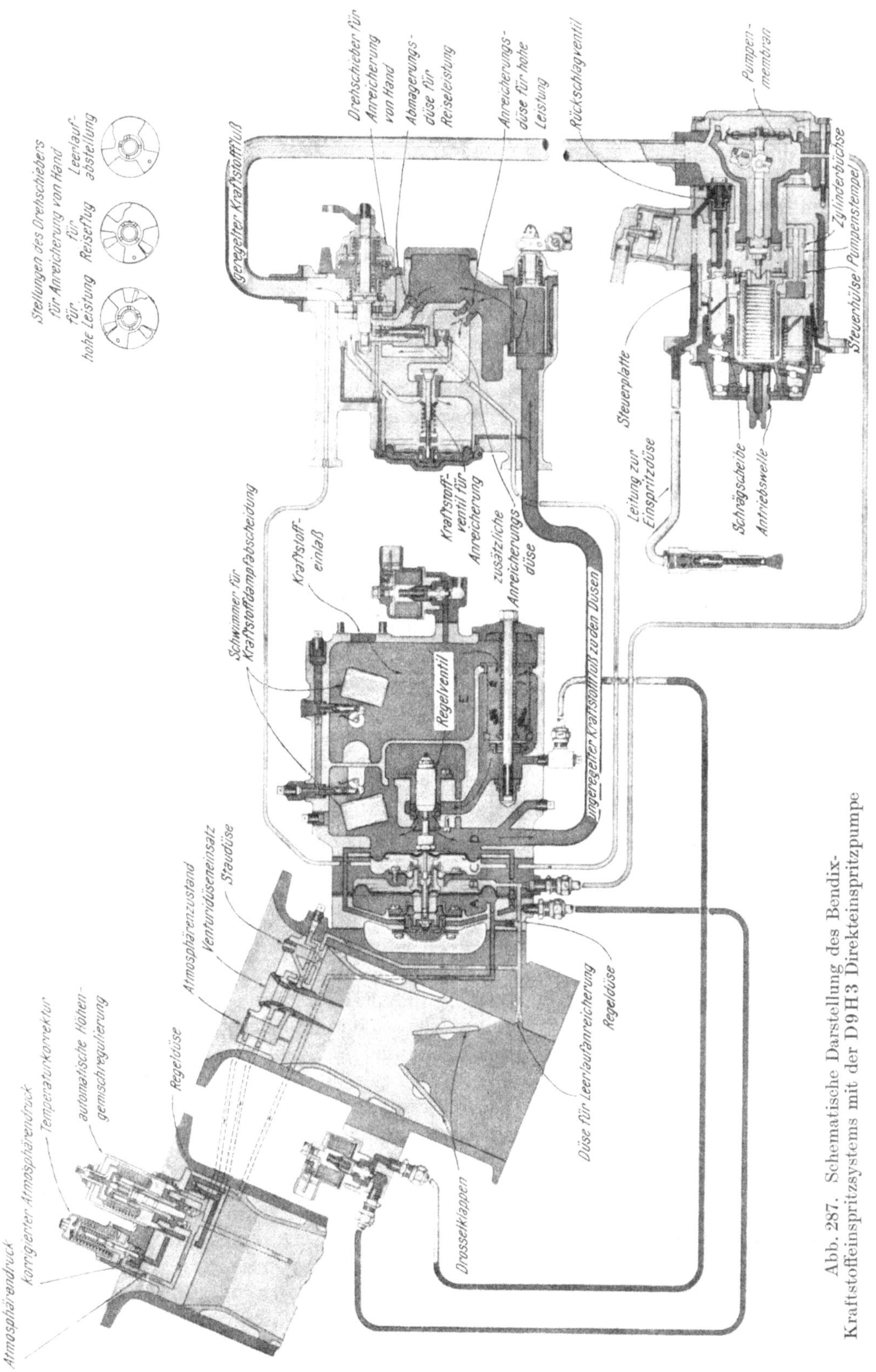

Abb. 287. Schematische Darstellung des Bendix-Kraftstoffeinspritzsystems mit der D9H3 Direkteinspritzpumpe

Das „Bendix direct fuel injection system" mit der „D9H3 direct fuel injection pump" ist in Abb. 287 dargestellt. Die Verbrennungsluft strömt dem Motor bzw. seinem Lader durch eine Venturidüse zu, die einen Venturidüseneinsatz zur Verstärkung des Unterdruckes besitzt. Stromabwärts liegen zwei parallel geschaltete Drosselklappen. Der Unterdruck im Venturidüseneinsatz wird dem Membranregelsystem an der Stelle *B* zugeführt. Eine kleine Düse, die hinter den Drosselklappen mündet, dient zur Anreicherung im Leerlauf. An der Seite *A* der Luftregelmembran herrscht der Gesamtdruck der Luft, der von einer Staudüse abgenommen wird, abzüglich des Betrages, der durch die Höhenkorrektur und die Temperaturkorrektur erforderlich wird. Die Höhenkorrektur besteht aus einer Barometerdose (einem Balg) mit einem Ventil, das beim Vergrößern der Flughöhe, also Herabsetzen des Luftdruckes, den Luftzufluß zum Raum *A* verkleinert, wodurch der Luftabfluß durch die Regeldüse, die die Verbindung zum Unterdruck im Venturidüseneinsatz herstellt, größer wird. Die Druckdifferenz zwischen Raum *A* und *B* wird dadurch verkleinert. Die Temperaturkorrektur arbeitet mit einer gasgefüllten Dose, die der Höhenkorrektur parallel geschaltet ist. Leitungen zu den Räumen *A* und *B* sind durch eine kleine Düse verbunden, die eine Herabsetzung des Druckunterschiedes zwischen Raum *A* und *B* bewirkt.

Im Raum *E* herrscht der von einer Pumpe erzeugte Druck des Kraftstoffes in Höhe von 1 bis 2 atü. Dieser Druck wird durch das Regelventil, das von den Membranen gesteuert wird, auf den Regeldruck im Raum *D* reduziert. Der Regeldruck in *D* wirkt auf die Dosierungsdüsen (Abmagerungsdüse für Reiseleistung, Anreicherungsdüse für hohe Leistung sowie einige nachher geschilderte Korrekturdüsen), hinter denen der Druck in Raum *C* herrscht. Der Druckunterschied zwischen den Räumen *C* und *D* ergibt sich aus dem Druckunterschied zwischen den Räumen *A* und *B* sowie aus dem umgekehrten Flächenverhältnis der beiden Membranen. Die Räume *D* und *E* sollen frei von Luft und Kraftstoffdampf sein und werden deshalb über Schwimmer entlüftet. Der Absolutdruck in Raum *C* ergibt sich aus der Fläche der Membran der Einspritzpumpenregelung, dem Druck in *B* und der auf die Membran gegen den Druck in *C* wirkenden Feder.

Die Kraftstofförderung ist einmal durch den Druckunterschied zwischen Raum *C* und *D*, zum anderen durch die Düsenquerschnitte gegeben. Im normalen Betrieb wirkt die Düse für die Reiseleistung, bei der mit armer Einstellung geflogen wird. Bei hoher Leistung wird das Gemisch durch eine Anreicherungsdüse reicher gemacht, deren Durchflußmenge noch durch eine zweite Düse und durch den Querschnitt eines Ventils, das sich durch den auf eine Membran wirkenden Druck aus Raum *D* öffnet, bestimmt wird. Die Anreicherung wird durch einen Drehschieber der von Hand einstellbaren Anreicherungseinrichtung bewirkt, mit dem auch der Leerlaufkraftstoff abgeschaltet werden kann.

Die durch dieses Regelsystem festgelegte Kraftstoffmenge wird der Einspritzpumpenanlage zugeführt. Diese hat die Aufgabe, die Kraftstoffmenge auf hohen Druck zu bringen (über 35 at) und gleichmäßig auf die Zylinder aufzuteilen. Dazu sind bei dem vorliegenden 18-Zylindermotor (z. B. Curtiss-Wright mit etwa 3500 PS Höchstleistung) 2 parallel arbeitende Pumpen mit je 9 Pumpenstempeln vorhanden. Diese Stempel werden durch eine Schrägscheibe über eine Antriebswelle axial bewegt. Sie bewegen sich in den Zylindern, welche Überströmöffnungen haben, die das Förderende steuern. Der Förderbeginn wird durch Steuerhülsen gesteuert, die axial verschiebbar sind und von einer ebenen Platte mitgenommen werden. Bei großer Fördermenge bewegt sich die Steuerhülse nach rechts, bei kleiner nach links. Bei kleiner Fördermenge ergibt sich also ein später Förderbeginn. Es wird während des Saughubes über eine ziemlich lange Periode eingespritzt. Steigt der Kraftstoffdruck an, so wird die Pumpenmembran nach links gedrückt gegen den Venturiunterdruck und gegen die Spannung der Feder, und die Förderung der Pumpen steigt. Die Pumpenstempel sind im unteren Teil mit Drucköl geschmiert. Die Pumpen haben oben (rechts) ein federbelastetes Rückschlagventil, das den Kraftstoff bei 6,3 atü in die Druckleitung überströmen läßt. Die Einspritzdüse ist durch eine konische Nadel verschlossen, die nach außen öffnet und die zur Verbesserung der Zerstäubung und zur Erzeugung eines breiteren Strahles einen Dralleinsatz hat. Der Öffnungsdruck beträgt 35 atü, der Abspritzdruck ist höher.

b) Kraftstoffeinspritzanlagen für Kraftfahrzeuge

Während beim großen Flugmotor der Flug in großen Höhen die Anwendung der Einspritzung des Kraftstoffes erzwang, war beim Fahrzeug der Anreiz gering. Zwar wurde schon 1936 z. B. bei BWM eine geeignete Einspritzanlage entwickelt, aber nicht in Serie erzeugt, weil die erzielten Vorteile in keinem Verhältnis zum Aufwand standen. Erst nach 1950 begannen im Sport- und Rennwagenbau weitere Entwicklungsarbeiten, die zu Fortschritten auch bei Serienwagen führten. Während man bei schweren Lastwagen durchweg Dieselmotoren verwandte, wurde für Panzerkampfwagen, die mit Ottomotoren-Kraftstoff betrieben wurden, die Einspritzung aus betriebstechnischen Gründen vorgezogen.

Heute gibt es zahlreiche Einspritzeinrichtungen für Personenwagen mit den verschiedenartigsten Einspritz- und Regelsystemen. Die Zahl der serienmäßig gebauten Anlagen ist aber gegenüber den Vergaseranlagen recht gering.

α) Einspritzeinrichtungen mit mechanischer Regelung

1. Kraftstoffeinspritzung BOSCH für Mercedes-Motoren

Bosch und Daimler-Benz hatten Mitte der Dreißiger Jahre für den Mercedes-Flugmotor DB 601 mit der Entwicklung einer Kraftstoffeinspritzanlage begonnen. Die Arbeiten führten vor Kriegsbeginn zur serienmäßigen Verwendung einer Einspritzanlage. Der Kraftstoff wird durch eine Mehrlochdüse während des Saughubes in den Zylinder eingespritzt. 12 Pumpenstempel fördern ihn unter etwa 70 at Druck in die 12 Zylinder. Die Regelung der Einspritzmenge erfolgt nach dem Druck in der Saugleitung und der Drehzahl. Vollastanreicherung, Flughöhe und Lufttemperatur werden berücksichtigt.

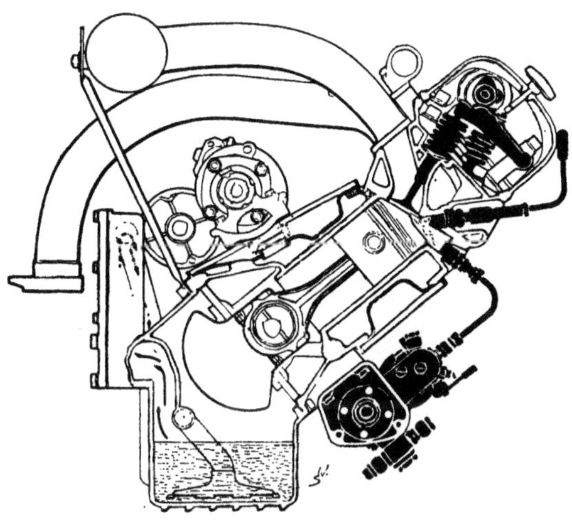

Abb. 288. Schnitt durch den Motor Daimler-Benz 300 SL mit Einspritzanlage [192]

Etwa 1950 begannen die beiden Firmen Arbeiten zur Entwicklung der Kraftstoffeinspritzung an den Kraftwagen, zuerst an den Sport- und Rennwagen, Abb. 288. Die Regelung der Einspritzmenge wird in Anlehnung an die Erfahrungen aus dem Flugmotorenbau nach dem Druck in der Saugleitung und der Drehzahl vorgenommen. Der Kraftstoff wird mit 45 at Abspritzdruck der Düse während des Ansaughubes direkt in die Zylinder gespritzt und soll durch seine Verdampfungswärme (teilweise Alkoholgemische) die Füllung erhöhen und den Brennraum kühlen. Ein Teil des Kraftstoffes wird zur Kühlung auf heiße Stellen (Auslaßventil und Kolbenboden) gespritzt. Zweck der Anlage ist, aus einem gegebenen Hubraum die größtmögliche Leistung herauszuholen, ohne primär auf den Verbrauch Rücksicht zu nehmen.

Bei den Gebrauchswagen ging Daimler-Benz zur Einspritzung vor das Ventil über. Die intermittierende Kraftstoffzufuhr mit der Hochdruckeinspritzpumpe von Bosch (1 Stempel mit Leckölsperre vom Motorölkreislauf je Zylinder) wird beibehalten, jedoch mit kleinerem Abspritzdruck (15 at). Statt des Pumpennockens wird ein Exzenter verwendet. Eine Förderpumpe bringt die 2- bis 3fache Kraftstoffmenge mit 0,5 atü zur Einspritzpumpe, wodurch die Pumpe gekühlt wird und etwa entstehende Gasblasen in den Tank zurückgespült werden. Der Kraftstoff wird gegen das Einlaßventil und den Ventilstutzen gespritzt. Die Einspritzmenge wird auch hier noch durch den Saugleitungsunterdruck über eine an der Einspritzpumpe befindliche Membran 10 des Gemischreglers *D* gesteuert,

Abb. 289. Der Druck vor dieser Membran 10, die gegen eine Federkraft wirkt, wird für Teillast und Leerlauf durch am Klappenstutzen B befindliche Druckabnahmestellen mit

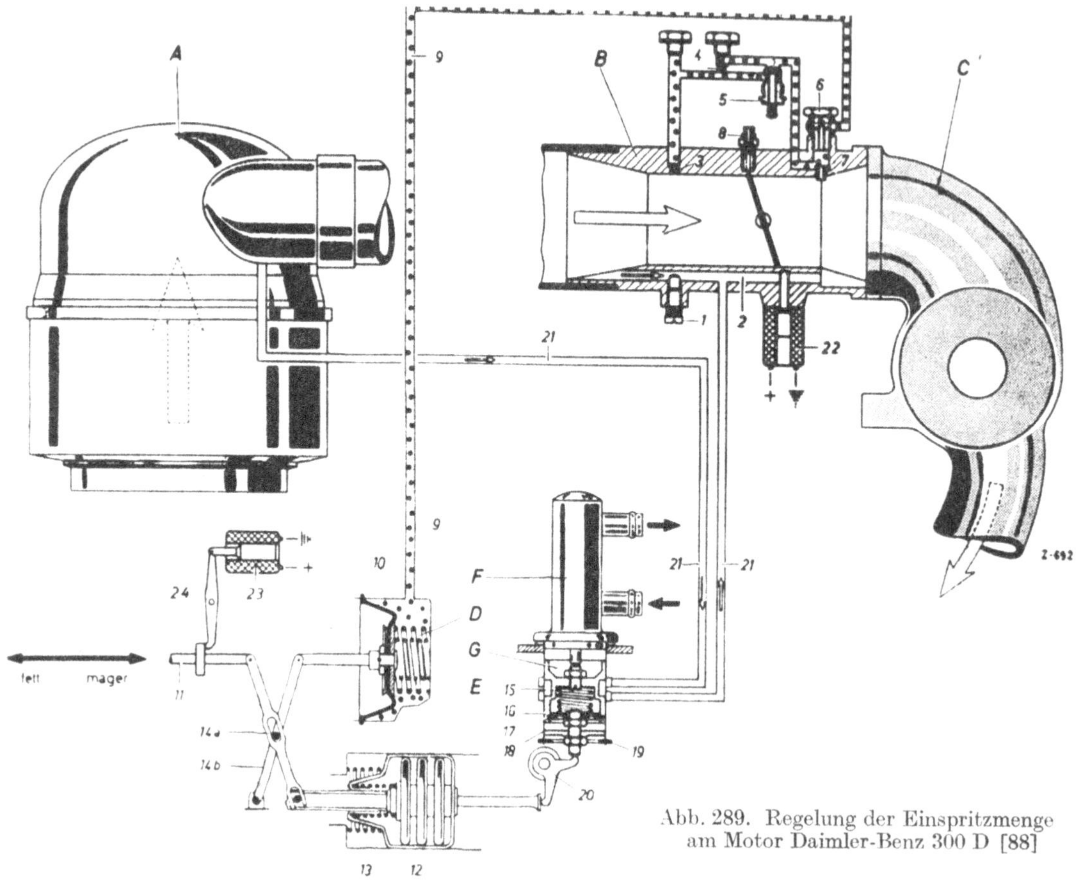

Abb. 289. Regelung der Einspritzmenge am Motor Daimler-Benz 300 D [88]

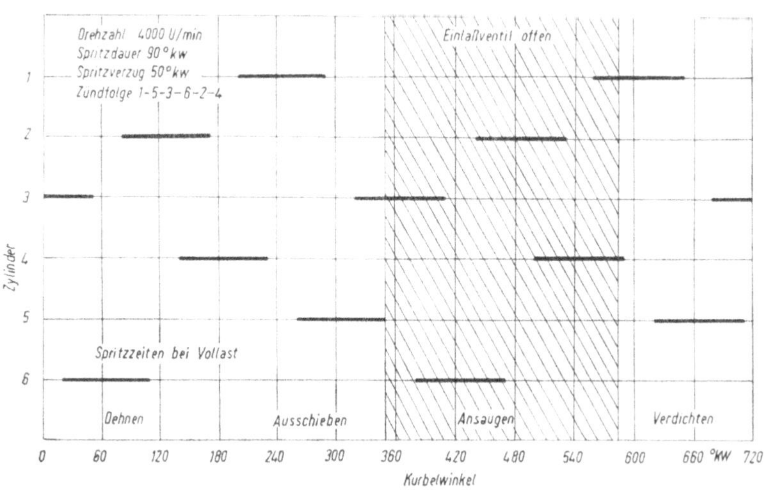

Abb. 290. Spritzzeiten der Zweistempelpumpe beim Motor Daimler-Benz 220 SE bei Vollast [90]

Düsen und Leitungen beeinflußt. Die Höhe wird durch eine Barometerdose E einkorrigiert. Da die Dose luftgefüllt und von Ansaugluft umspült ist, berücksichtigt sie auch den Temperatureinfluß. Ein im Kühlwasser befindlicher Wärmefühler F ergibt beim Warmlaufen eine Vergrößerung der Luftmenge und eine Anreicherung. Die Anreicherung wird bei 37 °C Wassertemperatur abgeschaltet und die zusätzliche Luftmenge bei 60 °C. Für den Augenblick des Anlassens des kalten Motors wird eine Anreicherung des Kraftstoffes auf etwa das 2,5fache der Vollastmenge automatisch durch einen Hubmagnet 23 beim Betätigen des Anlaßknopfes vorgenommen. Durch einen im Kühlsystem sitzenden Thermoschalter *G* wird bei Heißstart diese Übermenge abgeschaltet. Beim Ausschalten der Zündung wird durch einen am Klappenstutzen befindlichen Magnet 22 der Leerlaufkanal abgeschlossen, wodurch Nachlaufen durch Glühzündung unmöglich wird.

Da beim Einspritzen vor das Ventil die Dauer des Einspritzens und der Zeitpunkt während der 720° KW des Arbeitsspieles praktisch keine Rolle spielen, ist Daimler-Benz bei den nächsten Motoren zu einer vereinfachten Einspritzpumpenanlage übergegangen, die aus 2 Stempeln besteht und 2 Verteilerstücke hat, Abb. 291. Die Pumpe fördert einmal je Motorumdrehung zu jedem Verteilerstück, die Verteilung erfolgt mit Hilfe von 3 Abgängen mit je einer Drosselstelle von ca. 0,3 mm Durchmesser auf die einzelnen Zylinder.

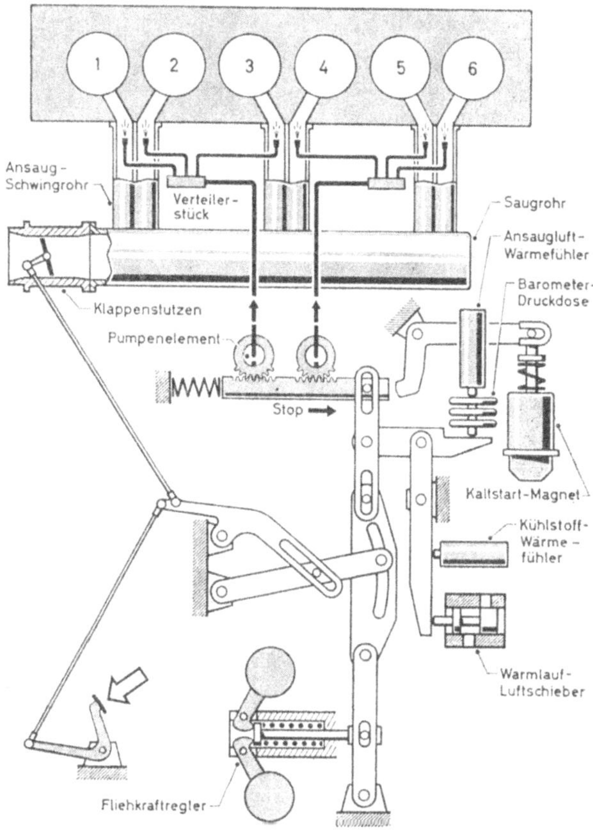

Abb. 291. Schema der Regelanlage beim Motor Daimler-Benz 220 SE und 300 SE [90]

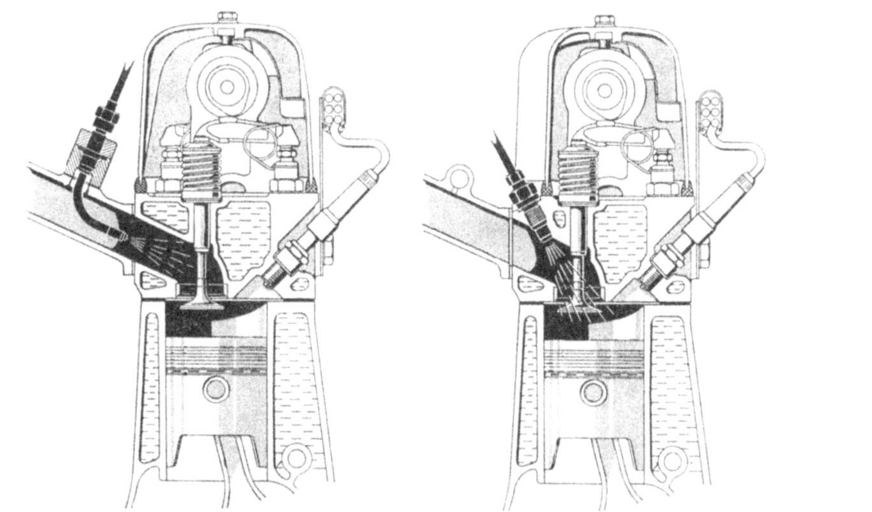

Abb. 292. Einspritzung beim Motor Daimler-Benz 220 SE (links) in die Saugleitung, beim 230 SL (rechts) in den Saugkanal im Zylinderkopf [90]

Für jeden Zylinder ergibt sich dabei eine Zuteilung des Kraftstoffes zu verschiedenen Zeiten in bezug auf den Ablauf seines Arbeitsspieles, Abb. 290. Die Pumpenförderung wird bei Vollast noch durch Angleichventile auf die mit zunehmender Drehzahl abnehmende Luftmenge eingestellt.

Bei der Regeleinrichtung für diese Pumpenanlage ging nun Daimler-Benz zum mechanischen Regler über, Abb. 291. Vom Gaspedal geht ein Gestänge unmittelbar zur Drosselklappe und über eine Kurvenscheibe zur Regelstange an der Einspritzpumpe. Durch diese mechanische Kupplung wird erreicht, daß mit dem Aufreißen der Drosselklappe auch sofort eine vergrößerte Kraftstoffmenge eingespritzt wird, die unge-

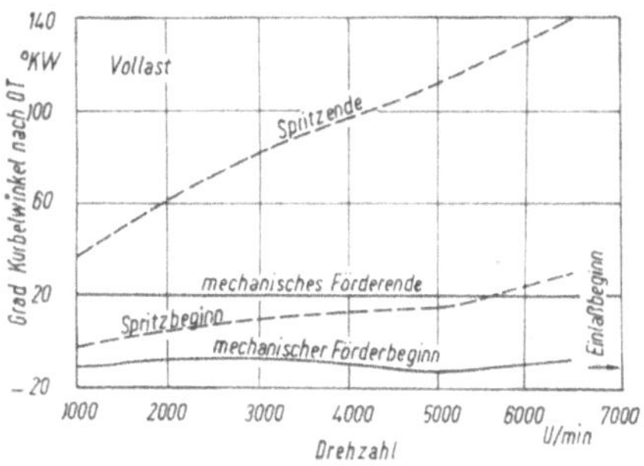

Abb. 293. Spritzzeiten der 6-Stempelpumpe am Motor Daimler-Benz 230 SL bei Vollast [90]

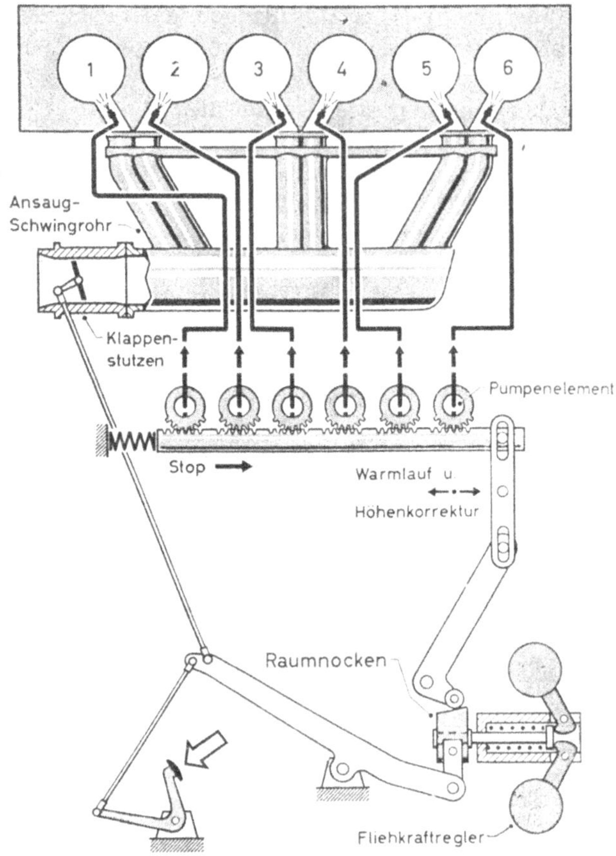

Abb. 294. Schema der Regelanlage beim Motor Daimler-Benz 230 SL [90]

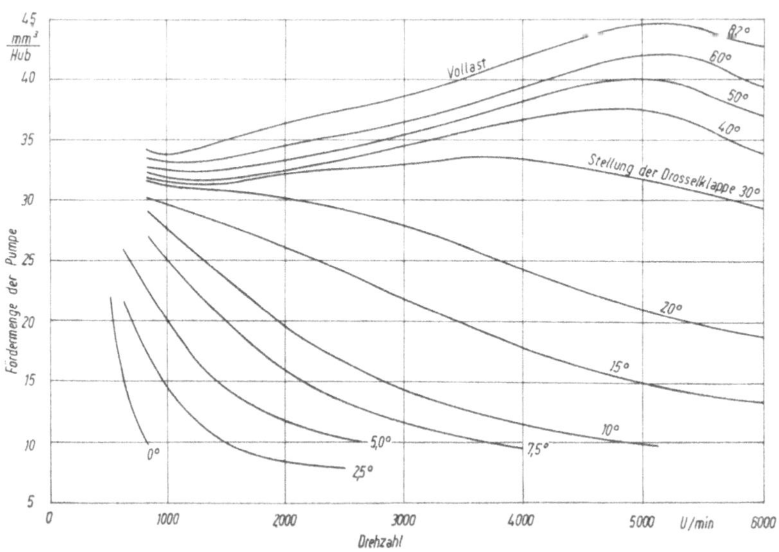

Abb. 295. Kennfeld der 6-Stempelpumpe am Motor Daimler-Benz 230 SL [90]

fähr der erforderlichen Menge entspricht. Die Lage der Regelstange der Einspritzpumpe wird noch durch einen Drehzahlregler beeinflußt, der am unteren Drehpunkt der Kurvenscheibe angreift. Barometerdruckdose, Ansaugluftwärmefühler, Kühlstoffwärmefühler, Warmlaufluftschieber und Kaltstartmagnet geben zusätzliche Korrekturen.

Bei der Weiterentwicklung zum Sportmotor des 230 SL wird die Einspritzdüse näher an das Ventil herangelegt, Abb. 292, und es wird wieder eine 6-Stempelpumpe verwendet. Diese spritzt während des Saughubes vor das Einlaßventil. In Abb. 293 sind Förderbeginn und -ende sowie Spritzbeginn und -ende in Abhängigkeit von der Drehzahl aufgetragen. Die Regelung der eingespritzten Kraftstoffmenge erfolgt rein mechanisch unter Verwendung eines Raumnockens, wie er schon 1940 von BMW-Bramo für den 9-Zylinder-Flugmotor verwendet wurde. Der Gashebel öffnet die Drosselklappe und dreht gleichzeitig den Raumnocken, Abb. 294. Ein Fliehkraftregler verschiebt den Raumnocken axial. Der Raumnocken wird durch eine Rolle abgetastet, die an einem Hebel sitzt, dessen anderes Ende die Regelstange der Einspritzpumpe verschiebt. Am Drehpunkt eines Zwischenhebels werden in gleicher Weise die Korrekturen eingebracht, wie sie für den 220 SE vorstehend beschrieben sind.

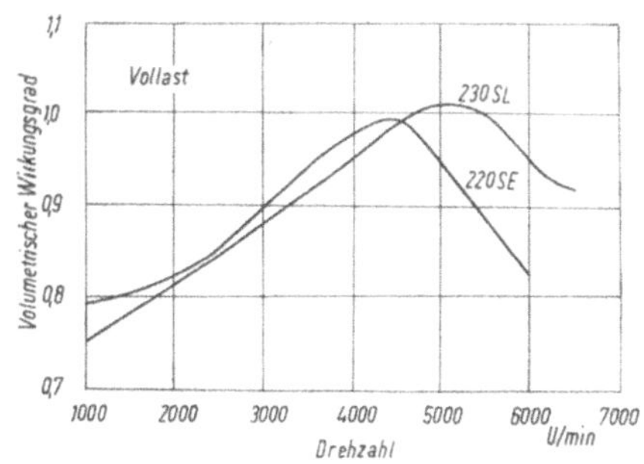

Abb. 296. Volumetrischer Wirkungsgrad bei Vollast in Abhängigkeit von der Drehzahl [90]

Das Kennfeld der 6-Stempelpumpe, Abb. 295, ist der Luftansaugmenge des 230 SL angepaßt. Dabei ist zu beachten, daß bei den Einspritzmotoren von Daimler-Benz zur Erhöhung der Leistung die Länge der Saugleitungen so ausgelegt ist, daß im oberen Drehzahl-

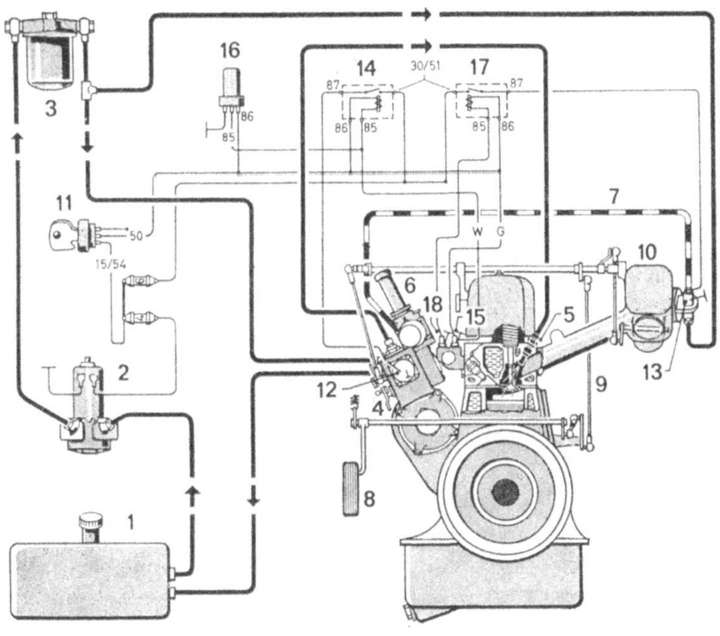

Abb. 297. Gesamtanlage der Kraftstoff-Einspritzung beim Motor Daimler-Benz 230 SL [90]

bereich durch Schwingungen der Luftsäule eine Vergrößerung der angesaugten Luftmenge entsteht. Der volumetrische Wirkungsgrad wird im Bereich der Schwingungsresonanz sehr gut und erreicht 100%, Abb. 296. Die Gesamtanordnung der Einspritzanlage ist in Abb. 297 dargestellt.

2. *Kraftstoffeinspritzanlage Kugelfischer*

Die Kraftstoffeinspritzanlage der Firma Kugelfischer, Georg Schäfer, München, besitzt ebensoviel Pumpenstempel und Düsen, wie Zylinder vorhanden sind. Jeder Pumpenstempel arbeitet in einem Raum, der mit einem Einlaß- und einem Auslaßventil versehen ist. Die Einspritzung erfolgt vor das Ventil während des Saughubes. Die Bemessung der je Hub einzuspritzenden Kraftstoffmenge erfolgt mechanisch nach Drosselklappenstellung und Drehzahl.

Eine Nockenwelle, die die Nocken zur Betätigung der Pumpenstempel trägt, wird durch eine Kette oder einen Zahnriemen angetrieben, Abb. 298. Der Förderbeginn des Pumpenstempels wird zur Fördermengenänderung verstellt (Hubregulierung), indem ein Hebel (Regelhebel, Regelschwinge) den äußersten Punkt des Pumpenstempels begrenzt. Die Stellung des Regelhebels wird durch einen Regelnocken (Raumnocken) bestimmt, der durch einen Abtaststift abgetastet wird, der sich zwischen Nocken und Regelhebel befindet. Der Regelnocken ist auf einer Welle drehfest gelagert und wird axial durch Hebel und Gestänge von der Drosselklappe aus verschoben. Die zu einer bestimmten Belastungsstufe oder genauer gesagt, zu einer bestimmten Drosselklappenstellung gehörende Kraftstoffmenge wird dadurch festgelegt.

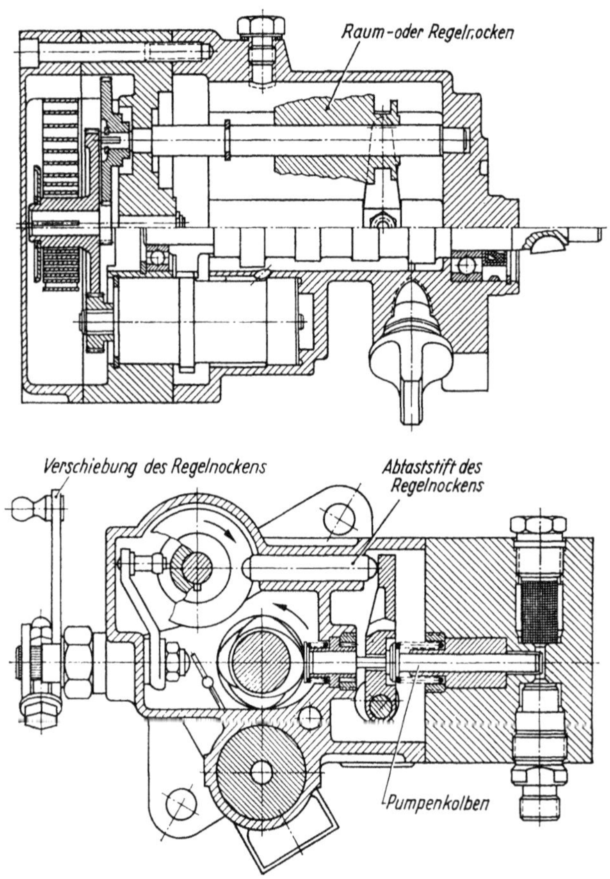

Abb. 298. Aufbau der Kugelfischer-(Schäfer)-Einspritzanlage [191]

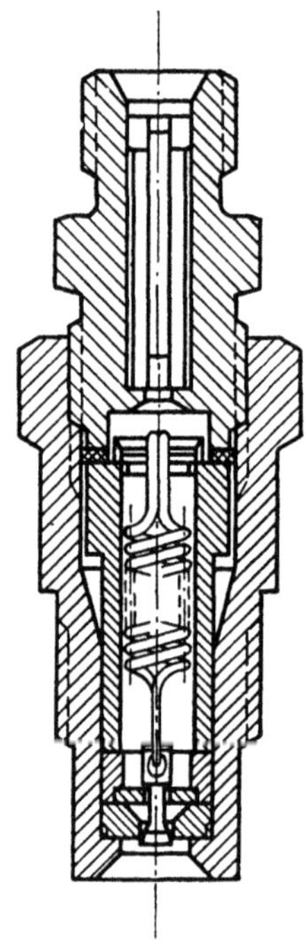

Abb. 299. Schnitt der Einspritzdüse bei der Kugelfischer-(Schäfer)-Einspritzanlage [191]

Die erste Abhängigkeit von der Drehzahl ist dadurch gegeben, daß die Pumpenstempel im Takt der Nockenwelle angetrieben werden. Die Abhängigkeit der Einspritzmenge je Hub von der Drehzahl wird durch einen Drehzahlgeber erreicht. Dieser besteht aus einem Rotor, der durch eingelegte Kupferstäbe elektrisch kurzgeschlossen ist, und der auf einen zentrisch in ihm gelagerten Permanentmagneten ein drehzahlabhängiges Moment ausübt. Dieses Moment wirkt über Zahnräder gegen die Kraft einer spiralig gewickelten Biegefeder, die auf einem Zwischenrad angebracht ist. Die Verdrehung, die sich aus den gegeneinander wirkenden Momenten von Feder und Permanentmagnet ergibt, wird durch einen Zahnradsatz auf die Welle übertragen, auf der der Regelnocken angebracht ist. Der Regelnocken wird also gedreht und verschoben und ist deshalb als räumlicher Nocken ausgebildet. Jeder Punkt auf dem Regelnocken entspricht einem Punkt des Motorkennfeldes.

Die Pumpenstempel sind ölgeschmiert. Der Zulaufüberdruck zur Pumpe beträgt 1,5 kp/cm². Die Fördermenge der Zulaufpumpe ist etwa viermal so groß wie der Verbrauch; dadurch sollen Luft- und Dampfblasen weggespült und in den Tank zurückgefördert werden. Die Einspritzdüse, Abb. 299, ist durch ein nach außen öffnendes Ventil verschlossen, das an einer Zugfeder hängt. Der Öffnungsdruck beträgt etwa 30 kp/cm².

Diese bisher beschriebene Anlage ergibt eine von Luftdruck und Lufttemperatur unabhängige Einspritzmenge. Für das Anlassen und den Warmlauf sowie beim Lauf mit kaltem Kühlwasser ist eine erhebliche Vergrößerung der Einspritzmenge notwendig. Dies wird durch einen Anreicherungshebel erreicht, der auf die Höhenlage des Drehpunktes des Regelhebels einwirkt. Das Lager des Regelhebels befindet sich auf einer Welle, die exzentrisch zu diesem im Gehäuse gelagert ist. Bei einer Verdrehung dieser Welle zum Zwecke der Anreicherung wird der Drehpunkt des Regelhebels nach außen verschoben, so daß der Hub des Pumpenstempels und damit die Fördermenge größer wird.

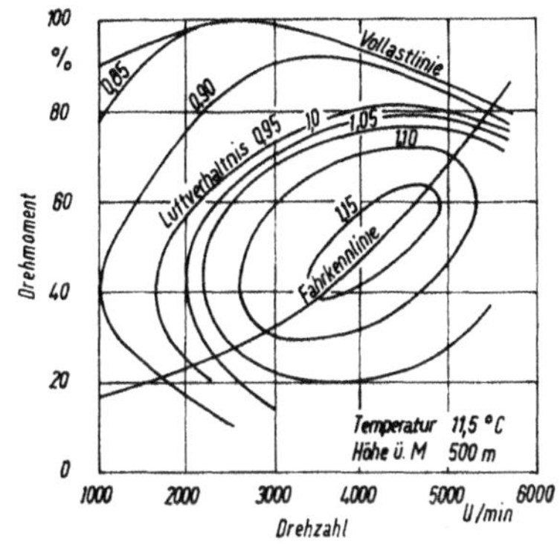

Abb. 300. Gewünschtes Mischungsverhältnis im Kennfeld eines Motors [190]

Durch den Anreicherungshebel wird die Lagerwelle des Regelhebels verdreht. Der Anreicherungshebel selbst kann durch einen Bowdenzug betätigt werden, außerdem durch einen vom Kühlwasser umflossenen Thermostaten, der eine Anreicherung bis z. B. einer Kühlwassertemperatur von 65 °C ergibt. Gleichzeitig mit der Bewegung des Anreicherungshebels wird auch die Drosselklappe etwas geöffnet, um die Leerlaufdrehzahl anzuheben.

Für die Auslegung einer solchen Anlage stellt man zunächst für das Kennfeld die erwünschten Luftverhältnisse auf. Dabei wird man sich auf eine mittlere Temperatur des betreffenden Landes beziehen und eventuell auch auf eine von null abweichende Höhenlage,

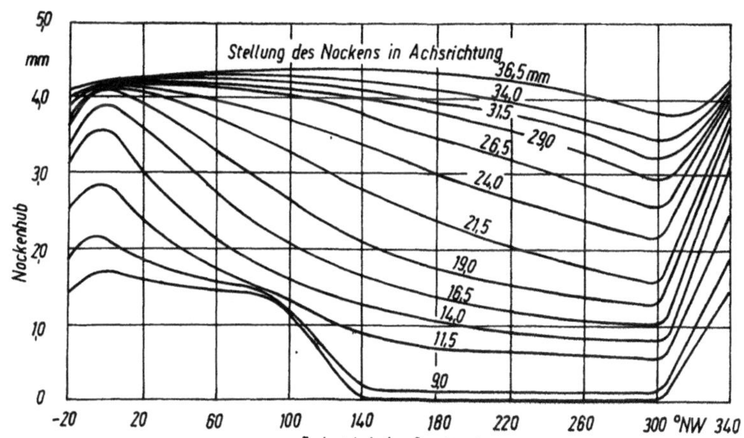

Abb. 301. Kennlinien eines Regelnockens: Radiale Erstreckung über der Winkelstellung für verschiedene Stellungen in Achsrichtung [190]

Abb. 300. Dann muß man durch eine Luftmengenmessung den volumetrischen Wirkungsgrad bestimmen und daraus die Einspritzmenge je Hub errechnen. Aus den Eigenschaften des Drehzahlreglers der Pumpe und der Übersetzung des Regelhebels ergibt sich dann die Form des Regelnockens, Abb. 301.

Bei der vorliegenden Anlage, die unabhängig von Luftdruck und Lufttemperatur ein bestimmtes Kraftstoffvolumen einspritzt, ist nun die Frage zu stellen, wie groß die Abweichungen bei Änderung von Luftdruck und Temperatur werden. Maßgebend ist das eingespritzte Kraftstoffgewicht. Das Volumen des Kraftstoffes ändert sich mit der Temperatur nur wenig, nämlich um 0,0011 je 1 Grad Temperaturänderung, d. h. um 1% bei 9 Grad.

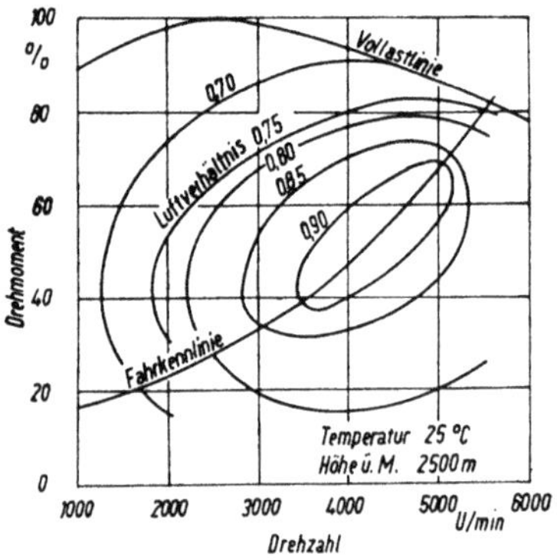

Abb. 302. Mischungsverhältnis bei Gebirgsfahrt ohne Höhen- und Temperaturregelung [190]

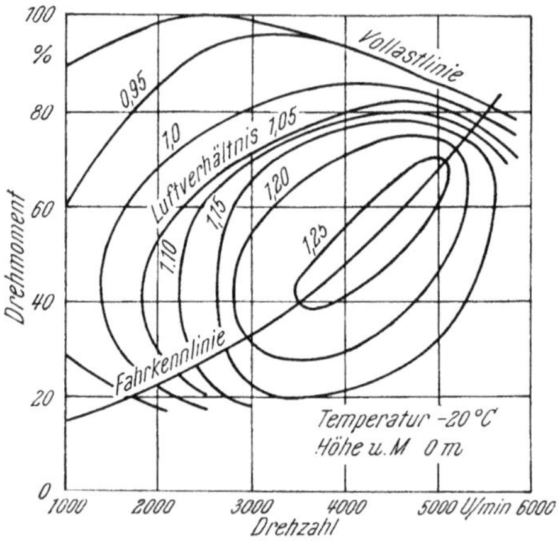

Abb. 303. Mischungsverhältnis in Meereshöhe ohne Höhen- und Temperaturregelung [190]

Die Änderung des Luftdruckes geht voll in die angesaugte Luftmasse ein. Die Änderung der Ansauglufttemperatur geht weniger stark ein. Bei Versuchen an Flugmotoren hat sich ergeben [201], daß bei wassergekühlten Motoren die Änderung der Leistung umgekehrt proportional einer Potenz des absoluten Temperaturverhältnisses von 0,9 ist, während bei luftgekühlten Motoren die Potenz 0,6 beträgt. In der Praxis rechnet man bei kleinen Temperaturänderungen der Einfachheit halber meist mit einer Potenz von 0,5. Mit diesem Wurzelwert, der also etwas zu günstig ist, sind die Luftverhältnisse für hohe Temperaturen an einem Alpenpass, Abb. 302, und für niedrige Temperaturen in Meereshöhe, Abb. 303 errechnet, ausgehend von 500 m Meereshöhe und 11,5 °C Lufttemperatur. Die Unterschiede gegenüber dem erwünschten Luftverhältnis sind sehr groß. Wenn die Änderung der Leistung bzw. die Änderung der durchgesetzten Luftmasse größer wäre als dem Wurzelwert des Temperaturverhältnisses entspricht, d. h. einer Potenz zwischen 0,6 und 0,9 entspräche, müßte eine Temperaturkorrektur eingeführt werden, um sicheren Betrieb zu ermöglichen. In manchen Ländern wäre auch eine Höhenkorrektur erforderlich.

3. *Verteiler-Einspritzsystem nach F. A. F. Schmidt*

Daß auch von der üblichen Pumpeinrichtung abweichende Anlagen Erfolg versprechen können, hat F. A. F. Schmidt mit seinem Vorschlag gezeigt, der an verschiedenen Motorentypen auf dem Prüfstand und im Wagen über längere Versuchsstrecken erprobt wurde. Die Regelung arbeitet rein mechanisch nach Drosselklappenstellung und Drehzahl. Das Einspritzaggregat besteht aus einer Hochdruckförderpumpe mit nachgeschaltetem Regelverteiler. Bei diesem Regelsystem werden Spritzdauer und Kraftstoffdruck geregelt. Diese Regelgrößen wirken unabhängig voneinander und ergeben für jeden Betriebspunkt, d. h. für jede Drehzahl- und Lastkombination, die dem Motorkennfeld entsprechende Kraftstoffmenge. Dementsprechend werden 2 Regelorgane benutzt. Als erstes Zuteil- und Regelorgan werden mit Bohrungen bzw. Schlitzen versehene Scheiben verwendet. Als zweites Regelorgan dient ein lastabhängig gesteuertes Regelventil.

Abb. 304 zeigt die Anordnung des ersten Zuteilorganes mit folgendem Aufbau: Eine feststehende Scheibe 3 mit ebensoviel Bohrungen als Zylinder vorhanden sind, eine mit

Nockenwellendrehzahl rotierende Scheibe 2 mit einem Schlitz, eine mit Nockenwellendrehzahl rotierende Scheibe 1 mit einem Schlitz, die durch den Regler gegenüber der Scheibe 2 verstellt werden kann und eine feststehende Scheibe 0 mit der gleichen Anzahl Bohrungen wie Scheibe 3. Als zweites Regelorgan dient ein Druckregler, der mit einem Überströmventil versehen ist. Dieser Regler wird vom Drosselklappengestänge betätigt und steuert lastabhängig den Kraftstoffdruck im Verteilersystem. Die Zuordnung der Schlitze in den Scheiben 1 und 2 ergibt den wirksamen Steuerquerschnitt, welcher die Einspritzdauer bestimmt. Durch Verdrehen der beiden rotierenden Scheiben gegeneinander kann die Spritzzeit verkürzt werden, im Grenzfall auf Null.

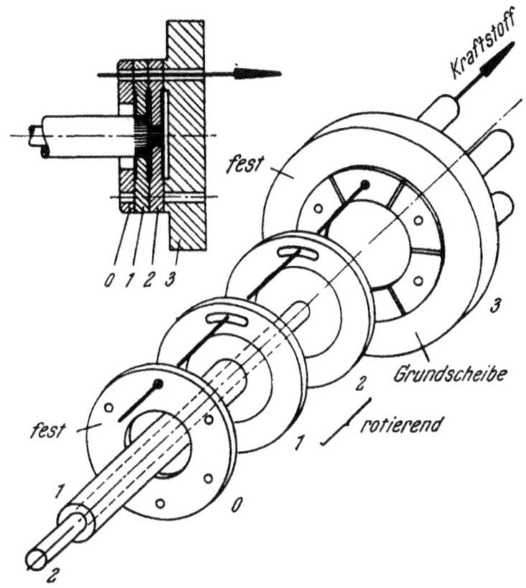

Abb. 304. Aufbau der Steuerscheiben des Verteilers bei der Einspritzanlage nach F. A. F. Schmidt

Würden Einspritzdruck und Spritzdauer konstant gehalten werden, dann würde sich die je Hub eingespritzte Kraftstoffmenge nach einer Hyperbel über der Drehzahl verändern. Durch entsprechende Veränderung des Druckes und der Abspritzdauer läßt sich bei allen Drehzahlen eine beliebige Einspritzmenge erreichen, wenn man nur die entsprechenden Regelgrößen einführt. Die Einspritzung kann in oder vor den Zylinder erfolgen. Bei der einfachen Verteilerausführung, Abb. 305, wird der Drehzahleinfluß wie folgt berücksichtigt: Bei ansteigender Drehzahl bewegen sich die Fliehgewichte des Zentrifugalreglers nach außen. Diese Bewegung wird durch ein Kurbelgetriebe in Verbindung mit einer Welle auf die Scheibe 1 übertragen, wodurch eine relative Verdrehung der beiden umlaufenden Scheiben 1 und 2 zueinander und damit eine Vergrößerung des wirksamen Steuerquerschnittes bewirkt wird. Die lastabhängige Regelung erfolgt unabhängig von der Drehzahl durch Regelung des Kraftstoffdruckes als Funktion der Drosselklappenstellung.

Beim Verteiler für höchste Genauigkeitsansprüche, Abb. 306, erfolgt die Übertragung der Fliehgewichtsauslenkung auf die Scheibe 1 durch Abtastung eines räumlichen Nockens. Der räumliche Nocken ist am Fliehgewicht des Zentrifugalreglers befestigt und führt somit bei einer Drehzahländerung eine radiale Verschiebung aus. Der Taster kann in Abhängigkeit von der Drosselklappenstellung axial verschoben werden, so daß entsprechend der Laststellung die zugeordneten Kurven des räumlichen Nockens abgetastet und seine Bewegungen auf die Scheibe 1 übertragen werden. Somit kann für jede beliebige Zuordnung von Drosselklappenstellung und Drehzahl jeder gewünschte wirksame Steuerquerschnitt durch entsprechende Formgebung des Nockens erzielt und damit die Einspritzmenge jeder beliebigen Motorcharakteristik genau angepaßt werden. Damit ist die Möglichkeit gegeben, daß zur Erzielung höchster Leistung

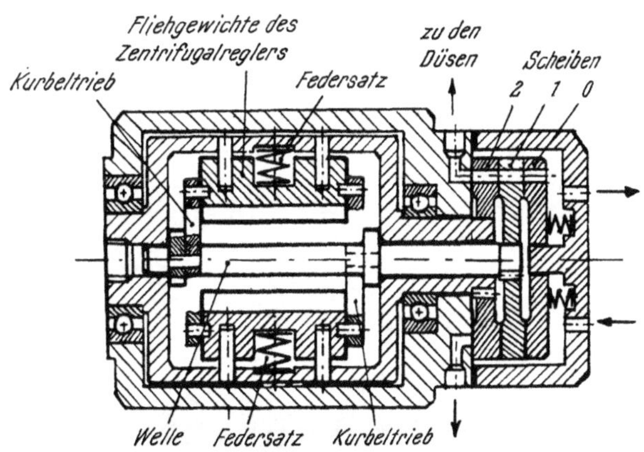

Abb. 305. Prinzipschema der einfachen Verteilerausführung bei der Einspritzanlage nach F. A. F. Schmidt

und guten Beschleunigungsverhaltens bei Vollast mit relativ reichem Gemisch gefahren wird, wogegen im Teillastbereich der Motor mit relativ armem Gemisch betrieben werden kann, um im normalen Fahrbetrieb einen möglichst niedrigen Kraftstoffverbrauch zu erzielen.

Der Kraftstoffdruck wird hier genau wie beim einfachen Regler in Abhängigkeit von der Drosselklappe gesteuert. Um die Erhebung des räumlichen Nockens möglichst klein ausbilden zu können, wird normalerweise der Haupteinfluß der Drosselklappenstellung durch die Regelung des Kraftstoffdruckes berücksichtigt, so daß der räumliche Nocken in bezug auf die Lastabhängigkeit der Einspritzmenge nur noch Korrekturen durchführt. Weitere Korrekturgrößen, wie Lufttemperatur, Luftdruck, Kühlwassertemperatur und Anlaßanreicherung, werden durch entsprechende Zusatzorgane im Regelventil, also über eine Veränderung des Kraftstoffdruckes eingeführt. Diese Zusatzregelung erfolgt durch entsprechende Fühler usw. mittels einer Veränderung der Federvorspannung, die wiederum eine Veränderung des Kraftstoffdruckes und damit die gewünschte Veränderung der Einspritzmenge bewirkt.

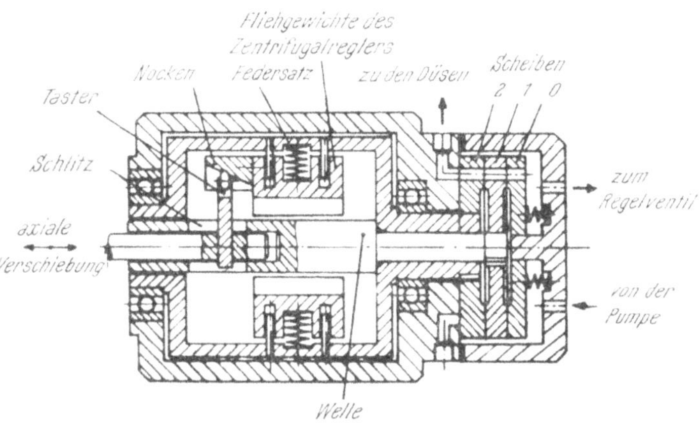

Abb. 306. Prinzipschema des Reglers mit räumlichen Nocken zur punktförmigen Regelung in getrennter Abhängigkeit von Drehzahl und Last

β) Nach Ladedruck und Motordrehzahl geregelte Einspritzeinrichtungen

1. *Einspritzanlage von Lucas*

Bei der Kraftstoffeinspritzanlage der Firma Joseph Lucas Ltd., Birmingham, England, die nach Ladedruck und Drehzahl geregelt wird, wird der Kraftstoff mit einer Zahnradpumpe auf einen Druck von 7 kp/cm^2 gebracht und durch ein Regelventil auf diesem Druck gehalten. Von der Nockenwelle aus wird ein Rotor angetrieben, der in einer Hülse kraft-

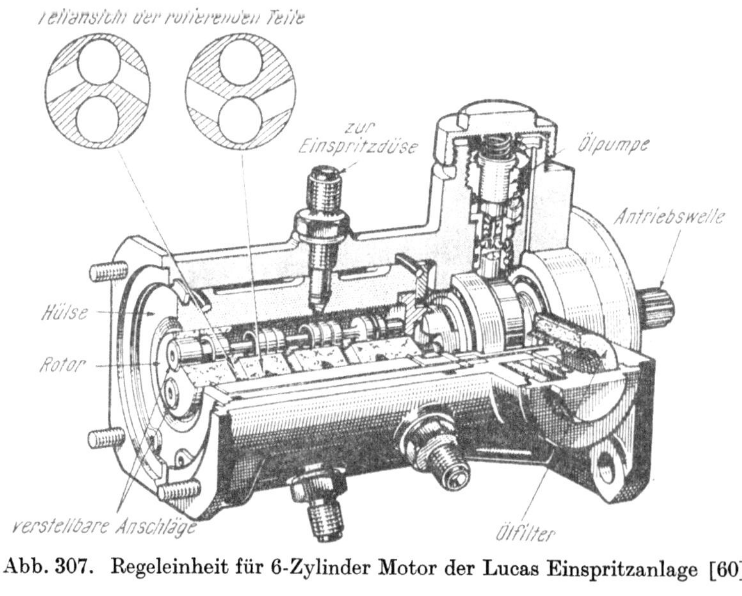

Abb. 307. Regeleinheit für 6-Zylinder Motor der Lucas Einspritzanlage [60]

stoffdicht gelagert und durch Drucköl geschmiert ist, wobei das Drucköl gleichzeitig zur Abdichtung dient, Abb. 307, 308. In dem Rotor befinden sich (für einen 6-Zylindermotor) 2 zylindrische Bohrungen, in denen genau eingepaßt innen je 2 frei bewegliche Kolben, an jeweils einem Ende ein feststehender Kolben als Abschluß und am anderen Ende ein verstellbarer Kolben angebracht sind. Wenn in Abb. 308, in dem für 3 Zylinder die Bewe-

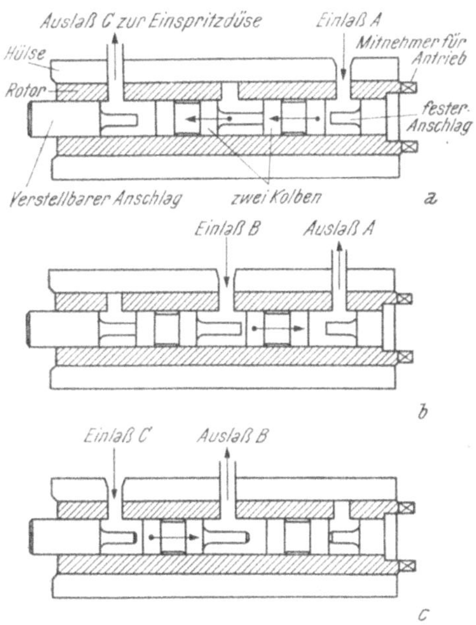

Abb. 308. Schema der Bewegung der Steuerkolben einer 6-Zylinder-Einheit der Lucas Einspritzanlage [60]

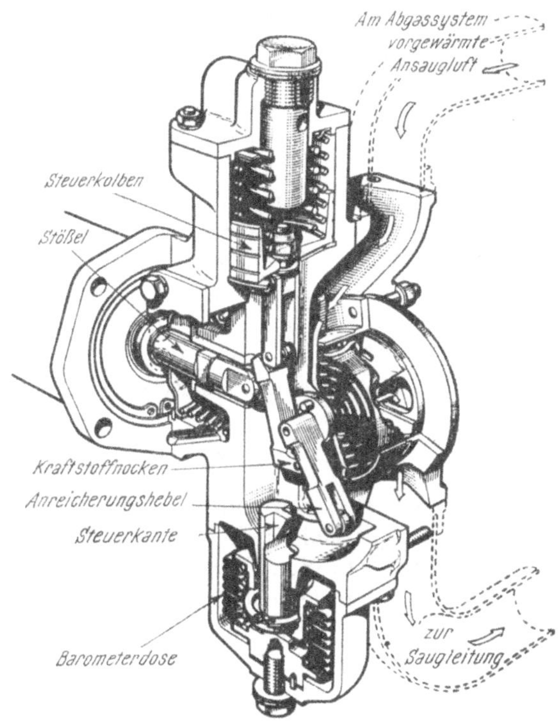

Abb. 309. Schnitt durch den Regler der Lucas Einspritzanlage [60]

gungsvorgänge dargestellt sind, der Kraftstoff zum Einlaß A eintritt, werden die beiden beweglichen Kolben nach links gedrückt, wobei zum Auslaß C der in dem linken Raum befindliche Kraftstoff zur Einspritzdüse gefördert wird, wobei gleichzeitig der rechte Raum mit Kraftstoff gefüllt wird. Nach einer Drehung des Rotors um jeweils 120° wiederholt sich der Vorgang für die nächsten Zylinder mit Einlaß B und C usw. Der Hub und der Durchmesser sind für alle Kolben genau gleich und damit auch die Fördermenge bei allen Zylindern. Die axiale Bewegung der Kolben (Hub) wird durch den linken Kolben bestimmt, der durch die Regeleinrichtung eingestellt wird.

Der Regler legt die einzuspritzende Kraftstoffmenge, d. h. den Hub der Kolben durch Verstellung des linken Kolbens, Abb. 308, nach Ladedruck und Drehzahl fest, Abb. 309. Bei gleichbleibendem Barometerstand und gleichbleibender Temperatur ändert sich die für einen bestimmten Ladedruck einzuspritzende Kraftstoffmenge mit der Drehzahl fast nicht. Nur bei sehr hohen Drehzahlen nimmt durch die Drosselwirkung der Ventile bei gegebenem Druck vor den Ventilen die Luftmasse etwas ab, so daß eine Anreicherung des Gemisches eintritt. Die Drehzahl ist also durch den Antrieb des Rotors in erster Näherung eingeregelt.

Ein Kolben, Abb. 309, wird gegen die Kraft eines Federsystems (meist 2 Federn) vom Unterdruck hinter der Drosselklappe angesaugt. Der sich bewegende Kolben zieht einen Nocken nach oben, der über ein Zwischenglied die Stellung des linken Kolbens des Rotors bestimmt. Der länglich ausgebildete Nocken ist oben am Gehäuse geführt, unten jedoch entlang einem Anreicherungshebel, der für Anlassen und Warmlauf verstellt werden kann, z. B. durch eine Bimetallfeder, die in dem durch den Auslaß vorgewärmten Luftstrom liegt, der während des Anlaßvorganges zusäztlich dem Motor zugeführt wird. In Abb. 309 ist die Warmlaufstellung gezeigt.

Abb. 310. Einspritzdüse der Lucas Einspritzanlage [60]

Für veränderlichen Barometerstand ist eine Korrektur vorgesehen. Die Stellung des Kolbens wird durch die Druckdifferenz zwischen Außendruck und Druck vor den Ventilen bestimmt. Bei abnehmendem Luftdruck wird das Mischungsverhältnis reicher. Eine Barometerdose dehnt sich bei abnehmendem Luftdruck aus und verschiebt axial einen Stab, der oben eine Abschrägung trägt. Bei betriebswarmem Motor bestimmt diese Abschrägung die Lage des unteren Punktes des Anreicherungshebels und damit die Luftdruckkorrektur. Wenn die Barometerdose mit Luft oder einem Dampf kleineren Druckes gefüllt ist, kann auch eine Korrektur für die Temperatur der Ansaugluft erreicht werden, wenn ein Teil der Ansaugluft um die Barometerdose geführt wird. Statt dessen kann auch eine Bimetallfeder verwendet werden.

Abb. 310 zeigt die Einspritzdüse zur Einspritzung vor das Ventil für einen Einspritzdruck von 7 kp/cm².

2. *Simmonds Kraftstoffeinspritzung*

In den Kriegsjahren wurde von der S.U. Carburetter Company of Birmingham, England, eine Einspritzung für Flugmotoren entwickelt, die nach dem Kriege von der Simmonds Precision Products Inc., Tarrytown, New York, vervollkommnet wurde und die für Flugzeuge, Panzer, militärische Kraftfahrzeuge und Boote angewendet wird.

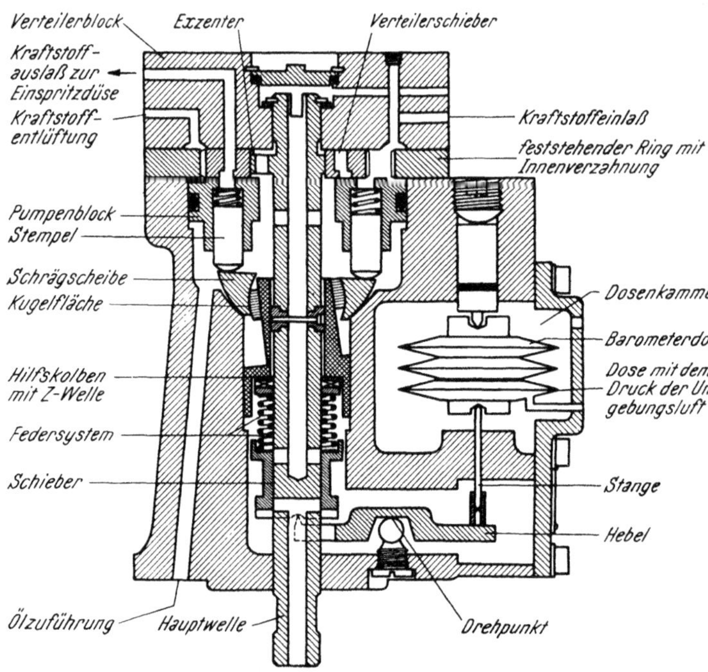

Abb. 311. Schema des Einspritzsystems Simmonds Sk 580

Das Simmonds S.U. Gasoline Injection System, Serie 580, Abb. 311, verwendet eine Regelung nach Ladedruck und Drehzahl. Als Korrekturfaktor wird die Temperatur der Ansaugluft eingeführt, bei Flugmotoren auch der Auspuffgegendruck, womit dann auch die

Aufladung erfaßt ist. Die axial angeordneten Stempel einer Mehrstempelpumpe werden durch eine Schrägscheibe bewegt, wobei der Hub der Stempel durch die Neigung der Schrägscheibe bestimmt wird. Die Schrägscheibe bewegt sich mit ihrer kugeligen unteren Fläche in einem Kegel des Gehäuses und wird durch eine innere Kugelfläche hin- und hergeschoben. Die innere bewegende Kugelfläche wird durch einen exzentrischen Schaft radial verschoben. Die Achse dieses Schaftes liegt schräg zur Achse der mit Nockenwellendrehzahl laufenden Hauptwelle und wird von dieser durch Nut und Feder mitgedreht.

Der exzentrische Schaft ist axial verschiebbar, wodurch die Fördermenge der Pumpenstempel verändert werden kann. Die axiale Verschiebung erfolgt über den unten angebrachten Hilfskolben. Die Verschiebung des Hilfskolbens und damit die Betätigung der Bemessung der Einspritzmenge erfolgt durch Drucköl. Das Innere der Pumpe ist mit Drucköl gefüllt, das dem Gehäuse unten zugeführt wird und das zuerst in den Raum der Schrägscheibe geführt wird. Es drückt den Hilfskolben nach unten gegen ein Federsystem und gegen den von unten wirkenden Öldruck. Das Drucköl dringt von oben durch die Mittelbohrung der Hauptwelle zu den Bohrungen an einem Schieber herab, der diese mit seiner oberen Kante steuert. Die untere Kante steuert Bohrungen in der Hauptwelle, die den Abfluß des Öles ermöglichen. Der Schieber wird durch einen Hebel, der in einem Drehpunkt gelagert ist, axial verschoben, wobei am anderen Ende des Hebels die Steuerglieder über eine Stange angreifen. Diese bestehen aus einer Dosenkammer, in welcher der Ladedruck und die Ladelufttemperatur herrschen, und in der sich eine Barometerdose befindet, die mit Stickstoff gefüllt ist. Diese Dose gibt Ladedruck und Ladelufttemperatur in das Steuersystem. Die darunter befindliche Dose ist mit der Außenluft verbunden und gibt die Höhenkorrektur.

Die Länge der Dosen bestimmt die Lage des Schiebers und damit die Abflußquerschnitte des Drucköles. Bei hohem Druck in der Dosenkammer werden die Dosen zusammengedrückt und der Schieber über den Hebel nach unten bewegt. In gleicher Richtung wirkt der Federdruck. Der Zuflußquerschnitt für das Drucköl wird vergrößert und der für das Abflußöl verkleinert, wodurch der Öldruck im unteren Raum steigt und den Hilfskolben mit der „Z"-Welle nach oben schiebt. Dadurch wird die Exzentrizität vergrößert und die Kraftstofffördermenge erhöht. Durch die Verschiebung des Hilfskolbens nach oben werden die Federn entlastet, und es stellt sich ein Gleichgewichtszustand der Kräfte ein.

Oberhalb der Pumpen befindet sich ein Verteilerblock für den Kraftstoff. Er enthält die Bohrungen für den Kraftstoffeinlaß und den Auslaß, außerdem eine Kraftstoffentlüftung. Zwischen dem Pumpenblock und dem Verteilerblock befindet sich die Verteilereinrichtung, ein Verteilerschieber. Auf einem feststehenden äußeren Ring mit Innenverzahnung wälzt sich ein Zahnrad mit Außenverzahnung ab, das durch einen auf der Hauptwelle befindlichen Exzenter angetrieben wird und demzufolge eine drehende und schiebende Bewegung macht, wobei die Saug- und Drucköffnungen zu den Pumpenstempeln freigegeben werden.

3. Unterbrochene Einspritzung der American Bosch

Bei diesem nach Ladedruck und Drehzahl geregelten Einspritzsystem bringt eine Förderpumpe den Kraftstoff mit 1,3 kp/cm^2 Druck zu einer Einspritzpumpe, die einen einzigen sich drehenden Kolben hat, der sich außerdem durch einen Nocken axial mit konstantem Hub bewegt. Für die Kraftstoffzumessung ist ein Zylinder vorhanden, der um den Kolben faßt, sich jedoch nicht dreht. Dieser Zylinder kann auf dem Kolben hin- und herbewegt werden und bemißt dabei die Einspritzmenge je Hub. Der Abspritzdruck der Einspritzdüse beträgt 5 kp/cm^2, ist also für Einspritzung vor das Ventil vorgesehen.

Der Druck in der Saugleitung nach der Drosselklappe wirkt über einen Steuerkolben auf einen Satz Federn. Von der Bewegung des Steuerkolbens aus wird der Zylinder für die Kraftstoffzumessung axial verschoben. Folgende Korrekturen sind vorgesehen: Höhenkorrektur, Temperaturkorrektur, Anlaßvorrichtung für kaltes Wetter, Anreicherung für das Warmlaufen, Abschaltung der Kraftstoffzufuhr beim Schleppen.

4. *Unterbrochene Einspritzung von Marvel-Schebler*

Von einer elektrisch angetriebenen Förderpumpe wird der Kraftstoff zur Einspritzpumpe gebracht, die nur einen Pumpenstempel für alle Zylinder hat, Abb. 312 und 313. Dieser dreht sich, wobei er gleichzeitig durch einen Nocken mit sovielen Erhebungen, wie Zylinder vorhanden sind, immer mit dem gleichen Hub axial bewegt wird. Kraftstoff kann angesaugt bzw. ausgeschoben werden, wenn Schlitze am Kolben mit Schlitzen am feststehenden Zylinder zur Deckung kommen. Das Arbeitsvolumen befindet sich im Inneren des Kolbens. Ein Einsatz bildet die obere Begrenzung. Dieser Einsatz wird vom Regler gedreht und hat eine Bohrung mit seitlichem Austritt. Diese seitliche Austrittsbohrung steuert den Rücklauf des Kraftstoffes und bestimmt dadurch die in die Druckleitung zur ventilbelasteten Einspritzdüse strömende Kraftstoffmenge. Die Regelung erfolgt nach dem Druck hinter der Drosselklappe. Es sind die bei den anderen amerikanischen Einspritzeinrichtungen üblichen Korrekturen vorgesehen.

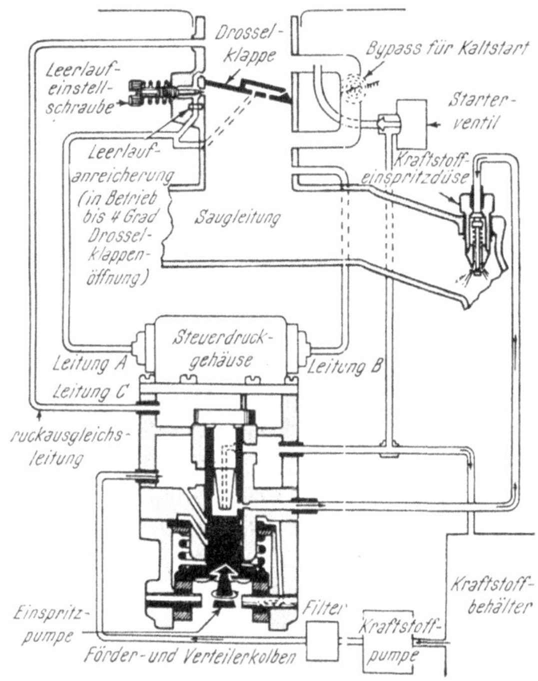

Abb. 312. Einspritzsystem von Marvel-Schebler [82]

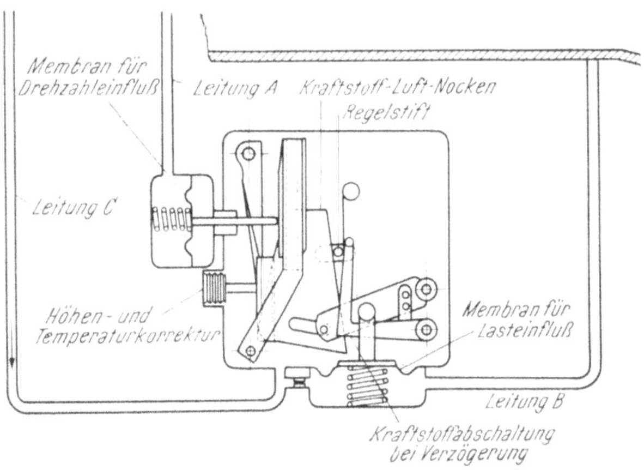

Abb. 313. Schema des Regleraufbaues des Einspritzsystems von Marvel-Schebler [82]

5. *Dauereinspritzung von Holley*

Bei der Einspritzeinrichtung von Holley bringt eine elektrisch betriebene Förderpumpe 2 den Kraftstoff mit einem Druck von 2 kp/cm^2 zu einem von der Kurbelwelle aus angetriebenen Laufrad 3, Abb. 314. Der Kraftstoff, der infolge der Druckerhöhung im Laufrad 3 immer über 2 kp/cm^2 Druck hat, wobei der Druck von der Drehzahl abhängig ist, wird in eine Kammer mit Dosen 4, 5, 6, 7 geleitet, die auf die Dichte der Luft abgestimmt sind, derart, daß der Kraftstoffdruck auf den Druck hinter der Drosselklappe und auf den Atmosphärendruck eingeregelt wird. Der ohne Unterbrechung eingespritzte Kraftstoff wird also nach Ladedruck und Drehzahl geregelt. Der zu den Einspritzdüsen geleitete Kraftstoff muß durch einen Druckregler mit Membran und Federbelastung fließen, der den Ausfluß aus der Düse nach dem Druck in der Leitung regelt. Die bei den anderen Einspritzeinrichtungen üblichen Korrekturen sind ebenfalls vorhanden.

6. Electrojector von Bendix

Bei dem Electrojector von Bendix handelt es sich um ein elektronisch gesteuertes Kraftstoffeinspritzsystem, das um 1957 entwickelt wurde, Abb. 315, 316, 317. Dieses System weicht von allen anderen stark ab. Die Einspritzung erfolgt vor das Einlaßventil, wobei als Regelgrößen der Druck vor dem Einlaßventil und die Drehzahl zugrunde gelegt sind. Der Kraftstoff wird den Einspritzdüsen mit einem genau geregelten Druck von 1,4 kp/cm² zugeführt. Ein vor jeder Düse befindliches Ventil öffnet den Zufluß des Kraftstoffes bei jedem Ansaugtakt. Die Zeitdauer der Öffnung bestimmt die eingespritzte Kraftstoffmenge. Durch eine Kraftstoffrückführleitung wird Luft oder Kraftstoffdampf von den Düsen ferngehalten.

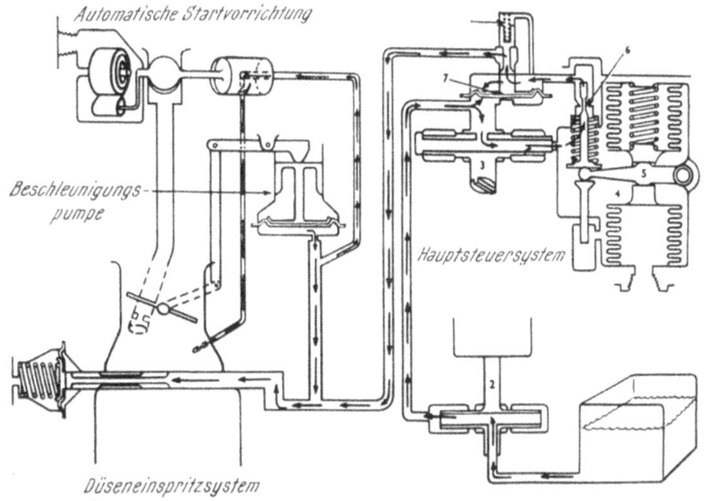

Abb. 314. Schema der Kraftstoffeinspritzung R 83 von Holley [82]

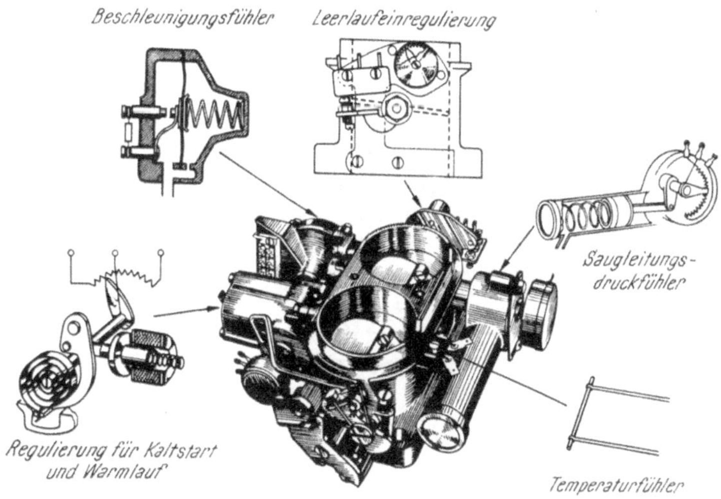

Abb. 315. Aufbau der Electrojector-Einspritzung von Bendix [82]

Das Einspritzventil wird durch Federkraft geschlossen und durch einen Elektromagneten geöffnet, Abb. 318. Wenn die Magnetspule Strom erhält, öffnet das Ventil und der Kraftstoff fließt mit dem genau geregelten konstanten Druck aus der kalibrierten Düse aus. Wenn der Strom abgeschaltet wird, schließt die Feder das Ventil. Der Ventilhub ist auf einen kleinen Weg begrenzt; das Ventil ist sehr leicht gebaut, damit es auch bei höchster Drehzahl zuverlässig öffnet. Der Strom wird der Magnetspule der Einspritzvorrichtung durch einen Impulsverteiler zugeführt, der mit dem Zündverteiler der Zündeinrichtung verbunden ist, indem zwischen die Grundplatte des Verteilers und die normalen Zündverteilerkappen ein Rotor und ein Impulsgeber für die Kraftstoffeinspritzung eingebaut wird. In dem Impulsgeber befindet sich ein Satz Unterbrecherkontakte und ein Verteilerring. Jedem Magnetventil ist ein Sektor des Verteilerringes zugeordnet. Die Kontakte können vom Nocken für die Zündunterbrechung oder von einem eigenen Nocken betätigt werden.

Das Kernstück der Einspritzanlage ist der elektronische Modulator. Seine erste Aufgabe ist es, das Ausgangssignal des Impulsgebers aufzunehmen und dieses in einen elektrischen Impuls einer genau bestimmten Größe umzuformen. Zur Lösung dieser Aufgabe ist der elektronische Modulator mit Transistoren ausgerüstet. Der von den Transistoren gesteuerte Impuls wird nun vergrößert oder verkleinert durch Signale, die von den Steuergrößen des Motors abgeleitet werden: Druck vor Ventil als Grundgröße, ferner Beschleu-

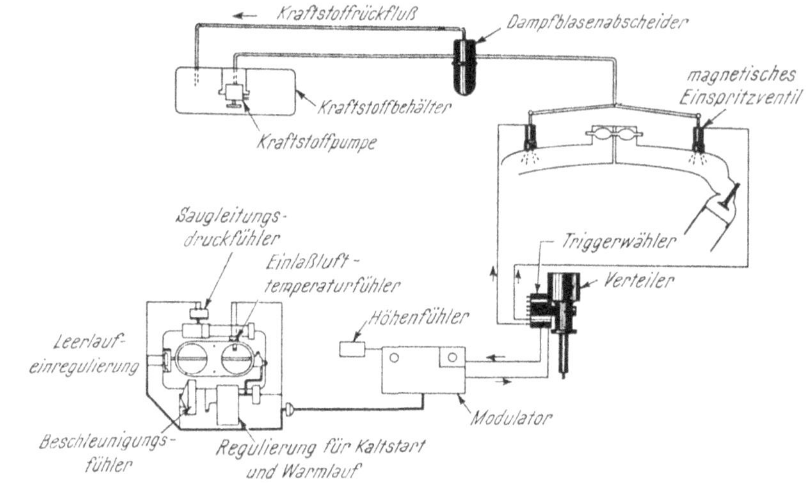

Abb. 316. Aufbau der Regelung bei der Electrojector-Einspritzung von Bendix [82]

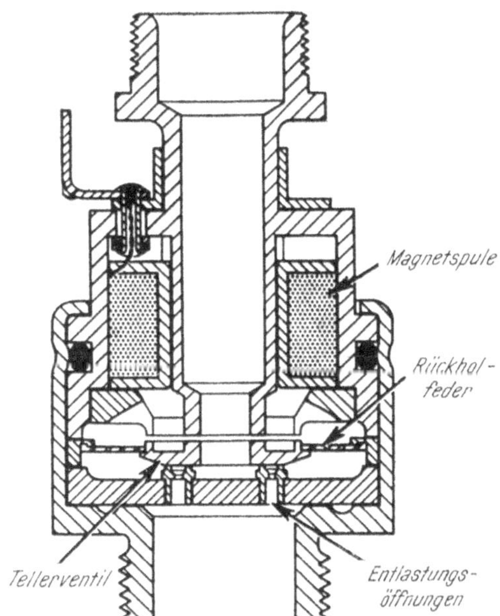

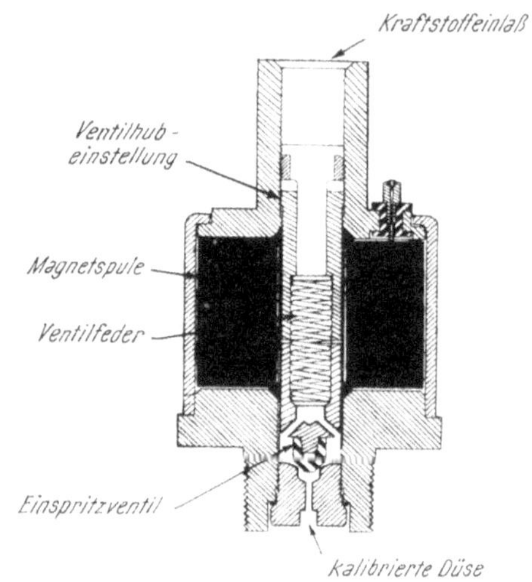

Abb. 318. Aufbau des Einspritzventiles bei der Electrojector-Einspritzung von Bendix [237]

Abb. 317. Einspritzdüse der Electrojector-Einspritzung von Bendix [82]

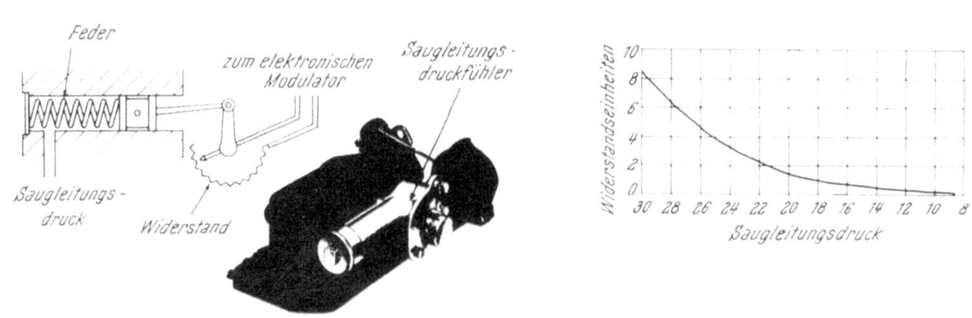

Abb. 319. Aufbau der Regelung mit Hilfe des Saugleitungsdruckes bei der Electrojector-Einspritzung von Bendix [237]

nigung, Leerlaufeinstellung, Startanreicherung, Temperaturregelung und Höhenregelung als Korrekturgrößen. Grundsätzlich werden die Signale der äußeren Fühlergeräte in Form von zusätzlichen Widerständen in den Stromkreislauf eingeführt, um die Größe der Impulse, die an das magnetgesteuerte Einspritzventil weitergegeben werden, zu modulieren. Wenn sich der Widerstand des Fühlerkreislaufes erhöht, wird der Impuls größer, und die Zeitdauer, die das Einspritzventil geöffnet ist, wird ebenfalls größer. Der Unterdruck in der Saugleitung, Abb. 319, verschiebt einen Kolben gegen eine Federkraft, wodurch ein Schleifkontakt auf einem bogenförmigen Widerstand bewegt wird. Die bewirkte Widerstandsänderung des Stromkreises wird an den elektronischen Modulator übertragen. In ähnlicher Weise werden die anderen Korrekturgrößen mit Hilfe von Widerständen eingeführt.

γ) Regelung nach der Ansaugluftmenge

Kraftstoffeinspritzung der General Motors nach der Rochester Products Division

Das Rochester-Einspritzsystem ist eine Einrichtung, die den Kraftstoff fortlaufend vor das Einlaßventil spritzt und die nach der Ansaugluftmenge geregelt wird, die durch eine Venturidüse strömt, Abb. 320.

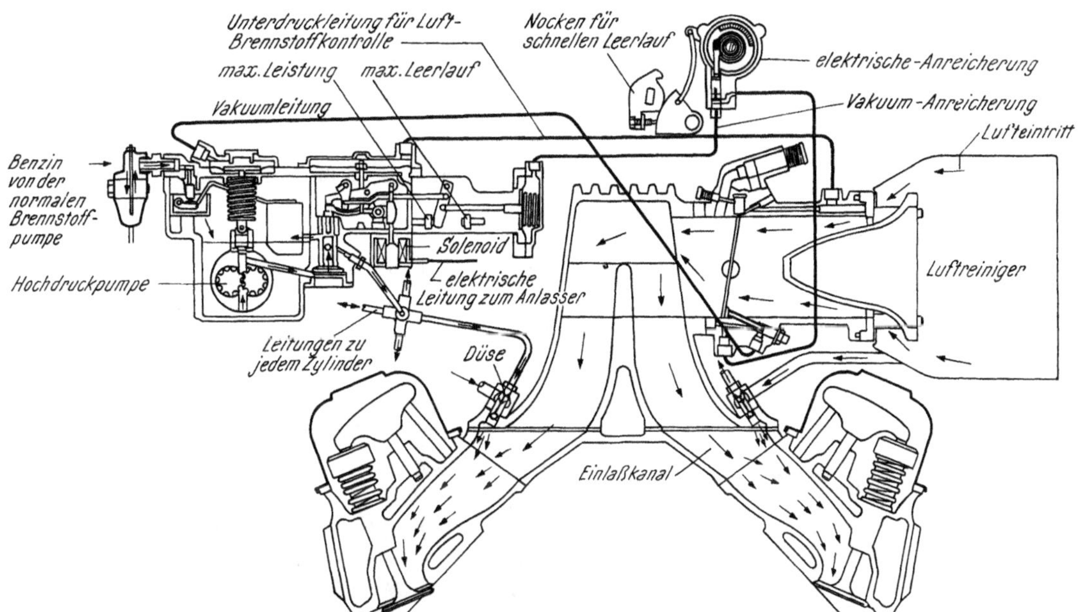

Abb. 320. Schema der Chevrolet-Ramjet-Kraftstoffeinspritzung [246]

Eine Förderpumpe bringt den Kraftstoff in ein Schwimmergehäuse mit Schwimmer und Nadelventil, Abb. 321. Unten am Schwimmergehäuse befindet sich eine Zahnradpumpe, Abb. 322, die mit halber Kurbelwellendrehzahl angetrieben wird. Diese fördert den Kraftstoff unter Druck zu dem Zumessungssystem. Der Druck hinter der Pumpe, und damit der Ausfluß aus den stets offenen Einspritzdüsen, wird durch die Stellung eines Überlaufkolbens geregelt, Abb. 323.

Der Kraftstoff drückt den Überlaufkolben nach oben gegen den Reglerhebel. Der Drehpunkt dieses Reglerhebels wird durch eine Rolle an einem Hebel, Verhältnishebel genannt, bestimmt. Dieser Drehpunkt ist in gewissen Grenzen auf dem konkav geformten Reglerhebel verschiebbar, wodurch dessen Übersetzungsverhältnis verändert wird. Am anderen Ende des Reglerhebels greift eine Verbindungsstange an, die zu einer Membran führt. An diesem Ende des Reglerhebels befindet sich auch die Führung und ein Gegengewicht. Dem

Raum oberhalb der Hauptmembran, Abb. 323, wird der statische Druck zugeführt, der an der Venturidüse herrscht, Abb. 324. Da dieser kleiner ist als der Atmosphärendruck unter der Membran, wird die Membran nach oben gedrückt, wobei über die Verbindungsstange eine nach oben gerichtete Kraft am Reglerhebel wirksam wird. Der Überlaufkolben wird

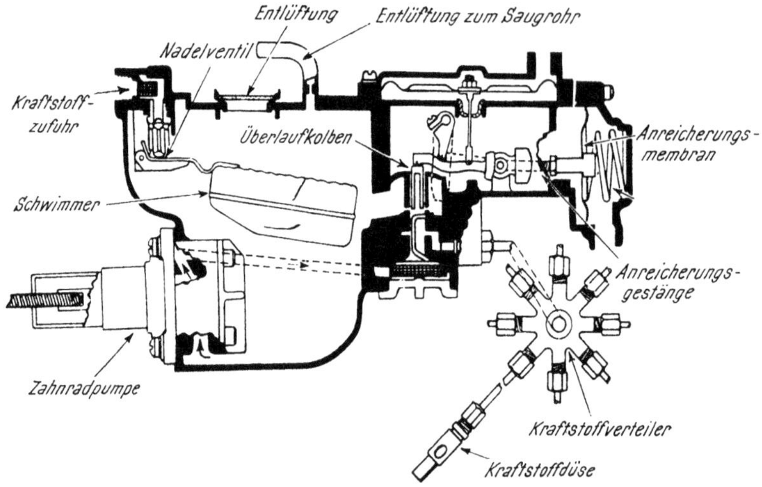

Abb. 321. Aufbau der Regelanlage der Rochester-Einspritzung [82]

durch diese Kraft solange nach unten gedrückt, wobei die Überlauföffnungen verkleinert werden und der Druck im Kraftstoff ansteigt, bis am Reglerhebel Gleichgewicht herrscht. Die Drücke oberhalb der Membran und im Kraftstoff werden also in Beziehung zueinander gebracht. Bei Vernachlässigung der Durchströmkoeffizienten der Luft- und Kraftstoffdüsen, und der Volumenänderung der Luft, strömen also auch bei Veränderung des Luftflusses proportionale Luft- und Kraftstoffmengen den Zylindern zu. Die eingespritzten

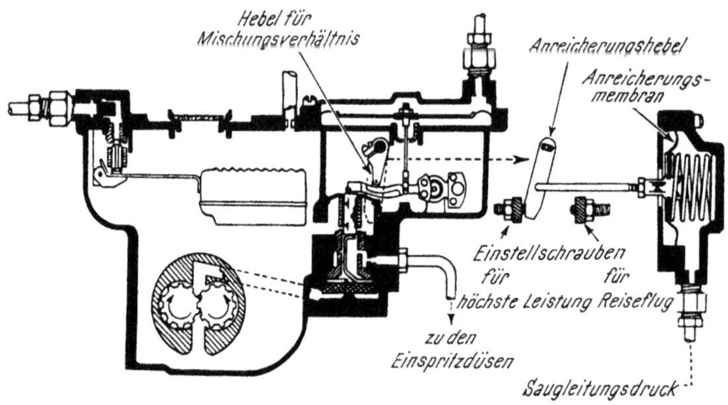

Abb. 322. Wirkungsweise der Anreicherung der Rochester-Einspritzung [82]

Kraftstoffmengen verändern sich bei Änderung des Luftdruckes und der Lufttemperatur nur mit dem Wurzelwert der Änderung. Bei den meisten Kraftfahrzeugen kann deshalb auf eine Korrektur dieser Größen verzichtet werden.

Bei Teillast will man mageres, bei Vollast reiches Gemisch haben. Wird der Verhältnishebel nach rechts zur Verbindungsstange der Membran hin gedreht, dann wird die auf den Überlaufkolben wirkende Kraft kleiner, der Kolben geht etwas nach oben und läßt mehr Kraftstoff durch die Überlauföffnungen abfließen, wodurch der Kraftstoffdruck abnimmt und das Gemisch ärmer wird. Bei einer Drehung des Verhältnishebels nach links wird das Gemisch reicher. Zur Begrenzung von arm und reich sind zwei Einstellschrauben am Anreicherungshebel, der zum Verhältnishebel führt, angebracht, Abb. 322. Als Signal zur Anreicherung bei Vollast wird der Unterdruck hinter der Drosselklappe verwendet, der auf dieselbe Seite einer Membran wirkt wie eine Feder. Bei Drosselung zieht der Unterdruck gegen die Federkraft den Anreicherungshebel nach rechts auf sparsamen Betrieb; bei hohem Druck in der Saugleitung, also hohem Drehmoment, wird der Anreicherungshebel durch die Feder nach links auf „reich" gestellt.

Der Luftstutzen, Abb. 324, enthält eine von der üblichen Bauart abweichende Venturidüse, die aus einem Rohr mit einem Einsatz besteht, an deren engster Stelle durch einen Schlitz der Druck der Luft zur Kraftstoffmengenmessung abgenommen wird. Stromabwärts folgt eine Drosselklappe. Bei Leerlauf, also geschlossener Drosselklappe wird die Luft der Ansaugleitung über einen Zufluß zugeführt, der durch eine große Lufteinstellschraube eingestellt wird.·

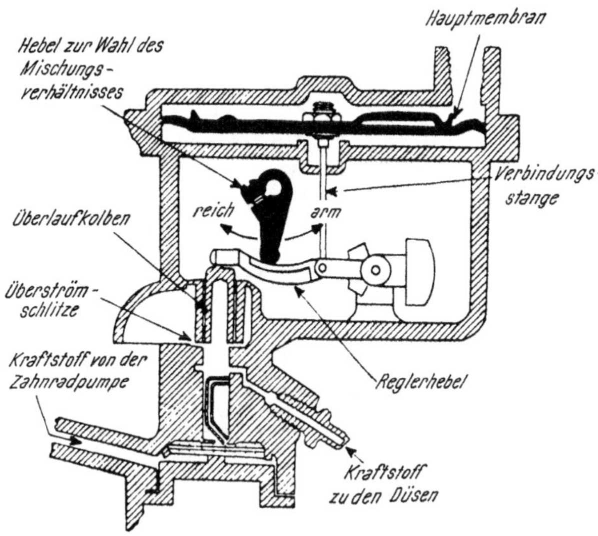

Abb. 323. Aufbau der Regelung des Mischungsverhältnisses bei der Rochester-Einspritzung [82]

An den Einspritzdüsen, Abb. 325, wird ebenfalls Luft zugeführt, und zwar bei Leerlauf etwa $^1/_4$ der Leerlaufluftmenge. Diese Luft wird nach dem Luftfilter entnommen, hat also Atmosphärendruck. Sie wird nach der Einspritzdüse, aber vor der Eintrittsöffnung zur Saugleitung zugeführt. Dadurch wird erreicht, daß der Druck hinter der Einspritzdüse immer konstant gleich dem Atmosphärendruck ist, so daß die Kraftstofförderung durch den Unterdruck in der Saugleitung nicht beeinflußt wird.

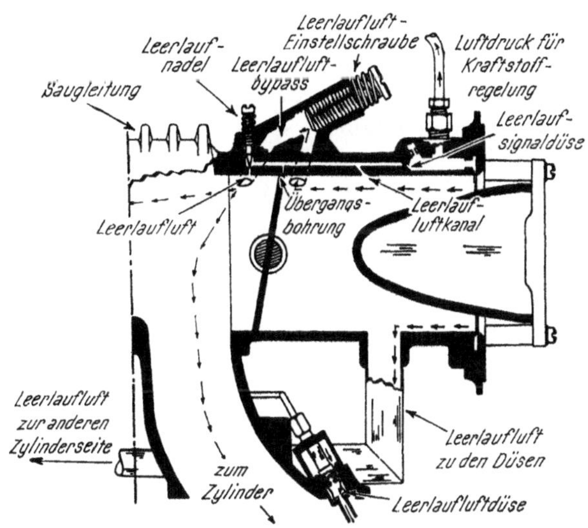

Abb. 324. Zumessungssystem der Rochester-Einspritzung [82]

Die Düsen haben eine genau kalibrierte Öffnung von etwa 0,4 mm Durchmesser und sitzen in einem Kunststoffträger. Die atmosphärische Luft wird durch 4 Bohrungen von 2,5 mm Durchmesser zugeführt. Der Durchmesser des Eintrittes zur Saugleitung beträgt 1 mm. Bei kleinem Druck in der Saugleitung wird die Zerstäubung durch die Luftbeimischung stark verbessert. Bei Höchstleistung ist der Überdruck in den Kraftstoffleitungen 14 kp/cm². Er sinkt im Leerlauf auf 0,02 kp/cm² ab. Bei mittleren Fahrgeschwindigkeiten in der Ebene liegt er bei 1,4 kp/cm².

Da bei Leerlauf das Mischungsverhältnis reich sein muß, wird der Druck über der Hauptmembran etwas herabgesetzt, indem das Hauptsignal an der Venturidüse, Abb. 324, durch eine Leerlaufsignaldüse, die mit der Leerlaufluft in Verbindung steht, korrigiert wird. Auch eine Übergangsbohrung ist vorhanden, durch die bei kleiner Drosselklappenöffnung der Unterdruck im Leerlaufluftkanal erhöht wird, wodurch wiederum über die Leerlaufsignaldüse der Unterdruck des Hauptsignals vergrößert wird, was eine Anreicherung zur Folge hat.

Für das Anlassen ist eine Einrichtung vorgesehen, durch die kurzzeitig eine starke Anreicherung stattfindet. Ein Membranventil wird beim Stillstand des Motors durch eine Feder angehoben; das Ventil stellt eine Verbindung zwischen dem Raum über der Hauptmembran und der Saugleitung her. Beim langsamen ersten Durchdrehen während des Anlassens mit geschlossener Drosselklappe wird der entstehende Unterdruck die Hauptmembran anheben und dadurch viel Kraftstoff zufließen lassen. Kurz darauf schließt aber das Membranventil infolge des wachsenden Unterdruckes gegen die Federkraft, und die normale Regelung setzt ein.

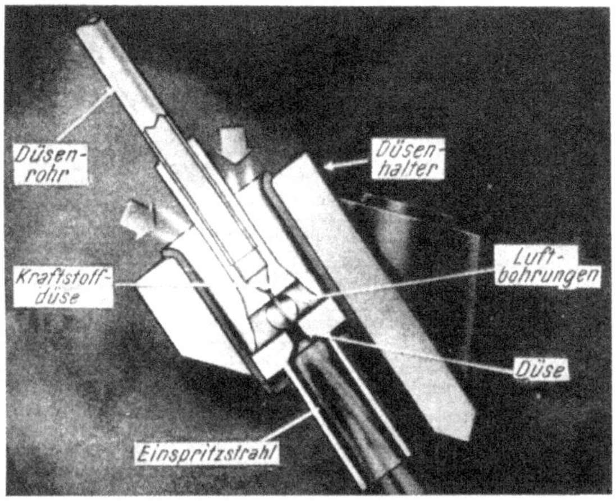

Abb. 325. Aufbau der Einspritzdüse der General-Motors-Einspritzanlage [56]

Für den Betrieb des kalten Motors sind 2 Maßnahmen vorgesehen: Es wird der Oberseite der Anreicherungsmembran, Abb. 322, kein Unterdruck zugeführt, so daß der Verhältnishebel in der Reichstellung stehen bleibt, und es wird Unterdruck durch eine Überströmbohrung den Signalleitungen der Luftmengenmeßeinrichtung zugeführt, um den Unterdruck über der Hauptregelmembran zu erhöhen und damit das Gemisch anzureichern. Beide Maßnahmen werden von einem am Luftstutzen befindlichen Temperaturfühler, einer Bimetallfeder, abgeleitet, die über einen Hebel zwei Ventile betätigt, welche die zur Saugleitung hinter der Drosselklappe führenden Leitungen steuern. Außerdem wird durch die Bimetallfeder über einen Nocken die Drosselklappe etwas angehoben, so daß mehr Luft in die Zylinder kommt und die Drehzahl erhöht wird.

δ) Unterbrechereinspritzanlage von Dröschel

Ein von allen anderen Einspritzanlagen abweichendes Prinzip wurde der Unterbrechereinspritzanlage von Dröschel, die bei NSU unter Mitwirkung von Froede und Paschke entwickelt wurde, zugrunde gelegt, Abb. 326. Eine Pumpe 2 fördert den Kraftstoff zu einer Primärleitung 4, von der eine zweite Leitung abzweigt, die durch ein federbelastetes Ventil 3 abgeschlossen ist. In der Leitung 4 bewegt sich der Kraftstoff mit der Geschwindigkeit v_t zu einem Ventil 6, das von der Feder 5 belastet ist, aber durch einen Abschnappnocken 7 offengehalten wird, bzw. im Takt des Motors beim Abschnappen geschlossen wird. Die Geschwindigkeit v_t ergibt sich bei großer Förderung der Pumpe aus dem Öffnungsdruck des Ventils 3 einerseits und aus den Widerständen der Leitung 4, des Ventils 6 und der Ablauf-

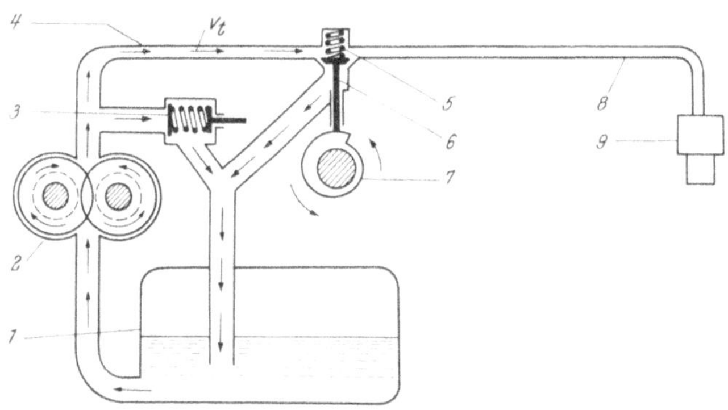

Abb. 326. Schematische Darstellung der Unterbrecher-Einspritzanlage nach Dröschel bei geöffnetem Unterbrecherventil [68]

leitungen andererseits. Der durch die Ventile 3 und 6 fließende Kraftstoff geht zum Tank zurück. In Verlängerung von Leitung 4 befinden sich eine Sekundärleitung 8 und eine Einspritzdüse, die in üblicher Weise durch eine federbelastete Düsennadel verschlossen ist.

Wenn die Pumpe in Betrieb ist und das Ventil 6 schlagartig geschlossen wird, enthält die Kraftstoffsäule in Leitung 4 eine bestimmte Energie, die sich aus der Masse der Kraftstoffsäule und ihrer Geschwindigkeit errechnet. Diese Energie wird an der Stelle des Ventils 6 wirksam, und zwar in der Form, daß wegen der Elastizität des Kraftstoffes eine Druck-

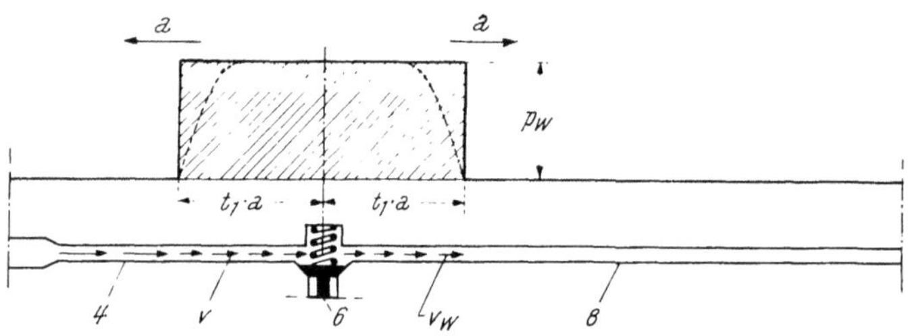

Abb. 327. Zustand kurz nach vollständigem Schließen des Unterbrecherventils bei der Einspritzanlage nach Dröschel [68]

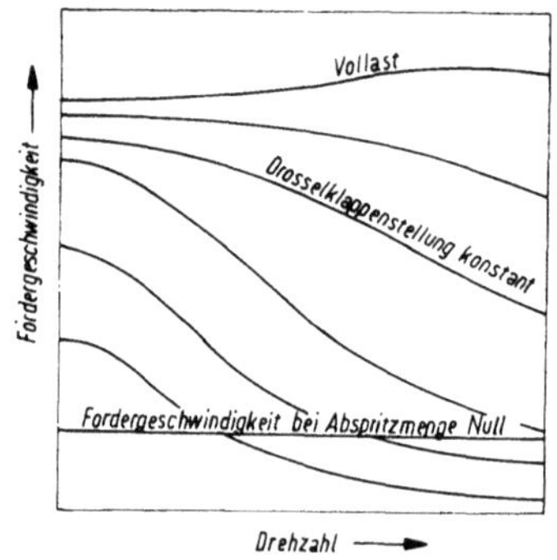

Abb. 328. Kennlinien der Unterbrecher-Einspritzanlage nach Dröschel [68]

welle ausgehen muß. Wenn Leitung 4 und 8 gleichen Querschnitt haben, entsteht eine nach beiden Seiten gleich starke Druckwelle, Abb. 327. Der Druck pflanzt sich in den Leitungen 4 und 8 mit Schallgeschwindigkeit fort, aber entgegengesetzt gerichtet.

Aus der entstandenen Druckwelle ergibt sich, daß die Geschwindigkeit in der Sekundärleitung von 0 auf v_w ansteigen und in der Primärleitung von v_t auf v absinken muß. Durch die entstehende Druckwelle wird die Nadel der Einspritzdüse 9 aufgestoßen, und es wird Kraftstoff eingespritzt. Die eingespritzte Menge hängt von der Reflexion der Druckwelle an der Düse ab, d. h. im wesentlichen vom Austrittsquerschnitt. Da die Länge der Leitung 4 und die Strömungsgeschwindigkeit v_t, also der Förderdruck, die Energie an der Stelle des Ventils bestimmen, hängt die Einspritzmenge in erster Linie von diesen Größen ab. Weitere Korrekturmöglichkeiten zur Anpassung der Fördermenge eines jeden Hubes an den Bedarf des Motors ergeben sich durch Änderung des Widerstandes in der Primärleitung 4, z. B. durch eine einstellbare Drosselstelle, oder auch in der Leitung hinter dem Ventil 6. Auch ein Speicher bei 6 und eine Veränderung des Öffnungswinkels des Nockens 7 kann zur Beeinflussung der Förderung herangezogen werden. Es können bei Regelung nach Förderdruck und Widerstand in Leitung 4 die in Abb. 328 eingezeichneten Kennlinien erreicht werden.

4. Vergleich zwischen Vergaser und Einspritzung

Bei einem Vergleich der beiden Möglichkeiten zur Gemischbildung ist bei Beschränkung auf den im Viertakt arbeitenden Ottomotor, also ohne Berücksichtigung des Hybridmotors, in erster Linie der Verwendungszweck in Betracht zu ziehen. Der Flugmotor arbeitet unter anderen Bedingungen als der Kraftfahrzeugmotor, der Renn- und Sportfahrzeugmotor unterscheidet sich von dem des Gebrauchsfahrzeuges.

Der Flugzeugmotor, sofern er heute überhaupt noch als Kolbenmotor verwendet wird, hat große Leistung und muß große Flughöhen aufsuchen, also unter niedrigen Luftdrücken arbeiten. Die Zerstäubung des Kraftstoffes durch die kinetische Energie der Luft, wie sie beim Vergaser notwendig ist, kann bei kleiner Luftdichte dann nicht mehr ausreichend sein. Die Einspritzung ist deshalb vorzuziehen, mit Ausnahme von kleinen Sportmotoren.

Wenn ein Flugmotor einen starken Lader hat und große Überschneidung der Steuerzeit zwischen Auslaß- und Einlaßventil vorgesehen wird, kann man den Brennraum teilweise durchspülen, d. h. die Abgase aus dem Brennraum verdrängen und durch frische Luft ersetzen. Das ermöglicht eine Leitungssteigerung und auch eine geringe Kühlung des Auslaßventils und seiner Umgebung. Da bei der Durchspülung auch etwas frisches Gas in die Abgasleitung kommt, ist es zur Vermeidung von Kraftstoffverlusten zweckmäßig, mit reiner Luft zu spülen, eine Einspritzung in den Zylinder vorzunehmen und den Einspritzbeginn nach Schluß des Auslaßventils zu legen.

Beim nichtaufgeladenen Fahrzeugmotor genügt die kinetische Energie der Ansaugluft im Vergaser zu einer guten Zerstäubung des Kraftstoffes. Bei langen Saugleitungen zwischen Vergaser und Einlaßventilen wird aber ein Teil des Kraftstoffes an den Rohrwandungen entlang zu den Ventilen fließen. Als Abhilfe wird eine Aufheizstelle vorgesehen, die kurz hinter dem Vergaser an der Stelle liegt, an der die Leitungen zu den einzelnen Ventilen abzweigen. Daraus ergibt sich eine Temperaturerhöhung des Gemisches, die 10 bis 25 grd betragen kann. Das ergibt eine Verminderung der Gemischdichte von 3 bis 8% vor den Einlaßventilen. Wegen der durch die Temperaturerhöhung bedingten kleineren Wärmeübergänge im Zylinder und an anderen Stellen ergibt sich aber nur eine Leistungsabnahme von etwa $^2/_3$ dieses Wertes, also von 2 bis 6%. Die Erzeugung der kinetischen Energie der Luft im Vergaser erfordert einen Unterdruck von 500 bis 800 kp/m^2, der meist nicht wiedergewonnen wird. Gegenüber einer theoretisch möglichen Höchstleistung (unter Berücksichtigung der Gemischerwärmungsverluste im Ventilstutzen usw.) ergeben sich also bei einem Gebrauchsfahrzeugmotor 6 bis 14% Leistungsverlust durch die Gemischbildung.

Bei einem Sport- oder Rennmotor baut man vor jedes Einlaßventil einen Vergaser. Eine Vorwärmung erübrigt sich dann und auch der Unterdruck im Lufttrichter kann auf 300 bis 500 kp/m^2 herabgesetzt werden. Der Leistungsverlust gegenüber einer theoretischen Höchstleistung beträgt dann nur noch 3 bis 5%.

Bei der Einspritzung vor das Ventil nimmt der Kraftstoff etwas Wärme aus den Wandungen des Ventilstutzens und des Ventils auf, was einigen Grad Temperaturerhöhung entspricht und diese Einspritzungsart damit dem Einzelvergaser je Zylinder gleichsetzt. Je nach Ausführung der Regelungsanlage sind Meßeinrichtungen und Luftverteilungsleitungen anzubringen, die einige 100 kp/m^2 Druckverlust ausmachen, so daß sich Verluste von 3 bis 5% ergeben, die Leistung also nicht höher als bei Einzelvergasern wird.

Bei Einspritzung in den Zylinder sind dieselben Druckverluste wie bei Einspritzung vor die Ventile zu erwarten. Die Gemischbildung wird aber nicht so gleichmäßig wegen der Kürze der für die Gemischbildung zur Verfügung stehenden Zeit und wegen des Wegfalls der Vermischung im Ventilquerschnitt und kurz danach. Auch liegt die Gefahr der Wandberührung von Kraftstofftropfen vor. Um diese Nachteile auszugleichen, muß man etwas reicheres Gemisch verwenden. Andererseits wird die Temperatur des Gemisches durch Entzug der Verdampfungswärme etwas mehr herabgesetzt als bei den anderen Verfahren, was die vorhergenannten Nachteile ausgleicht oder etwas überkompensiert. Die Leistung kann also den theoretischen Möglichkeiten am nächsten kommen.

Man kann einen Zylinder durch entsprechende Bemessung von Länge und Durchmesser der Saugleitung aufladen, indem man die in der Saugleitung entstehenden Schwingungen auf die Drehzahl des Motors abstimmt. Dies ist sowohl bei Einspritzung als auch bei Vergaser möglich. Allerdings wird die Amplitude der Schwingung bei der Einspritzung größer sein, da beim Vergaser an den Einbauten zur Gemischbildung eine stärkere Dämpfung auftritt. Also kann auch bei der Einspritzung ein größerer Vorteil durch diese Stoßaufladung erwartet werden. Nach Angaben in der Literatur erscheint es möglich, bis zu 10% Leistungssteigerung bei systematischer Anwendung der Schwingungen in der Saugleitung zu erreichen.

Beim Vergleich des Verbrauches zwischen Vergaser und Einspritzung muß man auf gleiche Bedingungen beziehen. Die Anwendung von Luftverhältnissen unter 1 wird man vermeiden, wo es auf geringen Verbrauch ankommt. Sofern die Zylinder nicht verschieden

gut gekühlt sind (was bei manchen Motoren vorkommt) wird man für alle Zylinder gleiches Mischungsverhältnis anstreben. Bei Ventilstutzen, die zwei nebeneinanderliegende Ventile umfassen und eine gemeinsame Saugleitung haben, ist dies nicht erreichbar, wenn die Steuerabstände der beiden Ventile einmal 180 und einmal 540 °KW betragen. Dann hat man mit bis zu 10% Unterschied im Mischungsverhältnis zwischen beiden Zylindern zu rechnen. Einspritzung vor das Ventil wird unzweckmäßig, Einspritzung in den Zylinder wäre möglich, jedoch nicht mit Schwingungsaufladung.

Bei der Kraftstoffeinspritzung hängt die Gleichmäßigkeit der Gemischzusammensetzung von den Fertigungstoleranzen, der Einstellgenauigkeit, von eventuellen Schwingungserscheinungen in den Kraftstoffleitungen und von der Dampfblasenbildung ab. Die Fertigungstoleranzen wird man bei guter Werkstatt und großem Aufwand so eng halten können, daß man mit $\pm 1\%$ Unterschied der Kraftstoffzuführung zu den einzelnen Zylindern rechnen kann. Die Einstellgenauigkeit hängt vom Facharbeiter ab und ergibt außerhalb des Herstellungsbetriebes schon größere Unterschiede, die $\pm 3\%$ überschreiten können. Schwingungserscheinungen sollten durch die Konstruktion vermieden sein. Die Dampfblasenbildung aber hängt von den Betriebsbedingungen ab und kann in extremen Fällen größere Unterschiede ergeben. Vor allem sind hierauf auch Unterschiede in der Fördermenge mehrerer aufeinanderfolgender Hübe zurückzuführen, die natürlich auch den Verbrauch ungünstig beeinflussen können. Die Genauigkeit des Ansprechens der Regeleinrichtungen kann auch den Verbrauch beeinflussen, wenn man einen Betrieb mit Kraftstoffüberschuß oder in der Nähe der stöchiometrischen Mischung hat.

Beim Vergaser sind die Einstellarbeiten einfacher, weshalb die Unterschiede der Kraftstoffzuteilung in der Serie bei $\pm 2{,}5\%$ gehalten werden können, ein Unterschiedsbetrag, der sich auf alle Zylinder gleichmäßig aufteilt; er ist analog zur Genauigkeit der Regeleinrichtungen beim Einspritzen. Dagegen ist es schwieriger, eine gleiche Versorgung aller Zylinder unter allen Betriebsbedingungen zu erreichen. Die Entwicklung geeigneter Saugleitungen ist eine langwierige Aufgabe. Bei Untersuchung der Abgase auf Kohlenmonoxid zeigt sich, daß man bei guten Motoren mit recht gleichmäßiger Gemischverteilung rechnen kann, die genauer als $\pm 3\%$ sein kann. Vergaser mit guten Saugleitungen und Einspritzung vor das Ventil können also in dieser Beziehung als gleichwertig betrachtet werden.

Bei der Einspritzung in den Zylinder muß man außer dem vorher Gesagten noch berücksichtigen, daß die Kraftstofftropfen des Einspritzstrahles wegen der engen Nachbarschaft der Wandungen diese in flüssiger Form berühren. An der Wandung werden sie verdampfen, sich aber wegen der Kürze der Zeit nur ungleichmäßig mit der Luft vermischen. Ein Teil der an die Wand gelangten Tropfen kann auch von der Ölkohleschicht der Wand zunächst absorbiert und erst später wieder, vielleicht in gekracktem Zustand, freigegeben werden. Auch können Tropfen an die ölbenetzte Laufbahn kommen und dort festgehalten werden. Es ist natürlich außerordentlich schwierig, abzuschätzen, wieviel Kraftstoff dadurch der primären Verbrennung entzogen wird und erst später zur Reaktion kommt. Insoweit ist die Einspritzung in den Zylinder der Einspritzung vor das Ventil und dem Vergaser in bezug auf Verbrauch unterlegen.

Bei General Motors wurden Vergleichsmessungen durchgeführt [56], deren Ergebnis in Abb. 329 dargestellt ist. Die Einspritzung in den Zylinder ergibt die höchste Leistung. Die Leistungen bei Sammeleinspritzung in die Saugleitung, bei unterbrochener Einspritzung vor das geöffnete Einlaßventil und bei nicht unterbrochener Einspritzung vor das Ventil sind bis auf geringfügige Unterschiede gleich. Beim spezifischen Verbrauch aber weichen die Ergebnisse mit den vier Einspritzarten stark voneinander ab. Die Einspritzung in den Zylinder ergibt den höchsten Verbrauch, während die Dauereinspritzung vor das Ventil am günstigsten ist. Der Unterschied beträgt bis zu 10%. Erstaunlich ist der mit 0 bis 8% verhältnismäßig große Unterschied zwischen unterbrochener Einspritzung und Dauereinspritzung vor das Ventil. Bei anderen Anordnungen der Düsen (kleinerer Abstand vom Einlaßventil) würden die Differenzen vermutlich etwas kleiner werden.

Daimler-Benz gibt bei einem Leistungsvergleich zwischen Einspritzung in den Zylinder und unterbrochener Einspritzung vor das Ventil die in Abb. 330 aufgetragenen Werte an. Die Unterschiede betragen etwa 2%.

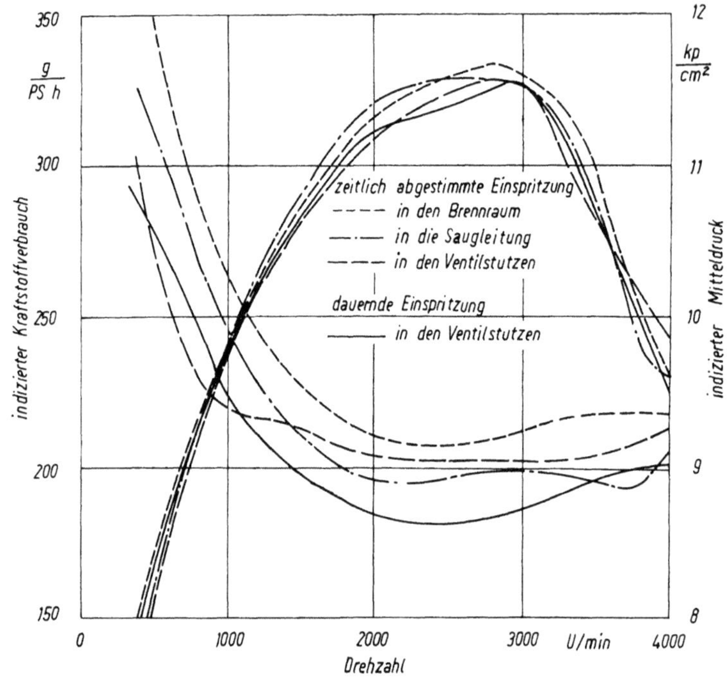

Abb. 329. Mitteldruck und spezifischer Kraftstoffverbrauch für verschiedene Arten der Einspritzung [56]

Bei der Diskussion des Kraftstoffverbrauches muß man auch noch die durch das Klopfen bedingte Grenze für das Verdichtungsverhältnis berücksichtigen. Bei sonst gleicher Gemischbildung spielt die Gemischtemperatur für das Klopfen die Hauptrolle. Bei einer Vergaseranlage mit Vorwärmung ergibt sich durch die um 10 bis 30 grd höhere Gemischtemperatur eine größere Klopfneigung, die ein etwas kleineres Verdichtungsverhältnis erfordert, einige Zehntel eines Verdichtungsgrades. Das wiederum bedingt einen geringfügig höheren Verbrauch, 2 bis 4 g/PSh oder 1 bis 2%.

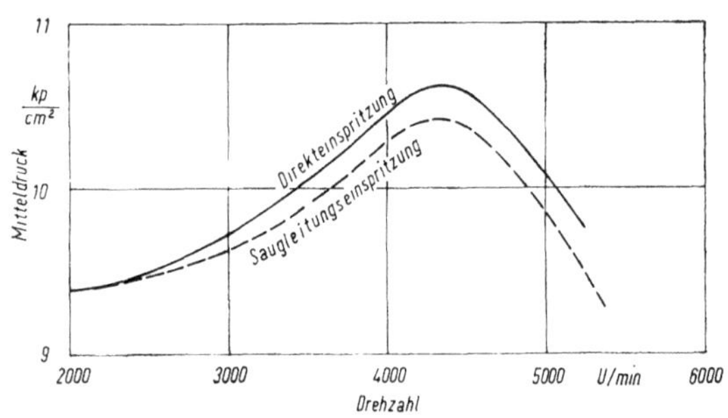

Abb. 330. Vergleich des erreichbaren Mitteldruckes bei Saugleitungs- und Direkteinspritzung [88]

Das Betriebsverhalten eines Motors mit Vergaser unterscheidet sich bei gleichbleibender Belastung nicht von dem eines Einspritzmotors. Bei der Beschleunigung und im Schleppbetrieb (Verzögern) ergeben sich jedoch Unterschiede. Beim Leerlauf eines Motors mit Vergaser sind die Saugleitungen trocken, bei hoher Leistung sind sie mit Kraftstoff benetzt. Beim raschen Beschleunigen aus dem Leerlauf muß man deshalb eine kleine Kraftstoffmenge (0,5 bis 1,5 cm³) zusätzlich in den Vergaser spritzen, um sofortiges Ansprechen zu erreichen. Dadurch wird auf einige Sekunden ein reiches Gemisch erzeugt und zusätzlicher Kraftstoff verbraucht. Bei der Einspritzung ist meist keine zusätzliche Kraftstoffmenge notwendig. Im Stadtverkehr ist der Verbrauch des Einspritzmotors deshalb niedriger. Beim Verzögern des Vergasermotors wird beim Schließen der Drosselklappe der an der Wand befindliche Kraftstoff verdampft, woraus sich eine Anreicherung des Gemisches ergibt, wenn gleichzeitig die Leerlaufdüse wirkt. Man kann bei Drehzahlen von etwas oberhalb der Leerlaufdrehzahl an die Leerlaufdüse z. B. mit Hilfe eines Magnetventiles verschließen. Dann wird während des Schleppbetriebes kein Kraftstoff verbraucht. Bei der Einspritzung kann dasselbe mit ähnlichen Mitteln erreicht werden. Der Leerlauf selbst muß bei beiden Gemischbildungsarten reicher als die stöchiometrische Mischung sein.

Der Bauaufwand ist bei der Einspritzung in jedem Falle größer als beim Vergasermotor und kann ein Vielfaches betragen. Die Wartung des Vergasers ist einfach, da er keine schnell und periodisch bewegten Teile hat. Die Einspritzung mit ihren vielen bewegten Teilen erfordert laufende Wartung. Die Reparaturanfälligkeit und die Abnutzung des Vergasers ist gering, wogegen die Einspritzung hier entschieden ungünstiger ist. Die Lebensdauer des Vergasers ist im allgemeinen so groß wie die des Wagens, während bei der Einspritzung die der Abnutzung unterworfenen Teile nach gewissen Betriebszeiten ausgewechselt werden müssen.

Im Zusammenhang mit der Forderung auf Reinhaltung der Luft in Großstädten tritt neuerdings noch die Frage auf, ob die Abgase des Einspritzmotors weniger Kohlenmonoxid und weniger unverbrannte und anoxydierte Kohlenwasserstoffe enthalten als der Vergasermotor. Beim Betrieb des Motors mit gleichbleibender Leistung ist kein Unterschied vorhanden, gleiches Luftverhältnis vorausgesetzt. Bei der Beschleunigung und Verzögerung aber kann aus den obengenannten Gründen die Einspritzung günstiger sein.

5. Kraftstoffeinspritzung beim Zweitaktmotor

Beim Zweitaktmotor mit Spülschlitzen und auch mit Spülventilen geht immer ein Teil der frischen Ladung (Luft oder Gemisch) mit den Abgasen aus dem Zylinder heraus. Da dies bei Spülung mit Gemisch einen Verlust an Kraftstoff bedeutet, ist man hier mehr als beim Viertaktmotor veranlaßt, anstelle des Vergasers eine Einspritzanlage zu verwenden, d. h. die Gemischbildung vor dem Zylinder durch eine Gemischbildung im Zylinder selbst zu ersetzen. Die Bildung eines homogenen Gemisches bei Einspritzung in den Zylinder ist aber außerordentlich schwierig. Die kurze für den Verdampfungs- und Mischvorgang zur Verfügung stehende Zeit und die bei vielen Motoren nur in geringem Maße vorhandenen geregelten Strömungen im Zylinder sind dafür verantwortlich.

Der in den Zylinder einzuspritzende Kraftstoffstrahl darf nicht das Abgas treffen, das ja aus dem Zylinder ausgeschoben werden soll. An den Berührungsstellen von Frischluft und Abgas bildet sich eine Mischzone aus, die teilweise noch mit dem Abgas ausströmt. Um Kraftstoffverluste zu vermeiden, muß man darum sehr spät mit der Einspritzung beginnen; die Einspritzdauer wird deshalb sehr kurz. Zur guten Zerstäubung muß der Kraftstoffdruck sehr hoch sein (über 40 kp/cm^2). Das bedeutet, daß sich eine starke zeitliche Konzentration des Kraftstoffes auf die getroffenen Frischluftmengen ergibt. Die Zeit, die für die Verteilung dieser reichen Gemischwolke auf den Gesamtraum vor der Zündung zur Verfügung steht, ist sehr kurz (etwa 1 ms bei 5000 U/min), weshalb das Mischungsverhältnis an den verschiedenen Stellen des Zylinders ungleich sein wird. Außerdem aber ist bei starker Konzentration des Kraftstoffes auf eine kleine Luftmenge die durch die Verdampfung hervorgerufene Abkühlung dieses Luftanteiles sehr groß, so daß eine vollkommene Verdampfung erst im Zusammenhang mit der Temperatursteigerung durch die Verdichtung eintreten wird. Auch wird dabei ein erheblicher Teil des Kraftstoffes an die Wand kommen mit den bekannten Nachteilen (s. S. 251).

Man kann überlegen, ob die Gemischbildung durch einen Quetschwirbel im Brennraum verbessert werden kann. Da die Zündung bei hoher Drehzahl auf 20 bis 50 °KW vor oberem Totpunkt eingestellt wird, kann sich ein Quetschwirbel auf die Gemischbildung selbst noch nicht auswirken. Er kann aber nach der Zündung zu schnellerer Ausbreitung der Flamme führen und zu einer Vermischung der brennenden und verbrannten Anteile des Gemisches. Der an Stellen mit verbranntem, armem Gemisch vorhandene Sauerstoff kann dabei zur Verbrennung kommen und noch Leistung abgeben.

Hierbei erhebt sich nun sofort die Frage, ob durch Übergang zum Hybridmotor, d. h. durch eine planmäßig gewollte nichthomogene Mischung Vorteile erreicht werden können. Die höchste Leistung kann man aus einem Motor herausholen, der an allen Stellen des Zylinders das beste Gemisch hat, in diesem Falle überall ein Gemisch mit etwa 10% Kraftstoffüberschuß. Eine Abweichung nach oben oder unten bis zu 10% gibt aber noch keinen wesentlichen Leistungsabfall. Wird die Abweichung in der Mischung nach unten größer als 10%, dann ist ein erhöhter Kraftstoffaufwand erforderlich, um einen merklichen Leistungsabfall zu verhindern. Der Übergang zum Hybridmotor hat also nur Sinn bei herabgesetzter Leistung eines Motors, d. h. im Regelbereich oder wenn man von vornherein darauf verzichtet, aus dem gegebenen Hubraum die höchstmögliche Leistung herauszuholen. Man wird versuchen, in der Nähe der Zündkerze ein gut zündfähiges, schnell brennendes Gemisch mit wenig Kraftstoffüberschuß zu konzentrieren und an entfernten Stellen ärmeres Gemisch oder reine Luft. Die Zündgrenzen — bezogen auf das durchschnittliche Mischungsverhältnis — werden erweitert und die Ansprüche in bezug auf Regelgenauigkeit im Teillastgebiet werden verringert. Die Erzielung einer Gemischschichtung dieser Art ist aber mit erheblichen Schwierigkeiten verbunden, wenn sie bei allen Drehzahlen und Drehmomenten wirksam sein soll.

Dies ergibt sich deutlich aus den Betriebsmessungen an einem Zweitaktmotor mit Kraftstoffeinspritzung in den Zylinder der Firma Gutbrod, Abb. 80, S. 67. Die Verbrauchsschleifen, die mit voll geöffneter Drosselklappe aufgenommen wurden, zeigen, daß der Motor noch mit sehr hohem Luftüberschuß betrieben werden kann. Die Konzentration des Kraftstoffes in der Nähe der Kerze muß also sehr stark sein. Die Zunahme des Verbrauches im günstigsten Punkt mit abnehmender Drehzahl, die Abb. 80 zeigt, und die sich noch stärker aus dem ganzen Leistungsschaubild ergibt (230 g/PSh bei 4000 U/min und 300 g/PSh bei 1500 U/min), beweist aber auch, daß die Gemischschichtung nicht im ganzen Bereich beherrscht wird.

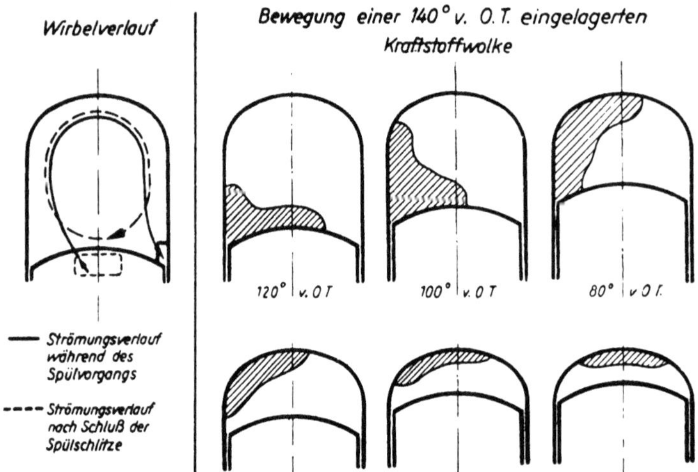

Abb. 331. Luftbewegung während des Verdichtungshubes bei einem 300 cm³ Motor mit Umkehrspülung, Drehzahl 2000 U/min [231]

Zweitakteinspritzanlage am Goliath GP 700

Es sind nur wenige Zweitakt-Motoren mit Kraftstoffeinspritzung ausgerüstet worden. Der Grund liegt darin, daß für kleine und einfache Motoren der Preis einer Einspritzanlage zu hoch ist, und daß es nur wenige große Zweitaktmotoren gibt, bei denen es dann auf den Kraftstoffverbrauch ankommt. Der Zweitaktmotor wird in der Regel wegen seines einfachen Aufbaues gewählt, und dieser Vorteil würde durch die komplizierte und empfindliche Einspritzanlage wieder zunichte gemacht.

Die Wahl des Ortes für die Einspritzdüse hängt mit der Bewegung der Luft im Zylinder zusammen. Die Einspritzung kann frühestens im unteren Totpunkt beginnen, wenn man Kraftstoffverluste vermeiden will. Die Spritzdauer liegt unter 1 ms. Eine Wolke aus Kraftstofftropfen, Kraftstoffdampf und Luft, die sich bei der Schnürle-Umkehrspülung bei Schluß der Spülschlitze in deren Nähe befindet, Abb. 331, wird durch den auftretenden Wirbel nach oben befördert und bei der Verdichtung zusammengedrückt. Die Ver-

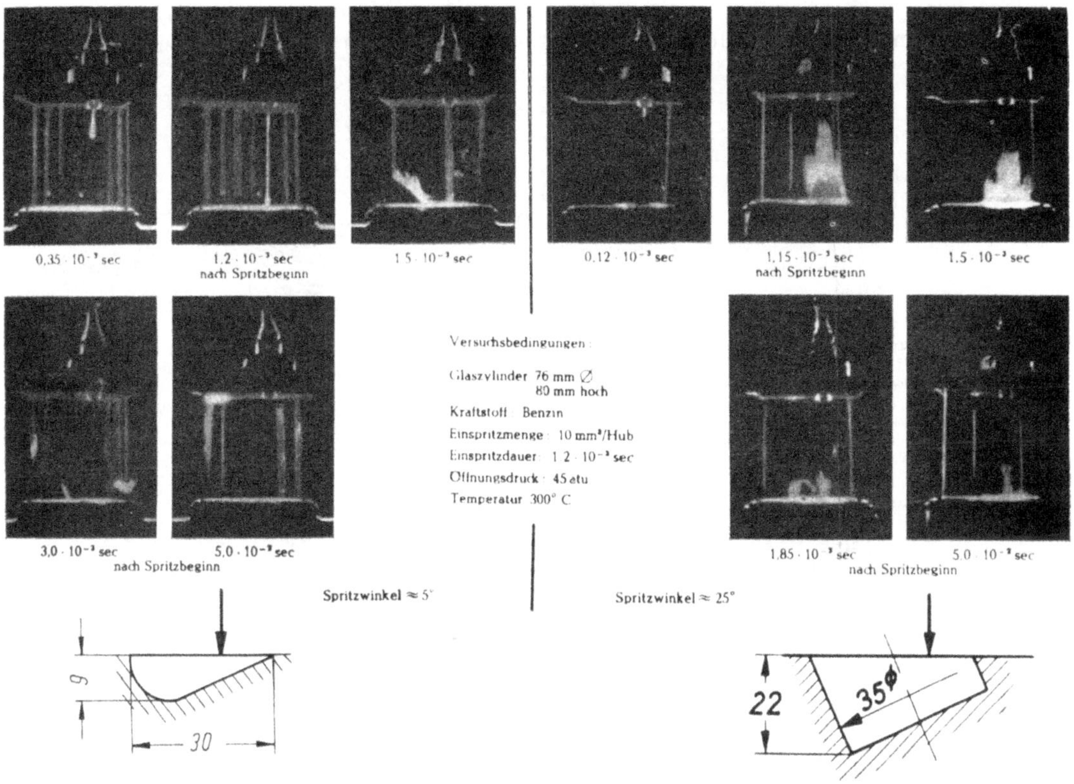

Abb. 332. Gemischbildung in ruhender Luft mit Umlenkmulde (links) und Stopmulde (rechts) im Kolben [231]

mischung mit der übrigen Luft im Zylinder erfolgt im wesentlichen von den Randzonen der Wolke aus und bleibt unvollständig. Eine Verbesserung der Vermischung läßt sich bei Lage der Einspritzdüse im Zylinderkopf durch eine Mulde im Kolben erreichen. In Abb. 332 links tritt der Strahl seitlich an der Mulde ein und wird zum Teil auf der linken Seite wieder nach oben geschleudert. In Abb. 332 rechts bleibt der Strahl in der größeren Mulde und verdampft dort. In der Mulde steht bei der Verdichtung eine größere Menge Luft zur Verfügung. Der Kraftstoffstrahl kann auch zusammen mit der einströmenden Luft im Überströmkanal selbst eingespritzt werden, Abb. 333. Da auch in diesem Fall der Spritzbeginn erst etwa im unteren Totpunkt liegen kann und die Einspritzung kurz nach halbem Schluß des Schlitzes beendet sein muß, wird die Einspritzdauer sehr kurz, was zu inhomogener Gemischbildung führen muß.

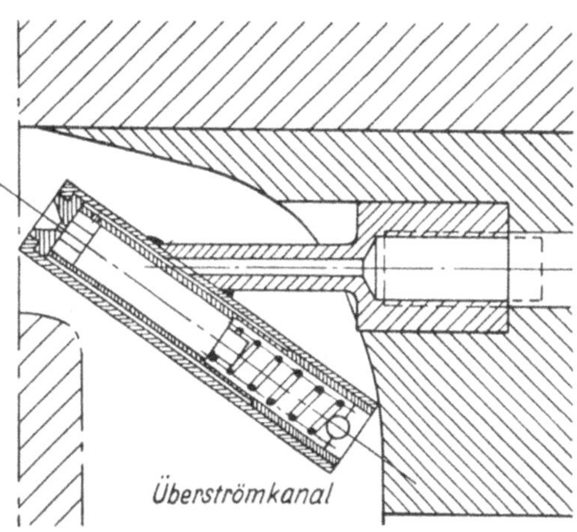

Abb. 333. Einspritzung in den Überströmkanal eines Zweitaktmotors [81]

Als Beispiel einer Einspritzung beim Zweitaktmotor soll der Goliath Motor GP 700 dienen, Abb. 334. Auf einer Verlängerung der Kurbelwelle befinden sich bei diesem Zweizylindermotor 2 Nocken, die je einen geschmierten Einspritzpumpenstempel (Bosch) betätigen. Zwei Druckleitungen führen zu den leckfreien Kraftstoffeinspritzdüsen im Zylinderkopf. Von einem Klappenstutzen aus erfolgt die Regelung des Kraftstoffes. An der Regelstange der Einspritzpumpe greift eine Membran an, die von dem hinter der Drosselklappe herrschenden Druck beaufschlagt wird und gegen die eine Feder wirkt. Ein Düsensystem im Klappenstutzen dient zur Gemischbeeinflussung in bestimmten Last- und Drehzahlbereichen.

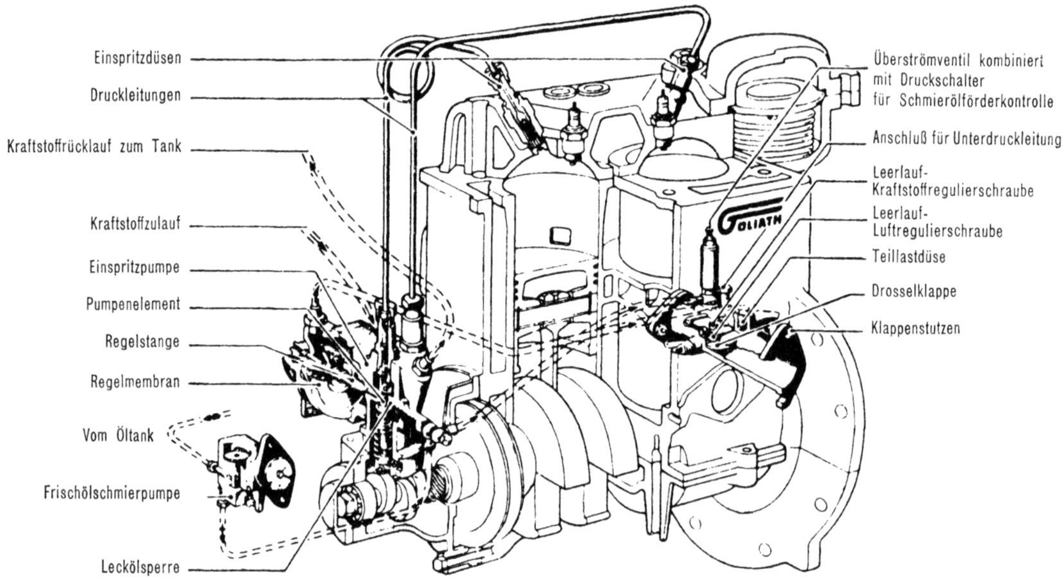

Abb. 334. Anordnung der Kraftstoffeinspritzung am Goliath GP 700 [192]

Das Schmieröl wird durch eine an die Einspritzpumpe angeflanschte Frischölschmierpumpe dosiert der Ansaugluft beigemischt. Die Ausnutzung des Öles im Kurbelgehäuse ist hierbei günstiger als bei Gemischschmierung. Beim Gutbrodmotor wurde zusätzlich über 2 Düsen Öl mittels Fangring in die Pleuellager der Kurbelwelle gebracht.

III. Saugleitung

1. Aufgaben der Saugleitung

Die Saugleitung stellt die Verbindung her zwischen Ansaugluftfilter oder Vergaser und Einlaßventilen bzw. Einlaßschlitzen. Sie soll eine gute Füllung der Zylinder ermöglichen. Alle Zylinder sollen möglichst gleichmäßig mit Luft und Kraftstoff versorgt werden. Außerdem sollen die aufeinanderfolgenden Ansaughübe jedes einzelnen Zylinders gleiche Gemischmengen bei gleichem Mischungsverhältnis und gleicher Kraftstoffzusammensetzung erhalten. In der Saugleitung befinden sich bei Vergasermotoren Luft, flüssiger Kraftstoff in Tropfenform in der Luft und als Rinnsale an der Wand sowie Kraftstoffdampf.

a) Gemischbildung in der Saugleitung

Die Gemischbildung wird im Vergaser eingeleitet und durch Zerstäuben, Verwirbeln und teilweises Verdampfen in der Saugleitung weiter fortgesetzt. Für gute Gemischbildung wird ein möglichst großer dampfförmiger Kraftstoffanteil, der gut mit der Ansaugluft vermischt ist, angestrebt, so daß schon ein weitgehend homogenes Gemisch von der Saugleitung in die Zylinder gelangt. Die Verdampfung des Kraftstoffes beginnt schon bei der ersten Berührung von Luft und Kraftstoff. Wie weit sie fortschreitet, hängt von den

Kraftstoffeigenschaften, der Temperatur, dem Druck, der Tropfengröße, der Verweilzeit und der Wirbelung ab. Feine Zerstäubung fördert die Verdampfung. Wenn viel Kraftstoff an die kalte Wand kommt, ist die Verdampfung schlechter, weil die luftberührende Kraftstoffoberfläche kleiner wird. Warme Wände fördern die Verdampfung.

b) Gemischtransport in der Saugleitung

Bei der Weiterleitung des Kraftstoff-Luft-Gemisches zu den Einlaßorganen der Zylinder soll eine Entmischung von dampfförmigem Kraftstoff und Ansaugluft (Kondensation) verhindert werden. Ein Ausfallen der in der Luft schwebenden flüssigen Kraftstofftropfen, das insbesondere an Krümmungen und Querschnittsverengungen eintreten kann, soll durch eine sinnvolle Saugleitungsgestaltung nach Möglichkeit vermieden werden. Eine ungleiche Mischung des Kraftstoff-Luft-Gemisches kann dadurch eintreten, daß bei Geschwindigkeits- und Richtungsänderungen in der Saugleitung Ansaugluft und Kraftstoffdampf rascher beschleunigt und verzögert werden als die Kraftstofftropfen und der Film an der Wand. Enge Leitungen mit hoher Geschwindigkeit geben gleichmäßigeres Gemisch als weite Leitungen mit geringer Geschwindigkeit. Hohe Geschwindigkeiten ergeben aber durch den höheren Strömungswiderstand größere Füllungsverluste.

c) Gemischvorwärmung in der Saugleitung

Die Verdampfung des flüssigen Kraftstoffanteiles in der Saugleitung wird durch eine Beheizung der Saugleitungswände erheblich gefördert, s. S. 53. An den Krümmungen der Saugleitung werden die größeren Kraftstofftropfen ausgeschleudert und benetzen die Wand. Wenn man dort, wo die Mehrzahl der Tropfen die Wand berührt, die Temperatur der Wand genügend erhöht, wird der ausgeschleuderte Kraftstoff rasch verdampfen, ohne daß die Luft selbst eine wesentliche Temperaturerhöhung erfährt. Die erhitzte Stelle sollte möglichst klein gehalten werden und bei den üblichen Kraftstoffen eine Temperatur von 100 bis 200 °C haben. Die heiße Wandstelle hat dann im wesentlichen nur die Verdampfungswärme zu übertragen.

Wenn man bei Mehrzylindermotoren dicht hinter dem Vergaser eine rechtwinklige Abzweigung vorsieht, werden alle großen Tropfen, die einen beträchtlichen Gewichtsanteil ausmachen, etwa geradeaus auf die Wand weiterfliegen. Wird dieser eng begrenzte Teil der Wand stark erwärmt (hot spot), so kann die Kraftstoffmenge rasch verdampft werden. Die Aufheizung wird meist mit Abgas vorgenommen. Bei Beheizung mit Kühlwasser muß die beheizte Fläche größer werden, weil bei Wandungstemperaturen von 60 bis 80 °C die Verdampfungsgeschwindigkeit erheblich geringer ist. Dem Mitnehmen des Kraftstoffdampfes durch die Ansaugluft (Herabsetzung des Partialdampfdruckes des Kraftstoffes über dem flüssigen Kraftstoffilm) kommt dann erhöhte Bedeutung zu.

Bei hoher Abgastemperatur (Vollast) und hoher Umgebungstemperatur wird die Vorwärmung meist abgeschaltet, z. B. durch eine Klappe, die durch eine Bimetallfeder betätigt wird. Bei Verwendung von Kühlwasser für die Gemischvorwärmung wird eine Überheizung vermieden, weil die Kühlwassertemperatur über einen Thermostaten geregelt ist.

Die Luftvorwärmung, die mitunter zusätzlich zur Gemischvorwärmung angeordnet wird, erfolgt vor dem Ansaugluftfilter. Durch eine von Hand verstellbare oder durch den Unterdruck im Luftfilter gesteuerte Klappe wird die Ansaugluft nicht wie üblich der Fahrzeugumgebung entnommen, sondern der Motor saugt entweder die über der Abgasleitung vorgewärmte Luft an oder bei luftgekühlten Motoren die warme Abluft der Motorkühlung. Um keinen Abfall der Vollastleistung und keine Erhöhung der Klopfneigung zu erhalten, wird die Lufterwärmung nur bei Teillast angewandt, wo die vermehrte Verdampfung eine bessere Gemischverteilung ergibt.

d) Gemischverteilung in der Saugleitung

In der Saugleitung sind einmal die verdampften Kraftstoffanteile und die Ansaugluft vorhanden, welche fast trägheitslos einer Geschwindigkeitsänderung in der Saugleitung folgen, während zum anderen die Kraftstofftropfen und der an der Wand entlangfließende Kraftstoffilm mit einer gewissen Trägheit behaftet sind. Dies kann zu einer ungleichen Gemischverteilung führen, so daß ein Zylinder bei aufeinanderfolgenden Arbeitsspielen ein Gemisch aus unterschiedlichem Luftverhältnis erhält. Bedingt durch diese Trägheitseinflüsse, tritt bei zwei in der Saugfolge mit ungleichem Zündabstand hintereinanderliegenden Zylindern, welche aus demselben Saugrohrarm saugen, eine ungleichmäßige Gemischverteilung auf. Außerdem wird der in der Saugfolge zuerst liegende Zylinder eine schlechtere Füllung haben, da er die zunächst noch ruhende Gemischsäule im gemeinsamen Saugrohrarm auf sich zubewegen muß. Gute Gemischverteilung ist bei der Verwendung von Einzelvergasern für jeden Zylinder eines Mehrzylindermotors möglich.

2. Gestaltung der Saugleitung

a) Grundsätzliches zur Gestaltung der Saugleitung

Die Erfüllung der vorstehend beschriebenen Aufgaben ist schwierig. Eine Abweichung in der Füllungsmenge ergibt eine Änderung der Leistung eines Zylinders und kann auch die Klopfneigung geringfügig ändern. Dies ist im allgemeinen noch nicht bedenklich. Eine Abweichung im Mischungsverhältnis ist dagegen von erheblich größerem Einfluß, da vom Mischungsverhältnis die Flammengeschwindigkeit und damit der Verbrennungsablauf, insbesondere aber auch die Klopfneigung abhängen.

Bei der Gestaltung der Saugleitung von Mehrzylindermotoren ist die Anzahl der von einem Vergaser zu versorgenden Zylinder entscheidend und die Frage, ob diese Versorgung vom Vergaser aus über einzelne oder für jeweils zwei Zylinder gemeinsame Saugleitungsarme erfolgt. Der Verlauf der Saugleitung wird auch wesentlich von der Anordnung der Zylinder bestimmt, wobei zwischen Reihen-, V- oder Boxermotoren unterschieden werden muß. Die mehr oder weniger gute Verwirklichung der gestellten Forderungen ist nicht zuletzt auch eine Frage des verfügbaren Raumes und des Aufwandes, der bei einem Sportmotor höher liegen darf als bei einem Gebrauchsmotor aus der Großserie.

Bei einer guten Vergaser- und Saugleitungsanlage strebt man an, die Abweichung im Kraftstoffgehalt des Gemisches unter $\pm 3\%$ zu halten. Bei Vierzylindermotoren mit gemeinsamen Saugleitungsarmen für den 1. und 2. bzw. den 3. und 4. Zylinder, sogenannte siamesische Saugleitungsarme, läßt sich diese Genauigkeit aber nicht einhalten; es wurden bei Messungen Abweichungen vom Mittelwert bis zu $\pm 8\%$ festgestellt. Beim Betrieb mit armen Mischungen mit Luftverhältnissen von 1,05 bis 1,15, wie es im Bereich unterhalb der Vollastlinie üblich ist, machen sich Abweichungen dieser Größenordnung zwischen dem ärmsten und reichsten Zylinder schon unangenehm bemerkbar, nämlich auf der armen Seite durch geringere Flammengeschwindigkeit, auf der reichen Seite durch größere Klopfneigung. Durch Wahl verschiedener Zündzeitpunkte für die ungleich mit Gemisch versorgten Zylinder lassen sich mitunter das Klopfverhalten im reichen Zylinder (Spätzündung) und die Flammengeschwindigkeit im armen Zylinder (Frühzündung) verbessern. Bei Einspritzung des Kraftstoffes vor das Einlaßventil sind siamesische Saugrohrarme nicht anwendbar, wenn kontinuierlich eingespritzt wird und ungleiche Saugfolge vorliegt. Der Fehler bei der Kraftstoffzuteilung mit Einspritzung wird im praktischen Betrieb ebenfalls mit $\pm 3\%$ zugelassen werden müssen.

b) Verlauf der Saugleitung

α) Verlauf der Saugleitung beim Einzylindermotor

Der Vergaser wird über ein kurzes Saugleitungsstück dicht am Zylinder angeflanscht, wobei durch Verändern der Länge dieses Saugleitungsstückes die Zylinderfüllung optimal abgestimmt werden kann. Bei einem Einzylindermotor gelangt der ganze Kraftstoff in den einen Zylinder, und es besteht lediglich das Problem, die aufeinanderfolgenden Hübe mit gleichem Gemisch zu versorgen. Dies ist allerdings nicht immer gewährleistet, da beim Einzylindermotor eine periodische Förderung des Kraftstoffes vorhanden ist und außerdem durch Schwingungen in der Saugleitung mit anderer Periode eine ungleichmäßige Kraftstoffförderung eintreten kann. Infolge des kurzen Saugweges ist eine Gemischvorwärmung nicht erforderlich. Da an die Zerstäubungsfeinheit keine hohen Ansprüche gestellt werden, können Vergaser und Saugleitung mit großem Querschnitt und damit widerstandsarm ausgeführt werden, so daß eine hohe Hubraumleistung erzielbar ist. Diese Ausführungen gelten auch, wenn man bei einem Mehrzylindermotor jedem Zylinder einen eigenen Vergaser mit Saugleitung zuordnet.

β) Verlauf der Saugleitung beim Reihenmotor

Bei Reihenmotoren können von dem Stutzen der Saugleitung nach dem Vergaser einzelne Rohre zu den Zylindern führen. Bei vier Zylindern bringt dies noch gute Ergebnisse, bei sechs Zylindern ist es aber kaum mehr anwendbar. Bei vier Zylindern können vom Vergaserstutzen zwei Rohre abzweigen, die zu je zwei Zylindern führen, die einen gemeinsamen Ventilstutzen haben (siamesische Ventilstutzen). Schwierig ist die Versorgung von sechs Zylindern aus einem Vergaser, da dann die Saugleitungsarme verschieden lang werden. Da die Einlaß- und Auslaßleitungen meistens auf derselben Zylinderseite liegen, erfolgt die Gemischvorwärmung zweckmäßig mit Abgas. Das Abgasrohr verläuft dabei unterhalb der Saugleitung.

γ) Verlauf der Saugleitung beim V-Motor

Wesentlich kürzere Ansaugwege ergeben sich bei einem V-Motor, der bei gleicher Zylinderzahl eine kürzere Baulänge aufweist, als ein Reihenmotor. Die Saugleitung besteht dabei aus einem plattenförmigen Körper, welcher den freien Winkelraum zwischen den beiden Zylinderreihen abdeckt. Der zentral auf der Platte sitzende Vergaser versorgt die einzelnen Zylinder über die in die Platte eingegossenen Saugleitungsarme. Eine Gemischvorwärmung mit Abgas entfällt in der Regel bei V-Motoren, da Saugleitung und Abgasleitung auf verschiedenen Zylinderseiten liegen. Dafür bietet sich die Gemischvorwärmung mit Kühlwasser an, welches in der Saugleitungsplatte gut um die Saugkanäle herumgeführt werden kann.

δ) Verlauf der Saugleitung beim Boxermotor

Durch Vergrößerung des V-Winkels auf 180° erhält man die Zylinderanordnung des Boxermotors. Bei Verwendung von nur einem Vergaser muß die zu den Zylinderköpfen hinführende Saugleitung sehr lang sein, wodurch die Gemischbildung und der Gemischtransport erschwert werden. Die Gemischvorwärmung erfolgt entweder mit Abgas oder mit Kühlwasser, wobei beide auf einem langen Weg an die Saugleitung herangeführt werden müssen.

c) Konstruktive Richtlinien für die Gestaltung der Saugleitung

α) Abmessungen der Saugleitung

Die Gestaltung und fertigungsmäßige Ausführung der Saugleitung beeinflussen Leistung und Wirtschaftlichkeit eines Motors. Werden mehrere Zylinder von einem Vergaser versorgt, dann muß die Saugleitung für eine gleichmäßige Versorgung der Zylinder in bezug auf Ladungsmenge, Gemischzusammensetzung und Kraftstoffzusammensetzung sorgen.

Anzustreben sind möglichst kurze, geradlinige und gleichlange Saugwege vom Vergaser zu den Zylindern. Bei einer nur geradlinig verlaufenden Saugleitung ist die Gemischbildung infolge der Turbulenz der Strömung gut. Abzweigungen der Saugleitung sollten symmetrisch vom Vergaser weggeführt werden, doch ist dies aus geometrischen Gründen nicht immer möglich. Nach einer Abzweigung sollen die Saugleitungsarme im Querschnitt enger werden, damit die Strömungsgeschwindigkeit nicht absinkt und dadurch flüssiger Kraftstoff ausfällt.

Große Saugleitungsquerschnitte sind zwar günstig für einen widerstandsarmen Gemischtransport und damit gute Zylinderfüllung, jedoch ist für den Transport der Kraftstofftropfen eine gewisse Strömungsgeschwindigkeit erforderlich. Die Krümmungsradien der Saugleitungsarme sollen für eine verlustfreie Strömung so groß wie möglich ausgeführt werden. Die Innenwände der Saugleitung sollen glatt sein. Ecken und Rauhigkeiten sind zu vermeiden. Saugleitungen werden oft absichtlich nicht mit kreisringförmigem Querschnitt ausgeführt, sondern rechteckig, damit sich der niedergeschlagene, flüssige Kraftstoff auf der breiten Bodenfläche ausbreiten kann und dadurch seine Oberfläche für die Verdampfung vergrößert. Bei Gemischvorwärmung muß die beheizte Stelle an der Saugleitung so angeordnet werden, daß die Kraftstofftropfen und der an der Wand entlangfließende Film an der Wärmeaustauschfläche gut erfaßt und verdampft werden können.

β) Schwingungen in der Saugleitung

Das Kraftstoff-Luft-Gemisch strömt in der Saugleitung nicht mit gleichbleibender Geschwindigkeit. In Abhängigkeit von der Motordrehzahl, der Stellung der Drosselklappe und durch die periodisch öffnenden Einlaßventile wird das Gemisch in der Saugleitung in Schwingungen versetzt. Der Schwingungsausschlag wächst mit steigender Strömungsgeschwindigkeit, d. h. mit kleiner werdendem Saugleitungsquerschnitt und wachsender Gesamtgemischmenge und ist von der in der Zeiteinheit angesaugten Gemischmenge abhängig, also vom jeweiligen Ventilquerschnitt und vom Unterdruck im Zylinder. Die Eigenschwingungszahl ist durch die Rohrlänge bestimmt. Bei Resonanz mit der Drehzahl oder einem Mehrfachen derselben ist der Schwingungsausschlag besonders groß.

Durch Schwingungen in der Saugleitung wird der Verlauf der Motorleistung in Abhängigkeit von der Drehzahl beeinflußt. Die Leistungskurve verläuft nicht mehr gleichmäßig ansteigend, sondern zeigt Einsattelungen. Für eine bestimmte Drehzahl kann die Eigenfrequenz der Schwingung so gewählt werden, daß gegen Ende der Füllung vor dem Einlaßventil der Druck ansteigt, die Füllung also verbessert wird. Bei großer Ventilüberschneidung muß die Abstimmung der Saugrohrschwingung zusammen mit der Auspuffschwingung erfolgen. Wenn die Drehzahl eines Motors stark wechselt, ist es zweckmäßig, das Auftreten von Schwingungen in der Saugleitung zu vermeiden.

γ) Überschneidung der Einlaßventilzeiten von zwei nacheinandersaugenden Zylindern

Wenn bei mehrzylindrigen Motoren vor dem Schluß eines Einlaßventils ein anderes Einlaßventil schon öffnet, so kann durch das Auftreten einer Welle mit Unterdruck der anschließend ansaugende Zylinder den Füllungsvorgang des vorhergehenden Zylinders stören, so daß dieser oder auch beide dadurch eine kleinere Füllung erhalten. Durch Anwendung sehr weiter Leitungsquerschnitte, also kleiner Schwingungsausschläge, kann diese Erscheinung vermieden werden, ebenfalls durch Wahl so langer Saugleitungsarme, daß bei hohen Drehzahlen die vom später öffnenden Einlaßventil ausgehende Welle das vorhergehende Ventil nicht mehr im geöffneten Zustand erreicht. Eine völlige Trennung der Saugleitungsarme, welche zu zeitlich kurz nacheinander ansaugenden Zylindern führen, umgeht diese Schwierigkeiten am besten.

δ) Überschneidung der Steuerzeiten bei einem Zylinder

Bei großer Überschneidung der Steuerzeiten von Auslaß- und Einlaßventil werden im Leerlauf große Mengen Abgas in die Saugleitung zurückgefördert, wodurch schlecht brennendes Gemisch infolge hohen Abgasanteiles entsteht, mit der Folge schlechten Leerlaufes und hoher Leerlaufdrehzahl. Setzt man bei Einzelvergasern die Drosselklappe dicht vor die Einlaßventile, so ist bei Leerlauf der Raum zwischen Drosselklappe und Einlaßventil klein, und es wird weniger Abgas zurückgesaugt. Der Leerlauf wird dadurch erheblich verbessert.

3. Beispiele ausgeführter Saugleitungen

Im Rahmen dieses Buches können nur einige besonders charakteristische Saugleitungen gezeigt werden, die aber einen guten Querschnitt des gesamten Gebietes geben. Die Besprechung der Beispiele geschieht zweckmäßig nach folgenden Gesichtspunkten:

1. Ausgehend vom Einzylindermotor werden die Saugleitungen bei wachsender Zylinderzahl betrachtet,
2. bei einer bestimmten Zylinderzahl wird die Gestaltung der Saugleitung beim Übergang vom Reihenmotor über den V-Motor zum Boxermotor gezeigt,
3. es wird zwischen Ein- und Mehrvergaseranlagen unterschieden.

a) Saugleitung eines Einzylindermotors

Abb. 335 zeigt den kurzen und fast geradlinigen Verlauf der Saugleitung des Einzylinder-Motorradmotors R 27 der Bayerischen Motoren Werke AG, München. Der Vergaser sitzt dabei direkt am Zylinder, so daß das Kraftstoff-Luft-Gemisch auf kürzestem Weg in den Zylinder gebracht wird. Der relativ weite Querschnitt der Saugleitung ist günstig für eine gute Füllung des Zylinders.

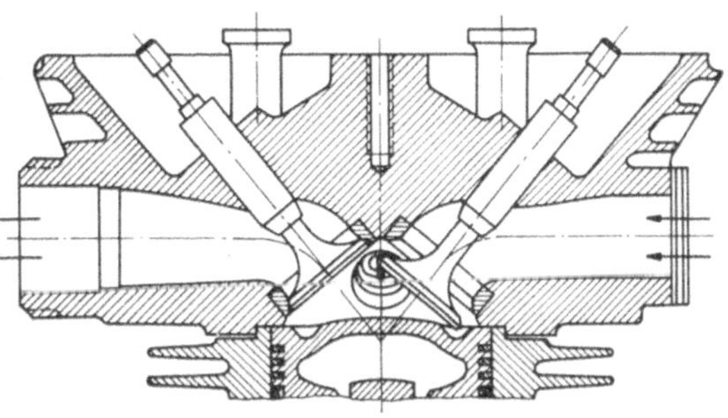

Abb. 335. Saugleitung des Einzylinder-Motorradmotors, Typ BMW R 27

b) Saugleitung eines Dreizylinder-Reihenmotors

Die Saugleitung des in Abb. 336 gezeigten Dreizylinder-Zweitaktmotors F 102 der Auto Union GmbH, Ingolstadt, wird praktisch durch eine dreiecksförmige Kammer gebildet, an deren Spitze der Vergaser angeordnet ist. Vom Vergaserflansch ab erweitert sich die Saugleitung symmetrisch zu den drei Einlaßkanälen hin. Alle drei Zylinder saugen aus dieser gemeinsamen Saugleitung in den jeweiligen Kurbelraum hinein an.

Abb. 336. Saugleitung des Dreizylinder-Reihenmotors, Typ DKW F 102

c) Saugleitungen an Vierzylindermotoren

α) Saugleitungen an Vierzylinder-Reihenmotoren

In Abb. 337 wird die oft bei Gebrauchsmotoren verwendete Auführung der Saugleitung eines Vierzylinder-Reihenmotors mit einem Vergaser gezeigt, 1,7 ltr Rekord der Adam Opel AG, Rüsselsheim. Der zentral angeordnete Vergaser versorgt über zwei gleich lange Saugleitungsarme jeweils zwei Zylinder gemeinsam, nämlich die Zylinder 1, 2 und 3, 4. Bei der Verwendung dieser sogenannten siamesischen Saugleitungsarme ist aber zu bedenken, daß der Zündabstand und damit die Saugperiode zwischen zwei gemeinsam versorgten Zylindern zuerst 180 °KW und dann 540 °KW beträgt. Die beiden Zylinder werden daher ungleichmäßig mit Gemisch versorgt. In der Regel wird der nach der größeren Saugpause zuerst ansaugende Zylinder ein reicheres Gemisch erhalten; doch ist bei manchen Drehzahlen auch schon das entgegengesetzte Verhalten gemessen worden.

Abb. 337. Saugleitung des Vierzylinder-Reihenmotors, Typ Opel Rekord 1,7 ltr

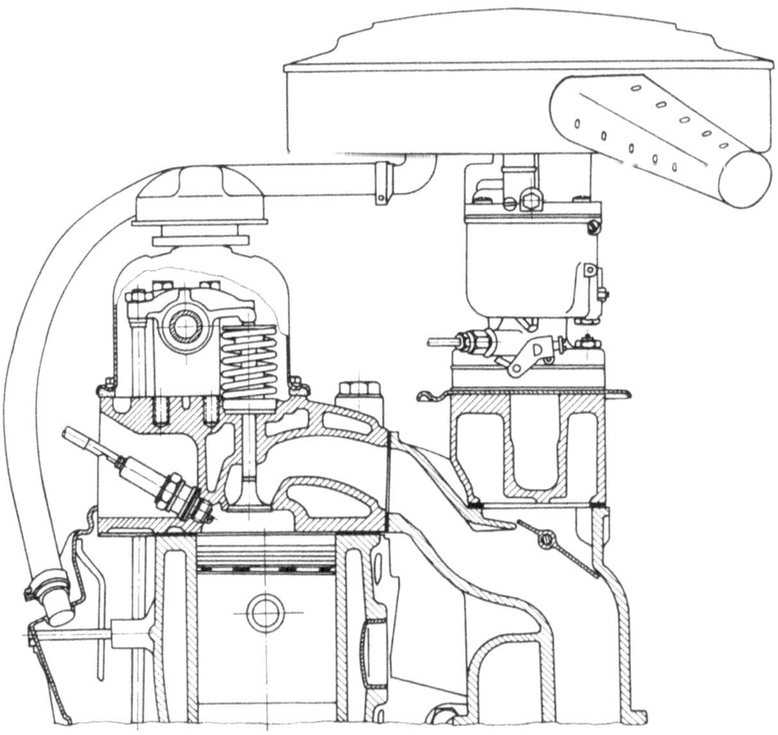

Abb. 338. Gemischvorwärmung und Kurbelgehäuseentlüftung des Vierzylinder-Reihenmotors, Typ Opel Rekord 1,7 ltr

Auf Abb. 337 ist unterhalb des Vergaserflansches der für die Gemischvorwärmung diende Raum zu erkennen. Abb. 338 zeigt im Schnitt den Weg des Abgasstromes, welcher direkt aus der unter der Saugleitung verlaufenden Abgasleitung der beiden mittleren Zylinder entnommen wird. Die Gemischvorwärmung wird über eine Bimetallspirale ge-

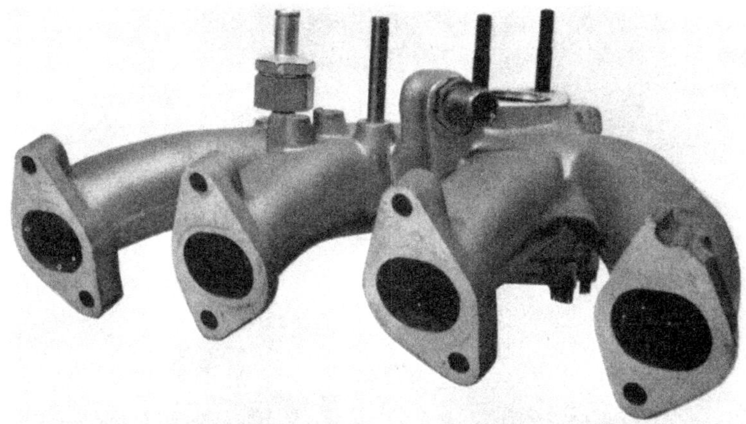

Abb. 339. Saugleitung des Vierzylinder-Reihenmotors, Typ BMW 1800

regelt, welche auf eine Klappe wirkt und den Abgasstrom entweder um die Verzweigung der Saugleitung herumführt oder, falls keine Vorwärmung erfolgen soll, diesen direkt in die Abgasleitung lenkt. Außerdem zeigt Abb. 338 die Entlüftung des Kurbelgehäuses. Die Gase werden vom Kurbelgehäuse über eine Schlauchleitung zum Luftfilter geführt und von dort aus wieder vom Motor angesaugt.

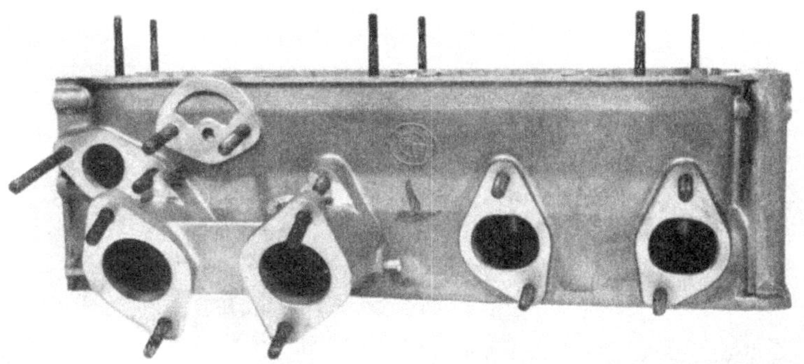

Abb. 340. Saugleitung des Vierzylinder-Reihenmotors, Typ BMW 1800 TI

Bei der in Abb. 339 gezeigten Saugleitung des Typs 1800 der Bayerischen Motorenwerke AG, München, wird unmittelbar nach dem Vergaser für jeden Zylinder ein eigener Saugrohrarm abgezweigt. Dadurch wird die Gemischbildung und Gemischverteilung gegenüber der einfach herzustellenden Saugleitung von Abb. 337 verbessert. Die einzelnen Saugleitungsarme werden unter Vermeidung scharfer Krümmungen in weitem Bogen vom Vergaser an die Zylinder herangeführt. An der Verzweigungsstelle der Saugleitung erfolgt die Gemischvorwärmung mit Kühlwasser.

Durch die Anordnung von vier Vergasern (2 Doppelvergaser) für vier Zylinder ergibt sich in Abb. 340 ein sehr einfacher Verlauf der Saugleitung für den Sportmotor, Typ 1800 TI. Für den gleichen Motor wie in Abb. 339 dienen hier nur noch kurze, geradlinige

Rohrstücke als Saugleitung, linke Bildreihe. Der Gemischstrom gelangt unter Verwendung weiter Querschnitte für die Saugleitung auf kürzestem Weg in den Zylinder, wodurch sich eine hohe Hubraumleistung erreichen läßt. Eine Gemischvorwärmung ist hierbei nicht erforderlich, da die Vergaser sehr nahe am Motor sitzen, die Saugwege also kurz sind.

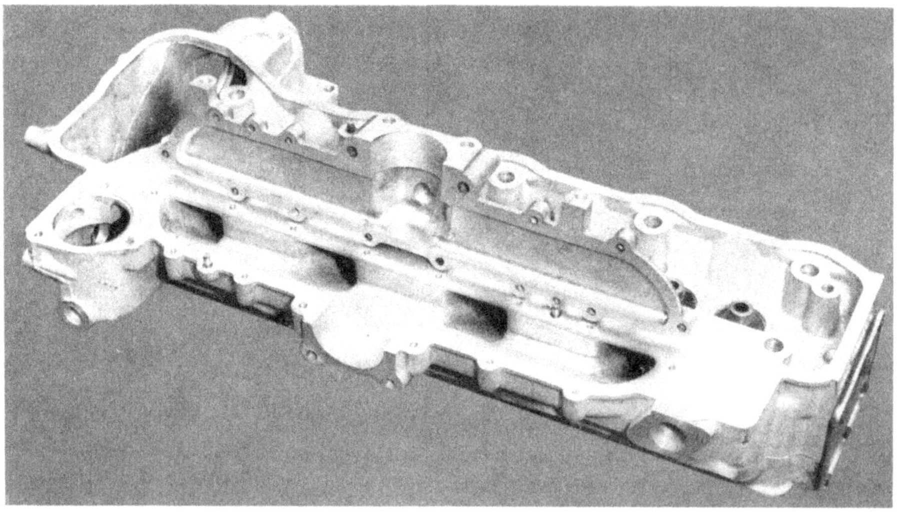

Abb. 341. Saugleitung des Vierzylinder-Reihenmotors, Typ Rover 2000

Die wannenförmige Saugleitung am Typ 2000 der Rover Co. Ltd. Solihull, England, nach Abb. 341 und 342 ist an den Zylinderkopf angegossen und wird durch einen Deckel verschlossen. Der Vergaserflansch sitzt unmittelbar an dieser Saugleitungswanne. In Abb. 341 sind die vier getrennten Ansaugkanäle gut zu erkennen. Entgegen der sonst

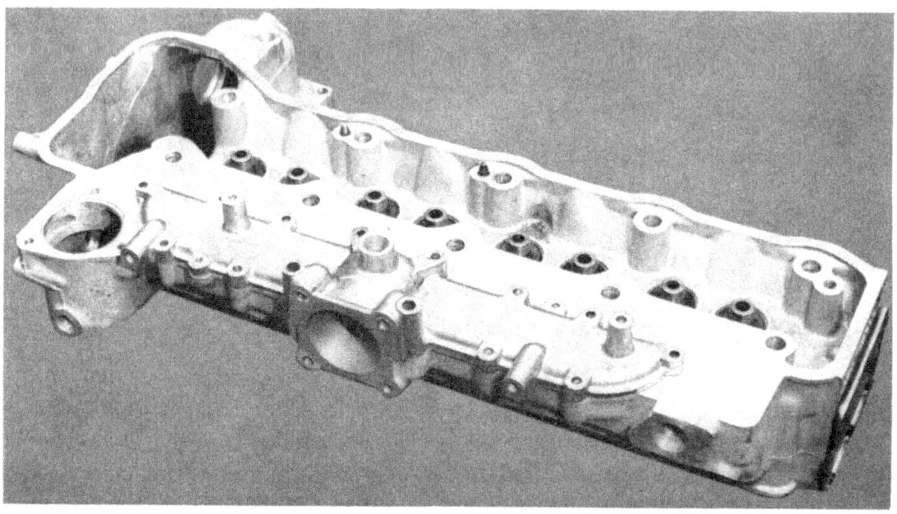

Abb. 342. Saugleitung des Vierzylinder-Reihenmotors, Typ Rover 2000

üblichen paarweisen Anordnung von Einlaß- und Auslaßventilkanälen wechseln sich diese hier stets ab, wodurch eine gute Gemischvorwärmung für jeden Einlaßkanal erreicht wird, da Saugleitung und Abgasleitung auf derselben Motorseite liegen.

β) Saugleitung an einem Vierzylinder-V-Motor

Die Ansicht der Saugleitung des Vierzylinder-V-Motors mit einem Vergaser, Taunus 17 M der Ford-Werke AG, Köln, zeigen Abb. 343 und 344. Der Verlauf der in die Saugleitungsplatte eingegossenen Saugkanäle ist gut zu erkennen. Vom Vergaserflansch führen zwei kurze Saugleitungsarme weg, die sich ihrerseits wieder zu den einzelnen Zylindern hin

Abb. 343. Saugleitung des Vierzylinder-V-Motors, Typ Ford Taunus 17M

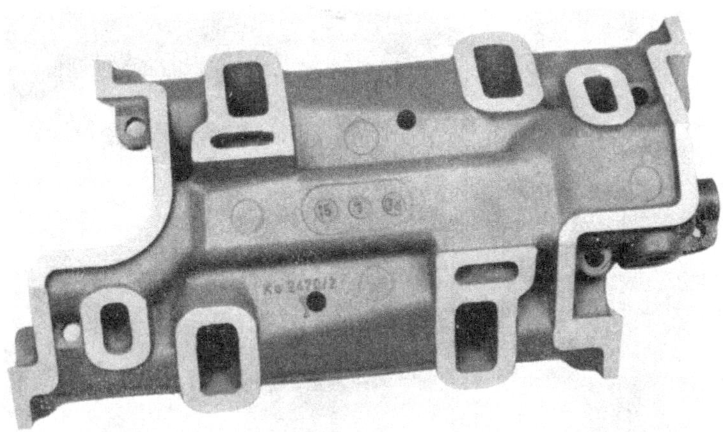

Abb. 344. Saugleitung des Vierzylinder-V-Motors, Typ Ford Taunus 17M

verzweigen. Alle Zylinder werden über gleichlange Saugwege vom Vergaser mit Kraftstoff-Luft-Gemisch versorgt. Die Gemischvorwärmung erfolgt über den ganzen Saugweg mit Kühlwasser. In Abb. 344 sind die im Querschnitt kleineren Kühlwasserkanäle neben den fast rechteckigen Austrittsöffnungen der Saugkanäle zu sehen.

γ) Saugleitungen an Vierzylinder-Boxermotoren

Umständlich wird die Saugrohrgestaltung bei einem Vierzylinder-Boxermotor, wenn alle Zylinder von nur einem Vergaser versorgt werden, wie dies Abb. 345 darstellt, Typ 1200 Export der Volkswagenwerk AG, Wolfsburg. Zwei lange Saugrohrarme führen von der rechtwinkligen Abzweigung am Vergaserstutzen zu je zwei sich gegenüberliegenden

Zylinderköpfen, die siamesische Ventilstutzen haben. Die langen gemeinsamen Saugrohrarme erschweren die Gemischbildung, den Gemischtransport und vor allem auch die Gemischverteilung.

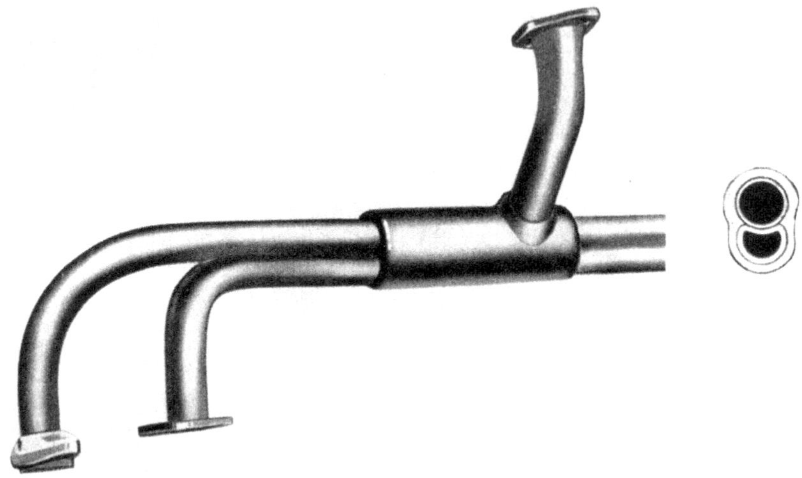

Abb. 345. Saugleitung des Vierzylinder-Boxermotors, Typ VW 1200 Export

Abb. 346. Saugluftvorwärmung des Vierzylinder-Boxermotors, Typ VW 1200 Export

Die Gemischvorwärmung geschieht über ein parallel zur Saugleitung geführtes, mit Abgas beheiztes Rohr, welches durch Umgießen mit Aluminium eine intensive Wärmeaustauschfläche mit der Saugleitung bildet, Abb. 345. Die zusätzlich angewandte Saugluftvorwärmung zeigt Abb. 346. Der in der Zuleitung zum Luftfilter herrschende Unterdruck öffnet bei hoher Leistung, also großem Luftdurchsatz, eine Schnorchelklappe, wodurch die Warmluftzufuhr, die aus der von unten kommenden Schlauchleitung in das Luftfilter eintreten kann, abgesperrt wird, so daß nur Kaltluft angesaugt wird. Bei kleiner Leistung wird nur Warmluft, bei mittlerer Leistung ein Gemisch aus Kalt- und Warmluft angesaugt.

Einen wesentlich einfacheren Verlauf hat die in Abb. 347 dargestellte Saugleitung des Sportmotors in Boxerbauart, Typ 1600 SC der Dr.-Ing. h.c. F. Porsche KG, Stuttgart. Durch die Anordnung von zwei Doppelvergasern entfallen die langen Saugwege und das Kraftstoff-Luftgemisch gelangt auf kürzestem Wege vom Vergaser in den Zylinder. Jeder Zylinder hat eine eigene Saugleitung mit Vergaser, womit sich die Vorteile des Einzylindermotors ergeben. Aus diesem Grund entfällt auch eine Gemischvorwärmung.

Abb. 347. Saugleitung des Vierzylinder-Boxermotors, Typ Porsche 1600 SC

d) Saugleitungen an Sechszylindermotoren

α) Saugleitungen an Sechszylinder-Reihenmotoren

Abb. 348 zeigt die Saugleitung des Sechszylinder-Reihenmotors mit drei siamesischen Ventilstutzen, Typ Kapitän der Adam Opel AG, Rüsselsheim. Es ist schwierig, alle sechs Zylinder mit einem Vergaser gleichmäßig zu versorgen. Die beiden äußeren Saugrohrarme sind um ein Vielfaches länger als der mittlere Arm, welcher außerdem das Kraftstoff-Luft-Gemisch geradlinig den beiden mittleren Zylindern zuführt, so daß diese gegenüber den äußeren Zylindern bevorzugt werden. Die Gemischvorwärmung erfolgt mittels eines Teilabgasstromes ähnlich wie in Abb. 338, S. 262.

Abb. 348. Saugleitung des Sechszylinder-Reihenmotors, Typ Opel Kapitän 2,6 ltr

Meistens werden bei Sechszylindermotoren zwei Vergaser verwendet. Bei der Anordnung nach Abb. 349, Typ 220 S der Daimler-Benz AG, Stuttgart, sind zwei Registervergaser vorgesehen, wobei jeder Vergaser drei Saugrohrarme bedient und mit diesen ein abgeschlossenes Saugsystem bildet. Jeder Zylinder wird von einem eigenen Saugleitungsarm versorgt, welcher in einem weiten Bogen vom Vergaser zum Ventilstutzen führt. Da die Saugperioden für den einzelnen Vergaser gleich werden und die Saugleitungsarme etwa gleichlang sind, ist eine gute Gemischverteilung erreichbar.

Abb. 349. Saugleitung des Sechszylinder-Reihenmotors, Typ Mercedes-Benz 220 S

Auch die Saugzeiten können sich nicht mehr überdecken, wenn für die Zylinder 1, 2, 3 und 4, 5, 6 ein Zündabstand von 240° gewählt wird. Zwischen den beiden mittleren Saugleitungsarmen ist eine Ausgleichsleitung angebracht, damit sich Druckschwankungen zwischen den beiden Saugsystemen ausgleichen können, was vor allem für den Leerlauf des Motors wichtig ist. Die Verzweigungsstellen der Saugleitungen unterhalb der beiden Registervergaser werden über eine Flanschverbindung durch das darunterliegende Abgasrohr beheizt.

Abb. 350. Saugleitung des Sechszylinder-Reihenmotors, Typ Mercedes-Benz 220 SE

Einen ganz anderen Verlauf zeigt die Saugleitung des gleichen Motors Typ 220 SE bei Kraftstoffeinspritzung vor die Einlaßventile, Abb. 350. Die Ansaugluft tritt zunächst an der Drosselklappe vorbei in einen zylindrischen Ausgleichsbehälter ein und wird dann in sechs gleichlangen und geradlinig verlaufenden Saugleitungsarmen, welche als Schwingrohre ausgebildet sind, den einzelnen Zylindern zugeführt. Durch die in ihrer Länge genau abgestimmten Schwingrohre wird für einen bestimmten Drehzahlbereich eine Stoßaufladung des Motors bewirkt.

β) Saugleitung an einem Sechszylinder-V-Motor

In Abb. 351 und 352 ist der Verlauf der Saugleitung des Sechszylinder-V-Motors Taunus 20 M der Ford-Werke AG, Köln, dargestellt. Durch die Verwendung eines

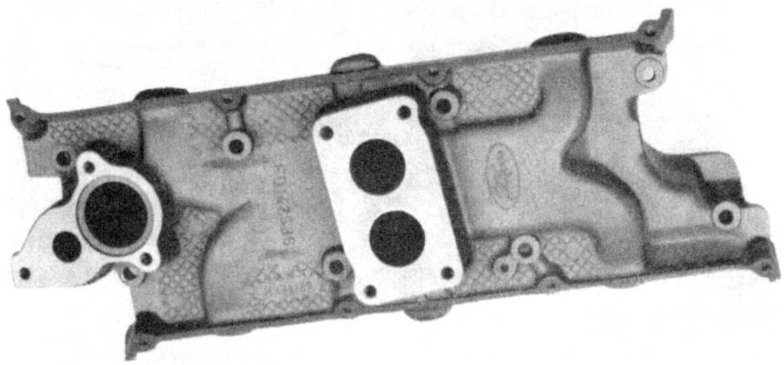

Abb. 351. Saugleitung des Sechszylinder-V-Motors, Typ Ford Taunus 20 M

Abb. 352. Saugleitung des Sechszylinder-V-Motors, Typ Ford Taunus 20 M

Abb. 353. Saugleitung des Sechszylinder-Boxermotors, Typ Porsche 911

Doppelvergasers werden Überschneidungen der Saugzeiten vermieden, weil je drei Zylinder einer Seite mit 240° Zündabstand von einem Vergaser versorgt werden. Der mittlere Zylinder saugt dabei aber aus einem kürzeren Saugrohr. Beachtenswert ist der rechteckige Querschnitt der Saugkanäle. Die Gemischvorwärmung erfolgt mit Kühlwasser.

Abb. 354. Saugleitung des Achtzylinder-V-Motors, Typ BMW 3200 S

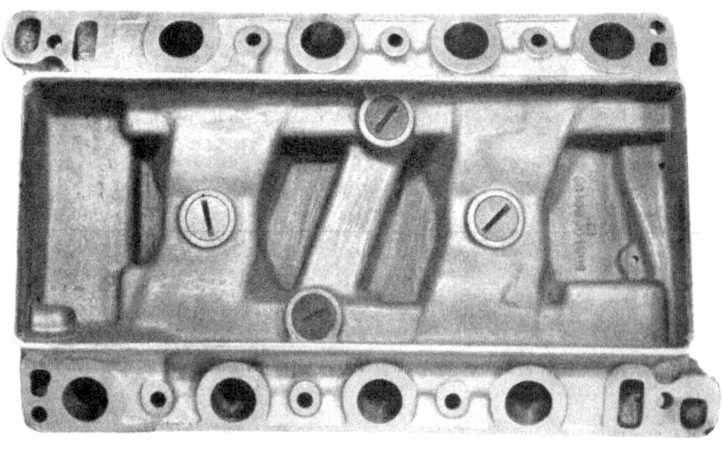

Abb. 355. Saugleitung des Achtzylinder-V-Motors, Typ BMW 3200 S

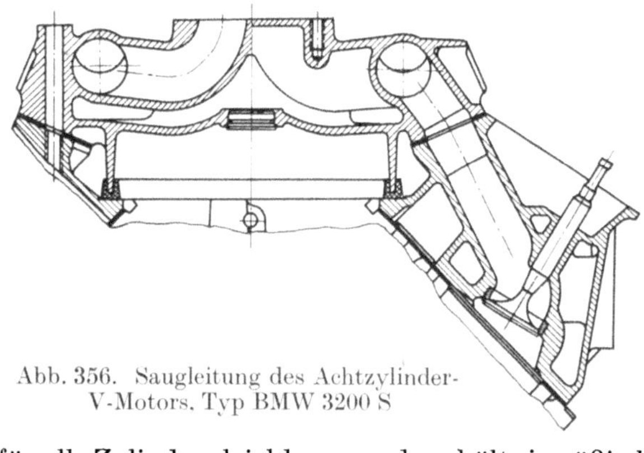

Abb. 356. Saugleitung des Achtzylinder-V-Motors, Typ BMW 3200 S

γ) Saugleitung an einem Sechszylinder-Boxermotor

Sehr einfach sieht die in Abb. 353 gezeigte Saugleitung des Sechszylinder-Boxermotors, Typ 911 der Dr.-Ing. h.c. F. Porsche KG, Stuttgart, durch die Anordnung von sechs Einzelvergasern aus, welche in zwei Gruppen zu je drei Vergasern zusammengefaßt sind. Die Saugleitung dieses Sportmotors besteht insgesamt aus sechs kurzen, geradlinigen Rohrstücken. Der Aufwand von sechs Vergasern für sechs Zylinder zur Erzielung einer hohen Hubraumleistung ist nur für einen Sportmotor vertretbar. Die Einstellung des Leerlaufes wird dabei sehr schwierig.

ε) Saugleitung eines Achtzylinder-V-Motors

Beim Achtzylinder-V-Motor erfordert die Erreichung guter Gemischverteilung viel Versuchsarbeit. Meistens werden zwei, mitunter auch vier Vergaser angewendet. Abb. 354, 355 und 356 zeigen die Saugleitung des Achtzylinder-V-Motors mit zwei Doppelvergasern, Typ 3200 S der Bayerischen Motoren Werke AG, München. Durch die gewählte Vergaseranordnung entstehen für alle Zylinder gleichlange und verhältnismäßig kurze Saugwege. Obwohl alle Saugleitungsarme miteinander in Verbindung stehen, versorgt ein Vergaser jeweils zwei Zylinder über kurze Saugleitungsarme mit Gemisch. Damit wird eine hohe Hubraumleistung erreicht. Die Saugkanäle werden für die Gemischvorwärmung mit Kühlwasser beheizt.

4. Vergleichskennwerte ausgeführter Saugleitungen

In Tabelle 19 sind charakteristische Werte der vorher besprochenen Saugleitungen bzw. der entsprechenden Motoren zu einem Vergleich zusammengestellt. Für die Berechnung der mittleren Strömungsgeschwindigkeit in der Saugleitung wird für den Ansaughub eines beliebigen Zylinders angenommen, daß vom Öffnen des Einlaßventils im oberen Totpunkt bis zum Schließen im unteren Totpunkt gleichmäßig angesaugt wird. Für die Berechnung werden zwei Querschnitte festgelegt, und zwar der lichte Querschnitt am Flansch zwischen Vergaser und Saugleitung, d. h. am Eintritt der Saugleitung, und derjenige zwischen Saugleitung und Zylinderkopf, d. h. am Austritt der Saugleitung. Dabei wird der Liefergrad konstant mit 100% angenommen. Bei der Berechnung wird so vorgegangen, als ob nur jeweils ein Zylinder allein durch beide Berechnungsquerschnitte ansaugen würde. Je nach Anordnung der Saugleitung ist es jedoch möglich, daß zwei Zylinder gleichzeitig durch den Eintrittsquerschnitt der Saugleitung ansaugen, nämlich wenn bei 2-Takt-Motoren mehr als 2 Zylinder bzw. bei 4-Takt-Motoren mehr als 4 Zylinder einen gemeinsamen Querschnitt am Eintritt der Saugleitung besitzen. In Tabelle 19 sind es die Typen DKW F 102, Opel Kapitän 2,6 l, Mercedes Benz 220 SE und BMW 3200 S, bei denen sich dadurch die Strömungsgeschwindigkeit am Eintritt in die Saugleitung gegenüber den angegebenen Werten während des gleichzeitigen Ansaugens von zwei entsprechenden Zylindern verdoppelt.

Tabelle 19. *Vergleichskennwerte ausgeführter Sauganlagen*

Anz. d. Zyl.	Anordnung d. Zylinder	Typ	Bild	Nenndrehzahl	Hub	Bohrung	Hubvol. eines Zyl.	Berechnungsquerschnitt		mittlere Luftgeschwindigkeit	
				U/min	mm	mm	cm^3	Eintritt cm^2	Austritt cm^2	Eintritt m/s	Austritt m/s
1	—	BMW R 27	335	7400	68	68	247,0	8,04	—	75,8	—
3	Reihenmotor	DKW F 102	336	4500	76	81	391,5	15,90	13,91	36,9	42,2
4	Reihenmotor	Opel Rekord 1,7 l	337, 338	4300	74	85	420,0	10,75	9,90	56,0	60,8
	,,	BMW 1800	339	5250	80	84	443,5	11,34	10,02	68,4	77,4
	,,	BMW 1800 TI	340	5800	80	84	443,5	12,57	10,12	68,2	84,6
	,,	Rover 2000	341, 342	5000	85,7	85,7	494,5	18,25	8,92	45,2	92,3
	V-Motor	Ford Taunus 17M	343, 344	4500	66,8	90	425,0	8,04	7,36	79,3	86,6
	Boxermotor	VW 1200 Export	345, 346	3600	64	77	298,0	6,61	4,15	54,1	86,2
	,,	Porsche 1600 SC	347	5800	74	82,5	395,5	12,57	9,62	60,8	79,5
6	Reihenmotor	Opel Kapitän 2,6 l	348	4600	76,5	85	434,0	11,95	9,90	55,7	67,2
	,,	Mercedes Benz 220 S	349	5000	72,8	80	366,0	22,78	8,55	26,8	71,3
	,,	Mercedes Benz 220 SE	350	4800	72,8	80	366,0	29,71	8,04	19,7	72,8
	V-Motor	Ford-Taunus 20M	351, 352	5000	60,14	84	333,3	8,04	5,78	69,1	96,1
	Boxermotor	Porsche 911	353	6100	66	80	332,0	12,57	8,04	53,6	83,8
8	V-Motor	BMW 3200S	354, 355, 356	5600	75	82	396,0	10,18	7,07	72,6	104,5

IV. Brennraumform

Abmessungen, Verdichtungsverhältnis, Form und Kühlung des Brennraumes, Zahl und Anordnung von Zündkerzen und Ventilen sowie Größe und Richtung der Gasbewegungen im Brennraum sind von großem Einfluß auf den Ablauf der motorischen Verbrennung. Ihr Zusammenwirken bestimmt Geschwindigkeit und Weg der Flammenfront und damit die Zeit, die zum vollständigen Durchbrennen des Gemisches notwendig ist. Außerdem aber ergibt sich aus ihnen der Charakter der Verbrennung, insbesondere der Druckverlauf, als wichtigstes der Druckanstieg. Ist die Temperaturverteilung ungünstig und die Brennzeit lang, so tritt neben der von der Zündkerze ausgehenden fortschreitenden Verbrennung die klopfende Verbrennung in Erscheinung, die auf die plötzliche Selbstzündung der von der Flammenfront noch nicht erfaßten Gemischteile zurückgeht.

1. Strömungsverhältnisse im Brennraum

a) Ladungsbewegung durch Einströmvorgang

Beim zylindrischen, kugelkalottenförmigen und dachförmigen Brennraum strömt das Gemisch durch das Ventil unmittelbar in den Hauptraum ein. Wenn keine Dralleinsätze am Einlaßventil sind und wenn keine drallerzeugende Form des Einlaßventilstutzens vorgesehen ist, strömt das Gemisch gleichmäßig durch den Ventilspalt. Bei den üblichen Ventilen erfolgt die Strömung durch den Ventilspalt in Form eines Kegelmantels, der am Ventil die Dicke des Spaltes hat, sich aber wegen der Randwirbel am Ventil und am Ventilsitz sehr schnell verdickt.

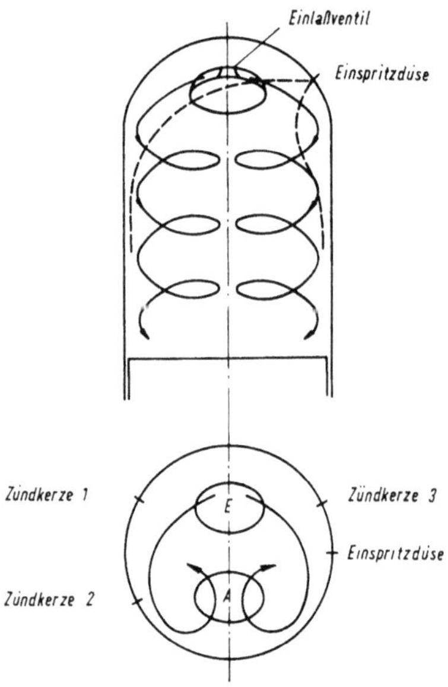

Abb. 357. Luftbewegung im Zylinder in Form eines Doppelwirbels [136]

Beim zylindrischen Brennraum wird für die Ablösungswirbel am Zylinderkopf viel Energie verbraucht, und der Strahl löst sich, insbesondere bei Wandberührung, sehr schnell in einzelne Turbulenzballen auf, die dann am Ende des Saughubes den ganzen Raum erfüllen. Bei der Verdichtung werden die Turbulenzballen auf kleineren Raum zusammengedrückt, ihre Turbulenzenergie wird aber dadurch nicht beeinflußt. Die in den einzelnen Ballen steckende Bewegungsenergie nimmt nur durch die innere Reibung im Ballen ab und durch die Reibung an benachbarten Ballen und an der Wand. Da der ganze Verdichtungsvorgang aber nur 5 bis 15 ms dauert, ist bei Beginn der Verbrennung noch eine große Turbulenz vorhanden, die die Fortpflanzungsgeschwindigkeit der Flammen erheblich erhöhen wird. Im zylindrischen Brennraum wird weder bei einem noch bei zwei Einlaßventilen eine gerichtete Strömung oder ein Drall erzeugt. Es herrscht aber starke Turbulenz.

Bei Brennräumen in Form von Kugelkalotten mit einem Einlaßventil und etwa 70° Winkel zwischen Einlaß- und Auslaßventil strömt das Gemisch etwa in Richtung der Kugelwand aus dem Ventilspalt aus und legt sich an die Kugelwand an, in allen Richtungen etwa gleichmäßig. Beim Ansaughub weicht der Kolben zurück und die allseitig um die Wand strömenden Teile treffen etwa am Kolben wieder zusammen, haben aber verschieden weite Wege zurückgelegt und sich auf verschieden große Wandflächen ausgebreitet. Deshalb ist ihre Energie beim Zusammentreffen verschieden und es entsteht ein Doppelwirbel, Abb. 357, wobei die Achse der beiden Wirbel parallel zur Zylinderachse liegt. Dieser Doppelwirbel ergibt bei Kraftstoffeinspritzung eine sehr gute Homogenisierung des Gemisches. Die Wirbel halten sich auch bei der Verdichtung und erhöhen die Geschwindigkeit der Flammen. Es ist unwahrscheinlich, daß beim dachförmigen Zylinderkopf ein solcher Doppelwirbel ebenfalls auftritt, obwohl vielleicht Ansätze dazu vorhanden sein mögen. Wahrscheinlich tritt dort bei zwei und vier Ventilen nur eine starke Turbulenz auf.

Bei zylindrischen Brennräumen kann man daran denken, durch Dralleinsätze einen stabilen Wirbel um die Zylinderachse zu erzeugen, wie dies bei Dieselmotoren vielfach mit gutem Erfolg geschieht. Sicher läßt sich die Flammengeschwindigkeit dadurch erhöhen. Mit dem Drall sind aber Nachteile verbunden wie kleinere Füllung, größerer Wärmeübergang der verbrennenden Gase, größere Anwärmung des frischen Gemisches, weshalb man von dieser Möglichkeit beim einfachen zylindrischen Brennraum keinen Gebrauch macht; beim Brennraum mit becherartigem Raum im Kolben, s. S. 284, wäre die Anwendung eines Dralles zu erwägen, wie beim Audi der Auto-Union GmbH, Ingolstadt, ausgeführt.

b) Erzeugung von Quetschströmungen

Zur Erhöhung der Flammengeschwindigkeit im Brennraum werden bei vielen Motoren Quetschströmungen verwendet. Dabei wird ein Teil der Luft vom hochgehenden Kolben gegen Ende der Verdichtung aus einem Raumteil zwischen Kolben und Zylinderkopfwand verdrängt und mit ansehnlicher Geschwindigkeit in den Brennraum geblasen. Von der Form des Brennraumes, der Anordnung der Quetschstelle und ihren Abmessungen hängt es ab, was für eine Strömung sich im Brennraum ausbildet und wie stark sie ist.

Die Heranziehung von Quetschströmungen zum Zwecke der Gemischbildung ist beim Dieselmotor ganz allgemein üblich, und es sind dort mehrere Forschungsarbeiten über die Stärke der Strömungen in Abhängigkeit von Kurbelwinkel und Drehzahl gemacht worden. Bei der einfachsten Bauform, einem becherförmigen Hohlraum im Kolben, wurden Untersuchungen über die radiale Quetschströmung gemacht, die sich aus der Verdrängung der Luft über der Ringfläche ergibt, Abb. 358. Auch bei verhältnismäßig großem Spalt ergeben sich radiale Strömungsgeschwindigkeiten, die die Kolbengeschwindigkeit übertreffen und dadurch die Brennzeit des Gemisches erheblich verkürzen. Das Maximum der Strömungsgeschwindigkeit liegt kurz vor oberem Totpunkt, zu einer Zeit also, wo die Zündung schon eingeleitet worden ist.

Quetschfreie Brennräume lassen sich bei Gebrauchsmotoren und unter Verwendung heutiger Kraftstoffe, d. h. bei hohen Verdichtungsverhältnissen nur bis zu einer gewissen Grenze des Verhältnisses Hub zu Bohrung verwirklichen. Werden die Werte zu klein, sind Quetschspalten unumgänglich, da sonst die Brennräume nicht kompakt genug werden. Der quetschfreie Brennraum hat im allgemeinen geringere wärmeaufnehmende Oberflächen. Da er in der Regel auch kleinere Strömungsgeschwindigkeit hat, ist die Wärmeaufnahme des frischen Gemisches kleiner, was als Vorteil zu buchen ist, insbesondere für die Leistung. Umgekehrt aber findet eine geringere Abkühlung des Endgases statt, so daß sich die Klopfneigung nicht viel zu unterscheiden braucht, wenn es eben gelingt, die Flammengeschwindigkeit im quetschfreien Brennraum genügend hoch zu machen; hierbei spielen der Turbulenzgrad eine große Rolle, der im wesentlichen von der Einströmung abhängt, und die Frage, ob die Zündkerze nahe an einer großen Gemischmenge angebracht werden kann. Bei Rennmotoren kann man meist mit Brennräumen ohne Quetschspalten auskommen, da bei diesen die Verdichtung sehr hoch gewählt wird und die Turbulenz wegen der großen Geschwindigkeit im Einlaßventil sehr stark ist. Da solche Motoren nicht bei Vollast im niedrigen Drehzahlbereich arbeiten müssen, ist auch die Gefahr des Klopfens gering.

Zur Erzielung einer wirksamen Quetschfläche ist es oft nötig, das Einlaßventil in die Quetschfläche einzubeziehen. Die Temperatur des Einlaßventils ist höher als die der Zylinderwände, speziell bei Wasserkühlung. Die Kühlung des Endgases ist daher schlechter und die Klopfneigung etwas größer. In der Regel kann der Abstand zwischen Kolben und

Ventil nicht so eng gemacht werden, wie an anderen Stellen. Bei Motoren, deren Einlaßventil weit vor oberem Totpunkt öffnet, bildet sich wegen des dadurch bedingten größeren Abstandes vom Kolben ein Raum, dessen Inhalt erst spät verbrennt, was höchst nachteilig ist. Wenn ein Motor auf zu hohe Drehzahl gebracht wird, beginnen die Ventile zu springen. Da sie dann noch nicht gegen den Kolben schlagen dürfen, ergibt sich auch bei Motoren ohne Überschneidung ein gewisser Mindestabstand zwischen Kolben und Ventil.

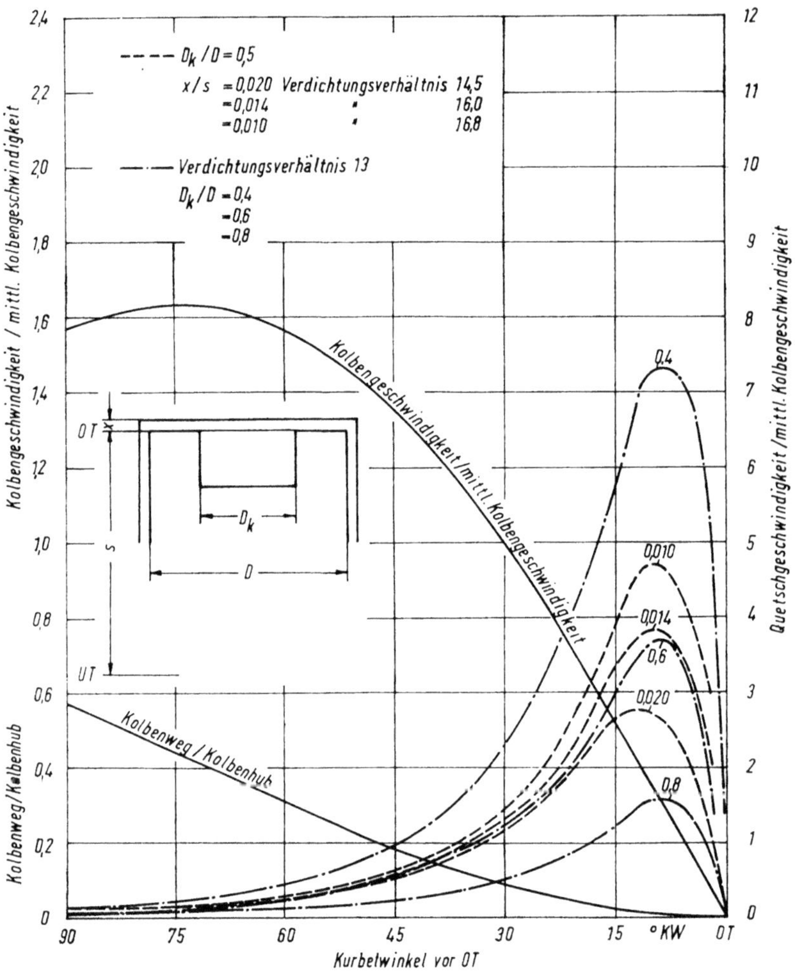

Abb. 358. Größe der Quetschgeschwindigkeit bei veränderter Spalthöhe und verändertem Muldendurchmesser sowie Größe des Kolbenweges und der Kolbengeschwindigkeit in Abhängigkeit vom Kurbelwinkel [79, 227]

Gebrauchsmotoren, die über einen weiten Drehzahlbereich betriebsfähig sein müssen, sind klopfgefährdet. Wenn kein einheitlicher kompakter Brennraum angeordnet werden kann, muß man breite Quetschflächen vorsehen. Man wird versuchen, das Einlaßventil außerhalb der Quetschfläche anzuordnen; das Auslaßventil soll im kompakten Brennraum immer nahe der Zündkerze liegen.

2. Brennraum mit seitlich stehenden Ventilen

Im Zusammenhang mit dem Bestreben, eine konstruktive möglichst einfache Ventilbetätigung zu erhalten, ist man anfänglich zu dem sogenannten L-Kopf mit stehenden Ventilen gekommen, Abb. 359. Dieser Brennraum weist zwar ein sehr großes Verhältnis von Oberfläche zu Volumen auf, d. h. einerseits, daß die Ladung vor der Verdichtung stark erwärmt wird, andererseits während des zweiten Teiles der Verdichtung im Brennraum relativ gut gekühlt wird. Letzteres allein genügt aber noch nicht für einen klopffesten Brennraum, auch dann nicht, wenn die Zündkerze wie hier in der Nähe des Auslaßventiles liegt.

Das Auslaßventil ist das heißeste Wandstück im Brennraum, seine Temperatur liegt in der Regel weit über der Verdichtungsendtemperatur der Ladung. Das Auslaßventil fördert also durch Wärmezufuhr an die benachbarten Gemischteile über vergleichsweise lange Zeit hinweg die Vorreaktionen. Durch Wärmezufuhr aus den Vorreaktionen selbst und durch die adiabate Temperatursteigerung infolge der Verdrängungswirkung des zuerst verbrennenden Gemisches steigt die Temperatur dieser Gemischteile weiterhin erheblich. Die Tendenz zur Selbstzündung wird daher in der Nähe des Auslaßventiles immer am stärksten sein. Die Zündkerze soll deshalb nahe am Auslaßventil sein, damit diese Gemischteile verbrannt sind, ehe sie durch die Druckzunahme im Zylinder weiterhin verdichtet und dadurch auf höhere Temperatur gebracht werden.

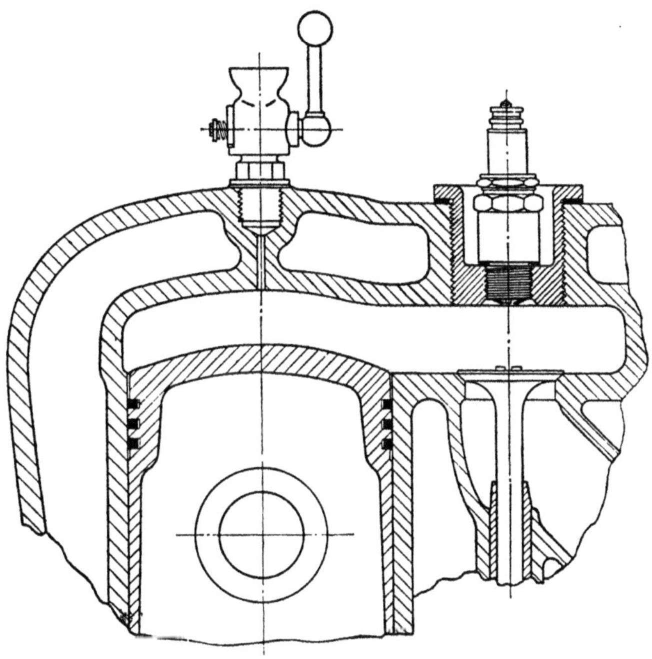

Abb. 359. Typischer Brennraum mit stehenden Ventilen (1914) [178]

Wenn der Weg der Flammenfront zu den entferntesten Gemischteilen weit ist wie bei dem Brennraum nach Abb. 359, dann hat das hohe Klopfneigung zur Folge. Einmal ist die Zeit sehr lang, die dem Endgas zur Verfügung steht, den Selbstzündungszustand zu erreichen, zum zweiten erreicht das Endgas hohe Temperaturen, weil es in der Nähe des Kolbens liegt, welcher in der Regel eine höhere Temperatur aufweist, als die anderen benachbarten Brennraumwände. Dadurch werden die Vorreaktionen sehr intensiv. Selbstentzündung wird schon bei relativ niedrigem Verdichtungsverhältnis eintreten, und das Klopfen wird wegen der großen Restgasmenge stark sein.

Es kann ganz allgemein gesagt werden, daß es zweckmäßig ist, gleich zu Anfang der Verbrennung eine möglichst große Gemischmenge durch die Flamme zu erfassen, da die Flammengeschwindigkeit infolge der adiabaten Temperaturerhöhung und der Verdrängungserscheinungen ohnedies wächst. Wenn der Gemischrest eine dünne Schicht bildet, wird seine Temperatur durch die Kühlwirkung der Wand herabgesetzt und damit auch seine Klopfneigung.

Wie stark der Einfluß einer gut gekühlten Wand ist, wenn der Abstand zwischen Brennraumwand und Kolbenboden genügend klein ist, wird bei der Verwendung eines Kupfereinsatzes mit vergrößerter Kühlfläche auf der Wasserseite in einem Graugußkopf nach Abb. 360 deutlich. Es war möglich, das zulässige Verdichtungsverhältnis von 6,3 auf 7,0 zu erhöhen, weil die Temperaturen auf der Gasseite des Kupfereinsatzes 70 bis 80 grd unter der der Gußeisenwandung entsprechenden lagen [34].

Der Einfluß der Brennraumhöhe in den von der Zündkerze entfernten Bereichen ist an dem in Abb. 361 dargestellten Ricardo-Brennraum untersucht worden. Es wurde festgestellt, daß mit abnehmender Spalthöhe zwischen Kolbenboden und Zylinderkopf das zulässige Verdichtungsverhältnis stark ansteigt, Abb. 362. Andere Versuche bei einer modernen Brennraumform zeigen, daß die Verringerung der Spalthöhe von 4,7 mm auf 1,02 mm eine Verringerung der erforderlichen Oktanzahl um 12 Einheiten von 84 auf 72 gebracht hat [32].

Der Ricardo-Brennraum in Abb. 361 ist erheblich besser als der nach Abb. 359, weil er kompakter, also in der Mengenverteilung günstiger ist, die Flammenwege kürzer sind und der Gemischrest zwischen Kolben und Zylinderkopf in der dünnen Schicht gekühlt wird. Die Zündkerze befindet sich in der Nähe des Auslaßventils und nahe dem Zentrum der Gemischmenge.

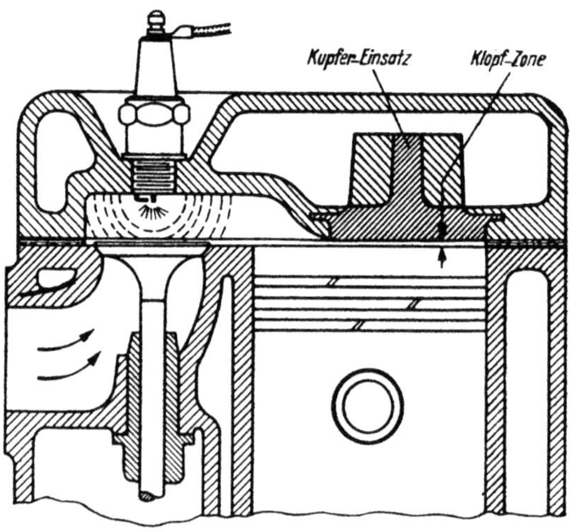

Abb. 360. Zylinderkopf aus Grauguß mit Kupfereinsatz [34]

Durch die Annäherung des Kolbens an den Zylinderkopf wird die zwischen Kolben und Zylinderkopf befindliche Gemischmenge herausgedrückt (Quetschströmung, vgl. S. 273), wodurch die Wirbelung der Ladung im Brennraum verstärkt wird. Je kräftiger aber Turbulenz und Wirbelung im Brennraum sind, um so schneller bewegt sich die Flammenfront infolge des verstärkten Wärme- und Stoffaustausches innerhalb der Ladung. Der Zuwachs in der Geschwindigkeit der Flammenfortpflanzung bedeutet Verminderung der Vorreaktionszeit und Verringerung der Klopfneigung.

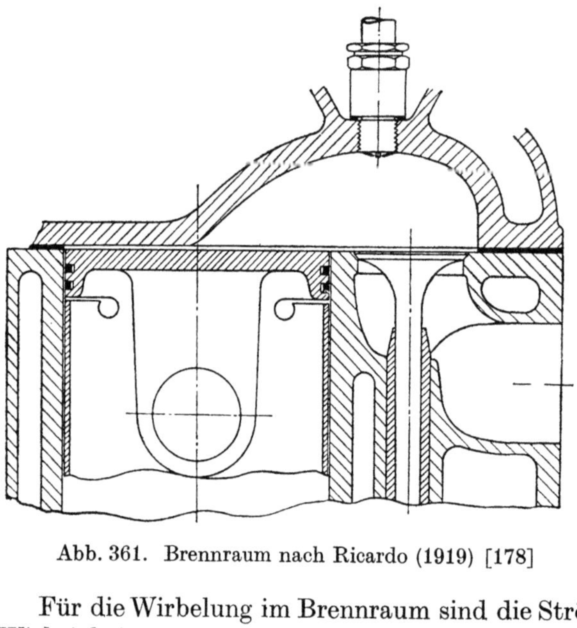
Abb. 361. Brennraum nach Ricardo (1919) [178]

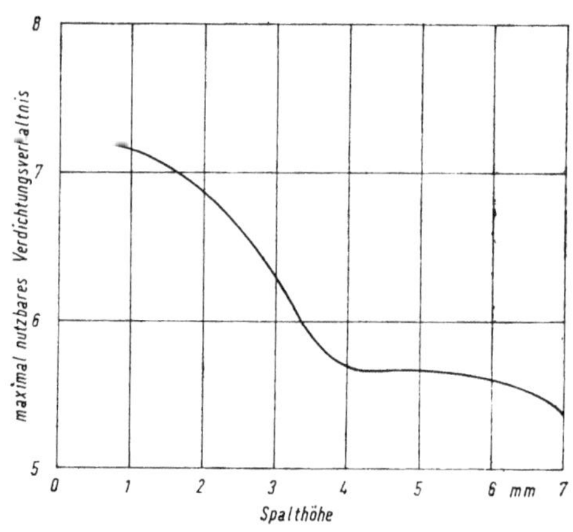

Abb. 362. Einfluß der Brennraumhöhe im Quetschspalt auf das zulässige Verdichtungsverhältnis [177]

Für die Wirbelung im Brennraum sind die Strömungsverhältnisse am Einlaßventil von Wichtigkeit (etwa 70 bis 100 m/s Durchströmgeschwindigkeit), die Wirbelung an der engsten Stelle zwischen Zylinder und Brennraum und die Quetschströmung. Eine gerichtete Bewegung der Luft wird beim Ricardo-Brennraum durch die Einlaßströmung nicht erzielt, lediglich starke Turbulenz. Dagegen wird beim Überschieben der Ladung aus dem Zylinder in den Brennraum eine gerichtete Strömung an der Zündkerze vorbei erzielt, die durch die Quetschströmung noch verstärkt wird.

Die Zündkerze wird von verbrannten Gemischteilen freigespült; dadurch wird auch bei armen Kraftstoffgemischen ein gutes Durchzünden gewährleistet. Die Bewegung des Gemisches von der Zündkerze zum Auslaßventil kommt einer Verkürzung des Flammenweges

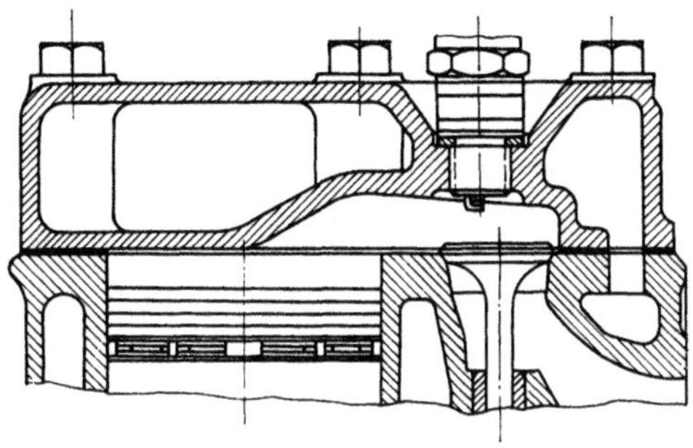

Abb. 363. Querschnitt durch den Brennraum des Ford 1,2 ltr Reihenmotors

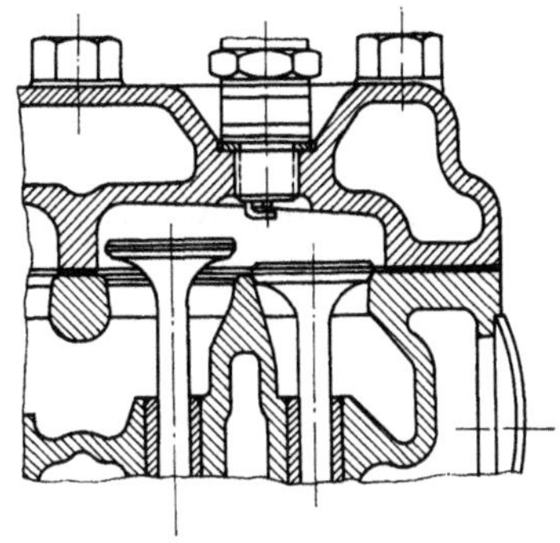

Abb. 364. Längsschnitt durch den Brennraum des Ford 1,2 ltr Reihenmotors

zwischen Zündkerze und Auslaßventil gleich, wodurch die am Ventil befindlichen heißen Gemischteile frühzeitig verbrannt werden. Nachteilig ist beim Ricardo-Brennraum der erhöhte Widerstand bei der Einströmung und die Aufheizung des frischen Gemisches bei der Einströmung durch die großen Wandflächen. Der Liefergrad und die Klopfneigung werden durch das angewärmte Gemisch verschlechtert, dessen Temperatur bei der Verdichtung weiterhin erhöht wird (vgl. Abb. 210, S. 147).

Ein Beispiel für einen gut ausgeführten Brennraum mit seitlich stehenden Ventilen zeigt Abb. 363, Ford 1,2 ltr Reihenmotor. Der Motor hat ein Verdichtungsverhältnis von 7,4 und relativ große Ventile. Der Brennraum wird deshalb ziemlich flach und nicht sehr kompakt. Die Zündkerze ist von der Mitte weg etwas zum heißen Bereich des Auslaßventils verschoben. Der Raum über dem Auslaßventil wird von der Stelle der Zündkerze ab etwas niedriger gemacht, Abb. 363 und 364. Die Quetschfläche überdeckt etwa zwei Drittel der Zylinderfläche, Abb. 365. Das letzte Drittel verbleibt als Einströmquerschnitt in den Zylinder. Der Motor ist langhubig mit einem Hub-Bohrungs-Verhältnis von 1,46. Der über dem Kolben verbleibende offene Brennraumteil ist so abgeschrägt, daß auch in Richtung auf den Kolben mit zunehmender Entfernung von der Zündkerze die zu verbrennende Gemischmenge abnimmt. Soweit dies bei einem derartigen Brennraum überhaupt möglich ist, sind die größten Gemischmengen in der Nähe der Zündkerze vereinigt.

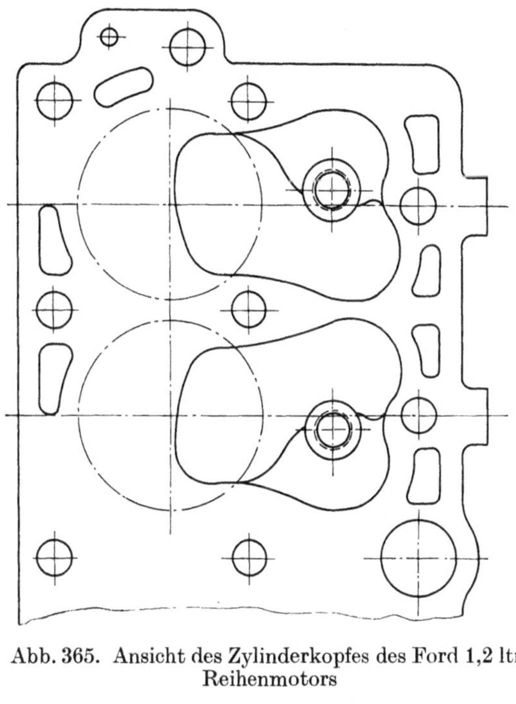

Abb. 365. Ansicht des Zylinderkopfes des Ford 1,2 ltr Reihenmotors

3. Brennraum mit hängenden Ventilen

a) Brennraum ohne Quetschfläche

α) Zylindrische Brennraumform

Die stetig steigenden Anforderungen an die Leistung und die Wirtschaftlichkeit veranlaßten trotz des erforderlichen größeren Bauaufwandes den Übergang zu hängenden Ventilen, d. h. zu Ventilen, die im Zylinderkopf untergebracht sind. Dabei ist es für den Brennraum selbst zunächst unwesentlich, ob die Nockenwelle im Zylinderblock oder im Zylinderkopf gelagert ist. Primär wird durch diese Ventilanordnung nur die Steuerung der Ventile beeinflußt, allerdings sekundär auch die Füllung und damit die Leistung und die Klopfneigung.

Beim Übergang auf hängende Ventile bietet sich zunächst die einfache zylindrische Brennraumform an, wie sie etwa die Flugmotoren Rolls Royce Merlin II, Abb. 366, oder Argus AS 10 C, Abb. 367, haben. Die Höhe eines zylindrischen Brennraumes mit dem

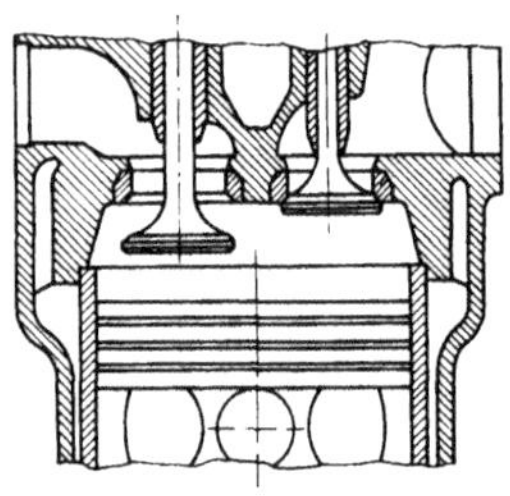

Abb. 366. Brennraum des Rolls Royce Merlin II [34]

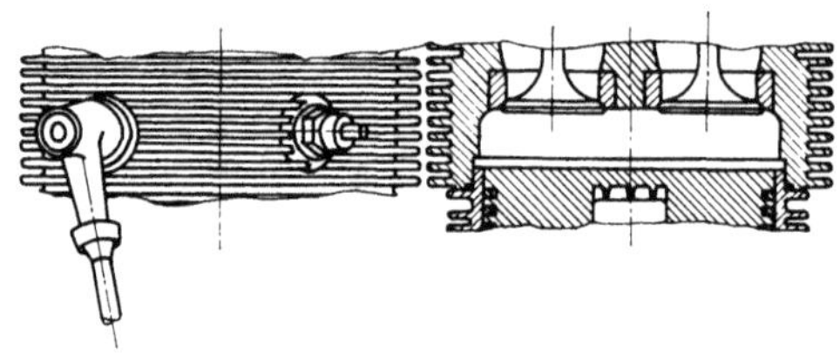

Abb. 367. Brennraum des Argus AS 10 C-Motors [115]

Durchmesser des Motorzylinders wird durch Verdichtungsverhältnis und Hub bestimmt. Wenn der Motor nicht zu kurzhubig ist, kann solch ein Brennraum bei nicht zu hohen Verdichtungsverhältnissen ausreichende Kompaktheit aufweisen. Er ist aber zu flach und langgestreckt bei kurzen Hubverhältnissen (Hub : Bohrung etwa 0,8), wie sie bei Flugmotoren mit gegenüberliegenden Zylindern angewendet werden.

Die Zündkerze sollte bei einem zylindrischen Brennraum möglichst weit von oben in den Zwickel zwischen Einlaß- und Auslaßventil geschoben werden, um nach allen Seiten möglichst gleich kurze Flammenwege zu erhalten. Das läßt sich aber mit Rücksicht auf die Zugänglichkeit der Kerzen meist nicht machen. Der Argusmotor, Abb. 367, hat zwar zwei am Umfang eng nebeneinanderliegende Zündkerzen, von denen aber nicht einmal eine so nahe wie möglich am Auslaßventil liegt. Zwei Kerzen sind bei Flugmotoren mit Rücksicht auf die Betriebssicherheit vorgeschrieben. Sie bringen bei der hier verwendeten Anordnung nur eine geringe Verkürzung der Brennzeit. Die Flammenwege sind extrem lang. Die zwischen Auslaßventil und Kolben liegenden sehr heißen Gemischteile werden durch die von der Flammenfront ausgehende Verdrängerwirkung in Gebiete verschoben, die noch weiter von der Kerze entfernt sind und verstärken dort die ohnehin schon vorhandene Selbstzündungsneigung. Dieser Brennraum ist zwar konstruktiv einfach und gibt wegen der ungestörten Ausströmung des Einlaßventiles gute Füllung und hohe Leistung, ist aber in bezug auf Klopfneigung nicht günstig. Baut man 2 Einlaß- und 2 Auslaßventile in den zylindrischen Brennraum, dann werden die wirksamen Ventilquerschnitte erheblich größer; die Zündkerzen müssen dann bei den Auslaßventilen liegen. Die grundsätzlichen vorgenannten Nachteile bleiben aber erhalten.

β) Dach- oder kugelkalottenförmige Brennräume

Will man bei gleichem Hub-Bohrungs-Verhältnis und gleicher Verdichtung größere Ventile unterbringen, wählt man einen dach- oder kugelkalottenförmigen Brennraum, Abb. 368, Buick XP–300, und Abb. 369, BMW 700. Bei diesen verengt sich über dem flachen Kolben sogleich der Brennraum, ohne noch einen zylindrischen Raum übrigzulassen. Das bedeutet einerseits, daß sie in Zylindermitte höher als der scheibenförmige Brennraum, also insgesamt kompakter sind, andererseits, daß sich durch Wegfall des zylindrischen Teiles der Brennraumwand trotz kleinerer Brennraumoberfläche größere Ventile unterbringen lassen, die beste Zu- und Abströmung zum Brennraum haben, also höchste Leistung ermöglichen.

Da die Ventile in einem solchen Brennraum schräg eingebaut sein müssen, ergibt sich eine Komplizierung des Ventilantriebes. Andererseits ist durch die Schrägstellung der Ventilachsen die Einströmung weniger mit Reibung behaftet, weil die Umlenkung im Ventilstutzen kleiner ist und die Strömung sich zwangloser auf die Kolbenbewegung einstellt, wodurch sich die Durchflußbeiwerte verbessern [152].

Die Zündkerze soll möglichst zentral liegen, soweit wie möglich nach oben zwischen die Ventile geschoben. Sie liegt dann nahe am Auslaßventil, um die hier liegenden Gemischteile möglichst schnell zu entzünden, und die Flammenwege zu den anderen Brennraumteilen werden kurz. Die Zündkerze wird unmittelbar von dem durch das Einlaßventil strömenden Frischgemisch bespült, so daß die Zündung durch der Kerze vorgelagerte Restgase nicht behindert wird. Das Auslaßventil wird in der Regel erheblich kleiner gemacht als das Einlaßventil, wodurch bei ungleicher Dachschräge der Einlaßventildurchmesser größer werden kann, was bessere Füllung ergibt. Außerdem bleibt das kleinere Auslaßventil kälter und überträgt durch die kleinere Fläche weniger Wärme an die frische Ladung.

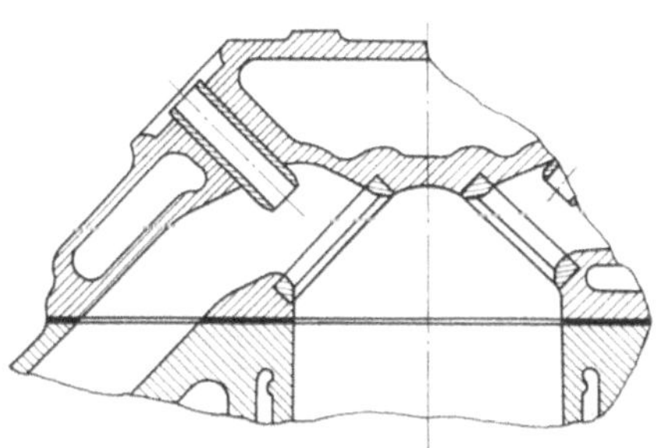

Abb. 368. Brennraum des Buick Versuchsmotors XP 300, 1953 [150]

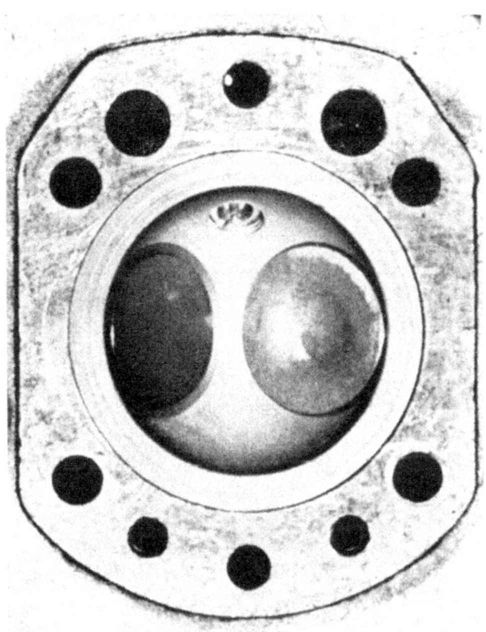

Abb. 369. Brennraum des BMW 2-Zylinder Motors 0,7 ltr

Der kugelkalottenförmige und der dachförmige Brennraum ergeben schon bei zwei Ventilen große Ventilquerschnitte. Die Kugelkalotte eignet sich für 4 Ventile nicht, weil die Ventile in vier verschiedenen räumlichen Schrägen angeordnet sein müßten. Für höchste Leistung bietet sich der dachförmige Brennraum mit 4 Ventilen an, da sich hier die größtmöglichen Ventilquerschnitte unterbringen lassen. Man kann dann zwei Ventile mit parallelen Schäften in jeder Dachfläche unterbringen, wodurch ein einfacher Ventilantrieb möglich wird. Für wassergekühlte Rennmotoren ist eine dachförmige Bauform geeignet, Abb. 370, Borgward 1,5-ltr Vierzylinder. Der Brennraum wird durch die dachförmige Wand im Zylinderkopf und den dachförmigen Kolbenboden gebildet. Er weist keine Quetschflächen auf. Dieser Motor arbeitet mit Kraftstoffeinspritzung direkt in den Zylinder. Daher ist außer den Ventilen und den beiden Zündkerzen noch eine Einspritzdüse in der Brennraumwand vorgesehen. Bei der Direkteinspritzung ist immer, ähnlich wie beim Dieselmotor, die Gemischbildung mit besonders großer Sorgfalt zu behandeln. Hier wird deswegen die Einspritzdüse über der Zylindermitte angeordnet, um alle Teile der Luftladung möglichst gleichmäßig mit Kraftstoff zu versorgen. Da es sich um einen Rennmotor handelt, sind möglichst große und widerstandsarme Gaswechselorgane vorgesehen.

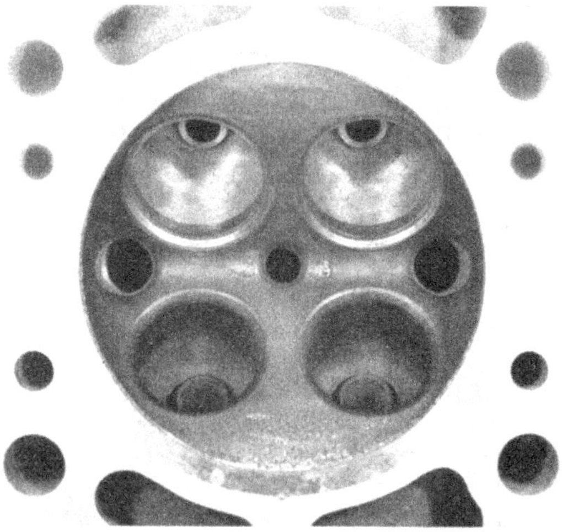

Abb. 370. Brennraum des Borgward 1,5 ltr 4-Zylinder-Rennmotors

Der Brennraum dieses Motors ist nicht sehr kompakt. Man müßte also bei niedriger Drehzahl und hohem Drehmoment große Klopfneigung erwarten. Ein solcher Betriebsbereich wird aber bei einem Rennmotor nicht benutzt, da er immer nur bei hohen Drehzahlen hohes Drehmoment abgeben muß, und dann die Vorreaktionszeiten kurz und die Klopfneigung gering sind. Das erforderlich schnelle Durchbrennen bei hohen Drehzahlen wird einmal durch hohes Verdichtungsverhältnis erreicht, zum anderen durch die Anwendung von zwei Zündkerzen, die seitlich am Brennraumdach liegen, wodurch die Brennwege verkürzt werden.

b) Brennraum mit Quetschfläche

α) Amerikanische Entwicklungen

Bei den amerikanischen V-8-Motoren war es 1955 üblich, beide Ventile im Brennraum unterzubringen und auf der der Zündkerze abgewandten Seite der Ventile einen breiteren Quetschspalt anzuordnen. Als Beispiel sei hier der Brennraum des Chevrolet V 8 von 1955 angeführt, Abb. 371. Die Zündkerze liegt dort, wo der Brennraum am geräumigsten ist. Es werden also schon zu Anfang große Ladungsteile von der Flammenfront erfaßt, die daher erst gar keinen hohen Vorreaktionsstand erreichen können. Das schnelle Durchbrennen der von der Zündkerze entfernteren Ladungsteile wird durch die Quetschströmung und durch die Verdrängungswirkung der zuerst brennenden Gemischmengen sowie der daraus resultierenden Verdichtung stark gefördert.

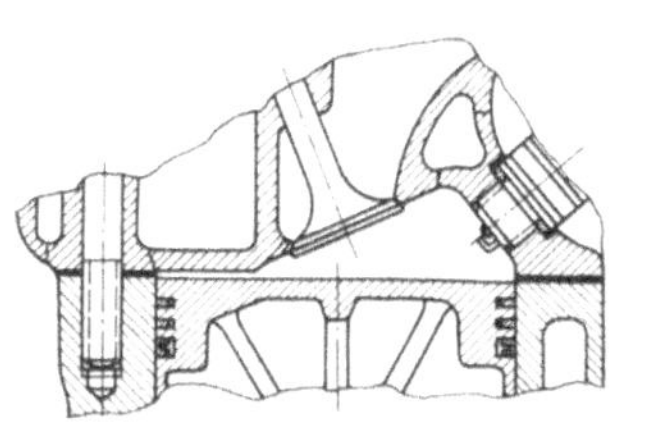

Abb. 371. Brennraum des Chevrolet V8-Motors 1955 [84]

Die Zündkerze liegt sehr extrem auf einer Seite des Brennraumes und weit vom Auslaßventil entfernt, was zweifellos nachteilig ist. Beim Cadillac-Motor, Abb. 372, ist die Zündkerze weiter in den Zwickel zwischen den Ventilen vorgeschoben. Die Ventile liegen so, daß die Gaswechselvorgänge günstig ablaufen können. Die Zündkerze liegt an einer Stelle, an der sie noch gut durch die einströmende Ladung bespült wird. Die Quetschfläche ist in dem Chevrolet, verglichen mit anderen Motoren, z. B. Daimler-Benz, Abb. 374, klein. Es ist daher nicht zu erwarten, daß durch Verdrängen von Ladung aus diesem Bereich heraus ein großer Einfluß auf die Strömung im Zylinder ausgeübt werden kann, da die verdrängten

Mengen zu klein sind. Eine Erhöhung des Turbulenzgrades ist jedoch zu erwarten. Entscheidend ist aber, daß der Brennraum durch Anwendung der Quetschfläche kompakter gestaltet werden konnte.

1958 ist Chevrolet einen anderen Weg gegangen, Abb. 373. Die Unterseite des Zylinderkopfes ist eben, bis auf einen kleinen kegeligen Hohlraum, in dem die Zündkerze sitzt. Der Zylinderblock ist aber so gestaltet worden, daß die Dichtfläche zwischen Block und Kopf unter einem Winkel von 74° zur Zylinderachse liegt. Der Brennraum entsteht dadurch, daß der Kolben nach beiden Seiten dachförmig abgeschrägt ist, und zwar auch wieder um einen Winkel von 16° gegen die Zylinderachse. So liegt der Brennraum über der einen Kolbenschräge, die Quetschfläche über der anderen. Es ist hierdurch wieder der keilförmige Brennraum verwirklicht, der die bekannten Vorzüge aufweist, wobei die Kerze in dessen geräumigem Teil liegt und von der Quetschströmung getroffen wird, die dann die Flamme rasch fortbewegt, nachdem sie aus der kleinen Vertiefung herausgewandert ist. Gleichzeitig hat sich aber auch ein breiter Quetschspalt ergeben, der fast die halbe Zylinderbohrung überdeckt. Es bleibt aber im freien Brennraum zu wenig Platz für beide Ventile. Das Einlaßventil wird daher mit über der Hälfte seiner Tellerfläche in die Quetschfläche einbezogen. Um eine Berührung zwischen Ventil und Kolben zu vermeiden, müssen die Nachteile eines ziemlich hohen Quetschspaltes in Kauf genommen werden. Bei dieser Gestaltung des Brennraumes ist es leicht möglich, alle Brennraumoberflächen zu bearbeiten.

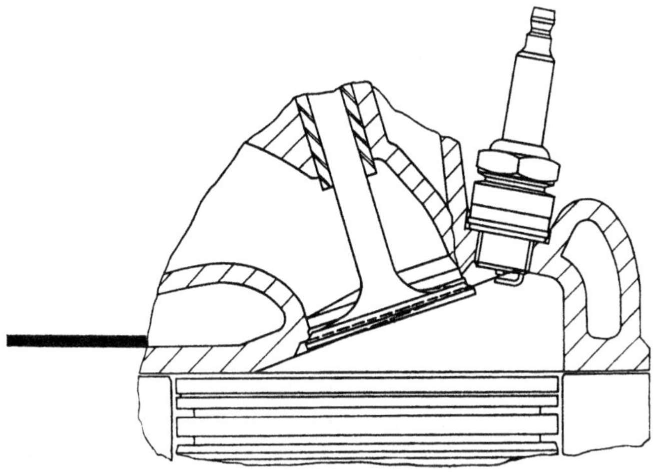

Abb. 372. Brennraum des Cadillac V8-Motors 1955 [84]

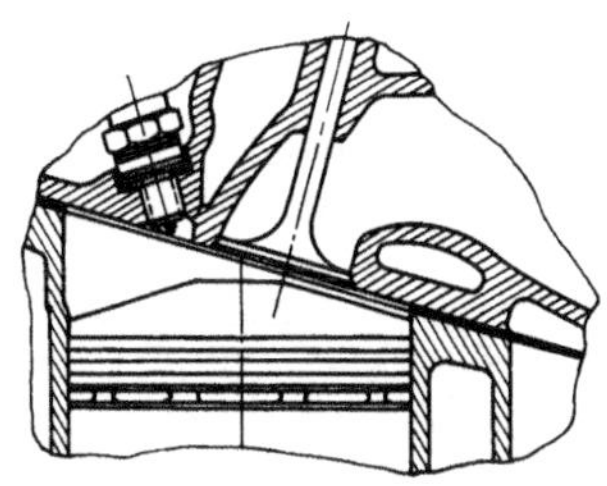

Abb. 373. Brennraum des Chevrolet V8-Motors 1958 [85]

β) Brennraum des Motors Daimler-Benz 300

Eine der in Abb. 373 gezeigten Lösung sehr ähnliche Ausführung hatte Daimler-Benz schon etwa 1955 in seinen 3-ltr-Motoren verwirklicht, Abb. 374. Auch hier ist die Unterseite des Zylinderkopfes eben; er ist schräg auf den Block aufgesetzt. Der Brennraum ist aber nicht keilförmig, sondern annähernd halbkugelig. Er ragt um ein erhebliches Stück seitwärts über den Zylinder hinaus, ist aber sehr kompakt. Das Einlaßventil liegt dabei fast gänzlich im Quetschspalt. Dadurch, daß das Einlaßventil im Kopf etwas vertieft liegt, konnte wenigstens dort, wo Zylinderkopfwand und Kolbenboden die Quetschflächen bilden, eine sehr geringe Spalthöhe ausgeführt werden.

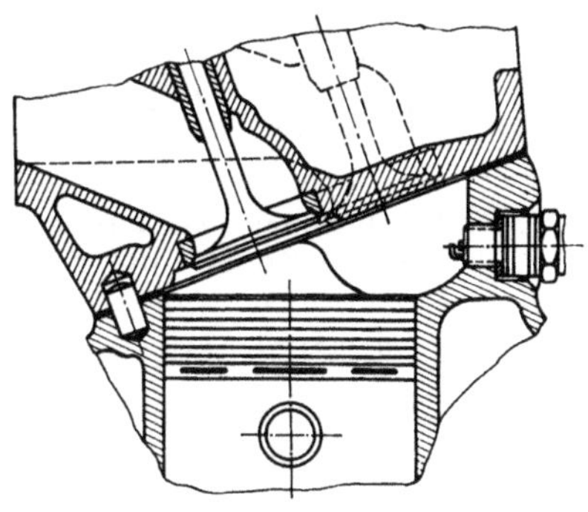

Abb. 374. Brennraum des Daimler-Benz-Motors 300 b

Die geneigte Dichtfläche ergibt keine Unterschiede in der Feuersteghöhe am Kolben, große Quetschflächen und ermöglicht den Einbau großer Ventile. Die Quetschströmung bewirkt eine kräftige Bewegung der Ladung am Auslaßventil vorbei und zur Zündkerze hin. Die kugelige Form der Brennraumwand bringt eine zwanglose Umlenkung der Strömung an der Wand entlang.

Die durch die Quetschströmung verursachte Bespülung des Auslaßventiles ergibt eine gewisse Kühlung, und der durch das Auslaßventil bedingte Wärmeeinfall wird in der Ladung gleichmäßiger verteilt. Daß bei dem Daimler-Benz-Brennraum die Zündkerze in der Seitenwand liegt, hat nicht die gleichen Nachteile wie bei dem in Abb. 371 gezeigten Brennraum, da der halbkugelige Brennraum wesentlich kompakter ist. Nachteilige Wirkungen gehen jedoch von dem relativ großen, nicht sehr gut gekühlten Ladungsvolumen zwischen Kolben und Einlaßventil aus.

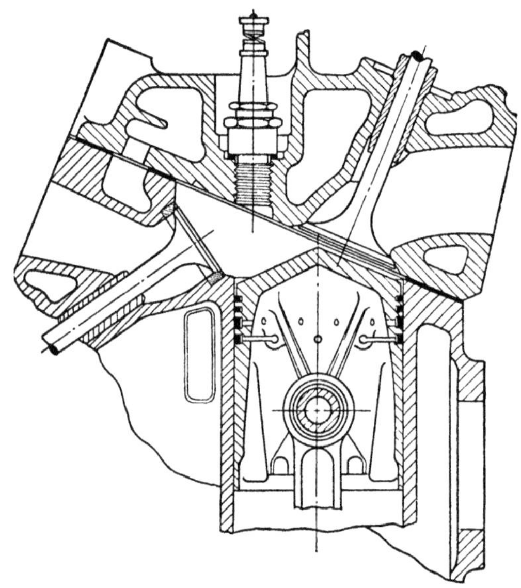

Abb. 375. Brennraum des Rover Motors [178]

γ) Brennraum des Rover-Motors

Etwa zu der gleichen Zeit kam der in Abb. 375 gezeigte Rover-Motor heraus. Die Konzeption ist, bis auf die Lage des Auslaßventils, annähernd die gleiche; die Anordnung der Zündkerze erscheint aber günstiger, weil der Brennweg zu dem von der Kerze entferntesten Teil des Auslaßventiltellers kurz ist und die Quetschströmung die Flamme dorthin mitnimmt. Die Kerze liegt zudem im Zentrum eines annähernd halbkugeligen Brennraumes, der also das höchste Maß an Kompaktheit aufweist. Selbst der Weg in den entferntesten Teil des Quetschraumes ist nicht weit. Der Gaswechsel kann mit geringen Strömungswiderständen erfolgen. Das Einlaßventil ist auch hier etwas in den Kopf zurückgenommen, so daß der Quetschspalt eng sein kann. Der für den Verbrennungsablauf günstige Brennraum wird mit einem komplizierten Ventilantrieb erkauft, weshalb Rover diese Ausführung wieder verlassen hat zu Gunsten einer Ausführung nach Abb. 381 und 382, S. 285.

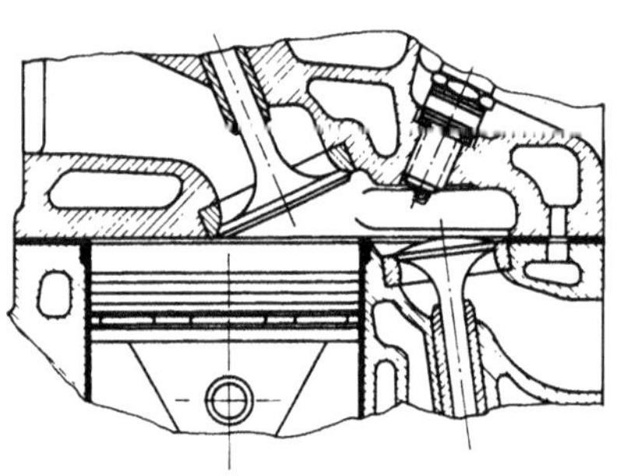

Abb. 376. Brennraum des 4 ltr-Sechszylinder-Motors von Rolls Royce [147]

δ) Brennraum des Sechszylinder-Motors von Rolls Royce

Eine ähnliche Anordnung der Ventile, aber auch mit wesentlich geringerem Aufwand beim Ventilantrieb zeigt Abb. 376. Es handelt sich um den 4-ltr-Sechszylinder-Motor von Rolls Royce, wie er heute noch für den Vanden Plas Princess geliefert wird. Der Brennraum weist eine sehr günstige Lage der Zündkerze zum Auslaßventil auf, die aber mit einem sehr engen Raum oberhalb des Auslaßventiles und damit einem beengten Gasweg auf der Auslaßseite erkauft wird. Erhöhter Widerstand auf der Auslaßseite ist im Hinblick auf die Füllung nicht ganz so schädlich wie auf der Einlaßseite. In Anlehnung an alte Ricardo-Konstruktionen, bei denen die Brennraumwand auch sehr niedrig über das Auslaßventil herabgezogen war, wird das Abgas dem geöffneten Auslaßventilquerschnitt durch einen Ringraum rings um den Auslaßventilteller zugeführt. Trotzdem streichen während des Auslaßhubes Abgase mit hoher Geschwindigkeit über den Auslaßventilteller hinweg, so daß das Ventil stärker aufgeheizt wird, als wenn es in Richtung des Schaftes angeströmt wird. Das Einlaßventil liegt frei, die Quetschflächen sind groß und eben, der Quetschabstand kann klein sein. Die Zündkerze ist aber sehr weit vom Quetschspalt entfernt, was nachteilig ist. Dieser Brennraum ähnelt dem in Abb. 361, S. 276, gezeigten Ricardo-L-Kopf.

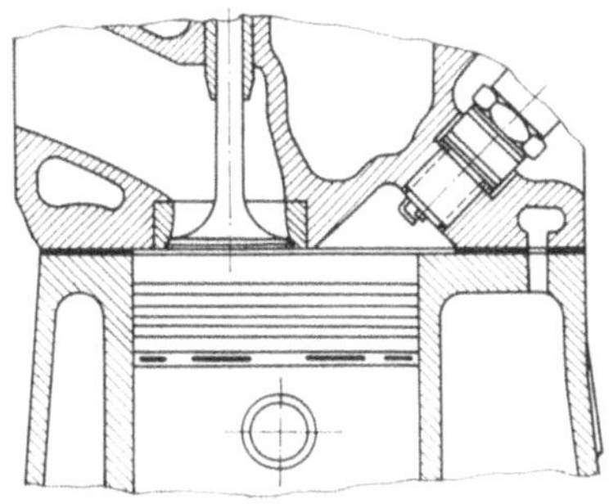
Abb. 377. Brennraum des 2,2 ltr Motors von Daimler-Benz

ε) Brennraum der 2,2 bzw. 2,3 ltr Motoren von Daimler-Benz

Bei den neueren 2,2 bzw. 2,3-ltr-Motoren ist Daimler-Benz wieder von dem schräg aufgesetzten Zylinderkopf abgegangen, Abb. 377. Durch vollständige Einbeziehung des Einlaßventils in die Quetschfläche konnte diese sehr groß gemacht werden, Abb. 378. Die Unterkante des Ventiltellers schließt bündig mit der Quetschfläche ab. Infolge der mäßigen Ventilüberschneidung (E.ö. 10° v. OT) und der geringen Gefahr des Ventilflatterns bei diesen hochdrehenden obengesteuerten Gebrauchsmotoren konnte der Quetschspalt

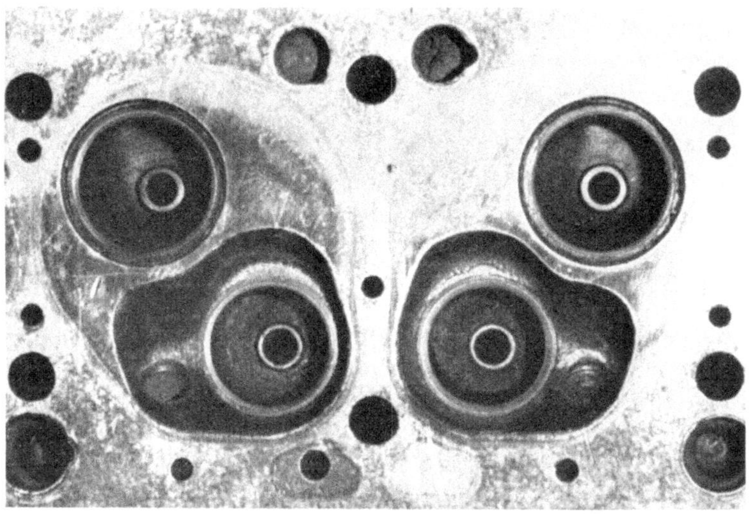
Abb. 378. Ansicht des Zylinderkopfes des 2,2 ltr Motors von Daimler-Benz

eng genug gemacht werden. Der Brennraum umfaßt Auslaßventil und Zündkerze und ist sehr kompakt. Ob sich ein gerichteter Quetschwirbel ausbilden kann, ist fraglich. Die verdichtete Ladung wird aber einen hohen Grad an Turbulenz aufweisen mit starker Bespülung von Zündkerze und Auslaßventil, so daß auch bei niedrigen Drehzahlen eine hohe Flammengeschwindigkeit erzielt wird. Die Gaswechselwege sind widerstandsarm, die Brennraumoberfläche ist klein und die Kühlung intensiv.

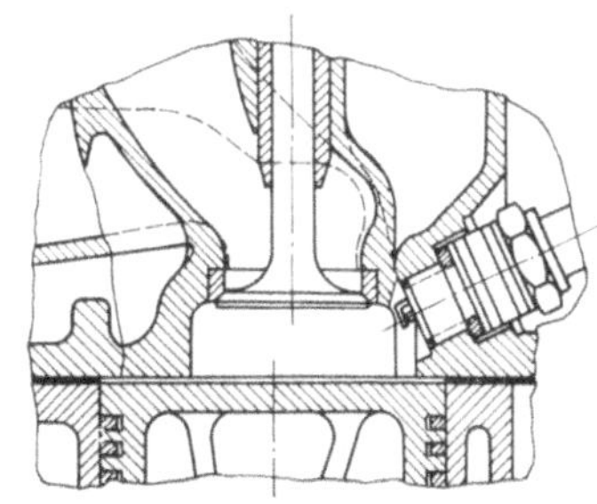
Abb. 379. Brennraum Borgward 1,5 ltr Motor (Isabella) [118]

ζ) Brennraum des Borgward 1,5 ltr Motors

Bei dem 1,5-ltr-Motor von Borgward, Abb. 379, liegen Ein- und Auslaßventil parallel in einer Wanne mit senkrechten Seitenwänden. Obwohl der Gaswechsel durch die senkrechten Seitenwände behindert wird, ist die Leistung hoch und der Steuermechanismus einfach. Der Brennraum ist kompakt. Die Zündkerze liegt in der Mitte des wannenförmigen Brennraumes, weit zwischen die sehr eng nebeneinanderstehenden Ventile vorgeschoben. Die Kühlung ist rings um den Brennraum gut. Die relativ schmale Quetschfläche ergibt keinen gerichteten Wirbel, sondern nur Turbulenz.

η) Brennraum des BMW-Vierzylinder-Motors

Bei dem Vierzylinder-Motor von BMW, Abb. 380, liegen beide Ventile im Brennraum, und es entstehen zu beiden Seiten des Brennraumes schmale Quetschflächen. Der Brennraum und die Ventile sind dachförmig angeordnet, so daß also die Ladungsmengen mit

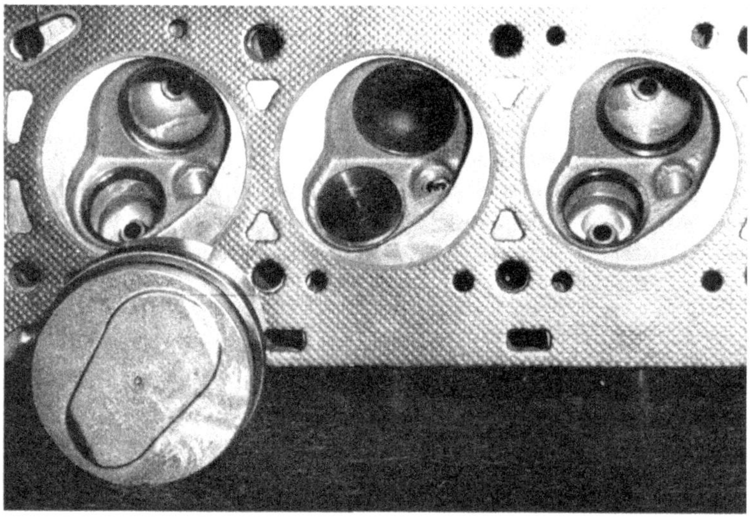

Abb. 380. Brennraum des BMW-Motors 1,6 bzw. 1,8 ltr

zunehmender Entfernung von der Zündkerze kleiner werden. Vorteilhaft ist, daß die Ventilquerschnitte nur unwesentlich durch Brennraumwände beeinträchtigt werden und daß sie infolge der Schrägstellung der Ventile groß sein können. Hinzu kommt, daß der BMW-Zylinderkopf aus Leichtmetall besteht, so daß die Brennraumwände vorzügliche Wärmeleitungseigenschaften haben. Der Motor hat hohe Leistung und geringe Klopfneigung.

ϑ) Brennraum im Kolben des Rover-Motors

Einen ganz anderen Weg der Brennraumgestaltung hat Rover in jüngster Zeit beschritten, Abb. 381 und 382. Hier wird der Brennraum gänzlich in den Kolben verlegt. Er ist tassenförmig ausgebildet, kreisrund und liegt konzentrisch zum Zylinder. Es ergibt sich ein kreisringförmiger Quetschspalt, der an den beiden Stellen, an denen die Ventile sind, unterbrochen ist. Da die Ventile senkrecht und alle in einer Reihe stehen, ergibt sich mit einer oben liegenden Nockenwelle ein sehr einfacher Ventilantrieb. Nachteilig ist, daß die in der ebenen Zylinderkopfunterseite sitzenden Ventile nicht sehr groß sein können.

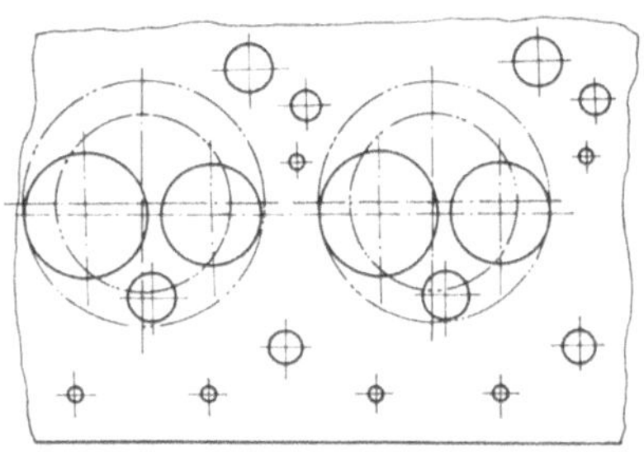

Abb. 381. Ansicht des Zylinderkopfes am Rover 2000 [3]

Die Wärmeabführung aus dem Kolben erscheint problematisch. Die gasberührte Oberfläche des Kolbens ist groß, größer als bei ebenen Kolben, deshalb erwartet man eine höhere Kolbentemperatur. Dies kann zum Teil durch die größeren Wandstärken am Kolbenrand, d. h. durch die größeren Wärmeleitquerschnitte und die kürzeren

Wärmeflußwege ausgeglichen werden. Es ist auch möglich, daß, bedingt durch die Quetschströmung, die Flamme am Zylinderkopf entlang zuerst zur Zylinderachse getrieben wird

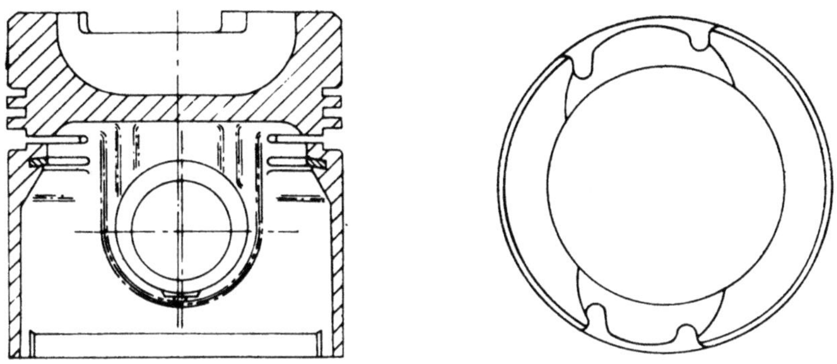

Abb. 382. Brennraum im Kolben am Rover 2000 [3]

und daß sie dann im wesentlichen von innen nach außen brennt, so daß die Seitenwände des Brennraumes erst am Ende der Verbrennung von der Flamme berührt werden und dadurch weniger Wärme aufnehmen.

4. Zündkerzen in Vorkammern

Es ist öfters versucht worden, die Zündkerze in einer kleinen Vorkammer unterzubringen, in die Gemisch durch die normale Verdichtung hineingedrückt wird. Die Verbindung zwischen Vorkammer und Hauptraum wird durch eine oder mehrere Bohrungen hergestellt, Abb. 383. Die Verbrennung setzt an der Zündkerzenelektrode ein und die Flamme breitet sich zunächst in der Vorkammer und im Hohlraum der Zündkerze aus. Durch die entstehende Volumenzunahme wird das brennende Gemisch mit hoher Geschwindigkeit durch die Bohrungen (Schußkanäle) in den Hauptraum geblasen. Die brennenden Gemischstrahlen zünden im Hauptraum schnell eine große Gemischmenge, so daß der Verbrennungsvorgang im Hauptraum in sehr kurzer Zeit abläuft.

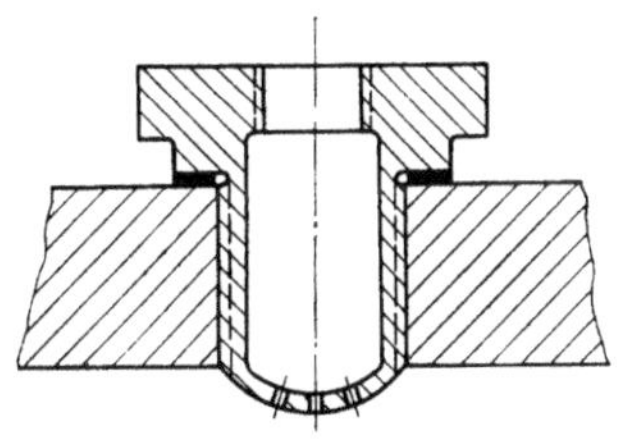

Abb. 383. Vorkammer für Zündkerze [89]

Man kann sich von der in kürzerer Zeit ablaufenden Verbrennung mancherlei Vorteile versprechen, insbesondere wenn die Ausblasrichtungen der Strahlen geschickt gewählt werden. Die Verkürzung der Vorreaktionszeiten kann die Klopfneigung herabsetzen. Wenn es gelingt, in der Vorkammer arme Gemische zu zünden, kann man den Motor mit höherem Luftüberschuß betreiben. Es ergeben sich aber auch Schwierigkeiten. Das Abgas wird nicht aus der Vorkammer heraus gespült, und frisches Gemisch kommt nur bei der Verdichtung hinein, deshalb ist in der Regel der Abgasanteil in der Kammer größer. Weil dabei die Zündneigung kleiner wird, muß ein Ausgleich durch höhere Temperatur der Bohrungen und der Wandungen erreicht werden. Der Leerlauf ist schwerer zu beherrschen und das Anlassen macht insbesondere bei niedrigen Temperaturen Schwierigkeiten. Die aus den Bohrungen austretenden Gemischstrahlen dürfen nicht direkt auf den Kolben treffen, da dieser sonst örtlich überhitzt wird.

D. Kennlinien eines ausgeführten Ottomotors mit Vergaser

Um die in den vorstehenden Kapiteln geschilderten Zusammenhänge zu erläutern, wurde ein serienmäßiger wassergekühlter Vierzylinder-Reihenmotor durchgemessen, Ford Taunus 17 M, Baujahr 1963. Der Hub des Motors ist 76,6 mm, der Zylinderdurchmesser 84 mm, der Hubraum 1698 cm³. Als Vergaser dient der Solex 32 PICB der Deutschen

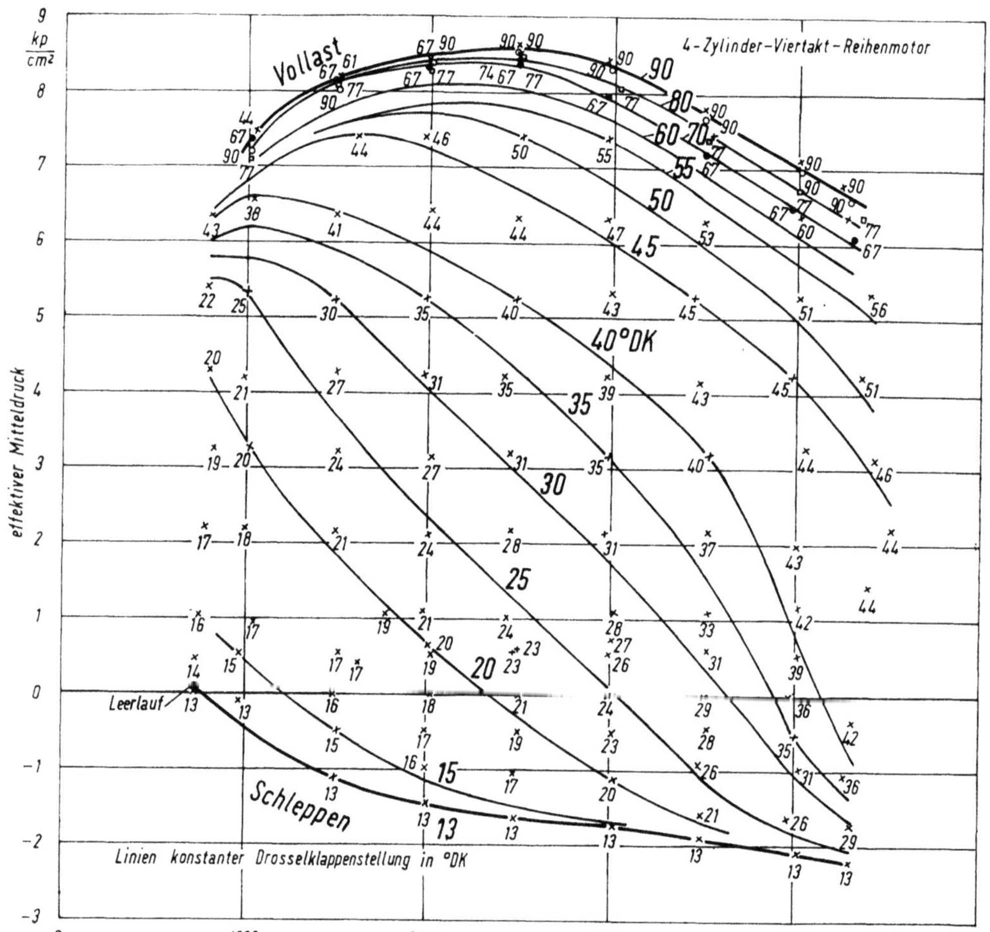

Abb. 384. Linien konstanter Drosselklappenstellung im Kennfeld

Vergasergesellschaft, Neuß, der dem in Abb. 239, S. 183, dargestellten Vergaser entspricht. Der Lufttrichter hat einen Durchmesser von 24,5 mm mit einem Einsatz für den Kraftstoffausfluß, der den freien Querschnitt um 71,3 mm² herabsetzt. Dieser Vergaser besitzt eine Einrichtung zur Zündverstellung.

Zwischen Vergaser und Zylinderkopf befindet sich eine Saugleitung ähnlich der in Abb. 337, S. 262, dargestellten Form. Die jeweils nebeneinanderliegenden Einlaßventile haben einen gemeinsamen Saugstutzen (siamesische Saugstutzen). Die Auspuffanlage ist die im Wagen übliche. Die Ventilsteuerzeiten sind: Auslaß öffnet 59 °KW vor UT, Auslaß schließt 37 °KW nach OT, Einlaß öffnet 35 °KW vor OT, Einlaß schließt 81 °KW nach

UT. Der Motor wurde teils mit einer Wasserbremse abgebremst, teils mit einem Pendeldynamometer angetrieben oder abgebremst. Als Kraftstoff wurde üblicher Tankstellen-Kraftstoff (Normalbenzin) verwendet. Die Kühlwassertemperatur betrug nach Vorschrift 85 °C. Die Lufttemperatur lag immer nahe bei der Normtemperatur von 20 °C. Für Teillast wurde nicht korrigiert, dagegen wurde die Vollastkurve auf Normzustand umgerechnet. Das Öl wurde auf normale Betriebstemperatur gebracht.

Das Ergebnis der Messungen ist in den Abb. 384 bis 400 dargestellt und ausgewertet. Es sei hinzugefügt, daß die in Abb. 217 bis 219, S. 154, über die Abgaszusammensetzung gemachten Angaben zum Teil früheren

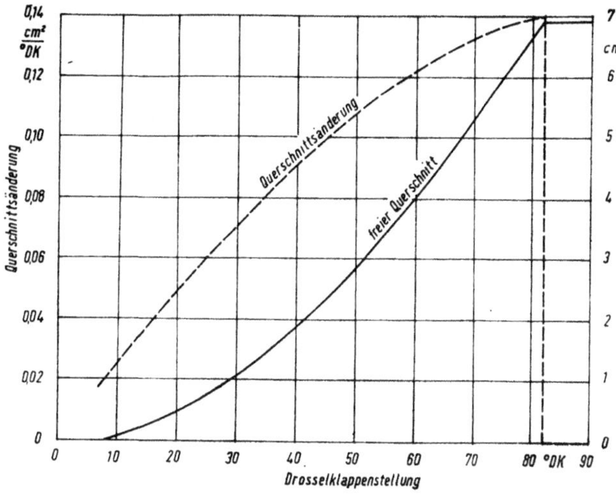

Abb. 385. Freier Querschnitt und Querschnittsänderung an der Drosselklappe des Vergasers

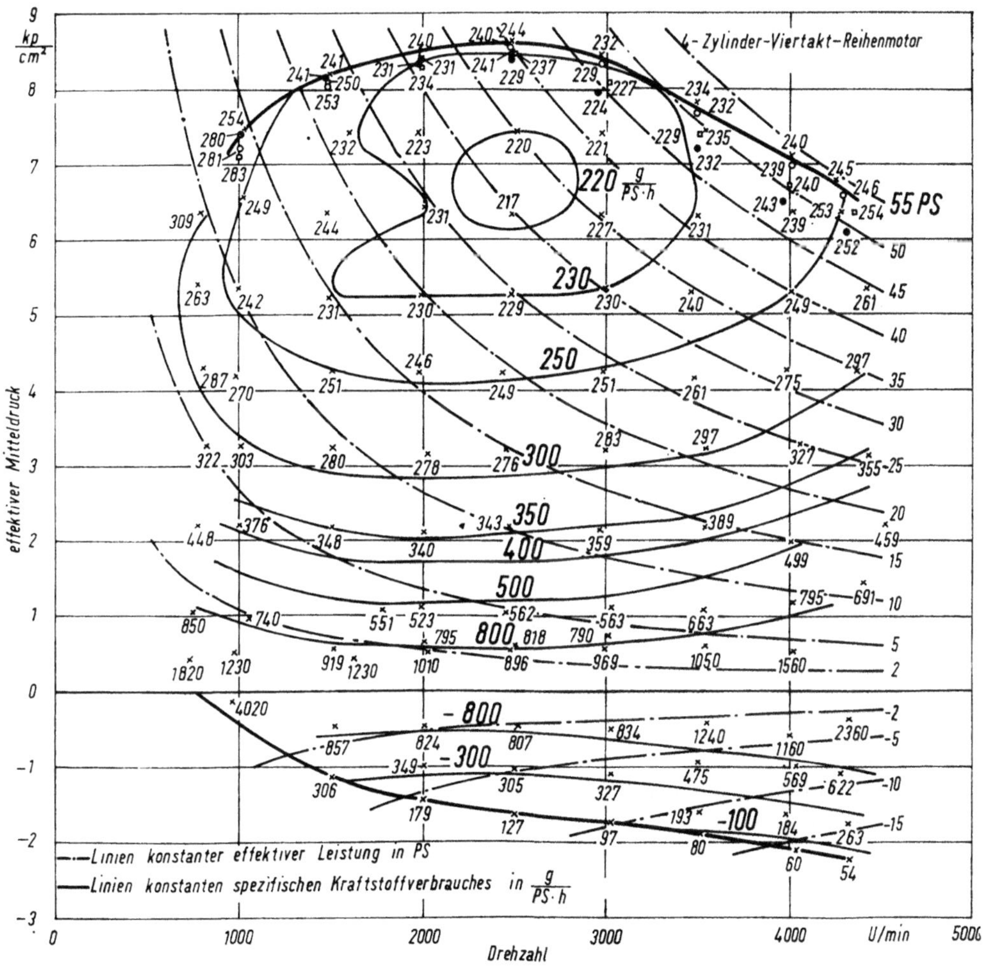

Abb. 386. Linien konstanter effektiver Leistung und konstanten spezifischen Kraftstoffverbrauches im Kennfeld

Messungen mit einem Motor derselben Bauart entstammen. In Abb. 384 ist über der Drehzahl der effektive Mitteldruck aufgetragen für Linien konstanter Drosselklappenstellung. 90° bedeutet voll geöffnete Drosselklappe; bei 13° erhält man Leerlauf, d. h. es ist nur noch ein schmaler Spalt geöffnet, der Luft eintreten läßt. Die Hauptdüse fördert noch keinen Kraftstoff. Die Leerlaufdrehzahl beträgt 750 U/min.

Bei niedrigen Drehzahlen kann man die Drosselklappe halb schließen, ehe eine größere Einbuße an Leistung eintritt. Auch bei hohen Drehzahlen geben die letzten 20° Drehung der Drosselklappe nur 10% Leistungsgewinn. Um bei höhereren Drehzahlen die Leistung

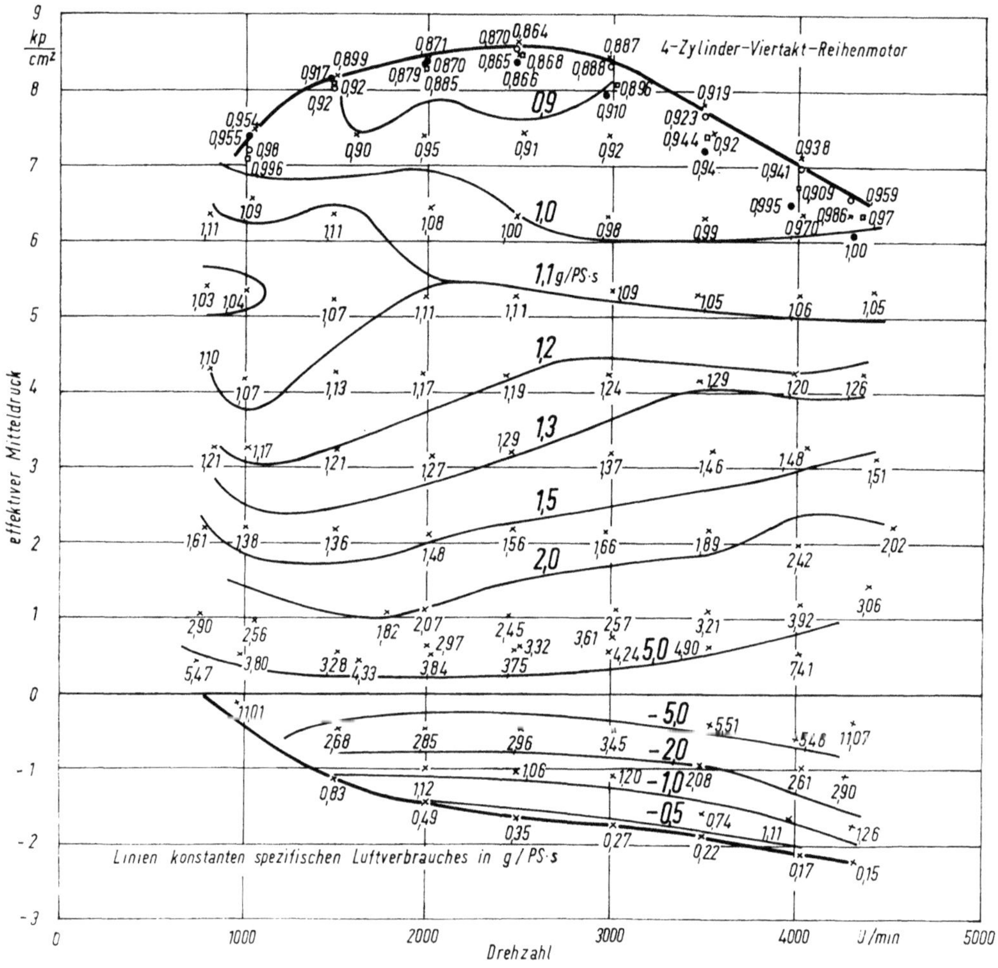

Abb. 387. Linien konstanten spezifischen Luftverbrauches im Kennfeld

Null zu erhalten, muß die Drosselklappe geöffnet werden, um durch vermehrte Gemischzufuhr die größeren Reibungs- und Drosselwiderstände überwinden zu können. Bei Höchstdrehzahl muß dafür die Klappe schon auf 40° geöffnet werden. Der freigegebene Querschnitt liegt jedoch erst bei 27% des größten Querschnittes, Abb. 385. Der Absolutdruck in der Saugleitung ist wegen des größeren Luftdurchsatzes noch klein, nämlich 0,70 ata. Der Abstand zwischen den Linien 40 und 45° Drosselklappenwinkel ist besonders groß, d. h. die Leistungszunahme ist in diesem Bereich sehr groß, insbesondere bei hohen Drehzahlen. Das ist dadurch begründet, daß die Querschnittsänderung schon 70% des Höchstwertes erreicht und der dadurch bedingte Abbau des Unterdruckes in der Saugleitung großen Einfluß auf den Mitteldruck hat.

Der Luftverbrauch je Leistung und Zeit, gemessen in g/PSs, s. Abb. 387, nimmt in diesem Bereich bei abnehmendem Mitteldruck besonders stark zu, deshalb ergibt sich bei kleiner Änderung des Drosselklappenwinkels schon eine sehr große Änderung des Mitteldruckes. Im Bereich hohen Mitteldruckes, wo reiches Gemisch vorhanden ist, ist die Änderung des Luftverbrauches je Leistung und Zeit erheblich kleiner und ebenso die Änderung des freigegebenen Drosselquerschnittes bei großen Drosselklappenwinkeln, weshalb dort die Linien konstanter Drosselklappenstellung enger zusammenliegen.

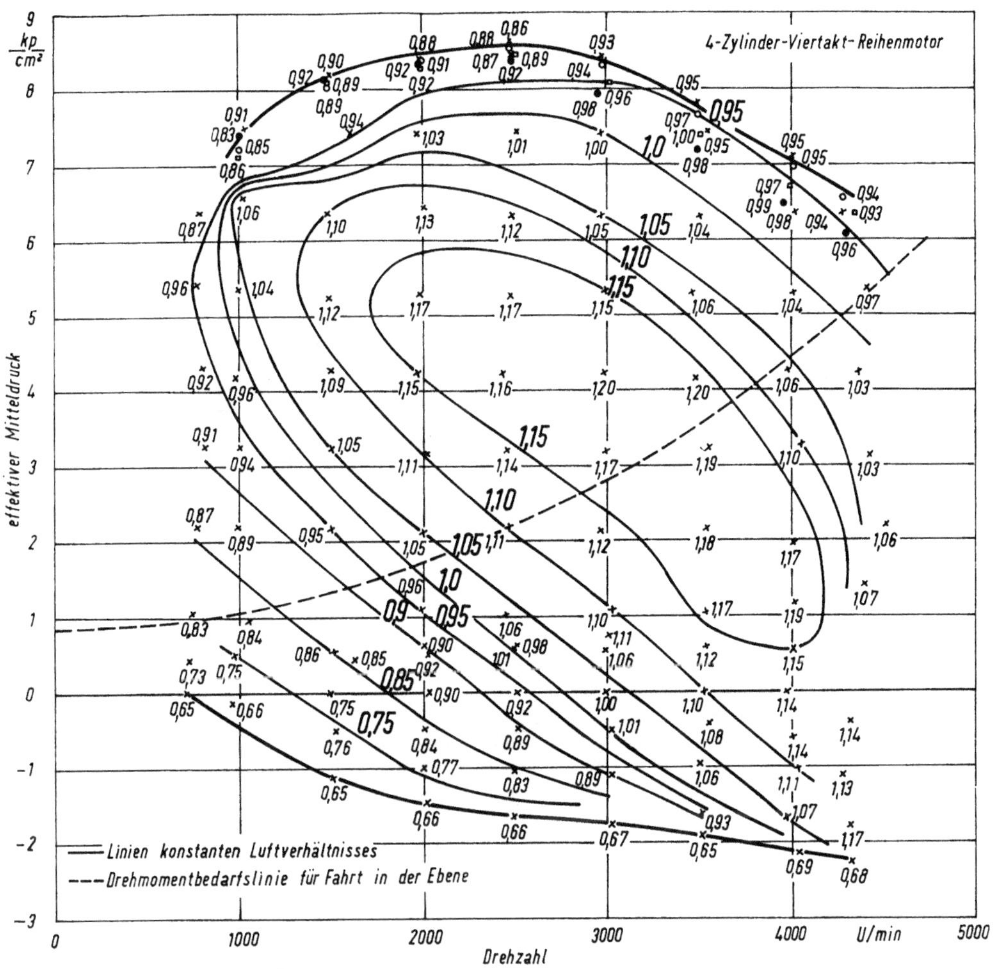

Abb. 388. Linien konstanten Luftverhältnisses im Kennfeld

Der große Abfall des Mitteldruckes zwischen 45° und 40° Drosselklappenwinkel bei 4000 U/min, Abb. 384, ist aber auch auf eine Verschleppung der Verbrennung zurückzuführen, weil die Zunahme des Abgasrestes bei dem mageren Gemisch sich stark auf die Flammengeschwindigkeit auswirkt. Dies kann auch durch die große Frühzündung nicht ganz ausgeglichen werden, Abb. 393, S. 294.

Bei der Drehzahl 1000 U/min nimmt der Mitteldruck zwischen 13 und 20° Drosselklappenwinkel sehr stark zu im Gegensatz zu den höheren Drehzahlen, was außer auf die größere Luftzufuhr in erster Linie auf die bessere Verbrennung zurückzuführen ist, weil durch die Abnahme des Ansaugunterdruckes weniger Abgas im Zylinder verbleibt. Auch liegt der Zündzeitpunkt früher. Der im Leerlauf niedrige Mitteldruck infolge schleppender Verbrennung wird nun bei größerer Flammengeschwindigkeit höher und ergibt besseren thermischen Wirkungsgrad.

In Abb. 386 ist über der Drehzahl der effektive Mitteldruck aufgetragen mit Linien gleicher Leistung als Hyperbeln. In dieses Diagramm ist der spezifische Kraftstoffverbrauch eingetragen. Der günstigste Verbrauch von 220 g/PSh liegt bei mittlerer Drehzahl bei 80% des höchsten Mitteldruckes. Der spezifische Kraftstoffverbrauch muß von da ab mit abnehmendem Mitteldruck immer stärker ansteigen und erreicht bei Leistung Null den Wert Unendlich. Im Bereich mittlerer Drehzahlen nimmt der spezifische Kraftstoffverbrauch von Vollast nach etwa 80% Last um etwa 8% ab, während er bei 3500 U/min bis 4000 U/min zunächst konstant bleibt und bei 75% Last anfängt zuzunehmen. Über

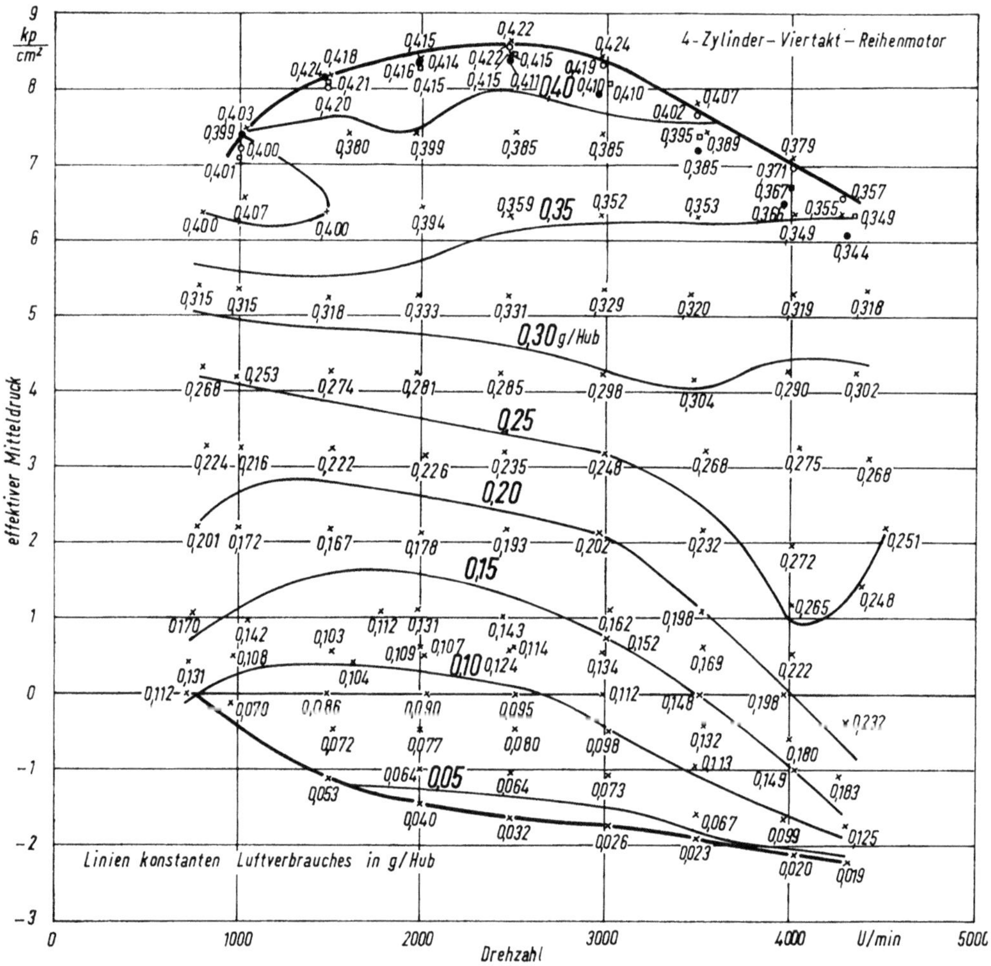

Abb. 389. Linien konstanten Luftverbrauches pro Hub im Kennfeld

4000 U/min nimmt der spezifische Kraftstoffverbrauch mit abnehmender Last ständig zu. Die Vollastverbrauchszahlen sind günstig, mit Ausnahme des praktisch nie gebrauchten Punktes bei 1000 U/min, wo Schwingungen der Luftsäule eine Anreicherung ergeben. Der zu diesem Motor gehörende Wagen ergibt eine Drehmomentbedarfskurve in der Ebene, die etwa von 6,0 kp/cm² bei 4700 U/min parabelartig zu einem Mitteldruck von 1,1 kp/cm² bei 1000 U/min verläuft, vgl. Abb. 388. Der Verbrauch liegt dabei im wichtigsten Gebiet zwischen 260 und 350 g/PSh.

Abb. 387 zeigt wiederum den effektiven Mitteldruck über der Drehzahl, wobei der spezifische Luftverbrauch in g/PSs eingetragen ist. Für die Leistung eines Motors ist der spezifische Luftverbrauch und die je Zeit angesaugte Luftmenge entscheidend. Der kleinste spezifische Luftverbrauch wird auf der Vollastlinie erreicht. Das Minimum mit 0,864 g/PSs liegt am Punkt des höchsten Mitteldruckes. Bei zunehmender Drehzahl nimmt der spezifische Luftverbrauch wegen der wachsenden mechanischen und pneumatischen Verluste zu. Bei der Leistung Null muß er Unendlich sein. Eine Unstetigkeitsstelle im Betrag von 6% liegt bei 5,4 kp/cm² und 1000 U/min. An dieser Stelle liegen die Linien konstanten Unterdruckes in der Saugleitung sehr eng zusammen.

Auch in Abb. 388 ist der effektive Mitteldruck über der Drehzahl aufgetragen, wobei das Luftverhältnis eingezeichnet ist, d. h. das Verhältnis der angesaugten Luftmenge zu

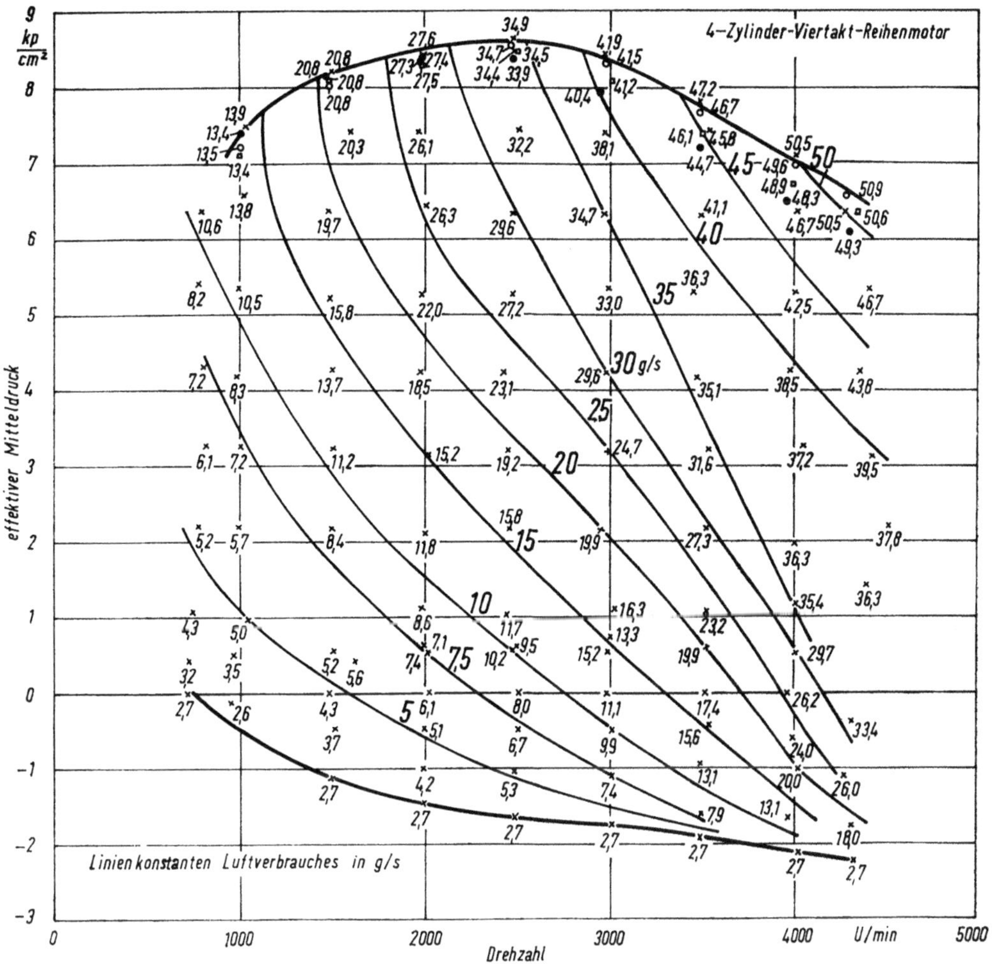

Abb. 390. Linien konstanten Luftverbrauches pro Zeit im Kennfeld

der theoretisch für vollständige Verbrennung erforderlichen Luftmenge. Auf der Vollastlinie ist reiches Gemisch vorhanden, das unterhalb von 3000 U/min bei 0,9 liegt; über 3000 U/min steigt das Luftverhältnis auf etwa 0,95. Die größte Klopfneigung hat ein Gemisch von 0,95 bis 1,0. Auf der Vollastlinie wurde daher bei den niedrigen Drehzahlen das niedrige Luftverhältnis gewählt, um die Klopfneigung des Motors herabzusetzen. Bei Drehzahlen über 3000 U/min ist die Klopfneigung wegen der kürzeren Zeiten der Vorreaktionen und der schnelleren Verbrennung ohnedies gering. Schon 12% unterhalb der Vollastlinie wird ein Luftverhältnis von 1,0 erreicht. Über ein weites Gebiet im mittleren Bereich liegen die Luftverhältnisse erheblich über 1,0 und gehen bis zu 1,2 bei einwandfreiem Motorlauf. Auf der Drehmomentbedarfskurve des Wagens in der Ebene liegt das

Luftverhältnis ab einer Drehzahl von 1900 U/min (1,7 kp/cm² Mitteldruck) bis 4300 U/min (5,0 kp/cm² Mitteldruck) über dem Wert 1,0. Im Leerlauf und beim Schleppen ist das Luftverhältnis 0,65 bei der gewählten Einstellung. Vielleicht könnte man auch im praktischen Betrieb hier etwas ärmer fahren. Auf der Schleppleistungslinie ist das Luftverhältnis konstant, da an den Öffnungen des Vergasers zum Saugstutzen Schallgeschwindigkeit herrscht und infolgedessen die angesaugte Luftmenge auch bei steigender Drehzahl konstant ist und deshalb auch die geförderte Kraftstoffmenge.

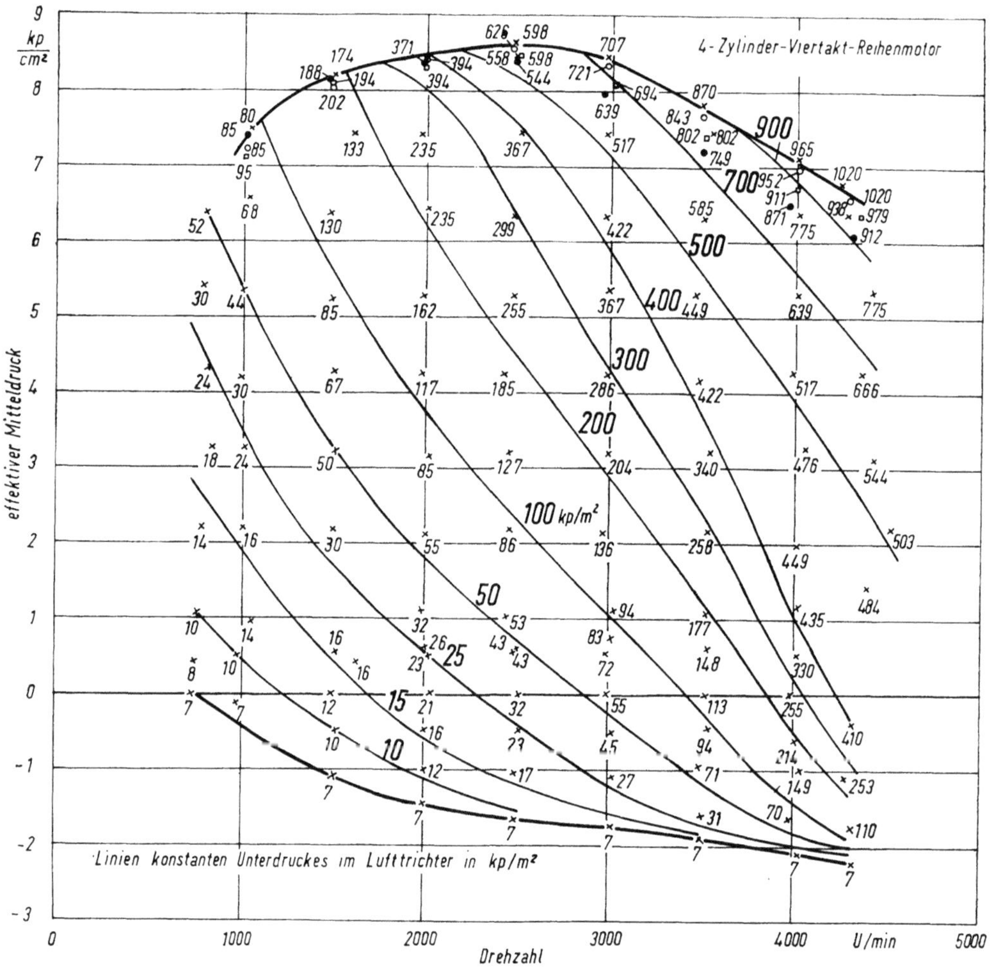

Abb. 391. Linien konstanten Unterdruckes im Lufttrichter im Kennfeld

Aus den Luftmengenmessungen kann der Luftverbrauch je Hub abgeleitet werden. Dieser ist in Abb. 389 eingetragen, wobei der Mitteldruck über der Drehzahl dargestellt ist. Auf der Vollastlinie ist der Luftverbrauch je Hub am größten. Er nimmt stetig ab bis zur Schleppleistung. Die Abnahme ist jedoch nicht linear, sondern zeigt einen Zusammenhang mit dem Luftverhältnis. Bei großem Luftverhältnis ergibt sich aus einem bestimmten Luftverbrauch je Hub ein kleinerer effektiver Mitteldruck als bei kleinem Luftverhältnis. Auch die Verbrennungsvorgänge spielen eine Rolle, speziell in der Nähe von 0 kp/cm².

Abb. 390 zeigt den Luftverbrauch je Zeit im Diagramm effektiver Mitteldruck über der Drehzahl. Der Luftverbrauch je Zeit, also der Luftstrom, ist naturgemäß bei der höchsten Leistung am größten. Der kleinste Wert wird bei Leerlauf und Schleppleistung erreicht. Der Luftstrom ist auf dieser Linie konstant über der Drehzahl, da an den Lufteintrittsstellen des Vergasers Schallgeschwindigkeit herrscht und infolgedessen auch bei wachsendem Unterdruck keine größere Luftmenge eingesaugt werden kann.

Der Unterdruck im Lufttrichter ist für die Funktion des Vergasers von entscheidender Bedeutung. In Abb. 391 ist dieser im Diagramm effektiver Mitteldruck über der Drehzahl dargestellt. Da der Lufttrichter konstanten Querschnitt hat, bedeutet der Unterdruck im Lufttrichter eine Meßgröße für die durchfließende Luftmenge, wenn man noch die Reynoldssche Zahl berücksichtigt. Der größte Unterdruck ergibt sich bei der höchsten Drehzahl auf der Vollastkurve mit 1020 kp/m². Auf der Schleppleistungskurve liegen die

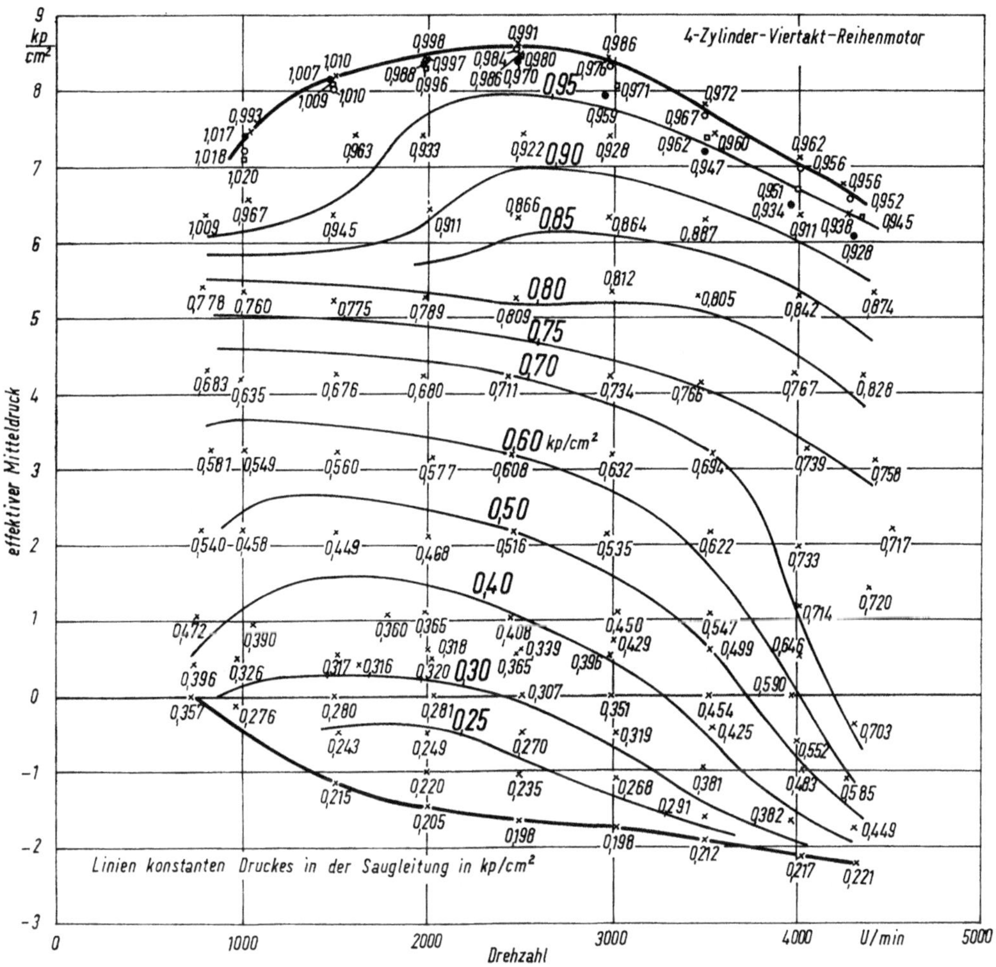

Abb. 392. Linien konstanten Druckes in der Saugleitung im Kennfeld

Werte konstant mit 7 kp/m², d. h. ganz knapp unter dem Wert, bei dem die Hauptdüse zu fördern beginnt. Da sich der Unterdruck im Lufttrichter mit dem Quadrat der Luftmenge ändert, ist bei Vollast und niedrigen Drehzahlen nur ein Unterdruck von 80 kp/m² vorhanden.

Hinter der Drosselklappe herrscht der Druck in der Saugleitung, der in Abb. 392 im Diagramm effektiver Mitteldruck über der Drehzahl eingetragen ist. Bei niedriger Drehzahl und voll geöffneter Drosselklappe ist der Druck in der Saugleitung nur etwa 0,01 kp/cm² kleiner als der Barometerdruck. Die Widerstände ergeben sich aus dem Luftfilter, der Saugleitung, dem Vergaser durch Lufttrichter, Kraftstoffzutritt und Drosselklappe, sowie aus dem Druckverlust zur Beschleunigung der Luft. Bei voll geöffneter Drosselklappe und höchster Drehzahl liegt der Druck bei 0,952 kp/cm². Am entsprechenden Punkt ist der Unterdruck im Lufttrichter, Abb. 391, 0,102 kp/cm². Aus der Differenz zum Barometerstand von 1,025 kp/cm² ergibt sich, daß im Diffusor des Lufttrichters ein Druckrückgewinn von über 0,029 kp/cm², d.h. über 28% stattgefunden haben muß. Allerdings ist dabei auf die Meßungenauigkeit bei der Messung des Druckes der schwingenden Luftsäule im Saugrohr hinzuweisen.

Der Druck bei Leerlauf beträgt 0,35 kp/cm² und sinkt im Schleppbetrieb auf 0,20 kp/cm² ab. Bei sehr hohen Drehzahlen nimmt der Druck wieder etwas zu, weil der Rückdruck

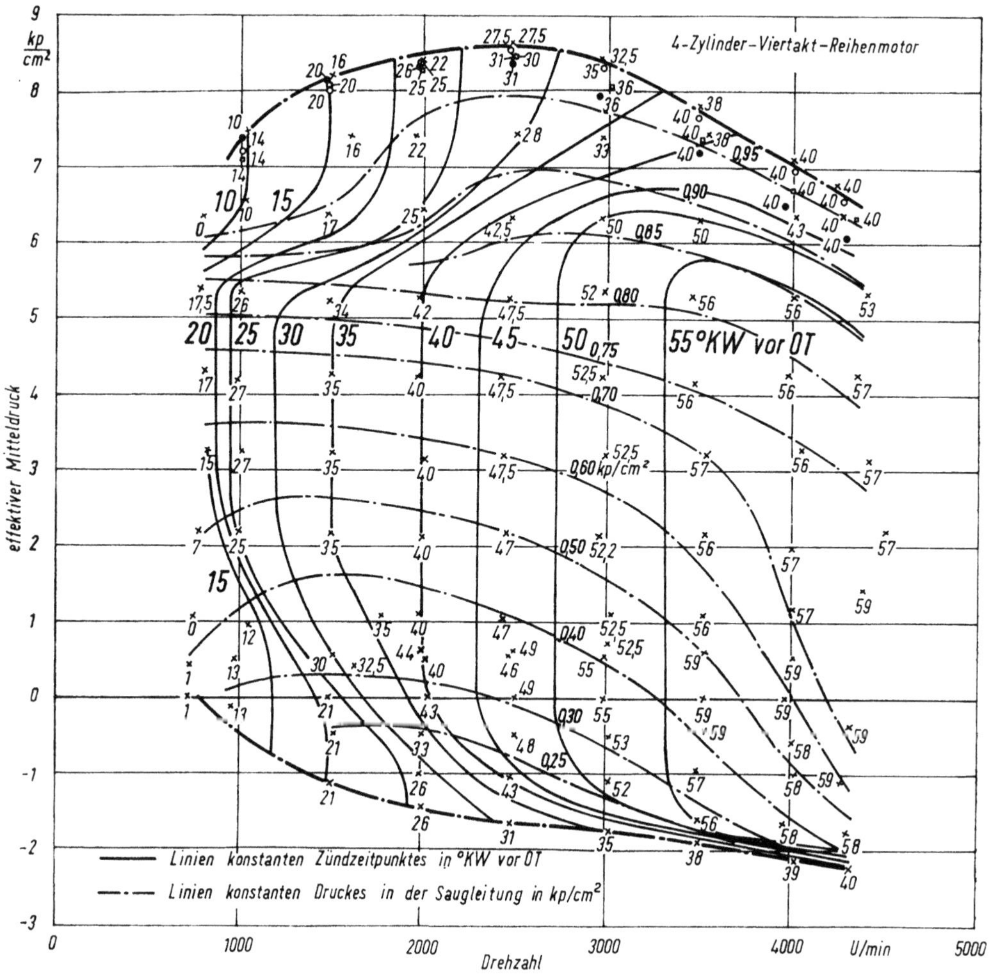

Abb. 393. Linien konstanten Zündzeitpunktes und konstanten Druckes in der Saugleitung im Kennfeld

vom Abgas her wieder größer wird. Es ist hier zu beachten, daß der Motor eine ziemlich große Ventilüberschneidung hat. Bei Motoren mit kleiner Überschneidung liegt der Druck bei Leerlauf bei 0,3 bis 0,25 kp/cm² und nimmt im Schleppbetrieb auf weniger als 0,2 kp/cm² ab. Auf die große Ventilüberschneidung, sowie auf frühere Zündung, ist zurückzuführen, daß auf der Linie für Mitteldruck Null eine Abnahme des Druckes im Saugrohr bis 0,28 kp/cm² eintritt, obwohl die Reibungswiderstände zunehmen, und daß erst bei 3000 U/min der Druck des Leerlaufpunktes wieder erreicht ist.

In Abb. 393 ist wiederum der Mitteldruck über der Drehzahl aufgetragen, wobei die Linien konstanter Zündzeit und Linien konstanten Ansaugdruckes eingezeichnet sind. Die Zündung wird durch einen Fliehkraftregler verstellt, der bei 700 U/min ausgehend von 0 bis 1° Frühzündung zu wirken beginnt und bei 3700 U/min den größten Ausschlag mit 40° Frühzündung erreicht. Die Verstellung mit der Drehzahl ist aus Abb. 394 zu ersehen. Außer der Fliehkraftverstellung ist auch noch eine Zündzeitverstellung in Abhängigkeit vom Unterdruck an der Drosselklappe vorhanden. Die Druckentnahmebohrung dazu befindet sich hinter dem Lufttrichter des Vergasers derart, daß sie bei geschlossener Drosselklappe ganz wenig oberhalb von dieser liegt, also den Druck vor der Drosselklappe überträgt, bei einer sehr kleinen Drehung aber schon unter den Einfluß des Unterdruckes hinter der Drosselklappe kommt. Dieser Unterdruck ist bei kleiner Öffnung der Klappe und hoher Drehzahl sehr groß, bei Vollast aber wieder klein. Der Unterdruck wird zu einer Membran geleitet, gegen die eine Feder drückt. Bei geschlossener Drosselklappe ist die Unterdruckverstellung Null, weil die Entnahmestelle des Druckes oberhalb der Drosselklappe liegt. Bei fast offener Drosselklappe und niedriger Drehzahl, bis 2500 U/min, ist die Unterdruckverstellung ebenfalls Null, bei hoher Drehzahl ist sie nur bei voll geöffneter Drosselklappe Null. In

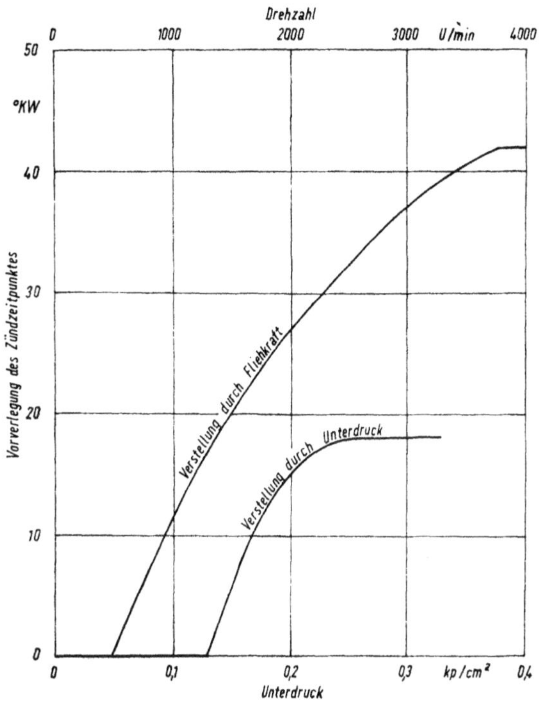

Abb. 394. Verstellbereich der Zündung durch Unterdruck und Fliehkraft

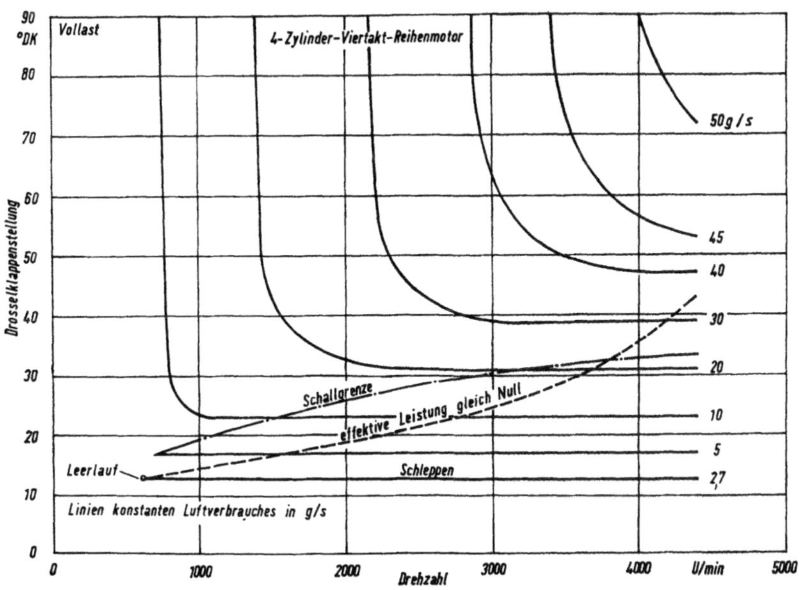

Abb. 395. Drosselklappenstellung in Abhängigkeit von Luftverbrauch pro Zeit und Drehzahl

dem dazwischen liegenden Teillastgebiet wird die Zündung bis zu 17° durch den Unterdruck vorgestellt. An der Bohrung in Drosselklappennähe und damit an der Membran herrschen nach Beginn der Drosselklappenöffnung die durch die Linien konstanten Druckes

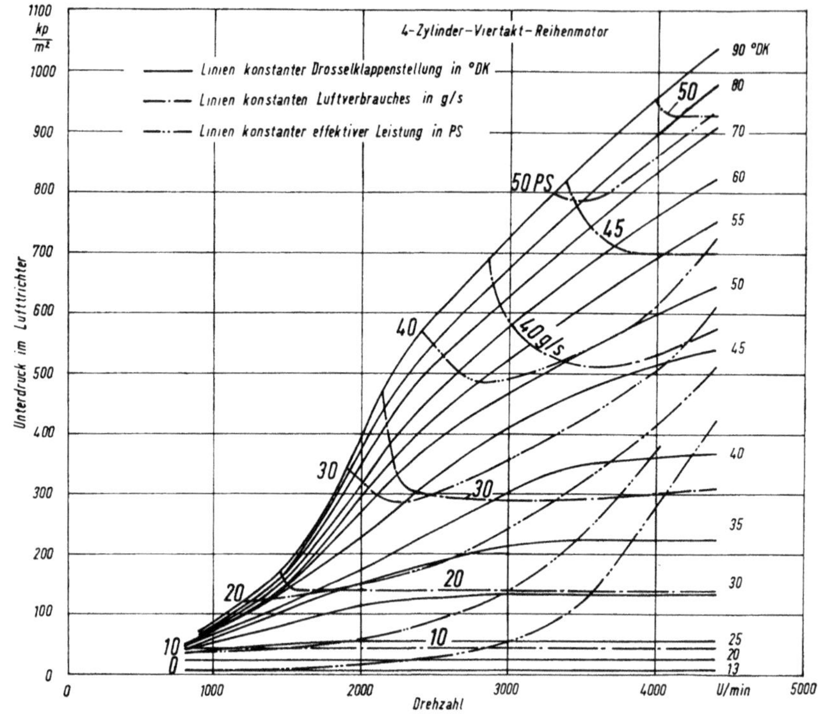

Abb. 396. Unterdruck im Lufttrichter in Abhängigkeit von Drosselklappenstellung, Luftverbrauch pro Zeit, effektiver Leistung und Drehzahl

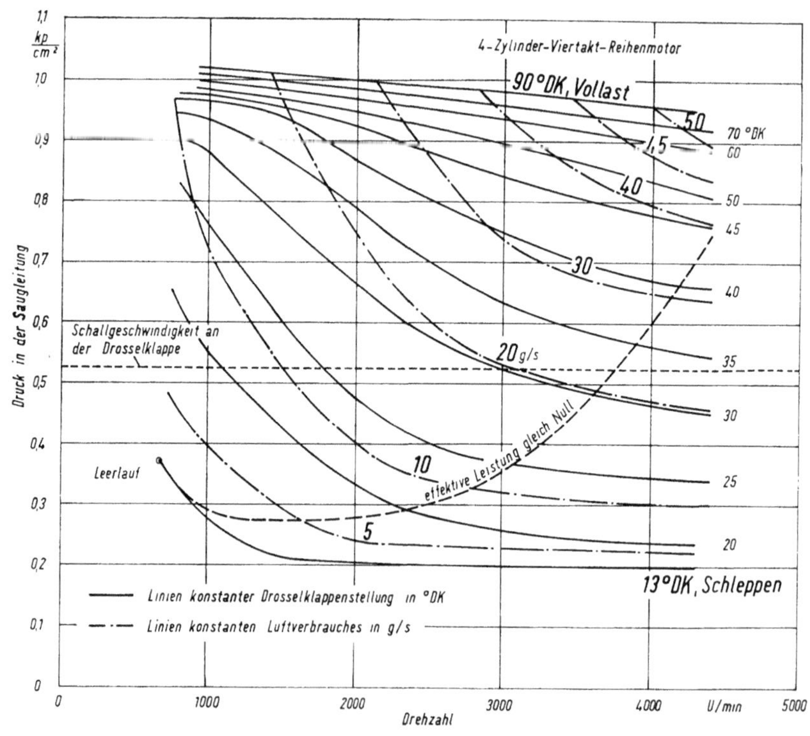

Abb. 397. Druck in der Saugleitung in Abhängigkeit von Drosselklappenstellung, Luftverbrauch pro Zeit und Drehzahl

in der Saugleitung angegebenen Drücke, über denen in Abb. 394 die Zündverstellung eingetragen ist. Beachtenswert ist die große Vorzündung im mittleren Lastbereich, die zum Ausgleich der kleinen Flammengeschwindigkeit der in diesem Gebiet verwendeten armen Gemische notwendig ist.

In Abb. 395 ist die Drosselklappenstellung über der Drehzahl aufgetragen mit Linien konstanter Luftmenge je Zeit. Aus den nahezu senkrechten Ästen der Kurven ist zu ersehen, bei welchen Drehzahlen eine stärkere Öffnung der Drosselklappe keinen merklichen Zuwachs an Luftdurchsatz und damit an Leistung mehr bringt. Man kann aus der Abb.

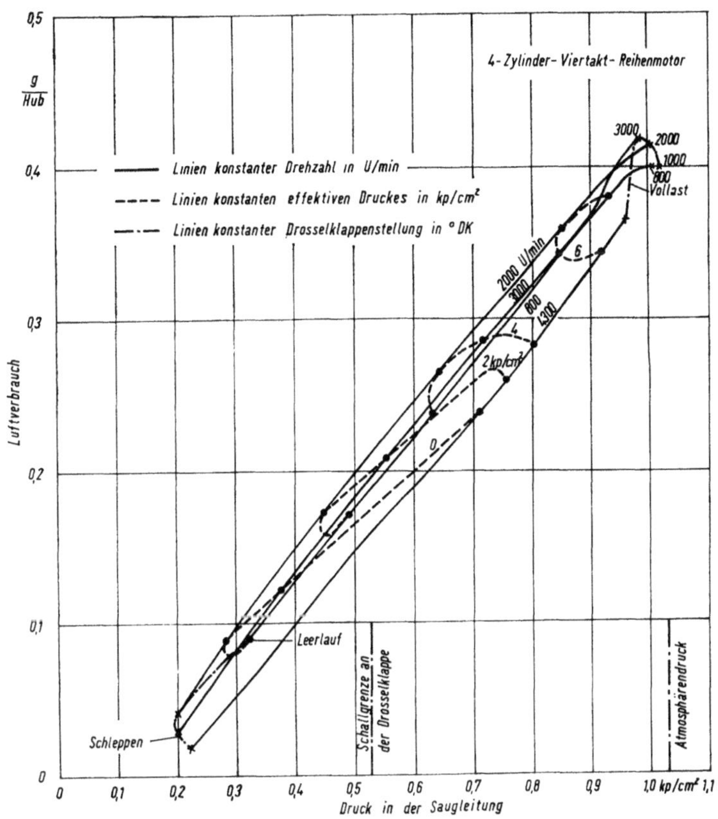

Abb. 398. Luftverbrauch pro Hub in Abhängigkeit von Drehzahl, effektivem Mitteldruck, Drosselklappenstellung und Druck in der Saugleitung

deshalb ersehen, daß z. B. die Anwendung eines Registervergasers nur bei Drehzahlen über 4000 U/min eine Verbesserung der Leistung ergeben könnte. Unterhalb der Schallgrenze müssen die Linien horizontal verlaufen, da gleicher Drosselklappenstellung dann gleicher Luftdurchsatz zugeordnet ist, unabhängig von der Drehzahl und vom Unterdruck in der Saugleitung. Die erforderliche Vergrößerung der Drosselklappenöffnung, um bei hohen Drehzahlen die Leistung Null zu erreichen, ist klar ersichtlich.

In Abb. 396 ist der Unterdruck im Lufttrichter über der Drehzahl dargestellt. Dabei sind Linien konstanter Drosselklappenstellung, Linien konstanten Luftverbrauches und Linien konstanter effektiver Leistung eingetragen. Die Linien konstanten Luftverbrauches müßten horizontal verlaufen, da der Lufttrichter ja als Luftmengenmeßgerät wirkt, und infolgedessen einem bestimmten Unterdruck eine bestimmte Luftmenge zugeordnet sein muß. Da der Luftverbrauch und der Unterdruck im Lufttrichter zugeordnete Größen sind, hängt der Verlauf der Leistungslinien vom spezifischen Luftverbrauch ab. Der spezifische Luftverbrauch ist nach Abb. 387, S. 288, am kleinsten auf der Vollastlinie und nimmt nach unten stetig zu. Deshalb müßten auch die Linien für die Leistung in Abb. 396 bei 90° Drosselklappenöffnung den niedrigsten Unterdruck im Lufttrichter zeigen und nach rechts oben ansteigen. Die Abweichungen können nur mit Schwingungseinflüssen erklärt werden, wodurch die Größe des Unterdruckes im Lufttrichter beeinflußt wird. Unterstützt wird diese Annahme durch den Verlauf der Menge pro Zeit, welche auch zur Volllastlinie hin zu größerem Unterdruck geht. Die Linien für konstante Drosselklappenstellung sind in ihrer Form schwieriger zu interpretieren, da eine größere Zahl von Einflüssen zusammenwirken. Wichtig ist vor allem die Erkenntnis, daß der Lufttrichter als

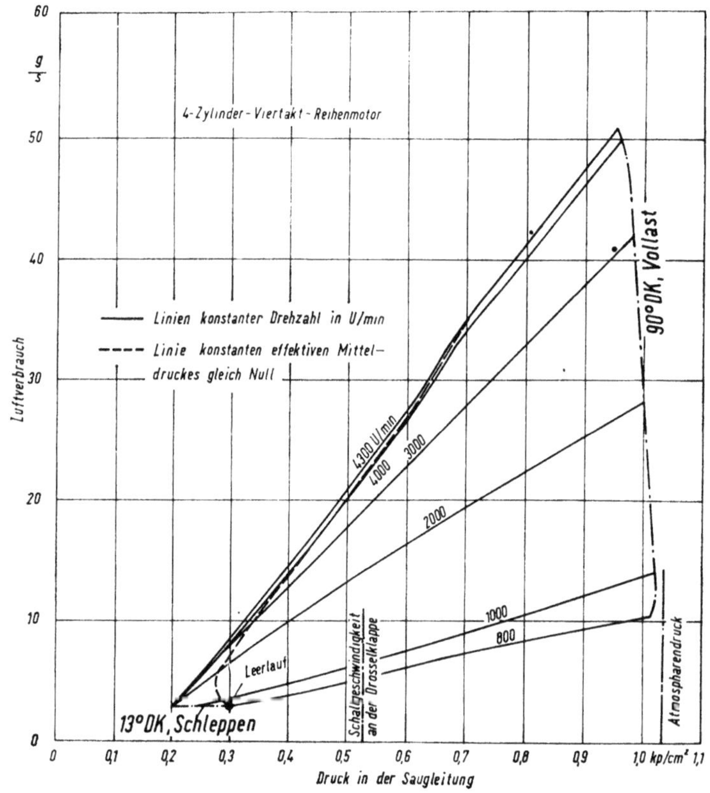

Abb. 399. Luftverbrauch pro Zeit in Abhängigkeit von Drehzahl und Druck in der Saugleitung

Luftmengenmeßdüse durch den zugemischten Kraftstoff beeinflußt wird und deshalb bei veränderten Strömungsgeschwindigkeiten die Druckdifferenz nicht nur nach den einfachen Durchströmgleichungen berechnet werden kann.

In Abb. 397 ist der Druck in der Saugleitung über der Drehzahl aufgetragen. Es sind die Linien konstanter Drosselklappenwinkel und konstanten Luftverbrauches je Zeit eingetragen. Der Druck in der Saugleitung sinkt mit zunehmender Drehzahl bei konstanter Drosselklappenstellung. Bei Luftgeschwindigkeiten an der Drosselklappe, die kleiner als die Schallgeschwindigkeit sind, weichen die Kurven für den Luftverbrauch und die Drosselklappenstellung stark voneinander ab. Bei Druckdifferenzen, die Schallgeschwindigkeit an der Drosselklappe ergeben, verlaufen sie gleich. Der steile Anstieg des Druckes in der Saugleitung für die effektive Nulleistung kommt in diesem Bild gut zum Ausdruck.

In Abb. 398 ist der Luftverbrauch je Hub über dem Druck der Saugleitung aufgetragen. Eingetragen sind Linien konstanter Drehzahl, konstanten effektiven Druckes und konstanter Drosselklappenstellung. Der Luftverbrauch je Hub ist bei gegebenem Druck in der Saugleitung bei etwa 2000 U/min am größten und nimmt mit zunehmender Drehzahl ab. Bei 800 bis 1000 U/min ist er ebenfalls geringer als bei 2000 U/min. Legt man aber einen bestimmten Mitteldruck zugrunde, dann ist im Teillastgebiet der Luftverbrauch je Hub bei der höchsten Drehzahl am größten, bei 6 kp/cm² jedoch bei der kleinsten Drehzahl. Bei Vollast ist der Luftverbrauch je Hub bei 3000 U/min am größten und fällt zur Höchstdrehzahl hin stark ab, zu den kleineren Drehzahlen jedoch nur wenig.

In Abb. 399 ist der Luftverbrauch je Zeit über dem Druck in der Saugleitung aufgetragen. Es sind Linien konstanter Drehzahl eingetragen, außerdem die Kurve für Schleppbetrieb, Leistung Null und Vollast. Wiederum fällt auf, daß der Luftverbrauch bei der

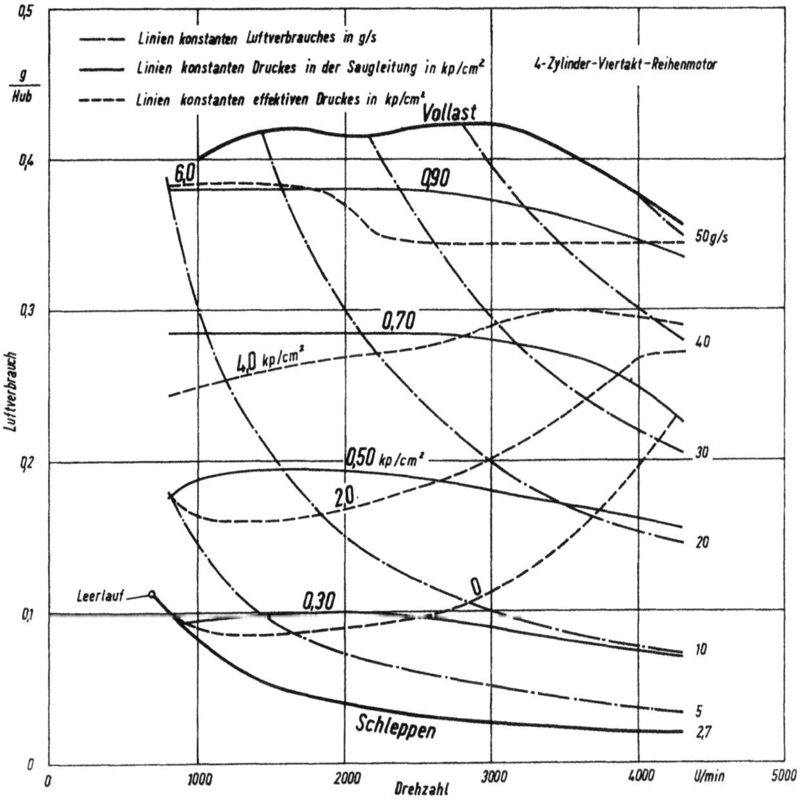

Abb. 400. Luftverbrauch pro Hub in Abhängigkeit von Luftverbrauch pro Zeit, Druck in der Saugleitung, effektivem Mitteldruck und Drehzahl

Leistung Null bei hohen Drehzahlen sehr groß ist. Während die Linien für 800 bis 3000 U/min nur ganz wenig gekrümmt sind, haben die Kurven für 4000 und 4300 U/min eine Krümmung mit Wendepunkt.

In Abb. 400 ist der Luftverbrauch je Hub über der Drehzahl aufgetragen und dabei Linien konstanten Luftverbrauches je Zeit, Linien konstanten Druckes in der Saugleitung und Linien konstanten effektiven Druckes eingetragen. Die Linien konstanten Luftverbrauches je Zeit sind hierbei Hyperbeln. Wenn die Ventile keinen Strömungswiderstand hätten, wenn nicht durch Überschneidung der Steuerzeiten und durch das Auspuffsystem, sowie durch die Temperaturen der Brennraumwände weitere Einflüsse vorhanden wären, dann müßte bei konstantem Druck in der Saugleitung der Luftverbrauch je Hub über der Drehzahl konstant sein. Er nimmt aber etwas ab mit zunehmender Drehzahl. Die geringe Abnahme des Luftverbrauches je Hub bei niedrigen Ladedrücken und kleinen Drehzahlen ist auf die genannten sekundären Einflüsse, insbesondere die Überschneidung zurückzuführen. Der Luftverbrauch je Hub nimmt bei niedrigen effektiven Drücken mit der Drehzahl zu, was durch den vergrößerten Reibungseinfluß zu erklären ist, zum Teil aber auch durch die Erhöhung des Luftverhältnisses. Die Abnahme des Luftverbrauches der Linie für 6 kp/cm² effektiven Mitteldruck zwischen 1800 und 2400 U/min mag mit den Verbrennungsvorgängen zu tun haben, insbesondere mit dem Verstellen zu größerer Frühzündung.

In Abb. 401 sind die Ergebnisse von Versuchen zur Ermittlung der Reibleistung des Motors aufgetragen. Dabei liegen die Temperatur im Ölsumpf bei 55 °C, die Kühlwassertemperatur bei 85 °C. Diese Temperaturen entsprechen den Mittelwerten, die sich bei

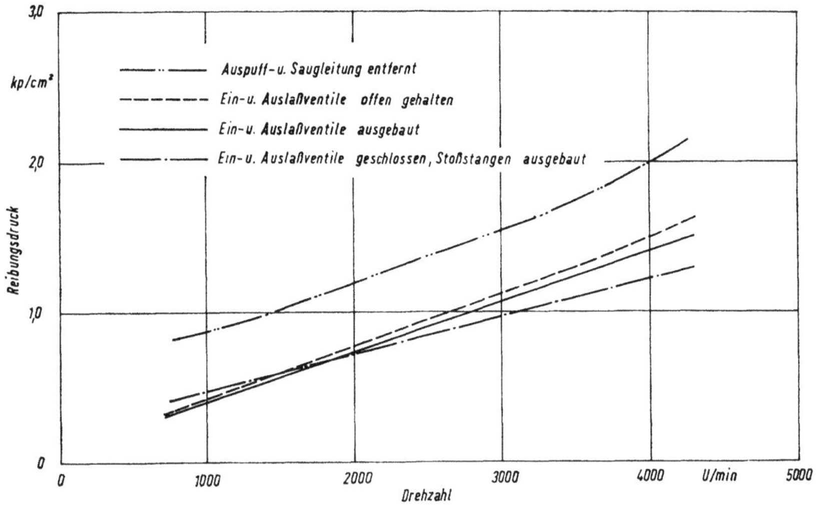

Abb. 401. Reibungsdruck in Abhängigkeit von der Drehzahl bei unterschiedlichen Ein- und Auslaßbedingungen

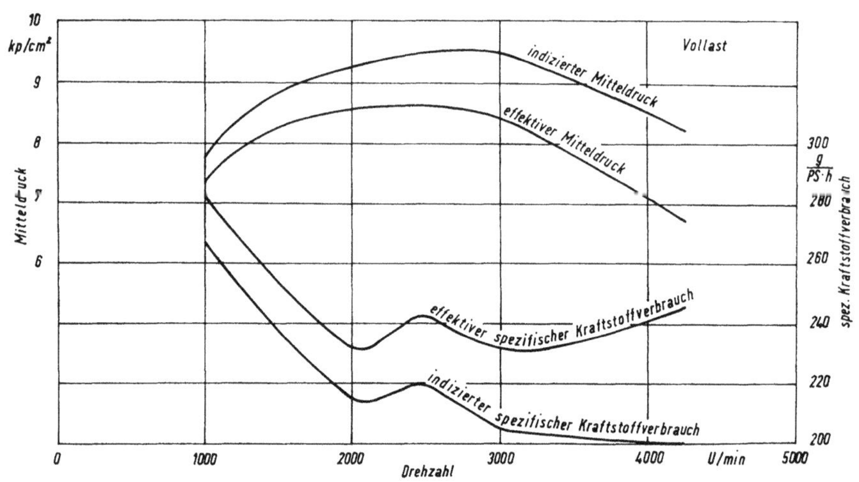

Abb. 402. Mitteldruck und spezifischer Kraftstoffverbrauch in Abhängigkeit von der Drehzahl für Vollast

Messungen des positiven Kennfeldes einstellen. Der größte Reibungsdruck bei den vier unterschiedlichen Versuchsreihen tritt ein, wenn nur die Auspuff- und Saugleitung entfernt wird, der Ventilantrieb jedoch normal arbeitet. Der Reibungsdruck vermindert sich erheblich, wenn entweder Ein- und Auslaßventil zwangsläufig offen oder geschlossen gehalten oder wenn alle Ventile ausgebaut werden.

Für die Berechnung des indizierten Mitteldruckes und des indizierten spezifischen Kraftstoffverbrauches, Abb. 402, ist der in Abb. 401 ausgezogene Verlauf des Reibungsdruckes benutzt worden. Der Verlauf des effektiven Mitteldruckes und des effektiven spezifischen Verbrauches in Abb. 401 entspricht den in den Kennfeldern für Vollast aufgetragenen Werten.

Anhang

Bezeichnungen und Formeln der im Text erwähnten chemischen Verbindungen

(Tabelle 20)

Acetaldehyd	$CH_3\cdot CHO$
Aceton	$CH_3\cdot CO\cdot CH_3$
Acetylen	$CH{:}CH$
Acrolein	$CH_2{:}CH\cdot CHO$
Aldehyde	$-CHO$
Aliphaten	C_nH_{2n+2}
Alkohole	$C_nH_{2n+2}\cdot OH$
Aluminiumoxid	Al_2O_3
Anilin	$C_6H_5NH_2$
Äthan	$CH_3\cdot CH_3$
Äthanol	$CH_3\cdot CH_2\cdot OH$
Äthylanilin	$C_6H_5\cdot NH\cdot C_2H_5$
Äthylbenzol	$C_2H_5\cdot C_6H_5$
Äthylen	$CH_2{:}CH_2$
1,2-Äthylendibromid	$CH_2Br\cdot CH_2Br$
1,2-Äthylendichlorid	$CH_2Cl\cdot CH_2Cl$
Äthylgruppe	$-C_2H_5$
Äthyljodid	$C_2H_5\cdot J$
Äthylnitrit	$C_2H_5\cdot NO_2$
Äthylradikale	$-C_2H_5$
Benzol	C_6H_6
Benzylanilin	$C_6H_5\cdot CH_2\cdot NH\cdot C_6H_5$
Blei(II)-bromid	$PbBr_2$
Blei(II)-chlorid	$PbCl_2$
Bleidimethyldiäthyl	$(CH_3)_2\cdot Pb\cdot (C_2H_5)_2$
Bleidioxid	PbO_2
Bleihalogenide	PbR_2(R=Cl, Br, J)
Bleimethyltriäthyl	$CH_3\cdot Pb\cdot (C_2H_5)_3$
Bleimonoxid	PbO
Bleiorthophosphat	$Pb_3(PO_4)_2$
Blei(IV)-oxid	PbO_2
Bleioxide	PbO, PbO_2, Pb_3O_4
Blei(II)-oxi-halogenide	$PbR_2\cdot PbO$ (R=Cl, Br, J)
Blei(II)-oxi-sulfat	$PbSO_4\cdot PbO$
Bleiphosphat	$Pb_3\cdot (PO_4)_2$
Bleisulfat	$PbSO_4$
Bleitetraäthyl	$(C_2H_5)_4\cdot Pb$
Bleitetramethyl	$(CH_3)_4\cdot Pb$
Bleitrimethyläthyl	$(CH_3)_3\cdot Pb\cdot C_2H_5$
Butadien	$CH_2{:}CH\cdot CH{:}CH_2$
Butan	$CH_3\cdot CH_2\cdot CH_2\cdot CH_3$
n-Butyl-Benzol	$C_6H_5\cdot CH_2\cdot CH_2\cdot CH_2\cdot CH_3$
Carbonylgruppe	$>C{:}O$
Cetan	$CH_3\cdot (CH_2)_{14}\cdot CH_3$
Crotonaldehyd	$CH_3\cdot CH{:}CH\cdot CHO$
Cumol	$(CH_3)_2\cdot CH\cdot C_6H_5$
Cyclobutan	C_4H_8
Cycloheptan	C_7H_{14}
Cyclohexan	C_6H_{12}
Cyclohexen	C_6H_{10}
Cycloparaffine	C_nH_{2n}
Cyclopentan	C_5H_{10}
Cyclopenten	C_5H_8
Decan	$CH_3\cdot (CH_2)_8\cdot CH_3$
Dekalin	$C_{10}H_{18}$
Dekylen	$CH_2{:}CH\cdot (CH_2)_{13}\cdot CH_3$
Diäthyläther	$C_2H_5\cdot O\cdot C_2H_5$
Diäthylselenid	$(C_2H_5)_2\cdot Se$
Diäthyltellurid	$(C_2H_5)_2\cdot Te$
Dibuthyläther	$(C_2H_5\cdot CH_2\cdot CH_2)_2\cdot O$
Dicyclopentadien	C_6H_8
Diisobutylen	$[(CH_3)_2\cdot C{:}CH]_2$
Dimethyläther	$CH_3\cdot O\cdot CH_3$
2,2-Dimethylbutan	$(CH_3)_3\cdot C\cdot CH_2\cdot CH_3$
2,3-Dimethylbutan	$(CH_3)_2\cdot CH\cdot CH\cdot (CH_3)_2$
Dimethylcyclohexan	$C_6H_{10}\cdot (CH_3)_2$
Diolefine	C_nH_{2n-2}
Dipropyläther	$(C_3H_7)_2\cdot O$
Ditertiär-butyl-peroxid	$(CH_3)_3\cdot C\cdot OO\cdot C\cdot (CH_3)_3$
Dodecan	$CH_3\cdot (CH_2)_{10}\cdot CH_3$
Eisenoxide	FeO, Fe_2O_3, Fe_3O_4
Eisenpentacarbonyl	$Fe(CO)_5$
Formaldehyd	$HCHO$
Glykol	$HO\cdot CH_2\cdot CH_2\cdot OH$
Halogenkohlenwasserstoffe	$C_nH_{2n+1}\cdot R$ (R=Cl, Br, J)
Halogenwasserstoffe	HCl, HBr, HJ
Heptan, n-Heptan	$CH_3\cdot (CH_2)_5\cdot CH_3$
Heptanol	$C_7H_{15}OH$
Hepten	C_7H_{14}
Hexadecan	$CH_3\cdot (CH_2)_{14}\cdot CH_3$
Hexan, n-Hexan	$CH_3\cdot (CH_2)_4\cdot CH_3$
Hexen, 1-Hexen	C_6H_{12}
Isobutan	$(CH_3)_3\cdot CH$
Isobutylbenzol	$C_6H_5\cdot CH_2\cdot CH\cdot (CH_3)_2$
Isododecan	$(CH_3)_2{:}CH\cdot (CH_2)_9\cdot CH_3$
Isoheptan	$(CH_3)_2\cdot CH\cdot (CH)_3\cdot CH_3$
Isohexan	$(CH_3)_2\cdot CH\cdot (CH_2)_2\cdot CH_3$
Isooktan	$(CH_3)_2\cdot CH\cdot (CH_2)_4\cdot CH_3$
Isoparaffine	C_nH_{2n+2}
Isopentan	$C_2H_5\cdot CH\cdot (CH_3)_2$
Isopropanol	$CH_3\cdot CH(OH)\cdot CH_3$
Isopropylbenzol	$C_6H_5\cdot CH\cdot (CH_3)_2$
Ketone	$=CO$
Kieselsäure	SiO_2
Kohlendioxid	CO_2

Kohlenmonoxid	CO
Kohlenwasserstoffe	C_nH_m
Kresol	$CH_3 \cdot C_6H_4 \cdot OH$
Mesitylen	$C_6H_3 \cdot (CH_3)_3$
Methan	CH_4
Methanol	$CH_3 \cdot OH$
Methylanilin	$C_6H_5 \cdot NH \cdot CH_3$
Methyläthyläther	$CH_3 \cdot O \cdot C_2H_5$
Methylbutan	$(CH_3)_2 \cdot CH \cdot CH_2 \cdot CH_3$
Methylcyclohexan	$C_6H_{11} \cdot CH_3$
Methylcyclopentan	$C_5H_9 \cdot CH_3$
Methylgruppe	$-CH_3$
Methylpentan	$(CH_3)_2 \cdot CH \cdot (CH_2)_2 \cdot CH_3$
Monoolefine	C_nH_{2n}
Naphthene	C_nH_{2n}
Nickelcarbonyl	$Ni(CO)_4$
Nonan, n-Nonan	$CH_3 \cdot (CH_2)_7 \cdot CH_3$
Normalparaffine	C_nH_{2n+2}
Oktadien	C_8H_{14}
Oktan, n-Oktan	$CH_3 \cdot (CH_2)_6 \cdot CH_3$
Olefine	C_nH_{2n}
Paraffine, i-Paraffine, n-Paraffine	C_nH_{2n+2}
Pentadecan	$CH_3 \cdot (CH_2)_{13} \cdot CH_3$
Pentadien	$CH_3 \cdot CH:CH \cdot CH:CH_2$
Pentan, n-Pentan	$CH_3 \cdot (CH_2)_3 \cdot CH_3$
Penten	$CH_3 \cdot CH_2 \cdot CH_2 \cdot CH:CH_2$
Peroxide	$-O_2-$
Phenol	$C_6H_5 \cdot OH$
Propadien	C_3H_4
Propan	$CH_3 \cdot CH_2 \cdot CH_3$
Propanol	$C_2H_5 \cdot CH_2 \cdot OH$
Propionaldehyd	$C_2H_5 \cdot CHO$
Propylen	C_3H_6
Propylgruppe	$-C_3H_7$
Pseudocumol	$C_6H_3 \cdot (CH_3)_3$
Schwefeldioxid	SO_2
Schwefelkohlenstoff	CS_2
Stickoxide	N_2O, NO, N_2O_3, N_2O_5, N_2O_4
Stickoxidul	N_2O
Tertiär-bytyl-hydroperoxid	$(CH_3)_3 \cdot C \cdot OOH$
Tetradecan	$CH_3 \cdot (CH_2)_{12} \cdot CH_3$
Titantetrachlorid	$TiCl_4$
Toluidin	$CH_3 \cdot C_6H_4 \cdot NH_2$
Toluol	$C_6H_5 \cdot CH_3$
n-Tridecan	$CH_3 \cdot (CH_2)_{11} \cdot CH_3$
Trikresyl-phosphat	$CH_3 \cdot (C_6H_4)_3 \cdot PO_4$
Trimethylbenzol	$C_6H_3 \cdot (CH_3)_3$
2,2,3-Trimethylbutan	$CH_3 \cdot C \cdot (CH_3)_2 \cdot CH \cdot (CH_3)_2$
2,2,4-Trimethylpentan	$(CH_3)_3 \cdot C \cdot CH_2 \cdot CH \cdot (CH_3)_2$
Undecan	$CH_3 \cdot (CH_2)_9 \cdot CH_3$
Victan	$C_6H_5 \cdot (CH_2)_3 \cdot CH_3$
Xylidin	$(CH_3)_2 \cdot C_6H_3 \cdot NH_2$
Xylol, o-Xylol	$C_6H_4 \cdot (CH_3)_2$
Zinntetraäthyl	$(C_2H_5)_4 \cdot Sn$

Schrifttum

1 Anonym: Carbon removed by loading. SAE Journ. **15**, 499–500 (1924).

2 Anonym: Zum Gaskurs, Karl-Bunte-Gedächtnisausgaben des Gasinstituts – Karlsruhe. Karlsruhe: 1946.

3 Anonym: Rover 2000. Aut. Eng. **53**, 466–473 (1963).

4 Achterberg, A.: Über die Ursachen des Klopfens in Verbrennungsmotoren und ihre Bedeutung für die neuzeitlichen Entwicklungsrichtungen im Motorenbau. ATZ **58**, 191–196 (1956).

5 Alt, E.: Vergleichende Untersuchung der Gemischaufbereitung bei Luft- und Gemischvorwärmung. ZWB FB **424**, 1–51 (1935).

6 Alt, E.: Allgemeine Thermodynamik der Vergasung im Vergaser-Ottomotor. Ringbuch der Luftfahrttechnik 4 B 7 (15. 9. 1939).

7 Alt, E.: Abgase von Otto-Motoren. Staub **21**, 100–103 (1961).

8 Badin, E. J.: Oxidation of metall alkyls and related compounts. The ignition of hydrocarbons. 3 Symp. on Comb. 1949, S. 386.

9 Bame, J. L.: Engine pounding — its causes and control. SAE Trans. **67**, 158–168 (1959).

10 Barnett, H. C., and R. R. Hibbard: Basic considerations in the combustion of hydrocarbon fuels with air. NACA Report 1300 (1957).

11 Beatty, N. A., and G. Edgar: The Vapor-phase oxidation of hydrocarbons. Journ. Am. Chem. Soc. **56**, 102–114 (1934).

12 Becker, R.: Stoßwelle und Detonation. Z. für Physik **8**, 321 (1921/22).

13 Beckers, A.: Untersuchung des Selbstzündverhaltens von Kraftstoffen in einer Verdichtungsapparatur. MTZ **14**, 345–348 (1953).

14 Beilstein: Handbuch der organischen Chemie. Drittes Ergänzungswerk. Erster Band, Erster Teil, 4. Auflage. Berlin, Göttingen, Heidelberg: 1958.

15 Beilstein: Handbuch der organischen Chemie. Drittes Ergänzungswerk. Fünfter Band, Erster Teil, 4. Auflage. Berlin, Göttingen, Heidelberg: 1963.

16 Blanc, M. V.: Ignition of explosive gas mixtures by electric sparks. Teil 3: Minimum ignition energies and quenching distances of mixtures of hydrocarbons and ether with oxygen and inert gas. 3 Symp. Comb. 1949, S. 363–367.

17 Bone, W., and D. T. A. Townend: Flame and combustion in gases. London: 1927.

18 Bouchard, C. L., C. F. Taylor, and E. S. Taylor: Variables affecting flame speed in the Otto-Cycle Engine. SAE Journal **37**, 514–520 (1937).

19 Bowditch, F. W.: Verbrennungsprobleme in Benzin-Ottomotoren. ATZ **64**, 47–55 (1962).

20 Bowditch, F. W., and T. C. Yu: A consideration of the deposit ignition mechanism. SAE Preprint **201 A** (1960).

21 Boyd, T. A.: Untersuchungen über die Flamme im Motor. ATZ **43**, 51–62 (1940).

22 Broeze, J. J., H. van Driel und L. A. Peletier: Betrachtungen über den Klopfvorgang im Ottomotor. Schriften Dt. Akad. Luftf. Forsch. **9**, 187–206 (1939).

23 Brown, G. G.: A thermodynamic analysis of pressure in the Otto cycle. Chemical Reviews **22**, 27–49 (1938).

24 Brunner, M.: Über das Klopfen der Ottomotoren und die Klopffestigkeit von Motor und Treibstoff. Schweiz. Gesellschaft für das Studium der Motorbrennstoffe Bern **10** (1944).

25 Burstall, A. F.: Experiments on the combustion of carbon-monoxide-air mixtures in a high-speed engine. Proc. Inst. Aut. Eng. **21**, 628–652 (1926/27).

26 Burstall, A. F.: Experiments on the behaviour of various fuels in a high-speed internal combustion engine. Proc. Inst. Aut. Eng. **22**, 358–386 (1927/28).

27 Calingaert, G.: 11. Antiknock compounds. The science of petroleum, Bd. I, Vol. IV, S. 3024–3029. Oxford: 1938.

28 Calingaert, G., F. W. Zamb, and F. Meyer: Studies in the lead chloride-lead bromide system. J. Am. Chem. So. **71**, 3709–3720 (1949).

29 Callendar, H. L., R. O. King, and C. J. Sims: Dops and detonation. Engineering **121**, 475–476, 509 bis 511, 542–545, 575–576, 605–608 (1926).

30 Campbell, J. F.: Fuel injection as applied to aircraft engines. SAE Trans. **36**, 77–88 (1935).

31 CAMPBELL, J. M., W. G. LOVELL, and T. A. BOYD: SAE Journ. **40**, 144 (1937).
32 CARIS, D. F., B. J. MITCHELL, A. D. MCDUFFIE, and F. A. WYCZALEK: How combustion chamber design affects mechanical octanes. SAE **63**, 72—77 (sept. 1955).
33 CARIS, D. F., and F. A. WYCZALEK: Development of new V-8 combustion chamber reviewed. SAE Trans. **61**, 495—498 (1953).
34 CAROSELLI, H.: Die Ausbildung des Brennraumes bei Flugmotoren. Ringbuch der Luftfahrttechnik III. A 26 (1940).
35 CHONÉ, G.: Die Auswirkungen der Wasserzugabe zur Ladung eines Ottomotors auf sein Betriebsverhalten. Diss. TH Braunschweig (1956).
36 CHONÉ, G.: Wassereinspritzung in den Ottomotor. MTZ **18**, 203—208 (1957).
37 CHRISTOPH, K.: Unvollkommene Verbrennung im Motor. Diss. TH Graz (1937).
38 CLARKE, S. J.: Initiation and some controlling parameters of combustion in the piston engine. Proc. Aut. Div. Inst. Mech. Eng. **1960/61**, 165—191.
39 CLARKE, S. J.: Initiation and some controlling parameters of combustion in the automobile engine. SAE Trans. **70**, 240—258 (1962).
40 CORNELIUS, W., and J. D. CAPLAN: Some effects of fuel structure, tetraethyl lead and engine deposits on precombustion reactions in a firing engine. SAE Quart. Trans. **6**, 488—508 (1952).
41 CORZILIUS, M. W., D. R. DIGGS, and D. L. PASTELL: Some factors affecting precombustion reactions in engines. SAE Trans. **61**, 386—401 (1953).
42 COWARD, H. F., and P. G. GUEST: Ignition of natural gas-air mixtures by heated metal bars. Journ. Am. Chem. Soc. **49**, 2479—2486 (1927).
43 COWARD, H. F., and G. W. JONES: Limits of flammability of gases and vapors. Bureau of Mines Bulletin **503** (1952).
44 CRAMER, P. L., and J. M. CAMPBELL: Combustion of hydrocarbons. Free radical chain reactions. Ind. Eng. Chem. **41**, 893—897 (1949).
45 CURRY, S.: A three-dimensional study of flame propagation in a spark ignition engine. SAE Paper **452 B**, 1—20 (1962).
46 D'ALLEVA, B. A., and W. G. LOVELL: Relation of exhaust gas composition to air-fuel ratio. SAE Trans. **38**, 90—96 (1936).
47 DANIEL, W. A., and J. T. WENTWORTH: Exhaust gas hydrocarbons — genesis and exodus. SAE Paper **486 B**, 1—19 (1962).
48 D'ANS, J., and E. LAX.: Taschenbuch für Chemiker und Physiker. 2. Auflage. Berlin, Göttingen, Heidelberg: 1949.
49 DAVIS, W. C., M. S. SMITH, E. W. MALMBERG, and A. J. BOBBITT: Comparison of intermediate-combustion products formed in engines with and without ignition. SAE Trans. **63**, 386—399 (1955).
50 DAY, J. E.: Preparation and catalytic oxidation of pure amorphons carbon. Ind. Eng. Chem. **28**, 234—238 (1936).
51 DIGGS, W. R.: Effect of combustion time on knock in spark-ignition engine. SAE Trans. **61**, 402—408 (1953).
52 DIN 1952. VDI-Durchflußmaßregeln, 6. Ausgabe, Nov. 1948.
53 DIN 5450, Mai 1937.
54 DIN 6270, November 1955.
55 DIN 70020, Februar 1957.
56 DOLZA, I., E. A. KEHPE, D. STOLTMANN, and Z. ARKUS-DUNTOO: The General Motors fuel injection system. SAE Trans. **65**, 739—757 (1957).
57 DONAHUE, R. W., and R. H. KENT: A study of mixture distribution. SAE Quart. Trans. **4**, 546—558 (1950).
58 DÖRGES, E. A.: Gemischverteilung an einem Vierzylinder-Vergasermotor. ATZ **59**, 194—201 (1957).
59 DÖRGES, E. A.: Gemischverteilung an Mehrzylinder-Vergasermotoren. ATZ **61**, 167—175 (1959).
60 DOWNING, E. W.: Petrol injection: Some further developments. Proc. Inst. Mech. Eng. Aut. Div. 1957/58, S. 161—173.
61 DOWNS, D.: Lead distribution. An investigation on a typical road vehicle engine. Aut. Eng. **39**, 304—310 (1949).
62 DOWNS, D., and J. H. PIGNEGUY: An experimental investigation into preignition in the spark-ignition engine. Proc. Aut. Div. Inst. Mech. Eng. **1950/51**, 125—139.
63 DOWNS, D., J. C. STREET, and R. W. WHEELER: Cool-flame formation in a motored engine. Fuel **32**, 279—309 (1953).
64 DOWNS, D., A. D. WALSH, and R. W. WHEELER: Study of reactions that lead to "knock" in spark-ignition engine. Phil. Trans. Roy. Soc. London A, **1951**, 463—524.
65 DOWNS, D., and R. W. WHEELER: Recent developments in "knock" research. Proc. Aut. Div. Inst. Mech. Eng. **1951/52**, 89—99.
66 DREYHAUPT, F.: Eine neue Theorie der motorischen Zündvorgänge auf Grund besonderer molekularphysikalischer Betrachtungen. Forsch. Ing. Wes. **11**, 215—223 (1940).
67 DREYHAUPT, F.: Der Stand der Forschung über das Klopfen der Otto-Motoren. ATZ **44**, 521—533 (1941).
68 DRÖSCHEL, H.: Die Unterbrecher-Einspritzanlage. ATZ **58**, 335—341 (1956).

69 DUMONT, L. F.: Possible mechanisms by which combustion chamber desposits accumulate and influence knock. SAE Quart. Trans. **5**, 565—576 (1951).
70 EDGAR, G., J. B. HILL, and T. A. BOYD: The meaning of the gasoline distillation curve. Refiner Natural Gasoline Manufacturer **9**, 129—130, 132, 134, 146 (1930).
71 EGERTON, A., and S. F. GATES: IV. Theories of antiknock action. Journ. Inst. Petr. Techn. **13**, 281 (1927).
72 EGERTON, A., F. L. SMITH, and A. R. UBBELOHDE: Estimation of the combustion products from the cylinder of the petrol engine and its relation to „knock" Phil. Transact. **234** Nr. **744** (1935).
73 EGERTON, A. C., and S. RUDRAKANCHANA: Effect of certain organo-metallic and other compounds on the decomposition of tert-buthyl hydroperoxide. Fuel **33**, 274—285 (1954).
74 ENDRES, W.: Der Verbrennungsvorgang im Gas- und Vergaser-Motor. Berlin: 1928.
75 ENDRES, W.: Der zeitliche Verlauf der Verbrennung im Ottomotor. Ringbuch der Luftfahrttechnik 4 B 3 (30. 6. 1938).
76 EUCKEN, A.: Grundsätzliches über den Zerfallmechanismus einfacher Kohlenwasserstoffe. Schriften Dt. Akad. Luftf. Forsch. **9**, 93—112 (1949).
77 FADINGER, W.: Kraftstoffeinspritzung bei luftgekühlten Viertaktzündermotoren. ZWB FB **408/2** 1—9 (1935).
78 FELT, A. E., J. A. WARREN, and C. A. HALL: Rumble — a deposit effect at high compression ratio. SAE Trans. **67**, 138—144 (1959).
79 FITHGEORGE, D., and J. L. ALLISON: Air swirl in a road-vehicle Diesel engine. Proc. Inst. Mech. Eng. Aut. Div. **1962/63**, 151—168.
80 FOSTER, J. M., C. L. GOODACRE, S. T. GRIFFITHS, and P. V. LAMARQUE: Gasoline antiknock quality — are road ratings neccessary? The Associated Octel Company Limited. Serial No. OP 64/2.
81 FROEDE, W.: Benzineinspritzung für kleine Zylinder von Ottomotoren. ATZ **57**, 213—227 (1955).
82 GAY, E. J.: Status of automative petrol injection in the United States of America. Proc. Inst. Mech. Eng. Aut. Div. **1957/58**, 174—184.
83 GAYDON, A. G.: Spectroscopy and combustion theory. London: 1948.
84 GESHELIN, J.: Advanced combustion chamber design in new passenger car V-8-Engines. Aut. Ind. **112**, 32—39, 74. (1. March 1955).
85 GESHELIN, J.: New Combustion chamber designs in 1958 passenger car engines. Aut. Ind. **117**, 60—61 (15. Dec. 1957).
86 GIBSON, H. J., C. A. HALL, and D. A. HIRSCHLER: Combustion-chamber deposition and knock. SAE Trans. **61**, 361—376 (1953).
87 GOODGER, E. M.: Abnormal combustion. Aut. Eng. **50**, 94—97 (1960).
88 GÖSCHEL, K. H.: Die Daimler-Benz-Benzineinspritzung. MTZ **20**, 10—14 (1959).
89 GROSS-GRANOMSKI, L.: Combustion-control. Reduction of knock intensity in spark ignition engines by use of precombustion control. Aut. Eng. **49**, 262—267 (1959).
90 GRÖZINGER, H.: Die Benzineinspritzung des 230 SL-Motors von Daimler-Benz. ATZ **65**, 166—169 (1963).
91 HALLETT, G. E. A.: Ignition from the engineman's viewpoint. SAE Journ, **7**, 475—479 (1920).
92 HEINRICH, H., und H. STOLL: Benzineinspritzung in Deutschland. Automobil-Industrie Sonderdruck **37 F**, 1—7 (1959).
93 HEITLAND, H., und N. JESCHKE: Möglichkeiten zur Erzielung optimaler Betriebsweise von Fahrzeug-Ottomotoren und Benzineinspritzung. MTZ **21**, 327—332 (1960).
94 HENNING, H. J.: Zur Berechnung des Zustandes im Vergaser. ATZ **63**, 323—330 (1961).
95 HINSHELWOOD, C. N.: Die Kinetic explosiv verlaufender Reaktionen. Z. Elektrochemie **42**, 445—449 (1936).
96 HIRAO, O.: Gemischerwärmung bei Ottomotoren. MTZ **22**, 85—89 (1961).
97 HOLFELDER, O.: Allgemeine Thermodynamik der Gemischbildung bei der Einspritzung im Diesel- und Zündermotor. Ringbuch der Luftfahrttechnik 4 B 4 (30. 4. 1938).
98 HOSTETLER, H. F., and W. R. TUURI: Knock, rumble and ping. SAE Trans. **67**, 152—157 (1959).
99 HUBER, E. W.: Untersuchung der Neigung von Flugmotorenkraftstoffen zur Dampfblasenbildung unter den möglichen Bedingungen. 1. Zwischenbericht. TH Graz, Lehrst. f. Verbrennungskr. Masch. u. Wärmelehre (1944) S. 1—24.
100 HUBER, E. W.: CO-Entwicklung bei Fahrzeugmotoren. ATZ **62**, 320—325 (1960).
101 HYATT, K., V. J. TOMSIC, and C. A. MELLINGER: Surface ignition — a new look with a new instrument. SAE Preprint **78 U**, 1—35 (1959).
102 JANTSCH, F.: Kraftstoff-Handbuch. 6. Auflage. Stuttgart: 1960.
103 JEFFREY, R. E., L. W. GRIFFITH, E. DUNNING, and B. S. BALDWIN: Improve fuel with phosphorons additives. Petrol. Refiner **33**, 92—96 (August 1954).
104 JOST, W.: Die physikalisch-chemischen Grundlagen der Verbrennung im Motor. Schriften Dt. Akad. Luftf. Forsch. **9**, 133—158 (1939).
105 JOST, W.: Explosions- und Verbrennungsvorgänge in Gasen. Berlin: 1939.
106 JOST, W.: Reaktionskinetische Untersuchungen zum Klopfvorgang. Z. Elektrochemie **47**, 262—264 (1941).
107 JOST, W.: Untersuchungen über Flammengeschwindigkeit II. Z. phys. Chem. A. **195**, 321—328 (1950).
108 JOST, W.: Zur Theorie der Flammengeschwindigkeit III. Z. phys. Chem. A. **196**, 298—304 (1950).

109 JOST, W.: Untersuchungen zur Flammengeschwindigkeit V. Weitere Diskussion der Funkenzündung. Z. Elektochemie **55**, 17—19 (1951).

110 JOST, W.: Die Grundlagen der Verbrennungsvorgänge insbesondere im Hinblick auf die Verhältnisse im Otto-Motor. Forsch. Ing. Wes. **18**, 29—35 (1952).

111 JOST, W., und H. RÖGENER: Reaktionskinetische Untersuchungen zum Klopfvorgang. Teil **3**: Über die Wirkung von Zusätzen auf die Selbstzündung adiabatisch komprimierter Heptan-Luftgemische. Z. Elektrochemie **47**, 307—309 (1941).

112 JOST, W., und L. SIEG: Untersuchungen über Flammen. Teil 4: Untersuchung der Zündung explosiver Gasgemische durch Funken. Z. Elektrochemie **55**, 13—17 (1951).

113 JOST, W., und H. TEICHMANN: Über die Selbstentzündung von Kohlenwasserstoff-Luft-Gemischen durch adiabate Verdichtung. Naturwissen **27**, 318—319 (1939).

114 KAMM, W.: Ergebnisse von Versuchen mit geometrisch ähnlich gebauten Zylindern verschiedener Größe und Folgerungen für die Flugmotorenentwicklung. Schrift d. deutschen Akadem. d. Luftfahrtforschung. **12**, (1939).

115 KATZ, H.: Der Flugmotor. Teil I, 3. Auflage, Dr. M. Matthiesen & Co, Berlin: 1942.

116 KEMMETMÜLLER, R., und L. RICHTER: Abgaszusammensetzung abhängig von Kraftstoffzusammensetzung und Mischungsverhältnis. MTZ **4**, 47—49 (1942).

117 KING, R. O.: The oxidation, ignition and detonation of fuel vapours and gases. III. The couse of the effect of metallic dope to delay detonation. Can. J. Research **26**, Sec F 125—150 (1948).

118 KLÜSENER, O., K. GROTH, und E. A. DÖRGES: Europäische Personenwagenmotoren. Ein Rückblick auf die 38. I.A.A. in Frankfurt/M. 1957, Teil 2. ATZ **60**, 42—49 (1958).

119 KNOWLES, L. M.: Thermal Analysis of the system $PbBr_2$—PbO. J. Chem. physics **19**, 1128—1130 (1951).

120 KRÖGER, C., und H. GONDERMANN: Das Selbstzündverhalten von Kohlenwasserstoff-Luft-Gemischen und seine Beziehung zum Klopfverhalten. Brennstoff-Chemie **39**, 257—268 (1958).

121 KÜHL, H.: Die Dissoziation von Verbrennungsgasen und ihr Einfluß auf den Wirkungsgrad von Vergasermaschinen. Diss. TH München (1935).

122 LANDER, J. J.: The basic sulfates of lead. Journal Electrochemical Society **95**, 174—186 (1949).

123 LANDOLT, H., und R. BÖRNSTEIN: Physikalisch-Chemische Tabellen. 3. Aufl. Berlin: 1905.

124 LARSEN, G. P., J. C. CHIPMAN, and E. K. KAUPER: Study of the distribution and effects of auto exhaust gases. J. APCA **5**, 84—90 (1955).

125 LEONHARD, L. S.: Fuel distribution by exhaust gas analysis. SAE-Paper **379 A** (1961).

126 LEWIS, B., and G. V. ELBE: Combustion, flames and explosions of gases. 2. Aufl. New York: 1961.

127 LINDNER, W.: Entzündung und Verbrennung von Gas- und Brennstoffdampfgemischen. Berlin: 1931.

128 LINKS, H.: Probleme der Zerstäubung von Kraftstoffen durch Einspritzdüsen. Automobil-Industrie, Sonderdruck **37 F**, 1—8 (Sept. 1959).

129 LINZER, V.: Ein Beitrag zur Theorie des Vergasers. Diss. TH Wien (1964).

130 LIST, H.: Die Verbrennung im Motor. Z. VDI **79**, 1447—1449 (1935).

131 LIVENGOOD, J. C., and P. C. WU: Correlation of autoignition phenomena in internal combustion engines and rapid compression machines. 5. Symp. Comb. 1955, S. 347—355.

132 LIVINGSTON, H. K.: The Effect of sulfur compounds on octane number of leaded fuels. 1. Comparison of different sultur compounds. Oil and Gas Journ. **46**, 80—83, 85—87 (11. März 1948).

133 LIVINGSTON, H. K.: The Effect of sulfur compounds on octane number of leaded fuels. 2. Sultur antagonisen in different fuels. Oil and Gas Journ. **47**, 67, 70—71, 73, 76—77 (20. Januar 1949).

134 LIVINGSTON, H. K.: Sulfur-tetraethyllaed interaction in motor fuels. Ind. Eng. Chem. **41**, 888—893 (1949).

135 LÖHNER, K.: Maßnahmen zur Erzielung kleinen Kraftstoffverbrauches. ZWB-VLF Tagungsbericht **048/005**, 57—68 (1935).

136 LÖHNER, K.: Die Entwicklung der Benzineinspritzung bei BMW. Aussprachebemerkung, Lilienthal-Gesellschaft für Luftfahrtf. Tagungsber. **068/006** 121—130 (1937).

137 LÖHNER, K.: Gemischbildung im Ottomotor. ATZ **62**, 95—100 (1960).

138 LÖHNER, K.: Gemischbildung im Ottomotor. VDI-Berichte **42**, 37—44 (1960).

139 LÖHNER, K.: Die Brennkraftmaschine. 2. Aufl. Düsseldorf: 1963.

140 LÖHNER, K., und H. J. HENNING: Über die Eisbildung im Vergaser. ATZ **59**, 61—68 (1957).

141 LÖHNER, K., und H. J. HENNING: Untersuchung der Vereisungserscheinungen am Vergaser im Fahrbetrieb. ATZ **59**, 187—191 (1957).

142 LÖHNER, K., H. MÜLLER, H. LUTHER und H. IHRIG: Der Kohlenoxidgehalt in den Abgasen von Fahrzeug-Verbrennungsmotoren. ATZ **62**, 311—320 (1960).

143 LONN, E.: Zündverzugsmessungen an flüssigen Kraftstoffen für Ottomotoren. Luftf. Forsch. **19**, Nr. 10/12, 344—346 (1942).

144 LOVELL, W. G.: Combustion problems in internal combustion engines. 5. Symp. Comb. 1955, S. 1—7.

145 LOVELL, W. G., J. M. CAMPBELL, and T. A. BOYD: Knocking characteristics of hydrocarbons. Ind. Eng. Chem. **25**, 1105—1108 (1934).

146 LOVELL, W. G., J. D. COLMAN, and L. C. BOYD: Studies of combustion in the gasoline engine. Ind. Eng. Chem. 373—376 (1927).

147 MACPHERSON, A.: 49. Int. London Motor Show. Motor Rundschau **22**, 1055—1057 (1964).

148 MALMBERG, E. W., M. L. SMITH, J. E. BIGLER, and J. A. BOBBITT: A study of cool flames and associated reactions in an engine. 5. Symp. Comb. 1955, S. 385—391.

149 MARDER, M.: Motorkraftstoffe, Band I. Kraftstoffe aus Erdöl und Naturgas. Berlin: 1942.

150 MATHEWS, V. P., and J. D. TURLAY: New Buick V-8 engine offers many advantages. SAE Trans. **61**, 478—494 (1953).

151 MELBY, A. O.: An investigation of pre-ignition in engines. SAE Trans. **62**, 32—39 (1954).

152 MEURER, S.: Die Erzeugung von Drehbewegungen der Luft in den Zylindern schnellaufender 4-Takt-Dieselmotoren durch die Einlaßorgane. MAN-Forschungsheft **1951**, 8—22.

153 MIKITA, J. J., and B. M. STURGIS: The chemistry of combustion chamber deposits. Proc. 4 World Petr. Congr. VI 1955, S. 357—376.

154 MINGLE, J. G., H. W. SIGWORTH, and B. A. FRIES: A radioaktive method for measuring engine deposits. SAE Trans. **64**, 577—581 (1956).

155 MINTER, C. C.: Flame movement and pressure development in gasoline engines. SAE Trans. **36**, 89—94 (1935).

156 MOCK, F.: Dual carburation and manifold design. SAE Trans. **24**, 168—177 (1929).

157 MORRIS, W. E., and D. C. FARISS: Thudding in high compression ratio engines. SAE Preprint **61 C**, 1—7 (1958).

158 MRAMOR, F.: Untersuchungen an Saugrohren. Teil 2: Gemischbildung in Mehrzylinder-Ottomotoren mit Vergaserbetrieb. Dt. Kraftf. Forsch. **82**, 1—29 (1944).

159 MÜHLNER, E.: Untersuchungen über die Vorreaktionen im Ottomotor. ZWB FB **1545**, 1—72 (1942).

160 NEBEL, G. J., and P. L. CRAMER: Ignition temperatures of lead compound-carbon mixtures. Ind. Eng. Chem. **47**, 2393—2396 (1955).

161 NEWBY, W. E., and L. F. DUMONT: Mechanism of combustion chamber deposit formation with leaded fuels. Ind. Eng. Chem. **45**, 1336—1342 (1953).

162 ORLICEK, A. F., und H. PÖLL: Hilfsbuch für Mineralöltechniker. Erster Band: Die Eigenschaften von Kohlenwasserstoffen, Mineralölprodukten, und Hilfsstoffen. Wien: 1951.

163 OSHIMA, Y., and Y. FUKUDA: The effect of ash on reactivity and combustibility of carbon materials. Fuel **11**, 135—151 (1932).

164 OSHIMA, Y., and Y. FUKUDA: Effect of ash on combustion characteristics of carbons. Ind. Eng. Chem. **27**, 212—217 (1935).

165 OVERBYE, V. D., J. E. BENNETHUM, O. A. KYEHARA, and P. S. MYERS: Unsteady heat transfer in engines. SAE Trans. **69**, 461—493 (1961).

166 PASTELL, D. L.: Precombustion reactions in a motored engine. SAE Quart. Trans. **4**, 571—587 (1950).

167 PEACE, R. M.: The negative temperature coefficient in rate of propane oxidation. Journ. Am. Chem. Soc. **60**, 2244—2246 (1938).

168 PERRY, R. H., and H. V. LOWTHER: Knock, knock-spark knock, wild ping or rumble? SAE Trans. **67**, 145—151 (1959).

169 PIER, M.: Anforderungen der Verbrennungsmotoren an die Treibstoffe und Wege zu ihrer Verwirklichung in Deutschland. Schriften der Deutschen Akademie der Luftfahrtforschung, Heft **9**, 37—59 (1939).

170 PISCHINGER, A.: Der Ansaugvorgang bei Ein- und Mehrzylinder-Viertaktmaschinen. ATZ **39**, 234—238 (1936).

171 POTTER, R. I., E. H. SCOTT, H. J. GIBSON, and G. W. STANKE: Weather or knock-road ratings and requirements, year-round. SAE Trans. **62**, 346—357 (1954).

172 PYE, D. R.: Die Brennkraftmaschine. Berlin: 1933.

173 RABEZZANA, H., and ST. KALMAR: Factors controlling engine combustion. Aut. Ind. **72**, 324—329 (2. 3. 1935), 354—357 (9. 3. 1935), 394—397 (16. 3. 1935).

174 RASSWEILER, G. M., and L. WITHROW: Emission spectra of engine flame. Ind. Eng. Chem. **23**, 528—538 (1932).

175 RASSWEILER, G. M., and L. WITHROW: Motion pictures of engine flames correlated with pressure cards. SAE Trans. **42**, 185—204 (1938).

176 RATAILLIAU, E. R., H. A. RECARDS jr., and M. C. K. JONES: Pre-combustion reaction in the spark-ignition engine. SAE Quart. Trans. **4**, 438—454 (1950).

177 RICARDO, H. R.: Der schnellaufende Verbrennungsmotor. 2. Auflage, Berlin: 1932.

178 RICARDO, H. R.: Der schnellaufende Verbrennungsmotor. Berlin, Göttingen, Heidelberg: 1954.

179 RIFKIN, E. B., and C. WALCUTT: Fundamentals of antiknock decomposition of TEL in an engine. Ind. Eng. Chem. **48**, 1532—1539 (1956).

180 RIFKIN, E. B., C. WALCUTT, and G. W. BETKER jr.: Early combustion reactions in engine operation. SAE Quart. Trans. **6**, 472—487 (1952).

181 ROBISON, J. A.: Investigating rumble in single-cylinder engines. SAE Trans. **67**, 169—174 (1959).

182 RÖGENER, H.: Entzündung von Kohlenwasserstoff-Luft-Gemischen durch adiabatische Verdichtung. Z. Elektrochemie **53**, 389—397 (1949).

183 ROSS, A., and E. B. RIFKIN: Fundamentals of antiknock theory of tetraethyllead action. Ind. Eng. Chem. **48**, 1528—1532 (1956).

184 ROSSENBECK, M.: Erkenntnisse über Vergaservereisung und ihre Verhütung. ATZ **64**, 317—352 (1962).

185 ROST, R.: Untersuchungen über die Ablagerungen von Bleiverbindungen in Verbrennungsmotoren bei Verwendung verbleiter Kraftstoffe. Dt. Kraftf. Forsch. Straß. Verk. **106**, 1—26 (1957).
186 ROTHROCK, A. M., and R. C. SPENCER: The influence of directed air flow on combustion in a spark ignition engine. NACA Report **657**, (1939).
187 RUER, R.: Über Bleioxidchloride. Z. anorg. Chemie **49**, 365—383 (1906).
188 SAE-Standard: Engine Test Code. Nonturbocharged Spark Ignition and Diesel. SAE J 816. SAE Handbook Supplement **38**, (1963).
189 SCHAUB, F.: Versuche über das Anlassen von Ottomotoren. MTZ **11**, 89—91 (1950).
190 SCHENK, R.: Eine Kraftstoffregelung für Benzineinspritzung mit freier Wahl des Mischungsverhältnisses. Grundlagen der Schäfer-Benzineinspritzanlage. MTZ **23**, 159—162 (1962).
191 SCHENK, R.: Kraftstoff-Einspritzung beim Peugeot 404. Anwendung der Schäfer-Benzineinspritzanlage. ATZ **65**, 169—172 (1963).
192 SCHERENBERG, H.: Rückblick über 25 Jahre Benzineinspritzung in Deutschland. MTZ **16**, 245—254 (1955).
193 SCHEUBEL, F. N.: Über die Brennstoffzerstäubung in Leichtmotorenvergasern. Diss. TH Aachen. (1927).
194 SCHEUERMEYER, M., und H. STEIGERWALD: Die Messung des Zündverzugs verdichteter Kraftstoff-Luft-Gemische zur Untersuchung der Klopfneigung. MTZ **5**, 229—235 (1943).
195 SCHEY, O. W., und U. SCHMIDT: Kraftstoffeinspritzung bei Ottomotoren. Z. VDI **85**, 229—232 (1941).
196 SCHMIDT, E.: Einführung in die Technische Thermodynamik. 8. Auflage. Berlin, Göttingen, Heidelberg: 1960.
197 SCHMIDT, E., und E. MÜHLNER: Vorreaktionen im Ottomotor bei abgestellter Zündung. Schriften Dt. Akad. Luftf. Forsch. **54**, 28—55 (1941).
198 SCHMIDT, F. A. F.: Zündverzug und Klopfen im Motor. Theoretische Untersuchungen und Versuche über Zündverzug und Klopfvorgang. VDI Forschungsheft **392**, (1938).
199 SCHMIDT, F. A. F.: Gegenseitige Beeinflussung von Gemischbildung und Zündvorgängen im Verbrennungsmotor. Schriften Dt. Akad. Luftf. Forsch. **9**, 241—258 (1939).
200 SCHMIDT, F. A. F.: Benzinmotoren mit Kraftstoffeinspritzung und Funkenzündung. MTZ **11**, 137—145 (1950).
201 SCHMIDT, F. A. F.: Verbrennungskraftmaschinen. München: 1951.
202 SCHMIDT, F. A. F.: Die Kennzeichnung der Kraftstoffeigenschaften. MTZ **13**, 117—120 (1952).
203 SCHMIDT, F. A. F.: Classification of Fuels. Aachen: 1953.
204 SCHMIDT, F. A. F.: Untersuchungen zur Erforschung des Einflusses des chemischen Aufbaues des Kraftstoffes auf sein Verhalten im Motor und in Brennkammern von Gasturbinen. Forschungsberichte des Wirtschafts- und Verkehrsministeriums Nordrhein-Westfalen **57**, 3—18 (1954).
205 SCHNAUFFER, K.: Das Klopfen der Zündermotoren. DVL Jahrbuch **1931**, 375—378.
206 SHORE, L. B., and K. F. OCKERT: Radiotracer study points way to make clean-burning gasoline. SAE Journ. **65**, 18—21 (1957).
207 SIEG, L.: Einengung der Zündgrenzen von Wasserstoff-Luft-Gemischen durch Zusätze. Z. angew. Chem. **63**, 143—147 (1951).
208 SOKOLIK, A., and S. YANTOWSKII: Kinetic conditions of knock and preignition in internal combustion engines. Acta physicochimica (URSS) **19**, 329—359 (1944).
209 SOLTAU, J. P.: Cylinder pressure variations in petrol engines. Proc. Aut. Div. Inst. Mech. Eng. **1960/61**, 99—112.
210 SPALDING, D. B.: Some fundamentals of combustion. Gas Turbine Series 2. London: 1955.
211 SPAUSTA, F.: Treibstoffe für Verbrennungsmotoren. Band 2: Eigenschaften und Untersuchung der flüssigen Treibstoffe. Die gasförmigen Treibstoffe. Wien: 1953.
212 SPIERS, H. M., and F. I. CERAM: Technical Data on Fuel. 6. Auflage. London: 1961.
213 STEBAR, R. F.: Engine rumble — a barrier to higher compression ratios? SAE Trans. **68**, 206—216 (1960).
214 STRAUB, A. A.: Power and gasoline economy of the present-day passenger-automobile. SAE Journ. **16**, 102—105 (1925).
215 STURGIS, B. M., E. N. CANTWELL, W. E. MORRIS, and D. L. SCHULTZ: The preignition resistance of fuels. Proc. Am. Petr. Inst. **34**, (4) 256—264 (1954).
216 TAYLOR, C. F.: The effects of cylinder size on detonation and octane requirements. SAE Trans. **70**, 175 bis 184 (1962).
217 TAYLOR, C. F., and E. S. TAYLOR: The internal-combustion engine. 2. Aufl. New York: 1961.
218 TAYLOR, C. F., E. S. TAYLOR, J. C. LIVENGOOD, W. A. RUSSEL, and W. A. LEARY: Ignition of fuels by rapid compression. SAE Quart. Trans. **4**, 232—274 (1950).
219 TAYLOR, E. S., and G. S. WILLIAMS: Further investigation of fuel injection in an engine having spark ignition. SAE Trans. **30**, 24—29 (1932).
220 TEICHMANN, H.: Reaktionskinetische Untersuchungen zum Klopfvorgang. Teil 2: Die Selbstzündung von Kohlenwasserstoff-Luft-Gemischen und das Klopfen im Ottomotor. Z. Elektrochemie **47**, 297—307 (1941).
221 TEICHMANN, H., und L. V. MÜFFLING: Untersuchungen über Selbstzündung und Klopfen von Kohlenwasserstoff-Luft-Gemischen und über den thermischen Zerfall von Kohlenwasserstoffen. ZWB FB **1404**, 1—35 (1939).

222 TEKU, K.: Technische Kurzberichte, Triebwerke. Doppelsternmotor BMW 801. Deutsche Luftwacht, Ausgabe Luftwissen **10**, 156—157 (1943).
223 TERRES, E., A. ACHTERBERG, S. BELLINGEN und P. MANGOLD: Untersuchungen über die Kinetik der langsamen Oxydation von Kohlenwasserstoffen in der Gasphase und über Beziehungen zwischen langsamer Oxydation und motorischer Verbrennung. Brennstoff Chemie **40**, 177—186 (1959).
224 TIZARD, H. T., and D. R. PYE: Ignition of gases by sudden compression. Phil. Magazin **7—1**, 1094—1105 (1926).
225 TOMSIC, V. J.: Surface ignition behaviour of fuels. SAE Trans. **70**, 74—88 (1962).
226 TOWNEND, D. T. A.: Ignition regions of hydrocarbons. Chemical Reviews **21**, 259—278 (1937).
227 TRIEBNIGG, H.: Strömungsvorgänge im Verbrennungsraum von Dieselmotoren. MTZ **13**, 237—242 (1952).
228 TRIEBNIGG, H., und A. URLAUB: Untersuchung eines Ottomotors mit Kraftstoffdampfeinblasung, insbesondere auf den Gehalt von CO, bei veränderlichen Betriebszuständen. DT. Kraftf. Forsch. Straß. Verk. **155**, (1962).
229 UNZELMANN, G. H., and E. J. FORSTER: How to blend for volatility. Petroleum Refiner **39**, 109—140 (1960).
230 VDI-Wärmeatlas. Düsseldorf: **1963**.
231 VOIT, W., und H. STOLL: Benzineinspritzung am Fahrzeug-Ottomotor. MTZ **13**, 213—221 (1952).
232 WALCUTT, C., J. M. MASON, and E. B. RIFKIN: Effect of preflame oxidation reactions on engine knock. Ind. Eng. Chem. **46**, 1029—1034 (1954).
233 WALCUTT, C., and E. B. RIFKIN: Precombustion reaction in an engine. Thermodynamic analysis of pressure developed during preflame period. Ind. Eng. Chem. **43**, 2844—2849 (1951).
234 WAWRZINIOK, O.: Druckanstieg, Gasschwingungen und Verbrennungsgeräusche bei der Verpuffung von Kraftstoffen. ATZ **36**, 73—78; 136—142 (1933).
235 WIESE, W. M.: If you squeeze them, must they scream? SAE Trans. **67**, 175—183 (1959).
236 WILLIAMS, R. K., and R. LANDIS: Some effects of fuels and lubricants on autoignition in cars on the road. SAE Trans. **62**, 57—65 (1954).
237 WINKLER, A. H., and R. W. GUTTON: Electrojector-Bendix electronic fuel injection system. SAE Trans. **65**, 758—765 (1957).
238 WITHROW, L., and F. W. BOWDITCH: Flame photographs of autoignition induced by combustion-chamber deposits. SAE Quart. Trans. **6**, 724—751 (1952).
239 WITHROW, L., and T. A. BOYD: Photographic flame studies in the gasoline engine. Ind. Eng. Chem. **23**, 539—547 (1931).
240 WITHROW, L., W. G. LOWELL, and T. A. BOYD: Following combustions in the gasoline engine by chemical means. Ind. Eng. Chem. **22**, 945—951 (1930).
241 WITHROW, L., and G. M. RASSWEILER: Spectroscopic studies of engine combustion. Ind. Eng. Chem. **23**, 769—776 (1931).
242 WITHROW, L., and G. M. RASSWEILER: Absorption spectra of gaseous charges in a gasoline engine. Ind. Eng. Chem. **25**, 923—931 (1933).
243 WITHROW, L., and G. M. RASSWEILER: Effect of tetraethyl lead on preflame reactions in an engine. Ind. Eng. Chem. **27**, 871—879 (1935).
244 WITHROW, L., and G. M. RASSWEILER: Slow motion shows knocking and non-knocking explosions. SAE Trans. **39**, 297—303, 312 (1936).
245 WITHROW, L., and G. M. RASSWEILER: Studying engine combustion by physical methods. Journ. Applied. Physics **9**, 362—372 (1938).
246 WITZKY, J. E.: Benzin-Einspritzung in USA. MTZ **20**, 14—18 (1959).
247 WOLF, W.: Motorische Untersuchung der Vergaservereisung von Otto-Kraftstoffen und der Wirksamkeit vereisungsverhindernder Zusätze. Sonderdruck aus Erdöl- und Kohle **14**, 725 (1962).
248 YU, T. C.: Fuel destribution studies — a new look at an old problem. SAE Paper **603 B**, 1—15 (1962).
249 ZEISE, H.: Das physikalisch-chemische Problem der Selbstzündung und des Klopfens. Forsch. Ing. Wes. **13**, 43—47, (1942).
250 ZEISE, H.: Einige Beobachtungen über die Brauchbarkeit von Gaszusätzen und von Silberdampf als Antiklopfmittel. MTZ **8**, 51—53 (1947).

GPSR Compliance

The European Union's (EU) General Product Safety Regulation (GPSR) is a set of rules that requires consumer products to be safe and our obligations to ensure this.

If you have any concerns about our products, you can contact us on ProductSafety@springernature.com

In case Publisher is established outside the EU, the EU authorized representative is:

Springer Nature Customer Service Center GmbH
Europaplatz 3
69115 Heidelberg, Germany

Batch number: 10578403

Printed by Printforce, the Netherlands